Lecture Notes in Mathematics

Edited by A. Dold and B. Eckmann

1096

Théorie du Potentiel

Proceedings of the Colloque Jacques Deny
held at Orsay, June 20–23, 1983

Edité par G. Mokobodzki et D. Pinchon

Springer-Verlag
Berlin Heidelberg New York Tokyo 1984

Rédacteurs

Gabriel Mokobodzki
Didier Pinchon
Equipe d'Analyse, Université Paris 6, Tour 46-0, 4ème étage
4, Place Jussieu, 75230 Paris Cedex 05, France

AMS Subject Classification (1980): 04A15; 31B10, B15, B30, C15, C25, C99; 31D05; 33A45, A75; 35D05, D10, J50, J60, K05, P99; 43A05, A35; 44A35; 49A22, A60, C20; 60B15, F05, G07, G40, J05, J15, J35, J45, J55, J65

ISBN 3-540-13894-3 Springer-Verlag Berlin Heidelberg New York Tokyo
ISBN 0-387-13894-3 Springer-Verlag New York Heidelberg Berlin Tokyo

Printing and binding: Beltz Offsetdruck, Hemsbach / Bergstr.
2146/3140-543210

rec'd 2-20-85

E R R A T A

LECTURE NOTES IN MATHEMATICS, VOL. 1096
Théorie du Potentiel, Edité par G. Mokobodzki et D. Pinchon
ISBN 3-540-13894-3

- On p.46, line 2 please replace

$$\sum_{\nu=1}^{\infty} R_{G_x}^{S_x^{\eta_\nu}}(y) \qquad \text{by} \qquad \sum_{\nu=1}^{\infty} \hat{R}_{G_x}^{S_x^{\eta_\nu}}(y)$$

- On p. 61, line 27 - p. 62, line 2 please substitute the following passage:

  Si $K \subset K_2$ est non polaire, K est intersection d'une suite de parties K_n' ouvertes et fermées dans K_2, donc accessibles, non semi-polaires (K_2 est accessible); comme $K_n' \notin \mathcal{F}$ on voit facilement que $\inf_K \Phi_K \leq 1-\varepsilon$. Si K est polaire, on a $\Phi_K = 0$.

- On p. 62, line 25 please replace

$$\gamma = \sup \{c(L);\ L \in \ \} \qquad \text{by} \qquad \gamma = \sup \{c(L);\ L \in \mathcal{F}\}$$

We apologize for these errors, which were due to a technical oversight.

E R R A T A

LECTURE NOTES IN MATHEMATICS, VOL. **1096**
Théorie du Potentiel, Edité par G. Mokobodzki et D. Pinchon
ISBN 3-540-13894-3

- On p.46, line 2 please replace

$$\sum_{\nu=1}^{\infty} R_{G_x}^{S_x^{\eta_\nu}}(y) \quad \text{by} \quad \sum_{\nu=1}^{\infty} \hat{R}_{G_x}^{S_x^{\eta_\nu}}(y)$$

- On p. 61, line 27 - p. 62, line 2 please substitute the following passage:

Si $K \subset K_2$ est non polaire, K est intersection d'une suite de parties K'_n ouvertes et fermées dans K_2, donc accessibles, non semi-polaires (K_2 est accessible); comme $K'_n \notin \mathcal{F}$ on voit facilement que $\inf_K \Phi_K \leq 1-\varepsilon$. Si K est polaire, on a $\Phi_K = 0$.

- On p. 62, line 25 please replace

$\gamma = \sup \{c(L);\ L \in \ \}$ by $\gamma = \sup \{c(L);\ L \in \mathcal{F}\}$

We apologize for these errors, which were due to a technical oversight.

Du 20 au 23 Juin 1983, au Département de Mathématiques de l'Université d'Orsay s'est déroulé un colloque de Théorie du Potentiel : il était tout particulièrement destiné à rendre hommage au professeur Jacques Deny pour son rôle éminent dans le développement de la théorie du potentiel en France et dans le monde.

Une première partie des actes de ce colloque regroupe les conférences introductives qui présentent l'oeuvre de Jacques Deny et témoignent de son influence. La seconde partie contient les contributions , nombreuses , des participants . Quelques uns d'entre eux n'ont pu, faute de temps, exposer leurs travaux pendant la durée trop limitée du colloque. On trouvera leur contribution dans ce volume, à l'hommage rendu à Jacques Deny.

Nous remerçions pour leur contribution financière le Centre National de la Recherche Scientifique, l'Université d'Orsay, l'Université Pierre et Marie Curie, l'Ecole Normale Supérieure de l'Enseignement Technique, l'Ecole Normale Supérieure et l'Ecole Polytechnique.

Le bon déroulement du colloque et son succès doivent beaucoup à sa parfaite organisation matérielle par Madame Anne-Marie Chollet : qu'elle en soit ici très vivement remerciée.

Nous remerçions aussi Madame Rolland et Madame Staudenmann de l'Equipe d'Analyse qui ont eu la lourde charge de la dactylographie de la plupart des textes et ont eu le souci d'une présentation de qualité.

Les articles de ce volume montrent que la théorie du potentiel est variée et multiple. Nous souhaitons maintenant au lecteur le plaisir de les découvrir.

Gabriel Mokobodzki

Didier Pinchon

- LISTE DES CONFERENCES DU COLLOQUE Jacques DENY -

Lundi 20 Juin 1983.

G. CHOQUET. Allocution introductive au colloque Jacques Deny.

A. ANCONA. L'énergie et la théorie du potentiel dans l'oeuvre de Jacques Deny.

F. HIRSCH. Aspects linéaires de la théorie du potentiel dans les travaux de Jacques Deny.

P.A. MEYER. Quelques aspects de l'énergie en probabilités.

J.M.G. WU. Harmonic measure of snow-flake domain.

H. ATTOUCH. Espaces de Dirichlet et inéquations varationnelles de la mécanique.

J. BLIEDTNER. Strongly simplicial cones in potential theory.

Ph. BOUGEROL. Noyaux potentiels sur les espaces symétriques.

Mardi 21 Juin 1983.

L. HEDBERG. Thin sets in nonlinear potential theory.

C. HERZ. Les frontières qui sont des variétés de contact.

P. MALLIAVIN. Fonctions quasi-continues pour les espaces de Sobolev sur l'espace de Wiener.

M. PIERRE. Problèmes semi-linéaires et capacités $W^{2,p}$.

G. MOKOBODZKI. Utilisation du compactifié fin pour la représentation des fonctions et des mesures.

C. BERG. Fonctions définies négatives et majoration du Schur.

N. BOULEAU. Décomposition de l'énergie par niveau de potentiel.

Mercredi 22 Juin 1983.

M. FUKUSHIMA. A Dirichlet form on a Wiener space and properties of Brownian motion.

N. EL KAROUI. Semi-groupes non linéaires en contrôle stochastique.

Y. GUIVARC'H. Fonctions harmoniques, frontière de Poisson et rigidité de groupes discrets.

D. FEYEL. Quelques applications d'un théorème de Moschovakis à la Théorie du Potentiel.

G. FORST. Une transformation des fonctions définies négatives.

J.P. KAHANE. Dimension capacitaire et dimension de Hausdorff.

J.P. ROTH. Spectre de Laplacien sur un graphe.

Y. MEYER. Conjecture de Kato sur la racine carrée d'opérateurs différentiels accrétifs.

A. de la PRADELLE. Sur le principe de domination fin complexe.

T. KOLSRUD. A variant of Brelot's fine minimum principle for the polyharmonic equation.

Jeudi 23 Juin 1983.

F. HIRSCH. Générateurs étendus et subordination au sens de Bochner.

P. SJÖGREN. Limit theorem for eigenfunctions of the Laplacian.

M. ITO. Sur les noyaux de convolution de type logarithmique.

A. CORNEA et U. SCHIRMEIER. Mappings between cones in duality.

A. ANCONA. Démonstration d'une conjecture de Brelot sur la capacité et l'effilement classique.

R. WITTMAN. Semi-groups related to Dirichlet's and Neumann's problem.

L. ELIE. Théorie du potentiel sur le groupe affine.

A. RAUGI. Une démonstration d'un théorème de Choquet-Deny par les martingales.

TABLE DES MATIERES

Colloque de Théorie du
Potentiel-Jacques Deny
- Orsay 1983 -

ALLOCUTION INTRODUCTIVE AU COLLOQUE DENY

par Gustave CHOQUET

Mon cher Deny,

Au cours des journées potentialistes qui te sont dédiées, des conférenciers venus de près, de loin, ou de très loin, vont ici, en témoignage d'amitié et d'admiration, faire le point sur l'état actuel de théories dont souvent tu as été l'initiateur.

Mais d'abord Ancona et Hirsch rappelleront les aspects les plus saillants de ton oeuvre mathématique.

Sur la scène du petit théâtre dont tu va être pendant quatre jours le spectateur, ton oeuvre t'apparaitra donc comme dans ces lunettes qu'on utilise, tantôt par le gros bout, tantôt par le petit bout, d'abord outrageusement condensée, puis enfin magiquement agrandie.

Pour moi, je veux d'abord te redire l'enrichissement que m'a apporté notre longue collaboration. Bien sûr, tu n'as pas réussi à faire de moi un joueur d'échecs ; et de plus, si nous sommes tous deux membres de la S.M.F., toi tu es aussi un membre passionné d'une autre S.M.F., la mycologique, avec un tableau de chasse de près de 2.000 champignons, gros, petits, ou micros.

Mais que de plaisirs nous avons eu à défricher ensemble de nouvelles voies potentialistes, à créer comme des dieux de nouveaux Principes, à découvrir de nouveaux noyaux, plus précieux à nos yeux que les plus beaux rubis.

Oui, une collaboration réussie, comme la nôtre, comme aussi celle que j'ai eue avec Brelot, apporte beaucoup de joies. C'est pourquoi je vais me tourner quelques instants vers nos frères en potentiel pour évoquer, surtout au bénéfice des plus jeunes, les points saillants de ta trajectoire et choisir parmi les fruits de notre collaboration ceux qui, dès le début, nous ont paru les plus juteux.

Mes chers collègues,

C'est en 4ième année d'Ecole Normale Supérieure, en 1938-39 que Jacques Deny eut son premier contact avec la théorie du potentiel, dans un cours de Lebesgue au Collège de France (ce fut l'avant dernier) sur le problème de Dirichlet ; il y fut question évidemment de points irréguliers et d'épines. Les notes de Deny, écrites en micro-lettres lisibles seulement par le scripteur, sur un cahier du Pot au papier jaune-crème, existent encore.

A Casablanca, de 1940 à 42, son temps fut partagé entre la lecture du livre d'intégration de Saks, la contemplation des plages atlantiques, et un gros travail d'enseignement. Mais, le mal du pays aidant, il revint en France, pour s'y faire coincer par le débarquement américain au Maroc ; que faire alors sinon demander et obtenir une bourse au C.N.R.S.; et voilà comment les G.I.s ont déclanché une vocation de chercheur.

En 42 donc, Deny rédige ses notes du cours Lebesgue et s'initie aux travaux de Brelot et de Frostman.

Nos intérêts mathématiques convergent alors ; nous allons ensemble au Séminaire Cartan de topologie générale. Deny m'apprend un peu de potentiel et nous écrivons notre premier travail en commun : "Sur une propriété de moyenne caractéristique des fonctions harmoniques et polyharmoniques". Notre point de départ était une observation élémentaire dans le cadre des fonctions pré-harmoniques chères à Bouligand, d'où résultait que toute fonction harmonique sur un carré plan a des moyennes égales sur son pourtour et sur ses diagonales. Ce petit travail eut le mérite, tout en nous amusant, de nous faire connaître grâce à Cartan, le théorème de Hahn-Banach, mais aussi de constituer le petit cristal qui, peu de temps après, déclancha chez Schwartz la naissance des distributions.

En 44, à Gérardmer, résidence familiale, Deny est ramassé par les Allemands, déporté 6 mois à Karlsruhe, et ne revient à Paris qu'en Avril 45. Cet hiver 45, Cartan tient un Séminaire sur la théorie du potentiel, et Schwartz dans le cadre du cours Peccot au Collège de France parle des toutes jeunes distributions, dont Deny va bientôt être le premier utilisateur.

En 1947 Deny, à la tête d'une dizaine de publications, mais encore sans thèse, est nommé - Oh !, temps heureux, - Maitre de Conférences à Strasbourg.

Mais en 1948 la thèse, bien charnue et digne des Acta Mathematica, est soutenue devant un Jury composé de Denjoy, Cartan, Bouligand. Ici se place un épisode qui fait partie maintenant de la Gesta matematica, section Denysia :
La veillée d'armes précédant le grand évènement est pour Deny une véritable nuit blanche, passée à prévoir les plus insidieuses questions d'un Jury supposé omniscient ; aussi lorsque Cartan, devant le trac visible de l'impétrant lui dit "Mais, Monsieur Deny, dites-nous finalement ce qu'il y a d'intéressant dans votre thèse", celui-ci répond très simplement "Monsieur, il n'y a rien, rien d'intéressant". Vit-on jamais plus admirable modestie ? Et pourtant ! Pourtant, que cette thèse était riche ! :

- Théorie du potentiel à noyaux distributions,
- Détermination du complété de l'espace préhilbertien E des mesures d'énergie finie, (espace E tout récemment introduit par Cartan).
- Première apparition des espaces BLD (ce sigle introduit plus tard par Nikodym ne plaisait pas à Beppo-Levi, sans doute parce qu'il lui fait occuper les 2/3 du sigle).

- Début des aspects linéaires de la théorie du potentiel, en particulier équivalence des principes de balayage et de domination.

En automne 1955, Deny et moi sommes indépendamment invités à l'Institute de Princeton, l'un par Beurling-Leray, l'autre simplement par Leray. Indépendamment aussi chacun de nous était arrivé à la conclusion que pour découvrir les ressorts cachés de la théorie du potentiel, il fallait temporairement la débarrasser de l'usage de l'énergie - en d'autres termes la linéariser complètement - ne serait-ce que pour l'étude des noyaux non symétriques.

Une courte conversation nous décide à unir nos efforts ; Gauss dans son ciel nous protégeait et nous fit obtenir un splendide bureau commun : C'était celui d'Einstein, récemment décédé ; ce présage nous faisait bien augurer de notre séjour ; nous tâchames de ne pas démériter de notre auguste patron, encouragés dans ce dessein par les visites au cours des week-ends, de timides familles japonaises venues en pélerinage jeter un regard ému dans le bureau du grand disparu.

Permettez-moi de vous dire avec quelque détail ce que fut notre travail de cet automne, parce qu'il fut pour nos recherches futures une source d'inspiration.

Nous voici, libres de tout souci, et bien déterminés à découvrir les ressorts cachés de la théorie. On va donc rejeter toute structure différentiable et toute structure de groupe sur l'espace de base X ; ce sera simplement un espace localement compact ou même un ensemble muni d'une tribu de parties ; et un noyau sur X sera un opérateur linéaire positif $x \to Nx$, où x et Nx sont, soit des fonctions, soit des mesures positives sur X . Mais dans l'immédiat, nous choisissons des espaces X assez inusuels, mais fort simples et dont on espère que le cas général en sera en un certain sens une limite : à savoir des ensembles finis. Ce cadre est bien commode : mesures et fonctions sur X sont indiscernables ; il n'y a plus ni points irréguliers, ni ensembles exceptionnels, et un noyau n'est autre qu'une application positive de $\mathbb{R}^n$ dans $\mathbb{R}^n$

(si n = card X), autrement dit une matrice carrée d'ordre n , d'éléments $g_{iy} \geqq 0$.

Effectivement, dans un tel modèle fini, définitions et propriétés classiques du cadre newtonnien se formulent bien : Principes du balayage, de domination, du maximum, de la borne inférieure, de la positivité des masses. Et on examine ensuite les relations entre ces diverses propriétés : Par exemple pour un noyau non dégénéré, balayage et domination sont équivalents, et entraînent le principe de la borne inférieure ; cette dernière propriété, après une permutation éventuelle de l'espace X entraîne elle-même balayage et domination. Mais l'interprétation géométrique des diverses principes nous conduit aussi à des noyaux extrêmement différents des noyaux classiques : Ce sont les noyaux inverses dans lesquels les propriétés de balayage et de domination se définissent en remplaçant partout les signes $\leqq$ par $\geqq$, et l'opération "borne inférieure" par "borne supérieure".

Laissez-moi vous révéler ce que fut notre guide, non pas pour la preuve, mais pour la découverte des relations entre divers principes : Ce fut - gloire à Euclide - un peu de géométrie du triangle ; en effet, lorsque n = 3 , la validité de chacun des principes de base s'interprète par la position mutuelle de deux triangles, l'un intérieur à l'autre. Et il se trouve que ce cas particulier n = 3 , est assez riche pour contenir en germe toutes les subtilités de la théorie. Les deux dessins qui suivent illustrent, le premier le principe de domination, direct pour le premier, inverse pour le second.

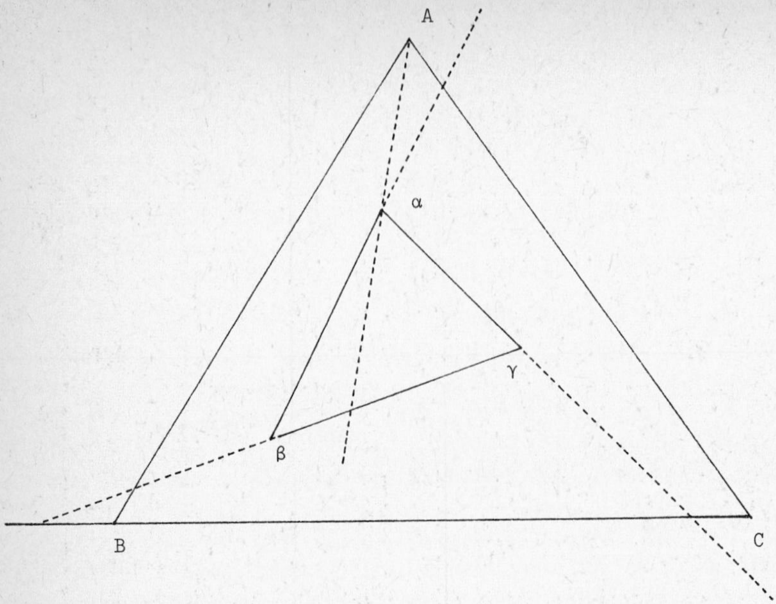
A
α
γ
β
B
C

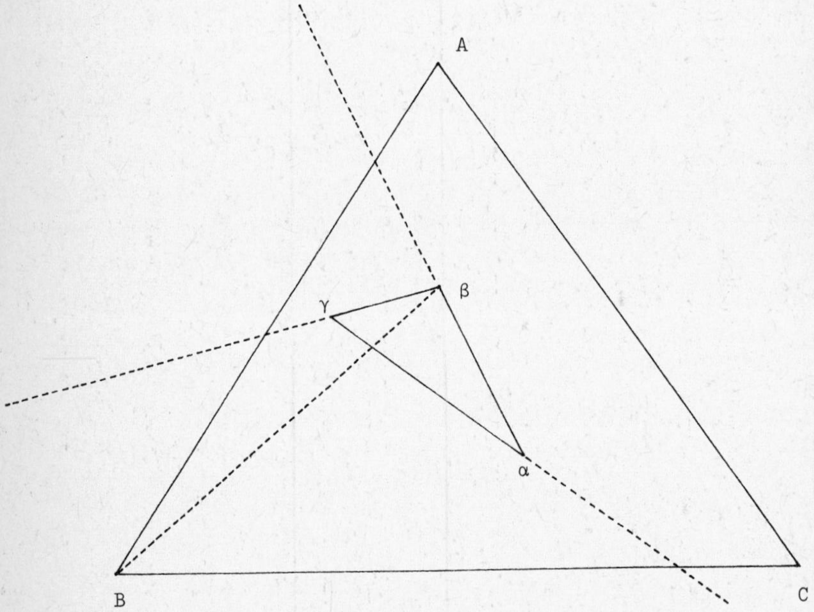
A
β
γ
α
B
C

J'énumèrerai brièvement maintenant d'autres recherches esquissées ou complétées à Princeton.

- Une sorte de $\frac{1}{2}$ théorème de Stone-Kakutani, concernant des cônes connexes de fonctions continues, semi-réticulés inférieurement.
- Une série de 3 Notes sur les Noyaux de convolution sur les groupes abéliens localement compacts, qui fut complétée en 1973 par un Mémoire déterminant la structure de tous les noyaux vérifiant le principe du balayage sur tout ouvert. La recherche de ces noyaux nous conduisit, d'une part à une inégalité fort utile que nous baptisâmes du nom de TV-inégalité, tant elle nous parut vénérable. Elle nous conduisit aussi à la recherche des solutions $\mu \geqq 0$ de l'inéquation $\mu * \alpha \leqq \mu$ où α est une mesure $\geqq 0$ donnée sur le groupe G. Aujourd'hui encore pour un groupe G non abélien, cette relation fort utile conserve l'essentiel de son mystère.

Je dois une reconnaissance toute particulière à cette dernière inéquation ; sa solution passe par une représentation intégrale en termes de solutions extrémales ; je possédais à l'époque un théorème qui me semblait résoudre le problème, mais qui ne plaisait pas à Deny ; il rechigna tant que de guerre lasse je me mis à étudier les cônes faiblement complets, dont l'un était le cône des solutions de $\mu * \alpha \leqq \mu$; je leur mis ensuite des chapeaux compacts ; et cette compacité rassura alors entièrement Deny.

Je profite de cet exemple où se manifesta le caractère exigeant de Deny pour souligner plusieurs traits de sa personnalité de chercheur. Il est donc exigeant, à la fois de rigueur, de simplicité et d'élégance. Il n'est entièrement satisfait que lorsque l'édifice qu'il a construit a une structure si simple qu'il peut la percevoir d'un seul regard de l'esprit : cela explique peut-être sa célèbre réponse à Cartan lors de sa soutenance de thèse.

C'est un Analyste, mais il est à l'affût de relations algébriques simples dont les conséquences seront un escalier solide pour sa progression ultérieure. C'est ainsi qu'il découvrait l'outil étonnant des noyaux élémentaires ; je ne résiste pas au plaisir d'illustrer leur introduction par les quelques équations qui l'y ont amené. Traduisons la possibilité du balayage de δ sur un ouvert ω, pour le noyau de convolution N ; On a $N * \sigma \leqq N$ partout, avec égalité sur ω, la mesure $\sigma \geqq 0$ étant portée par $\overline{\omega}$; ceci se traduit par : $N = N * \sigma + \mu$, où $\mu \geqq 0$ est portée par $\complement\omega$.

Donc $N * (\delta - \sigma) = \mu$, donc $N = \mu * (\delta + \sigma + \sigma^2 + \ldots + \sigma^n + \ldots) + \lim \downarrow (N * \sigma^n)$

Le noyau $(\sum_0^\infty \sigma^n)$ est un noyau élémentaire.

Ces qualités, exigence, travail, rigueur, élégance, il les a transmises à ses nombreux élèves, dont quelques uns sont ici aujourd'hui : P.A. Meyer, Hirsch, Roth, Faraut, Harzallah.

Il a exprimé la substance de quelques uns de ses cours de 3ème cycle dans des polycopiés maintenant introuvables : "Semi-groupes","Théorie de Hunt", "Probabilités et potentiel".

Il a, par son rayonnement, attiré à Orsay d'illustres étrangers, tels G. Hunt et C. Herz. Son séminaire d'Orsay a été l'une des deux pépinières parisiennes du Potentiel, et il a également été l'un des fondateurs et des animateurs du Séminaire B.C.D. de l'Université PARIS VI, actuellement animé par Hirsch et Mokobodzki.

Mais dans mon plaisir d'évoquer ma collaboration avec Deny, je nous ai laissés à Princeton en 1955 ; en fait, cet automne fut aussi pour Deny le début d'une collaboration extrêmement fructueuse avec Beurling, qui devait se confirmer par deux autres séjours à Princeton en 57 et en 62, et aboutir à la découverte d'un nouveau monde. Les espaces de Beurling-Deny, modestement appelés par eux espaces de Dirichlet ; c'était un retour à l'énergie, mais dans un cadre d'une ampleur étonnante, où tous les grands problèmes sont loin d'être résolus. Ce fut aussi pour Deny l'occasion de se familiariser avec les fonctions définies positives ou négatives, qui le conduisirent à sa remarquable caractérisation de noyaux de convolution $N \geqq 0$ sur G groupe abélien localement compact :

$\hat{N} = \frac{1}{f}$ où f est définie négative et $\frac{1}{f} \in L^1_{\ell oc}$

$\hat{N} = \frac{f}{g}$, où f,g sont définies négatives et $\frac{f}{g} \in L^1_{\ell oc}$

(avec quelques conditions de croissance évidentes) caractérisent respectivement les noyaux $N \in \mathcal{B}$ et les noyaux satisfaisant au principe classique du maximum.

Mais c'est là un autre monde à la découverte duquel je n'ai pas pris part et j'arrêterai ici le chapelet de mes souvenirs.

Je terminerai en indiquant seulement, pour que vous vous en réjouissiez avec moi, que Jacques Deny a été le lauréat, en décembre dernier, du Grand Prix Scientifique de la Ville de Paris.

Colloque de Théorie du
Potentiel-Jacques Deny
- Orsay 1983 -

L'ENERGIE ET LA THEORIE DU POTENTIEL DANS L'OEUVRE DE JACQUES DENY

Alano ANCONA

Aperçu historique.

L'énergie a été sous deux formes différentes introduite et utilisée par Gauss et Riemann. Gauss (1840) se guidant sur le modèle physique de l'électrostatique considérait l'intégrale énergie $\|\mu\|_e^2 = \int U_\mu \, d\mu$ (μ : mesure positive sur $\mathbb{R}^3$, $U_\mu = \frac{1}{r} * \mu$) pour esquisser une solution à trois problèmes fondamentaux de la théorie du Potentiel : le problème de Dirichlet, le problème de l'équilibre (étant donné $\mathbb{K} \subset \mathbb{R}^3$, $\mathbb{K}$ compact, trouver une mesure positive μ sur $\mathbb{K}$, de masse 1, et de potentiel U_μ constant sur $\mathbb{K}$), et le problème du balayage (étant donnés un compact $\mathbb{K} \subset \mathbb{R}^3$, et ν une mesure $\geqslant 0$ sur $\mathbb{R}^3$ trouver une mesure $\geqslant 0$ μ sur $\mathbb{K}$ telle que $U_\mu = U_\nu$ sur $\mathbb{K}$). Si on imagine que $\mathbb{K}$ est un conducteur dans le vide et qu'on a déposé sur $\mathbb{K}$ une quantité de charges électriques, ces charges vont à l'équilibre se répartir selon une distribution μ de potentiel constant sur $\mathbb{K}$. D'où l'idée de chercher μ positive de masse 1 sur $\mathbb{K}$, minimisant $\|\mu\|_e^2$ pour résoudre l'équilibre. Une autre interprétation physique simple conduit à chercher la balayée μ de ν sur $\mathbb{K}$ en minimisant l'intégrale $\int (U_\mu - 2U_\nu)\, d\mu$ (ou $\|\mu-\nu\|_e^2$) , μ variant dans $\mathcal{M}_+^1(K)$.

Riemann introduisait (vers 1850) l'intégrale de Dirichlet $I(f) = \int_\omega \vec{\nabla} f^2\, dX$ (f fonction numérique sur $\omega \subset \mathbb{R}^n$) pour résoudre le problème de Dirichlet. Le lien avec l'intégrale énergie, pour $n \geqslant 3$, est donné par la relation $I(U_\mu) = (n-2)\, s_n \|\mu\|_e^2$, l'intégrale de Dirichlet étant étendue à $\mathbb{R}^n$, et $U_\mu = \frac{1}{r^{n-2}} * \mu$ (μ est supposée assez régulière).

Si la méthode de Riemann fut relativement vite justifiée, ce n'est qu'en 1935 que O.Frostman parvint dans sa thèse à rendre rigoureuse la démarche de Gauss ; il montre qu'on a l'existence et l'unicité de la solution aux problèmes de l'équilibre et du balayage à condition de raisonner à ensemble de capacité intérieure nulle près : A est de capacité intérieure nulle, s'il n'existe pas de mesure $\mu \geqslant 0$, $\mu \neq 0$, concentrée sur A en endrant un potentiel U_μ borné. Frostman étend ses résultats aux noyaux de M. Riesz $h_\alpha(x) = \frac{1}{\|x\|^{n-\alpha}}$ pour $\alpha \in]0,2]$, ce qui fut une motivation importante pour les généralisations futures. La période suivante (1940-46) est marquée par l'apport de Henri Cartan qui cherche à dégager des méthodes et des principes simples permettant d'approfondir et d'étendre la théorie de Frostman-Riesz ; une de ses idées est d'utiliser des techniques de projection hilbertienne , ce qui l'amène à montrer que $\mathcal{E}_+^\alpha(\mathbb{R}^n) = \{\mu \in \mathcal{M}^+(\mathbb{R}^n) ; h_\alpha * \check{\mu} * \mu(0) < \infty\}$ est complet pour la norme énergie d'ordre α si $0 < \alpha \leqslant 2$. Une conséquence importante de ses méthodes est qu'une suite décroissante $\{f_n\}$ de fonctions surharmoniques $\geqslant 0$ sur un domaine $\Omega \subset \mathbb{R}^n$ admet une enveloppe inférieure $\varphi = \inf f_n$ qui ne diffère de sa régularisée s.c.i. $\hat{\varphi}$ que sur un ensemble de capacité extérieure nulle. Mentionnons aussi le principe de domination de Cartan : si $\mu,\nu \in \mathcal{E}_+^\alpha(\mathbb{R}^n)$ ($0 < \alpha \leqslant 2$, $n \geqslant 2$, $\alpha \neq n$) et $h_\alpha * \mu \leqslant h_\alpha * \nu$ μ-presque partout, alors $h_\alpha * \mu \leqslant h_\alpha * \nu$ partout sur $\mathbb{R}^n$. L'énoncé analogue où on suppose que $h_\alpha * \mu \leqslant h_\alpha * \nu + 1$ μ-presque partout est appelé principe complet du maximum. Ces énoncés devaient jouer un rôle de premier plan dans les travaux ultérieurs de J. Deny.

La thèse de J. Deny (1946-48).

C'est dans cet ensemble que vient s'inscrire la thèse de J. Deny. ("Les Potentiels d'énergie finie", Acta Maths. 1950) qu'il achève de rédiger dès 1948. On peut distinguer trois questions à l'origine de sa thèse : ① Identifier le complété $\hat{\mathcal{E}}(\mathbb{R}^n)$ de l'espace des mesures d'énergie finie (non nécessairement positives) muni de la norme énergie, ② Etendre à une large classe de noyaux de convolution sur $\mathbb{R}^n$ la propriété de complétude du cône des mesures positives d'énergie finie, en particulier pour tous les noyaux de Riesz, ③ Préciser le lien entre les potentiels d'énergie finie et les fonctions de Beppo-Lévi (B.L). On dit qu'une fonction numérique f sur un ouvert ω de $\mathbb{R}^n$ est B.L., si f est absolument continue sur presque tout axe parallèle à l'un des axes de la base canonique de $\mathbb{R}^n$, et si chaque dérivée partielle $\frac{\partial f}{\partial x_i}$ (qui existe presque partout sur ω) est de carré intégrable sur ω. (Définition de O. Nikodym).

Une idée importante fut d'utiliser la théorie à peine naissante des distributions de L. Schwartz ; la thèse de J. Deny en a été la première application et illustration. Ainsi, dès 1946, Deny montrait que le complété $\hat{\mathcal{E}}(\mathbb{R}^n)$ (classique) s'identifiait à l'espace des distributions magnétiques $\mu = \mathrm{div}(\vec{I})$, $\vec{I}$ parcourant $L^2(\mathbb{R}^n,\mathbb{R}^n)$, muni d'une norme convenable.

Dans sa thèse, il adopte un point de vue beaucoup plus général qui devait se révéler très fécond par la suite : on part d'une distribution tempérée $\mathbb{K}$ sur $\mathbb{R}^n$, de type positif, et on suppose que $\hat{\mathbb{K}}$ est localement intégrable, > 0 presque partout, de même que $\frac{1}{\hat{K}}$ supposée de plus à croissance lente. On peut alors introduire l'espace $\mathcal{M}$ des distributions d'énergie finie, et celui des potentiels d'énergie finie (relativement à $\mathbb{K}$)

$$\mathcal{M} = \{\mu \in \mathcal{S}' \ ; \ \hat{\mu} \in L^1_{loc} \quad \text{et} \quad \int |\hat{\mu}|^2 \, . \, \hat{K} \, dx < +\infty\}$$

$$\mathcal{U} = \{\mu \in \mathcal{S}' \ ; \ \hat{\mu} \in L^1_{loc} \quad \text{et} \quad \int |\hat{\mu}|^2 (\hat{K})^{-1} \, dx < \infty\}$$

$\mathcal{M}$ et $\mathcal{U}$ étant normés de manière évidente, $\mathcal{M}$ et $\mathcal{U}$ sont des espaces de Hilbert, les injections canoniques $\mathcal{M} \hookrightarrow \mathcal{S}'$, $\mathcal{U} \hookrightarrow \mathcal{S}'$ sont continues, et $\mu \mapsto \nu$ (avec $\hat{\nu} = \hat{\mu}\hat{K}$) définit un isomorphisme de $\mathcal{M}$ sur $\mathcal{U}$. Une technique de "balayage" (ou pseudo-balayage) montre que $\mathcal{D}$ est dense dans $\mathcal{M}$ et dans $\mathcal{U}$, de sorte que $\mathcal{M}$ et $\mathcal{U}$ sont deux espaces duaux de distributions. Il est intéressant d'observer que Deny propose ce formalisme bien avant l'introduction et l'utilisation des espaces de Sobolev.

Conséquence : Pour F fermé $\subset \mathbb{R}^n$, $\mathcal{M}_+(F) = \{\mu \in \mathcal{M} ; \mu \text{ mesure} \geqslant 0 , \text{ supp}\,\mu \subset F\}$ est complet pour la norme énergie.

Exemples : Noyaux de Riesz : $K(x) = \dfrac{1}{\|x\|^{n-\alpha}}$ $(0 < \alpha < n)$; noyaux de Bessel : $\hat{K}(x) = (1 + \|x\|^2)^{-m}$ (pour m entier $\geqslant 0$, on obtient pour $\mathcal{M}$ et $\mathcal{U}$ les espaces de Sobolev H^{-m}, H^m) ; autre exemple : $\mathbb{K}$ est une mesure $\geqslant 0$, non nulle, tendant vers 0 à l'infini et surharmonique (de classe C^2 si $n \leqslant 2$) sur $\mathbb{R}^n \setminus \{0\}$ (cet exemple est dû à F. Hirsch).

Deny considère ensuite le cas important $\mathbb{K} \geqslant 0$; il introduit deux définitions:

a) pour ω ouvert de $\mathbb{R}^n$, la capacité $\text{Cap}(\omega)$ de ω est définie par $\text{Cap}(\omega) = [\inf \{\|\mu\|_e^2 ; \mu \text{ mesure} \geqslant 0 \text{ de masse 1 portée par } \omega\}]^{-1}$; la capacité se prolonge à $\mathcal{P}(\mathbb{R}^n)$ en une fonction dénombrablement sous additive, continue à droite

b) si Ω est un ouvert de $\mathbb{R}^n$, et f une fonction numérique sur Ω, on dit que f est quasi-continue (q.c) s'il existe une suite $\{\omega_n\}_{n \geqslant 1}$ d'ouverts de Ω telle que (i) $\lim_{n\to\infty} \text{cap}(\omega_n) = 0$ et (ii) $\forall n \geqslant 1$, $f_{/\Omega \setminus \omega_n}$ est continue ; un ensemble de capacité nulle est de mesure de Lebesgue nulle.

Deny établit alors les propriétés suivantes :

1) Il existe un espace vectoriel $\tilde{\mathcal{U}}$ de classes de fonctions quasi-continues et localement intégrables sur $\mathbb{R}^n$ (classes pour l'égalité en dehors d'un ensemble de capacité nulle) tel que l'application canonique $\varphi : \tilde{\mathcal{U}} \to \mathcal{L}^1_{loc}(\mathbb{R}^n)$ induise une bijection de $\tilde{\mathcal{U}}$ sur $\mathcal{U}$. Chaque $f \in \mathcal{U}$ admet donc un "représentant" $\tilde{f}$ quasi-continu, défini à un ensemble de capacité nulle près.

2) si $\{f_n\}_{n \geqslant 1}$ est une suite dans $\mathcal{U}$ convergeant vers f, il existe alors une

sous suite $\{\tilde{f}_{n_k}\}$ convergeant vers $\tilde{f}$ quasi partout.

3) Si $\mu \in \mathcal{M}_+$, $f \in \mathcal{U}$ alors $\tilde{f} \in \mathcal{L}^1(\mu)$ et $< \mu, f > = \int \tilde{f}\, d\mu$.

Ces résultats sont appliqués à l'étude du principe de domination (noté (D)) de Cartan ; on a :

α) (D) $\Longleftrightarrow$ principe d'enveloppe inférieure (si $\mu, \nu \in \mathcal{M}^+$, il existe $\lambda \in \mathcal{M}^+$ telle que $K * \lambda = \inf(K * \mu, K * \nu)$). Cette équivalence est un énoncé de type nouveau.

β) (D) entraîne la synthèse spectrale : notant $\mathcal{M}_F$ (resp $\mathcal{M}^+_F$) l'ensemble des $\mu \in \mathcal{M}$ (resp $\mu \in \mathcal{M}^+$) portée par F , on a dans $\mathcal{M}$: $\overline{\mathcal{M}^+_F - \mathcal{M}^+_F} = \mathcal{M}_F$.

Ce théorème est en relation étroite avec une notion (la synthèse spectrale) et des résultats antérieurs de A. Beurling.

Avec nos notations, Beurling avait par exemple établi la synthèse spectrale pour $n = 1$ et $\hat{K}(x) = (1+|x|)^{-\alpha}$ $0 < \alpha \leqslant 1$; ce qui peut aussi se déduire du résultat de J. Deny.

Enfin Deny étudie, dans le cas $\mathbb{K}(x) = \|x\|^{2-n} (n \geqslant 3)$, les relations entre potentiels d'énergie finie, fonctions quasi-continues et fonctions du type B.L. (Beppo-Lévi).

Une f B.L. n'est pas nécessairement quasi-continue, mais tout potentiel "précisé" $\tilde{u} \in \tilde{\mathcal{U}}$ est du type B.L. et on a $\|u\|_e^2 = (n-2)\, s_n \int \|\nabla u\|^2\, dx$. Inversement si u est B.L. sur $\mathbb{R}^n$, il existe $c \in \mathbb{R}$ tel que $u-c \in \mathcal{U}$.

Les représentants $\tilde{u}$ sont les fonctions B.L.D. (Beppo-Lévi-Deny) ; le maniement des fonctions B.L.D. est beaucoup plus commode que celui des fonctions B.L. ; c'est un point de vue à la fois plus fin et plus intrinsèque ; comme cela avait été prédit dans un article de Deny-Lions ce sont les deux points de vue introduits par Deny qui se sont montré les plus utiles : celui consistant à considérer $\mathcal{U}$ (le moins fin) et celui de $\tilde{\mathcal{U}}$ (le plus fin). Pour terminer, ce survol de la thèse de Deny, citons deux belles conséquences qu'il tire de sa théorie

1) si $f \in$ BLD (ω) , ω domaine de "classe C^2", alors f admet des limites radiales quasi-partout sur $\partial\omega$, ce qui généralisait un résultat de A. Beurling.

2) Pour Ω domaine quelconque, toute $F \in$ BLD (Ω) se décompose en $H + U$,

avec H harmonique BL , U (prolongée par 0 hors de Ω) dans BLD $(\mathbb{R}^n)$; cet énoncé étendait un théorème de L. Ahlfors pour les fonctions BL de classe C^1. Cet ensemble de résultats et de méthodes étaient appelé à jouer un rôle de premier plan en théorie fine du Potentiel dans ses relations aux espaces de Sobolev. Il a été abondemment utilisé dans la théorie fine - développée bien plus tard - des espaces de Sobolev d'ordre supérieur. Très récemment, B. Fuglede a montré comment une utilisation adéquate des fonctions BLD permet d'obtenir un exposé assez simple de la théorie des fonctions finement holomorphes.

Les espaces de Dirichlet (à partir de 1957).

Avec les espaces de Dirichlet, Beurling et Deny ont découvert un cadre à la fois très simple et très général :

Considérons un espace de Hilbert H , muni d'une injection $H \hookrightarrow L^1_{loc}(\xi)$, (ξ mesure > 0 sur X localement compact). Par transposition, on a un "noyau" $U : M \longmapsto H$, en notant M l'espace des fonctions complexes ξ-mesurables, bornées et à support compact. Par définition , $< U_f, u >_H = \int f\, \bar{u}\, d\xi$ pour $u \in H$. On peut aussi introduire un cône de potentiels $\mathcal{P}$ en posant

$$\mathcal{P} = \overline{\{U_f \; ; \; f \in M_+\}} = \{u \in H \; ; \; \forall v \in H_+ \; , < u,v >_H \geq 0\} .$$

Beurling et Deny ont montré que les "bonnes propriétés" sur U ou sur $\mathcal{P}$ équivalent à des propriétés de stabilité de H par contractions ; pour énoncer quelques uns de leurs résultats introduisons les conditions suivantes :

(A) La contraction module opère sur $H : u \in H \Rightarrow |u| \in H$ et $\| |u| \|_H \leq \|u\|_H$

(B) La contraction unité opère sur $H : u \in H \Rightarrow v = (\mathrm{Re}\, u)^+ \wedge 1 \in H$ et $\|v\|_H \leq \|u\|_H$.

(C) Toutes les contractions opèrent sur H : si $u \in H$, et si $v\ X \to \mathbb{C}$:

$$\left.\begin{cases} |v(x)| \leq |u(x)| & (x \in X) \\ |v(x) - v(y)| \leq |u(x) - u(y)| & (x,y \in X) \end{cases}\right\} \quad v \in H \text{ et } \|v\| \leq \|u\|.$$

lorsque (C) est vérifiée on dit que H est un espace de Dirichlet.

1) Etude des principes de la théorie du potentiel. Dans ce cadre on a :

(A) $\Longleftrightarrow$ $\mathcal{P}$ est inf-stable $\Longleftrightarrow$ U vérifie le principe de domination.

et : (B) $\iff$ (C) $\iff$ U vérifie le principe complet du maximum $\iff \forall\ p,q \in \mathcal{P}$, $\inf(p,q+1) \in \mathcal{P}$. Certaines implications n'ont été établies que vers 1965 par J. Deny.

Exemple : Prenons une fonction G symétrique s.c.i., à valeurs dans $[0,+\infty]$ sur le carré $X \times X$ d'un espace compact X. On pose pour μ mesure $\geqslant 0$ sur X, $G\mu(x)=\int G(x,y)d\mu(y)$ $(x \in X)$; Supposons que G vérifie le principe complet du maximum : Pour μ,ν mesures $\geqslant 0$ sur X avec $\int G\mu\, d\mu < \infty$, $G\mu \leqslant G\nu + 1$ μ-p.p entraîne $G\mu \leqslant G\nu +1$ partout sur X. Donnons nous enfin une mesure $\geqslant 0$ ξ sur X telle que $\int G_\xi\, d\xi < \infty$, et posons : U_f = la classe de $G_{f\xi}$ dans $L^1(\xi)$ pour $f \in L^\infty(\xi)$, $\|U_f\|^2 = \iint G(x,y)\, f(x)\, \overline{f(y)}\, d\xi(x)\, d\xi(y)$, $H_o = \{U_f \; ; \; f \in \mathcal{L}^\infty(\xi)\}$.
Alors, le complété $\hat{H}_o$ de H_o muni de $\|\,.\,\|$ est un espace de Dirichlet sur X de base ξ.

2) Extension de la théorie des fonctions B.L.D : on suppose que la contraction module opère sur H, que $\operatorname{supp}(\xi) = X$ et que $K(X)$"$\cap$" H est dense dans H et dans $K(X)$; $K(X)$ désigne l'espace des fonctions complexes continues à support compact sur X.

On définit une capacité sur X en posant $c_H(A) = \inf\{\|u\|_H^2 \; ; \; u \in H$, $u \geqslant 1$ ξ.p.p au voisinage de $A\}$; si $c_H(A) = 0$, on dit que A est polaire. Alors:

1) Tout $u \in H$ admet un représentant q.c. $\tilde{u}$, unique à une modification sur un ensemble polaire près.

2) Si $\mathcal{E}_+ = \{\mu \; ; \; \mu$ mesure $\geqslant 0$ sur X et $\exists\, c > 0$ tel que $|\mu(\varphi)| \leqslant c\, \|\varphi\|_H$ pour $\varphi \in H \cap K(X)\}$ alors $\mathcal{E}_+$ s'identifie naturellement au cône des formes linéaires croissantes sur H ; à $\mu \in \mathcal{E}_+$, on peut associer un potentiel $U_\mu \in \mathcal{P}$ tel que $< U_\mu, v >_H = \int \tilde{v}\, d\mu$ pour $v \in H$. $\mu \to U_\mu$ est une bijection de $\mathcal{E}_+$ sur le cône $\mathcal{P}$.

Conséquences : Principe de domination de Cartan, théorème de convergence et théorème de Synthèse spectrale ; problème d'obstacle : pour $u \in H$, la projection $R(u)$ de 0 sur $\{v \in H \; ; \; v \geqslant u\}$ est un potentiel, donc de la forme $U_\mu (\mu \in \mathcal{E}_+)$ et μ est portée par l'ensemble défini à un polaire près, $[u = U_\mu]$.

De nombreux auteurs ont depuis appliqué les techniques des espaces de Dirichlet aux équations aux dérivées partielles,et à divers problèmes variationnels (y compris certaines extensions délicates au cas paraboliques).

3) Recherche des formes de Dirichlet :

Dès 1958, Beurling et Deny annonçaient une décomposition des formes de Dirichlet que G. Allain (1973) puis Anderson (1974) devaient préciser et étendre à un cadre très général : si Q est une forme quadratique positive sur $V \subset K\text{-}X)$, V dense dans $K(X,R)$ et si la contraction unité opère sur (V,Q) , on a :

$$\forall\, f,g \in V \quad Q(f,g) = \int fg\, d\mu + \iint (f(x) - f(y)\; g(x) - g(y))\, d\sigma(x,y) + N(f,g)$$

où μ est une mesure positive sur X , σ une mesure $\geqslant 0$ sur le complémentaire de la diagonale de X^2 , et N une forme "locale" sur laquelle T_1 opère.

D'après J.P. Roth si toutes les contractions opèrent sur Q , elles opèrent alors sur $\mathbb{N}$, et d'après Anderson, si X est un ouvert de $\mathbb{R}^n$ et si V contient K^1 l'espace des fonctions de classe C^1 à support compact dans X :

$$\forall\, f,g \in K^1(X)\, ,\; N(f,g) = \sum \int_X \frac{\partial f}{\partial x_i} \frac{\partial g}{\partial x_j}\, d\nu_{ij}$$

où $\{\nu_{ij}\}$ une famille symétrique et de type positif de mesures sur X .

Dans le cadre L^2 , Deny a donné plusieurs caractérisations des formes de Dirichlet ; dès 1957, Beurling et Deny ont trouvé une très belle caractérisation dans le cas invariant par translation : Soient G un groupe localement compact abélien, ξ une mesure de Haar sur G , V un sous-espace dense de $L^2(\xi)$, et Q une forme hermitienne positive fermée sur V , V et Q étant invariants par translations. Rappelons qu'une fonction ψ continue, réelle paire sur T, le groupe dual de G, est dite définie négative si $\sum_{i,j} [\psi(\gamma_i) + \psi(\gamma_j) - \psi(\gamma_i - \gamma_j)]\, \lambda_i\, \lambda_j$ est positif pour toute suite finie $\gamma_1,\ldots,\gamma_n$ dans T , et toute suite de réels $\lambda_1,\ldots,\lambda_n$. Pour ψ continue symétrique sur T , on a l'équivalence : ψ définie négative $\Leftrightarrow \psi(0) \geqslant 0$ et $\bar{e}^{t\psi}$ est définie positive pour tout $t > 0$
$\Leftrightarrow$ Il existe $a \in \mathbb{R}_+$, q une forme quadratique continue positive, et σ une mesure sur $G \setminus \{0\}$ tels que : $\psi(\gamma) = a + q(\gamma) + \frac{1}{2} \int |1 - \langle x,\gamma\rangle|^2\, d\sigma(x) \quad (\gamma \in T)$.

On a alors les équivalences suivantes :

La contraction module opère sur $(Q,V) \Longleftrightarrow$ Toutes les contractions opèrent sur (Q,V)

$\Longleftrightarrow$ Il existe ψ définie négative sur T avec $Q(u) = \int |\hat{u}(\gamma)|^2 \psi(\gamma)\, d\gamma$.

On retrouve le formalisme de la thèse de Deny. De plus, si ces propriétés ont lieu, (V,Q) engendre un espace de Dirichlet régulier si et seulement si $\psi > 0$ presque partout sur T et si $1/\psi$ est localement intégrable. Le noyau-potentiel associé à $\hat{V}$ est alors un noyau de convolution par une mesure positive $\mathbb{K}$, et on a $\hat{\mathbb{K}} = 1/\psi$.

Ajoutons que Ito Masayuki a montré que si $\mathbb{K} \in \mathcal{L}^1_{loc}(G)$, on peut lui associer un représentant s.c.i. symétrique $\mathbb{N}$ tel que : (1) Pour toute mesure positive d'énergie finie relativement à $\hat{V}$ sur G , la fonction partout définie $N * \mu$ est un représentant s.c.i., quasi-continu du potentiel U_μ (2) Une mesure positive μ sur G est d'énergie finie si et seulement si $\iint N(x-y)\, d\mu(x)\, d\mu(y) < +\infty$ (3) Le noyau-fonction $N(x,y)$ est régulier au sens de Choquet, et vérifie le principe complet du maximum.

On est ainsi parvenu à une généralisation remarquable des études de Frostman-Riesz-Cartan.

Synthèse spectrale, principe du maximum et fonctions définies négatives.

Les fonctions définies négatives et les méthodes hilbertiennes de la théorie du potentiel ont été encore utilisées par Beurling et Deny pour améliorer les résultats antérieurs sur la synthèse spectrale, et pour caractériser le principe classique du maximum. Il est remarquable que le formalisme développé par Deny dans sa thèse se soit montré particulièrement adapté dans ces études.

Considérons le tore T^1 et $\mathbb{K} \in \mathcal{S}'(T^1)$ avec $\hat{K} > 0$, et $1/\hat{K}$ à croissance lente sur $\mathbb{Z}$; on pose

$$\mathcal{M}_{\mathbb{K}} = \{u \in \mathcal{S}' \; ; \; \sum_{-\infty}^{+\infty} |\hat{u}(n)|^2 \hat{K}(n) < \infty\} \; , \; \|u\|^2 = \sum_{-\infty}^{\infty} |\hat{u}(n)|^2 K(n) \; .$$

Le nouveau résultat de Beurling-Deny sur la synthèse spectrale est le suivant :

"si $\hat{\mathbb{K}}$ est le quotient $\frac{\psi_1}{\psi_2}$ de deux fonctions définies négatives sur $\mathbb{Z}$ telles que $\psi_i(0) > 0$ $(i = 1,2)$ alors la synthèse spectrale est possible pour $\mathcal{M}$" .

D'autre part le principe classique du maximum peut être caractérisé à l'aide des fonctions définies négatives ; si $\mathbb{K}$ est une mesure $\geqslant 0$, symétrique sur T^1:

$\mathbb{K}$ vérifie le principe classique du maximum $\Longleftrightarrow$ Il existe ψ_1 , ψ_2 définies négatives sur $\mathbb{Z}$, ne s'annulant pas et telles que $\hat{\mathbb{K}}\,\psi_1 = \psi_2$.

Les preuves utilisent les méthodes introduites par Deny dans sa thèse, ses techniques d'approximation par des noyaux élémentaires, ainsi qu'une caractérisation du principe du maximum par un principe de pseudo-balayage.

Ces résultats ont été étendu assez récemment à l'aide de techniques nouvelles par F. Hirsch au cas des groupes $\mathbb{R}^n$.

BIBLIOGRAPHIE

[1] G. ALLAIN.

- Sur la représentation des formes de Dirichlet. Ann. Inst. Fourier XXV, 3-4, p. 1-10, 1975.

[2] L.E. ANDERSSON.

- On the representation of Dirichlet forms. Ann. Inst. Fourier XXV, 3-4, p. 11-25, 1975.

[3] M. BRELOT.

- Les étapes et les aspects multiples de la théorie du Potentiel. L'enseignement mathématique, T. XVIII, fasc. 1, 1972.

[4] A. BEURLING, J. DENY.

- Dirichlet Spaces, Proc. Nat. Acad. of Sciences. Vol. 45, n° 2, p. 208-215, (1959).

[5] A. BEURLING, J. DENY.

- Espaces de Dirichlet. I. Le cas élémentaire. Acta Math. 99, 203-224 (1958).

[6] H. CARTAN.

- Théorie du Potentiel newtonien : Energie, capacité, suite de potentiels. Bull. Soc. Math. de France, 73, 1945, p. 74-106.

[7] H. CARTAN.

- Théorie générale du balayage en potentiel newtonien. Ann. Univ. Grenoble, 22, 1946, p. 221-280.

[8] J. DENY.

- Les potentiels d'énergie finie.
Acta Mathematica, t. 82, 107-183, 1950.

[9] J. DENY.

- Sur la définition de l'énergie en théorie du Potentiel.
Ann. Inst. Fourier 2, 83-99, 1950.

[10] J. DENY.

- Sur la convergence de certaines intégrales de la théorie du Potentiel
(Archiv der Math. 5, 367-370, 1954).

[11] J. DENY, J.L. LIONS.

- Les espaces du type de Beppo-Levi,
Ann. Inst. Fourier 5, 305-370, 1953-54.

[12] J. DENY.

- Les deux aspects de la théorie du Potentiel
(Séminaire Bourbaki, 1956).

[13] J. DENY.

- Sur les espaces de Dirichlet
(Séminaire de Théorie du Potentiel de Paris, 1957).

[14] J. DENY.

- Formes et espaces de Dirichlet
(Séminaire Bourbaki 1958).

[15] J. DENY.

- Espaces de Gauss-Poincaré et espaces de Dirichlet
(Séminaire de Théorie du Potentiel de Paris 1962).

[16] J. DENY.

- Théorie de la capacité dans les espaces fonctionnels (Ibid 1964).

[17] J. DENY.

- Principe complet du maximum et contractions,
Ann. Inst. Fourier t. XV, 2, 1965, p. 259-270.

[18] J. DENY.

- Méthodes hilbertiennes en théorie du Potentiel,
Cours de Stresa, C.I.M.E., 1969.

[19] O. FROSTMAN.

- Potentiels d'équilibre et capacité des ensembles
Mead. Lund. Universitets Math. Semin. Bd. 3, 1935.

[20] B.F. FUGLEDE.

- Sur les fonctions finement holomorphes.
Ann. Inst. Fourier, XXX, 4, p. 57-88.

[21] F. HIRSCH.

- Principes du maximum pour les noyaux de convolution p. 113-136, Lecture Notes 713, Springer.

[22] F. HIRSCH.

- Synthèse spectrale et quotient de fonction définie négative. Ann. Inst. Fourier XXX, 4, 75-96, 1980.

[23] ITO MASAYUKI.

- Sur la régularité des noyaux de Dirichlet. C.R.A.S., Paris, 268, p. 867-868 (1969).

[24] J.P. KAHANE.

- Quotient de fonctions définies négatives (d'après Beurling et Deny). Séminaire Bourbaki, 19ème année, 1966-67, n° 315.

[25] O. NIKODYM.

- Sur une classe de fonctions considérées dans l'étude du problème de Dirichlet. (Fund. Maths. 21, 1933, p. 129-150).

[26] M. RIESZ.

- Intégrales de Riemann-Liouville et Potentiels. (Acta de Szeged, 9, 1938, p. 1-42.

Alano ANCONA
Université Paris-Sud
Campus d'Orsay, Bât. 425
91405 - ORSAY, France

Colloque de Théorie du
Potentiel-Jacques Deny
- Orsay 1983 -

ASPECTS LINEAIRES DE LA THEORIE DU POTENTIEL DANS LES TRAVAUX DE JACQUES DENY

Francis HIRSCH

La théorie classique du potentiel (telle qu'elle s'est développée jusque vers 1930) consiste essentiellement en l'étude des fonctions harmoniques et des potentiels newtoniens dans l'espace euclidien à n dimensions.
Très tôt, s'est posé le problème d'étendre les méthodes et certains résultats de cette théorie à des situations plus générales. L'intérêt de telles préoccupations n'est plus à démontrer aujourd'hui ; il suffit de songer au développement considérable, depuis 1945, des méthodes dites potentialistes dans les domaines les plus divers : Equations aux dérivées partielles, théorie des probabilités, analyse harmonique, géométrie différentielle, analyse fonctionnelle... avec, en retour, le développement de la théorie du potentiel elle-même. Dans cette optique d'extension de la théorie classique, les problèmes qui se posent sont, en schématisant, de trois sortes :

1) Dégager, dans le cas classique, les propriétés (ou principes) vérifiés par les objets de la théorie, en s'attachant à mettre en évidence ceux d'expression la plus simple (afin de faciliter les généralisations ultérieures).

2) Etudier, dans des cadres plus généraux, les relations entre ces principes.

3) Déterminer, dans un cadre donné, tous les objets vérifiant tel ou tel principe.

Ce type d'étude a été commencé entre 1930 et 1940 par M. Riesz et O. Frostman ([1] , [2]) par la mise en évidence de certains principes fondamentaux et par l'introduction et l'étude des noyaux d'ordre α , puis poursuivi, dans les années 40-46, par H. Cartan ([3] , [4] ,[5]) , puis par J. Deny (en partie en collaboration avec H. Cartan) ([6] , [7]) jusque vers 1950.

Dans tous ces travaux (jusqu'en 1950) apparaissent très imbriquées les notions liées à l'énergie et donc à une structure hilbertienne, et celles de type linéaire c'est-à-dire relatives seulement à des applications linéaires opérant sur les fonctions continues ou sur les mesures. On doit à J. Deny (en partie en collaboration avec G. Choquet) d'avoir, à partir de 1950, contribué à séparer les deux aspects tout en étudiant leurs relations. Il a ainsi dégagé des outils et obtenu des résultats débordant largement du cadre de la théorie du potentiel. En particulier, l'étude systématique des théories non locales du potentiel, à laquelle J. Deny a contribué de façon déterminante, a été un facteur décisif dans l'établissement des liens que l'on sait entre la théorie du potentiel et la théorie des probabilités.

Nous allons, dans ce qui suit, détailler certains résultats concernant les "Aspects linéaires de la théorie du potentiel" (pour reprendre le titre de trois Notes célèbres de Choquet-Deny ([9] , [10] ,[14])) et significatifs, nous semble-t-il, de l'oeuvre de J. Deny dans ce domaine.

I. PRINCIPES DU MAXIMUM ET DE BALAYAGE.

La notion de balayage, introduite par H. Poincaré (et qui rend compte de la théorie de l'influence en électrostatique), a joué très tôt un rôle central en théorie du potentiel. Dès sa thèse [6] , puis dans un article écrit avec H. Cartan [7] ,

J. Deny a étudié les relations entre principes de balayage et principes du maximum (ou de domination). Mais c'est dans les travaux menés en collaboration par J. Deny et G. Choquet qu'est dégagé le cadre général (linéaire) adapté à l'étude de ces notions et qu'est mis en évidence ce qui relie fondamentalement les deux types de principes, à savoir le fait qu'il s'agit de propriétés duales.

Pour préciser, donnons quelques définitions :

Un noyau-diffusion (dans la terminologie introduite par G. Choquet) est un opérateur linéaire positif T de $\mathcal{M}_K$ dans $\mathcal{M}$, continu pour les topologies faibles $\sigma(\mathcal{M}_K, \mathcal{C})$ et $\sigma(\mathcal{M}, \mathcal{C}_K)$ (où $\mathcal{M}$ (resp. $\mathcal{C}$) désigne l'espace des mesures de Radon (resp. des fonctions continues) sur X espace localement compact arbitraire et où l'indice K signifie : à support compact).

L'opérateur transposé T^* est alors un opérateur positif (quelconque) de $\mathcal{C}_K$ dans $\mathcal{C}$.

Suivant Choquet et Deny, on dit que T vérifie le principe de balayage (resp. le principe de balayage sur tout ouvert) si :

$\forall\, \omega$ ouvert relativement compact (resp. ouvert) $\forall\, \mu \in \mathcal{M}_K^+$ $\exists\, \mu' \in \mathcal{M}^+$ tel que

$$T\mu' \leqq T\mu \ , \ T\mu' = T\mu \ \text{ sur } \ \omega \ \text{ et } \ \operatorname{Supp} \mu' \subset \overline{\omega} \ ,$$

on dit que T^* vérifie le principe de domination si

$$\forall\, f,g \in \mathcal{C}_K^+ \qquad T^*f \leqq T^*g \ \text{ sur } \ \operatorname{Supp} f \Rightarrow T^*f \leqq T^*g \ .$$

Alors, un des résultats typiques donnés par G. Choquet et J. Deny (1956) [10] est :

Si $\forall\, x \in X$ $\quad T\,\varepsilon_x \neq 0$ (où ε_x désigne la mesure de Dirac en x), T vérifie le principe de balayage si et seulement si T^* vérifie le principe de domination.

Beaucoup d'autres résultats du même genre (faisant appel à ce principe de dualité) ont été obtenus par J. Deny [18] et ont été développés et largement utilisés depuis. En particulier, le principe de balayage dual du principe "classique" du maximum (au balayage imprécis dans la terminologie de Frostman) est à la base de théorèmes importants de synthèse spectrale démontrés par J. Deny et A. Beurling. Plus récemment, suivant la même idée, M. Ito a introduit et étudié des principes de domination et de balayage relatifs qui ont de nombreuses applications.

II. NOYAUX DE CONVOLUTION ET BALAYAGE.

Soit G un groupe abélien localement compact et N une mesure positive sur G. Alors $N*$ définit à la fois un noyau-diffusion et un transposé de noyau-diffusion (suivant qu'on le fasse opérer sur les mesures ou les fonctions) et est appelé noyau de convolution. On note $N \in \mathcal{B}$ (resp. $N \in \mathcal{B}_0$) si $N*$ vérifie le principe du balayage (resp. le principe du balayage sur tout ouvert). Comme $N \in \mathcal{B} \Leftrightarrow \check{N} \in \mathcal{B}$, d'après I $N \in \mathcal{B}$ si et seulement si $N*$ vérifie le principe de domination.

Une des lignes directrices des recherches de J. Deny a été le problème posé dès sa thèse : Déterminer tous les noyaux de convolution satisfaisant au principe de domination (ce principe lui apparaissant dès cette époque comme le principe de base de la théorie du potentiel, intuition qui fut bien confirmée par la suite). Au moment où le problème est posé, il paraît presque inabordable et J. Deny va progressivement rassembler les éléments de sa résolution. Les techniques élaborées à cette occasion et les résultats annexes obtenus se révèleront d'un grand intérêt.

J. Deny introduit d'abord en 1951 [8] , la notion de noyau associé à une famille fondamentale, appelé par la suite noyau parfait (terminologie que nous adoptons ici). N est dit <u>noyau parfait</u> si :

$$\forall V \text{ voisinage de } 0 \quad \exists \sigma_V \in \mathfrak{M}^+ : N * \sigma_V \leq N , \; N \neq N * \sigma_V ,$$

$$\mathrm{Supp}(N - N * \sigma_V) \subset V \quad \text{et} \quad \lim_{p\to\infty} N * \sigma_V^{*p} = 0 .$$

Cette définition est directement inspirée de l'analyse du rôle fondamental joué dans la théorie classique par les moyennes sphériques. Un de ses intérêts est qu'elle se prête assez bien à des vérifications analytiques. Il a été, en particulier, possible de donner des conditions analytiques assurant qu'un noyau de convolution est un noyau parfait (et donc, d'après les résultats qui suivent, un "bon noyau" de la théorie du potentiel), mais cette étude (à laquelle M. Ito a beaucoup contribué) n'est pas achevée et suscite encore des travaux.

Dans le cas où, dans la définition d'un noyau parfait, on impose en outre

$$\exists\, \sigma \quad \forall\, V \quad \sigma_V = \sigma ,$$

on obtient la notion de noyau élémentaire :

N est dit <u>noyau élémentaire</u> si :

$$\exists\; a > 0 \quad \exists\, \sigma \geqq 0 \qquad N = a\Big(\sum_{n=o}^{\infty} \sigma^{*n}\Big) .$$

J. Deny a dégagé très tôt l'importance de ces noyaux élémentaires en tant qu'outils. En fait, ils permettent d'établir un lien entre la théorie du potentiel et la théorie des marches aléatoires.

Dans son article de 1951 consacré aux noyaux associés [8] , J. Deny démontre en particulier les résultats suivants :

$$(N \text{ parfait}) \xrightarrow{(*)} (N \text{ est limite vague de noyaux élémentaires}) \xrightarrow{(**)} (N \in \mathcal{D}) ,$$

$$(N \text{ parfait}) \xrightarrow{(***)} (N \in \mathcal{D}_0) ;$$

il remarque aussi que la réciproque de (*) est fausse et pose le problème de la réciproque de (**), question qui n'a jamais été résolue.

Dans des travaux ultérieurs, il démontre que si $\lim_{x\to\infty} \varepsilon_x * N = 0$ (vaguement) la réciproque de (**) est vraie (ce qui donne, dans ce cas, une détermination satisfaisante des noyaux de convolution vérifiant le principe de domination) et que si $\lim_{x\to\infty} \varepsilon_x * N = 0$ et $\forall\, x \quad \varepsilon_x * N \not\leq N$ la réciproque de (*) est vraie.

Le lien avec la théorie des semi-groupes de convolution et les travaux de G.A.Hunt publiés en 1957 est complètement élucidé par J. Deny dans un article de 62 [17] dans lequel il démontre :

$$(N \text{ parfait}) \iff (\exists\,!\ (\alpha_t)_{t\geqq 0} \text{ semi-groupe de convolution vaguement continu}$$

$$\text{avec } \alpha_0 = \varepsilon_0 \text{ et } N = \int_0^\infty \alpha_t \, dt) .$$

Il faut noter qu'ici (contrairement aux travaux de Hunt) le semi-groupe n'est pas nécessairement sous-markovien (ou, de façon équivalente, N n'est pas nécessairement à régularisées bornées). Ceci entraine de sérieuses difficultés techniques qui ont amené J. Deny à démontrer certains lemmes de convergence sur les mesures qui sont devenus classiques (notamment le lemme de convergence dominée des potentiels qui intervient dans les travaux de M. Kishi, C. Berg, M. Ito ... et plus récemment R. Carmona dans l'étude de la théorie du potentiel en dimension infinie).

L'étude de la réciproque de (***) a été faite par Choquet et Deny et a nécessité beaucoup d'ingéniosité et des développements annexes d'un grand intérêt dont il sera question plus loin.

Les résultats ont été annoncés dans une des Notes aux Comptes Rendus, en 1960 [14] , mais n'ont été complètement publiés qu'en 1973 [19] . Beaucoup de lemmes et de propositions ont leur intérêt propre et le résultat principal est le suivant :

Rappelons que l'on appelle pseudo-période (resp. période) d'une mesure N tout $a \in G$ tel que $N * \varepsilon_a = \lambda N$ avec $\lambda > 0$ (resp. $\lambda = 1$) , et qu'on appelle exponentielle sur G tout morphisme de groupes topologiques de G dans $(\mathbb{R}_+^*, \times)$.

Alors

$(N \in \mathfrak{D}_0) \iff (N = f N'$ avec
- f exponentielle sur G
- N' admettant pour groupe de pseudo-périodes Γ , ces pseudo-périodes étant toutes des périodes,

de sorte que N'/Γ soit sur $G/_\Gamma$:
- un noyau élémentaire si Γ non compact
- un noyau parfait si Γ compact)

(où l'on définit de façon naturelle le quotient N'/Γ d'une mesure périodique par son groupe de périodes).

Là encore, une des originalités est de ne pas se restreindre aux noyaux à régularisées bornées, ce qui amène à s'intéresser en particulier à des mesures ayant une forte croissance à l'infini : les noyaux sur-exponentiels étudiés par G. Choquet et qui ont beaucoup de propriétés remarquables. Parmi les problèmes intéressants que G. Choquet et J. Deny ont été amenés à résoudre pour aboutir au théorème précédent, figure en bonne place l'équation de convolution.

III. L'EQUATION DE CONVOLUTION.

Soit une mesure $\sigma \geqq 0$ sur un groupe abélien localement compact. G. Choquet et J. Deny ont étudié vers 1960 ([12],[13]) l'équation

$$\mu = \mu * \sigma \quad (\mu \in \mathfrak{M}^+)$$

Si $\sigma(1) = 1$, il s'agit d'une équation fondamentale en théorie des probabilités liée à la théorie du renouvellement (qui est l'étude du comportement à l'infini des potentiels). G. Choquet et J. Deny ont d'abord donné une démonstration élémentaire du résultat suivant (à la base de la théorie du renouvellement) :
Si $\sigma(1) = 1$ et μ à régularisées bornées

$$\mu = \mu * \sigma \Longleftrightarrow \forall\, a \in \operatorname{Supp} \sigma \quad \mu = \mu * \varepsilon_a .$$

Le cas où μ n'est pas à régularisées bornées est beaucoup plus délicat. La recherche de toutes les solutions constitue une très belle application des théorèmes de représentation intégrale de G. Choquet. Nous énonçons ci-dessous le théorème principal dans un cas particulier : Celui où G est à base dénombrable d'ouverts et coïncide avec le plus petit sous-groupe fermé contenant Supp σ(σ mesure positive quelconque). On note alors $\mathcal{E}$ l'espace des exponentielles sur G muni de la topologie de la convergence compacte (c'est un espace localement compact), $\mathcal{E}(\sigma) = \{f \in \mathcal{E} \;;\; \int f(-t)\, d\sigma(t) = 1\}$ (c'est un borélien de $\mathcal{E}$) et dx la mesure de Haar sur G . Alors, si $\mu \in \mathfrak{M}^+$,

$$(\mu = \mu * \sigma) \Longleftrightarrow (\exists\, \lambda \in \mathfrak{M}^+(\mathcal{E}) \qquad \mu = (\int_{\mathcal{E}(\sigma)} f(x)\, d\lambda(f))\, dx) .$$

D'autre part, si on considère $\mathcal{S} = \{\mu \in \mathfrak{M}^+ \;;\; \mu * \sigma \leqq \mu\}$ et si on note $\mathcal{H} = \{\mu \in \mathfrak{M}^+ \;;\; \mu * \sigma = \mu\}$, alors

- si le noyau élémentaire $K_\sigma = \sum_{n=o}^{\infty} \sigma^{*n}$ existe

$$\mu \in \mathcal{S} \Longleftrightarrow \exists\, \xi \geqq 0 \quad \exists\, \nu \in \mathcal{H} \;\; \mu = K_\sigma * \xi + \nu$$

- sinon $\mathcal{S} = \mathcal{H}$.

Le théorème général (cas où G non nécessairement à base dénombrable) a été énoncé et utilisé pour l'étude du balayage sur tout ouvert, mais la démonstration complète n'a jamais été publiée.

Signalons que cette équation de convolution, notamment à cause de ses interprétations probabilistes, a été très étudiée par la suite dans le cadre des groupes non commutatifs et des espaces homogènes et a donné lieu à de très nombreux développements qu'il est impossible de citer.

IV. LES NOYAUX ELEMENTAIRES (cadre général).

Au cours de ses recherches, J. Deny a été amené à définir et à étudier dans un cadre général (en dehors de la convolution) les noyaux élémentaires et a obtenu vers 1960 (en collaboration avec G. Choquet) leurs propriétés principales [11]. De façon générale, un noyau élémentaire est un noyau-diffusion V tel qu'il existe un noyau-diffusion T avec

$$U = \sum_{n=o}^{\infty} T^n .$$

J. Deny a développé la théorie du potentiel par rapport à un tel noyau (sans supposer à priori T sous-markovien) : Décomposition de Riesz, balayage etc...
Un des résultats fondamentaux est la définition d'une balayée canonique (comme réduite) et son expression explicite sous forme de série :
Soit u une mesure T-surharmonique (i.e. $T u \leqq u$. Ces mesures seront appelées ultérieurement T-excessives) et e un ensemble universellement mesurable. Alors inf $\{v$ T-surharmonique ; $v \geqq u$ sur $e\}$ est atteint et vaut

$$u' = \sum_{n=o}^{\infty} (I_{e^c} T)^n I_e u$$

(où I_A désigne l'opérateur de multiplication par la fonction caractéristique de A) . J. Deny montre aussi, pour T^* , une formule analogue pour la réduite (au sens fonctions).
La série ci-dessus est succeptible d'interprétations probabilistes si T est markovien, et joue un grand rôle dans la théorie des chaines de Markov pour définir les opérateurs de balayage (voir par exemple, à ce sujet, le livre de D. Revuz "Markov Chains" (North-Holland).
Les noyaux élémentaires ont été très utilisés par la suite (On peut en avoir un premier aperçu dans le livre de P.A. Meyer "Probabilités et Potentiels" (Hermann).

Voir également la théorie des cônes de potentiels de G. Mokobodzki et ses prolongements.

La formule donnant la réduite sous forme de série a été généralisée et apparaît comme un cas particulier des opérateurs tabous (ou résolvantes généralisées) qui jouent un rôle central dans les travaux de J. Neveu sur les chaînes de Harris.

Un autre intérêt des noyaux élémentaires, et non le moindre, est d'apparaître comme un intermédiaire efficace dans la construction et l'étude des semi-groupes et des familles résolvantes.

V. RESOLVANTES, SEMI-GROUPES (cadre général).

Le mémoire fondamental de G.A. Hunt : "Markov processes and potentials" est paru en 1957-1958. Il était l'aboutissement d'un certain nombre d'autres travaux (notamment ceux de J.L. Doob) qui, depuis 1954, avaient développé les relations entre la théorie des probabilités et la théorie du potentiel en même temps que la théorie des processus de Markov elle-même. J. Deny a tout de suite compris l'importance des semi-groupes et familles résolvantes en théorie du potentiel et il a eu à cet égard une influence déterminante sur nombre de recherches menées en France.

Les familles résolvantes jouent déjà un rôle important dans la théorie des espaces de Dirichlet telle qu'elle a été développée par J. Deny et A. Beurling dans les années 55-60 (définition des formes approchées, caractérisation des formes de Dirichlet etc...)

Dans son mémoire, G.A. Hunt démontre notamment le théorème suivant qui a été le point de départ de plusieurs travaux de J. Deny et de ses élèves : Soit un opérateur positif V de $\mathcal{C}_K$ dans $\mathcal{C}_0$ (fonctions tendant vers 0 à l'infini).

Sont équivalents :

i) V vérifie le principe complet du maximum

(i.e. $\forall f , g \in \mathcal{C}_K^+ \quad V f \leqq V g + 1$ sur $\operatorname{Supp} f \Rightarrow V f \leqq V g + 1$)

et $V(\mathcal{C}_K)$ est dense dans $\mathcal{C}_0$ (pour la convergence uniforme)

ii) $\exists\,!\ (P_t)_{t \geqq 0}$ semi-groupe fortement continu d'opérateurs sous-markoviens sur $\mathcal{C}_0$ tel que

$$\forall f \in \mathcal{C}_K^+ \qquad V f = \int_0^\infty P_t f \, dt \, .$$

Ce théorème justifiait à posteriori l'importance donnée au principe complet du maximum par H. Cartan et J. Deny qui l'avaient reconnu dès 1950 ([7]) comme le principe fondamental de la théorie du potentiel (C'est à eux, d'ailleurs, que l'on doit la terminologie "principe complet du maximum" universellement adoptée aujourd'hui).

J. Deny a démontré certaines parties de ce théorème de façon analytique [15] (en utilisant la remarque essentielle que, si $V = \int_0^\infty P_t \, dt$,$\forall \lambda > 0$ $I + \lambda V$ est un noyau élémentaire), la démonstration analytique de la majeure partie du théorème de Hunt étant donnée par G. Lion.

Plus généralement, J. Deny ([16]) a étudié les opérateurs $V : \mathcal{C}_K \to \mathcal{C}$ pouvant s'écrire $V = \int_0^\infty P_t \, dt$ avec $(P_t)_{t \geqq 0}$ semi-groupe de noyaux continus (non nécessairement sous-markovien). Il a démontré, comme cela a été déjà mentionné, que, dans le cadre de la convolution, ces noyaux étaient exactement les noyaux parfaits. Dans le cadre général, il a établi, au moyen de la théorie des noyaux élémentaires, les éléments de la théorie du potentiel relative à ces noyaux :

Il a étudié, en particulier, les fonctions surmédianes et excessives et démontré notamment la propriété :

$$\forall u \text{ surmédiane} \quad \forall f \in \mathcal{C}_K^+ \quad V f \leqq u \text{ sur } \operatorname{Supp} f \Rightarrow V f \leqq u \, ,$$

propriété qu'il avait eu l'idée des 1950, dans son article avec H. Cartan [7], de prendre comme définition des fonctions surharmoniques dans une théorie générale (non locale) du potentiel.

Les travaux de J. Deny dans ce domaine ont eu une grande influence sur les recherches ultérieures en théorie du potentiel dans le cadre de laquelle l'étude des familles résolvantes et des semi-groupes a pris une place de premier plan.

Naturellement beaucoup d'autres travaux, bien qu'importants, ont dû être omis. Je souhaite néanmoins que l'exposé précédent ait réussi à mettre en lumière le caractère profond et original des recherches menées par J. Deny sur les aspects linéaires de la théorie du potentiel, et contribué à expliquer l'influence qu'elles ont eue et qu'elles continuent à exercer.

BIBLIOGRAPHIE SOMMAIRE

Il ne s'agit que de la liste des articles cités dans le cours du texte.

[1] O. FROSTMAN.

- Potentiels d'équilibre et capacité des ensembles.
  Lund. 1935.

[2] M. RIESZ.

- Intégrales de Riemann-Liouville et potentiels.
  Acta de Szeged, 9, 1938, p. 1-42.

[3] H. CARTAN.

- Sur les fondements de la théorie du potentiel.
  Bull. Soc. Math. France, 69, 1941, p. 71-96).

[4] H. CARTAN.

- Théorie du potentiel newtonien : Energie, capacité, suites de potentiels.
  Bull. Soc. Math. France, 73, 1945, p. 74-106.

[5] H. CARTAN.

- Théorie générale du balayage en potentiel newtonien.
  Ann. Univ. Grenoble, 22, 1946, p. 221-280.

[6] J. DENY.

- Les potentiels d'énergie finie.
  Acta Math., 82, 1950, p. 107-183.

[7] H. CARTAN et J. DENY.

- Le principe du maximum en théorie du potentiel et la notion de fonction surharmonique.
  Acta Szeged, 12, 1950, p. 81-100.

[8] J. DENY.

- Familles fondamentales. Noyaux associés.
  Ann. Inst. Fourier, 3, 1951, p. 73-101.

[9] G. CHOQUET et J. DENY.

- Aspects linéaires de la théorie du potentiel ; I - Etudes des modèles finis.
  C.R. Acad. Sc., 242, 1956, p. 222-225.

[10] G. CHOQUET et J. DENY.

- Aspects linéaires de la théorie du potentiels ; II - Théorème de dualité et applications.
C.R. Acad. Sc. 243, 1956, p. 764-767.

[11] J. DENY.

- Les noyaux élémentaires.
Séminaire de Théorie du Potentiel, 4ème année, 1959/60, n° 4, 12 pages.

[12] G. CHOQUET et J. DENY.

- Sur l'équation de convolution $\mu = \mu * \sigma$.
C.R. Acad. Sc. 250, 1960, p. 799-801.

[13] J. DENY.

- Sur l'équation de convolution $\mu = \mu * \sigma$.
Séminaire de Théorie du Potentiel, 4ème année, 1959/60, n° 5, 11 pages.

[14] G. CHOQUET et J. DENY.

- Aspects linéaire de la théorie du potentiel ; III - Noyaux de convolution satisfaisant au principe du balayage sur tout ouvert.
C.R. Acad. Sc., 250, 1960, p. 4260-4262.

[15] J. DENY.

- Les principes fondamentaux de la théorie du potentiel.
Séminaire de Théorie du Potentiel, 5ème année, 1960/61, n° 6, 9 pages.

[16] J. DENY.

- Eléments de la théorie du potentiel par rapport à un noyau de Hunt.
Séminaire de Théorie du Potentiel, 5ème année, 1960/61, n° 8, 8 pages.

[17] J. DENY.

- Noyaux de convolution de Hunt et noyaux associés à une famille foncamentale.
Ann. Inst. Fourier, 12, 1962, p. 643-667.

[18] J. DENY.

- Les principes du maximum en théorie du potentiel.
Séminaire de Théorie du Potentiel, 6ème année, 1962, n° 10, 8 pages.

[19] G. CHOQUET et J. DENY.

- Noyaux de convolution et balayage sur tout ouvert.
Théorie du Potentiel et Analyse Harmonique, Lect. notes in Maths. (Springer) n° 404, 1974, p. 60-112.

Ecole Normale Supérieure
de l'Enseignement Technique
61, Av. du Président Wilson
94230 - CACHAN
France

Colloque de Théorie du
Potentiel-Jacques Deny
- Orsay 1983 -

SUR UNE CONJECTURE CONCERNANT LA CAPACITE ET L'EFFILEMENT

par Alano ANCONA

Dans la première partie de ce travail, on se placera dans le cadre de la théorie classique du Potentiel sur $\mathbb{R}^d$ ([6], [14]) et on indiquera ensuite une généralisation des résultats obtenus à une classe de noyaux-fonctions ; pour simplifier l'exposé, on supposera $d \geqslant 3$. On posera jusqu'au chapitre VI $G(x,y)= G_x(y) = \|x-y\|^{2-d}$ $(x,y \in \mathbb{R}^d)$; $c(A)$ désignera la capacité extérieure newtonienne de la partie A de $\mathbb{R}^d$, et $e(A)$ l'ensemble des points de A où A est effilé ([6], [14]). En ce qui concerne le cadre classique le but de ce travail est d'établir le théorème suivant :

<u>*THEOREME 1*</u> *: Toute partie compacte, non polaire,* $\mathbb{K}$ *de* $\mathbb{R}^d$ *contient un compact non vide* $\mathbb{K}'$ *tel que* $e(\mathbb{K}') = \phi$ *(et à fortiori* $c(\mathbb{K}') > 0$*)* .

On montrera ensuite que le théorème 1 entraîne l'énoncé suivant apparemment plus fort :

<u>*THEOREME 2*</u>. *Si $\mathbb{K}$ est une partie compacte de $\mathbb{R}^d$ et si ε est un réel > 0, il existe une partie compacte $\mathbb{K}'$ de $\mathbb{K}$ telle que 1°) $e(K') = \phi$ et 2°) $c(\mathbb{K} \setminus K') \leq \varepsilon$.*

Le théorème 1 résout une question assez ancienne de la théorie du Potentiel ; G. Choquet l'avait mentionnée au Colloque d'Orsay de théorie du Potentiel en 1964 ; elle est aussi signalée dans [10], [12] et [24]. J. Ullman m'a indiqué une démonstration (erronée) du théorème 1 dans [19] (page 175).

Pour établir le théorème 1, il est commode d'observer qu'on peut supposer $\mathbb{K}$ totalement discontinu : comme la mesure d'équilibre λ de $\mathbb{K}$ est diffuse et non nulle, on peut construire un compact totalement discontinu $\mathbb{K}_1$ inclus dans $\mathbb{K}$ et tel que $\lambda(K_1) > 0$: de sorte que K_1 est non polaire. La démonstration du théorème 1 va consister à montrer que l'énoncé (H_1) suivant conduit à une contradiction, après un assez long cheminement (parties II, III et IV) :

(H_1) Il existe un compact K_1 de $\mathbb{R}^d$, totalement discontinu, non polaire, et tel que pour tout compact non vide L de K_1, $e(L) \neq \phi$.

Comme on le verra, la preuve que nous proposons est purement "existentielle" et non constructive (voir toutefois à la fin du V des remarques, sans démonstration, sur certains cas particuliers). Ajoutons que l'emploi de balayés d'un potentiel strict - tel que $e^{-|x|} * |x|^{2-d}$ - aurait permis d'éviter quelques difficultés dans la partie préparatoire I (surtout au lemme 2) ; on a quand même préféré opérer dans le cadre classique avec la capacité et les potentiels d'équilibre classiques.

Dans la partie V, on définit un cadre naturel pour une théorie du Potentiel pourvue d'une "bonne" théorie adjointe sur le même espace de base Y, ce qui revient à la donnée d'un noyau-fonction G sur Y pourvu de propriétés convenables. Dans ce cadre, le théorème 1 tombe en défaut : ainsi pour l'équation de la chaleur sur $\mathbb{R}^{d+1}$ $(d \geq 0)$, toute partie compacte non vide de $\mathbb{R}^{d+1}$ est effilée en au moins un de ses points. Dans la partie VII, on établit l'extension suivante du théorème 1 : Chaque compact K non semi-polaire de Y, contient un compact $\mathbb{K}'$, également non semi-polaire, ne contenant aucun point à la fois irrégulier et co-irrégulier ;

si on considère un processus de Markov sur Y associé à la théorie du Potentiel définie sur Y , on peut dire d'une façon imagée, que sur $\mathbb{K}'$ on a séparé les points de $\mathbb{K}'$ auxquels on accède par l'extérieur de $\mathbb{K}'$, des points de $\mathbb{K}'$ à partir desquels on quitte $\mathbb{K}'$.

Dans la partie VII, on établit des résultats qu'on utilisera pour étendre le théorème 1 ; on introduit en particulier une classe d'ensembles auxquels semble s'étendre un bon nombre d'énoncés classiques, lorsqu'on fait jouer à la fois les deux théories en dualité ; (théorème 4, théorème 7), on a étudié assez systématiquement ces ensembles ; je donne également un théorème, que je dois à Mokobodzki, sur la continuité des potentiels en dehors de leurs supports ; ce théorème permet d'éviter l'hypothèse de continuité en dehors de la diagonale du noyau G ; Une extension du théorème 2 est présentée en IX, et en X on donne une utilisation plus "positive" d'une des idées de la preuve du théorème 1.

Reste à savoir ce qu'on peut faire avec le théorème 1 (ou 6) !

I. QUELQUES LEMMES AUXILIAIRES.

On utilisera dans la suite les notations habituelles pour les réduites, et les réduites régularisées ([6], [14]). On note $G\lambda$ le potentiel newtonien de la mesure positive λ .

LEMME 1. Si $\mathbb{K}$ est un compact totalement discontinu de $\mathbb{R}^d$ et si A est une partie de $\mathbb{K}$, A est effilé au point $x_o \in \mathbb{R}^d$ si et seulement si $\hat{R}_1^A(x_o) < 1$.

Chaque point $x_1 \in K$ admet une base $\{\omega_n\}_{n\geqslant 1}$ de voisinages ouverts dans $\mathbb{R}^d$ telle que $\partial\omega_n \subset K^c = \mathbb{R}^d \setminus \mathbb{K}$. On en déduit aisement (en considérant le balayage sur les ω_n^c) que deux fonctions surharmoniques sur $\mathbb{R}^d$, égales sur $\mathbb{K}^c$ sont identiques.

On sait par ailleurs que si A est effilé en $x_o \in \mathbb{R}^d$, on a $\hat{R}^A_{G_{x_o}} \not\equiv G_{x_o}$ ([6]) ; de la remarque précédente et de la connexité de $\mathbb{R}^d \setminus \mathbb{K}$, on déduit que $\hat{R}^A_{G_{x_o}} < G_{x_o}$ sur $\mathbb{R}^d \setminus \mathbb{K}$; intégrons par rapport à la mesure superficielle d'une sphère enfermant $\mathbb{K}$ et utilisons la formule de réciprocité $\int \hat{R}^A_{G_\mu}\, d\nu = \int \hat{R}^A_{G_\nu}\, d\mu$ (μ,ν mesures $\geqslant 0$ de potentiels respectifs $G\mu$ et $G\nu$) ; on obtient $\hat{R}^A_1(x_o) < 1$.

En particulier si A et B sont deux parties de $\mathbb{K}$, B étant non polaire et disjointe de la fermeture fine de A , on a : $c(A) < c(A \cup B)$. En effet , $\hat{R}^A_1 < 1$ sur B d'après le lemme 1, d'où $\hat{R}^A_1 \not\geq \hat{R}^{A \cup B}_1$ et par conséquent $c(A) < c(A \cup B)$.

<u>*LEMME 2*</u>. *Soient* F *un compact de* $\mathbb{R}^d$, A *une partie bornée de* $\mathbb{R}^d$ *et* $\varepsilon > 0$; *il existe un réel* $\beta < c(A)$ *tel que :*

$$\forall\, B \subset A : c(B) \geqslant \beta \Rightarrow \inf\,\{\hat{R}^B_1(x)\ ;\ x \in F\} \geqslant \inf\,\{\hat{R}^A_1(x)\ ;\ x \in F\} - \varepsilon .$$

Il suffit de voir que si $\{B_n\}_{n \geqslant 1}$ est une suite de parties de A telle que $\lim\limits_{n\to\infty} c(B_n) = c(A)$ la mesure d'équilibre μ_n de B_n tend vaguement vers celle de A, notée μ , lorsque n tend vers l'infini. En effet, on aura : $\hat{R}^A_1 \leqslant \liminf\limits_{n\to\infty} \hat{R}^{B_n}_1$, d'après le caractère s.c.i. du noyau G ; d'où, en notant s_n la régularisée s.c.i. de $\inf\,\{\hat{R}^{B_k}_1\ ;\ k \geqslant n\}$, $\hat{R}^A_1 \leqslant \sup\limits_n s_n$ quasi partout et donc partout sur $\mathbb{R}^d$. On déduit alors du lemme de Dini, que pour n assez grand : $s_n \geqslant \inf\,\{\hat{R}^A_1(x)\ ;\ x \in F\} - \varepsilon$ sur F , et à fortiori la même minoration pour $\hat{R}^{B_n}_1$ sur F .

Soit donc ν une valeur d'adhérence vague de la suite $\{\mu_n\}$; on a $\|\nu\| = \|\mu\|$ et $G\nu \leqslant G\mu$ puisque $G\nu \leqslant \liminf\limits_{n\to\infty} G\mu_n$. D'après le principe de continuité d'Evans on peut, pour tout $\eta > 0$ donné, décomposer μ en $\mu = \mu_1 + \mu_2$, où les μ_i sont des mesures $\geqslant 0$ sur $\mathbb{R}^d$, avec $G\mu_1$ continu et $\|\mu_2\| < \eta$; on en déduit que : $\int G\mu\, d\nu = \lim\limits_{n\to\infty} \int G\mu\, d\mu_{n_i}$ si la sous-suite $\{\mu_{n_i}\}$ converge vers ν ; or, chaque μ_n est concentrée sur la fermeture fine $\tilde{A}$ de A , et $G\mu$ vaut 1 quasi-partout sur $\tilde{A}$. D'où :

$$\int G\mu\, d\nu = \lim_{i\to\infty} \|\mu_{n_i}\| = \|\nu\| = \|\mu\| .$$

Ainsi, $\int G\nu\, d\mu = \|\mu\|$, d'où $G\nu = 1$ μ-presque partout et $G\nu \geqslant G\mu$ d'après le principe de domination. Finalement, $G\mu = G\nu$ et $\mu = \nu$.

<u>*LEMME 3*</u>. *Soient* A *une partie bornée de* $\mathbb{R}^d$, $\mathbb{K}$ *une partie compacte de* $\mathbb{R}^d$ *avec* $\bar{A} \cap K = \phi$ *et* $\varepsilon > 0$. *Il existe* $\beta < c(A)$ *tel que :*

$$\forall B \subset A, \ \forall L \text{ compact} \subset K : c(B) > \beta \Rightarrow \sup_{x \in K} (\hat{R}_1^{L \cup A}(x) - \hat{R}_1^{L \cup B}(x)) \leqslant \varepsilon .$$

On utilise l'inégalité de G. Choquet ([8])

$$\hat{R}_1^{L \cup A}(x) - \hat{R}_1^{L \cup B}(x) \leqslant \hat{R}_1^{A}(x) - \hat{R}_1^{B}(x) \qquad (1)$$

Au cours de la preuve du lemme 2, on a vu que lorsque $c(B)$ tend vers $c(A)$ ($B \subset A$, B variable) la mesure d'équilibre de B tend vaguement vers celle de A ; de sorte que $\hat{R}_1^B$ tend vers $\hat{R}_1^A$ uniformément sur le compact $\mathbb{K}$ qui est disjoint de $\bar{A}$.

Rappelons pour la commodité du lecteur que (1) se ramène à la sous-additivité forte de la capacité :

$$\hat{R}_1^{A' \cup B'} + \hat{R}_1^{A' \cap B'} \leqslant \hat{R}_1^{A'} + \hat{R}_1^{B'} \qquad (2)$$

avec $A' = A$, $B' = L \cup B$ (voir [8]) :

On utilisera aussi l'extension suivante du lemme 3 :

<u>*LEMME 4*</u>. *Soient* $A_1, A_2, \ldots, A_m$ *m parties bornées de* $\mathbb{R}^d$, $\mathbb{K}$ *un compact de* $\mathbb{R}^d$ *tels que* $\mathbb{K} \cap (\bar{A}_1 \cup \ldots \cup \bar{A}_m) = \phi$. *Pour tout* $\varepsilon > 0$, *il existe* $\eta > 0$ *tel que :*

$$\left.\begin{cases} \forall B_i \subset A_i \ , \ c(B_i) \geqslant c(A_i) - \eta \ (i = 1,2\ldots m) \\ \forall L \text{ compact} \subset \mathbb{K} \end{cases}\right\} \Rightarrow \hat{R}_1^{L \cup A} - \hat{R}_1^{L \cup B} \leqslant \varepsilon \text{ sur } \mathbb{K}$$

en notant $B = \bigcup_1^m B_i$, $A = \bigcup_1^m A_i$

On peut encore utiliser une variante de la sous-additivité forte de la capacité:

$$c(\bigcup_1^m A_i) - c(\bigcup_1^m B_i) \leqslant \sum_1^m c(A_i - B_i) \qquad (3)$$

Cette inégalité de Choquet [8] ramène au lemme précédent.

On commence maintenant un raisonnement en trois étapes aboutissant au théorème 1 .

II. UNIFORMISATION DE (H_1) (Première étape).

On montre dans ce paragraphe que (H_1) entraîne l'énoncé suivant :

(H_2) $\begin{cases} \text{Il existe } \varepsilon > 0 \text{ et un compact discontinu } \mathbb{K}_2 \text{ de } \mathbb{R}^d \text{, non polaire,} \\ \text{tels que, pour chaque compact non vide } L \text{ de } \mathbb{K}_2 \text{, on a :} \\ \inf \{\hat{R}_1^L(x) \; ; \; x \in L\} \leqslant 1 - \varepsilon \, . \end{cases}$

Déduisons d'abord de (H_1) le lemme suivant, où $\mathbb{K}_1$ désigne un compact de $\mathbb{R}^d$ vérifiant (H_1).

<u>LEMME 5</u>. *Il existe* $a > 0$, $\varepsilon > 0$ *et un compact* L_1 *de* K_1 *tels que :*

(i) $a < c(L_1)$

(ii) Pour tout compact L *de* L_1 *tel que* $c(L) > a$ *, on a*
$\inf \{\hat{R}_1^L(x) \, , \, x \in L\} \leqslant 1 - \varepsilon$.

On raisonne par l'absurde : il existe alors une suite décroissante $\{F_n\}_{n \geqslant 1}$ de compacts de $\mathbb{K}_1$ et une suite strictement croissante $\{b_n\}_{n \geqslant 1}$ de réels > 0 telles que :

1°) $c(F_n) > b_n \quad (n \geqslant 1)$

2°) Pour $\quad n \geqslant p \geqslant 0 : \hat{R}_1^{F_n} > (1-2^{-p})$ sur F_p (on pose $F_o = K_1$) .

Quand les b_i et les F_i ont été construits pour $i < n$, on choisit b_n strictement inférieur à $c(F_{n-1})$ mais assez voisin de celui-ci pour que l'on ait $b_n > b_{n-1}$ si $n \geqslant 2$ et :

$$\forall \, L \text{ compact} \subset F_{n-1} : c(L) > b_n \Rightarrow \hat{R}_1^L > 1-2^{-p} \quad \text{sur } F_p \quad \text{pour } p = 0,1,\ldots, n-1.$$

L'existence d'un tel b_n est une conséquence du lemme 2.

Une fois b_n ainsi fixé, comme on raisonne par l'absurde il existe un compact $F_n \subset F_{n-1}$ avec $c(F_n) > b_n$ et $\hat{R}_1^{F_n} > 1-2^{-n}$ sur F_n .

On construit ainsi de proche en proche une suite de couples $(b_n, F_n)_{n \geqslant 1}$ vérifiant les 1°) et 2°) ci-dessus. Si on considère $F = \bigcap_1^\infty F_n$, on a $c(F) \geqslant \sup_{i \geqslant 1} b_i > b_n \; (n \geqslant 1)$. D'où, d'après le choix des b_n successifs, $\hat{R}_1^F \geqslant (1-2^{-p})$ sur F_p pour $p \geqslant 1$ et $\hat{R}_1^F \equiv 1$ sur F. Ce qui contredit (H_1)

d'après le lemme 1 .

Montrons alors l'énoncé (H_2) : prenons L_1 , a et $\varepsilon > 0$ comme dans le lemme 5, et posons

$$\mathcal{F} = \{\mathbb{K} \; ; \; \mathbb{K} \text{ compact} \subset L_1 \; , \; \hat{R}_1^{\mathbb{K}} > 1-\varepsilon \text{ sur } \mathbb{K}\}$$

$\mathcal{F}$ est stable par réunion finie, et d'après le lemme 5 :

$$\gamma = \sup \{c(\mathbb{K}) \; ; \; \mathbb{K} \in \mathcal{F}\} \leqslant a < c(L_1)$$

Prenons une suite croissante $\{F_n\}_{n \geqslant 1}$ d'éléments de $\mathcal{F}$ telle que $\gamma = \sup\limits_{n \geqslant 1} c(F_n)$ et notons Φ la fermeture fine de la réunion des $F_n (n \geqslant 1)$. On a :

$$c(L_1 - \Phi) \geqslant c(L_1) - a > 0$$

et il suffit de prendre pour $\mathbb{K}_2$ n'importe quel compact contenu dans $L_1 \setminus \Phi$ et de capacité > 0 (il y en a d'après le théorème de capacitabilité, Φ étant borélien) : si L est compact $\subset L_1 \setminus \Phi$ et si $c(L) > 0$, alors $c(\Phi) < c(\Phi \cup L) = \lim\limits_{n \to \infty} c(F_n \cup L)$. D'où pour n assez grand, $c(F_n \cup L) > \gamma$ et à fortiori $F_n \cup L \notin \mathcal{F}$ puis $L \notin \mathcal{F}$ (puisque $F_n \in \mathcal{F}$) . Si L est polaire, on a aussi évidemment $L \notin \mathcal{F}$.

III. CONSTRUCTION D'UN ENSEMBLE "EN CASCADE" (Deuxième étape)

On montre maintenant que (H_2) entraîne l'assertion suivante :

(H_3) Il existe un compact totalement discontinu $X \subset \mathbb{R}^d$, muni d'une relation d'ordre total notée "$x \leqslant y$" et un $\varepsilon > 0$ tels que : 1°) $c(X) > 0$, 2°) la topologie de X (induite par $\mathbb{R}^d$) est identique à la topologie de l'ordre $(\leqslant)$, et 3°) pour tout $x \in X$, on a, si on pose $S_x = \{y \in X \; ; \; y \geqslant x\}$: $\hat{R}_1^{S_x}(x) \leqslant 1-\varepsilon$.

Un tel compact ordonné X est donc effilé "à droite" en chacun de ses points et de capacité > 0. (Ce qui entraîne que chaque partie compacte non vide de X est effilée en au moins un de ses points). Pour construire X à partir du compact $\mathbb{K}_2$ de (H_2), on établit le lemme de "grignotage" suivant :

<u>LEMME 6</u>. *Soient $\varepsilon > 0$, L_1 et L_2 deux compacts totalement discontinus disjoints de $\mathbb{R}^d$ et U un ouvert fin (relatif) de L_1, de capacité > 0. On suppose que pour tout compact non vide $\mathbb{K}$ de U, $\hat{R}_1^{K \cup L_2}$ atteint des valeurs inférieures à $1-\varepsilon$ sur $\mathbb{K}$. Alors, pour tout $\delta > 0$, il existe U' finement ouvert dans U tel que : 1°) $c(U') > 0$, 2°) $diam(U') \leqslant \delta$, et 3°) pour tout compact $\mathbb{K}$ de U', $\mathbb{K} \neq \phi$, on a $\inf_{\mathbb{K}} \hat{R}_1^{K \cup W} \leqslant 1-\varepsilon+\delta$, où $W = L_2 \cup (U \setminus U')$.*

Soit $\{U_i \; ; \; 1 \leqslant i \leqslant p\}$ une partition finie de U, en parties ouvertes et fermées (ordinaires) de U de diamètres inférieurs à δ.

a) Remarquons d'abord qu'il existe $i_o \in \{1,2,\ldots,p\}$ et $\eta > 0$ tels que :

(P) $\begin{cases} c(U_{i_o}) > 0 \text{, et pout tout compact } \mathbb{K} \subset U \cup L_2 \text{ tel que } c(K \cap U_{i_o}) \geqslant c(U_{i_o})-\eta, \\ \text{on a : } \inf \{\hat{R}_1^K(x) \; ; \; x \in K \cap U_{i_o}\} \leqslant 1-\varepsilon+\delta \; . \end{cases}$

Pour le voir on raisonne par l'absurde : si notre assertion était en défaut pour $\eta > 0$ donné, on pourrait trouver dans chacun des U_i un compact F_i tel que $c(F_i) \geqslant c(U_i) - \eta$ et que, posant $\Phi_i = F_i \cup L_2 \cup (\bigcup_{j \neq i} U_j)$, on ait : $\hat{R}_1^{\Phi_i} > 1-\varepsilon+\delta$ sur F_i (si U_i est polaire, $F_i = \phi$ convient).

Soit $L = F_1 \cup F_2 \cup \ldots \cup F_p \cup L_2$; dès que η est choisi assez petit (en fonction de $U_1, \ldots, U_p$ et δ) , on aura, d'après le lemme 4 :

$$\hat{R}_1^L \geq \hat{R}_1^{\Phi_i} - \delta/2 > 1-\varepsilon+\delta/2 \quad \text{sur} \quad F_i .$$

D'où, pour $\eta > 0$ choisi assez petit $\hat{R}_1^L \geq 1-\varepsilon+\delta/2$ sur $L \cap L_1$, et $L \cap L_1$ est un compact non ϕ de U . C'est une contradiction avec l'hypothèse.

b) Fixons alors i_o et $\eta > 0$, $1 \leq i_o \leq p$, vérifiant (P) , posons $V = (U \cup L_2) \setminus U_{i_o}$ et notons $\mathcal{F}$ la famille des compacts non vide L de U_{i_o} tels que :

$$\hat{R}_1^{L \cup V} > 1-\varepsilon+\delta \quad \text{sur} \quad L .$$

$\mathcal{F}$ est filtrante croissante et $\gamma = \sup\{c(L) \; ; \; L \in \mathcal{F}\} \leq c(U_{i_o}) - \eta < c(U_{i_o})$.

il faut observer que V est borélien à un polaire près, donc capacitable : si $L \in \mathcal{F}$, il existe $\mathbb{K}$ compact $\subset V$, tel que $\hat{R}_1^{L \cup K} > 1-\varepsilon+\delta$ sur L (d'après le lemme 3).

Soit $(F_n)_{n \geq 1}$ une suite croissante d'éléments de $\mathcal{F}$ telle que $\gamma = \sup_{n \geq 1} c(F_n)$ et soit Φ la fermeture fine de $\bigcup_1^\infty F_i$: on peut prendre

$$U' = (U_{i_o} \setminus \Phi) \setminus e(U_{i_o} \setminus \Phi) .$$

Soit en effet $\mathbb{K}$ une partie compacte de U', et supposons d'abord $\mathbb{K}$ non polaire : on a $c(\mathbb{K} \cup F_n) > \gamma$ pour n assez grand puisque $\gamma = c(\Phi) < c(\Phi \cup K) = \lim_{n\to\infty} c(K \cup F_n)$. Par conséquent, $K \cup F_n \notin \mathcal{F}$ et le potentiel d'équilibre de $K \cup F_n \cup V$ atteint des valeurs inférieures à $1-\varepsilon+\delta$ sur $K \cup F_n$ donc sur $\mathbb{K}$ puisque $F_n \in \mathcal{F}$. En faisant tendre n vers $+\infty$, on obtient que le potentiel $\hat{R}_1^{K \cup W}$ atteint aussi des valeurs inférieures à $1-\varepsilon+\delta$ sur $\mathbb{K}$. (On observe que $e(U_{i_o} \setminus \Phi)$ est polaire).

Si $\mathbb{K}$ est non vide mais polaire, $\mathbb{K} \subset U'$, on remarque que K est intersection d'une suite décroissante de compacts non polaires de U' ; d'où facilement encore la relation (3°) du lemme. Enfin, il est clair que $c(U') = c(U_{i_o} \setminus \Phi) > \eta$.

On établit alors le lemme suivant :

<u>LEMME 7.</u> *Soient* L_1 *et* L_2 *deux compacts totalement discontinus et disjoints de* $\mathbb{R}^d$ *, et* $\varepsilon > 0$ *. On suppose* $c(L_1) > 0$ *et que pour tout compact non vide* $\mathbb{K} \subset L_1$ *,* $\hat{R}_1^{K \cup L_2}$ *atteint sur* K *des valeurs inférieures à* $1-\varepsilon$ *. Pour tout nombre* $\delta > 0$ *donné, il existe une suite finie* $F_1, F_2, \ldots, F_p$ *de compacts de* L_1 *, deux à deux disjoints et tels que :*

1°) $c(F_i) > 0$ *et* $diam(F_i) < \delta$ *pour* $i = 1, 2, \ldots, p$. *2°)* $c(\bigcup_1^p F_i) > c(L_1) - \delta$ *et*

3°) Si L *est un compact non* ϕ *de* $\bigcup_{i=1}^p F_i$ *si* $i_o = \min \{i \; ; L \cap F_i \neq \phi\}$ *et si* $L' = L \cup L_2$ *, on a* $\inf \{\hat{R}_1^{L'}(x) \; ; x \in L \cap F_{i_o}\} \leq 1-\varepsilon+\delta$ *.*

<u>Démonstration</u>. A l'aide du lemme 6, on construit par récurrence transfinie une famille $\{U_\alpha\}_{\alpha<\alpha_o}$ d'ouverts fins de L_1 deux à deux disjoints, indexées par les ordinaux inférieurs à l'ordinal α_o , et ayant les propriétés :

1°) $c(U_\alpha) > 0$ et $diam(U_\alpha) \leq \delta$, pour tout $\alpha < \alpha_o$.

2°) Si K est une partie compacte non vide de $\bigcup_{\alpha<\alpha_o} U_\alpha$, et si β est le premier ordinal tel que $K \cap U_\beta \neq \phi$, alors $\hat{R}_1^{K \cup L_2}$ atteint sur $K \cap U_\beta$ des valeurs inférieures à $1-\varepsilon+\delta$.

3°) Le complémentaire dans L_1 de la fermeture fine de $\bigcup_{\alpha<\alpha_o} U_\alpha$ est polaire.

Comme $c(\bigcup_{\alpha<\beta} U_\alpha)$ est une fonction strictement croissante de β , α_o est un ordinal dénombrable. On en déduit une suite finie croissante $\alpha_1 < \alpha_2 < \ldots < \alpha_p$ d'ordinaux $< \alpha_o$ telle que : $c(\bigcup_{i=1}^p U_{\alpha_i}) \geq c(L_1) - \delta/2$. Prenant ensuite des compacts $F_1, F_2, \ldots, F_p$ avec $F_p \subset U_{\alpha_i}$ et $c(F_i)$ assez voisins de $c(U_i)$, on aura $c(F_i) > 0$, $c(F_1 \cup \ldots \cup F_p) \geq c(L_1) - \delta$, et la condition 3°) du lemme est manifestement vérifiée.

A partir du lemme 7 et de l'hypothèse (H_2), on construit aisemment une famille $\{F_{n_1,\ldots,n_k} \; ; 0 \leq n_1 \leq \nu_1, \ldots, 0 \leq n_k \leq \nu_k(n_1,\ldots,n_{k-1}) \; , k \geq 0\}$ de parties compactes de capacité > 0 de $\mathbb{K}_2$ (le compact de l'énoncé (H_2)) telle que l'on ait :

(on note $\mathcal{D} = \{\alpha \; ; \; \exists \; k \geq 1 \; , \; \alpha \in \mathbb{N}^k \; , \; \alpha_i \leq \nu_i(\alpha_1, \ldots, \alpha_{i-1})$ pour $1 \leq i \leq k\}$, $|\alpha|$ la "longueur" d'un multi-indice α , et $\alpha \prec \beta$ la relation "β prolonge α" pour pour $\alpha, \beta \in \mathcal{D}$)

1°) Si $\alpha, \beta \in \mathcal{D}$, $|\alpha| = |\beta|$ et $\alpha \neq \beta \Rightarrow F_\alpha \cap F_\beta = \phi$.

2°) Si $\alpha, \beta \in \mathcal{D}$, $\alpha \prec \beta \Rightarrow F_\beta \subset F_\alpha$.

3°) $\forall \; \alpha \in \mathcal{D}$, $|\alpha| \geq 1 \Rightarrow \text{diam}\,(F_\alpha) \leq \bar{2}^{|\alpha|}$.

4°) Posant $\Phi_k = \cup \{F_\alpha \; ; \; \alpha \in \mathcal{D} \; , \; |\alpha| = k\}$, on a $c(\Phi_k) > \frac{1}{2}\, c(K_2) \; (k \geq 1)$.

5°) Si $\mathbf{K}$ est un compact non ϕ de $\Phi_k (k \geq 1)$, et si α désigne le plus petit multi-indice (pour l'ordre lexicographique) de $\mathcal{D}$, de longueur k et tel que $K \cap F_\alpha \neq \phi$, alors $\hat{R}_1^K$ atteint sur $K \cap F_\alpha$ des valeurs inférieures à $1 - \varepsilon(1 - \sum_{o}^{k} 2^{-\nu-2})$.

On construit de proche en proche les familles

$\mathcal{F}_k = \{F_{n_1,\ldots,n_k} \; ; \; 0 \leq n_1 \leq \nu_1, \ldots, \; 0 \leq n_k \leq \nu_k(n_1 \ldots n_{k-1})\}$ (et les fonctions ν_k) par application répétée du lemme 8.

On obtiendra alors un compact X vérifiant l'assertion (H_3) en posant $X = \bigcap_1^\infty \Phi_k$, muni de l'ordre correspondant à l'ordre lexicographique par le plongement canonique de X sur $\mathbb{N}^{\mathbb{N}}$.

Bien entendu quitte à jetter la partie "clairsemée" de X , on peut supposer que $(X, \leq)$ est isomorphe (pour la topologie et l'ordre) à l'ensemble triadique de Cantor muni de son ordre usuel.

IV. UN COMPACT "EN CASCADE" ET NON POLAIRE EST IMPOSSIBLE (Troisième étape).

On montre dans ce paragraphe que (H_3) conduit à une contradiction. Fixons un point $z_o \in \mathbb{R}^d \setminus X$, d une métrique sur X compatible avec sa topologie et posons, pour $x \in X$ et $\eta > 0$:

$$S_x = \{y \in X \ ; \ y > x\} \quad , \quad S_x^\eta = \{y \in S_x \ ; \ d(x,y) < \eta\} \ .$$

D'après [6], on déduit de (H_3) que pour chaque $x \in X$ on a :

$$\lim_{\eta \to o} \hat{R}_{G_x}^{S_x^\eta}(z_o) = \lim_{\eta \to o} \hat{R}_{G_{z_o}}^{S_x^\eta}(x) = 0 \qquad (4) \ .$$

(La deuxième égalité vient de la propriété d'effilement "fort" en théorie classique [6]). Notons aussi le lemme élémentaire suivant :

<u>LEMME 8</u>. *Pour tout $\eta > 0$ fixé, l'application : $\varphi : (x,y) \rightsquigarrow \hat{R}_{G_x}^{S_x^\eta}(y)$ est s.c.i. sur $X \times \mathbb{R}^d$.*

Soit $(x_n)_{n \geq 1}$ une suite de points de X tendant vers $x_o \in X$; posons $v_n = \hat{R}_{G_{x_n}}^{S_{x_n}^\eta} \ (n \geq 0)$, et $w_n = \inf\{v_k \ ; \ k \geq n\}$; comme $w = \sup \hat{w}_n$ majore G_x quasi-partout sur $S_{x_o}^\eta$, on voit que $w \geq v_o$; si alors $v_o(y_o) > a$ $(a \geq 0, y_o \in \mathbb{R}^d)$ on aura $w(y_o) > a$ et donc $\hat{w}_{n_o} > a$ sur un voisinage de y_o, pour un certain n_o. D'où si $\{y_n\}$ est une suite de $\mathbb{R}^d$ tendant vers y_o, $\liminf v_n(y_n) > a$: ce qui signifie que φ est s.c.i. en (x_o, y_o).

Ainsi, pour chaque $\eta > 0$, $f_\eta : x \rightsquigarrow \hat{R}_{G_x}^{S_x^\eta}(z_o)$ est s.c.i. On voit alors, à partir de la relation (4) ci-dessus, et en utilisant le théorème d'Egorov pour la mesure d'équilibre de X, et les fonction $f_{1/n}$, qu'il existe une suite $\{\eta_\nu\}_{\nu \geq 1}$ de réels > 0, décroissants vers zéro, et une partie compacte X' de X de capacité > 0 telles que :

$$\forall \ x \in X' : \sum_{\nu=1}^{\infty} \hat{R}_{G_x}^{S_x^{\eta_\nu}}(z_o) \leq 1 \ .$$

Quitte à remplacer X par X', on supposera que cette relation a lieu pour tout $x \in X$.

Introduisons alors le noyau suivant :

$$\forall\ x \in X\ ,\ \forall\ y \in \mathbb{R}^d \quad H(x,y) = \sum_{\nu=1}^{\infty} R_{G_x}^{S_x^{\eta_\nu}}(y)\ .$$

H est s.c.i. $\geqslant 0$ sur $X \times \mathbb{R}^d$; posant $H_x(y) = H(x,y)$ $(x \in X, y \in \mathbb{R}^d)$, on voit que H_x est un potentiel newtonien sur $\mathbb{R}^d$ (somme d'une série de potentiels qui converge en au moins un point) dont la mesure associée $-\Delta(H_x)$ est de masse inférieure à une constante finie $c_o > 0$ indépendante de $x \in X$ (ceci d'après $H_x(z_o) \leqslant 1$) . Une autre propriété essentielle des potentiels H_x est que H_x est "infiniment plus grand que G_x sur la droite de x" $(x \in X)$; plus précisement on a $H_x \geqslant m\ G_x$ sur $S_x^{\eta_m} \setminus e(X)$.

Fixons alors un entier $\geqslant 1$, et L un compact de capacité > 0 , $L \subset X$ et L de diamètre inférieur à $(1/2)\eta_m$; notons λ la mesure d'équilibre de L et posons :

$$\begin{cases} H_\lambda(y) = \displaystyle\int_L H(x,y)\, d\lambda(x)\ ,\ G_\lambda^1(y) = \int_{\substack{x \leqslant y \\ x \in X}} G_x(y)\, d\lambda(x) & (y \in X) \\ \text{et} \qquad L' = \{y \in L\ ;\ G_\lambda^1(y) \geqslant 1/4\}\ . \end{cases}$$

D'après la symétrie de G , (et le caractère diffus de λ) on a :

$$\int G_\lambda^1\, d\lambda = \iint_{x \leqslant y} G(x,y)\, d\lambda(x)\, d\lambda(y) = \frac{1}{2} \iint_{L \times L} G(x,y)\, d\lambda(x) d\lambda(y)\ .$$

D'où :

$$\int G_\lambda^1\, d\lambda = \frac{1}{2} \|\lambda\|\ .$$

On en déduit, en notant que $0 \leqslant G_\lambda^1 \leqslant 1$, que $\lambda(L') \geqslant \frac{1}{3} \|\lambda\|$, et par conséquent:

$$(*) \qquad c(L') \geqslant \frac{1}{3} \|\lambda\| = \frac{1}{3}\, c(L)\ .$$

Comme $H(x,y) \geqslant m\ G(x,y)$ pour $x,y \in X$, $x < y$ et $d(x,y) < \eta_m$ $(y \notin e(X))$, H_λ est un potentiel newtonien sur $\mathbb{R}^d$, vérifiant pour $y \in L \setminus e(X)$:

$$H_\lambda(y) \geqslant m\ G_\lambda^1(y)$$

et à fortiori

$$H_\lambda(y) \geqslant \frac{m}{4} \quad \text{sur} \quad L' \setminus e(X)\ .$$

Comme H_λ est associé à une mesure $-\Delta\ H_\lambda$ de masse inférieure à $c_o\ \|\lambda\|$ cette dernière relation entraîne

$$(**) \qquad c(L') \leqslant \frac{4\ c_o}{m} \|\lambda\|\ .$$

Pour m assez grand (*) et (**) sont contradictoires (car $\|\lambda\| \neq 0$). On est ainsi parvenu à la contradiction annoncée et le théorème 1 est établi ! .

V. DEMONSTRATION DU THEOREME 2.

Fixons un potentiel continu et strict q sur $\mathbb{R}^d$ (par exemple $q = G_\mu$, $\mu = e^{-|x|}\, dx_1 \dots dx_d$) et montrons le lemme suivant :

LEMME 9. Soient $\mathbb{K}$ une partie compacte de $\mathbb{R}^d$ et $\varepsilon > 0$; il existe un compact $\mathbb{K}' \subset \mathbb{K}$ tel que 1°) $c(\mathbb{K} - \mathbb{K}') < \varepsilon$ 2°) $\hat{R}_q^{\mathbb{K}'} \geq (1-\varepsilon)\, q$ sur $\mathbb{K}'$.

On sait que $\mathbb{K}_\varepsilon = \{x \in \mathbb{K} \; ; \; \hat{\mathbb{R}}_q^{\mathbb{K}}(x) \leq (1-\varepsilon)\, q(x)\}$ est un compact polaire ([6]); on peut donc trouver un ouvert U de $\mathbb{R}^d$ tel que $\mathbb{K}_\varepsilon \subset U$ et $c(U) < \varepsilon$; notons $\mathcal{F}$ la famille des compacts de la forme $(\mathbb{K} \cap \complement U) \cup L$, où L parcourt l'ensemble des compacts inclus dans $U \cap \mathbb{K}$, avec $e(L) = \phi$. $\mathcal{F}$ est filtrante croissante, et d'après le théorème 1, le réunion des éléments de $\mathcal{F}$ est finement dense dans $\mathbb{K} \setminus e(\mathbb{K})$; on en déduit que $\hat{R}_q^{\mathbb{K}} = \sup_{X \in \mathcal{F}} \hat{\mathbb{R}}_q^X$, et, avec le lemme de Dini, qu'il existe $X \in \mathcal{F}$ tel que $\hat{\mathbb{R}}_q^X \geq (1-\varepsilon)\, q$ sur $(\mathbb{K} \cap \complement U)$ (et à fortiori puisque $e(X \cap U) = \phi$ sur X tout entier).

Démonstration du théorème 2. Soient $\mathbb{K}$ un compact non polaire de $\mathbb{R}^d$ et $\varepsilon > 0$; d'après le lemme 9 , on peut construire une suite décroissante $\{\Phi_n\}_{n \geq 0}$ de compacts de $\mathbb{K}$ telle que : 1°) $\Phi_0 = \mathbb{K}$ 2°) pour $n \geq 0$, $c(\Phi_n - \Phi_{n+1}) \leq \varepsilon\, 2^{-n-1}$ 3°) pour $n \geq p \geq 0$: $\hat{R}_q^{\Phi_n} > (1-2^{-p})\, q$ sur Φ_p . (On utilise encore le lemme de Dini).

Il suffit alors de poser $\mathbb{K}' = \bigcap_1^\infty \Phi_n$: on aura $R_q^{K'} \geq (1-2^{-p})\, q$ sur Φ_p , et donc $\hat{R}_q^{K'} \geq (1-2^{-p})^2\, q$ sur Φ_p ; ce qui entraîne $\hat{R}_q^{K'} = q$ sur K' c'est-à-dire ([6]) $e(K') = \phi$, et on a évidemment $c(K-K') \leq \varepsilon$

C.Q.F.D.

COROLLAIRE 10. Soit μ une mesure ≥ 0 d'énergie finie sur $\mathbb{R}^d$: il existe une suite $(\mathbb{K}_n)_{n \geq 1}$ de compacts de $\mathbb{R}^d$ telle que : (i) $\forall\, n \geq 1$, $e(K_n) = \phi$ (ii) $\mu(\mathbb{R}^d \setminus \bigcup_1^\infty K_n) = 0$.

Remarquons que lorsque μ est absolument continue par rapport à la mesure de Lebesgue λ sur $\mathbb{R}^d$, on peut établir assez facilement le corollaire (et donc le théorème 1, pour $\mathbb{K}$ de λ-mesure > 0) : on montre en effet que pour tout compact $\mathbb{K}$, et tout $\varepsilon > 0$, il existe un compact $\mathbb{K}' \subset \mathbb{K}$, dont la densité supérieure en chacun de ses points est strictement > 0 (et même $> 2^{-d}$, si on calcule la densité à l'aide de cubes) et tel que $\lambda(K-K') < \varepsilon$; ces conditions entraînent que $e(\mathbb{K}') = \phi$ (par exemple, à l'aide du critère de Wiener). La méthode s'étend au cas où μ est une mesure de Hausdorff d'ordre α sur $\mathbb{K}$, si $\alpha > d-2$, et $\mu(K) > \infty$.

On retrouve ainsi une remarque de B. Fuglede [12] : si $\mathbb{K}$ est un compact de $\mathbb{R}^d$ d'intérieur fin non vide, il contient un compact $\mathbb{K}' \neq \phi$ avec $e(K') = \phi$: on sait en effet qu'un ouvert fin non vide de $\mathbb{R}^d$ est de mesure de Lebesgue > 0.

VI. UNE CLASSE DE NOYAUX FONCTIONS DE LA THEORIE DU POTENTIEL.

On peut facilement étendre les théorèmes 1 et 2 au cadre suivant: E est un espace compact métrisable, et $G : E \times E \to [0,+\infty]$ un noyau-fonction s.c.i., continu hors de la diagonale, symétrique et vérifiant le principe de domination [7], [20]. On décrit dans cette partie un type à peu près standard de noyau-fonction beaucoup plus général : G ne sera en général ni symétrique, ni régulier au sens de Choquet [7]. Après quelques rappels et quelques résultats préliminaires, on donnera pour un tel noyau une propriété contenant le théorème 1 comme cas particulier (voir les parties VIII et IX). Dans le paragraphe D ci-dessous, on rappellera quelques exemples où nos hypothèses sont vérifiées.

A) Soient E un compact métrisable, ξ une mesure de Radon ≥ 0 sur E de support E, et $V, \tilde{V}$ deux noyaux fortement felleriens sur E - c'est-à-dire ici que V et $\tilde{V}$ transforment fonctions boréliennes bornées sur E en fonctions finies continues sur E. B désignera l'ensemble des fonctions boréliennes bornées sur E, B_+ le cône des fonctions positives de B. On fait les hypothèses suivantes :

1°) V et $\tilde{V}$ vérifient le principe de domination.

2°) V et $\tilde{V}$ sont en dualité par rapport à ξ : $\forall f,g \in B$:

$\forall f,g \in B : \int V(f)\, g d\xi = \int f.\tilde{V}(g)\, d\xi$.

3°) Le cône $\mathcal{S}_c$ (resp. $\tilde{\mathcal{S}}_c$) des fonctions finies continues sur E , et V surmédianes (resp. et $\tilde{V}$-surmédianes) est linéairement séparant.

Quitte à remplacer ξ par sa restriction à $E' = E \setminus ([V1 = 0] \cup [\tilde{V}1 = 0])$, et E par $\bar{E}'$ on supposera que $\xi([V1 = 0] \cup [\tilde{V}1 = 0]) = 0$. ξ est alors une mesure de référence pour V et $\tilde{V}$: $\forall f \in B_+$ $Vf = 0 \Longleftrightarrow \tilde{V}f = 0 \Longleftrightarrow f = 0$ ξ.pp.

Il existe alors deux résolvantes achevées $(V_\lambda)_{\lambda \geqslant 0}$ et $(\tilde{V}_\lambda)_{\lambda \geqslant 0}$ fortement felleriennes, en dualité par rapport à ξ , et telles que $V_o = V$, $\tilde{V}_o = \tilde{V}$. Comme d'habitude, le préfixe co signalera les notions relatives à $\tilde{V}$, ou à la résolvante $(\tilde{V}_\lambda)$ ([21]) .

Notons D (resp. $\tilde{D}$) l'ensemble des points de branchements pour V (resp $\tilde{V}$) (voir [20]) : pour $x \in E$, $x \in E \setminus D$ si et seulement si $\varepsilon_x = \lim_{\lambda \to \infty} \varepsilon_x(\lambda V_\lambda)$ (au sens vague). En prenant s_o tel que $\{s \in \mathcal{S}_c ; \exists \alpha > 0 \;\; s_o - \alpha s \in \mathcal{S}_c\}$ soit dense dans $\mathcal{S}_c$, et en notant $\hat{s}_o$ la régularisée excessive de s_o on a :
$D = \{x ; \hat{s}_o(x) < s_o(x)\}$. En particulier $D \cup \tilde{D}$ est un K_σ ξ-négligeable. L'espace "utile" dans la suite est le polonais $Y = E \setminus D \cup \tilde{D}$.

D'après Kunita-Wanatabe ([17], [21]) on peut introduire un noyau fonction G pour représenter V et $\tilde{V}$: il existe $G : E \times E \to [0,+\infty]$ s.c.i. et tel que pour toute mesure $\mu \geqslant 0$ finie sur E , le potentiel $G\mu$ (resp. $\tilde{G}\mu$) est une fonction excessive (resp. co-excessive) telle que $\mu \circ \tilde{V} = (G\mu).\xi$ (resp. $\mu \circ V = (\tilde{G}\mu).\xi$) . On a noté : $G\mu(x) = \int G(x,y)\, d\mu(y)$, $\tilde{G}\mu(x) = \int G(y,x)\, d\mu(y)$ $(x \in X)$. En particulier, pour $f \in B_+$, $V(f) = G(f\xi)$ et $\tilde{V}(f) = \tilde{G}(f\xi)$.

Un point $x_o \in E$ est de co-branchement si et seulement si $G_{x_o} = G\mu$, (on pose $G_{x_o} = G\varepsilon_{x_o}$) pour une μ ne chargeant pas $\tilde{D}$, et $\mu \neq \varepsilon_{x_o}$. En particulier $\{G_x ; x \notin \tilde{D}\}$ est l'ensemble des génératrices extrémales du cône des G-potentiels, et si $G\mu = G\mu'$, μ et μ' ne chargeant pas $\tilde{D}$, on a $\mu = \mu'$. Notons aussi que si s est excessive, ξ-intégrable et portée par un compact K (au sens que $s = R_s^K$) disjoint de $\tilde{D}$, alors s est le G-potentiel d'une mesure positive bien déterminée portée par K .

B) Rappelons maintenant quelques résultats clefs de la théorie du Potentiel par rapport à G : pour μ,ν mesures $\geqslant 0$ sur Y, et A partie de Y, on a l'identité fondamentale (due à Hunt en théorie des processus de Markov [4]) :

$$\int \hat{R}^A_{G\mu}\, d\nu = \int \hat{\tilde{R}}^A_{\tilde{G}\nu}\, d\mu .$$

($\tilde{R}$ désigne l'opérateur de coréduite). On sait déduire de cette relation les équivalences : pour $A \subset Y$, (i) A polaire $\Longleftrightarrow$ A copolaire (ii) A semi-polaire $\Longleftrightarrow$ A co-semi-polaire (voir [4], [21]).

G. Mokobodzki a défini la notion de fonction excessive régulière, et celle duale de mesure régulière (relative à V) et a établi les équivalences [22] (voir aussi [18]):

(i) Si s est excessive, finie ξ-pp : s régulière $\Longleftrightarrow$ s est somme d'une série de fonctions excessives, finies et continues sur E.

(ii) Pour μ mesure $\geqslant 0$ finie sur Y : μ régulière $\Longleftrightarrow$ μ ne charge pas les boréliens semi-polaires. (Pour l'implication $\Leftarrow$ de (ii), on peut consulter [18]).

On voit donc qu'une mesure $\geqslant 0$ finie sur Y est régulière si et seulement si elle est corégulière et si et seulement si elle est somme d'une série de mesures $\geqslant 0$ μ_n avec $G\mu_n \in \mathcal{C}(E)$.

La propriété suivante remonte à J. Azéma [3] dans le cadre des processus de Markov ; elle a été établie plus récemment par des méthodes purement potentialistes par W. Hansen [13], puis dans [2] dans le cadre des résolvantes.

(iii) Pour A borélien $\subset Y$: A semi-polaire $\Longleftrightarrow$ $\forall\, \mu$ mesure régulière sur Y, $\mu(A) = 0$.

Comme dans [13], on notera, pour $A \subset Y$ et s excessive, Q^A_s la réduite "essentielle" de s sur A, c'est-à-dire la plus petite fonction excessive majorant s sur A sauf peut-être sur un semi-polaire ; si A' désigne le plus grand fermé fin relatif de A, qui est non semi-polaire au voisinage fin de chacun de ses points, alors $A \setminus A'$ est semi-polaire et par conséquent $Q^A_s = R^{A'}_s$. Si on note $\tilde{A}'$ l'ensemble analogue relatif à la théorie adjointe, et si on pose $A'' = A \cap A' \cap \tilde{A}'$, on a $Q^A_s = R^{A''}_s$ et de même $\tilde{Q}^A_{s'} = \tilde{R}^{A''}_{s'}$ pour s' co-excessive : on en déduit la formule:

$$\forall\, \mu,\nu \text{ mesures} \geqslant 0 \text{ sur } Y : \int Q^A_{G_\mu}\, d\nu = \int \tilde{Q}^A_{\tilde{G}_\nu}\, d\mu .$$

C) Pour mesurer les ensembles, on est amené à utiliser deux fonctions d'ensembles :

a) La capacité : Notant $p_o = V1$, $\tilde{p}_o = \tilde{V}1$, on pose :

$$\forall A \subset Y : c(A) = \int \hat{R}^A_{p_o} \, d\xi = \int \hat{\tilde{R}}^A_{\tilde{p}_o} \, d\xi$$

c est une capacité de Choquet alternée d'ordre 2 sur Y et $c(A) = 0$ équivaut à A polaire.

b) la contenance :

$$\forall A \subset Y \quad \text{cont}(A) = \int Q^A_{p_o} \, d\xi = \int \tilde{Q}^A_{\tilde{p}_o} \, d\xi \, .$$

L'égalité $\text{cont}(A) = 0$ signifie que A est semi-polaire. Notons aussi les identités (pour A borélien de Y):

$$\begin{cases} c(A) = \sup \{\int_A \tilde{p}_o \, d\mu \ ; \ \mu \text{ mesure} \geq 0 \text{ sur } Y \text{ telle que } G\mu \leq p_o\} \\ \text{cont}(A) = \sup\{\int_A \tilde{p}_o \, d\mu \ ; \ \mu \text{ mesure} \geq 0 \text{ sur } Y \text{ telle que } G\mu \in \mathcal{C}(E) \text{ et } G\mu \leq p_o\}. \end{cases}$$

D) Exemples. Commençons par étendre un peu le cadre défini en A ; supposons seulement que E est localement compact à base dénombrable, que les noyaux V et $\tilde{V}$ transforment les fonctions boréliennes bornées à support compact en fonctions continues, et reprenons les hypothèses 1°), 2°) et 3°) du A. Les considérations précédentes s'étendent sans difficulté à ce cadre - par exemple en utilisant une suite exhaustive $\{K_n\}_{n \geq 1}$ de compacts, telle que $\overset{\circ}{\overline{K}}_n = K_n$ pour $n \geq 1$. Pour définir la capacité et la contenance, on commencera par modifier $V, \tilde{V}$, et ξ en $V', \tilde{V}', \xi'$ tels que $V'1 \in L^1(\xi')$: on prend $\xi' = a\xi$, $V'(f) = V(af)$, $\tilde{V}'(f) = V'(af)$, où $a \in \mathcal{C}(E)$, $0 < a \leq 1$, est telle que $\int V(a).a \, d\xi < +\infty$.

Voici alors deux situations classiques où apparaîssent des noyaux fonctions du type considéré :

a) Noyau invariant par translation : Soit N une fonction ≥ 0 sur $\mathbb{R}^d$, à valeurs dans $[0,+\infty]$, localement intégrable par la mesure de Lebesgue λ_d sur $\mathbb{R}^d$. On suppose que $N(x) = \liminf_{y \to x} \text{ess}\, N(y)$ pour tout $x \in \mathbb{R}^d$, que N n'admet aucune pseudo-période non nulle et que le noyau de convolution N vérifie le principe de domination ([20], [9]). Le noyau fonction $G(x,y) = N(x-y)$ $(x,y \in \mathbb{R}^d)$ rentre dans le cadre considéré. Exemples : le noyau de Heaveside sur $\mathbb{R}$ (N est l'indicatrice de $]0,+\infty[)$, les noyaux de Riesz sur $\mathbb{R}^d$ $(N_\alpha(x) = \|x\|^{-\alpha}$, $x \in \mathbb{R}^d$, $d-2 \leqslant \alpha < d, \alpha > 0)$, le noyau de Gauss (ou de la chaleur) sur $\mathbb{R}^n$, $(N(x) = N(x',x_n) = (4\pi x_n)^{-\frac{n-1}{2}} \exp(-|x'|^2/4\pi x_n)$, si $x_n > 0$, et $N(x) = 0$ si $x_n \leqslant 0)$; signalons enfin toute une classe "explicite" de noyaux N du type ci-dessus dans le cas $d = 1$: N est une fonction de classe C^2 sur $\mathbb{R} \setminus \{0\}$, tendant vers 0 à l'infini $N(0) = \liminf_{\substack{x \to o \\ x \neq o}} N(x)$, $N \in \mathcal{L}^1_{loc}(\mathbb{R})$ N et $\check{N}$ sont convexes et à dérivées secondes logarithmiquement convexes sur $]0,+\infty[$. Cette classe a été récemment exhibée par M. Ito ([15]). On peut noter en particulier les noyaux de Kishi $N(x) = |x|^{-\alpha}$ si $x \geqslant 0$, $N(x) = |x|^{-\beta}$ si $x \leqslant 0$, avec $0 < \alpha, \beta < 1$ ([16]) .

b) Noyau associé à une diffusion : On considère un opérateur différentiel L d'ordre 2 sur un ouvert borné ω de $\mathbb{R}^d$ de la forme :

$$Lu = \sum_{i=1}^{d} X_i^2(u) + Yu \qquad u \in C_o^\infty(\omega)$$

où les X_i et Y sont des champs de vecteurs de classe C^∞ sur $\bar{\omega}$, engendrant une algèbre de Lie $\mathcal{L}(X_1,..,X_d,Y)$ de rang d en tout point de $\bar{\omega}$; d'après J.M. Bony [5], on peut associer à L une fonction de Green sur $\omega \times \omega$: $G(.,y)$ est une solution $\geqslant 0$ minimale de $Lu = -\delta_y$, de classe C^∞ sur $\omega \setminus \{y\}$, et valant sa limite inférieure en mesure en y . Ce noyau G rentre également dans notre cadre : il est associé à la mesure $\xi = \lambda_{d/\omega}$ et aux noyaux $V, \tilde{V}$ qui prolongent les opérateurs de Green $(-L)^{-1}$, $(-L^*)^{-1}$ qui sont définis sur $C_o^\infty(\omega)$ et à valeurs dans $C^\infty(\omega)$.

VII. QUELQUES NOTIONS ET RESULTATS PRELIMINAIRES.

A) Commençons par une propriété de continuité des fonctions excessives en dehors de leur support ; cette propriété est due à G. Mokobodzki :

THEOREME 3. Si s est une fonction excessive bornée, portée par un compact $\mathbb{K} \subset Y$ $(s = R_s^K)$ alors s/Y est continue en tout point de $Y \setminus \mathbb{K}$.

Voici, assez abrégée, la preuve de Mokobodzki (voir la technique de [23]) :

soient N le noyau de réduction sur $\mathbb{K}$ ($N(\sigma) = R_\sigma^K$ pour $\sigma \in \mathcal{S}_c$) et V' le noyau V-NV , l'espace de base étant Y .

On sait que pour $\sigma \in \mathcal{S}_c$, $\hat{R}_\sigma^K = R_\sigma^K$ sur Y-K (voir, par exemple, [23] p. 181 à 185), de sorte que R_σ^K est à la fois s.c.i. et s.c.s. sur $Y - \mathbb{K}$; on en déduit que V' est fortement fellerien sur $Y \setminus \mathbb{K}$: pour $f \in B_+$, V'(f) est continue sur $Y \setminus K$.

D'autre part, V' est borné et vérifie le principe de domination, et toute fonction V-excessive est V'-excessive sur $Y \setminus K$. Si s_1, s_2 sont V-excessives bornées et $s_1 \leq s_2$, $N(s_2-s_1)$ est V'-excessive sur $Y \setminus \mathbb{K}$, car $N(s_2-s_1)$ est V'-surmédiane et $N(s_2)$, $N(s_1)$ sont V'-excessives sur $Y \setminus K$. On en déduit que $N(s_2-s_1)$ est s.c.i. sur $Y \setminus \mathbb{K}$.

Prenons alors $\sigma \in \mathcal{S}_c$, $\sigma \geq s$: $N(\sigma - s)$ est s.c.i. sur Y-K , et comme $N(\sigma) = R_\sigma^K$ est continue sur $Y \setminus K$, N(s) doit être à la fois s.c.i. et s.c.s. sur $Y \setminus K$.

<u>COROLLAIRE 11</u>. *Si* μ *est une mesure* ≥ 0 *sur le compact* $\mathbb{K} \subset Y$ *de potentiel* $G\mu$ *borné, alors* $G\mu$ *est continu sur* $Y \setminus \mathbb{K}$.

Posons $f_n = n(G\mu - n\, V_n\, G\mu)$, donc $f_n \xi = n\, \mu \circ \tilde{V}_n$; alors $f_n\xi$ tend vaguement vers μ , et la suite $V(f_n)$ tend en croissant vers $G\mu$. Comme $f_n\xi$ tend vaguement vers μ , on peut trouver des compacts $\mathbb{K}_n \subset Y$ tels que i) $\lim\limits_{n\to\infty} \sup K_n \subset K$ et ii) on a $\lim\limits_{n\to\infty} \xi(f_n\, 1_{K^c}) = 0$. D'où $G\mu = \sup\limits_{n \geq p} V(f_n\, 1_{K_n}) = \lim\limits_{n\to\infty} V(f_n\, 1_{K_n})$ $(p \geq 1)$.

Si on note $\mathbb{K}' = K \cup \bigcup\limits_p^\infty K_j$, on aura $G\mu = R_{G\mu}^{K'_p}$, et par conséquent $G\mu$ est finie continue sur $Y \setminus K'_p$ pour tout $p \geq 1$; d'où le corollaire.

On peut appliquer ces résultats à la convergence d'une suite $G\mu_n$ en dehors de la réunion des supports des μ_n :

<u>PROPOSITION 12</u>. *Soient* $\{\mu_n\}_{n \geq 1}$ *une suite de mesures* ≥ 0 *sur le compact* $\mathbb{K} \subset Y$ *, convergeant vaguement vers la mesure* μ *, et telle que la suite* $\{G\mu_i\}$ *soit uniformément bornée. Alors :*

1°) $G\mu = \sup\limits_n (\widehat{\inf\limits_{j>n} G\mu_j})$ *sur* Y ($\wedge$ *désigne la V-régularisation).*

2°) Sur tout compact $Z \subset Y \setminus \mathbb{K}$, $G\mu_i$ *converge uniformément vers* $G\mu$.

Pour le 1°) les hypothèses sur les supports des μ_j sont inutiles et la propriété est classique ; G étant s.c.i. on a $G\mu \leqslant \liminf_{n\to\infty} G\mu_n$, soit $G\mu \leqslant \lim_n \widehat{(\inf_{j\geqslant n} G\mu_j)}$ sauf sur un semi-polaire, donc partout sur Y .

Comme d'autre part $\int G\mu \, d\xi = \int \tilde{p}_o \, d\mu = \lim_{j\to\infty} \int \tilde{p}_o \, d\mu_j = \lim_{j\to\infty} \int G\mu_j \, d\xi$, on obtient $G\mu = \lim_{n\to\infty} \widehat{(\inf_{j\geqslant n} G\mu_j)}$ ξ.pp et donc partout ; on voit aussi que $G\mu_j$ tend vers $G\mu$ dans $L^1(\xi)$, et en extrayant au besoin une sous-suite que $G\mu_j$ tend vers $G\mu$ ξ.pp.

Prenons alors sur $Y \setminus \mathbb{K}$ le noyau $V' = V - NV$ (N = noyau de réduction sur K), et soit $\sigma \in \mathcal{S}_c$ telle que $\sigma \geqslant \sup_j G\mu_j$; alors $\lim \widehat{\inf_{j\to\infty}} (\sigma - G\mu_j)$ (∧ désigne ici la V'-régularisation) est V'excessive et vaut $\sigma - G\mu$ ξ-pp , donc partout sur $Y - \mathbb{K}$ (V' est de base ξ) .

Ainsi, sur $Y \setminus \mathbb{K}$ $G\mu = \sup_n \widehat{(\inf_{j\geqslant n} G\mu_j)} = \inf_n \widecheck{(\sup_{j\geqslant n} G\mu_j)}$ (∧ et ∨ désignant cette fois les régularisations s.c.i. et s.c.s. respectivement). D'où facilement le 2°).

B) On introduit maintenant une classe d'ensembles permettant de faire apparaître dans notre cadre des propriétés qui semblent propre au cas classique (où essentiellement G vérifie le principe de continuité des masses d'Evans, et où plus accessoirement G est symétrique).

<u>Définition 13</u>. Une partie $A \subset Y$ sera dite accessible si $c(A) = \text{cont}(A)$.
Cela équivaut à $\hat{R}^A_{p_o} = Q^A_{p_o}$, ou encore à $\hat{\tilde{R}}^A_{\tilde{p}_o} = \tilde{Q}^A_{\tilde{p}_o}$.

On a la caractérisation suivante de l'accessibilité : on notera $\tilde{e}(A)$, (resp $e(A)$) l'ensemble des points de A où A est effilé (resp. co-effilé).

<u>*PROPOSITION 14*</u>. *Soit A une partie relativement compacte de Y : A est accessible si et seulement si les deux conditions suivantes ont lieu :*

(i) $e(A) \cap \tilde{e}(A)$ *est polaire*

(ii) Tout ouvert fin (resp. cofin) non vide de $A \setminus e(A)$ *(resp. de* $A - \tilde{e}(A)$*) n'est pas semi-polaire.*

On verra ensuite (théorème 4) que pour A compact dans Y , A est accessible si et seulement si $e(A) \cap \tilde{e}(A)$ est polaire.:

Etablissons d'abord la propriété suivante :

<u>LEMME 15</u>. *Soient* $A \subset E$ *tel que* $\bar{A} \subset Y$ *, et* μ *la mesure "d'équilibre" de* A *:* $G\mu = \hat{R}^A_{p_o}$ *,* μ *portée par* $\bar{A}$ *. Si* B *est une partie* K_σ *de* Y *telle que* $\mu^*(B) = 0$ *, alors* $B \cap e(A)$ *est polaire.*

On peut supposer B compacte, et $B \subset \{x \in \bar{A} \ ; \ \hat{R}^A_{p_o}(x) \leqslant (1-\alpha)\, p_o(x)\}$ pour un $\alpha > 0$; soit par ailleurs K_o un compact $\subset Y$ tel que $\bar{A} \subset K_o \smallsetminus e(K_o)$; on construit un tel compact de la manière suivante : par une méthode analogue à celle utilisée dans le corollaire 11, on construit une suite $\{f_n\} \subset B_+$, avec i) $\mathrm{supp}(f_n)$ est compact $\subset Y$ ii) $\lim\limits_{n\to\infty} \sup \{\mathrm{supp}\, f_n\} \subset \bar{A}$ iii) $V(f_n) \leqslant p_o$, et $\lim\limits_{n\to\infty} V(f_n) = p_o$ uniformément sur $\bar{A}$. Il suffit alors de prendre $K_o = (\bigcup\limits_1^\infty \mathrm{supp}(f_n)) \cup \bar{A}$.

Soit $\{s_n\}_{n \geqslant 1}$ une suite décroissante de fonctions excessives telle que $\hat{R}^A_{p_o} = \widehat{\inf\limits_{n\geqslant 1} s_n}$, $s_n \leqslant p_o$ sur E et $s_n = p_o$ sur A . Quitte à remplacer chaque s_n par $\hat{R}^{K_o}_{s_n}$, on peut supposer que $s_n = G\mu_n$, (μ_n mesure positive sur K_o). On a alors $\mu = \lim\limits_{n\to\infty} \mu_n$.

Fixons un voisinage ω de B , et notons $\mu'_n = \mu_n\, 1_{\omega^c}$; après extraction on peut supposer $\{\mu'_n\}$ vaguement convergente de limite μ' ; soit $\mu''_n = \mu_n - \mu'_n$.

On a :
$$G\mu''_n + G\mu'_n \geqslant R^A_{p_o} \qquad (n \geqslant 1)$$

d'ou :
$$G\mu''_n \geqslant R^A_{p_o} - G\mu'_n \geqslant (R^A_{p_o} - \hat{R}^A_{p_o}) + (G\mu' - G\mu'_n) .$$

Comme $G\mu'_n$ tend vers $G\mu'$ uniformément sur B , on voit que pour $\varepsilon > 0$ donné, on aura pour n assez grand :

$$G\mu''_n \geqslant \alpha\, p_o - \varepsilon \qquad \text{sur} \qquad B \cap A .$$

En prenant $\varepsilon_o = \frac{\alpha}{2} \cdot \inf\limits_{x \in B} p_o(x)$, on a donc pour n assez grand $G\mu''_n \geqslant \varepsilon_o\, p_o$ sur $B \cap A$. D'où :

$$c(B \cap A) \leqslant \frac{1}{\varepsilon_o} \underline{\lim} \int \tilde{p}_o\, d\mu''_n \leqslant \frac{1}{\varepsilon_o} \int_{\bar{\omega}} \tilde{p}_o\, d\mu .$$

Et comme $\mu(B) = 0$, on obtient $c(B \cap A) = 0$.

Montrons alors la proposition 14 :

a) Les conditions sont nécessaires : si A est accessible, $c(A) = c(A \setminus \tilde{e}(A))$; donc la co-balayée μ de ξ sur A est aussi la co-balayée de ξ sur $A \setminus \tilde{e}(A)$, et elle ne charge pas l'ensemble $[\hat{R}^A_{\tilde{p}_o} < \tilde{p}_o]$ qui est un F_σ dont la trace sur A est $\tilde{e}(A)$; d'après le lemme précédent $e(A) \cap \tilde{e}(A)$ est donc polaire. La nécessité de la condition ii) est immédiate puisque on doit avoir $\hat{R}^A_{p_o} = R^{A \setminus P}_{p_o}$ pour tout semi-polaire $P \supset e(A)$ (et la propriété duale).

b) Les conditions sont suffisantes : on a $c(A) = c(A \setminus \tilde{e}(A))$; en effet, si s est excessive et majore p_o sur $A \setminus \tilde{e}(A)$, alors d'après le ii), on a aussi $s \geq p_o$ sur $A \setminus \tilde{e}(A) \cap e(A)$; d'où $c(A \setminus \tilde{e}(A)) = c(A \setminus \tilde{e}(A) \cap e(A))$, quantité encore égale à $c(A)$ d'après le i). De même $c(A \setminus e(A)) = c(A)$.

En utilisant encore le ii) , on a $c(A \setminus e(A)) = c(A \setminus e(A) \cup P)$ pour tout semi-polaire P de Y . Finalement $c(A) = c(A \setminus P)$ pour tout semi-polaire P de Y et A est donc accessible.

<u>COROLLAIRE 16</u>. *(1) Si A est accessible, ($\bar{A} \subset Y$) tout ouvert de A est accessible.*

(2) Réciproquement, si tout point de A admet un voisinage (dans A) accessible, A est accessible.

(3) Une réunion finie ou dénombrable A d'ensembles accessibles est encore accessible.

(On suppose dans ces énoncés A relativement compact dans Y).

(1) est évident, de même que le (3) pour une réunion finie : d'où le cas d'une réunion dénombrable, la réunion d'une suite croissante d'ensembles accessibles étant accessible puisque la capacité et la contenance passent à la limite sur les suites croissantes. Enfin, le 2°) est conséquence du 3°).

Les propriétés (1) et (2) signifient que l'accessibilité est une propriété locale.

Si A est compact, $A \subset Y$, l'énoncé de la proposition 14 peut être simplifié :

<u>THEOREME 4</u>. *Si A est compact, $A \subset Y$ (ou si A est seulement relativement compact dans Y , et à la fois G_δ fin, et G_δ co-fin), A est accessible si et seulement si $e(A) \cap \tilde{e}(A)$ est polaire.*

Supposons donc A relativement compact dans Y, à la fois G_δ fin et G_δ cofin, et tel que $e(A) \cap \tilde{e}(A)$ est polaire. Voyons d'abord que $A \setminus \tilde{e}(A)$ ne peut être effilé en un point de $B = \tilde{e}(A) \setminus e(A) \cap \tilde{e}(A)$: sinon, on aurait un ouvert fin ω avec $\omega \cap [A \setminus \tilde{e}(A)] = \phi$, et $\omega \cap B \neq \phi$; $\omega \cap B$ est semi-polaire et comme $\omega \cap B = (\omega \cap A) \setminus e(A) \cap \tilde{e}(A)$, l'ensemble $\omega \cap B$ est un G_δ fin non vide et semi-polaire. On sait alors, $\omega \cap B$ étant de Baire pour la topologie fine, que $\omega \cap B$ est effilé en au moins un de ses points x_1 : mais alors A est à la fois effilé et co-effilé en x_1, ce qui est absurde. (Remarque: Y est tamisable fort pour la topologie fine, ses G_δ sont donc des espaces de Baire).

Comme $A \setminus \tilde{e}(A)$ n'est effilé en aucun point de B, on voit que $c(A \setminus \tilde{e}(A)) = c(A \setminus \tilde{e}(A) \cap \tilde{e}(A))$; d'où puisque $\tilde{e}(A) \cap e(A)$ est polaire $c(A \setminus \tilde{e}(A)) = c(A)$. De même, $c(A \setminus e(A)) = c(A)$. Cela signifie que $\hat{R}_{p_o}^{A \setminus e(A)} = \hat{R}_{p_o}^{A}$, donc aussi que $\hat{R}_{p_o}^{A \setminus e(A)} = p_o$ sur $A \setminus e(A)$. Ainsi $A \setminus e(A)$ n'est effilé en aucun de ses points et on sait qu'alors $A \setminus e(A)$ (qui est encore de Baire pour la topologie fine) est non-semi-polaire au voisinage fin de chacun de ses points. D'où le théorème.

Voici deux énoncés permettant de construire des compacts accessibles ; on donnera plus bas une propriété plus forte que celle du lemme suivant :

<u>LEMME 17</u>. *Pour $\varepsilon > 0$, et pour $\mathbb{K}$ compact $\subset Y$, il existe un compact $\mathbb{K}' \subset \mathbb{K}$ tel que : 1°) $\mathbb{K}'$ est accessible 2°) cont $(\mathbb{K}') \geq$ cont $(\mathbb{K}) - \varepsilon$.*

<u>Preuve</u>. Soit μ_o une mesure régulière sur $\mathbb{K}$ telle que $G\mu_o \leq p_o$ et $\int \tilde{p}_o \, d\mu \geq \text{cont}\ (\mathbb{K}) - \varepsilon/2$, et posons $\mathbb{K}_o = \mathbb{K}$. On peut construire de proche en proche une suite $\{\mu_n\}_{n \geq 1}$ de mesures régulières sur $\mathbb{K}$, et une suite décroissante $\{\mathbb{K}_n\}_{n \geq 1}$ de compacts de $\mathbb{K}_o$ telles que :

i) $\forall n \geq 0$, $\mathbb{K}_{n+1} \subset [Q_{p_o}^{K_n} = p_o] = A_n$

ii) $\forall n \geq 0$, $\forall p \geq n$: $G\mu_n \leq p_o$ et $\displaystyle\int_{K_p} \tilde{p}_o \, d\mu_n > \text{cont}\ (K_n) - \frac{\varepsilon}{2^{n+1}}$.

La construction est immédiate en observant que les $K_n \setminus A_n$ sont semi-polaires, et donc μ-négligeables pour toute μ-régulière. Posons $\mathbb{K}' = \bigcap_1^\infty K_n$, la construction est telle que $\text{cont}(K') \geq \sup\limits_{n \geq 1} \displaystyle\int_{K'} \tilde{P}o \, d\mu_n \geq \lim\limits_{n \to \infty} \text{cont}(K_n)$, et que $c(K_n) \leq \text{cont}(K_{n-1})$.

D'où $c(K') = \mathrm{cont}\,(K')$.

Une modification de la construction du lemme, conduit au :

COROLLAIRE 18. *Soient K un compact accessible de Y, F une partie compacte de K et ω un voisinage de F dans K ; il existe un compact accessible K' tel que $F \subset K' \subset \omega$.*

Partant d'un voisinage compact K_o de F dans K , $K_o \subset \omega$, on construira deux suites $(K_n)_{n \geqslant o}$ et $(\mu_n)_{n \geqslant o}$, où, cette fois les K_n forment une suite décroissante de voisinages compacts de F dans K , vérifiant au lieu de la condition (i) la condition :

$$(i') \ \forall n \geqslant 0 \ , \ K_{n+1} \subset [Q_{p_o}^{K_n} = p_o] \cup \mathring{K}_n = A'_n$$

$\mathring{K}_n$ désigant l'intérieur de K_n dans K . On pourra prendre $\varepsilon = 1$, l'essentiel est que $c(A'_n) = \mathrm{cont}\,(A'_n) \geqslant c(K_{n+1})$.

C. Terminons ces préliminaires par une remarque concernant l'effilement "fort", et l'amélioration annoncée du lemme 17 :

LEMME 19. *Soient A une partie relativement compacte de Y , a un point de Y n'appartenant pas à A ; si A est à la fois effilé et co-effilé en a , A est fortement effilé en a , c'est-à-dire que :*

$$\inf_{V \in \mathcal{V}} R_{p_o}^{A \cap V}(a) = 0 \ , \quad \text{et} \quad \inf_{V \in \mathcal{V}} \hat{R}_{G_a}^{A \cap V} = 0 \qquad \xi\text{-pp}$$

en notant $\mathcal{V}$ l'ensemble des voisinages de a .

Il existe une partie compacte L de Y telle que $A \subset L \setminus e(L) \cup \tilde{e}(L)$ (voir la preuve du lemme 15) ; soit K un compact $\subset L$, voisinage fin et co-fin de a dans L contenu dans $Y \setminus A$; posons $A' = L \setminus K$: A' est effilé et co-effilé en a , $a \notin A'$, et A' est non-effilé et non co-effilé en chaque point de A .

On a donc $\hat{R}_{p_o}^{A'} = G\mu$, où μ est une mesure sur $\bar{A}' \subset L$ ne chargeant pas $\{a\}$ (μ est co-balayée de ξ sur A', et A'^c est voisinage co-fin de a) ; on a $G\mu(a) < p_o(a)$, et $G\mu = p_o$ sur A . Reprenant mot pour mot un argument classique (voir [6]) on construit une mesure ≥ 0 ν sur L, telle que $G\nu(a) < +\infty$, et $\lim\limits_{\substack{x \to a \\ x \in A}} G\nu(x) = +\infty$. De là facilement la première relation ; par la formule de dualité (VI, c)), cette relation s'écrit aussi $\lim\limits_{\mathcal{V}} \hat{R}_{\tilde{G}_a}^{A \cap V} = 0$ ξ-pp, donc dans $L^1(\xi)$.

La méthode utilisée ci-dessus permet d'établir la propriété suivante :

THEOREME 5. *Pour tout $\varepsilon > 0$, et pour tout compact $K \subset Y$, il existe un compact accessible K' contenu dans K et tel que cont $(K \setminus K') \leq \varepsilon$.*

Commençons par définir une suite transfinie $\{A_\alpha\}_{\alpha < \Omega}$ indexée par les ordinaux dénombrables, en posant $A_o = K$, $A_{\alpha+1} = A_\alpha \setminus (e(A_\alpha) \cap \tilde{e}(A_\alpha))$ et pour α limite $A_\alpha = \bigcap_{\beta<\alpha} A_\beta$: les A_α forment une suite transfinie décroissante de G_δ, de complémentaires semi-polaires dans K ; $c(A_\beta)$ étant une fonction décroissante de β, il existe un $\alpha_o < \Omega$ tel que $c(A_{\alpha_o+1}) = c(A_{\alpha_o})$; ce qui signifie que p_o(resp $\tilde{p}_o$) a même balayée (resp. co-balayée) sur A_{α_o} et sur A_{α_o+1} ; par conséquent $e(A_\beta) \cap \tilde{e}(A_\beta) = \phi$, en notant $\beta = \alpha_o + 1$, et A_β est accessible ; on note $B = A_\beta$, $P_o = K \setminus A_\beta$.

Notons maintenant que pour chaque $\alpha < \beta$, la méthode du lemme précédent permet de déterminer une mesure ≥ 0 (finie) ν_α sur Y telle que :

$$\forall\, a \in e(A_\alpha) \cap \tilde{e}(A_\alpha) \cap \bar{A}_{\alpha+1} \qquad \lim_{\substack{x \in A_{\alpha+1} \\ x \to a}} G\nu_\alpha(x) = +\infty .$$

Comme $\{\alpha \,;\, \alpha < \beta\}$ est dénombrable, on en déduit une mesure ν sur Y telle que $\lim\limits_{\substack{x \to a \\ x \in B}} G\nu(x) = +\infty$ pour $a \in P_o \cap \bar{B}$.

D'où un ouvert ω, dont la trace sur B est de la forme $[G\nu > t]$ et tel que (a) $P_o \subset \omega$ (b) $c(\omega \cap B) \leq \varepsilon/2$ et à fortiori $\mathrm{cont}(\omega \cap K) \leq \varepsilon/2$. Posons $K_o = K$, et $K_1 = K \setminus \omega$; Réitérant la construction, on obtiendra une suite décroissante $(K_n)_{n \geq o}$ de compacts de $\mathbb{K}$, et une suite $(P_n)_{n \geq o}$ de semi-polaires (de type K_σ) tels que $\mathrm{cont}(K_n - K_{n+1}) \leq \varepsilon/_2 n+1$ $(n \geq 0)$, $P_n \subset K_n$, $K_{n+1} \subset K_n \setminus P_n$ et $K_n \setminus P_n$ accessible.

Il suffit maintenant de poser $K' = \bigcap_1^\infty K_n$, puisqu'alors

$$\mathrm{cont}(K') = \lim_{n\to\infty} \mathrm{cont}(K_n) = \lim_{n\to\infty} \mathrm{cont}(K_n \setminus P_n) = \lim_{n\to\infty} c(K_n \setminus P_n) = c(K') .$$

VIII. EXTENSION DU THEOREME 1.

Rappelons que pour $L \subset Y$, on note $e(L)$ (resp. $\tilde{e}(L)$) l'ensemble des points de L où L est effilé (resp. co-effilé). On se propose d'établir l'extension suivante du théorème 1 :

THEOREME 6. Si A_o est une partie analytique de Y non semi-polaire, il existe un compact non vide $\mathbb{K}$ contenu dans A_o et tel que $e(\mathbb{K}) \cap \tilde{e}(\mathbb{K}) = \phi$.

Remarquons qu'alors $\mathbb{K}$ est non polaire, et comme il est aussi accessible (d'après le théorème 1) il est non semi-polaire.

On sait que A_o contient un compact non semi-polaire ([11]), et on peut donc supposer A_o compact. Pour établir le théorème 6, on va adapter la preuve du théorème 1 en montrant que l'hypothèse (H_1') suivante conduit à une contradiction.

(H_1') Il existe une partie compacte non-semi-polaire $\mathbb{K}_1$ de Y telle que pour tout compact non vide $L \subset \mathbb{K}_1$, on a $e(L) \cap \tilde{e}(L) \neq \phi$.

Les points de $\mathbb{K}_1$ sont alors semi-polaires et les mesures régulières diffuses ; quitte à remplacer $\mathbb{K}_1$ par un compact plus petit, on pourra donc supposer $\mathbb{K}_1$ totalement discontinu.

Pour mesurer le degré d'effilement et de co-effilement, on introduira la fonctionnelle Φ suivante :

$$\forall A \subset \mathbb{K}_1 \qquad \Phi_A = \sup\left(\frac{1}{p_o} \hat{R}^A_{p_o}, \frac{1}{\tilde{p}_o} \hat{\tilde{R}}^A_{\tilde{p}_o}\right).$$

D'après (H_1'), pour chaque compact non vide $L \subset \mathbb{K}_1$, Φ_L atteint des valeurs < 1 sur L. L'énoncé suivant est l'analogue du lemme 5 :

LEMME 20. Il existe un compact accessible $L_1 \subset K_1$, $a > 0$ et $\varepsilon > 0$ tels que :

1) $a < c(L_1)$

2) $\forall L \subset L_1$, L compact accessible : $c(L) > a \Rightarrow \inf\limits_{x \in L} \Phi_L(x) \leqslant 1-\varepsilon$.

On raisonne par l'absurde : on peut alors construire une suite décroissante $\{F_n\}_{n \geqslant 1}$ de compacts accessibles, contenus dans $\mathbb{K}_1$, et une suite strictement croissante $\{b_n\}_{n \geqslant 1}$ de réels > 0 telles que :

(i) $\forall n \geq 1 \quad \text{cont}(F_n) > b_n$

(ii) $\forall L$ compact, $L \subset F_n (n \geq 1) : c(L) \geq b_{n+1} \Rightarrow \Phi_L > 1-2^{-p}$ sur F_p , $1 \leq p \leq n$.

La construction de proche en proche des F_n et des b_n se fait comme dans le lemme 5 en tenant compte de la propriété suivante :

> Si A est une partie de $\mathbb{K}_1$, K un compact de Y et $\varepsilon > 0$, il existe $\eta > 0$ tel que pour toute partie B de A telle que $c(B) > c(A) - \eta$, on a :
>
> $$\inf_{x \in \mathbb{K}} \Phi_B(x) \geq \inf_{x \in K} \Phi_A(x) - \varepsilon.$$

En effet, si $\{B_n\}_{n \geq 1}$ est une suite de parties de parties de A telle que $\lim c(B_n) = c(A)$ alors $\{\hat{R}^{B_n}_{p_o}\}_{n \geq 1}$ tend vers $\hat{R}^A_{p_o}$ dans $L^1(\xi)$; on en déduit

$$\hat{R}^A_{p_o} = \widehat{\sup_{p \geq 1} (\inf_{n \geq p} \hat{R}^{B_n}_{p_o})}$$

et la propriété analogue avec les co-réduites. On obtient alors avec le lemme de Dini : $\inf \{\Phi_A(x) \; ; \; x \in K\} = \lim_{n\to\infty} \inf \{\Phi_{B_n}(x) \; ; \; x \in K\}$. D'où l'assertion.

Revenant à la suite $\{F_n\}$ du début, $\bigcap_1^\infty F_n = L$ est un compact non vide, pour lequel $\Phi_L \geq 1-2^{-p}$ sur F_p $(p \geq 1)$ puisque $c(L) \geq b_{p+1}$. D'où $\Phi_L = 1$ sur L en contradiction avec (H_1') .

On considère alors :

$$\mathcal{F} = \{L \; ; \; L \text{ compact accessible} \subset L_1 \; , \; \Phi_L > 1-\varepsilon \text{ sur } L\} .$$

$\mathcal{F}$ est stable par réunion finie, et $\gamma = \sup \{c(L) \; ; \; L \in \mathcal{F}\} < c(L_1)$. Soit $\{F_n\}_{n \geq 1}$ une suite croissante d'éléments de $\mathcal{F}$ telle que $\gamma = \sup_n c(F_n)$, et soit Z la fermeture fine de $\bigcup_1^\infty L_n$. On peut trouver K_2 accessible non semi-polaire, $K_2 \subset L_1 - Z$, puisque $c(Z) = c(\bigcup_1^\infty F_n) = \text{cont}(\bigcup_1^\infty F_n)$, et à fortiori $c(Z) = \text{cont}(Z) < \text{cont}(L_1)$.

Si $K \subset \mathbb{K}_2$ est non semi-polaire, alors $\text{cont}(K \cup Z) > \text{cont}(Z) = \gamma$, et par conséquent $\text{cont}(K \cup F_n) > \gamma$ pour n assez grand. D'où $K \notin \mathcal{F}$.

Si $K \subset K_2$ est semi-polaire, non polaire, K est intersection d'une suite de parties K_n' ouvertes et fermées dans $\mathbb{K}_2$, donc non semi-polaires (K_2 est accessible) ; comme $K'_n \notin \mathcal{F}$ on voit facilement que $K \notin \mathcal{F}$, non plus.

Si $K \subset K_2$ est polaire, $K \notin \mathcal{F}$ est trivial.

On a ainsi établi - sous l'hypothèse (H'_1) - l'assertion :

(H'_2) Il existe un compact accessible et non semi-polaire $\mathbb{K}_2 \subset \mathbb{K}_1$ et $\varepsilon > 0$ tels que, pour tout compact non vide $\mathbb{K}$ de $\mathbb{K}_2$, on a $\inf\{\Phi_K(x) ; x \in K\} \leq 1-\varepsilon$.

A partir de (H'_2) , on construit un ensemble "en cascade" analogue à celui du III. On établit d'abord un lemme de grignotage ; on fixe dans toute suite une métrique compatible sur E , notée d .

<u>*LEMME 21*</u>. *Soient B_1 et B_2 deux boréliens de $\mathbb{K}_2$ d'adhérences disjointes, ε' et δ deux réels > 0 ; on suppose que $cont(B_1) > 0$ et que pour tout compact non vide K de B_1 , $\Phi_{K \cup B_2}$ atteint sur $\mathbb{K}$ des valeurs inférieures à $1-\varepsilon'$. Il existe alors deux parties boréliennes disjointes A et U de B_1 telles que (1°) A est semi-polaire et U est, à un semi-polaire près, un ouvert fin et co-fin de B_1 , 2°) $diam(U) < \delta$, 3°) $cont(U) > 0$ et 4°) Pour tout compact $L \subset U$, on a, en posant $V = B_2 \cup (B_1 \setminus (A \cup U))$; $\inf_L \Phi_{L \cup V} \leq 1-\varepsilon'+\delta$.*

Soit $\{U_j\}_{1 \leq j \leq p}$ une partition de B_1 en ouverts (relatifs) ordinaires de diamètres inférieurs à δ ; quitte à jetter un premier semi-polaire A_1 , on peut supposer les U_j accessibles, et non semi-polaires ; comme dans le cas classique (lemme 6), on montre qu'il existe $i_o \in \{1,\ldots p\}$ et $\eta > 0$ tels que, en notant $W = B_2 \cup (\bigcup_{j \neq i_o} U_j)$:

$$\forall\, \mathbb{K} \text{ compact} \subset U_{i_o} , \ c(\mathbb{K}) > c(U_{i_o}) - \eta \Rightarrow \inf_{\mathbb{K}} \Phi_{\mathbb{K} \cup W} \leq 1-\varepsilon+\delta \ .$$

(A noter qu'on utilise le théorème de Mokobodzki - théorème 3 - pour étendre les lemmes 3 et 4) Posons à nouveau :

$$\mathcal{F} = \{L \text{ compact} \subset U_{i_o} ; \Phi_{L \cup W} > 1-\varepsilon+\delta/2 \text{ sur } L\}, \ \gamma = \sup\{c(L) ; L \in \ \}.$$

Soient $\{F_n\}$ une suite croissante d'éléments de $\mathcal{F}$ telle que $\gamma = \sup_n c(F_n)$, et Z (resp Z') la fermeture fine(*) (resp. co-fine)de $\bigcup_1^\infty F_n$; La différence symétrique $A_2 = Z \,\Delta\, Z'$ est un semi-polaire (Z ∪ Z' ayant même capacité que Z qui

(*) dans U_{i_o}

est finement fermé, $Z \cup Z' \setminus Z$ est semi-polaire) ; notons U_o la différence $U_{i_o} \setminus Z \cup Z'$, U l'intersection des noyaux essentiels fin et co-fin de $U_o^{(*)}$, et $A_3 = U_o \setminus U$; A_3 est encore semi-polaire et U est non semi-polaire au voisinage fin (ou co-fin) de chacun de ses points.

On vérifie immédiatement que : $\mathrm{cont}(U_{i_o} \setminus U) = \mathrm{cont}(Z) \leqslant c(Z) = \gamma < c(U_{i_o}) - \eta$. De sorte que $\mathrm{cont}(U_{i_o} \setminus U) < \mathrm{cont}(U_{i_o})$ et par conséquent $\mathrm{cont}(U) > 0$.

D'autre part, si K est un compact non semi-polaire de U, on a en notant $Z_o = Z \cap Z'$, $\Phi_{K \cup Z_o \cup W} = \sup\limits_n \Phi_{K \cup F_n \cup W}$ sur $\mathbb{K}^{(**)}$; comme $c(K \cup F_n) > \gamma$ pour n assez grand, $K \cup F_n \notin \mathcal{F}$ et $\Phi_{K \cup F_n \cup W}$ atteint sur $\mathbb{K}$ des valeurs inférieures à $1-\varepsilon'+\delta$; d'où la même propriété pour $\Phi_{K \cup Z_o \cup W}$.

Le cas d'un compact semi-polaire $\mathbb{K}$, s'obtient en notant que $\mathbb{K}$ est intersection d'une suite décroissante de compacts non semi-polaires de U, si $c(K)>o$.

Le lemme précédent permet d'effectuer la construction suivante :

<u>LEMME 22</u>. *Soient L_1 et L_2 deux compacts disjoints de K_1, et ε' un réel > 0 tels que pour tout compact non vide L de L_1, $\inf\limits_L \Phi_{L \cup L_2} \leqslant 1-\varepsilon'$. Pour tout $\delta > 0$ et pour toute mesure régulière μ portée par L_1, il existe une suite finie $\{F_i\}_{1 \leqslant i \leqslant p}$ de compacts deux à deux disjoints de L_1 telle que : (1°) $\mathrm{diam}(F_i) < \delta$ (2°) $\mu(\bigcup\limits_{i=1}^{p} F_i) \geqslant \mu(L_1) - \delta$, et (3°) pour tout compact non vide $L \subset \bigcup\limits_{i=1}^{p} F_i$, on a si, $i_o = \min\{i \,;\, L \cap F_i \neq \phi\}$: $\inf\{\Phi_{L \cup L_2}(x) \,;\, x \in L \cap F_i\} \leqslant 1-\varepsilon+\delta$.*

On peut supposer $\mu \neq 0$; on sait que μ admet un support fin $B_1 \subset L_1$, et que B_1 est un G_δ ordinaire ; la preuve du lemme s'obtient alors par une construction transfinie consistant en une application répétée du lemme précédent ; elle est toute semblable à celle du lemme 7 et sera omise ici.

(*) plus exactement $U = \left\{x \in U_o \,;\, Q_{P_o}^{U_o}(x) = p_o(x) \text{ et } \tilde{Q}_{\tilde{P}_o}^{U_o}(x) = \tilde{p}_o(x)\right\}$

(**) $\hat{R}_{P_o}^{Z_o \cup L} - \hat{R}_{P_o}^{F_n \cup L} \leqslant \hat{R}_{P_o}^{Z_o} - \hat{R}_{P_o}^{F_n}$ pour L quelconque, $n \geqslant 1$

On obtient ensuite facilement l'énoncé (H'_3) suivant (voir la fin du III)

(H'_3) | Il existe un compact non semi-polaire $X \subset \mathbb{K}_1$, muni d'un ordre total $(\leqslant)$ compatible avec la topologie de X, et un $\varepsilon > 0$ tels que : pour tout $x \in X$, on a, en notant $S_x = \{y \in X \; ; \; y > x\}$, $\Phi_{S_x}(x) \leqslant 1-\varepsilon$.

Il reste maintenant à adapter le raisonnement du cas classique pour déduire de (H'_3) une contradiction.

On observe que d'après le lemme 19, S_x est fortement effilé (et co-effilé) en x. Donc, en posant $G_x(y) = G^y(x) = G(y,x)$, $S_x^\eta = \{y \in S_x \; ; \; d(y,x) < \eta\}$:

$$\forall\, x \in X : \lim_{\eta \to 0} R_{G_x}^{S_x^\eta} = 0 \quad , \quad \lim_{\eta \to 0} \tilde{R}_{G^x}^{S_x^\eta} = 0 \qquad (\text{dans } L^1(\xi)) \; .$$

On en déduit une suite $\{\eta_\nu\}_{\nu > 0}$ décroissant vers zéro $(\eta_\nu > 0)$, telle que (après une modification convenable de X - voir le IV -), les séries :

$$\begin{cases} H_y(x) = H(x,y) = \sum\limits_{\nu=1}^{\infty} \hat{R}_{G_y}^{S_y^{\eta_\nu}}(x) & (y \in X \; , \; x \in E) \\ H'_y(x) = H'(y,x) = \sum\limits_{\nu=1}^{\infty} \hat{\tilde{R}}_{G^y}^{S_y^{\eta_\nu}}(x) & (y \in X \; , \; x \in E) \end{cases}$$

convergent normalement dans $L^1(\xi)$, uniformément par rapport à $y \in X$. Les noyaux H et H' sont s.c.i. sur $X \times Y$, et $H_y \geqslant \nu . G_y$ sur $S_y^{\eta_\nu} \setminus e(X)$.

Prenons un entier $m \geqslant 1$, et un compact accessible $\mathbb{K} \subset X$ de diamètre $< \eta_m$ et de capacité > 0 ; soient λ (resp $\tilde{\lambda}$) une mesure régulière sur $\mathbb{K}$ telles que $G\lambda \leqslant p_o$ (resp. $\tilde{G}\tilde{\lambda} \leqslant \tilde{p}_o$) et

$$\iint G(x,y)\, d\lambda(y)\, d\tilde{\lambda}(x) \geqslant \frac{1}{2}\, c(K) \; .$$

On peut d'abord choisir $\tilde{\lambda}$ telle que $\int p_o \, d\tilde{\lambda} > 1/2 \text{ cont}(K) = \frac{1}{2}\, c(K)$, puis λ telle que $G\lambda \leqslant p_o$ et $\int G\lambda . d\tilde{\lambda} \geqslant \frac{1}{2}\, c(K)$, en tenant compte de ce que $\tilde{\lambda}$ ne charge pas les semi-polaires et de $p_o = \sup \{G\lambda \; ; \; \lambda \in \mathcal{M}^+(K) \; , \; \lambda \text{ régulière, } G\lambda \leqslant p_o\}$ sur $\mathbb{K}$, sauf peut-être sur un semi-polaire.

On distingue alors deux cas possibles :

<u>1er Cas</u> : $$\iint_{x>y} G(x,y)\, d\lambda(y)\, d\tilde{\lambda}(x) \geqslant \frac{1}{2} \iint G(x,y)\, d\lambda(y)\, d\tilde{\lambda}(x) \geqslant \frac{1}{4}\, c(K)$$

Alors $$\int H_\lambda(x)\, d\tilde{\lambda}(x) \geqslant m \int d\tilde{\lambda}(x) \int_{x>y} G(x,y)\, d\lambda(y) \geqslant \frac{m}{4}\, c(K) \qquad (\alpha)$$

où $$H_\lambda(x) = \int H_y(x)\, d\lambda(x) \; .$$

On vérifie aisément que H_λ est excessive, et par ailleurs, comme $\tilde{\lambda}$ est balayée de ξ (puisque $\tilde{G}\tilde{\lambda} \leq \tilde{G}\xi = \tilde{p}_o$) :

$$\int H_\lambda(x)\, d\tilde{\lambda}(x) \leq \int H_\lambda(x)\, d\xi(x) \leq c\, \| \lambda \| \qquad (\beta)$$

où $c = \sup_{y \in X} \| H_y \|_{L^1}$.

De (α) et (β) , on déduit : $c(K) \leq \frac{4c}{m} \| \lambda \| \leq \frac{4c}{m}\, c'\ c(K)$

où $c' = (\inf_{x \in X} \tilde{p}_o(x))^{-1}$; ce qui est absurde pour m assez grand.

2ème Cas : $\iint_{x<y} G(x,y)\, d\lambda(x)\, d\tilde{\lambda}(y) \geq \frac{1}{2} \iint G(x,y)\, d\lambda(y)\, d\tilde{\lambda}(x) = \frac{1}{4}\, c(K)$.

On aboutit exactement de la même manière à une contradiction en utilisant cette fois le noyau H' .

Il n'y a pas d'autre cas à considérer puisque λ et $\tilde{\lambda}$ sont diffuses et que $\lambda \otimes \tilde{\lambda}$ ne charge pas de diagonale de K . Le théorème 6 est donc établi.

VIII. UNE EXTENSION DU THEOREME 2.

Il est intéressant d'observer que la notion d'ensemble accessible permet d'étendre le théorème 2 au cadre des résolvantes fortement felleriennes en dualité :

THEOREME 7. Si $\mathbb{K}_o$ est une partie compacte accessible de Y , et si ε_o est > 0 , il existe un compact $\mathbb{K}$ contenu dans $\mathbb{K}_o$ tel que : 1°) $c(K_o \setminus K) \leq \varepsilon_o$ 2) $e(K) \cap \tilde{e}(K) = \phi$.

Soient $\varepsilon > 0$, et $L = \{x \in K_o : \phi_{K_o}(x) \leq 1-\varepsilon\}$. L_ε est un compact polaire, et on peut trouver un ouvert ω de Y avec $c(\omega) < \varepsilon$, $L_\varepsilon \subset \omega$. En utilisant le corollaire 18, on voit qu'en diminuant ω , on peut supposer de plus que $K_o \setminus \omega$ est accessible (considérer $F = \mathbb{K}_o \setminus \omega$, et $\omega' = \mathbb{K} \setminus L_\varepsilon$) . Notant toujours $F = K_o \setminus \omega$, on peut trouver $F' \subset \omega \cap \mathbb{K}_o$, compact tel que : (i) $e(F') \cap \tilde{e}(F') = \phi$ et (ii) posant $K_1 = F \cup F'$, $\Phi_{K_1}(x) > 1-\varepsilon$ sur F (et à fortiori sur $F \cup F'$ puisque $e(F') \cap \tilde{e}(F') = \phi$) ; en effet $\omega \cap K_o$ est accessible et d'après le théorème 6, $c(\omega \cap K_o) = \text{cont}(\omega \cap K_o) = \sup \{\text{cont}(F') ; F' \subset \omega \cap K_o , F' \text{ vérifie (i)}\}$.

On construit ainsi un compact accessible $K_1 \subset K_o$ avec $\Phi_{K_1} < 1-\varepsilon_o/2$ sur K_1 et $c(K \setminus K_1) < \varepsilon/2$. Itérant le procédé, on obtient une suite décroissante de compacts accessibles, et des $\varepsilon_n > 0$ tels que 1°) $c(K_n - K_{n+1}) \leqslant \varepsilon_o . 2^{-(n+1)}$ $(n \geqslant 0)$,

2°) $c(K_n) > c(K_p) - \varepsilon_p$ pour $n \geqslant p \geqslant 1$ et

3°) Pour tout $L \subset K_p$: $c(L) \geqslant c(K_p) - \varepsilon_p \Rightarrow \Phi_L > 1-2^{-p}$ sur K_p

Le compact $\mathbb{K} = \bigcap_1^\infty K_n$ vérifie alors les propriétés de l'énoncé.

Avec le théorème 5, on en déduit le

COROLLAIRE 23. *Si $\mathbb{K}_o$ est une partie compacte de Y et si ε_o est > 0, il existe une partie compacte K de K_o telle que $cont(K_o \setminus K) \leqslant \varepsilon_o$ et $e(K) \cap \tilde{e}(K) = \phi$.*

IX. UNE APPLICATION DE LA METHODE DU THEOREME.

Terminons ce travail par un énoncé "positif" qu'on peut obtenir à partir des constructions "absurdes" utilisées pour établir le théorème 6 en modifiant convenablement les hypothèses.

THEOREME 8. *Soit $\mathbb{K}$ un compact de Y tel que pour tout compact non vide L de K, $e(L)$ est non vide ; alors pour toute mesure régulière μ sur $\mathbb{K}$ et tout $\delta > 0$, il existe un compact $X \subset \mathbb{K}$, muni d'un ordre total $(\leqslant)$ compatible avec sa topologie, et un $\varepsilon > 0$ tels que (1°) $\mu(X) \geqslant \mu(\mathbb{K}) - \delta$.*
2°) Pour tout $x \in X$, on a en notant $S_x = \{y \in X, y \geqslant x\}$, $\hat{R}_{p_o}^{S_x}(x) < (1-\varepsilon)p_o(x)$.

Il suffit de reprendre les raisonnements du VIII conduisant à l'énoncé (H_3'), en remplaçant la fonctionnelle Φ par ψ : $\psi_A(x) = \frac{1}{p_o(x)} \hat{R}_{p_o}^{A}(x)$. On peut d'ailleurs étendre cet énoncé à un cadre plus général, la résolvante duale $\{\tilde{V}_\lambda\}_{\lambda \geqslant o}$ devenant inutile.

On notera que le théorème s'applique à tout compact $\mathbb{K}$ de $\mathbb{R}^{d+1}$ pour la théorie associée à l'équation de la chaleur ; il s'applique aussi à tout compact de $\mathbb{R}$ pour le noyau G :

$$G(x,y) = \begin{cases} |x-y|^{-\alpha} & y \leqslant x \\ |x-y|^{-\beta} & y \geqslant x \end{cases} \qquad (0 < \beta < \alpha < 1) .$$

REFERENCES

[1] A. ANCONA.

- Démonstration d'une conjecture sur la capacité et l'effilement, C.R. Acad. Sci. Paris, t. 297 (1983), p. 393-396.

[2] A. ANCONA et G. MOKOBODZKI.

- Dichotomie et contenance Sém. Théorie du Potentiel de Paris, octobre 1981 (exposé non rédigé).

[3] J. AZEMA.

- Une remarque sur les temps de retour, Sém. Probabilités VI, (1972), Lecture Notes 258.

[4] R.M. BLUMENTHAL et R.K. GETOOR.

- Markov Processes and Potential Theory, Acad. Press, (New-York and London) 1968.

[5] J.M. BONY.

- Principes du Maximum et inégalités de Harnack pour les opérateurs elliptiques dégénérés, Sém. Théorie du Potentiel de Paris, 12, 1969.

[6] M. BRELOT.

- Eléments de la théorie classique du Potentiel, Paris C D U.

[7] M. BRELOT.

- Lectures on Potential theory, Bombay, Tata Institute of fundamental Research (1960).

[8] G. CHOQUET.

- Theory of capacities, Ann. Inst. Fourier V, (1953-1954) 139-296.

[9] G. CHOQUET et J. DENY.

- Noyaux de convolution et balayage sur tout ouvert, Springer Lecture Notes, 404 (1973).

[10] C. CONSTANTINESCU.

- Problem 6.1 in Bull Lond. Math. Soc. 4 (1972) p. 362.

[11] C. DELLACHERIE.

- Capacité et Processus stochastiques (Springer 1972).

[12] B. FUGLEDE.

- Sur la fonction de Green d'un domaine fin, Ann. Inst. Fourier XXV, (3-4) (1975) p. 201-206.

[13] W. HANSEN.

- Semi polar sets and quasi-balayage, Math. Ann. 257, (1981) p. 495-517.

[14] L.L. HELMS.

- Introduction to Potential Theory (Wiley) 1969.

[15] M. ITO.

- Sur une décomposition des noyaux de Hunt à paraître in Sém. Théorie du Potentiel de Paris, vol VII (1983-84) Springer Lecture Notes.

[16] M. KISHI.

- An example of a positive non symmetric kernel satisfying the complete maximum principle, Nagoya Maths Journal, 48 (1972),189-196.

[17] H. KUNITA et T. WANATABE.

- Markov Processes and Martin Boundaries I, Illinois Journal of Maths, 9, (1965), p. 485-526.

[18] A. LA PRADELLE.

- Cônes de Potentiels dans les espaces de Banach adaptés et dualité, Sém. Théorie du Potentiel Paris, n°3, Springer Lecture Notes 681, p. 215-233.

[19] C. LA VALLEE POUSSIN.

- Le Potentiel Logarithmique Gauthiers Villars, (1949)

[20] P.A. MEYER.

- Probabilités et Potentiels, (Blaisdell) 1966.

[21] P.A. MEYER.

- Processus de Markov, la frontière de Martin, Springer Lecture Notes 77 (1968).

[22] G. MOKOBODZKI.

- Pseudo quotient de deux mesures, application à la dualité, Sem. Probabilités de Strasbourg VII (1973) Lecture Notes 321, 318-321.

[23] G. MOKOBODZKI.

- Ensembles compacts de fonctions fortement surmédianes, Sém. Théorie du Potentiel de Paris 4, Lecture Notes 713 p. 178-193.

[24] J. SICIAK.

- Coll. Maths. 20 (1969), Problème 675, p. 310.

Alano ANCONA

Université Paris-Sud
Campus d'Orsay, Bat.425
91405 - ORSAY - FRANCE

Colloque de Théorie du
Potentiel-Jacques Deny
- Orsay 1983 -

FONCTIONS DEFINIES NEGATIVES ET MAJORATION DE SCHUR

Par Christian BERG

INTRODUCTION.

Le manuscrit ci-dessous diffère de l'exposé fait au Colloque par l'inclusion de résultats obtenus après le Colloque. L'exposé a donné un aperçu de résultats du livre en préparation de Christensen, Ressel et l'auteur, voir [4] , et dont plusieurs résultats paraîtront pour la première fois.

L'importance des fonctions définies négatives en théorie du potentiel est mise en évidence par Beurling et Deny, voir [9] . Nous rappelons que pour un groupe abélien localement compact G une fonction $\psi : G \to \mathbb{C}$ est dite *définie négative* si (a) $\psi(0) \geq 0$, (b) $\psi(-x) = \overline{\psi(x)}$ pour $x \in G$, et (c) quel que soit le système de n éléments $x_1,\dots,x_n$ de G $(n = 2,3,\dots)$ et quel que soit le système $c_1,\dots,c_n$ de $\mathbb{C}$ tel que $\Sigma\, c_j = 0$, on a

$$\sum_{j,k=1}^{n} \psi(x_j - x_k)\, c_j \overline{c}_k \leq 0 .$$

Les fonctions définies négatives sont liées aux fonctions de type positif par le théorème de Schoenberg disant que ψ est définie négative si et seulement si $\exp(-t\psi)$ est de type positif pour tout $t > 0$.

Soit S un semi-groupe abélien admettant un élément neutre 0 . Par analogie nous disons qu'une fonction $\psi : S \to \mathbb{R}$ est *définie négative* si

$$\sum_{j,k=1}^{n} \psi(x_j + x_k)c_j c_k \leq 0$$

quel que soit le système de n éléments $x_1,\ldots,x_n$ de S $(n = 2,3,\ldots)$ et quel que soit le système $c_1,\ldots,c_n \in \mathbb{R}$ tel que $\sum c_j = 0$. L'ensemble des fonctions définies négatives est un cône convexe noté $N(S)$.

Les fonctions définies négatives et à valeurs positives ont été introduites par Christensen, Ressel et l'auteur [3] et ses fonctions ont des propriétés tout à fait analogues aux fonctions définies négatives sur un groupe. Par exemple il existe une représentation intégrale de type Lévy-Khintchine. On peut d'ailleurs développer une théorie englobant à la fois les fonctions définies négatives sur les groupes et sur les semi-groupes en considérant les semi-groupes à involution, cf. [4] .

En général il existe des fonctions définies négatives, qui ne sont pas bornées inférieurement. L'étude de ces fonctions est plus difficile que l'étude des fonctions définies négatives et bornées inférieurement. Ceci est lié à l'existence de fonctions définies positives (pour la définition voir § 2 ci-dessous), qui ne sont pas représentables comme intégrale de semi-caractères, cf. [2].

Il faut dire que les fonctions continues $\psi : [0,\infty[\to [0,\infty[$ et définies négatives sur le semi-groupe $([0,\infty[,+)$ sont exactement les fonctions de Bernstein avec une terminologie devenue courante en théorie du potentiel, cf. [11],[5] . Pour la représentation intégrale de toutes les fonctions continues de $N([0,\infty[)$ (positives ou non) voir § 3.

Récemment Bickel et van Zwet [6] ont démontré que les fonctions définies négatives sur le semi-groupe $(\mathbb{R}^k,+)$ peuvent être caractérisées par des inégalités considérées en statistique par Hoeffding en 1956. Dans [8] Christensen et

Ressel ont étudié les fonctions $\psi : S \to \mathbb{R}$ vérifiant *l'inégalité* (H_n) *de Hoeffding d'ordre* n , $n = 2,3,\dots$ sur un semi-groupe S , à savoir l'inégalité suivante

$$\int \psi d\bar{\mu}^{*n} \leq \int \psi d(\mu_1 * \dots * \mu_n) ,$$

quel que soit le vecteur $(\mu_1,\dots,\mu_n)$ de n probabilités moléculaires sur S , où $\bar{\mu} = \frac{1}{n}(\mu_1+\dots+\mu_n)$. Le produit de convolution de deux probabilités moléculaires

$$\mu = \sum_{i=1}^{n} a_i \varepsilon_{s_i} , \nu = \sum_{j=1}^{m} b_j \varepsilon_{t_j}$$

sur S est par définition

$$\mu * \nu = \sum_{i,j} a_i b_j \varepsilon_{s_i + t_j} .$$

L'ensemble des fonctions $\psi : S \to \mathbb{R}$ vérifiant (H_n) est un cône convexe $H_n(S)$.

Dans un travail ultérieur [13] Ressel a introduit la notion d'une fonction $\psi : S \to \mathbb{R}$ *complètement définie négative*, à savoir : pour tout $a \in S$ la fonction translatée $E_a\psi(s) := \psi(a+s)$ est définie négative, et il démontre que $\psi : S \to \mathbb{R}$ vérifie (H_2) si et seulement si ψ est définie négative et ensuite que ψ vérifie (H_3) si et seulement si ψ est complètement définie négative. En formules on a donc

$$H_2(S) = N(S) , H_3(S) = CN(S)$$

où $CN(S)$ est le cône convexe des fonctions complètement définies négatives. En plus Ressel démontre que

$$CN(S) \subseteq H_n(S) \quad \text{pour} \quad n \geq 2 .$$

Ces résultats ont été trouvés dans [8] si ψ est à valeurs positives. D'ailleurs les fonctions positives et complètement définies négatives sont exactement les *fonctions alternées d'ordre infini* étudiés par Choquet [7].

Ressel a eu l'idée de considérer une inégalité plus forte que (H_n) et inspirée par l'ordre de *majoration de Schur*. Pour deux vecteurs $x = (x_1,\dots,x_n)$ et $y = (y_1,\dots,y_n)$, dont les composantes appartiennent à un espace vectoriel, on dit que x *est majoré par* y *au sens de Schur*, et on note $x \prec y$, s'il existe une matrice Ω d'ordre n et doublement stochastique telle que $x = y\Omega$. Par exemple $(\bar{x},\bar{x},\ldots,\bar{x}) \prec (x_1,\ldots,x_n)$ où $\bar{x} = \frac{1}{n}(x_1 + \ldots + x_n)$, et la matrice Ω correspondante à tous ses éléments égaux à $\frac{1}{n}$. Pour cet ordre voir [12] .

On dit que $\psi : S \to \mathbb{R}$ est *croissante au sens de Schur d'ordre* n $(n = 2,3,\ldots)$ si l'inégalité suivante

$$\int \psi(\nu_1 * \ldots * \nu_n) \leq \int \psi d(\mu_1 * \ldots * \mu_n) \qquad (S_n)$$

est vérifiée quels que soient les vecteurs $(\nu_1,\ldots,\nu_n) \prec (\mu_1,\ldots,\mu_n)$ de probabilités moléculaires sur S . L'ensemble des fonctions croissantes au sens de Schur d'ordre n est un cône convexe noté $S_n(S)$. Il est clair que $S_n(S) \subseteq H_n(S)$, et il est facile de démontrer que

$$S_2(S) \supseteq S_3(S) \supseteq S_4(S) \supseteq \ldots .$$

Dans le § 1 nous démontrons que $H_n(S) \subseteq H_2(S)$ (Théorème 1.2) et nous avons donc $H_3(S) \subseteq H_n(S) \subseteq H_2(S)$ pour $n \geq 2$. Par contre la relation entre les cônes $H_n(S)$ pour $n \geq 4$ n'est pas connue. Cependant, si le semi-groupe S est 2-*divisible*, c'est-à-dire que tout $s \in S$ est de la forme $2a = a+a$ pour un $a \in S$ convenable, alors toute fonction $\psi \in N(S)$ est automatiquement complètement définie négative, et il en résulte que $N(S) = CN(S) = H_n(S)$ pour tout $n \geq 2$.

Par la formule de Lévy-Khintchine on peut démontrer que toute fonction $\psi \in CN(S)$, qui est bornée inférieurement, est croissante au sens de Schur de tout ordre, cf. [4], chap. 7. C'est un problème intéressant d'examiner si toute fonction $\psi \in CN(S)$ est croissante au sens de Schur de tout ordre. Ceci est vrai pour certains semi-groupes, à savoir $\mathbb{N}_0$, $\mathbb{Z}$, $\mathbb{Q}_+$ et pour tout semi-groupe *parfait*. Il s'agit d'une notion introduite dans [4] chap. 6. Nous y revenons dans le § 2. Récemment Berg et Christensen [1] ont trouvé une fonction $\psi \in CN(\mathbb{N}_0^2)$ qui n'est même pas croissante au sens de Schur d'ordre 3.

D'autre part le résultat principal de § 2 est le Théorème 2.1 :
Si S est 2-divisible, alors toute fonction de $N(S) = CN(S)$ est croissante au sens de Schur de tout ordre.

Voici de façon schématique les relations connues entre les cônes discutés ($n \geq 3$) :

$$\begin{array}{ccccccc} N(S) = H_2(S) & \supseteq & H_3(S) = CN(S) & \subseteq & H_n(S) & \subseteq & H_2(S) \\ \| & & \cup\!\!\shortmid & & \cup\!\!\shortmid & & \\ S_2(S) & \supseteq & S_3(S) & \supseteq & S_n(S) & \supseteq & S_{n+1}(S) \end{array}$$

Si S est 2-divisible alors tous les cônes ci-dessus coïncident.

Dans le dernier paragraphe nous étudions la représentation intégrale des fonctions continues et définies négatives sur les semi-groupes $\mathbb{R}_+^k$ et $\mathbb{R}^k$. Il se trouve qu'il y a une relation étroite entre ces fonctions et les fonctions continues définies négatives sur le groupe $\mathbb{R}^k$ au sens classique. Le lien entre les deux types de fonctions est donné par continuation analytique. Le cas de $\mathbb{R}^k$ fut traité par Bickel et van Zwet [6].

§ 1. *Les inégalités de Hoeffding.*

Dans ce paragraphe et le suivant S est toujours un semi-groupe abélien avec élément neutre 0 .

1.1. LEMME. [*8*]. *On a* $H_2(S) = N(S)$.

<u>Démonstration</u> : Pour des probabilités moléculaires

$$\mu_1 = \sum_{i=1}^{n} \alpha_i \varepsilon_{s_i} , \quad \mu_2 = \sum_{i=1}^{n} \beta_i \varepsilon_{s_i}$$

sur S où $\alpha_i, \beta_i \geqq 0$ avec $\sum \alpha_i = \sum \beta_i = 1$, nous avons

$$\bar{\mu}^{*2} - \mu_1 * \mu_2 = \left(\frac{\mu_1 - \mu_2}{2}\right)^{*2} = \frac{1}{4} \sum_{i,j=1}^{n} c_i c_j \varepsilon_{s_i + s_j}$$

où $c_i = \alpha_i - \beta_i$ et $\sum c_i = 0$. Le résultat en découle facilement. □

1.2. THEOREME. Pour $\psi \in H_n(S)$, $n \geq 3$ *et* $a \in S$ *on a* $E_{(n-2)a}\psi \in H_2(S)$.
En particulier $H_n(S) \subseteq H_2(S)$ *pour* $n \geq 3$.

Démonstration : Soient $0 < p < 1$ et μ_1, μ_2 des probabilités moléculaires sur S , et posons pour $a \in S$

$$\nu_1 = p\varepsilon_a + (1-p)\mu_1$$

$$\nu_2 = p\varepsilon_a + (1-p)\mu_2$$

$$\nu_3 = \ldots = \nu_n = p\varepsilon_a + (1-p)\overline{\mu} \quad \text{où} \quad \overline{\mu} = \frac{1}{2}(\mu_1 + \mu_2) .$$

Alors

$$\overline{\nu} : \frac{1}{n}(\nu_1 + \ldots + \nu_n) = p\varepsilon_a + (1-p)\overline{\mu}$$

et nous avons

$$\overline{\nu}^{*n} - \nu_1 * \nu_2 * \ldots * \nu_n = \overline{\nu}^{*(n-2)} * (\overline{\nu}^{*2} - \nu_1 * \nu_2)$$

et

$$\overline{\nu}^{*2} - \nu_1 * \nu_2 = (p\varepsilon_a + (1-p)\overline{\mu})^{*2} - (p\varepsilon_a + (1-p)\mu_1) * (p\varepsilon_a + (1-p)\mu_2)$$

$$= (1-p)^2 (\overline{\mu}^{*2} - \mu_1 * \mu_2) .$$

Pour $\psi \in H_n(S)$ nous avons donc

$$(1-p)^2 \int \psi d\left(\overline{\nu}^{*(n-2)} * (\overline{\mu}^{*2} - \mu_1 * \mu_2)\right) \leq 0 ,$$

et en divisant par $(1-p)^2$ et puis faisant $p \to 1$ nous trouvons

$$\int \psi d\left(\varepsilon_a^{*(n-2)} * (\overline{\mu}^{*2} - \mu_1 * \mu_2)\right) \leq 0 ,$$

c'est-à-dire $E_{(n-2)a}\psi \in H_2(S)$. pour $a = 0$ on trouve $H_n(S) \subseteq H_2(S)$. □

1.3. COROLLAIRE. Pour $n \geq 2$ *on a*

$$CN(S) = H_3(S) \subseteq H_n(S) \subseteq H_2(S) = N(S) .$$

Démonstration : Par le théorème 1.2 pour $n = 3$ et le lemme 1.1. on voit que $H_3(S) \subseteq CN(S)$ et par le résultat principal de [13] (Theorem 1) on a $CN(S) \subseteq H_n(S)$ pour $n \geq 2$, d'où le résultat.□

§ 2. *Les fonctions croissantes au sens de Schur.*

Nous remarquons d'abord que

$$S_2(S) = H_2(S) = N(S) .$$

En effet, par le lemme 1.1 il suffit de vérifier que $N(S) \subseteq S_2(S)$. Soit (μ_1,μ_2) deux probabilités moléculaires sur S , soit $\alpha \in [0,1]$ et posons

$$(\nu_1,\nu_2) = (\mu_1,\mu_2) \begin{pmatrix} \alpha & 1-\alpha \\ 1-\alpha & \alpha \end{pmatrix} .$$

Alors un calcul facile montre que

$$\nu_1 * \nu_2 - \mu_1 * \mu_2 = \alpha(1-\alpha) \, (\mu_1-\mu_2)^{*2} ,$$

donc $N(S) \subseteq S_2(S)$.

Le but principal de ce paragraphe est la démonstration du théorème suivant :

2.1. <u>THEOREME</u>. *Soit S un semi-groupe 2-divisible. Alors toute fonction définie négative est croissante au sens de Schur de tout ordre.*

La démonstration repose sur la notion d'un semi-groupe *parfait* introduite et étudiée dans le livre [4].

D'abord on rappelle qu'un *semi-caractère* de S est une application $\rho : S \to \mathbb{R}$ vérifiant

(i) $\rho(0) = 1$

(ii) $\rho(s+t) = \rho(s)\rho(t)$, $s,t \in S$.

L'ensemble S^* des semi-caractères est appelé le semi-groupe dual de S . On suppose S^* muni de la topologie induite par l'espace produit $\mathbb{R}^S$. Alors S^* est un espace complètement régulier et un semi-groupe topologique.

On rappelle ensuite que $\varphi : S \to \mathbb{R}$ est *définie positive* (ou de *type positif*) si

$$\sum_{j,k=1}^{n} \varphi(s_j+s_k)c_jc_k \geq 0$$

quels que soient les systèmes $s_1,\dots,s_n \in S$ et $c_1,\dots,c_n \in \mathbb{R}$, où $n = 1,2,\dots$. L'ensemble des fonctions définies positives est un cône convexe noté $P(S)$.

Pour une mesure de Radon positive sur S^* telle que

$$\int_{S^*} |\rho(s)|\, d\mu(\rho) < \infty \quad \text{pour tout} \quad s \in S ,$$

la fonction

$$\varphi(s) = \int_{S^*} \rho(s)\, d\mu(\rho) , \quad s \in S \tag{1}$$

est définie positive puisque l'on a

$$\sum_{j,k=1}^{n} \varphi(s_j+s_k)c_j c_k = \int \left(\sum_{j=1}^{n} \rho(s_j)c_j \right)^2 d\mu(\rho) \geq 0 .$$

Si $S = \mathbb{N}_0$ toute fonction définie positive est de la forme (1) mais μ n'est pas nécessairement uniquement déterminée - c'est le théorème de Hamburger.

Si $S = \mathbb{N}_0^2$ il existe des fonctions $\varphi \in P(\mathbb{N}_0^2)$ qui n'admettent pas une représentation de la forme (1), cf. [2] ou [14].

Ces deux exemples de nature différente soulignent l'intérêt de la notion suivante :

2.2. <u>*DEFINITION*</u>. *Un semi-groupe abélien* S *est appelé parfait si toute fonction* $\varphi \in P(S)$ *admet une représentation unique de la forme (1).*

Comme exemples de semi-groupes parfaits il y a $(\mathbb{Q},+)$, $(\mathbb{Q}_+,+)$ et tout semi-groupe fini ou idempotent. La classe des semi-groupes parfaits possède les propriétés de stabilité suivantes :

(i) Tout produit fini de semi-groupes parfaits est parfait.

(ii) Toute somme directe d'une suite de semi-groupes parfaits est parfait.

(iii) L'image d'un semi-groupe parfait par un homomorphisme est parfait.

Pour la démonstration de ces résultats le lecteur est renvoyé à [4], chap. 6 § 5 .

2.3. <u>*PROPOSITION*</u>. *Le semi-groupe additif*

$$\mathbb{D} = \{k2^{-n} \mid k,n \in \mathbb{N}_0\}$$

est parfait.

Démonstration : Pour $\varphi \in P(\mathbb{D})$ et $n \in \mathbb{N}_0$ les suites

$$k \longmapsto \varphi(k2^{-n}) \quad \text{et} \quad k \longmapsto \varphi((k+1)2^{-n})$$

sont définies positives sur $(\mathbb{N}_0,+)$, et par conséquent $k \mapsto \varphi(k2^{-n})$ est une suite de moments de Stieltjes admettant une représentation

$$\varphi(k2^{-n}) = \int_0^\infty x^k d\mu_n(x) , \quad k \in \mathbb{N}_0$$

où μ_n est une mesure positive sur $[0,\infty[$, non nécessairement uniquement déterminée. Soit $j_n : [-\infty,\infty[\to [0,\infty[$ définie par $j_n(t) = \exp(t2^{-n})$, et soit σ_n une mesure positive sur $[-\infty,\infty[$ telle que la mesure image $\sigma_n^{j_n}$ de σ_n par j_n soit égale à μ_n . On a donc

$$\varphi(k2^{-n}) = \int_{[-\infty,\infty[} \exp(k2^{-n}t)d\sigma_n(t) , \quad k,n \in \mathbb{N}_0$$

et en particulier $\sigma_n([-\infty,\infty[) = \varphi(0)$ pour tout n . Soit σ un point d'accumulation de la suite (σ_n) pour la topologie vague, et soit $n_1 < n_2 < \dots$ une suite de nombres naturels telle que (σ_{n_i}) converge vaguement vers σ . On choisit une fonction continue $h : [-\infty,\infty[\to [0,1]$ vérifiant $h(t) = 1$ pour $t \in [-\infty,0]$ et $h(t) = 0$ pour $t \geq 1$. Pour $r = k2^{-n} \in \mathbb{D}$ fixe on a pour $n_i \geq n$

$$\varphi(r) = \varphi\left((k2^{n_i-n})\,2^{-n_i}\right) = \int_{[-\infty,\infty[} \exp(rt)d\sigma_{n_i}(t) ,$$

d'où

$$\varphi(r) = \int \exp(rt)h(t)d\sigma_{n_i}(t) + \int \exp((r+1)t)(1-h(t))\exp(-t)d\sigma_{n_i}(t). \qquad (2)$$

La fonction $\exp(rt)h(t)$ étant à support compact dans $[-\infty,\infty[$, le premier terme à droite dans (2) converge vers

$$\int \exp(rt)h(t)d\sigma(t) .$$

La fonction $(1-h(t))\exp(-t)$ tend vers zéro à l'infini sur l'espace localement compact $[-\infty,\infty[$, et la suite de mesures $(\exp((r+1)t)\sigma_{n_i})_{i\geq 1}$ converge vaguement vers la mesure $\exp((r+1)t)\sigma$ et les masses totales sont constantes $(= \varphi(r+1))$. Le second terme à droite dans (2) converge donc vers

$$\int \exp((r+1)t)(1-h(t))\exp(-t)d\sigma(t) ,$$

d'où finalement

$$\varphi(r) = \int_{[-\infty,\infty[} \exp(rt)d\sigma(t) , \qquad r \in \mathbb{D} .$$

Pour $t \in [-\infty,\infty[$ la formule

$$\rho_t(r) = \exp(rt) , \qquad r \in \mathbb{D}$$

définit un semi-caractère sur $\mathbb{D}$ et on a $\rho_{-\infty} = 1_{\{0\}}$. Il est facile à établir que $t \longmapsto \rho_t$ est un isomorphisme et un homéomorphisme de $[-\infty,\infty[$ sur $\mathbb{D}^*$. En posant $a = \sigma(\{-\infty\})$ et $\mu = \sigma|\mathbb{R}$ on a

$$\varphi(r) = a1_{\{0\}}(r) + \int_{-\infty}^{\infty} \rho_t(r)d\mu(t) ,$$

donc

$$\lim_{r\to 0} \varphi(r) = \mu(\mathbb{R}) = \varphi(0) - a . \tag{3}$$

Si σ_1,σ_2 sont deux mesures positives sur $[-\infty,\infty[$ telles que

$$\varphi(r) = \int \rho_t(r)d\sigma_1(t) = \int \rho_t(r)d\sigma_2(t) , \qquad r \in \mathbb{D} ,$$

la formule (3) entraîne que $\sigma_1(\{-\infty\}) = \sigma_2(\{-\infty\})$ et

$$\int_{-\infty}^{\infty} \exp(rt)d\mu_1(t) = \int_{-\infty}^{\infty} \exp(rt)d\mu_2(t) , \ r \in \mathbb{D} ,$$

où $\mu_i := \sigma_i|\mathbb{R}$, $i = 1,2$. Les fonctions

$$\Phi_i(z) = \int_{-\infty}^{\infty} \exp(zt)d\mu_i(t) , \qquad i = 1,2$$

sont continues dans le demi-plan $\{z \in \mathbb{C} \mid \operatorname{Re} z \geq 0\}$, holomorphes dans l'intérieur et ils sont égales sur l'ensemble $\mathbb{D}$. Il en résulte que $\Phi_1 \equiv \Phi_2$ et finalement que $\mu_1 = \mu_2$. □

2.4. <u>LEMME</u>. *Tout ensemble fini F dans un semi-groupe 2-divisible est contenu dans un sous-semi-groupe parfait et 2-divisible.*

Démonstration : Pour tout élément s dans un tel semi-groupe S il existe une suite "de diviseurs" $(s_n)_{n\geq 0}$ telle que l'on ait $s_0 = s$ et $2s_n = s_{n-1}$ pour $n \geq 1$. On a donc $2^n s_{n+k} = s_k$ pour $n,k \geq 0$, ce qui permet de définir rs pour $r \in \mathbb{D}$ sans ambiguïté comme ks_n si $r = k2^{-n}$. On pose $0s = 0$ pour tout $s \in S$. Alors l'application $r \to rs$ est un homomorphisme de $\mathbb{D}$ dans S. Si $F = \{e_1,\ldots,e_d\}$ est un ensemble fini, et $(e_{in})_{n\geq 0}$ une suite de diviseurs de e_i, $i = 1,\ldots,d$, alors on obtient un homomorphisme $\pi : \mathbb{D}^d \to S$ en posant

$$\pi(r_1,\ldots,r_d) = r_1e_1 +\ldots+ r_de_d .$$

Par les propriétés de stabilités (i) et (iii) de la classe des semi-groupes parfaits on voit que $\pi(\mathbb{D}^d)$ est un sous-semi-groupe parfait de S contenant F. Il est clair que $\pi(\mathbb{D}^d)$ est 2-divisible. □

Comme dernière préparation à la démonstration du théorème 2.1 nous prouvons un énoncé plus faible que celui cherché :

2.5. LEMME. Soit S un semi-groupe parfait et 2-divisible. Alors $N(S) \subseteq S_n(S)$ pour tout $n \geq 2$.

Démonstration : Toute fonction $\varphi \in P(S)$ admet une représentation

$$\varphi(s) = \int_{S^*} \rho(s)d\mu(\rho) , \qquad s \in S \tag{4}$$

où μ est une mesure de Radon positive sur S^*. La 2-divisibilité entraîne que tout $\rho \in S^*$ est positif. Nous allons voir que φ est décroissante au sens de Schur d'ordre n dans le sens que

$$\int\varphi d(\nu_1*\ldots*\nu_n) \geq \int\varphi d(\mu_1*\ldots*\mu_n)$$

pour des vecteurs $(\nu_1,\ldots,\nu_n) \prec (\mu_1,\ldots,\mu_n)$ de probabilités moléculaires. Par (4) il suffit de vérifier que toute fonction $\rho \in S^*$ est décroissante au sens de Schur d'ordre n, c'est-à-dire que

$$\prod_{i=1}^{n} \int\rho d\nu_i \geq \prod_{i=1}^{n} \int\rho d\mu_i .$$

En posant $x_i = \int \rho d\nu_i$, $y_i = \int \rho d\mu_i$, $i = 1,\dots,n$ les vecteurs $x = (x_1,\dots,x_n)$ et $y = (y_1,\dots,y_n)$ de $\mathbb{R}_+^n$ vérifient $x < y$ pour l'ordre de majoration de Schur ordinaire. La fonction log étant concave on trouve

$$\prod_{i=1}^{n} x_i = \exp\left(\sum_{i=1}^{n} \log x_i\right) \geq \exp\left(\sum_{i=1}^{n} \log y_i\right) = \prod_{i=1}^{n} y_i \ ,$$

cf. [12] p. 108.

Si $\psi \in N(S)$ alors $\exp(-t\psi) \in P(S)$ pour tout $t > 0$ par le théorème de Schoenberg (cf. [4] chap. 3 § 2), donc $-\exp(-t\psi) \in S_n(S)$ pour tout $n \geq 2$ d'après ce qu'on vient de démontrer. Puisque $1 \in S_n(S)$ et $S_n(S)$ est fermé pour la topologie de la convergence simple on arrive à la conclusion cherchée

$$\psi = \lim_{t\to\infty} \frac{1}{t} (1 - \exp(-t\psi)) \in S_n(S)$$

pour tout $n \geq 2$. □

Remarque. Un résultat plus fort est valable, à savoir le théorème 7.3.9 de [4] : Soit S un semi-groupe parfait. Alors $CN(S) \subseteq S_n(S)$ pour tout $n \geq 2$.

Démonstration du Théorème 2.1 :

Soit S un semi-groupe 2-divisible et soit $\psi \in N(S)$. Soient $(\nu_1,\dots,\nu_n) < (\mu_1,\dots,\mu_n)$ deux vecteurs de probabilités moléculaires. Il existe un ensemble fini $F \subseteq S$ qui supporte toutes les mesures $\mu_i,\nu_i, i = 1,\dots,n$. Par le lemme 2.4 il existe un sous-semi-groupe T de S qui est parfait et 2-divisible et contenant F . Puisque $\psi|T \in N(T)$ le lemme 2.5 entraîne que

$$\int \psi d(\nu_1 * \dots * \nu_n) \leq \int \psi d(\mu_1 * \dots * \mu_n) \ . \ \square$$

2.6. COROLLAIRE. Si S est 2-divisible alors

$H_n(S) = S_n(S) = N(S) = CN(S)$ pour tout $n \geq 2$.

2.7. COROLLAIRE. Tout semi-groupe dénombrable et 2-divisible est parfait.

Démonstration : Soit $S = \{0,s_1,s_2,\dots\}$ un tel semi-groupe, et soit $(s_{i,n})_{n\geq 0}$ une suite de diviseurs de $s_i, i = 1,2,\dots$. Le semi-groupe $\mathbb{D}^{(\infty)}$, somme directe dénombrable formée sur $\mathbb{D}$, est parfait et l'application $\pi : \mathbb{D}^{(\infty)} \to S$ définie par

$$\pi(r_1,r_2,\ldots,r_n,0,0\ldots) = \sum_{k=1}^{n} r_k s_k$$

est un homomorphisme surjectif. Le résultat découle alors des propriétés de stabilité de la classe des semi-groupes parfaits. □

§ 3. *Fonctions définies négatives continues sur* $\mathbb{R}_+^k$ *et* $\mathbb{R}^k$.

Les deux semi-groupes en question sont 2-divisibles. Toute fonction additive $\alpha : \mathbb{R}^k \to \mathbb{R}$ étant définie négative, il existe des fonctions $\psi \in N(\mathbb{R}^k)$ non mesurables. Pour éviter des fonctions de cette nature nous considérons uniquement des fonctions définies négatives continues.

Nous posons

$$\mathbb{C}_+^k = \{z = (z_1,\ldots,z_k) \in \mathbb{C}^k \mid \text{Re } z_i \geq 0,\ i = 1,\ldots,k\}$$

et

$$\langle z,\xi\rangle = \sum_{n=1}^{k} z_n \xi_n \quad \text{pour} \quad z \in \mathbb{C}^k,\ \xi \in \mathbb{R}^k .$$

3.1. THEOREME. *Une fonction* $\psi : \mathbb{R}_+^k \to \mathbb{R}$ *vérifiant* $\psi(0) = 0$ *est continue et définie négative si et seulement si elle admet une représentation intégrale de la forme*

$$\psi(x) = \langle x,b\rangle - q(x) + \int_{\mathbb{R}^k\setminus\{0\}} \left(1-\exp(\langle x,\xi\rangle) + \frac{\langle x,\xi\rangle}{1+\|\xi\|^2}\right) d\mu(\xi) \ , \ x \in \mathbb{R}_+^k \tag{5}$$

où $b \in \mathbb{R}^k$,

$$q(x) = \sum_{n,m=1}^{k} a_{nm} x_n x_m$$

est une forme quadratique positive et μ *est une mesure de Radon positive sur* $\mathbb{R}^k\setminus\{0\}$ *telle que l'on ait*

$$\int_{0<\|\xi\|\leq 1} \|\xi\|^2 \, d\mu(\xi) < \infty \ , \ \int_{\|\xi\|>1} \exp(\langle x,\xi\rangle) d\mu(\xi) < \infty \quad \forall\, x \in \mathbb{R}_+^k . \tag{6}$$

Le triplet (b,q,μ) *est uniquement déterminé.*

Une fonction ψ *de la forme (5) admet une extension continue unique*

$\widetilde{\psi} : \mathbb{C}_+^k \to \mathbb{C}$, qui est holomorphe dans l'intérieur. La fonction $\widetilde{\psi}(iy)$ est continue et définie négative sur le groupe $\mathbb{R}^k$. De cette manière on obtient toutes les fonctions continues définies négatives sur le groupe $\mathbb{R}^k$ qui sont nulles à l'origine et dont la mesure de Lévy vérifie (6).

Démonstration : Soit ψ une fonction de la forme (5). Alors il est facile de vérifier que ψ est continue et définie négative et que

$$\widetilde{\psi}(z) = <z,b> - q(z) + \int_{\mathbb{R}^k \setminus \{0\}} \left(1-\exp(<z,\xi>) + \frac{<z,\xi>}{1+\|\xi\|^2}\right) d\mu(\xi)$$

est continue sur $\mathbb{C}_+^k$ et holomorphe dans l'intérieur de $\mathbb{C}_+^k$, voir (a) ci-dessous. La restriction $\widetilde{\psi}(iy)$, $y \in \mathbb{R}^k$ est donnée par

$$\widetilde{\psi}(iy) = i<y,b> + q(y) + \int_{\mathbb{R}^k \setminus \{0\}} \left(1-\exp(i<y,\xi>) + \frac{i<y,\xi>}{1+\|\xi\|^2}\right) d\mu(\xi) ,$$

qui est continue et définie négative sur le groupe $\mathbb{R}^k$ par la formule de Lévy-Khintchine classique. L'unicité du triplet résulte de l'unicité de cette représentation.

Inversement, soit $\psi \in N(\mathbb{R}_+^k)$ une fonction continue vérifiant $\psi(0) = 0$. Par le théorème de Schoenberg ([4], chap. 3 § 2) la fonction $\exp(-t\psi)$ est définie positive et continue sur $\mathbb{R}_+^k$ pour tout $t > 0$, et admet donc une représentation intégrale de la forme

$$\exp(-t\psi(x)) = \int_{\mathbb{R}^k} \exp(<x,\xi>) d\mu_t(\xi) , \quad x \in \mathbb{R}_+^k , \ t > 0 \tag{7}$$

pour une mesure de probabilité unique sur $\mathbb{R}^k$, voir Devinatz [10] ou [4] chap. 6 § 5. Par l'unicité de cette représentation on déduit $\mu_t * \mu_s = \mu_{t+s}$ pour $t,s > 0$.

Nous définissons $F : [0,\infty[\times \mathbb{C}_+^k \to \mathbb{C}$ par

$$F(t,z) = \int_{\mathbb{R}^k} \exp(<z,\xi>) d\mu_t(\xi) , \quad \text{si } t > 0$$

et $F(0,z) = 1$ quel que soit $z \in \mathbb{C}_+^k$. L'intégrale a un sens parce que

$$|\exp(<z,\xi>)| = \exp(<x,\xi>) \quad \text{pour } z = x+iy, \ x \in \mathbb{R}_+^k .$$

La fonction F a les propriétés suivantes :

(a) Pour tout $t \geq 0$ la fonction $F(t,.)$ est continue sur $\mathbb{C}_+^k$ et holomorphe dans l'intérieur.

(b) Pour tout $z \in \mathbb{C}_+^k$ la fonction $F(.,z)$ est continue sur $[0,\infty[$ et vérifie $F(t+s,z) = F(t,z)F(s,z)$.

Pour le voir soit A l'espace vectoriel engendré par les fonctions $\xi \longmapsto \exp(\langle x,\xi\rangle)$ où $x \in \mathbb{R}_+^k$. Notons que A est une algèbre de fonctions continues sur $\mathbb{R}^k$. Pour tout $z_0 \in \mathbb{C}_+^k$ il existe un voisinage U de z_0 relatif à $\mathbb{C}_+^k$ et une fonction $f \in A$ telle que l'on ait

$$|\exp(\langle z,\xi\rangle)| \leq f(\xi) \quad \text{pour} \quad z \in U,\ \xi \in \mathbb{R}^k .$$

Il en découle que $F(t,.)$ est continue en z_0 . De même l' holomorphie découle du fait que toute dérivée partielle $D_z^\alpha \exp(\langle z,\xi\rangle)$ est majorée en module par une fonction convenable de A pour z dans un polydisque contenu dans l'intérieur de $\mathbb{C}_+^k$.

Quant à (b) il est clair que $F(t+s,z) = F(t,z)F(s,z)$, et il suffit donc de vérifier $\lim_{t\to 0} F(t,z) = 1$ pour tout $z \in \mathbb{C}_+^k$. Soit μ_0 une mesure vaguement adhérente à (μ_t) pour $t \to 0$. Nous allons démontrer que $\lim_{t\to 0} \mu_t = \varepsilon_0$ vaguement, et nous aurons donc

$$\lim_{t\to 0} \exp(\langle x,\xi\rangle)d\mu_t(\xi) = \varepsilon_0 \tag{8}$$

vaguement quel que soit $x \in \mathbb{R}_+^k$. Puisque la masse totale

$$\int_{\mathbb{R}^k} \exp(\langle x,\xi\rangle)d\mu_t(\xi) = \exp(-t\psi(x))$$

tend vers $1 = \varepsilon_0(\mathbb{R}^k)$ pour $t \to 0$, la formule (8) reste vraie au sens étroit, c'est-à-dire que

$$\lim_{t\to 0} \int_{\mathbb{R}^k} f(\xi)\exp(\langle x,\xi\rangle)d\mu_t(\xi) = f(0)$$

pour toute fonction continue bornée $f : \mathbb{R}^k \to \mathbb{C}$. Pour $f(\xi) = \exp(i\langle y,\xi\rangle)$ on obtient $\lim_{t\to 0} F(t,z) = 1$.

Supposons donc que (μ_{t_n}) tend vers μ_0 vaguement pour une suite (t_n) de nombres positifs tendant vers zéro. Fixons $x = (x_1,\dots,x_k)$ avec $x_i > 0$ pour $i = 1,\dots,k$ et posons

$$\rho_x(\xi) = \prod_{i=1}^{k} (1 + \exp(2x_i\xi_i)) \in A . \tag{9}$$

La suite $(\rho_x\mu_{t_n})$ tend vers $\rho_x\mu_0$ vaguement, et en effectuant la multiplication dans la formule (9) on voit d'après (7) que la masse totale

$$\int_{\mathbb{R}^k} \rho_x(\xi)d\mu_{t_n}(\xi)$$

tend vers 2^k pour $n \to \infty$. Alors on a

$$\lim_{n\to\infty} \int f(\xi)\rho_x(\xi)d\mu_{t_n}(\xi) = \int f(\xi)\rho_x(\xi)d\mu_0(\xi)$$

pour toute fonction continue $f : \mathbb{R}^k \to \mathbb{C}$ tendant vers zéro à l'infini, en particulier pour

$$f(\xi) = \exp(\langle x,\xi\rangle)/\rho_x(\xi) ,$$

ce qui implique

$$\lim_{n\to\infty} \int \exp(\langle x,\xi\rangle)d\mu_{t_n}(\xi) = \int \exp(\langle x,\xi\rangle)d\mu_0(\xi) .$$

Cependant, cette limite est aussi égale à

$$\lim_{n\to\infty} \exp(-t_n\psi(x)) = 1 ,$$

et par conséquent

$$\int_{\mathbb{R}^k} \exp(\langle x,\xi\rangle)d\mu_0(\xi) = 1 \qquad \text{pour } x_1 > 0,\dots,x_k > 0 .$$

De cette formule on déduit facilement que $\mu_0 = \varepsilon_0$.

Par la propriété (b) il existe pour tout $z \in \mathbb{C}_+^k$ un nombre $\tilde{\psi}(z) \in \mathbb{C}$ uniquement déterminé tel que l'on ait

$$\exp(-t\tilde{\psi}(z)) = F(t,z) \quad \text{pour} \quad t \geq 0 ,$$

et on voit d'après (a) que $\tilde{\psi} : \mathbb{C}_+^k \to \mathbb{C}$ est une extension continue de ψ, qui est holomorphe dans l'intérieur de $\mathbb{C}_+^k$. On a en particulier pour $y \in \mathbb{R}^k$ et $t > 0$

$$\exp(-t\tilde{\psi}(iy)) = \int \exp(i\langle y,\xi\rangle)d\mu_t(\xi) \ ,$$

montrant que $\tilde{\psi}(iy)$ est la fonction définie négative sur le groupe $\mathbb{R}^k$ correspondant au semi-groupe de convolution $(\mu_t)_{t>0}$. Si

$$\mu = \lim_{t\to 0} \frac{1}{t} \mu_t \mid (\mathbb{R}^k \setminus \{0\})$$

est la mesure de Lévy de $(\mu_t)_{t>0}$ on déduit que le semi-groupe de convolution $(x \in \mathbb{R}_+^k)$

$$(\exp(t\psi(x)) \exp(\langle x,\xi\rangle)d\mu_t(\xi))_{t>0}$$

admet $\exp(\langle\mu,\xi\rangle)d\mu(\xi)$ comme mesure de Lévy. La fonction $\| \xi \|^2 (1 + \| \xi \|^2)^{-1}$ étant intégrable par rapport à toute mesure de Lévy, on a en particulier

$$\int_{0<\|\xi\|\leq 1} \| \xi \|^2 \, d\mu(\xi) < \infty \ , \ \int_{\|\xi\|>1} \exp(\langle x,\xi\rangle)d\mu(\xi) < \infty \quad \forall \, x \in \mathbb{R}_+^k \ . \tag{10}$$

Si la formule de Lévy-Khintchine pour $\tilde{\psi}(iy)$ prend la forme

$$\tilde{\psi}(iy) = i\langle y,b\rangle + q(y) + \int_{\mathbb{R}^k\setminus\{0\}} \left(1 - \exp(i\langle y,\xi\rangle) + \frac{i\langle y,\xi\rangle}{1+\|\xi\|^2}\right)d\mu(\xi) \tag{11}$$

où $b \in \mathbb{R}^k$ et

$$q(y) = \sum_{n,m=1}^{k} a_{nm}y_n y_m$$

est une forme quadratique positive, on voit d'après (10), par un raisonnement comme ci-dessus, que la fonction

$$z \longmapsto \langle z,b\rangle - q(z) + \int_{\mathbb{R}^k} \left(1 - \exp(\langle z,\xi\rangle) + \frac{\langle z,\xi\rangle}{1+\|\xi\|^2}\right)d\mu(\xi) \tag{12}$$

est continue sur $\mathbb{C}_+^k$ et holomorphe dans l'intérieur, donc égale à $\tilde{\psi}(z)$. Ensuite pour $z = x \in \mathbb{R}_+^k$ on trouve la représentation cherchée (5) de la fonction ψ.

Finalement, si $h : \mathbb{R}^k \to \mathbb{C}$ est une fonction continue définie négative sur le groupe $\mathbb{R}^k$ vérifiant $h(0) = 0$ et ayant une mesure de Lévy μ satisfaisant à (10), alors $h(y)$ est donnée par une formule analogue au membre droit de (11).

D'après (12) il existe une fonction continue et holomorphe $\psi : \mathbb{C}_+^k \to \mathbb{C}$ telle que $\psi(iy) = h(y)$, et le théorème est complètement démontré. □

3.2. <u>*COROLLAIRE*</u>. *Soit* $\psi \in N(\mathbb{R}_+^k)$ *une fonction continue vérifiant* $\psi(0) = 0$ *avec la représentation (5) . Alors* ψ *est positive si et seulement si les conditions suivantes sont vérifiées :*

(i) $q \equiv 0$,

(ii) μ *est portée par* $\mathbb{R}_-^k \setminus \{0\}$ *et vérifie*

$$\int_{0<\|\xi\|\leq 1} \|\xi\| \, d\mu(\xi) < \infty ,$$

(iii) $b_0 := b + \displaystyle\int \frac{\xi}{1+\|\xi\|^2} \, d\mu(\xi) \in \mathbb{R}_+^k$.

Si (i)-(iii) sont vérifiées on a

$$\psi(x) = \langle x, b_0 \rangle + \int_{\mathbb{R}_-^k \setminus \{0\}} (1-\exp(\langle x,\xi\rangle)) d\mu(\xi) , \qquad x \in \mathbb{R}_+^k .$$

<u>Démonstration</u> : Si ψ est positive alors

$$\exp(-t\psi(x)) = \int_{\mathbb{R}^k} \exp(\langle x,\xi\rangle) d\mu_t(\xi) \leq 1$$

quel que soit $x \in \mathbb{R}_+^k$. Pour $\varepsilon > 0$, $r > 0$ et $x_0 \in \mathbb{R}_+^k$ on a

$$\exp(r\varepsilon)\mu_t(\{\xi \in \mathbb{R}^k \mid \langle x_0,\xi\rangle \geq \varepsilon\}) \leq \exp(-t\psi(rx_0)) \leq 1 ,$$

et il en résulte que

$$\mu_t(\{\xi \in \mathbb{R}^k \mid \langle x_0,\xi\rangle \geq \varepsilon\}) = 0$$

pour tout $\varepsilon > 0$ et $x_0 \in \mathbb{R}_+^k$, montrant que $\mathrm{supp}(\mu_t) \subseteq \mathbb{R}_-^k$. D'après la formule fondamentale $\mu = \lim_{t\to 0} t^{-1}\mu_t \mid (\mathbb{R}^k \setminus \{0\})$ on voit que μ est portée par $\mathbb{R}_-^k \setminus \{0\}$.

En posant

$A = \{\xi \in \mathbb{R}_-^k \setminus \{0\} \mid \|\xi\| \leq 1\}$,

$B = \{\xi \in \mathbb{R}_-^k \mid \|\xi\| > 1\}$,

$R(x,\xi) = 1 - \exp(\langle x,\xi\rangle)$,

$$\tilde{b} = \int_B \frac{\xi}{1+\|\xi\|^2} d\mu(\xi) - \int_A \xi \frac{\|\xi\|^2}{1+\|\xi\|^2} d\mu(\xi) ,$$

on trouve pour $x \in \mathbb{R}^k_+$

$$\langle x, b+\tilde{b}\rangle + \int_B R(x,\xi)d\mu(\xi) \geq q(x) - \int_A (R(x,\xi) + \langle x,\xi\rangle d\mu(\xi) .$$

En remplaçant x par rx, $r > 0$ et divisant par r on a

$$\langle x, b+\tilde{b}\rangle + \int_B \frac{1}{r}R(rx,\xi)d\mu(\xi) \geq rq(x) - \int_A \left(\frac{1}{r}R(rx,\xi) + \langle x,\xi\rangle\right)d\mu(\xi) .$$

Pour $x \in \mathbb{R}^k_+$ et $\xi \in \mathbb{R}^k_-$ on a $\langle x,\xi\rangle \leq 0$, donc $0 \leq R(x,\xi) \leq 1$ et $R(x,\xi) + \langle x,\xi\rangle \leq 0$. Si l'on fait tendre r vers infini le membre gauche tend vers $\langle x,b+\tilde{b}\rangle$ et par conséquent on a $q(x) \leq 0$, donc $q \equiv 0$. Par le lemme de Fatou on trouve

$$\langle x, b+\tilde{b}\rangle \geq \int_A (- \langle x,\xi\rangle) d\mu(\xi) ,$$

ce qui entraîne (ii). De plus on a

$$\tilde{b} + \int_A \xi d\mu(\xi) = \int_{\mathbb{R}^k_- \setminus \{0\}} \frac{\xi}{1+\|\xi\|^2} d\mu(\xi)$$

et $\langle x,b_0\rangle \geq 0$ pour tout $x \in \mathbb{R}^k_+$, d'où $b_0 \in \mathbb{R}^k_+$. L'assertion inverse est évidente. □

Remarque. Si $\psi \in N(\mathbb{R}^k_+)$ est continue et bornée inférieurement on voit facilement que $\psi - \psi(0)$ est positive. Dans le cas $k = 1$ le Corollaire 3.2 donne la représentation intégrale des fonctions de Bernstein nulle à l'origine.

Bickel et van Zwet [6] ont trouvé un résultat analogue pour le semi-groupe $\mathbb{R}^k$. L'énoncé se déduit en remplaçant $\mathbb{R}^k_+$ par $\mathbb{R}^k$ dans (5) et (6) et en remplaçant $\mathbb{C}^k_+$ par $\mathbb{C}^k$, et la démonstration du théorème 3.1 s'adapte facilement, voir [4] chap. 6 § 5. Toute fonction bornée inférieurement de $N(\mathbb{R}^k)$, continue ou non, est constante.

BIBLIOGRAPHIE

[1] BERG C. et J.P.R. CHRISTENSEN.

- Suites complètement définies positives, majoration de Schur et le problème des moments de Stieltjes en dimension k .
C.R. Acad. Sci., Paris, Série I, 297, (1983), 45-48.

[2] BERG C. , J.P.R. CHRISTENSEN et C.U. JENSEN.

- A remark on the multidimensional moment problem.
Math. Ann. 243, 163-169 (1979).

[3] BERG C. , J.P.R. CHRISTENSEN et P. RESSEL.

- Positive definite functions on abelian semigroups.
Math. Ann. 223, 253-272 (1976).

[4] BERG C. , J.P.R. CHRISTENSEN et P. RESSEL.

- Harmonic analysis on semigroups.
Graduate Texts in Mathematics vol. 100. Berlin-Heidelberg-New York : Springer 1984.

[5] BERG C. et G. FORST.

- Potential theory on locally compact abelian groups.
Ergebnisse der Mathematik und ihrer Grenzgebiete Band 87. Berlin-Heidelberg-New York : Springer 1975.

[6] BICKEL P.J. et W.R. van ZWET.

- On a theorem of Hoeffding.
Asymptotic theory of statistical tests and estimation. (ed. by I.M. Chakravarti) 307-324. New York : Academic Press 1980.

[7] CHOQUET G.

- Theory of capacities.
Ann. Inst. Fourier (Grenoble) 5, 131-295 (1954).

[8] CHRISTENSEN J.P.R. et P. RESSEL.

- A probabilistic characterization of negative definite and completely alternating functions.
Z. Wahrscheinlichkeitstheorie verw. Gebiete 57, 407-417 (1981).

[9] DENY J.

- Méthodes hilbertiennes en théorie du potentiel.
Potential theory. C.I.M.E. Rome : Ed. Cremonese 1970.

[10] DEVINATZ A.

- The representation of functions as Laplace-Stieltjes integrals.
Duke Math. J. 22, 185-192 (1955).

[11] HIRSCH F.

- Familles résolvantes, générateurs, cogénérateurs, potentiels. Ann. Inst. Fourier (Grenoble) 22, 1, 89-210 (1972).

[12] MARSHALL A.W. et I. OLKIN.

- Inequalities. Theory of majorization and its applications. New York : Academic Press 1979.

[13] RESSEL P.

- A general Hoeffding type inequality. Z. Wahrscheinlichkeitstheorie verw. Gebiete 61, 223-235 (1982).

[14] SCHMÜDGEN K .

- An example of a positive polynomial which is not a sum of squares of polynomials. A positive, but not strongly positive functional. Math. Nachr. 88, 385-390 (1979) .

Christian BERG
Matematisk Institut
Universitetsparken 5
2100 COPENHAGUE Ø
Danemark

Colloque de Théorie du
Potentiel-Jacques Deny
- Orsay 1983 -

COMPORTEMENT A L'INFINI DU NOYAU POTENTIEL SUR UN ESPACE SYMETRIQUE

Philippe BOUGEROL

Résumé : Soit μ une probabilité sur un groupe de Lie semi simple G, biinvariante sous l'action d'un sous groupe compact maximal. Si f est une fonction continue à support compact sur G nous déterminons un équivalent de $\Gamma f(g) = \sum_{n \geq o} \int f(g\ h)\ d\mu^n(h)$ lorsque g tend vers l'infini dans certaines directions.

INTRODUCTION.

Considérons une chaine de Markov sur un espace riemannien symétrique non compact H, invariante sous l'action des isométries. Un exemple typique est celui des positions aux instants entiers du mouvement brownien associé à l'opérateur de Laplace Beltrami. La théorie de la frontière de Martin nous permet d'associer au noyau de transition Q de cette chaîne une compactification de H liée à sa géométrie. Bien que cette compactification soit bien connue ([4], [6] et particulièrement [7]) sa topologie l'est moins. Elle dépend d'une connaissance précise du comportement à l'infini du noyau de Martin associé à Q. Celui-ci est de la forme R/Rf où $R = \sum_{n=o}^{\infty} Q^n$ et f est une fonction continue à support compact. On est donc amené à chercher des équivalents asymptotiques de $R(x,.)$ quand x tend vers l'infini dans H. Cet article donne une réponse partielle à cette question en déterminant ce comportement dans certaines directions. Si par exemple H est de la forme $H_1 \times H_2$ où H_1 et H_2 sont de rang un nous pouvons estimer $R(x,.)$ lorsque $x = (x_1,x_2)$ tend vers l'infini dans $H_1 \times H_2$ de telle sorte que le rapport des distances de x_1 et x_2 à un point fixé reste borné.

Précisons ceci en formulant ce problème d'une façon un peu différente. On peut supposer que H est de la forme G/K où G est un groupe de Lie semi-simple connexe de centre fini et K un sous groupe compact maximal, c'est en effet le seul cas difficile. Le noyau de transition Q étant invariant par isométrie il existe une probabilité μ sur G, biinvariante par K, telle que :

Si π est la projection canonique de G sur G/K, B un compact de G/K et g un élément de G,

$$Q(\pi(g),B) = (\varepsilon_g * \mu)\{\pi^{-1}(B)\}$$

et
$$R(\pi(g),B) = \sum_{n=o}^{\infty} (\varepsilon_g * \mu^{*n})\{\pi^{-1}(B)\} .$$

Il nous faut donc étudier, pour f continue à support compact sur G, le comportement asymptotique du potentiel

$$\Gamma f(g) = \sum_{n=o}^{\infty} \int_G f(gh)\, d\mu^{*n}(h) .$$

Nous le déterminons (cf. Théorème) sous l'hypothèse que la composante dans $\overline{A}^+$ de g écrit dans la décomposition polaire $G = K\overline{A}^+K$ reste dans un cône fermé strictement contenu dans $A^+ \cup \{e\}$, donc loin des murs de la chambre de Weyl. Si lorsque G est de rang un ce comportement est le même pour toutes les probabilités biinvariantes, il n'en est pas de même dans le cas général.

L'idée de la démonstration est la suivante : Si $G = KAN$ est une décomposition d'Iwasawa de G notons, pour tout g de G, $\operatorname{Exp} H(g)$ la composante de g dans A et ρ la demi-somme des racines. Associons à μ la probabilité p sur l'algèbre de Lie $\underline{a}$ de A définie par :

Si ϕ est une fonction borélienne positive sur $\underline{a}$,

$$\int_{\underline{a}} \phi(x)\, dp(x) = \int_G \phi(H(g))\, e^{-2\rho\{H(g)\}} d\mu(g) .$$

A l'aide de la transformée de Fourier sphérique on démontre que si f est une fonction continue à support compact sur G, bi-invariante par K, le comportement asymptottique de $e^{2\rho(H)}\, \Gamma f(\operatorname{Exp} H)$ est, lorsque H est un élément de $\underline{a}^+$ tendant vers l'infini, donné par celui du noyau potentiel associé à p. Ici p est considérée comme une probabilité sur $\mathbb{R}^d$ si d est la dimension de $\underline{a}$ et ce comportement est connu.

Au premier paragraphe nous établirons cette relation entre les noyaux potentiels (Proposition 1). On en déduit facilement le théorème au second. Ceci nous permet en particulier de décrire à l'infini le noyau de Green associé à l'opérateur de Laplace Beltrami sur G/K. Comme application nous retrouvons au troisième paragraphe la description des fonctions μ harmoniques bornées de Fürstenberg et Karpalevic. Dans l'appendice nous rappelons les résultats classiques concernant les noyaux potentiels sur $\mathbb{R}^d$ que nous utilisons.

Ces questions ont déjà été résolues lorsque $G = S\ell(d,\mathbb{C})$ et μ liée au mouvement brownien par Dynkin [2] et le cas des groupes de rang un est traité dans [1].

1. PROBABILITE SUR $\mathbb{R}^d$ ASSOCIEE A UNE PROBABILITE BIINVARIANTE SUR UN GROUPE SEMI-SIMPLE DE RANG d .

Dans ce paragraphe nous décrivons le comportement asymptotique du noyau potentiel d'une probabilité biinvariante par K sur un groupe semi-simple de rang d à l'aide du noyau potentiel d'une probabilité sur $\mathbb{R}^d$.

a - NOTATIONS.

Dans toute la suite G désigne un groupe de Lie semi-simple connexe de centre fini non compact d'algèbre de Lie $\underline{g}$. Soit $\underline{g} = \underline{k} \oplus \underline{p}$ une décomposition de Cartan de $\underline{g}$ et $\underline{a}$ une sous algèbre abélienne maximale de $\underline{p}$. Si Σ est l'ensemble des racines de $(\underline{g},\underline{a})$ fixons une chambre de Weyl $\underline{a}^+$ de $\underline{a}$, c'est-à-dire une composante connexe de $\{X \in \underline{a} , \lambda(X) \neq 0 , \forall \lambda \in \Sigma\}$. Ce cône convexe $\underline{a}^+$ a pour frontière une réunion de parties d'hyperplans orthogonaux aux racines appelées murs de la chambre. Ce choix détermine le système de racines positives Σ^+ et une décomposition d'Iwasawa $\underline{g} = \underline{k} + \underline{a} + \underline{n}$ (resp. G = KAN) de $\underline{g}$ (resp. de G).

A l'aide du produit scalaire associé à la forme de Killing nous identifierons $\underline{a}$ à son dual $\underline{a}^*$ et à $\mathbb{R}^d$, si $d = \dim \underline{a}$. Notons m_G la mesure de Haar sur G normalisée de la façon suivante : si $\lambda_1,\ldots, \lambda_r$ sont les racines de Σ^+ , $m_1,\ldots, m_r$ leur multiplicité et f une fonction continue sur G biinvariante par K :

$$\int_G f(x)\, dm_G(x) = \int_{\underline{a}^+} f(\mathrm{Exp}\, H) \prod_{i=1}^{r} \{2\, \mathrm{sh}\, \lambda_i(H)\}^{m_i} (2\pi)^{-d/2}\, dH .$$

Pour tout ν de $\underline{a}_c^* = \underline{a}^* + i\, \underline{a}^*$ on introduit la fonction sphérique ϕ_ν définie par, si $x \in G$, $\rho = \frac{1}{2} \sum_{i=1}^{r} m_i \lambda_i$ et dm_K la mesure de Haar normalisée sur K

$$\phi_\nu(x) = \int_K \exp[(i\nu - \rho)\, H(x\, k)]\, dm_K(k)$$

(pour tout g de G , H(g) est l'unique élément de $\underline{a}$ tel que g soit dans K{Exp H(g)}N) .

On définit alors la transformée de Fourier sphérique d'une mesure bornée μ sur G comme l'application $\mathcal{F}\mu : \underline{a}_c^* \to \mathbb{C}$ vérifiant, si ϕ_ν est μ intégrable,

$$\mathcal{F}\mu(\nu) = \int_G \phi_\nu(x)\, d\mu(x) .$$

Si f est dans $L^1(G)$ on pose $\mathcal{F}f = \mathcal{F}(f.m_G)$.

La formule d'inversion due à Harish Chandra est la suivante ([11] Thm 9.2.2.13) : Soit $d\nu$ la mesure de Lebesgue sur $\underline{a}^*$, [w] l'ordre du groupe de Weyl et e l'élément neutre de G . Il existe une application $c : \underline{a}^* \to \mathbb{C}$, explicitement décrite, telle que pour toute fonction continue f de $L^1(G)$, biinvariante par K , dont la transformée de Fourier $\mathcal{F}f$ est $|c(\nu)|^{-2}d\nu$ intégrable,

$$f(e) = \frac{1}{[w](2\pi)^{d/2}} \int_{\underline{a}^*} \mathcal{F}f(\nu)\, |c(\nu)|^{-2}\, d\nu .$$

b - ENONCE DES RESULTATS.

Soit μ une mesure de probabilité sur G vérifiant l'ensemble (H) des hypothèses suivantes :

(H-1). μ est biinvariante par K , c'est-à-dire $\mu = \varepsilon_k * \mu * \varepsilon_k$, pour k,k' dans K .

(H-2). Le plus petit sous groupe fermé de G contenant le support de μ est G .

(H-3). Pour tout $r > 0$, $\int \{\exp r\, \delta(g)\}\, d\mu(g)$ est fini où $\delta(g)$ désigne la norme de l'élément H de $\overline{\underline{a}^+}$ tel que g soit dans K(Exp H) K .

On note Γ le noyau potentiel de la marche aléatoire droite de loi μ défini par , si f est une fonction continue à support compact sur G :

$$\Gamma f(g) = \sum_{n=o}^{\infty} \int_G f(g\, h)\, d\mu^{*n}(h) , \qquad g \in G .$$

On associe à μ la probabilité p sur $\underline{a}$, identifié à $\mathbb{R}^d$, définie par : si B est un borélien de $\underline{a}$,

$$p(B) = \int_G 1_B(H(g))\, e^{-2\rho H(g)}\, d\mu(g) .$$

Le noyau potentiel G associé à p est défini par, si ϕ est une fonction continue à support compact sur $\underline{a}$ et p^{*n} désigne la $n^{\text{ième}}$ puissance de convolution de p, convolution au sens de l'addition sur $\underline{a} \simeq \mathbb{R}^d$,

$$G\,\phi(x) = \sum_{n=o}^{\infty} \int \phi(x+y)\, dp^{*n}(y) \quad , \qquad x \in \underline{a} .$$

Si f est une fonction définie sur le groupe G nous noterons $\check{f}$ l'application définie par , si g est dans G , $\check{f}(g) = f(g^{-1})$.

Le but de ce paragraphe est de montrer :

<u>PROPOSITION 1</u>. *Sous les hypothèses au dessus si f est une fonction positive C^∞ à support compact sur G biinvariante par K et h l'application de $\underline{a}$ dans $\mathbb{C}$ définie par , si H est dans $\underline{a}$,*

$$h(H) = \int_{\underline{a}^*} \mathcal{F}\check{f}(\nu+i\rho)\; c(-\nu-i\rho)^{-1}\; e^{i\nu(H)}\; d\nu$$

alors

$$(2\pi)^{d/2}\; \Gamma f(Exp\ H) = e^{-2\rho(H)}\; G\,h(H)\; (1+\varepsilon(H))$$

où $\varepsilon(H)$ tend vers zéro lorsque H tend vers l'infini de telle sorte que les valeurs d'adhérence de $\frac{H}{\|H\|}$ soient dans $\underline{a}^+$.

Si $\nu \in \underline{a}^*$ on introduit $L(\nu) = \int_{\underline{a}} e^{<\nu,H>}\, dp(H)$ et $a(\nu) = \text{grad}\, L(\nu)$. Si H_o est un élément non nul de $\underline{a}$ on note $\ell(H_o)$ l'unique élément de $\underline{a}^*$ vérifiant

$$L(\ell(H_o)) = 1 \quad , \quad \frac{a(\ell(H_o))}{\|a(\ell(H_o))\|} = - \frac{H_o}{\|H_o\|} .$$

Enfin, si ν est un élément de $\underline{a}^*$ tel que $L(\nu) = 1$ soit $Q(\nu) = \text{Hess}\, L(\nu)$ et

$$k(\nu) = \sqrt{2\pi}\; \|a(\nu)\|^{\frac{d-1}{2}}\; c(i(\nu-\rho))^{-1}\; \{\det Q(\nu) < a(\nu)\, ,\, Q(\nu)^{-1}\, a(\nu) >\}^{-1/2}$$

(ici c est la fonction de Harish Chandra. Tout ceci a un sens d'après le lemme 1 et l'appendice). A l'aide de la proposition montrée dans l'appendice on obtient :

COROLLAIRE. *Sous les hypothèses au dessus, si* f *est une fonction continue à support compact sur* G *biinvariante par* K, H_o *un élément de norme un de* $\underline{a}^+$ *et* $\ell(H_o) = \nu_o$, *lorsque* H *est un élément de* $\underline{a}$ *tendant vers l'infini de telle sorte que* $\frac{H}{\|H\|}$ *tende vers* H_o,

$$\lim \|H\|^{\frac{d-1}{2}} e^{-<\ell(H),H>} e^{2\rho(H)} \Gamma f(\operatorname{Exp} H) = k(\nu_o) \int_G e^{(\nu_o - 2\rho)H(x^{-1})} f(x)\, dm_G(x) .$$

c - PROPRIETES DE LA PROBABILITE p .

LEMME 1. *Soit* μ *une probabilité sur* G *satisfaisant aux hypothèses (H) et* p *la probabilité sur* $\underline{a}$ *qui lui est associée.*

1) Pour tout $\alpha > 0$, $\int \exp \alpha \|H\|\, dp(H)$ *est fini.*

2) Le plus petit semi groupe fermé de $\underline{a}$ *contenant le support de* p *est* $\underline{a}$.

3) Pour tout ν *de* $\underline{a}^*$, *il existe* $T > 0$ *tel que*

$$\operatorname{Sup} \{ | \int_{\underline{a}} \exp < i\lambda + \nu, H > dp(H) | \ , \ \lambda \in \underline{a}^* \ , \ \|\lambda\| > T \} < 1 .$$

4) $-\operatorname{grad} L(0) \in \underline{a}^+$.

5) Pour tout H_o *non nul de* $\underline{a}^+$, $\rho - \ell(H_o)$ *est dans* $\underline{a}^+$. *De plus* ℓ *est un homéomorphisme de l'ensemble des éléments de* $\underline{a}^+$ *de norme un sur l'ensemble* $\{\nu \in -\underline{a}^+ + \rho \ ; \ L(\nu) = 1\}$.

Démonstration.

1) Par hypothèse, pour tout $r > 0$, $\int \exp r\delta(g)\, d\mu(g)$ est fini. Comme, pour tout g de G, $\|H(g)\| \leqslant \delta(g)$, on en déduit le 1).

2) Il existe un élément a de A dans le support de μ dont la composante dans chaque facteur irréductible de G est non nulle (Hypothèse H-2). Comme μ est biinvariante par K, $V = \bigcup \{H(ak), k \in K\}$ est dans le support de p, or V est un voisinage de 0 dans $\underline{a}$ ([8]) ce qui prouve le 2.

3) Ce point est démontré dans ([1], Proposition 1).

4) Soit w_o l'élément du groupe de Weyl envoyant la chambre $\underline{a}^+$ sur son opposée $-\underline{a}^+$. On sait que pour tout λ de $\underline{a}_c^*$, les fonctions sphériques ϕ_λ

et $\phi_{w_o\lambda}$ sont égales. Ecrivant ceci pour $\lambda = -i(\rho+\nu)$, $\nu \in \underline{a}^*$, et prenant la différentielle en 0 on obtient

$$w_o\{\int_K H(x\,k)\, e^{-2\rho\, H(x\,k)}\, dm_K(k)\} = \int_K H(x\,k)\, dm_K(k)$$

d'où

$$w_o\{\text{grad } L(0)\} = \int H(x\,k)\, dm_K(k)\, d\mu(x) .$$

Ce vecteur étant dans $\underline{a}^+$ (voir par exemple [1]) , grad L(0) est dans son opposée.

5) Les points 1,2 et 4 montrent que, si $C = \{\nu \in \underline{a}^* , L(\nu) = 1\}$, l'application g qui à ν de C associe $\frac{\text{grad } L(\nu)}{\|\text{grad } L(\nu)\|}$ est un homéomorphisme de C sur la sphère unité S de $\underline{a}^*$ (voir appendice) en particulier ℓ est bien définie.

Considérons l'application ψ de $B = \{\nu-\rho , \nu \in C\}$ dans S définie par $\psi(\nu) = g(\nu+\rho)$, pour ν dans B . De la relation

$$L(\nu+\rho) = \int \phi_{-i\nu}(g)\, d\mu(g)$$

on tire que pour tout w du groupe de Weyl et ν de B

$$w\{\psi(w\,\nu)\} = \psi(\nu) .$$

Soit alors $B_1 = B \cap (-\underline{a}^+)$, $B_2 = B \cap \text{Fr}(-\underline{a}^+)$, $B_3 = B \cap \complement(-\underline{a}^+)$ et S_1 (resp S_2 , S_3) les éléments de $-\underline{a}^+$ (resp $\text{Fr}(-\underline{a}^+)$, $\complement(-\underline{a}^+)$) de norme un. Montrons que $\psi^{-1}(S_1) = B_1$, ce qui établira le 5 du lemme.

Remarquons d'abord que $\psi(B_2) = S_2$. Si ν est dans B_2 il est sur un mur de la chambre de Weyl donc sur un hyperplan orthogonal à une racine. Si w est l'élément du groupe de Weyl correspondant à cette racine $w(\nu)$ est égal à ν ce qui entraîne que $\psi(w(\nu)) = w\{\psi(\nu)\} = \psi(\nu)$ donc que $\psi(\nu)$ est dans S_2 . Réciproquement si ν est un élément de B tel que $\psi(\nu)$ soit dans S_2 il existe un w tel que $w\{\psi(\nu)\} = \psi(\nu)$. Ceci entraîne, ψ étant bijective, que $w(\nu) = \nu$ donc que ν est dans B_2 .

On en déduit que $\psi^{-1}(S_1)$ et $\psi^{-1}(S_2)$ sont deux connexes ne rencontrant pas la frontière de $-\underline{a}^+$. Les éléments $-\rho$ et $\psi(-\rho)$ sont dans $-\underline{a}^+$ d'après le 4.)

donc $\psi^{-1}(S_1)$ est contenu dans la composante connexe de $\underline{a} \setminus Fr(-\underline{a}^+)$ contenant $-\rho$ donc dans B_1. De même $\psi^{-1}(S_3)$ est contenu dans B_3. Puisque ψ est bijective $\psi^{-1}(S_1) = B_1$.

d - DEMONSTRATION DE LA PROPOSITION 1.

Nous allons d'abord écrire Γf comme une somme pondérée de potentiels associés à p (voir Formule (5)). Nous montrons ensuite qu'à l'infini le "premier" terme de cette somme domine les autres.

Commençons par rappeler quelques estimations qui nous seront utiles dans le cours de la preuve. (Elles sont liées au théorème de Paley Wiener sur un espace symétrique et à sa démonstration. On peut les trouver dans ([11] Paragraphe 9.1.7).

Soit R l'ensemble des éléments de $\underline{a}_c^*$ de la forme $\nu_1 + i\nu_2$ où ν_1 et ν_2 sont dans $\underline{a}^*$ et ν_2 dans $\overline{\underline{a}}^+$ (après identification de $\underline{a}$ et $\underline{a}^*$). Si L est l'ensemble des combinaisons linéaires à coefficients dans $\mathbb{N}$ d'un système fondamental $\{\lambda_1,\dots,\lambda_t\}$ de Σ^+ et λ un élément de L s'écrivant $\lambda = \sum_{i=1}^{t} a_i \lambda_i$, $a_i \in \mathbb{N}$, on pose $n_\lambda = \sum_{i=1}^{t} a_i$.

a) Il existe une famille $\{\Gamma_\lambda, \lambda \in L\}$ de fonctions analytiques sur R vérifiant, si H est dans $\underline{a}^+$, ν dans R et

$$\Phi(\nu\ , \mathrm{Exp}\ H) = \sum_{\lambda \in L} \Gamma_\lambda(\nu)\, e^{-\lambda(H)}\, e^{i\nu(H)}$$

alors

$$e^{\rho(H)}\, \phi_\nu(\mathrm{Exp}\ H) = \sum_{w \in W} \Phi(w\,\nu\ , \mathrm{Exp}\ H)\, c(w\,\nu) \qquad (1).$$

De plus Γ_o est identiquement égal à un et il existe deux constantes δ et D telles que :

$$\forall \lambda \in L\ , \forall \nu \in R \qquad |\Gamma_\lambda(\nu)| \leqslant D n_\lambda^\delta \qquad (2).$$

b) L'application qui à ν associe $c(-\nu)^{-1}$ est analytique sur R et il existe deux constantes positives C et M telles que :

$$\forall \nu \in R \qquad |c(-\nu)^{-1}| \leqslant C \|\nu\|^M \qquad (3).$$

c) Si f est une fonction sur G, $\mathcal{C}^\infty$ à support compact, biinvariante par K, il existe $r > 0$ et, pour tout entier N, $B_N > 0$ tels que :

$$\forall\ \nu_1,\nu_2 \in \underline{a}^* \qquad |\mathcal{F} f(\nu_1+i\nu_2)| \leqslant B_N(1 + \|\nu_1+i\nu_2\|)^{-N}\ e^{r\|\nu_2\|} \qquad (4).$$

d) Rappelons aussi que puisque μ satisfait (H.2),

$$\mathrm{Sup}\{|\mathcal{F}\mu(\nu)|\ ,\ \nu \in \underline{a}^*\} < 1 \qquad \text{(cf. [1])} .$$

Grâce à ces estimations et à la formule de Plancherel on peut écrire, si f est une fonction $\mathcal{C}^\infty$ à support compact sur G, biinvariante par K et g un élément de G :

$$\begin{aligned}\Gamma f(g) &= \sum_{n\geqslant 0} (\varepsilon_g * \mu^{*n} * \check{f})(e)\\ &= \sum_{n\geqslant 0} (m_K * \varepsilon_g * m_K * \mu^{*n} * m_K * \check{f} * m_K)(e)\\ &= \sum_{n\geqslant 0} \frac{1}{[w](2\pi)^{d/2}} \int_{\underline{a}^*} \mathcal{F}\mu(\nu)^n\ \mathcal{F}f(-\nu)\ \phi_\nu(g)\ |c(\nu)|^{-2}\ d\nu\\ &= \frac{1}{[w](2\pi)^{d/2}} \int_{\underline{a}^*} \frac{\mathcal{F}f(-\nu)}{1-\mathcal{F}\mu(\nu)}\ \phi_\nu(g)\ |c(\nu)|^{-2}\ d\nu\ .\end{aligned}$$

(On a utilisé le fait que $\mathcal{F}\check{f}(\nu) = \mathcal{F}f(-\nu)$).

Pour $g = \mathrm{Exp}\ H$, H dans $\underline{a}^+$, utilisant l'invariance des fonctions à intégrer sous l'action du groupe de Weyl et (1) on obtient

$$(2\pi)^{d/2}\ \Gamma f(\mathrm{Exp}\ H) = \sum_{\lambda\in L} e^{-\rho(H)}\ e^{-\lambda(H)} \int_{\underline{a}^*} \frac{\mathcal{F}f(-\nu)}{1-\mathcal{F}\mu(\nu)}\ e^{i\nu(H)}\ \Gamma_\lambda(\nu)\ c(-\nu)^{-1}\ d\nu\ .$$

Posons, pour chaque λ de L,

$$r_\lambda(H) = \int \frac{\mathcal{F}f(-\nu)}{1-\mathcal{F}\mu(\nu)}\ e^{i\nu(H)}\ \Gamma_\lambda(\nu)\ \ c(-\nu)^{-1}\ d\nu\ .$$

Il est clair que si a est inférieur strictement à 1,

$$r_\lambda(H) = \lim_{a \nearrow 1} \int \frac{\mathcal{F}f(-\nu)}{1-a\mathcal{F}\mu(\nu)}\ e^{i\nu(H)}\ \Gamma_\lambda(\nu)\ \ c(-\nu)^{-1}\ d\nu\ .$$

La fonction à intégrer est analytique sur $R\setminus\{\nu : \mathcal{F}\mu(\nu) = \frac{1}{a}\}$. Grâce aux estimations (2), (3) et (4) et au fait que $|\mathcal{F}\mu(\nu + it\rho)|$ est borné par un pour ν dans $\underline{a}^*$ et t dans $[0,1]$ on peut appliquer le théorème de Cauchy pour obtenir

$$r_\lambda(H) = \lim_{a \nearrow 1} \int_{\underline{a}^*} e^{-\rho(H)} \frac{\mathcal{F}f(-\nu-i\rho)}{1-a\,\mathcal{F}\mu(\nu+i\rho)}\, e^{i\nu(H)}\, \Gamma_\lambda(\nu+i\rho)\; c(-\nu-i\rho)^{-1}\, d\nu \quad .$$

Définissons alors une fonction h_λ sur $\underline{a}$ par, si H est dans $\underline{a}$,

$$h_\lambda(H) = \int_{\underline{a}^*} \mathcal{F}f(-\nu-i\rho)\; \Gamma_\lambda(\nu+i\rho)\; c(-\nu-i\rho)^{-1}\; e^{i\nu(H)}\, d\nu \quad .$$

Nous verrons dans un instant (lemme 2) que h_λ décroit très vite à l'infini. La transformée de Fourier de $\check{h}_\lambda$ est donc

$$(2\pi)^d\; \mathcal{F}f(-\nu-i\rho)\; \Gamma_\lambda(\nu+i\rho)\; c(-\nu-i\rho)^{-1} \quad .$$

Comme, pour ν dans $\underline{a}^*$,

$$\mathcal{F}\mu(\nu+i\rho) = \int e^{(i\nu-2\rho)H(x\,k)}\, d\mu(x)\, dm_K(k) = \int_{\underline{a}} e^{i\nu(H)}\, dp(H)$$

on en déduit que, si P est le noyau de transition associé à p,

$$r_\lambda(H) = \lim_{a \nearrow 1} e^{-\rho(H)} \sum_{n=o}^{\infty} a^n\, P^n\, h_\lambda(H) \quad .$$

Les lemmes 1 et 2 entraînent (voir l'appendice) que

$$r_\lambda(H) = e^{-\rho(H)}\, Gh_\lambda(H) \quad .$$

On aura donc démontré que pour tout H de $\underline{a}^+$,

$$\boxed{(2\pi)^{d/2}\; \Gamma f(\mathrm{Exp}\, H) = e^{-2\rho(H)} \sum_{\lambda \in L} e^{-\lambda(H)}\; Gh_\lambda(H)} \qquad (5)$$

en prouvant le lemme suivant :

<u>*LEMME 2*</u>. *Pour tout* λ *de* L *et tout* ν_o *de* $\underline{a}^*$ *tel que* $-\nu_o + \rho$ *soit dans* $\underline{a}^+$, *il existe* $\eta > 0$ *et* $K > 0$ *tels que*

$$|h_\lambda(H)\, e^{-\nu_o(H)}| \leqslant K\, e^{-\eta\|H\|} \qquad \forall\, H \in \underline{a}$$

<u>Preuve</u>. On peut comme au dessus utiliser le théorème de Cauchy pour montrer que si γ est dans $\overline{\underline{a}^+}$,

$$h_\lambda(H) = \int_{\underline{a}^*} \mathcal{F}f(-\nu-i\gamma)\; \Gamma_\lambda(\nu+i\gamma)\; c(-\nu-i\gamma)^{-1}\; e^{i\nu(H)}\; e^{(-\gamma+\rho)(H)}\, d\nu \quad .$$

Les estimations rappelées au dessus montrent que pour tout compact $\mathcal{U}$ de $\overline{\underline{a}}^+$ il existe $K > 0$ tel que

$$\forall \gamma \in \mathcal{U} \ , \ \forall H \in \underline{a} \quad , \quad |h_\lambda(H)| \leqslant K \, e^{(-\gamma+\rho)(H)} \quad .$$

Soit alors $\eta > 0$ tel que si ν est un élément de $\underline{a}^*$ de norme inférieure à η , $\gamma = -\nu_o + \rho - \nu$ soit dans $\mathcal{U}$. En appliquant l'inégalité précédente on obtient que

$$|h_\lambda(H) \, e^{-\nu_o(H)}| \leqslant C \, e^{\nu(H)} \quad , \quad \text{si} \quad \|\nu\| \leqslant \eta \ ,$$

et le lemme en prenant $\nu = -\eta \frac{H}{\|H\|}$.

<u>FIN DE LA DEMONSTRATION DE LA PROPOSITION 1</u> :

Lorsque H tend vers l'infini en restant dans un cône fermé strictement contenu dans $\underline{a}^+ \cup \{0\}$, pour tout λ de L non nul , $e^{-\lambda(H)}$ tend rapidement vers zéro. C'est pourquoi $(2\pi)^{d/2} \, \Gamma f(\text{Exp } H)$ va être équivalent à $e^{-2\rho(H)} Gh_o(H)$, correspondant au terme obtenu pour λ nul dans l'égalité (5). Pour montrer ceci rigoureusement estimons chaque $Gh_\lambda(H)$ à l'infini.

Fixons un H_o de $\underline{a}^+$ de norme un et soit $\nu_o = \ell(H_o)$. D'après les lemmes 1 et 2 on peut appliquer la proposition démontrée dans l'appendice pour obtenir que si H est un élément de $\underline{a}^+$ tendant vers l'infini de telle sorte que $\frac{H}{\|H\|}$ tende vers H_o , pour tout λ de L ,

$$\lim \|2\pi \, H\|^{\frac{d-1}{2}} \, e^{-<\ell(H),H>} \, Gh_\lambda(H) = \|a(\nu_o)\|^{\frac{d-1}{2}} \, b(\nu_o) \int_{\underline{a}} h_\lambda(t) \, e^{-\nu_o(t)} \, dt \ .$$

D'autre part il existe $C_1 > 0$ et $C_2 > 0$, indépendants de λ , tels que, pour tout H de $\underline{a}$,

$$|e^{-\rho(H)} \, Gh_\lambda(H)| = |r_\lambda(H)| = \left| \int \frac{\mathcal{F}f(-\nu)}{1-\mathcal{F}\mu(\nu)} \, e^{i\nu(H)} \, \Gamma_\lambda(\nu) \, c(-\nu)^{-1} d\nu \right| \leqslant C_1 \sup_{\nu \in \underline{a}^*} |\Gamma_\lambda(\nu)|$$

et, par (2) ,

$$|e^{-\rho(H)} \, Gh_\lambda(H)| \leqslant C_2 \, n_\lambda^\delta \ .$$

Si H tend vers l'infini dans la direction H_o , pour toute racine λ_i du système fondamental $\lambda_i(\frac{H}{\|H\|})$ tend vers $\lambda_i(H_o) > 0$, donc, si $2\alpha = \inf\{\lambda_i(H_o)\ ,\ 1 \leq i \leq t\}$, pour H assez grand $\lambda_i(H)$ est supérieur à $\alpha\,\|H\|$. On en déduit que pour tout λ de L ,

$$\lambda(H) \geq \alpha\, n_\lambda\, \|H\|$$

et que pour tout $k > 0$ il existe $C_3 > 0$ tel que si $L' = \{\lambda \in L\ ,\ n_\lambda \leq \frac{k}{\alpha}\}$

$$\Big| \sum_{\lambda \in L \smallsetminus L'} e^{-\lambda(H)}\, e^{-\rho(H)}\, Gh_\lambda(H) \Big| \leq C_2 \sum_{\lambda \in L \smallsetminus L'} e^{-\alpha n_\lambda \|H\|}\, n_\lambda^\delta$$

$$\leq C_3\, e^{-k\|H\|} .$$

Choisissons alors k assez grand pour que, si $\|H\|$ est assez grand,

$$\|2\pi\, H\|^{\frac{d-1}{2}}\, e^{-<\rho(H),H>}\, e^{\rho(H)} \leq e^{\frac{k}{2}\|H\|} .$$

Il est clair, L' étant fini, que

$$\lim \|2\pi\, H\|^{\frac{d-1}{2}}\, (2\pi)^{d/2}\, e^{-<\ell(H),H>}\, e^{2\rho(H)}\, \Gamma f(\mathrm{Exp}\, H) =$$

$$\lim \sum_{\lambda \in L'} \|2\pi\, H\|^{\frac{d-1}{2}}\, e^{-<\ell(H),H>}\, Gh_\lambda(H)\, e^{-\lambda(H)} =$$

$$\lim \|2\pi\, H\|^{\frac{d-1}{2}}\, e^{-<\ell(H),H>}\, Gh_o(H) .$$

La fonction h_o n'est autre que la fonction h de l'énoncé. La proposition est démontrée car cette limite est non nulle : Elle est égale (cf. Appendice) à $\|a(\nu_o)\|^{\frac{d-1}{2}}\, b(\nu_o) \int_{\underline{a}} h_o(t)\, e^{-\nu_o(t)}\, dt$ et, comme $-\nu_o + \rho$ est dans $\underline{a}^+$, par le théorème de Cauchy,

$$h_o(H)\, e^{-\nu_o(H)} = \int \mathcal{F}f(-(\nu+i(\rho-\nu_o)))\, c(-(\nu+i(\rho-\nu_o)))^{-1}\, e^{i\nu(H)}\, d\nu$$

d'où

$$\int_{\underline{a}} h_o(t)\, e^{-\nu_o(t)}\, dt = (2\pi)^d\, \mathcal{F}f(i(\nu_o-\rho))\, c(i(\nu_o-\rho))^{-1}$$

$$=(2\pi)^d\, \mathcal{F}\check{f}(i(\rho-\nu_o))c(i(\nu_o-\rho))^{-1} = (2\pi)^d\, c(i(\nu_o-\rho))^{-1} \int_G e^{(\nu_o-2\rho)H(x^{-1})}\, f(x)dm_G(x) .$$

Cette expression n'est pas nulle car f est supposée positive non nulle et, $-\nu_o + \rho$ étant dans $\underline{a}^+$, $c(i(\nu_o-\rho))$ n'est pas infini.

Nous avons en même temps prouvé le corollaire pour les fonctions f $\mathscr{C}^\infty$. Le cas général s'en déduit immédiatement par densité.

e - REMARQUES.

1. Si le résultat du corollaire reste vrai lorsque H_o est sur un mur il ne donne plus un équivalent car à ce moment là, $c(i(\nu_o-\rho))^{-1}$ et donc $k(\nu_o)$ est nul.

2. Par stricte convexité de $\{\nu \in \underline{a}^*, L(\nu) \leqslant 1\}$, pour tout H, $<\ell(H),H>$ est négatif ou nul. Il est nul si et seulement si $\ell(H)$ est nul c'est-à-dire lorsque H est un multiple positif de $-w_o\{\int H(x)\, d\mu(x)\}$. On voit donc appararaître une direction de plus grand potentiel. On pouvait s'y attendre, en effet si g est un élément de A^+ et B un compact de G on a

$$\Gamma(e,g\,B) = \Gamma(g^{-1},B) = \Gamma 1_B(g^{-1}) = \Gamma 1_B(-w_o(g))$$

et ceci est maximal pour g tendant vers l'infini dans la direction $\mathrm{Log} \int H(g)\, d\mu(g)$. Or, par la loi des grands nombres, c'est justement la direction que prend, dans A, la marche de loi μ.

2. COMPORTEMENT ASYMPTOTIQUE DU POTENTIEL

Du corollaire précédent nous allons facilement déduire le résultat principal de cet article. Employons les notations introduites au 1.b.

THEOREME. *Soit* μ *une probabilité sur le groupe semi simple* G *satisfaisant aux hypothèses (H). Soit* $\{g_n , n \in \mathbb{N}\}$ *une suite d'éléments de* G *tendant vers l'infini s'écrivant* $g_n = k_n a_n x_n$ *(*k_n *et* x_n *dans* K, a_n *dans* $\bar{A}^+$*) dans la décomposition* $G = K \bar{A}^+ K$. *On suppose que la suite* $\{k_n , n \in \mathbb{N}\}$ *converge vers un élément* k *de* K *et que, si* $a_n = \mathrm{Exp}\, H_n$, *la suite* $\{\frac{H_n}{\|H_n\|} , n \in \mathbb{N}\}$ *converge vers un élément* H_o *de* $\underline{a}^+$.
Alors si $\nu_o = \ell(H_o)$, *pour toute fonction continue* f *à support compact sur* G,

$$\lim_{n\to\infty} \|H_n\|^{\frac{d-1}{2}} e^{-<\ell(H_n),H_n>} e^{2\rho(H_n)} \Gamma f(g_n) = k(\nu_o) \int_G f(x)\, e^{(\nu_o-2\rho)H(x^{-1}k)} dm_G(x)$$

Démonstration.

a. Montrons d'abord le résultat en supposant que g_n est dans A^+, donc que $g_n = a_n$, pour tout entier n. Posons, pour H dans $\underline{a}^+$,

$$\alpha(H) = \|H\|^{\frac{d-1}{2}} e^{-<\ell(H),H>} e^{2\rho(H)} k(\nu_o)^{-1} .$$

Remarquons que si ϕ est une fonction continue à support compact sur G, biinvariante par K, pour tout g de G,

$$\lim_{n\to\infty} \alpha(H_n)\, \Gamma\phi(g\, a_n) = \int \phi(g\, x)\, e^{(\nu_o-2\rho)H(x^{-1})} dm_G(x) .$$

En effet écrivons $g = k\, a\, u$ où $k \in K$, $a \in A$, $u \in N$. Alors

$$g\, a_n = k(a\, u\, a^{-1})\, a\, a_n$$

et si b_n est l'élément de $\bar{A}^+$ tel que $(a\, u\, a^{-1})\, a\, a_n$ soit dans $K\, b_n\, K$,

$\Gamma\phi(g\,a_n) = \Gamma\phi(b_n)$. D'après le lemme 2.2 de [5] , $\mathrm{Log}\; b_n - \log a\, a_n$ tend vers zéro, d'où, à l'aide du corollaire précédent,

$$\lim \alpha(\mathrm{Log}\; b_n)\; \Gamma\phi(g\,a_n) = \int \phi(x)\; e^{(\nu_o-2\rho)(H(x^{-1})}\; dm_G(x) \;.$$

Il est clair que $\dfrac{\alpha(\mathrm{Log}\; b_n)}{\alpha(H_n)}$ tend vers $\exp\{-(\nu_o-2\rho)\; H(a)\}$ donc

$$\lim \alpha(H_n)\; \Gamma\phi(g\,a_n) = e^{(\nu_o-2\rho)H(a)} \int \phi(x)\; e^{(\nu_o-2\rho)H(x^{-1})}\; dm_G(x) \;.$$

Utilisant la biinvariance de ϕ sous K ceci est égal à

$$\int \phi(gx)\; e^{(\nu_o-2\rho)\{H(x^{-1}\, u^{-1}\, a^{-1})+H(a)\}}\; dm_G(x)$$

c'est-à-dire à $\int \phi(gx)\; e^{(\nu_o-2\rho)H(x^{-1})}\; dm_G(x)$.

On peut réécrire ce résultat sous la forme suivante : Pour toute fonction continue f de la forme $\varepsilon_g * \phi$, où $g \in G$ et ϕ est une fonction continue à support compact biinvariante par K ,

$$\lim \int f(x)\; \alpha(H_n)\; d(\varepsilon_{a_n} * \Gamma)(x) = \int f(x)\; e^{(\nu_o-2\rho)H(x^{-1})}\; dm_G(x) \;.$$

Par densité ceci reste vrai si f est continue à support compact invariante à droite par K . Par invariance à droite par K de Γ c'est en fait vrai pour toute fonction continue à support compact.

b. Traitons le cas général où $g_n = k_n\, a_n\, x_n$. Nous venons de voir que la suite de mesures bornées $\nu_n = \alpha(H_n)\; \varepsilon_{a_n} * \Gamma$ converge vaguement vers la mesure ν de densité $e^{(\nu_o-2\rho)H(x^{-1})}$ par rapport à m_G . Ceci entraîne que $\varepsilon_{k_n} * \nu$ tend vers $\varepsilon_k * \nu$, c'est-à-dire le théorème.

<u>Remarque</u>. Lorsque G est de rang un le théorème donne que pour toute suite (g_n) de G tendant vers l'infini

$$\lim_n e^{2\rho(H_n)}\; \Gamma f(g_n) = a^{-1} \int f(x)\; e^{-2\rho H(x^{-1}k)}\; dm_G(x)$$

si $a = \| \int H(x)\; d\mu(x) \|$. Ce résultat est vrai sous la seule hypothèse que

$\int \text{Log}\ \delta(g)\ d\mu(g)$ est fini comme c'est démontré dans [1].

COROLLAIRE. *Soit* $\gamma(.,.)$ *le noyau de Green associé à* $\frac{1}{2}\Delta$ *où* Δ *est l'opérateur de Laplace Beltrami de l'espace riemannien symétrique* G/K . *Si* $\{g_n, n\in\mathbb{N}\}$ *est une suite d'éléments de* G *comme celle introduite dans l'énoncé du théorème, si* y *est un élément de* G

$$\lim_{n\to\infty} \|H_n\|^{\frac{d-1}{2}} e^{\|\rho\|\,\|H_n\|}\, e^{\rho(H_n)}\, \gamma(\dot{g}_n,\dot{y}) = k(\nu_o)\, e^{-\langle \frac{\|\rho\| H_o}{\|H_o\|} + \rho\ ,\ H(y^{-1}k)\rangle}$$

où on note $\dot{g}$ *l'image d'un élément* g *de* G *dans* G/K .

Démonstration (rapide). Soit $\{\mu_t, t>0\}$ le semi-groupe de probabilités sur G , biinvariantes par K , construites à partir du mouvement brownien sur G/K de générateur $\frac{1}{2}\Delta$ (i.e. si $\pi : G \to G/K$ est la projection canonique, pour tout borélien B de G/K , $\mu_t(\pi^{-1}(B))$ est la probabilité que le mouvement brownien partant de $\pi(e)$ soit dans B au temps t).

Chaque μ_t a une densité p_t par rapport à m_G et γ vérifie

$$\gamma(\dot{x},\dot{y}) = \int_o^{+\infty} p_t(x^{-1}y)\, dt \quad , \qquad x,y \in G .$$

Remarquons que si $\mu = \int_o^{\infty} e^{-t} \mu_t\, dt$, la mesure $\sum_{n\geqslant 1} \mu^{*n}$ a pour densité $\int_o^{+\infty} p_t(.)\, dt$. Le corollaire est donc une conséquence du théorème appliqué à μ (après un passage facile aux densités). Identifions dans ce cas particulier les fonctions L et ℓ .

On sait que la transformée de Fourier sphérique de μ_t vérifie

$$\mathcal{F}\mu_t(\nu) = \exp - \frac{t}{2}\{\|\nu\|^2 + \|\rho\|^2\}$$

donc

$$\mathcal{F}\mu(\nu) = \int_o^{\infty} e^{-t}\, e^{-\frac{t}{2}\{\|\nu\|^2+\|\rho\|^2\}}\, dt = \frac{2}{2+\|\nu\|^2+\|\rho\|^2}$$

et

$$L(\nu) = \mathcal{F}\mu(-i(\nu-\rho)) = \{1 + \frac{1}{2}(\|\rho\|^2 - \|\nu-\rho\|^2)\}^{-1} .$$

On en déduit que $C = \{\nu \in \underline{a}^* , L(\nu) = 1\} = \{\nu \in \underline{a}^* , \|\nu-\rho\| = \|\rho\|\}$ et que, pour H_o dans $\underline{a}$ non nul, si $\nu_o = \ell(H_o)$, $\nu_o = \rho - \frac{\|\rho\|}{\|H_o\|} H_o$.

3. NOYAU DE MARTIN

Soit μ une probabilité biinvariante par K satisfaisant aux hypothèses (H). Fixons une fonction positive r sur G, continue à support compact, non nulle. On définit le noyau de Martin $K(.,.)$ associé à μ par, pour g dans G,

$$K(g,.) = \frac{\Gamma(g,.)}{\Gamma r(g)} .$$

Une conséquence immédiate du théorème est que si (g_n) est une suite d'éléments de G s'écrivant $g_n = k_n(\mathrm{Exp}\, H_n)\, x_n$, k_n et x_n dans K et H_n dans $\bar{\underline{a}}^+$ telle que k_n converge vers k et $\frac{H_n}{\|H_n\|}$ vers un élément H_o de $\underline{a}^+$, si (g_n) tend vers l'infini, le noyau $K(g_n,.)$ converge vers une mesure de densité proportionnelle à $\exp\{(\ell(H_o) - 2\rho)\, H(x^{-1}k)\}$ par rapport à la mesure de Haar sur G.

Soit $\mathcal{U} = \{\nu \in \underline{a} : \int \exp \nu(H(g))\, d\mu(g) = 1 \,,\, -\nu - \rho \in \underline{a}^+\}$ et $\bar{\mathcal{U}}$ l'ensemble défini de la même façon mais en remplaçant $\underline{a}^+$ par son adhérence. On voit qu'une partie de la frontière de Martin, ensemble des valeurs d'adhérence du noyau de Martin, est indexée par $K/M \times \mathcal{U}$. (M est le centralisateur de A dans K). En effet à l'élément $(k\,M,\nu)$ de $K/M \times \mathcal{U}$ on associe la fonction $\exp \nu\{H(x^{-1}k)\}$ limite du noyau de Martin dans la "direction" $(k\,M,H)$ où H est un élément de $\underline{a}^+$ tel que $\ell(H)-2\rho = \nu$ (remarquons que par le lemme 1, lorsque H parcourt $\underline{a}^+$, ν parcourt bien $\mathcal{U}$).

A cause de la dualité entre μ et $\check{\mu}$, image de μ par symétrie, toute fonction $\check{\mu}$ harmonique positive peut être représentée sur la frontière de Martin. Aux fonctions $\check{\mu}$ harmoniques extrémales correspond un morceau de cette frontière appelé partie active de la frontière. En fait on sait (cf. [4], [6], [7]) que cette partie active correspond à l'ensemble des fonctions du type précédent mais indexé par $K/M \times \bar{\mathcal{U}}$. Au moins dans certains cas on peut montrer que si $\nu \in \bar{\mathcal{U}} \setminus \mathcal{U}$, la fonction harmonique $\exp \nu(H(x^{-1}k))$ peut s'obtenir comme limite de $K(g_n,.)$ si (g_n) est du type suivant : dans la décomposition $G = K\bar{A}^+K$, $g_n = k_n\, a_n\, x_n$ où k_n

tend vers k , $\frac{\text{Log } a_n}{\|\text{Log } a_n\|}$ tend vers H_o , élément de $\underline{a}$ de norme un tel que $\ell(H_o) - 2\rho = \nu$ et pour toute racine positive λ , $\lambda(\text{Log } a_n)$ tend vers l'infini. Notons que dans ce cas H_o est sur un mur de la chambre de Weyl et que si pour certaines racines positives $\lambda(\text{Log } a_n)$ ne tend pas vers l'infini les valeurs d'adhérence ne sont pas extrémales (cf. par exemple [2]) .

Appliquons le théorème et la théorie de la frontière de Martin pour retrouver le résultat bien connu suivant [3] :

<u>COROLLAIRE</u>. *Soit* μ *une probabilité sur* G *satisfaisant aux hypothèses* (H) *et* ν *la probabilité sur* K/M *invariante par* K . *Toute fonction borélienne bornée* ϕ *sur* G , *solution de l'équation*

$$\phi(g) = \int_G \phi(g\, h^{-1})\, d\mu(h) \quad , \qquad g \in G$$

est de la forme

$$\phi(g) = \int_{K/M} e^{-2\rho(g^{-1}k)}\, d\nu(\dot{k})$$

pour une fonction ψ *de* $L^\infty(K/M,\nu)$.

<u>Démonstration.</u> Nous cherchons les solutions de l'équation

$$\phi(g) = \int \phi(g\, h)\, d\check{\mu}(h)$$

c'est-à-dire les fonctions $\check{\mu}$ harmoniques bornées. Considérons la marche aléatoire droite $\{Z_n\ ,\ n \in \mathbb{N}\}$ de loi $\check{\mu}$ issue de l'élément neutre. A cause de la dualité entre μ et $\check{\mu}$ on sait (cf. [10]) que Z_n converge p.s. dans le compactifié de Martin associé au noyau K vers une variable aléatoire Z_∞ ; autrement dit, pour toute fonction continue à support compact f sur G , $Kf(Z_n)$ converge vers $Kf(Z_\infty)$. De plus la loi de Z_∞ permet de représenter les fonctions $\check{\mu}$ harmoniques bornées.

Calculons la limite de $Kf(Z_n)$ à l'aide du théorème. On peut écrire que $Z_n = Y_1 \ldots Y_n$ où $\{Y_i\ ,\ i \in \mathbb{N}\}$ est une suite de variables aléatoires indépendantes de loi $\check{\mu}$. Si $Z_n = K_n A_n X_n$, K_n et X_n dans K , A_n dans $\bar{A}^+$, et w_o est l'élément du groupe de Weyl envoyant $\underline{a}^+$ sur son opposée,

$$Y_n^{-1} \dots Y_1^{-1} = (X_n^{-1} w_o)(w_o^{-1} A_n^{-1} w_o)(w_o^{-1} K_n)$$

et ceci est l'écriture dans la décomposition $G = K \bar{A}^+ K$. D'après la loi des grands nombres de Fürstenberg, μ étant biinvariante par K ,

$$\lim_{n\to+\infty} \frac{1}{n} \text{Log } \{w_o^{-1} A_n^{-1} w_o\} = \int H(x\ k)\ d\mu(x)\ dm_K(k) .$$

On a déjà remarqué que cette intégrale est égale à $w_o(H_o)$ si

$$H_o = \int H\ (x\ k)\ e^{-2\rho H(x\ k)}\ d\mu(x)\ dm_K(k) .$$

Comme $\text{Log}(w_o^{-1} A_n^{-1} w_o) = - \text{Log } A_n$ on en déduit que

$$\lim \frac{1}{n} \text{Log } A_n = - H_o .$$

Du fait que $Kf(Z_n)$ converge, que $- H_o$ est dans $\underline{a}^+$ et que $\ell(-H_o)$ est nul le théorème montre que l'image de K_n dans K/M doit converger p.s vers une variable aléatoire Z de loi ν (car chaque K_n a pour loi m_K) et qu'alors

$$\lim Kf(Z_n) = \int e^{-2\rho H(x^{-1}Z)}\ f(x)\ dm_G(x) \qquad \text{p.s.} .$$

Autrement dit $Z_\infty(\omega)$ est l'élément de la frontière de Martin correspondant à la fonction $e^{-2\rho H(x^{-1}Z(\omega))}$. On déduit alors le corollaire des résultats généraux de la théorie de la frontière de Martin (cf. [10]) .

4. REMARQUE SUR LES PROBABILITES INVARIANTES D'UN COTE PAR K

Supposons que la probabilité μ sur G, au lieu d'être comme dans ce qui précède biinvariante par K, soit seulement invariante à gauche (i.e $\varepsilon_k * \mu = \mu$ pour k dans K). On obtient facilement des résultats analogues aux précédents. En effet si $\tilde{\mu} = \mu * m_K$, $\mu^{*n} = \tilde{\mu}^{n-1} * \mu$, donc si Γ est le noyau potentiel associé à μ et $\tilde{\Gamma}$ le noyau potentiel associé à $\tilde{\mu}$,

$$\Gamma f(g) = \sum_{n \geq o} \int f(gx)\, d\mu^{*n}(x) = f(g) + \sum_{n \geq 1} \tilde{\Gamma}\tilde{f}(g) \quad ,$$

si f est une fonction continue à support compact sur G et $\tilde{f}$ est définie par

$$\tilde{f}(g) = \int f(gx)\, d\mu(x) \qquad , \qquad g \in G \,.$$

Si par exemple μ est à support compact, $\tilde{f}$ l'est aussi et on obtient l'analogue du théorème en remplaçant μ par $\tilde{\mu}$ pour définir la probabilité sur $\underline{a}$ associée. En terme de μ la limite du potentiel est un multiple de

$$\int f(g) \left\{ \int \exp(\nu_o - 2\rho)\, H(xg^{-1}k)\, d\mu(x) \right\} dm_G(g) \,.$$

On en déduit, comme au corollaire au dessus, que toute solution borélienne bornée de l'équation

$$\phi(g) = \int_G \phi(gh^{-1})\, d\mu(h)$$

est de la forme

$$\phi(g) = \int_{K/M} \left\{ \int_G e^{-2\rho H(xg^{-1}k)}\, d\mu(x) \right\} \psi(k)\, d\nu(\dot{k})$$

pour une fonction ψ de $L^\infty(K/M\,,\, d\nu)$. C'est bien le résultat de Fürstenberg car la mesure $\check{\mu}$ invariante sur K/M est $\check{\mu} * \nu$ (convolution au sens du G-espace K/M) et

$$\frac{d(\varepsilon_g * \check{\mu} * \nu)}{d(\check{\mu} * \nu)}(k) = \int e^{-2\rho H(xg^{-1}k)}\, d\mu(x) \,.$$

Tout ceci reste vrai si μ vérifie l'hypothèse (H-3) car $\tilde{f}$ tend alors suffisamment vite vers zéro à l'infini pour que l'on puisse montrer facilement que le comportement asymptotique de $\tilde{\Gamma}\tilde{f}$ est encore donné par le théorème.

APPENDICE

Considérons une probabilité p sur $\mathbb{R}^d$ satisfaisant aux hypothèses suivantes :

(H_1) Pour tout $A > 0$, $\int \exp\{A\|x\|\}\, dp(x)$ est fini.

(H_2) $\int x\, dp(x)$ est non nul.

(H_3) Le plus petit semi groupe fermé contenant le support de μ est égal à $\mathbb{R}^d$.

(H_4) Pour tout u de $\mathbb{R}^d$ tel que $\int e^{<u,x>}\, dp(x) = 1$,

$\overline{\lim\limits_{\lambda\to\infty}} \left|\int \exp <i\lambda+u,x>\, dp(x)\right| < 1$.

Si $u \in \mathbb{R}^d$ soit $L(u) = \int \exp <u,x>\, dp(x)$ et $a(u) = \text{grad } L(u)$. On sait que $\{u \in \mathbb{R}^d , L(u) \leq 1\}$ est un convexe compact dont le bord, noté C , est homéomorphe à la sphère unité de $\mathbb{R}^d$ par l'application g qui à u dans C associe $g(u) = \frac{a(u)}{\|a(u)\|}$.

Pour $x \neq 0$ soit $\ell(x)$ l'unique vecteur vérifiant

$$L(\ell(x)) = 1 \quad \text{et} \quad g(\ell(x)) = -\frac{x}{\|x\|}$$

et, pour $u \in C$, $Q(u) = \text{Hess } L(u)$, $b(u) = \{\det Q(u) <a(u), Q(u)^{-1} a(u)>\}^{-1/2}$.

Le noyau P de la marche aléatoire associée à p est défini par, si f est une fonction borélienne positive sur $\mathbb{R}^d$,

$$Pf(x) = \int f(x+t)\, dp(t) \quad , \qquad x \in \mathbb{R}^d .$$

Nous avons utilisé la description suivante du comportement à l'infini du noyau potentiel ΣP^n , due essentiellement à Ney et Spitzer ([9]) :

<u>PROPOSITION</u>. *Sous les hypothèses au dessus, si v est un élément de C et si x tend vers l'infini de telle sorte que $\frac{x}{\|x\|}$ tende vers $-\frac{a(v)}{\|a(v)\|}$,*

$$\lim \|2\pi x\|^{\frac{d-1}{2}} e^{-<\ell(x),x>} \sum_{n=0}^{\infty} P^n f(x) = \|a(v)\|^{\frac{d-1}{2}} b(v) \int f(t)\, e^{-<v,t>}\, dt$$

pour toute fonction continue f *sur* $\mathbb{R}^d$ *telle que pour un* $\alpha > 0$ *,*

$Sup\ \{|f(t)\ e^{-<v,t>}\ e^{\alpha\|t\|}|\ ,\ t \in \mathbb{R}^d\}$ *soit fini.*

Démonstration.

Elle se fait sans difficulté, mais péniblement, en reprenant pas à pas la démonstration de Ney et Spitzer qui traitent le cas d'une probabilité sur $\mathbb{Z}^d$. Indiquons seulement les modifications essentielles.

a. Montrons d'abord la proposition en supposant que f vérifie aussi la condition (P) suivante :

"Si n est un entier entre 0 et 2d et si $(n_1,\ldots,n_d)$ est un multiindice tel que $\sum_{i=1}^{d} n_i = n$, la norme L^1 de la fonction qui à x dans $\mathbb{R}^d$ associe $\frac{\partial^n}{\partial x_1^{n_1}\ldots\partial x_d^{n_d}} \int f(t)\ e^{<y-v,t>}\ e^{i<t,x>}\ dt$ est bornée, uniformément pour les éléments y de $\mathbb{R}^d$ de norme inférieure à α" .

Pour tout u de C considérons la fonction $f_u : \mathbb{R}^d \to \mathbb{R}$ définie par $f_u(x) = f(x)\ e^{-<u,x>}$ et la probabilité p_u admettant la densité $e^{<u,.>}$ par rapport à p . Si P_u désigne le noyau associé à p_u on a, pour tout entier n ,

$$P^n f(x) = e^{<u,x>}\ P_u^n\ f_u(x) \qquad ,\qquad x \in \mathbb{R}^d .$$

Il suffit de montrer que pour tout $\varepsilon > 0$ il existe $M > 0$ et un voisinage V de v dans C tel que, si $t > M$ et $u \in V$

$$|(2\pi t)^{\frac{d-1}{2}} \sum_{n=o}^{\infty} P_u^n\ f_u(-t\ a(u)) - b(u) \int f_u\ dt| \leq \varepsilon \quad (1) .$$

En effet si x tend vers l'infini dans la direction $-a(v)$ écrivons cette relation pour $u = \ell(x)$ et $t = \frac{\|x\|}{\|a(u)\|}$ (alors $x = -\ t\ a(u)$) :

$$|\{\frac{2\pi\|x\|}{\|a(u)\|}\}^{\frac{d-1}{2}}\ e^{-<\ell(x),x>} \sum_{n=o}^{\infty} P^n f(x) - b(u) \int f_u\ dt| \leq \varepsilon .$$

Comme $g(\ell(x))$ tend vers $g(v)$, u tend vers v d'où $a(u)$ tend vers $a(v)$, $b(u)$ vers $b(v)$ et $\int f_u\ dt$ vers $\int f_v\ dt$, ce qui donne le résultat.

Pour montrer (1) introduisons, comme dans [9], pour $0 \leq \gamma \leq 2d$,

$A_n(\gamma,x,u) =$

$$\left|\frac{x-na(u)}{\sqrt{n}}\right|^{\gamma} \{(2\pi n)^{d/2}\, p_u^n f_u(-x) - |\det Q(u)|^{-1/2} \int f_u(t+na(u)-x)\, e^{-\frac{1}{2n}<t,Q(u)^{-1}t>}\, dt\}.$$

et vérifions qu'uniformément en $x \in \mathbb{R}^d$ et u , élément de C , proche de v , $A_n(\gamma,x,u)$ tend vers zéro quand n tend vers l'infini. Il suffit de le faire pour γ égal à 0 et 2d . Posons, pour $t \in \mathbb{R}^d$,

$$\psi_u(t) = e^{-i<t,a(u)>} \int e^{i<t,x>}\, dp_u(x)$$

et

$$\hat{f}_u(t) = \int e^{i<t,x>} f_u(x)\, dx .$$

La formule d'inversion de Fourier et la formule de Green nous permettent d'écrire, pour k égal à 0 et d :

$$A_n(2k,x,u) = (2\pi)^{-d/2} (-1)^k\, n^{d/2-k} \int_{\mathbb{R}^d} \Delta^k \{h_{u,n}\}(t)\, e^{-it(x-na(u))}\, dt \qquad (2)$$

si $h_{u,n}(t) = \hat{f}_u(-t)\,\{\psi_u^n(t) - e^{-n<t,Q(u)t>}\}$ et Δ^k est le kième itéré du Laplacien.

Choisissons alors $M > 0$ tel qu'il existe $\beta > 0$ pour lequel, si $|t| \leqslant M$ et u près de v

$$|\psi_u(t)| \leqslant e^{-\beta\|t\|^2} \qquad (3)$$

Découpons l'intégrale de (2) en intégrale sur $\{t \in \mathbb{R}^d , |t| \leqslant M\}$ et sur son complémentaire. Pour montrer que l'intégrale sur $\{t, |t| > M\}$ tend vers zéro on utilise l'hypothèse (H_u) et la majoration uniforme des normes L^1 des dérivées de la fonction $\hat{f}_u$. Pour étudier l'autre terme on commence par faire le changement de variables transformant t en $t/\sqrt{n}$ puis on utilise la convergence uniforme en u près de v de $\psi_u(t/\sqrt{n})^n$ vers $e^{-<t,Q(u)t>}$, justifiant l'emploi du théorème de convergence dominée à l'aide de l'inégalité (3).

Comme Ney et Spitzer ceci nous permet, pour montrer (1) , de remplacer p_u par la loi gaussienne de moyenne $a(u)$ et de covariance $Q(u)$. Effectuant les mêmes découpages que dans [9] on obtient (1) et la proposition pour les fonctions f vérifiant (P) .

b. Supposons que f soit une fonction continue à support compact. Soit h une fonction $\mathscr{C}^\infty$ à support compact positive valant 1 sur une boule B contenant le support de f et, pour tout $\varepsilon > 0$, f_ε une fonction $\mathscr{C}^\infty$ à support dans B telle que $\| f-f_\varepsilon \|_\infty \leqslant \varepsilon$. Pour tout x

$$|f(x) - f_\varepsilon(x)| \leqslant \varepsilon\, h(x)$$

d'où
$$|\sum P^n f(x) - \sum P^n f_\varepsilon(x)| \leqslant \varepsilon \sum P^n h(x) .$$

Les fonctions f_ε et h vérifient (P), par le théorème de Paley Wiener, et on déduit de cette inégalité que la proposition est vraie pour f.

c. Traitons le cas où f ne vérifie que l'hypothèse de l'énoncé. Pour tout $\varepsilon > 0$, $f = f_1 + f_2$ où f_1 est continue à support compact et

$$|f_2(t)| \leqslant \varepsilon\, e^{-\frac{\alpha}{2}\|t\|}\, e^{<v,t>} \qquad t \in \mathbb{R}^d .$$

On a alors, si $g(t) = \exp\{<v,t> - \frac{\alpha}{2}\|t\|\}$,

$$|\sum P^n f(x) - \sum P^n f_1(x)| \leqslant \varepsilon \sum P^n g(x) , \qquad x \in \mathbb{R}^d .$$

Comme g vérifie (P), (calcul direct), on en déduit la validité de la proposition.

R E F E R E N C E S

[1] BOUGEROL P.

- "Comportement asymptotique des puissances de convolution d'une probabilité sur un espace symétrique". Astérisque 74, 29-45, Soc. Math. France (1980).

[2] DYNKIN E.B.

- "Brownian motion in certain symmetric spaces and non negative eigen functions of the Laplace Beltrami operator". AMS Transl. 72, 203-228, (1961).

[3] FÜRSTENBERG H.

- "A Poisson formula for semi simple Lie groups". Ann. Math. 77, 335-386 (1963).

[4] FÜRSTENBERG H.

- "Translation invariant cones of functions on semi simple groups". Bull. Amer. Math. Soc. 71, 271-326 (1965).

[5] GUIVARC'H Y., RAUGI A.

- "Frontière de Fürstenberg, propriétés de contraction et théorèmes de convergence". Séminaire de Probabilités Rennes (1981).

[6] GUIVARC'H Y.

- "Sur la représentation intégrale des fonctions harmoniques et des fonctions propres positives dans un espace riemannien symétrique". A paraître.

[7] KARPALEVIČ F.I.

- "The geometry of geodesics and the eigen functions of the Beltrami Laplace operator on symmetric spaces". Trans. Moscow Math. Soc. 14, 48-185 (1965).

[8] KOSTANT B.

- "On convexity, the Weyl group and the Iwasawa decomposition". Ann. Sc. Ec. Norm. Sup. 4ème série, 6, 413-455 (1973).

[9] NEY P., SPITZER F.

- "The Martin Boundary for random walk" Trans. Amer. Math. Soc. 121, 116-132 (1966).

[10] REVUZ D.

- " Markov Chains" North Holland (1975).

[11] WARNER G.

- "Harmonic analysis on semi simple Lie groups" t.2, Springer Verlag (1972).

Université Paris 7
U.E.R de Mathématiques
2, Place Jussieu
75251 PARIS CEDEX 05

Colloque de Théorie du
Potentiel-Jacques Deny
- Orsay 1983 -

ESPACES BIHARMONIQUES

Abderrahman BOUKRICHA

INTRODUCTION.

En étudiant l'équation de Laplace itérée ($\Delta^n u = 0$) M. Nicolescu a introduit dans [26] les fonctions poly-harmoniques. D'autres travaux importants comme ceux de M. Ito [22], Boboc-Mustată [2], E.P. Smyrnélis [27] et N. Bouleau [2] ont succédé à cette théorie poly-harmonique.

Partant d'un noyau K sur un H-cône, Boboc et Mustată ont donné dans [2] une approche axiomatique des fonctions poly-surharmoniques en itérant le noyau K.

Utilisant la théorie des espaces harmoniques de H. Bauer [1] E.P. Smyrnélis a donné dans [27] une axiomatique des espaces biharmoniques. Avec cette axiomatique on peut obtenir une structure poly-harmonique en composant des opérateurs éventuellement différents sur un même espace.

Comme dans le cas harmonique, on peut définir les couples hyperharmoniques, surharmoniques et potentiels.

Dans [4] N. Bouleau a démontré qu'à tout espace biharmonique fort (possédant un couple potentiel strictement positif sur X) et tel que le couple (1,1) est surharmonique, est associé un semi-groupe triangulaire dont les couples excessifs coïncident avec les couples hyperharmoniques positifs. De plus Bouleau a démontré qu'à deux semi-groupes droits et un noyau correspond par couplage un semi-groupe triangulaire au moyen duquel et de l'opérateur de couplage L il obtient la fonction de transition d'un processus de Markov appelé couplage de ceux associés aux deux semi-groupes. Ensuite il compare les théories du potentiel relatives aux couples excessifs et relatives aux premières et secondes composantes. Il étudie de plus le problème de Riquier sur un ensemble presque borélien. Si un semi-groupe triangulaire vérifie les axiomes donnés en [9], alors, d'après cette même référence, ses composantes vérifient un système parabolique faiblement couplé d'équations différentielles du second ordre. Dans ce cas le couplage ne figure que dans une seule équation.

On peut se poser alors la question suivante : Un espace biharmonique, dont les faisceaux harmoniques associés sont ceux donnés par des opérateurs différentiels, correspond-il à un couplage faible de ces opérateurs ?

La réponse est positive, sans aucune limitation, si la première composante de l'espace biharmonique possède une fonction de Green (voir § 4).

L'objet de notre travail est de montrer la conjecture suivante : Tout espace biharmonique correspond à un "couplage" de deux espaces harmoniques. Plus précisément on démontre que $(X,\mathcal{H})$ est un espace biharmonique si et seulement si il existe deux espaces harmoniques $(X,\mathcal{H}_1)$ et $(X,\mathcal{H}_2)$ ayant une base d'ouverts réguliers communs $\mathcal{U}_r$ et une section positive de potentiels continus et réels (i.e. une famille compatible de potentiels $(P_V)_{V\in\mathcal{U}_r}$ où $P_V \in \mathcal{P}_1(V))$ dans l'espace harmonique $(X,\mathcal{H}_1)$ tels que pour tout ouvert U on a :

$$(*) \qquad \mathcal{H}(U) = \{(h_1,h_2) \in C(\bar{U}) \times C(\bar{U}) : h_1 = H_V^1 h_1 + K_V h_2 \text{ , } h_2 = H_V^2 h_2$$

pour tout $V \in \mathcal{U}_r\}$.

K_V est le noyau potentiel associé à P_V .

En notant, pour tout $U \in \mathcal{U}_r$ et tout couple $f = (f_1, f_2)$ de fonctions continues et réelles sur ∂U, $(h_U^1 f, h_U^2 f)$ la solution du problème de Dirichlet-Riquier, on a la représentation suivante :

$$\begin{pmatrix} h_U^1 \\ h_U^2 \end{pmatrix} = \begin{pmatrix} I & K_U \\ 0 & I \end{pmatrix} \begin{pmatrix} H_U^1 \\ H_U^2 \end{pmatrix}$$

où I est l'identité sur U .

ou bien

$$\begin{pmatrix} h_U^1 \\ h_U^2 \end{pmatrix} = \begin{pmatrix} H_U^1 \\ H_U^2 \end{pmatrix} + \begin{pmatrix} K_U H_U^2 \\ 0 \end{pmatrix}$$

En notant $K(g) = \begin{pmatrix} K_U g_2 \\ 0 \end{pmatrix}$ pour $g = (g_1, g_2)$ mesurable définie sur U ,

nous retrouvons la représentation de Boboc-Mustată [2] puisque $^*\mathcal{H}$ et $^*\mathcal{H}' = \{(h_2, h_2) : h_1 \in {}^*\mathcal{H}_1 , h_2 \in {}^*\mathcal{H}_2\}$ sont des H-cônes.

Pour les fonctions poly-harmoniques d'ordre n nous obtenons des résultats analogues. En effet nous pouvons démontrer, comme dans le cas biharmonique, qu'il existe n faisceaux d'espaces harmoniques $(\mathcal{H}_i)_{1 \leqslant i \leqslant n}$ et n-1 sections positives M_i de potentiels continus et réels respectivement dans $(X, \mathcal{H}_i)_{i \leqslant i \leqslant n-1}$ tels que pour tout ouvert régulier poly-harmonique on a :

$$\begin{pmatrix} h_U^1 \\ \cdot \\ \cdot \\ \cdot \\ h_U^n \end{pmatrix} = \begin{pmatrix} I & K_U^1 & K_U^1 K_U^2 & \cdots & K_U^1 K_U^2 & \cdots & K_U^{n-1} \\ 0 & I & K_U^2 & & K_U^2 K_U^3 & \cdots & K_U^{n-1} \\ \cdot & & \ddots & & \cdot & & \cdot \\ \cdot & & & \ddots & \cdot & & \cdot \\ \cdot & & & & \cdot & & \cdot \\ 0 & & & & I & & K_U^{n-1} \\ 0 & \cdots & \cdots & \cdots & 0 & & I \end{pmatrix} \begin{pmatrix} H_U^1 \\ H_U^2 \\ \cdot \\ \cdot \\ \cdot \\ H_U^n \end{pmatrix}$$

$(h_U^1 f, \ldots, h_U^n f)$ est la solution du problème de Dirichlet-Riquier correspondant à $f \in (C(\partial U))^n$ et U .

K_U^i les noyaux potentiels associés aux sections M_i sur U .

Nous suivons maintenant l'enchaînement de notre travail.

Au paragraphe 1, nous donnons une axiomatique des espaces biharmoniques où on omet l'hypothèse de compatibilité des couples biharmoniques (voir [27]) et on considère des structures harmoniques de Bauer au sens [12]. Cette axiomatique est plus générale que celle donnée en [27].

Au paragraphe 2 nous construisons un espace biharmonique à partir de deux faisceaux harmoniques possédant une base d'ouverts réguliers communs, et d'une section positive M de potentiels continus et réels dans l'une des structures.

Cet espace est de Smyrnélis [27] si et seulement si M est portée par tout l'espace et $(X,\mathcal{H})$ de Bauer au sens de [1] pour $i \in \{1,2\}$.

Au paragraphe suivant nous démontrons que tous les espaces biharmoniques s'obtiennent de la même façon que dans le paragraphe 2. En effet nous montrons qu'à tout espace biharmonique $(X,\mathcal{H})$ sont associés deux espaces $(X,\mathcal{H}_1)$ et $(X,\mathcal{H}_2)$ uniques et une unique section positive de potentiels dans $(X,\mathcal{H}_1)$ continus et réels tels que l'égalité (*) est vérifié pour tout ouvert U.

Le paragraphe 4 est réservé à l'application de la théorie aux opérateurs différentiels du second ordre. Entre autre on démontre que toutes les structures biharmoniques, associées à celles données par les équations de Laplace et de conduction de la chaleur, s'obtiennent par couplage faible de ces équations au sens des distributions.

Au paragraphe suivant nous définissons l'effilement et la polarité dans les espaces biharmoniques et nous démontrons sans difficultés les résultats suivants : A est effilé en x (resp. polaire) si et seulement si A est effilé (resp. polaire) dans les deux structures définissant l'espace biharmonique.

Au dernier paragraphe nous définissons la topologie fine associée aux couples hyperharmoniques et nous prouvons qu'un ensemble est un voisinage fin si et seulement si il l'est dans les deux structures.

Avec la représentation des espaces biharmoniques donnée au paragraphe 3, toutes les démonstrations des résultats des paragraphes 5 et 6 sont des simples déductions du cas harmonique.

Je remercie Madame R.M. Hervé pour l'intérêt qu'elle a portée à ce travail.

§ 0. NOTATIONS.

X désignera toujours un espace localement compact à base dénombrable. Pour toute partie A borélienne de X . $\mathcal{B}(A)$ (resp. $C(A)$) est l'ensemble des fonctions boréliennes (resp. continues) réelles sur A . Pour tout ensemble $\mathcal{A}$ de fonctions réelles, $\mathcal{A}^+$ (resp. $\mathcal{A}_b$) est l'ensemble des fonctions positives (resp. bornées) de A.

$\mathcal{H}$ désignera toujours un faisceau de couples biharmoniques qu'on définira au § 1 et $\mathcal{H}_1$ et $\mathcal{H}_2$ les deux faisceaux harmoniques correspondants. Pour tout ouvert U , ${}^*\mathcal{H}_1(U)$ est l'ensemble des fonctions hyperharmoniques, $\mathcal{S}_1(U)$ les fonctions surharmoniques et $\mathcal{P}_1(U)$ les potentiels sur U dans la structure $(X,\mathcal{H}_1)$. De même ${}^*\mathcal{H}_2(U)$, $\mathcal{S}_2(U)$ et $\mathcal{P}_2(U)$. Souvent nous ajoutons le préfixe 1 aux objets se rapportant à $\mathcal{H}_1$ (par exemple 1-hyperharmonique, 1-potentiel,...). De même pour $\mathcal{H}_2$. H_U^1 et H_U^2 dénoteront les noyaux harmoniques sur U respectivement pour $\mathcal{H}_1$ et $\mathcal{H}_2$ (i.e. pour tout $f \in C(U)$ $H_U^1 f$ est la solution du problème de Dirichlet (ou de Cauchy) pour U et f.) .

M désignera toujours une section positive de potentiels continus et réels sur X (voir [17]) dans $(X,\mathcal{H}_1)$. Pour tout ouvert U relativement compact tel que M est donnée par un 1-potentiel p_U sur U ($M|_U = \rho_U(p_U)$.) , on notera toujours K_U le noyau potentiel associé à p_U sur U et nous dirons le noyau potentiel associé à la section M sur U .

∂B désignera toujours la frontière de la partie B de X .

§ 1. AXIOMES D'UN ESPACE BIHARMONIQUE.

Soit X un espace localement compact à base dénombrable. On se donne une application $\mathcal{H}$ qui à chaque ouvert $U \subset X$ associe un espace vectoriel de couples de fonctions continues et réelles sur U . Nous dirons que $(X,\mathcal{H})$ est un espace biharmonique si les axiomes I,II,III,IV suivants sont vérifiés.

AXIOME I : $\mathcal{H}$ est un faisceau.

1.1. Définition : Nous dirons qu'un ouvert U de X est régulier si :

a) U est relativement compact

b) $\forall f = (f_1,f_2) \in C(\partial U) \times C(\partial U)$, il existe un prolongement unique en un couple $h = (h_1,h_2) \in C(\bar{U}) \in C(\bar{U})$ tel que $h_{|U} \in H(U)$ et tel que

c) $f_2 \geq 0 \Rightarrow h_2 \geq 0$.

d) $f_1 \geq 0$ et $f_2 \geq 0 \Rightarrow h_1 \geq 0$.

1.2. Notation. Pour tout ouvert U régulier et tout couple $f = (f_1,f_2)$ de fonctions continues sur la frontière de U nous noterons $(h_U^1(f) , h_U^2(f))$ le prolongement (h_1,h_2) associé à f dans 1.1.

AXIOME II : Les ouverts réguliers forment une base de X .

1.3. Définition : Un couple $u = (u_1,u_2)$ de fonctions numériques sur U est dit hyperharmonique sur U si

i) u_1 et u_2 sont semi-continues inférieurement et localement bornées inférieurement.

ii) Pour tout ouvert régulier $V \subset \bar{V} \subset U$ et tout $x \in V$ on a $h_V^1(u)(x) \leq u_1(x)$ et $h_V^2(u)(x) \leq u_2(x)$.

Nous noterons par ${}^*\mathcal{H}(U)$ l'ensemble des couples hyperharmoniques sur U .

Considérons les ensembles :

$$ {}^*\mathcal{H}_1(U) := \{u_1 / u_1,0) \in {}^*\mathcal{H}(U)\} $$

$$ {}^*\mathcal{H}_2(U) := \{u_2 / (\infty,u_2) \in {}^*\mathcal{H}(U)\} $$

et

$$ \mathcal{H}_1(U) := {}^*\mathcal{H}_1(U) \cap (-{}^*\mathcal{H}_1(U)) \; ; \; \mathcal{H}_2(U) = {}^*\mathcal{H}_2(U) \cap (-{}^*\mathcal{H}_2(U)) \; . $$

AXIOME III : a) Il existe une base $\mathcal{V}$ d'ouverts réguliers telle que pour tout ouvert $U \in \mathcal{V}$, ${}^*\mathcal{H}_1^+(U)$ et ${}^*\mathcal{H}_2^+(U)$ séparent linéairement les points de U .

b) Les faisceaux $\mathcal{H}_1$ et $\mathcal{H}_2$ sont non dégénérés en tout point de X .

AXIOME IV : (Propriété de convergence de Bauer). Soit U un ouvert.

a) Soit (h_1^n) une suite croissante vers une fonction h sur U . Si $(h_1^n) \subset \mathcal{H}_1(U)$ et h est localement bornée alors $h \in \mathcal{H}_1(U)$.

b) De même pour $\mathcal{H}_2(U)$.

A partir de ces 4 axiomes on peut donner la proposition suivante dont la démonstration est la même que [27] Théorème 1.29.

<u>1.4. PROPOSITION</u>. *Les espaces* $(X,\mathcal{H}_1)$ *et* $(X,\mathcal{H}_2)$ *sont des espaces harmoniques de Bauer au sens de* [12] .

<u>1.5. Remarques</u> :

On pourrait définir de même un espace biharmonique en partant de l'axiomatique de Constantinescu-Cornea pour $\mathcal{H}_1$ et $\mathcal{H}_2$ et à la place d'ouvert régulier biharmonique on définit les ouverts résolutifs biharmoniques. Mais par raison de simplicité nous ne considérons que des espaces de Bauer.

<u>1.6. PROPOSITION</u>. *Il existe une base d'ouverts réguliers dont l'adhérence est contenue dans un sous espace P-harmonique de* $(X,\mathcal{H}_1)$.

<u>Démonstration</u>. Découle du fait qu'on a une base d'ouverts réguliers pour les deux structures $\mathcal{H}_1$ et $\mathcal{H}_2$ et de [12], corollary 2.3.3 et théorème 2.3.3.

Nous noterons $\mathcal{U}_r$ la base d'ouverts donnée par la proposition précédente.

<u>1.7. Remarques</u> :

D'après [18] le système de balayage $((H^i_U(x,.))_{x\in U})_{U\in\mathcal{U}_r}$ définit un espace harmonique de Bauer au sens de [12] pour $i \in \{1,2\}$.

§ 2. ESPACES BIHARMONIQUES ASSOCIES A DEUX ESPACES HARMONIQUES ET UNE SECTION DE POTENTIELS.

Soit X un espace localement compact à base dénombrable et $\mathcal{H}_1, \mathcal{H}_2$ deux faisceaux sur X tels que les espaces harmoniques $(X,\mathcal{H}_1)$ et $(X,\mathcal{H}_2)$ sont de Bauer au sens de [12] . Soit M une section positive de potentiels continus et réels dans $(X,\mathcal{H}_1)$.

Nous supposons dans la suite qu'il existe une base d'ouverts réguliers communs pour les espaces harmoniques $(X,\mathcal{H}_1)$ et $(X,\mathcal{H}_2)$.

Pour tout ouvert V relativement compact dont l'adhérence est incluse dans un sous-espace $\mathcal{P}$-harmonique de $(X,\mathcal{H}_1)$, il existe d'après [17] et [18] un potentiel unique $p_V \in \mathcal{P}_1(V)$ tel que $M_{|V} = \rho_V(p_V)$. Soit $\mathcal{U}_r$ l'ensemble des ouverts réguliers pour les deux structures et dont l'adhérence est incluse dans un sous espace $\mathcal{P}$-harmonique de $(X,\mathcal{H}_1)$.

D'après [12] Corollary 2.3.3 et Théorème 2.3.3, $\mathcal{U}_r$ est une base d'ouverts.

Soit pour tout ouvert U de X $\mathcal{U}_r(U) : \{V \in \mathcal{U}_r / \bar{V} \subset U\}$ et
$\mathcal{H}(U) := \{(h_1,h_2) \in C(U) \times C(U) / h_1 = H_V^1 h_1 + K_V h_2 , h_2 = H_V^2 h_2$ pour tout $V \in \mathcal{U}_r(U)\}$.

Il est clair que $\mathcal{H}(U)$ est un espace vectoriel de couples de fonctions continues sur U .

Soit $\mathcal{H}$ l'application $U \longrightarrow \mathcal{H}(U)$.

Nous allons démontrer que $\mathcal{H}$ est le faisceau d'espace biharmonique sur X . A la fin de ce paragraphe nous démontrons que les couples dans $\mathcal{H}$ sont compatibles (voir [27]) si et seulement si le support de M est tout l'espace X .

Soit U un ouvert de X et $\mathcal{U}$ une application qui à tout $x \in U$ associe un système fondamental de voisinages $\mathcal{U}_x$ de x . De plus on suppose toujours que $\mathcal{U}_x \subset \mathcal{U}_r(U)$.

2.1. Définition. Un couple (v_1,v_2) de fonctions semi-continues inférieurement et localement bornées inférieurement est appelé hyperharmonique si pour tout ouvert $V \in \mathcal{U}_r$ on a :

$$v_1 \geqslant H_V^1\, v_1 + K_V\, H_V^2\, v_2 \quad \text{et} \quad v_2 \geqslant H_V^2\, v_2 \quad \text{sur } V .$$

On notera par ${}^*\mathcal{H}(U)$ l'ensemble des couples hyperharmoniques sur U .

2.2. Définition. Un couple (v_1,v_2) de fonctions semi-continues inférieurement et localement bornées inférieurement est dit $\mathcal{U}$-hyperharmonique sur U si pour tout $x \in U$ et tout $V \in \mathcal{U}_x$ on a :

$$v_1(x) \geqslant H_V^1\, v_1(x) + K_V\, H_V^2\, v_2(x) \quad \text{et} \quad v_2(x) \geqslant H_V^2\, v_2(x) \quad .$$

On notera par ${}^*\mathcal{H}^{\mathcal{U}}(U)$ l'ensemble des couples $\mathcal{U}$-hyperharmoniques sur U .

2.3. Remarque :

Il est clair que ${}^*\mathcal{H}(U) \subset {}^*\mathcal{H}^{\mathcal{U}}(U)$.

2.4. LEMME : *(Principe du minimum). Soit $U \in \mathcal{U}_r$ et $(v_1,v_2) \in {}^*\mathcal{H}^{\mathcal{U}}(U)$.*

Si pour tout $i \in \{1,2\}$ on a $\liminf_{x\to z} v_i(x) \geqslant 0 \quad \forall\, z \in \partial U$ alors $v_i \geqslant 0$ pour tout $i \in \{1,2\}$.

Démonstration. v_2 est $\mathcal{U}$-hyperharmonique dans l'espace $(X,\mathcal{H}_2)$. Donc il est 2-hyperharmonique et d'après le principe du minimum on a $v_2 \geqslant 0$. Pour tout $x \in U$ et $V \in \mathcal{U}_x$ on a :

$$v_1(x) \geqslant H_V^1\, v_1(x) + K_V\, H_V^2\, v_2(x) \; .$$

Comme v_2 est positif on a $v_1(x) \geqslant H_V^1\, v_1(x)$ par suite $v_1 \in {}^*\mathcal{H}_1^{\mathcal{U}}(U) = {}^*\mathcal{H}_1(U)$. En vertu du principe du minimum dans $(X,\mathcal{H}_1)$ on a $v_1 \geqslant 0$.

2.5. PROPOSITION : *Pour tout ouvert* U *et toute application* $\mathcal{U}$ *on a*

$${}^*\mathcal{H}^{\mathcal{U}}(U) = {}^*\mathcal{H}(U) \quad .$$

Démonstration. D'après la remarque 2.3, il suffit de montrer que

$${}^*\mathcal{H}^{\mathcal{U}} \subset {}^*\mathcal{H}(U) \; .$$

Soit $(u_1,u_2) \in {}^*\mathcal{H}^{\mathcal{U}}$ et $V \in \mathcal{U}_r(U)$. Comme u_1 et u_2 sont localement bornées inférieurement sur U , il existe deux suites croissantes f_1^n et f_2^n de fonctions continues sur $\bar{V}$ telles que

$$u_1 = \sup_{n \in \mathbb{N}} f_1^n \quad \text{et} \quad u_2 = \sup_{n \in \mathbb{N}} f_2^n \quad \text{sur } \bar{V} .$$

Puisque le couple $(H_V^1 f_1^n + K_V H_V^2 f_2^n , H_V^2 f_2^n)$ est biharmonique sur V , en posant

$$(v_1,v_2) := (u_1,u_2) - (H_V^1 f_1^n + K_V H_V^2 f_2^n , H_V^2 f_2^n)$$

on obtient $(v_1,v_2) \in {}^*\mathcal{H}^{\mathcal{V}}(V)$

où $\mathcal{V}$ est l'application $x \to \mathcal{V}_x = \{W \in \mathcal{U}_x / W \subset V\}$.

De plus on a

$$\liminf_{\substack{x \to z \\ x \in V}} v_i(x) \geqslant 0 \quad \text{pour tout} \quad z \in \partial V \quad \text{et} \quad i \in \{1,2\} .$$

D'après le lemme 2.4 on a $v_i \geqslant 0$.

Il en résulte que pour tout $n \in N$

$$H_V^1 f_1^n + K_V H_V^2 f_2^n \leqslant u_1 \quad \text{et} \quad H_V^2 f_n \leqslant u_2 .$$

D'après le théorème de convergence monotone on a

$$H_V^1 u_1 + K_V H_V^2 u_2 \leqslant u_1 \quad \text{et} \quad H_V^2 u_2 \leqslant u_2 .$$

Comme V est arbitraire dans $\mathcal{U}_r$ on a $(u_1,u_2) \in {}^*\mathcal{H}(U)$.

<u>2.5. *COROLLAIRE* :</u> *${}^*\mathcal{H}$ et $\mathcal{H}$ sont des faisceaux sur X .*

<u>Démonstration</u>. Il est clair que ${}^*\mathcal{H}$ est un préfaisceau.

Soient $(U_i)_{i \in I}$ un recouvrement de U par des ouverts et $(u_1,u_2) \in {}^*\mathcal{H}(U_i)$ pour tout $i \in I$. Soit

$$\mathcal{U}_x := \{V \in \mathcal{U}_r / \exists\, i \in I : x \in V \subset \bar{V} \subset U_i\} .$$

$\mathcal{U}_x$ est un système fondamental de voisinages de x et $\mathcal{U}_x \subset \mathcal{U}_r(U)$ soit

$\mathcal{U} : x \to \mathcal{U}_x$. Il résulte simplement de la définition que $(u_1,u_2) \in {}^*\mathcal{H}^{\mathcal{U}}(U)$ et ensuite d'après 2.5 $(u_1,u_2) \in {}^*\mathcal{H}(U)$.

Vérification des axiomes d'un espace biharmonique.

AXIOME I. Corollaire précédent.

AXIOME II. Les ouverts réguliers pour $\mathcal{H}_1$ et $\mathcal{H}_2$ le sont pour $\mathcal{H}$ comme $\mathcal{U}_r$ est une base d'ouverts qui sont réguliers pour $(X,\mathcal{H}_1)$ et $(X,\mathcal{H}_2)$ on a l'axiome II.

AXIOME III. a) Les ouverts réguliers pour $\mathcal{H}$ le sont pour $(X,\mathcal{H}_1)$ et $(X,\mathcal{H}_2)$ d'où le résultat d'après [12].

b) Découle du fait que les espaces $(X,\mathcal{H}_1)$ et $(X,\mathcal{H}_2)$ sont de Bauer au sens de [12] .

AXIOME IV. Vérifié dans $(X,\mathcal{H}_1)$ et $(X,\mathcal{H}_2)$.

D'où le théorème suivant :

2.6. THEOREME. *Soient* $(X,\mathcal{H}_1)$ *et* $(X,\mathcal{H}_2)$ *deux espaces harmoniques de Bauer et* M *une section positive de potentiels continus et réels. On suppose qu'il existe une base* $\mathcal{U}$ *d'ouverts réguliers pour les deux structures harmoniques. Alors le faisceau* $\mathcal{H}$ *défini par*

$$\mathcal{H}(U) = \{(h_1,h_2)/h_1 = H_V^1 h_1 + K_V h_2 \, , \, h_2 = H_V^2 h_2 \quad \text{pour tout} \quad V \in \mathcal{U}_r(U)\}$$

est un faisceau d'espace biharmonique.

2.7. Remarque :

Par ce théorème on retrouve aisément tous les résultats du paragraphe X de [27] sans faire appel aux opérateurs de Dynkin associé à un potentiel strict dans $(X,\mathcal{H}_1)$.

2.8. Définition. (Voir [27]) le faisceau $\mathcal{H}$ est un faisceau de couples compatibles si pour tout ouvert U dans X et $(u_1,u_2) \in \mathcal{H}(U)$ $u_1 = 0$ dans un ouvert alors u_2 l'est aussi.

<u>2.9. *THEOREME*</u>. *Soit* H *un faisceau de couples biharmoniques donné par 2.6. Alors* H *est un faisceau de couples compatibles si et seulement si* $Supp(M) = X$.

Supp(M) est le complémentaire du plus grand ouvert où M est nul.

<u>Démonstration</u>. "$\Rightarrow$" . Supposons que $C(M) \neq X$.

Comme $C(M)$ est fermé, il existe alors $V \in \mathcal{U}_r$ tel que $V \subset X \setminus C(M)$ et $V \neq \emptyset$.

Comme M est nul sur V on a $K_V = 0$.

Pour $f \in C(\partial V)$ strictement positive considérons la solution du problème de Riquier associé à $(0,f)$, soit (h_1,h_2) .

On a $h_1 = H_V^1\, 0 + K_V\, H_V^2 f = 0$

mais $h_2 = H_V^2 f \neq 0$.

D'où $(0,h_2) \in \mathcal{H}(V)$ avec $h_2 \neq 0$.

"$\Leftarrow$" supposons qu'il existe U ouvert et $(u_1,u_2) \in \mathcal{H}(U)$ tel que $u_1 = 0$ sur un ouvert non vide W inclus dans U .

Soit $x \in W$. Supposons que $u_2(x) \neq 0$ et par exemple $u_2(x) > 0$, et $V \in \mathcal{U}_r(W)$ et $\bar{V} \subset \{x \in U / u_2(x) > 0\}$.

$(0,u_2) \in \mathcal{H}(W)$ on a $0 = K_V\, u_2$ ce qui est absurde car $C(M) = X$.

Donc $u_2(x) = 0$.

<u>2.10.*COROLLAIRE*</u> *:* H *est un faisceau d'espace biharmonique sur* X *au sens de Smyrnélis* [27] *si et seulement si les espaces* (X,H_1) *et* (X,H_2) *sont de Bauer au sens de* [1], *admettent une base d'ouverts réguliers communs et* $Supp(M) = X$.

<u>2.11. Remarque</u> .

Les résultats seraient les mêmes si on considérait des espaces harmoniques H_1 et H_2 au sens de Constantinescu-Cornea avec une base d'ouverts résolutifs communs.

§ 3. CARACTERISATION DES ESPACES BIHARMONIQUES.

Dans [27] on a démontré qu'à tout espace biharmonique $(X,\mathcal{H})$ sont associés deux faisceaux harmoniques $\mathcal{H}_1$ et $\mathcal{H}_2$ tel que $(X,\mathcal{H}_1)$ et $(X,\mathcal{H}_2)$ sont des espaces de Bauer au sens de [1]. De plus pour tout ouvert $U \in \mathcal{U}_r$ et tout couple $\mathcal{H}$-résolutif $f = (f_1,f_2)$ sur ∂U on a :

$$h_U^1(f) = H_U^1(f_1) + \int f_2 \, d\nu^U \ , \ h_U^2(f) = H_U^2(f_2) \ .$$

$(h_U^1(f) \ , \ h_U^2(f))$ est la solution du problème de Riquier associé à U et à f. H_U^1 et H_u^2 sont les solutions du problème de Dirichlet sur U donnée par la méthode de Perron-Wiener-Brelot.

Dans ce paragraphe nous partons d'un espace biharmonique donné comme au § 1 et nous démontrons que pour tout ouvert $U \in \mathcal{U}_r$ (voir 1.6) il existe un potentiel $P_U \in \mathcal{P}_1(U)$ tel que :

$h_U^1(f) = H_U^1(f_1) + K_U \, H_U^2 \, f_2$ pour tout couple résolutif $f = (f_1,f_2)$ défini sur ∂U . K_U est le noyau potentiel associé à P_U sur U . Ce qui donne que la mesure ν^U . donnée en [27] est égale à

$$K_U \, H_U^2(,.) \ .$$

De plus nous démontrons que la famille $(P_U)_{U \in \mathcal{U}_r}$ est une famille compatible de potentiels continus et réels (i.e. $P_U - P_V$ est harmonique sur $U \cap V$) et par suite elle définit une section de potentiels M sur l'espace $(X,\mathcal{H}_1)$.

Nous obtenons alors que tout espace biharmonique sur X a la forme de l'espace biharmonique construit dans le paragraphe 2 .

Par conséquent on démontre que pour tout espace biharmonique $(X,\mathcal{H})$ de Smyrnélis [27] il existe deux espaces harmoniques de Bauer au sens de [1], une section positive M de potentiels continus et réels tels que pour tout ouvert U on a :

$$\mathcal{H}(U) = \{(h_1,h_2)/h_1 = H_V^1 \, h_1 + K_V \, h_2 \ , \ h_2 = H_V^2 \, h_2 \ \text{ pour tout } \ V \in \mathcal{U}_r\} \ .$$

Si $(X,\mathcal{H}_1)$ est $\mathcal{P}$-harmonique, alors le noyau K défini par $Kf = \sup\{K_U f : U \text{ ouvert relativement compact}\}$ pour $f \in \mathcal{B}^+(X)$, coïncide avec l'opérateur de couplage donné en [4] II.2.

Dans ce qui suit nous partons d'un espace biharmonique $(X,\mathcal{H})$ défini comme au § 1. D'après la définition 1.1. et la proposition 1.4. on peut voir que les ouverts réguliers biharmoniques le sont dans les structures $(X,\mathcal{H}_1)$ et $(X,\mathcal{H}_2)$. Nous noterons $\mathcal{U}$ l'ensemble de ces ouverts réguliers. Aussi d'après la définition 1.1.b) on peut démontrer que pour tout $U \in \mathcal{U}$ et tout $x \in U$ il existe une mesure de Radon positive ν_x^U telle que pour tout couple $f = (f_1,f_2)$ de fonctions définies et continues sur la frontière ∂U de U on a :

$$h_U^1(f)(x) = H_U^1 f_1(x) + \int f_2 \, d\nu_x^U \quad \text{et} \quad h_U^2(f) = H_U^2 f_2 .$$

Dans la suite on emploiera la préfixe 1 (resp. 2) pour désigner les objets relatifs à $(X,\mathcal{H}_1)$ (resp. $(X,\mathcal{H}_2)$) (par exemple 1-harmonique, 1-hyperharmonique,..).

3.1. LEMME. *Soit $U \in \mathcal{U}$, alors pour toute fonction $f_2 \in \mathcal{C}^+(\partial U)$, la fonction*

$$g(x) := \int f_2 \, d\nu_x^U \quad \textit{est un 1-potentiel sur } U .$$

Démonstration. Soit $f = (0,f_2)$ alors

$$h_U^1(f) = \int f_2 \, d\nu^U = g \; ; \; h_2 = H_U^2 f_2$$

d'où (g,h_2) est biharmonique sur U .

Pour tout $W \in \mathcal{U}$ et $W \subset U$ on a

$$g = H_W^1 g + \int h_2 \, d\nu^W \quad \text{sur } W .$$

Comme h_2 est positive sur U on obtient

$$g \geq H_W^1 g \quad \text{sur } W .$$

Comme g est continue on peut conclure que g est 1-surharmonique sur U .

Puisque $\lim_{x\to z} \nu_x^U = 0$ vaguement $\forall z \in \partial U$, on en déduit que

$$\lim_{x \to z} g(x) = 0 \quad \forall z \in U$$

d'où $g \in P_1(U)$.

3.2. LEMME. *Soient* $V, U \in \mathcal{U}$ *avec* $\bar{V} \subset U$ *et* $p \in P_1(U)$.

Posons $q = p - H_V^1 p$ *alors on a* $K_q = K_p - H_V^1 K_p$ *et de plus si* $f_1, f_2 \in C(\bar{U})$ *sont telles que :*

$$h_U^1(f) = f_1 + K_p f_2 , \quad h_U^2(f) = f_2 , \quad \text{on a aussi}$$

$$h_V^1(f) = f_1 + K_q f_2 \quad \text{et} \quad h_V^2(f) = f_2 \ (f = (f_1, f_2)) .$$

Démonstration. Pour l'égalité $K_q = K_p - H_V^1 K_p$ voir [17] page 90.

Soient $f_1, f_2 \in C(\bar{U})$ telles que

$$h_U^1(f) = f_1 + K_p f_2 \ , \quad h_U^2 f = H_U^2 f_2 = f_2 \ ; \ (f = (f_1, f_2))$$

on a $(h_U^1(f) \ , \ h_U^2(f)) = (f_1 + K_p f_2, f_2) = (f_1, f_2) + (K_p f_2, 0)$

comme $(h_U^1(f) \ , \ h_U^2(f)) \in \mathcal{H}(U)$ on a

$$h_U^1(f) = h_V^1(h_U^1(f) \ , \ h_U^2(f)) = h_V^1(f_1, f_2) + h_V^1(K_p f, 0)$$

comme $h_V^1(K_p f, 0) = H_V^1 K_p f$

on obtient

$$f_1 + K_p f_2 = h_V^1(f_1, f_2) + H_V^1 K_p f_2$$

et par conséquent :

$$h_V^1(f_1, f_2) = f_1 + K_p f_2 - H_V^1 K_p f_2 = f_1 + K_q f_2 .$$

3.3. PROPOSITION. *Soit* U *régulier et* $p \in P_1(U)$.

Supposons qu'il existe un couple (h_1, h_2) *de fonctions strictement positives sur* U *tel que :*

a) $h_1 \in H_1(U)$, $h_2 \in H_2(U)$ *et* $h_1, h_2 \in C(\bar{U})$

b) $$h^1_U(h) = h_1 + K_p\, h_2 \,.$$

Alors pour tout $g_1 \in H_1(U)$, $g_2 \in H_2(U)$ *telles que* $g_1, g_2 \in C(\bar{U})$.

On a :

$$g_1 + K_p\, g_2 = h^1_U(g) \quad \text{et} \quad h^2_U(g) = g_2 \qquad (g = (g_1, g_2)) \,.$$

<u>Démonstration</u>. Soient $g_1 \in H_1(U)$, $g_2 \in H_2(U)$, $g_1, g_2 \in C(\bar{U})$ et $h_1, h_2 \in C(\bar{U})$ strictement positives telles que $h_1 \in H_1(U)$, $h_2 \in H_2(U)$ et

$$h^1_U(h) = h_1 + K_p\, h_2 \,.$$

Soit $\varepsilon > 0$ et

$$s_1 := g_1 + K_p(g_2 + \varepsilon\, h_2) \,,\; s_2 := g_2$$

nous allons démontrer que $s = (s_1, s_2)$ est un couple surharmonique sur U .

Comme $g_1 \in H_2(U)$ on a $g_2 = H^2_W\, g_2$ pour tout $W \subset \bar{W} \subset U$.

Il suffit alors de prouver que $s_1 \geqslant h^1_V(s)$ pour tout $V \subset \bar{V} \subset U$, V régulier.

Soit $x \in U$ et $\alpha = \dfrac{g_2(x)}{h_2(x)} + \varepsilon/2$.

Alors on a $g_2(x) < \alpha\, h_2(x) < g_2(x) + \varepsilon\, h_2(x)$.

Posons $W := \{y \in U : g_2(y) < \alpha\, h_2(y) < g_2(y) + \varepsilon\, h_2(y)\}$, alors W est un voisinage de x .

Soit $V \in \mathcal{U}_r$ tel que $x \in V \subset \bar{V} \subset W$ et soit $q = p - H^1_V\, p$.

Comme $s = (g_1, g_2) + K_p(g_1 + \varepsilon\, h_2), 0)$ on a

$$h^1_V(s) = h^1_V(g_1, g_2) + h^1_V\, K_p(g_1 + \varepsilon\, h_2), 0)$$
$$= h^1_V(g_1, g_2) + H^1_V\, K_p(g_1 + \varepsilon\, h_2)$$

d'où

$$s_1 - h^1_V(s) = g_1 - h^1_V(g_1, g_2) + K_p(g_2 + \varepsilon\, h_2) - H^1_V\, K_p(g_1 + \varepsilon\, h_2)$$
$$= g_1 - h^1_V(g_1, g_2) + K_q(g_2 + \varepsilon\, h_2) \,.$$

Puisque K_q est défini sur V et $g_2 + \varepsilon h_2 > \alpha h_2$ sur $\bar{V}$ on obtient :

$$s_1 - h_V^1(s) \geqslant g_1 - h_V^1(g_1,g_2) + \alpha K_q h_2 .$$

D'après le lemme précédent on sait que

$$h_V^1 h = h_1 + K_q h_2 \quad (h = (h_1,h_2))$$

donc

$$\alpha K_q h_2 = \alpha(h_V^1 h - h_1) .$$

Il s'en suit que :

$$s_1 - h_V^1(s) \geqslant g_1 - h_V^1(g_1,g_2) + \alpha(h_V^1 h - h_1) .$$

D'après la définition d'ouvert régulier biharmonique on a

$$h_V^1(g_1,g_2) = H_V^1 g_1 + \int g_2 \, d\nu^V = g_1 + \int g_2 \, d\nu^V \quad (g_1 \in \mathcal{H}_1(U))$$

et

$$h_V^1(h) = H_V^1 h_1 + \int h_2 \, d\nu^V = h_1 + \int h_2 \, d\nu^V \qquad (h_1 \in \mathcal{H}_1(U))$$

par suite on a

$$g_1 - h_V^1(g_1,g_2) + \alpha(h_V^1 h - h_1) = -\int g_2 \, d\nu^V + \int \alpha h_2 \, d\nu^V$$
$$= \int (\alpha h_2 - g_2) \, d\nu^V .$$

Comme la mesure ν^V est portée par V et $\alpha h_2 - g_2 > 0$ sur V on obtient que $\int (\alpha h_2 - \alpha_2) \, d\nu^V$ est positive sur V et enfin on a

$$s_1 - h_V^1(s) \geqslant 0 .$$

Du fait que les couples hyperharmoniques forment un faisceau sur X on conclut que s est un couple surharmonique sur X.

En faisant tendre ε vers zéro on obtient que $(g_1 + K_p g_2, g_2)$ est surharmonique ; g_i est de signe quelconque, on obtient alors par le même argument que $(-g_1 + K_p(-g_2), -g_2)$ est surharmonique. Par conséquent il en résulte que $(g_1 + K_p g_2, g_2)$ est biharmonique sur U.

3.4. LEMME. Soit V *un ensemble ouvert d'un espace harmonique* (Y,G) $q \in P(V)$ *et* $f \in C(V)$, $f > 0$, *alors il existe un potentiel unique* $p \in P(V)$ *tel que* $K_p f = q$.

Démonstration. Voir [8] lemme 5.

3.5. THEOREME. Soit $\mathcal{V} := \{U \in \mathcal{U}, H_U^2 1 > 0\}$, *alors pour tout* $U \in \mathcal{V}$ *il existe un unique potentiel* $p_U \in P_1(U)$ *tel que* $h_U^1(f) = H_U^1 f_1 + K_{p_U} H_U^2 f_2$ *pour tout couple* $f = (f_1, f_2)$ *de fonctions continues sur la frontière de* U. *De plus la famille* $(P_U)_{U \in \mathcal{V}}$ *est compatible.*

Démonstration. Soit $U \in \mathcal{V}$, d'après lemme 3.1, on a $q = \int d\nu^U$ est un 1-potentiel sur U, d'après le lemme précédent il existe un unique 1-potentiel p_U tel que

$$q = K_U H_U^2 1 \quad (H_U^2 1 > 0) \quad (K_U = K_{p_U}) .$$

d'où

$$h_U^1(1,1) = H_U^1 1 + K_U H_U^2 1 .$$

d'après la proposition 3 on a pour tout couple $(f_1,f_2) \in C(\partial U) \times C(\partial U)$

$$h_U^1(f_1,f_2) = H_U^1 f_1 + K_U H_U^2 f_2 .$$

Soit $V \in \mathcal{V}$ tel que $\bar{V} \subset U$ et soit $p = p_U - H_V^1 p_U$.

On a d'une part :

$$h_V^1(h_U^1 1 , h_U^2 1) = H_U^1 1 + K_p H_U^2 1 .$$

d'autre part d'après le lemme 3.2. on a

$$h_V^1(h_U^1 1 , h_U^2 1) = H_U^1 1 + K_V H_U^2 1$$

d'où

$$K_p H_U^2 1 = K_V H_U^2 1 . \text{ Comme } H_U^2 1 > 0 \text{ sur } V$$

d'après le lemme précédent on a $p = p_V$ et alors

$$p_V = p_U - H_V^1 p_U$$

en particulier $p_U - p_V$ est 1-harmonique sur V , ce qui implique que la famille $(p_U)_{U \in \mathcal{V}}$ est compatible et donc elle définit une section positive M de 1-potentiels continus et réels.

3.6. THEOREME. *(X,H) est un espace biharmonique si et seulement si il existe deux faisceaux H_1 et H_2 d'espaces de Bauer ayant une base d'ouverts réguliers communs et une section positive M de 1-potentiels continus et réels tels que pour tout ouvert U on a*

$$H(U) = \{(h_1,h_2) \in C(U) \times C(U) : h_1 = H_V^1 h_1 + K_V h_2 \; ; \; h_2 = H_V^2 h_2$$

pour tout $V \in \mathcal{U}_r^U\}$. K_V *est le noyau potentiel associé à M sur U .* *($\mathcal{U}_r$ est défini comme dans 1.6) .*

Démonstration. Il suffit, d'après § 2, de démontrer l'implication directe.

D'après [12], $\mathcal{V} = \{U \in \mathcal{U} : H_U^2 1 > 0\}$ est une base de X .

Donc la famille $(p_U)_{U \in \mathcal{V}}$ définit une section M de potentiels puisqu'elle est, d'après le théorème 3.5, compatible.

Le résultat se déduit du même théorème 3.5 car pour tout $V \in \mathcal{V}$ on a

$\nu^V = K_V H_V$, et de plus $\mathcal{V}$ est une base d'ouverts réguliers pour les deux structures.

3.7. COROLLAIRE. *(X,H) est un espace biharmonique de Smyrnélis [27] si et seulement si il existe deus faisceaux H_1 et H_2 d'espaces de Bauer au sens [1] possédant une base d'ouverts réguliers communs et une section positive de potentiels continus et réels tels que Supp M = X et pour tout ouvert U*

$$H(U) = \{(h_1,h_2) \in C(U) \times C(U) : h_1 = H_V^1 h_1 + K_V h_2 \, , \; h_2 = H_V^2 h_2$$

pour tout $V \in \mathcal{U}_r(U)\}$.

§ 4. APPLICATIONS AU CAS D'UN OPERATEUR ELLIPTIQUE OU PARABOLIQUE DU SECOND ORDRE DANS $\mathbb{R}^n$.

Soient L_1, L_2 deux opérateurs différentiels du second ordre sur un ouvert X de $\mathbb{R}^n$. Pour tout U relativement compact dans X on considère

$$\mathcal{H}_1(U) := \{u \in C(U) : L_1 u = 0 \text{ au sens des distributions}\}$$

et

$$\mathcal{H}_2(U) := \{u \in C(U) : L_2 u = 0 \text{ au sens des distributions}\} .$$

On suppose que L_1 vérifie les conditions de M^r et Mme Hervé [21], et alors $(X,\mathcal{H}_1)$ est un espace harmonique de Brelot et possède une fonction de Green G^U sur tout ouvert relativement compact U de X.

De plus on suppose que $(X,\mathcal{H}_2)$ est un espace de Bauer au sens de [12].

4.1. THEOREME. *$(X,\mathcal{H})$ est un espace biharmonique dont les faisceaux harmoniques associés sont $\mathcal{H}_1$ et $\mathcal{H}_2$ si et seulement si, il existe une mesure de Radon positive μ telle que pour tout ouvert U relativement compact dans X l'application $x \longrightarrow \int G_t^U(x)\, \mu(dt)$ définit un potentiel continu et réel et*

$$\mathcal{H}(U) = \{(h_1,h_2) \in C(U) \times C(U) : L_1 h_1 = -\mu h_2 \text{ et } L_2 h_2 = 0 \text{ dans } U ,$$

les deux égalités sont prises au sens de distributions}.

Démonstration. "$\Rightarrow$" D'après le paragraphe 3 il existe une section M de 1-potentiels continus et réels telle que pour tout ouvert $U \in \mathcal{U}_r$ et tout couple (f_1,f_2) de fonctions continues sur la frontière de U on a

$$h_U^1(f) = H_U^1 f_1 + K_U H_U^2 f_2 , \quad h_U^2 f = H_U^2 f_2$$

où K_U est le noyau potentiel associé à M sur U.

Comme on a une fonction de Green sur tout ouvert relativement compact et la famille de potentiels $(P_V)_{V \in \mathcal{U}}$, représentant M , est compatible, il en résulte qu'il existe une mesure de Radon positive μ sur X telle que pour tout $U \in \mathcal{U}$ on a :

$$K_U\, f = \int G_t^U\, f(t)\, \mu(dt)$$

d'où

$$h_U^1(f) = H_U^1\, f_1 + \int G_t^U\, H_U^2\, f_2(t)\, \mu(dt)\ ,\ h_U^2\, f = H_U^2\, f_2$$

et par conséquent pour tout couple $(h_1,h_2) \in \mathcal{H}(U)$ on a

$$L_1\, h_1 = -\mu\, h_2 \quad \text{et} \quad L_2\, h_2 = 0 \quad \text{au sens des distributions.}$$

"$\Leftarrow$"

La famille $(p_U)_{U \in \mathcal{U}}$ où $p_U = \int G_t^U\, \mu(dt)$, est une famille compatible de potentiels continus et réels. Celle-ci définit une section de potentiels et alors l'espace

$$\mathcal{H}(U) = \{(h_2,h_2) \in C(U) \times C(U) : L_1\, h_1 = -\mu\, h_2 \quad \text{et} \quad L_2\, h_2 = 0$$

au sens des distributions} n'est autre que l'espace biharmonique associé à la section M et aux espaces $(X,\mathcal{H}_1)$ et $(X,\mathcal{H}_2)$ par le § 2 .

<u>4.2. Remarques</u> :

Dans la proposition précédente on peut remplacer d'après [29] L_1 par l'opérateur de la chaleur $(\Delta u - \frac{\partial u}{\partial t})$ ou plus généralement par un opérateur tel que $(U,\mathcal{H}(U))$ possède une fonction de Green G^U au sens de [23] avec

$$L_1\, G_t^U(.) = \varepsilon_x \quad \text{au sens des distributions.}$$

Soient $\mathcal{H}_\Delta$ et $\mathcal{H}_\square$ respectivement les faisceaux harmoniques associés à l'équation de Laplace et de conduction de la chaleur sur $X = \mathbb{R}^n$.

<u>4.3. COROLLAIRE</u>. *$(X,\mathcal{H})$ est un espace biharmonique dont les faisceaux associés sont $\mathcal{H}_\Delta$ et $\mathcal{H}_\square$ si et seulement si il existe une mesure de Radon positive μ sur $\mathbb{R}^n$ telle que ou bien*

$$x \longrightarrow \int_U \frac{1}{\|x-y\|^{n-2}}\,\mu(dy) \quad \textit{est continue et réelle}$$

et $\quad H(U) = \{(h_1,h_2) \in C(U) \times C(U) : \Delta\, h_1 = -\,\mu\, h_2 \ \text{ et } \ \Delta_{n-1}\, h_2 - \frac{\partial h_2}{\partial x_n} = 0$

au sens des distributions}

ou bien

$$(x,t) \longrightarrow \int_U \left(\frac{1}{4\pi(t-s)}\right)^{n/2} e^{-\frac{\|x-y\|^2}{4(t-s)}}\,\mu(dy\,ds) \quad \textit{est continue et réelle}$$

et

$$H(U) = \{(h_1,h_2) \in C(U) \times C(U) : \Delta_{n-1}\, h_1 - \frac{\partial h_1}{\partial x_n} = -\,\mu\, h_2 \,,\ \Delta\, h_2 = 0$$

au sens des distributions}

pour tout ouvert U .

$$\Delta_{n-1} = \sum_{i=1}^{n-1} \frac{\partial^2}{\partial x_i^2} \quad .$$

§ 5. EFFILEMENT ET POLARITE DANS LES ESPACES BIHARMONIQUES.

Soit $(X,\mathcal{H})$ un espace biharmonique défini comme dans le § 1.

D'après le § 3 il existe deux espaces harmoniques $(X,\mathcal{H}_1)$ et $(X,\mathcal{H}_2)$ de Bauer au sens de [12] et une section M de 1-potentiels tels que $(X,\mathcal{H})$ est l'espace biharmonique construit dans le § 2 à partir de $(X,\mathcal{H}_1)$, $(X,\mathcal{H}_2)$ et M .

Le but de ce paragraphe est de montrer que l'effilement en un point dans $(X,\mathcal{H})$ équivaut à celui dans $(X,\mathcal{H}_1)$ et $(X,\mathcal{H}_2)$. De même un ensemble A est polaire si et seulement si il l'est pour $(X,\mathcal{H}_1)$ et $(X,\mathcal{H}_2)$.

Soit $\mathcal{U}_r$ une base d'ouverts définie comme dans 1.6. On se donne U un ouvert de X , A une partie de U et $c = (v_1,v_2) \in {}^*\mathcal{H}^+(U)$.

5.1 Définition : (Comparer [27] partie IV)

$$(v_1,v_2)^A := (\inf u_1 \ , \ \inf u_2) \quad \text{où} \quad (u_1,u_2) \in {}^*\mathcal{H}^+(U)$$

avec $u_i \geqslant v_i$ sur A .

On pose alors $(c_1^A,c_2^A) = (v_1,v_2)^A$ et ensuite

$$\widehat{(v_1,v_2)}^A = (\hat{c}_1^A,\hat{c}_2^A) \quad .$$

Nous dirons que $\widehat{(v_1,v_2)}^A$ est la réduite du couple (v_1,v_2) sur A .

5.2. Remarque :

On a $\hat{c}_2^A = {}^{U2}\hat{R}^A_{v_2}$ où ${}^{U2}\hat{R}$ est la réduite sur A dans l'espace $(U,\mathcal{H}_2(U))$.

5.3. Définition. Soit $A \subset X$ et $x \in X$. On dit que A est effilé en x si et seulement si il existe un voisinage ouvert U de x et un couple hyperharmonique positif (u,v) sur U tels que

$$\widehat{(u,v)}^{A \cap U}(x) < (u(x) \ , \ v(x)) \ .$$

5.4. LEMME. Soit $(v_1,v_2) \in {}^*H^+(U)$, $A \subset U$, *alors*

$$({}^{U1\wedge A}_{\ \ R}{}_{v_1} \ , \ {}^{U2\wedge A}_{\ \ R}{}_{v_2} \leq (v_1,v_2)^A \ .$$

Démonstration : Il suffit de remarquer que si $(u_1,u_2) \in {}^*H^+(U)$.

$$u_i \geq v_i \quad \text{sur} \quad A \quad \text{alors} \quad u_1 \in {}^*H_1^+ \quad u_1 \geq v_1 \quad \text{sur} \quad A ,$$

donc $u_1 \geq {}^{U1\wedge A}R_{v_1}$, de même pour $u_2 \geq {}^{U2\wedge A}R_{v_2}$.

5.5. LEMME. Soit $U \in \mathcal{U}_r$ *alors*

$$u \in {}^*H_1(U) \ , \ v \in {}^*H_2(U) \Rightarrow (u + K_U\, v,v) \in {}^*H(U) \ .$$

De plus si $u \in S_1(U)$, $v \in S_2(U)$ *on a*

$$C(u + K_U\, v,v) = C_1(u) \cup C_2(v) \ .$$

C est le support surharmonique des couples dans $S(U)$.

Démonstration. Soit $V \in \mathcal{U}_r(U)$, alors

$$H_V^1(u + K_U v) + K_V\, H_V^2\, v = H_V^1\, u + H_V^1\, K_U\, v + K_V\, H_V^2\, v$$

$$\leq u + H_V^1\, K_U\, v + K_V\, v = u + K_U\, v \ .$$

d'où $(u + K_U\, v,v) \in {}^*H(U)$.

L'autre affirmation résulte d'un calcul simple analogue.

5.6. PROPOSITION. Soient $U \in \mathcal{U}_r$, $A \subset U$, $u \in {}^*H_1^+(U)$ *et* $v \in {}^*H_2^+(U)$ *alors*

$$\widehat{(u + K_U\, v,v)}^A \leq ({}^{1\wedge A}R_u + K_U\, v \ , \ {}^{2\wedge A}R_v) \ .$$

Les réduites sont considérées dans les espaces $(U,H_i(U))$. Afin de simplifier les notations nous abandonnons le U dans ${}^{Ui\wedge A}R$.

Démonstration. Soit $s_1 \in {}^*H_1^+(U)$, $s_2 \in {}^*H_2^+(U)$ telles que

$$s_1 = u \quad \text{sur} \quad A \ , \ s_1 \leq u \quad \text{et} \quad s_2 = v \quad \text{sur} \quad A \ , \ s_2 \leq v \ .$$

D'après le lemme 5.5. On a

$$(s_1 + K_U s_2, s_2) \in {}^*\mathcal{H}^+(U) .$$

Par suite on obtient

$$(s_1 + K_U s_2, s_2) \geqslant \widehat{(u + K_U v, v)}^A .$$

Comme $s_2 \leqslant v$, on obtient

$$\widehat{(u + K_U v, v)}^A \leqslant (s_1 + K_U v, s_2)$$

et par conséquent, en appliquant [12] Exercice 5.1.12, on trouve l'inégalité cherchée.

5.7. COROLLAIRE. *Soit U ouvert, $A \subset U$ et $x \in X$. Alors A est effilé en x si et seulement si A est effilé en x dans $(X,\mathcal{H}_1)$ et $(X,\mathcal{H}_2)$.*

Démonstration : "$\Rightarrow$" Résulte de la définition de l'effilement et du lemme 5.4.

"$\Leftarrow$" Si A est effilé en x dans $(X,\mathcal{H}_1)$ et $(X,\mathcal{H}_2)$ alors il existe un ouvert $U \in \mathcal{U}_r$ tel que $x \in U$ et deux fonctions u et v positives bornées respectivement 1-hyperharmonique et 2-hyperharmonique telles que :

$$^1\hat{R}_u^{A \cap U}(x) < u(x) \quad \text{et} \quad ^2\hat{R}_v^{A \cap U}(x) < v(x) .$$

D'après le lemme 5.5 on a $(u + K_U v, v) \in {}^*\mathcal{H}^+(U)$.

En vertu de la proposition précédente on obtient :

$$\widehat{(u + K_U v, v)}^A \leqslant ({}^1\hat{R}_u^{A \cap U} + K_U v \, , \, {}^2\hat{R}_v^{A \cap U}) .$$

Comme p_U est bornée sur U , il en est de même pour $K_U v$, et d'après l'hypothèse on obtient

$$({}^1\hat{R}_u^{A \cap U}(x) + K_U v(x) \, , \, {}^2\hat{R}_v^{A \cap U}(x)) < (u(x) + K_U v(x) \, , \, v(x))$$

d'où le résultat cherché.

5.8. COROLLAIRE : A est semi-polaire si et seulement si A est semi-polaire dans (X,H_1) et (X,H_2) .

La définition de semi-polaire est la même que dans le cas harmonique (Réunion dénombrable d'ensembles totalement effilés).

5.9. PROPOSITION : Soit $U \in U_r$, $A \subset U$, $u \in {}^*H_1^+(U)$, $v \in {}^*H_2^+(U)$; si A est un ensemble borélien et v est bornée alors

$$\widehat{(u + K_U\, v,v)}^A \leqslant ({}^1\hat{R}_u^A + K_U\, {}^2\hat{R}_v^A \, , \, {}^2\hat{R}_v^A) \, .$$

Démonstration. Soient

$$E_1 = \{s \in {}^*H_1^+(U) \, : \, s = u \ \text{ sur } A \, , \ s \leqslant u\}$$

$$E_2 = \{t \in {}^*H_2^+(U) \, : \, t = v \ \text{ sur } A \, , \ t \leqslant v\}$$

Si $s \in E_1$, $t \in E_2$ on a d'après le lemme 5.5

$$(u + K_U\, t,t) \in {}^*H^+(U) \, .$$

Comme $(s + K_U\, t,t) \geqslant (u + K_U\, v,v)$ sur A

on obtient

$$\widehat{(u + K_U\, v,v)}^A \leqslant (s + K_U\, t,t) \, .$$

Posons $f := \inf_{t \in E_2} K_U\, t$, on a

$$\widehat{(u + K_U\, v,v)}^A \leqslant (\inf E_1 + f \, , \, {}^2\hat{R}_v^A) \, .$$

Il résulte d'après [12] Exercice 5.1.12 que

$$\widehat{\inf E_1 + f} = \widehat{\inf E_1} + \hat{f}$$

$$= {}^1\hat{R}_u^A + \hat{f}$$

d'où il suffit de prouver que $f \leqslant K_U\, {}^2R_v^A$.

Soit K un compact dans A^c le complémentaire de A , on a :

$$f \leqslant K_U v 1\!\!1_A + K_U t 1\!\!1_K + K_U t 1\!\!1_{K^c \cap A^c} \quad \text{pour tout} \quad t \in E_2 ,$$

Pour tout $\varepsilon > 0$ donné, il existe, d'après [12], $t \in E_2$ telle que $t \leqslant {}^2\hat{R}_v^A + \varepsilon$ sur K donc

$$f \leqslant K_U v 1\!\!1_A + K_U {}^2R_v^A 1_K + \varepsilon K_U 1\!\!1_K + K_U t 1\!\!1_{K^c \cap A^c}$$

en majorant $1\!\!1_K$ par $1\!\!1_{A^c}$ et t par v et en faisant tendre ε vers zéro on obtient

$$f \leqslant K_U v 1\!\!1_A + K_U {}^2\hat{R}_v^A {}_{A^c} + K_U v 1\!\!1_{K^c \cap A^c}$$

pour tout compact K dans A^c. Comme $K_U(.,x)$ est une mesure de Radon positive et l'espace est localement compact à base dénombrable on a pour tout $x \in U$

$$K_U v 1\!\!1_{A^c}(x) = \sup \{K_U v 1\!\!1_K(x) \ , \ K \ \text{compact} \subset A^c\}$$

d'où $\inf \{K_U v 1\!\!1_{K^c \cap A^c} \ , \ K \ \text{compact} \subset A^c\} = 0$

et il résulte que

$$f \leqslant K_U v 1\!\!1_A + K_U {}^2\hat{R}_v^A 1\!\!1_{A^c} .$$

Comme ${}^2\hat{R}_v^A = {}^2R_v^A$ sur A^c et ${}^2R_v^A = v$ sur A,

on conclut que

$$f \leqslant K_U {}^2R_v^A .$$

5.10. Remarque.

Dans la proposition précédente on peut prendre A un ensemble quelconque et démontrer

$$\widehat{(u + K_U v, v)}^A \leqslant ({}^1\hat{R}_u^A + (K_U) * {}^2R_v^A \ , \ {}^2\hat{R}_v^A) .$$

où $(K_U) * (B) := \sup \{K_U K, K \ \text{compact} \subset B\}$.

5.11. Définition : On dit qu'un ensemble A est polaire s'il existe un recouvrement $\mathcal{W}$ de X par des ouverts tels que pour tout $U \in \mathcal{W}$, il existe un couple hyperharmonique (u,v) positif sur U et strictement positif sur $A \cap U$

vérifiant

$$\widehat{(u,v)}^{A \cap U} = 0 .$$

5.12. THEOREME. *A est polaire si et seulement si A est 1-polaire et 2-polaire.*

Démonstration. " ⇒" Définition et lemme 3.2.

" ⇐" A est 1-polaire alors il existe un recouvrement $\mathcal{W}_1$ de X par des ouverts tels que pour tout $U \in \mathcal{W}_1$ il existe $u \in {}^*\mathcal{H}_1^+(U)$, $u > 0$ sur $U \cap A$ avec ${}^1\hat{R}_u^{A \cap U} = 0$.

De même dans $(X,\mathcal{H}_2)$ soit $\mathcal{W}_2$ le recouvrement correspondant. On pose

$$\mathcal{W} = \{W \in \mathcal{U}_r / \exists\, U \in \mathcal{W}_1 , V \in \mathcal{W}_2 : W \subset U \cap V\} .$$

Il est clair que $\mathcal{W}$ est un recouvrement de X .

Soit $U \in \mathcal{W}$, alors il existe $u \in {}^*\mathcal{H}_1^+(U)$, $v \in {}^*\mathcal{H}_2^+(U)$ avec $(u,v) > 0$ sur $U \cap A$ et

$${}^1\hat{R}_u^{U\ A} = 0 \quad \text{et} \quad {}^2\hat{R}_v^{U\ A} = 0 .$$

Sans perdre la généralité on peut supposer que A est borélien et v bornée sur U .

D'après le lemme 5.5. on a $(u + K_U v,v) \in {}^*\mathcal{H}^+(U)$. De plus $(u + K_U v,v) > 0$ sur $U \cap A$.

En vertu de la proposition 5.9, on obtient

$$\widehat{(u + K_U v,v)}^{A \cap U} \leqslant ({}^1\hat{R}_u^{A \cap U} + K_U {}^2R_v^{A \cap U} , {}^2\hat{R}_v^{A \cap U})$$

$$\leqslant (K_U {}^2R_v^{A\ U} , 0) .$$

Comme ${}^2R_v^{A \cap U} = {}^2\hat{R}_v^{A \cap U} = 0$ sur $U \setminus A$, on a $K_U {}^2R_v^{A \cap U} = K_U v|_A$.

Puisque A est 1-polaire d'après [12] corollary 8.3.2 A est négligeable pour K_U et il en résulte que $K_U {}^2\hat{R}_v^{A \cap U} = 0$ et par conséquent

$$\widehat{(u + K_U v,v)}^{A \cap U} = 0 .$$

Ce qui prouve la polarité de A .

§ 6. TOPOLOGIE FINE DANS LES ESPACES BIHARMONIQUES.

Soit $(X,\mathcal{H})$ un espace biharmonique défini comme § 1.

6.1. Définition. La topologie fine sur $(X,\mathcal{H})$ est la topologie la moins fine et plus fine que la topologie initiale sur X et dans laquelle tout couple hyperharmonique défini sur un ouvert de X est continue.

Comme dans le cas harmonique(voir [12] page 116), la topologie fine est la moins fine sur X dans laquelle les ensembles de la forme (U,u,α) $(U,u,\alpha) = \{x \in U/u(x) < \alpha\}$ sont ouverts, où U est un ouvert de X, u un couple hyperharmonique sur U et α un couple de nombres réels.

En adaptant la démonstration de la proposition 5.11 de [12] on peut énoncer :

6.2. PROPOSITION. *Soit $A \subset X$ et $x \in X$ A est un voisinage fin de x si et seulement si ou bien A est un voisinage de x ou bien il existe un couple hyperharmonique (u,v) défini sur un ouvert contenant x, tel que*

$$(u(x),v(x)) < \liminf_{\substack{y \to x \\ y \notin A}} (u(y),v(y)) .$$

6.3. THEOREME. *$A \subset X$ et $x \in X$. A un voisinage fin de x si et seulement si A est un voisinage fin de x dans les topologies fines associées aux espaces harmoniques $(X,\mathcal{H}_1)$ et $(X,\mathcal{H}_2)$.*

Démonstration. "⇒" Soit A un voisinage fin de x et U ouvert contenant x tel qu'il existe $(u,v) \in {}^*\mathcal{H}(U)$ avec $\liminf_{\substack{y \to x \\ y \notin A}} (u,v)(y) > (u(x),v(x))$.

On suppose que A n'est pas un voisinage de x dans la topologie initiale. Soit $V \in \mathcal{U}_r(U)$ tel que $x \in V \subset \bar{V} \subset U$ et il existe un couple biharmonique (h_1,h_2) strictement positif sur $\bar{V}$.

Soit $\alpha_1 = \inf\limits_{y \in V} \frac{u(y)}{h_1(y)}$, $\alpha_2 = \inf\limits_{y \in \bar{V}} \frac{v(y)}{h_2(y)}$ et $\alpha = \inf(\alpha_1,\alpha_2)$

on a :
$$(u-\alpha h_1 \ , \ v-\alpha h_2) \in {}^*H^+(V)$$

d'où $u-\alpha h_1 \in {}^*H_1^+(V)$ et $v-\alpha h_2 \in {}^*H_2^+(V)$

comme $\lim\limits_{\substack{y \to x \\ y \notin A}} (u-\alpha h_1)(y) > u(x) - \alpha h_1(x)$ et de même pour $v-\alpha h_2$ d'après [12] prop. 5.1.1 A est un voisinage fin de x dans les topologies fines associées à ${}^*H_1$ et ${}^*H_2$.

"⇐"

Soit A un voisinage fin de x dans (X,H_1) et (X,H_2) on peut choisir un ouvert régulier $V \in U_r$ contenant x et deux fonctions u_1 et u_2 bornées positives respectivement dans ${}^*H_1(V)$ et ${}^*H_2(V)$ telles que

$$\lim_{\substack{y \to x \\ y \notin A}} u_i(y) > u_i(x) \quad i \in \{1,2\} .$$

Comme $(u_1 + K_V u_2 \ , \ u_2) \in {}^*H^+(U)$, d'après le lemme 5.5 et $K_V u_2$ est continue sur $\bar{V}$, on obtient

$$\liminf_{\substack{y \to x \\ y \notin A}} (u_1 + K_V u_2 \ , \ u_2)(y) > (u_1(x) + K_V u_2(x) \ , \ u_2(x))$$

ce qui donne que A est un voisinage fin de x .

<u>6.4. COROLLAIRE</u>. *Si $H_1 = H_2$ ou ${}^*H_1$ et ${}^*H_2$ on la même topologie fine alors la topologie fine définie par les couples hyperharmoniques est la même que celle donnée par (X,H_1) .*

<u>6.5. COROLLAIRE</u>. *X muni de la topologie fine définie par les couples hyperharmoniques est un espace de Baire.*

<u>Démonstration</u>. Théorème 6.3. et [12] corollary 5.1.1.

BIBLIOGRAPHIE

[1] H. BAUER.

- Harmonische Räume und ihre potentialtheorie ;
Lecture Notes in Math. 22, Berlin-Heidelberg-New York :
Springer 1966.

[2] N. BOBOC ; P. MUSTATA.

- Considerations axiomatiques sur les fonctions poly-surharmoniques.
Rev. Roum. Math. Pures et Appl. Tome XVI, no. 8, p. 1167-1184, 1971.

[3] N. BOBOC ; Ch. BUCUR.

- Perturbations in excessive structures.
Preprint Series in Math. no. 68/1981, Bucharest, Romania.

[4] N. BOULEAU.

- Espaces biharmoniques et couplage de processus de Markov.
J. Math. Pures et Appl. 58, 1979, p. 187-240.

[5] N. BOULEAU.

- Théorie du potentiel associée à certains systèmes différentiels.
Math. Ann. 255, 335-350 (1981).

[6] A. BOUKRICHA.

- Stabilité des propriétés de convergence par perturbation des espaces harmoniques. A paraître.

[7] A. BOUKRICHA.

- Caractérisation des perturbations des espaces harmoniques possédants une fonction de Green.
Séminaire d'Analyse Harmonique de Tunis, 5ème année, 1978/79.

[8] A. BOUKRICHA ; W. HANSEN.

- Characterisation of perturbation of harmonic spaces. In : Lecture Notes in Math. Vo. 787, Berlin-Heidelberg-New York : Springer 1979.

[9] A. BOUKRICHA ; M. SIEVEKING.

- What kind of equations do reacting and diffusing systems solve ?
A paraître.

[10] M. BRELOT.

- Axiomatique des fonctions harmoniques, les presses de l'Université de Montreal (1966) .

[11] M. BRELOT.

- On topology and boundaries in potential theory. Lecture Notes in Math. 175, Berlin-Heidelberg-New York : Springer 1971.

[12] C. CONSTANTINESCU. A. CORNEA.

- Potential theory on Harmonic Spaces. Berlin-Heidelberg-New York : Springer 1972.

[13] R.M. DUBOIS.

- Problème de Dirichlet pour certains systèmes couplés au premier ordre. Math. Ann., 262, 91-99 (1983).

[14] A. FRIEDMANN.

- Partial differential equations of parabolic. Type, Prentice-Hall INC 1964.

[15] S. GUBER.

- On the potential theory of linear homogenous parabolic partial differential equations of second order ; In : Symposium on probability Methods in Analysis (Loutraki (1966). Lectures Notes in Math. 31. Berlin-Heidelberg-New York : Springer 1967.

[16] W. HANSEN.

- Potentialtheorie harmonischer Kerne. In : Seminar über Potentialtheorie, 103-159, Lecture Notes in Math. 69, Berlin-Heidelberg-New York : Springer 1968.

[17] W. HANSEN.

- Cohomology in Harmonic Spaces. In : Seminar on potential théory II, 63-101. Lectures Notes in Math. 226, Berlin-Heidelberg-New York : Springer 1971.

[18] W. HANSEN.

- Perturbation of Harmonic Spaces and Construction of Semigroups. Invent. math. 19, 149-164 (1973).

[19] W. HANSEN.

- Perturbation of Harmonic Spaces. Math. Ann. 251, 111-122 (1980) .

[20] R.M. HERVE.

- Recherches axiomatiques sur la théorie des fonctions surharmoniques et du potentiel. Ann. Inst. Fourier 12, 415-571 (1962).

[21] R.M. HERVE ; M. HERVE.

- Les fonctions surharmoniques associées à un opérateur elliptique du second ordre à coefficients discontinus. Ann. Inst. Fourier 19, 305-359 (1969).

[22] M. ITO.

- Sur les fonctions polyharmoniques et le problème de Riquier. Nagoya Math. J. 37, 81-90 (1970).

[23] K. JANßEN.

- On the Existence of a Green Function for Harmonic Spaces : Math. Ann. 208, 295-303 (1974).

[24] F.Y. MAEDA.

- Semi-Linear perturbation of harmonic spaces, Hokkaido Math. J. 10 (1981), Special issue, 464-493.

[25] F.Y. MAEDA.

- Dirichlet problem for a semi-linearly perturbed structure of a harmonic space, Hiroshima Math. J. 12 (1982), 103-113.

[26] M. NICOLESCU.

- Les fonctions polyharmoniques, Hermann. Paris 1936.

[27] E.P. SMYRNELIS.

- Axiomatique des fonctions biharmoniques
(I. Ann. Inst. Fourier, Vol. 25, no. 1, 1975, p. 35-97).
(II. Ann. Inst. Fourier, Vol. 26, no. 3, 1976, p. 1-47).

[28] E.P. SMYRNELIS.

- Polarité et effilement dans les espaces biharmoniques ; dans : Lecture Notes in Math. 681, Berlin-Heidelberg-New York : Springer 1977.

[29] M. SIEVEKING.

- Integraldarstellung superharmonischer Funktionen mit Anwendung auf parabolische Differentialgleichungen. In : Seminar über Potentialtheorie, 13-68, Lecture Notes in Math. 69 Berlin-Heidelberg-New York : Springer 1968 .

[30] E.P. SMYRNELIS.

- In Lecture Notes in Math. Vo. 787, Berlin-Heidelberg-New York : Springer 1979.

[31] H. TANAKA.

- The Riquier's Problem of an Elliptic Bi-harmonic Space. Bulletin de l'Academie Royale de Belgique. Classe des Sciences. 5 Serie 64, 1 (1978).

Département de Mathématiques
Faculté des Sciences
Campus Universitaire
Belvedère - Tunis
Tunisie

Colloque de Théorie du
Potentiel-Jacques Deny
- Orsay 1983 -

DECOMPOSITION DE L'ENERGIE PAR NIVEAU DE POTENTIEL

Nicolas BOULEAU

Nous étudions diverses extensions du résultat suivant :

PROPOSITION 1. *Soit* m *la mesure de Lebesque sur* $\mathbb{R}^d$ *et soit* $u \in L^2_{loc}(\mathbb{R}^d)$ *telle que ses dérivées partielles au sens des distributions soient dans* $L^2(\mathbb{R}^d)$, *alors l'image par* u *de la mesure* $grad^2 u \,.\, m$ *est absolument continue par rapport à la mesure de Lebesgue sur* $\mathbb{R}$.

Dans une première partie on étudie le cas des fonctions excessives pour un processus de Markov qui s'écrivent comme des semi-martingales continues sur les trajectoires. La propriété résulte alors de la théorie des temps locaux des semi-martingales. On traite ensuite le cas des espaces de Dirichlet et on montre que si $\tilde{u}$ est une version quasi-continue d'une fonction u d'un espace de Dirichlet régulier, l'image par $\tilde{u}$ de la mesure d'énergie locale de u est absolument continue par rapport à la mesure de Lebesgue. Enfin, dans une troisième partie, on démontre la propriété de densité des temps d'occupation pour certains processus de Dirichlet.

I. FONCTIONS EXCESSIVES DES PROCESSUS DE MARKOV.

a) Soit $(\Omega, X, \mathbb{P}_\mu)$ un processus droit, d'espace d'état E, de tribus canoniques $(\mathcal{F}_t)_{t \geq 0}$ (cf. [10].

Soit u une fonction excessive finie qui est le potentiel d'une fonctionnelle additive croissante adaptée continue A,

(1) $$u(x) = \mathbb{E}_x A_\infty$$

et s'écrivant sur les trajectoires

(2) $$u(X_t) = u(X_0) + M_t - A_t$$

où la martingale nulle en zéro

$$M_t = \mathbb{E}[A_\infty | \mathcal{F}_t] - \mathbb{E}[A_\infty | \mathcal{F}_0]$$

est supposée continue pour simplifier.

On peut associer à u l'énergie-processus $EP(u)$ définie par

(3) $$EP(u)_t = \frac{1}{2}[u^2(X_0) + \langle M,M \rangle_t],$$

l'énergie-fonction $EF(u)$ donnée par

(4) $$EF(u)(x) = \frac{1}{2}[u^2(x) + \mathbb{E}_x \langle M,M \rangle_\infty],$$

et si on spécifie une mesure positive Θ sur E, l'énergie-nombre $EN_\Theta(u)$:

(5) $$EN_\Theta(u) = \frac{1}{2}[\langle \Theta, u^2 \rangle + \mathbb{E}_\Theta \langle M,M \rangle_\infty].$$

On a alors

$$EF(u)(x) = \frac{1}{2}\mathbb{E}_x[u(X_0) + M_\infty]^2 = \frac{1}{2}\mathbb{E}_x A_\infty^2$$

ce qui, par la formule de l'énergie (cf. [6]) donne

$$EF(u)(x) = \mathbb{E}_x \int_0^\infty u(X_x) dA_s .$$

Ainsi, si on note S^u le noyau excessif associé à u défini par

$$S^u f = \mathbb{E}. \int_0^\infty f(X_s) dA_s$$

on a

(6) $$\underline{EF(u) = S^u u}.$$

b) <u>Représentation de l'énergie comme intégrale de potentiels portés par les lignes de niveau de</u> u .

Notons Y la semi-martingale $u(X_t) = u(X_0) + M_t - A_t$, et soit L_t^a , $a \in \mathbb{R}$, le temps local en a de Y . C'est un processus croissant continu qui vérifie (cf. [13]) la formule de Meyer-Tanaka :

$$(7)\qquad (u \wedge a)(X_t) = (u \wedge a)(X_0) + \int_0^t 1_{\{u(X_s) < a\}}(dM_s - dA_s) - \frac{1}{2} L_t^a$$

et on a la propriété de densité des temps d'occupation :

$$(8)\qquad \int_0^t g(Y_s)\, d < M,M >_s = \int_{\mathbb{R}} g(a)\, L_t^a\, da \qquad P_x \text{ p.s. } \forall x$$

pour tout fonction g borélienne positive.

Il résulte de (7) que le noyau excessif $S^{u \wedge a}$ associé à la fonction excessive $u \wedge a$ est donné par

$$S^{u\wedge a}(f(x) = \mathbb{E}_x [\int_0^\infty f(X_s)\, 1_{\{u(X_x) < a\}} dA_s + \frac{1}{2} \int_0^\infty f(X_x) dL_s^a] .$$

Le temps local L_t^a étant porté par $\{(\omega,t) : u(X_t(\omega)) = a\}$, on a en faisant $f = 1_{\{u=a\}}$

$$(9)\qquad S^{u \wedge a}\, 1_{\{u=a\}} = \frac{1}{2} \mathbb{E}_x\, L_\infty^a$$

d'où la propriété (8) :

$$(10)\qquad \underline{EF(u) = S^u u = \int_0^\infty (S^{u \wedge a}\, 1_{\{u=a\}}) da + \frac{1}{2} u^2} .$$

Sous l'hypothèse d'existence d'une mesure de référence ξ qu'on choisit excessive et σ- finie, à toute fonctionnelle additive B_t continue on peut associer (cf [15]) une mesure positive σ- finie μ_B , qui ne charge pas les semi-polaires, donnée par

$$(11)\qquad \mu_B(f) = \lim_{t \downarrow 0} \frac{1}{t} \mathbb{E}_\xi \int_0^t f(X_s) dB_s , \quad f \text{ mesurable positive.}$$

La mesure μ_u associée par (11) à $< M,M >_t$ sera appelée la <u>mesure d'énergie</u> de u . De même aux fonctionnelles additives L_t^a correspondent des mesures μ_u^a portées par $\{u=a\}$ qui réalisent une désintégration de μ_u par l'application $x \to u(x)$.

On a en effet :

$$\int f(x)\, d\mu_u(x) = \int_{\mathbb{R}} \left(\int f(x)\, d\mu_u^a(x)\right) da \quad , \quad f \text{ mesurable positive,}$$

et l'image par u de μ_u restreinte à un ensemble où elle est finie est absolument continue par rapport à la mesure de Lebesgue.

c) Sous les mêmes hypothèses qu'au a), soit φ une fonction concave croissante de $\mathbb{R}_+$ dans $\mathbb{R}_+$ nulle en zéro, alors $\varphi \circ u$ vérifie les mêmes hypothèses que u. D'après la formule de changement de variables pour les temps locaux (cf. [3]), on a si $b = \varphi(a)$,

$$L^b(\varphi \circ Y) = \varphi'_g(a)\, L^a(Y) \qquad \forall a > 0$$

où φ'_g est la dérivée à gauche de φ. Il résulte alors de (9) et (10) que

$$EF(\varphi \circ u) = \frac{1}{2}(\varphi \circ u)^2 + \frac{1}{2}\int_0^\infty \mathbb{E}.[\, L^b_\infty(\varphi \circ Y)\,]db$$

$$= \frac{1}{2}(\varphi \circ u)^2 + \frac{1}{2}\int_0^\infty \varphi'^2_g(a)\, \mathbb{E}.[\, L^a_\infty\,]da \ ,$$

d'où une formule de changement de variable pour l'énergie

$$(12) \quad \underline{EF(\varphi \circ u) = \frac{1}{2}(\varphi \circ u)^2 + \int_0^\infty \varphi'^2(a)\, (S^{u \wedge a}\, 1_{\{u=a\}})da}$$

où on peut prendre une version quelconque de la dérivée de Lebesgue de φ. Cette formule pourrait être étendue à des hypothèses moins restrictives mais elle s'exprime mieux dans le cadre des espaces de Dirichlet comme nous allons le voir maintenant.

II. CAS DES ESPACES DE DIRICHLET

Nous suivons la présentation de Fukushima [8], avec les notations et hypothèses suivantes :

Sur l'espace l.c.d. E muni de sa tribu borélienne $\mathcal{E}$, soit m une mesure positive σ-finie de support E . Soit Φ une forme bilinéaire symétrique positive définie sur le sous-espace vectoriel $\mathcal{D}\Phi$ de $L^2(E,\mathcal{E},m)$; on suppose que :

• $\mathcal{D}\Phi \cap C_K(E)$ est dense dans $\mathcal{D}\Phi$ pour la norme associée à la forme $\Phi_1(u,v) = \Phi(u,v) + (u,v)$ où $(.,.)$ est le produit scalaire $L^2(m)$ et dense dans $C_K(E)$ pour la topologie naturelle de $C_K(E)$

• Φ est fermée ; i.e. $\mathcal{D}\Phi$ est complet pour la métrique associée à Φ_1 ,

• la contraction unité opère ; i.e. $u \in \mathcal{D}\Phi$ et $v = (u \vee 0) \wedge 1$ entraînent $v \in \mathcal{D}\Phi$ et $\Phi(v,v) \leqslant \Phi(u,u)$.

Autrement dit Φ est une forme de Dirichlet régulière sur $L^2(m)$, on notera $\mathbb{D} = \mathcal{D}\Phi$ l'espace de Dirichlet associé.

Il existe alors un processus de Hunt $(\Omega,\mathcal{F}_t,X_t,P_x)$ d'espace d'état $E \cup \{\delta\}$ dont la probabilité de transition P_t est m-symétrique

$$(P_t u,v) = (u,P_t v)$$

pour toutes u,v mesurables positives sur E et qui définit un semi-groupe fortement continu sur $L^2(m)$ tel que :

$$D = \{u \in L^2(m) : \lim_{t\downarrow 0} \frac{1}{t} (u - P_t u,u) < +\infty\}$$

$$\Phi(u,u) = \lim_{t\downarrow 0} \uparrow \frac{1}{t} (u - P_t u,u) \qquad \forall u \in \mathbb{D} .$$

Si $u \in \mathbb{D}$, $\tilde{u}$ désigne une version quasi-continue de u . Quasi-partout signifie hors d'un m-polaire .

Il existe ([8] lemme 4.5.2) une mesure positive σ-finie k sur E ne chargeant pas les m-polaires telles que

$$(13) \quad \forall u \in \mathbb{D} \quad \lim_{t\downarrow 0} \frac{1}{t} \mathbb{E}_m [u^2(X_0)(1_E(X_0) - 1_E(X_t))] = < \tilde{u}^2,k >$$

et on a pour toute $u \in \mathbb{D}$

$$(14) \quad \Phi(u,u) = \lim_{t\downarrow 0} \frac{1}{2t} \mathbb{E}_m [(u(X_t)-u(X_0))^2] + \lim_{t\downarrow 0} \frac{1}{t} \mathbb{E}_m [u^2(X_0)(1_E(X_0) - 1_E(X_t))].$$

Rappelons le résultat suivant de Fukushima :

PROPOSITION 2. *Soit* $u \in \mathbb{D}$, *alors il existe un m-polaire* $N(u)$ *tel que,*

pour tout x *hors de* $N(u)$,

(15) $$\tilde{u}(X_t) = \tilde{u}(X_0) + {}^{(u)}N_t + {}^{(u)}A_t$$

à un $\mathbb{P}_x$*-évanescent près, où* ${}^{(u)}M_t$ *est une martingale fonctionnelle additive telle que* $\mathbb{E}_x[{}^{(u)}M_t^2] < \infty$ *pour tout* t , *et où* ${}^{(u)}A_t$ *est une fonctionnelle additive d'énergie nulle :*

$$\lim_{t\downarrow 0} \frac{1}{2t} \mathbb{E}_m[{}^{(u)}A_t^2] = 0$$

et on a

(16) $$\lim_{t\downarrow 0} \frac{1}{2t}\mathbb{E}_m[(u(X_t)-u(X_0))^2] = \lim_{t\downarrow 0} \frac{1}{2t}\mathbb{E}_m[{}^{(u)}M_t^2] = \sup_{t>0} \frac{1}{2t}\mathbb{E}[{}^{(u)}M_t^2].$$

Soit $\mathcal{M}$ l'ensemble des processus M qui pour quasi-tout x sont, sous $\mathbb{P}_x$, des martingales fonctionnelles additives de carré intégrable au sens large et tels que

$$e(M) = \sup_{t>0} \frac{1}{2t} \mathbb{E}_m [M_t^2] < +\infty .$$

$\mathcal{M}$ muni du produit scalaire associé à e est un espace de Hilbert, et par l'inégalité de Doob, le sous-espace de $\mathcal{M}$ des martingales continues est fermé dans $\mathcal{M}$ ([8] théorème 5.2.1). Nous noterons M^c la projection de M sur ce sous-espace et $M^d = M - M^c$.

La décomposition de $u \in \mathbb{D}$:

(17) $$\tilde{u}(X_t) = \tilde{u}(X_0) + {}^{(u)}M_t^c + {}^{(u)}M_t^d + {}^{(u)}A_t$$

valable à un $\mathbb{P}_x$-évanescent près pour quasi-tout x sera appelée la <u>décomposition canonique</u> de u .

LEMME 3. *Soit* $u \in \mathbb{D}$, f *de classe* C^1 *à support compact et* $F(x) = \int_0^x f(y)dy$.

Alors $F \circ u \in \mathbb{D}$ *et la décomposition canonique de* $F \circ u$ *est*

(18) $$F \circ \tilde{u}(X_t) = F \circ \tilde{u}(X_0) + \int_0^t f \circ \tilde{u}(X_s) d\,{}^{(u)}M_s^c + {}^{(F \circ u)}M_t^d + {}^{(F \circ u)}A_t$$

sous P_x *pour quasi-tout* x.

Démonstration.

Posons $u_n = nU_{n+1}u = U_1 v_n$ avec $v_n = n(u - nU_{n+1}u)$, où $(U_p)_{p>0}$ est la résolvante de (P_t) .

La décomposition canonique de u_n est

$$u_n(X_t) = u_n(X_0) + {}^{(u_n)}M_t^c + {}^{(u_n)}M_t^d + \int_0^t (u_n(X_s) - v_n(X_s))ds$$

valable sous $\mathbb{P}_x$ pour tout x .

De sorte que par la formule d'Ito :

$$F \circ u_n(X_t) = F \circ u_n(X_0) + \int_0^t f \circ u_n(X_s) d\,{}^{(u_n)}M_s^c + \int_0^t f \circ u_n(X_{s-}) d\,{}^{(u_n)}M_s^d$$
$$+ \int_0^t f \circ u_n(X_s)(u_n(X_s) - v_n(X_s))ds + \frac{1}{2}\int_0^t f' \circ u_n(X_s) d\langle {}^{(u_n)}M^c, {}^{(u_n)}M^c\rangle_s$$
$$+ \sum_{0<s\leqq t} [\, F \circ u_n(X_s) - F \circ u_n(X_{s-}) - f \circ u_n(X_{s-})(u_n(X_s) - u_n(X_{s-}))\,].$$

La décomposition canonique de $F \circ u_n$ est donc de la forme :

$$(19) \quad F \circ u_n(X_t) = F \circ u_n(X_0) + \int_0^t f \circ u_n(X_s) d\,{}^{(u_n)}M_s^c + {}^{(F \circ u_n)}M_t^d + {}^{(F \circ u_n)}A_t \,.$$

Lorsque $n \to \infty$, $u_n \to u$ dans $(\mathbb{D},\Phi_1)$, donc $F \circ u_n \to F \circ u$ dans $(\mathbb{D},\Phi_1)$ car $\frac{F}{\|f\|_\infty}$ est une contraction normale donc continue sur $(\mathbb{D},\Phi_1)$ (cf. [1]). Il en résulte ([8] T. 5.2.2) que :

$${}^{(u_n)}M_t \to {}^{(u)}M_t \quad \text{et} \quad {}^{(F \circ u_n)}M_t \to {}^{(F \circ u)}M_t \quad \text{dans} \quad (\mathcal{M},e)$$

et donc aussi les parties continues et purement discontinues :

$$(20) \quad {}^{(u_n)}M_t^c \to {}^{(u)}M_t^c \,, \quad {}^{(F \circ u_n)}M_t^c \to {}^{(F \circ u)}M_t^c \,, \quad {}^{(F \circ u_n)}M_t^d \to {}^{(F \circ u_n)}M_t^d$$

dans $(\mathcal{M},e)$.

Prenant une sous-suite telle que $u_m \to \tilde{u}$ quasi-partout, nous déduisons de (20) et du fait que f est continue bornée que

$$\int_0^t f \circ u_m(X_s) d\,{}^{(u_m)}M_s^c \to \int_0^t f \circ \tilde{u}(X_s) d\,{}^{(u)}M_s^c$$

dans $(\mathcal{M},e)$,

on a donc

$$^{(F\ o\ u)}M^c_t = \int_0^t F\ o\ \tilde{u}(X_s)\, d\,^{(u)}M^c_s \quad \text{c'est-à-dire (18).} \quad \square$$

Le processus X_t étant de Hunt, il existe une fonctionnelle additive croissante continue ξ_s canonique. Soit $(N(x,dy),\xi_s)$ le système de Lévy associé qui, rappelons-le, est tel que si $h(x,y)$ est mesurable positive sur $E \times E$ nulle sur la diagonale, la projection prévisible de la mesure aléatoire

$$\sum_{s > 0} h(X_s, X_{s-})\ \varepsilon_s$$

est la mesure

$$[\int h(y,X_s)\ N(X_s,dy)\ ]\ d\xi_s\ .$$

On a alors :

COROLLAIRE 4. *Soit* $u \in \mathbb{D}$, f *de classe* C^1 *à support compact, et*

$F(x) = \int_0^x f(y)dy$. *On a*

$$(21) \quad <\ ^{(F\ o\ u)}M,\ ^{(F\ o\ u)}M\ >_t\ = \int_0^t f^2 o\ \tilde{u}(X_s)\ d <\ ^{(u)}M^c\ ,\ ^{(u)}M^c\ >_s$$

$$+ \int_0^t \int (F\ o\ \tilde{u}(y) - F\ o\ \tilde{u}(X_s))^2\ N(X_s,dy)\ d\xi_s$$

sous $\mathbb{P}_x$ *pour quasi-tout* x.

Démonstration.

Il résulte de la relation (18) que

$$\Delta\,^{(F\ o\ u)}M^d_t = F\ o\ \tilde{u}(X_t) - F\ o\ \tilde{u}(X_{t-})\ .$$

Le processus $<\ ^{(F\ o\ u)}M^d\ ,\ ^{(F\ o\ u)}M^d\ >_t$, projection prévisible duale de

$\sum_{0<s\leq t} (\Delta\,^{(F\ o\ u)}M^d_t)^2$ est donc égal à

$$\int_0^t \int (F\ o\ \tilde{u}(y) - F\ o\ \tilde{u}(X_s))^2\ N(X_s,dy)\ d\xi_s$$

d'où le corollaire. $\square$

Soit $u \in \mathbb{D}$, notons μ_u la <u>mesure d'énergie locale</u> de u définie par

$$< \mu_u, h > = \lim_{t \downarrow 0} \frac{1}{2t} \mathbb{E}_m \int_0^t h(X_s)\, d < {}^{(u)}M^c, {}^{(u)}M^c >_s$$

pour toute h $\mathscr{C}$-mesurable positive.

La mesure μ_u ne charge pas les m-polaires et on a

$$\| \mu_u \| \leqq \lim_{t \downarrow 0} \frac{1}{2t} \mathbb{E}_m [{}^{(u)}M_t^2] \leqq \Phi(u,u) < + \infty$$

on peut donc aussi définir la mesure ν_u l'image de μ_u par $\tilde{u}$, on a d'après (18)

$$(22) \quad \lim_{t \downarrow 0} \frac{1}{2t} \mathbb{E}_m [({}^{(F \circ u)}M_t^c)^2] = < \mu_u, f^2 \circ \tilde{u} > = \int f^2(y)\, d\nu_u(y) .$$

Soit alors g borélienne bornée et $G(x) = \int_0^x g(y)\,dy$, et soient g_n de classe C^1 à support compact $|g_n| \leqq \|g\|_\infty$ telles que $g_n \to g$ dans $L^2(\nu_u + \frac{dx}{1+x^2})$.

a) D'abord $g_n \to g$ dans L^1_{loc} donc $G_n = \int_0^{\cdot} g_n(y)\,dy \to G$ partout, donc comme $|G_n(y)| < \|g\|_\infty \, |y|$, on a

$$(23) \qquad G_n \circ u \to G \circ u \quad \text{dans} \quad L^2(m) .$$

b) Montrons que $G_n \circ u$ est une suite de Cauchy pour Φ . Pour cela écrivons d'après (13), (14) et (16)

$$\Phi(G_p \circ u - G_q \circ u , G_p \circ u - G_q \circ u) = \lim_{t \downarrow 0} \frac{1}{2t} \mathbb{E}_m [{}^{(G_p \circ u - G_q \circ u)}M_t^2]$$
$$+ < (G_p \circ \tilde{u} - G_q \circ \tilde{u})^2, k >$$

• Comme $|G_p \circ \tilde{u} - G_q \circ \tilde{u}| \leqq 2 \|g\|_\infty \tilde{u}^2$ et $< \tilde{u}^2, k > \leqq \Phi(u,u) < + \infty$ et que $G_p - G_q \to 0$, on a $< (G_p \circ \tilde{u} - G_q \circ \tilde{u})^2, k > \to 0$ pour $p,q \uparrow \infty$.

• Soit η la mesure positive σ-finie ne chargeant pas les m-polaires associée à la fonctionnelle additive canonique ξ_t ; on a

$$< \eta, h > = \lim_{t \downarrow 0} \frac{1}{2} \mathbb{E}_m \int_0^t h(X_s)\, d\xi_s , \qquad h \text{ mesurable positive.}$$

Il résulte du corollaire 4 que :

$$\lim_{t\downarrow 0} \frac{1}{2t} E_m [{}^{(G_p o\, u - G_q o\, u)}M_t^2] = < (g_p - g_q)^2 o\, \tilde{u}, \mu_u >$$

$$+ \frac{1}{2} < \int [(G_p - G_q) \text{ o } \tilde{u}(y) - (G_p - G_q) \text{ o } \tilde{u}(x)]^2 \, N(x,dy), \eta(dx) >$$

Le premier terme qui vaut $< (g_p - g_q)^2, \nu_u >$ tend vers zéro parce que $g_p \to g$ dans $L^2(\nu_u)$.

Dans le second nous avons :

$$|(G_p - G_q) \text{ o } \tilde{u}(y) - (G_p - G_q) \text{ o } \tilde{u}(x)| \leqq 2 \, \|g\|_\infty \, |\tilde{u}(y) - \tilde{u}(x)|$$

Or

$$\int\int (\tilde{u}(y) - \tilde{u}(x))^2 N(x,dy)\eta(dx) = \lim_{t\downarrow 0} \frac{1}{t} \mathbb{E}_m \int_0^t (\tilde{u}(y) - \tilde{u}(x))^2 N(X_s, dy) d\xi_s$$

$$= \lim_{t\downarrow 0} \frac{1}{t} \mathbb{E}_m [\sum_{0<s\leqq t} (u(X_s) - u(X_{s-}))^2] = \lim_{t\downarrow 0} \frac{1}{t} \mathbb{E}_m [\sum_{0<s\leqq t} (\Delta {}^{(u)}M_s)^2]$$

$$\leqq \lim_{t\, 0} \frac{1}{t} \mathbb{E}_m [{}^{(u)}M_t^2] \leqq \Phi(u,u) < +\infty .$$

Donc le théorème de convergence dominée s'applique, ce qui montre que $G_n o\, u$ est une suite de Cauchy pour Φ.

c) Il résulte du a) et du b), la forme Φ étant fermée, que $G_n o\, u \to G\, o\, u$ dans $(\mathbb{D}, \Phi_1)$.

Ceci entraîne, comme dans la démonstration du lemme 3, que

$${}^{(G_n o\, u)}M_t^c \to {}^{(G\, o\, u)}M_t^c \quad \text{dans } (\mathcal{M}, e) .$$

Comme le fait que g_n tende vers g dans $L^2(\nu_u)$ entraîne que

$$\int_0^t g_n o\, \tilde{u}(X_s) d^{(u)}M_d^c \to \int_0^t g \text{ o } \tilde{u}(X_s) d^{(u)}M_s^c \quad \text{dans } (\mathcal{M}, e)$$

il en résulte que la décomposition canonique de $G\, o\, u$ est

$$G \text{ o } \tilde{u}(X_t) = G \text{ o } \tilde{u}(X_0) + \int_0^t g \text{ o } \tilde{u}(X_s) d^{(u)}M_s^c + {}^{(G\, o\, u)}M_t^d + {}^{(G\, o\, u)}A_t ,$$

donc

$$\Phi(G\circ u, G\circ u) = \lim_{t\to 0} \frac{1}{2t} \mathbb{E}_m [{}^{(G\circ u)}M_t^2] + \langle G^2 \circ \tilde{u}, k \rangle$$

$$= \langle g^2, \nu_u \rangle + \iint (G\circ\tilde{u}(y) - (G\circ\tilde{u}(x))^2 N(x,dy)\eta(dx) + \langle G^2 \circ \tilde{u}, k \rangle .$$

On a donc démontré :

THEOREME 5. *Soit* g *borélienne bornée et* $G(x) = \int_0^x g(y)\,dy$ *alors pour toute* $u \in \mathbb{D}$, $G \circ u \in \mathbb{D}$ *et on a*

(24) $\Phi(Gou, Gou) = \langle g^2, \nu_u \rangle + \iint (Go\tilde{u}(y) - Go\tilde{u}(x))^2 N(x,dy)\eta(dx) + G^2 o\tilde{u}, k$

et la décomposition canonique de Gou *est*

(25) $Go\tilde{u}(X_t) = Go\tilde{u}(X_0) + \int_0^t go\tilde{u}(X_s) d\,{}^{(u)}M_s^c + {}^{(Gou)}M_t^d + {}^{(Gou)}A_t$

sous $\mathbb{P}_x$ *pour quasi-tout* x.

Ce qui, dans le cas d'une fonction d'une seule variable, étend un formule de LE JAN [11].

COROLLAIRE 6. *La mesure* ν_u, *image par* $\tilde{u} \in \mathbb{D}$ *de la mesure d'énergie locale* μ_u, *est absolument continue par rapport à la mesure de Lebesgue.*

Démonstration.

Il suffit de prendre pour g l'indicatrice d'un négligeable Lebesgue dans la relation (24).

Remarque 7. Si le processus X_t est de type Lebesgue (i.e. si la fonctionnelle additive identique à t est canonique) pour toute $u \in D$ on a $d \langle {}^{(u)}M^c, {}^{(u)}M^c \rangle_t \ll dt$ donc $\mu_u \ll m$, donc le corollaire 6 est valable avec u au lieu de $\tilde{u}$.

C'est le cas en particulier pour le brownien sur $\mathbb{R}^d$, ce qui établit la proposition 1 énoncé dans l'introduction. Celle-ci peut d'ailleurs se démontrer directement en se ramenant à la dimension 1 grâce au lemme 3.2 de [7] et en établissant que si u de $\mathbb{R}$ dans $\mathbb{R}$ est à variation finie continue, l'image réciproque par u d'un négligeable Lebesgue est négligeable pour la mesure $|du|$, propriété au demeurant non triviale.

III. PROPRIETES DE DENSITE DE TEMPS D'OCCUPATION.

A. Restons d'abord dans le cadre des espaces de Dirichlet.

DEFINITION 8. *Nous dirons que* $u \in \mathbb{D}$ *vérifie quasi-partout la propriété de densité de temps d'occupation sur les trajectoires si la décomposition canonique de* u *étant*

$$\tilde{u}(X_t) = \tilde{u}(X_0) + {}^{(u)}M_t^c + {}^{(u)}M_t^d + {}^{(u)}A_t \qquad P_x ps \qquad \forall x \notin N(u)$$

l'image de la mesure $d < {}^{(u)}M^c, {}^{(u)}M^c >_s (\omega)$ *sur* $[0,t]$ *par l'application* $s \to u(X_s(\omega))$ *est absolument continue par rapport à la mesure de Lebesgue* $\mathbb{P}_x$ *ps pour quasi-tout* x.

Plaçons nous dans le cas où m est une mesure de référence, ce qui est équivalent à dire que les m-polaires sont polaires (cf. [8] T.4.2.2). On est alors sous les hypothèses de dualité classiques [2]. Pour $\alpha > 0$ soit $u_\alpha(x,y)$ la fonction symétrique α-excessive en chaque variable telle que

$$U_\alpha f(x) = \int u_\alpha(x,y)\, f(y)\, dm(y) \qquad f \in \mathcal{E}^+ .$$

A une mesure μ dont le potentiel est borné correspond une fonctionnelle additive A_t telle que

$$U_\alpha(h.\mu)(x) = \int u_\alpha(x,y)\, h(y)\, d\mu(y) = \mathbb{E}_x \int_0^\infty e^{-\alpha s}\, h(X_s)\, dA_s .$$

On en déduit (cf. [14] p.765) que si μ est une mesure positive σ-finie ne chargeant pas les polaires, il lui correspond une mesure aléatoire positive homogène $dA_t(\omega)$ telle que

$$(26) \quad U_\alpha(h.\mu)(x) = \mathbb{E}_x \int_0^\infty e^{-\alpha s}\, h(X_s)\, dA_s \qquad \forall\, h \in \mathcal{E}^+ .$$

donc vérifiant

$$(27) \quad < h.\mu, U_\alpha g > = \mathbb{E}_{g.m} \int_0^\infty e^{-\alpha s}\, h(X_s)\, dA_s \qquad h,g \in \mathcal{E}^+ .$$

Soit alors $u \in \mathbb{D}$ et $\tilde{u}$ une version borélienne quasi-continue de u. Si nous désintégrons la mesure d'énergie locale μ_u par l'application $x \to \tilde{u}(x)$, nous obtenons des mesures μ_u^a telles que :

(28) μ_u^a est portée par $(\tilde{u}=a)$ et $\int \mu_u^a \, da = \mu_u$.

Faisons l'hypothèse suivante :

(29) Pour Lebesgue presque tout a les mesures μ_u^a ne chargent pas les polaires.
Cette hypothèse ne dépend pas de la version $\tilde{u}$ puisque μ_u ne charge pas les polaires.

Alors aux mesures μ_u^a correspondent des mesures aléatoires positives homogènes dA_t^a telles que :

$$(30) \quad < h.\mu_u^a, U_\alpha g > = \mathbb{E}_{g.m} \int_0^\infty e^{-\alpha s} \, h(X_s) \, dA_s^a \qquad h,g \in \mathcal{E}^+ \ , \ \alpha > 0 \ .$$

A la mesure μ_u correspond une mesure aléatoire homogène qui d'après la définition de μ_u prolonge la mesure $d < {}^{(u)}M^c, {}^{(u)}M^c >_s$ qui n'était jusqu'à présent définie que $\mathbb{P}_s$ps pour quasi-tout x . Nous notons encore $d < {}^{(u)}M^c, {}^{(u)}M^c >_s$ cette mesure.

On a donc, si f est positive :

$$\mathbb{E}_{g.m} \int_0^\infty e^{-\alpha s} \, h(X_s) \, f \circ \tilde{u}(X_s) \, d < {}^{(u)}M^c, {}^{(u)}M^c >_s$$

$$= < h \, . \, f \circ \tilde{u} \, . \, \mu_u \ , \ U_\alpha g >$$

ce qui vaut d'après (28) puis (30)

$$= \int f(a) < h \, . \, \mu_u^a \ , \ U_\alpha g > da$$

$$= \mathbb{E}_{g.m} \int_0^\infty \int_{a \in \mathbb{R}} e^{-\alpha s} \, h(X_s) \, f(a) \, dA_s^a \, da \ .$$

Il en résulte que les fonctions α-excessives

$$\mathbb{E}_. \int_0^\infty e^{-\alpha s} \, h(X_s) \, f \circ \tilde{u}(X_s) \, d < {}^{(u)}M^c, {}^{(u)}M^c >_s \quad \text{et}$$

$$\mathbb{E}_. \int_0^\infty \int_{a \in \mathbb{R}} e^{-\alpha s} \, h(X_s) \, f(a) \, dA_s^a \, da \ ,$$ égales m-presque partout, coïncident.

Donc aussi les mesures aléatoires

$$f \circ \tilde{u}(X_s)\, d < {}^{(u)}M^c, {}^{(u)}M^c >_s d\,\mathbb{P}_x \quad \text{et} \quad \int_{a \in \mathbb{R}} f(a)\, dA_s^a\, da\, d\,\mathbb{P}_x ,$$

pour tout x .

Prenant alors x hors d'un polaire $N(u)$ de sorte que

$$< {}^{(u)}M^c, {}^{(u)}M^c >_t \quad < +\infty \qquad \mathbb{P}_x\text{ps} \qquad \forall x \notin N(u) ,$$

et faisant parcourir à f un ensemble dénombrable dense dans C_K , on voit que u vérifie quasi-partout la propriété de densité de temps d'occupation sur les trajectoires.

<u>Remarque 9</u>. Si m est de référence et si le seul polaire est l'ensemble vide alors la condition (29) est trivialement vérifiée. C'est le cas notamment pour le brownien sur $\mathbb{R}$: pour toute $u \in \mathbb{D} = H^1(\mathbb{R})$ on a

$$u(B_t) = u(B_0) + \int_0^t u'(B_s)dB_s + {}^{(u)}A_t \qquad P_x \text{ ps} \quad \forall x \quad \text{et}$$

$$d < {}^{(u)}M^c, {}^{(u)}M^c >_s \; = u'^2(B_s)ds .$$

Alors

$$\varphi \to \int_0^t \varphi \circ u(B_s)\; u'^2(B_s)ds \tag{31}$$

définit une mesure absolument continue par rapport à la mesure de Lebesgue. Ce qui peut se voir aussi en notant que si L_t^a est le temps local du brownien B_t en a , on a

$$\int_0^t \varphi \circ u(B_s)\; u'^2(B_s)ds = \int_{\mathbb{R}} \varphi \circ u(a)\; u'^2(a)\; L_t^a\, da$$

et en appliquant la propriété de l'introduction à la fonction u .

Au demeurant, le processus $Y_t = \tilde{u}(B_t)$ n'est pas une semi-martingale en général, le processus ${}^{(u)}A_t$ n'étant pas à variation finie si u n'est pas différence de convexes (cf. [5]). Ceci étant donc la propriété de densité de temps d'occupation à des cas nouveaux par rapport à [9] .

<u>Remarque 10</u>. Pour un espace de Dirichlet général sous les hypothèses de la partie II, on voit que l'ensemble des $u \in \mathbb{D}$ qui vérifient la propriété de densité de temps d'occupation sur les trajectoires est stable par composition avec

les fonctions lipschitziennes d'une variable, et contient évidemment les fonctions $u \in \mathbb{D}$ qui s'écrivent suivant des semi-martingales sur les trajectoires, ensemble qui contient les différences de p-excessives qui sont dans $L^2(m)$, (cf.[5]).

Dans le cas du brownien à valeurs $\mathbb{R}^d$, soit $f \in H^1(\mathbb{R}^d)$ de décomposition canonique :

$$\tilde{f}(B_t) = \tilde{f}(B_0) + \int_0^t (\mathrm{grad}.f(B_s), dB_s) + {}^{(f)}A_t$$

sous P_x pour x hors d'un polaire.

Soit ρ une mesure à support compact ne chargeant pas les polaires, d'après [4] pour tout x, pour P_x presque tout ω la mesure

$$\zeta = \int_0^t \varepsilon_{B_s(\omega)} * \rho \, ds$$

est absolument continue par rapport à la mesure de Lebesgue sur R^d. Il en résulte par la propriété de l'introduction que l'image par f de la mesure $\mathrm{grad}^2 f \,.\, \zeta$ est absolument continue par rapport à la mesure de Lebesgue. Nous obtenons ainsi le résultat suivant :

PROPOSITION 11. *Soit g une fonction de $L^1_{loc}(\mathbb{R}^d)$ de la forme*

$$g = f * \rho$$

où $f \in H^1(\mathbb{R}^d)$ et où ρ est une mesure à support compact ne chargeant pas les polaires, donc $g \in H^1(\mathbb{R}^d)$. Alors g vérifie quasi-partout la propriété de densité de temps d'occupation sur les trajectoires du brownien d-dimensionnel.

B. Nous abandonnons maintenant le cadre markovien et nous considérons un espace de probabilité $(\Omega, \mathcal{F}_t, \mathcal{F}, P)$ vérifiant les conditions habituelles. Nous allons étudier la propriété de densité de temps d'occupation pour des processus de Dirichlet c'est-à-dire des processus de la forme :

$$Y_t = Y_0 + M_t + A_t$$

où M_t est une martingale locale nulle en zéro et A_t un processus nul en zéro de variation quadratique nulle en un sens à préciser. C'est-à-dire la question de l'absolue continuité de l'image par $s \to Y_s(\omega)$ de la mesure $d < M^c, M^c >_s$ sur $[0,t]$ pour P-presque tout ω.

Quoique plusieurs définitions soient possibles pour les processus de variation quadratique nulle, remarquons que fondamentalement la question posée ne dépend pas d'un changement absolument continu de probabilité ni d'un arrêt, ni d'un changement de temps.

On peut ainsi à partir de la propriété démontrée pour le brownien linéaire à la remarque 9, obtenir la propriété de densité de temps d'occupation pour les processus de la forme $u(X_t)$ où $u \in H^1(\mathbb{R})$ et où X_t est une semi-martingale qui se ramène à un brownien arrêté par changement de temps et changement absolument continu de probabilité.

Cette remarque justifie le fait que nous considérons une semi-martingale continue de décomposition :

(32) $$X_t = X_0 + N_t + B_t$$

qui ne vérifie pas nécessairement $|dB_s| << d < N,N >_s$ mais que nous prendrons dans l'espace H^2 de semi-martingales sur $[0,1]$:

(33) $$\|X\|_{H^2} = \| \, |X_0| + < N,N >_1^{\frac{1}{2}} + \int_0^1 |dB_s| \, \|_{L^2(\Omega, \mathcal{F}, P)} < \infty$$

Et nous adopterons les définitions suivantes :

<u>*DEFINITION 12*</u>. *Un processus Y_t, $t \in [0,1]$ sera appelé <u>processus de Dirichlet</u> s'il peut s'écrire*

$$Y_t = Y_0 + M_t + A_t$$

où M_t est une martingale telle que $\mathbb{E}\, M_1^2 < \infty$ nulle en zéro, et A_t un processus nul en zéro tel que

$$\mathbb{E} \sum_{k=0}^{2^n-1} (A_{\frac{k+1}{2^n}} - A_{\frac{k}{2^n}})^2 \underset{n\uparrow\infty}{\to} 0 .$$

La décomposition de Y est alors unique.

<u>DEFINITION 13.</u> *On dira que Y vérifie la propriété D.T.O. si P p.s. l'image de $d < M^c, M^c >_s$ sur $[0,1]$ par $s \to Y_s$ est absolument continu par rapport à la mesure de Lebesgue.*

A la semi-martingale X vérifiant (32) (33) nous associons la semi-norme N^X définie par

$$[N^X(f)]^2 = \limsup_{t \uparrow \infty} \mathbb{E} \sum_{k=0}^{2^n - 1} [f(X_{\frac{k+1}{2^n}}) - f(X_{\frac{k}{2^n}})]^2$$

<u>Nous appellerons alors espace opératoire associé à la semi-martingale</u> X l'espace $\mathbb{D}(X)$ des fonction $f \in L^2(\mathbb{R})$ tel qu'il existe des fonctions f_n indéfiniment dérivables à support compact $(f_n \in \mathcal{D})$ telles que :

$$N^X(f - f_n) + \| f - f_n \|_{L^2} \underset{n \uparrow \infty}{\to} 0 .$$

Cette dénomination est justifiée par la proposition suivante :

<u>PROPOSITION 14.</u> *a) Pour toute fonction borélienne $f \in \mathbb{D}(X)$, le processus $f(X_t)$ est un processus de Dirichlet dont la partie martingale s'écrit $\int_0^t f^*(X_s) dN_s$ pour une fonction f^* vérifiant*

$$[N^X(f)]^2 = \int_{\mathbb{R}} f^{*2}(a) \, \mathbb{E} \, L_1^a \, da$$

où L_t^a est le temps local de la semi-martingale X en a. Le processus de Dirichlet $f(X_t)$ vérifie la propriété D.T.O.

b) $\mathbb{D}(X)$ contient les fonctions $f \in L^2(\mathbb{R})$ de classe C^1 à dérivée tendant vers zéro à l'infini.

c) Si $\int_\alpha^\beta \frac{da}{\mathbb{E} \, L_1^a} < +\infty$, toute fonction $f \in \mathbb{D}(X)$ est égale presque partout sur $]\alpha,\beta[$ à une fonction absolument continue dont la dérivée est égale à f^* presque partout sur $]\alpha,\beta[$.

d) Si $\mathbb{E} \, L_1^a \geqq \lambda > 0$ sur $]\alpha,\beta[$ toute fonction $f \in \mathbb{D}(X)$ a sa restriction à $]\alpha,\beta[$ dans $H^1(]\alpha,\beta[)$.

Démonstration.

1) Soit f borélienne $f \in \mathbb{D}(X)$ et soient $f_n \in \mathcal{D}$ telles que

$$N^X(f - f_n) + \| f - f_n \|_{L^2} \to 0 .$$

Comme la semi-martingale $(f_n - f_m)(X)$ est dans l'espace H^2 de semi-martingales on a (cf. [12]) :

$$N^X(f_n - f_m) = \limsup_{p\uparrow\infty} \mathbb{E} \sum_{k=0}^{2^p-1} [(f_n - f_m)(X_{\frac{k+1}{2^p}}) - (f_n - f_m)(X_{\frac{k}{2^p}})]^2$$

$$= \mathbb{E} \int_0^1 (f_n'-f_m')^2(X_s) \, d < N,N >_s$$

$$= \int_0^1 (f_n'-f_m')^2(a) \, \mathbb{E} \, L_1^a \, da.$$

Soit f^* une version borélienne de la limite de f_n' dans l'espace $L^2((\mathbb{E}L_1^2)da)$.

Si nous écrivons

$$f_n(X_t) = f_n(X_0) + \int_0^t f_n'(X_s) \, dN_s + A_t^n ,$$

les intégrales stochastiques $\int_0^t f_n'(X_s) \, dN_s$ convergent vers $\int_0^t f^*(X_s) dN$ dans $L^2(\Omega, \mathcal{F}, P)$. Si alors nous définissons A_t par la formule :

$$f(X_t) = f(X_0) + \int_0^t f^*(X_s) \, dN_s + A_t$$

nous avons en posant :

$$V_p(Z) = \sum_{k=0}^{2^p-1} (Z_{\frac{k+1}{2^p}} - Z_{\frac{k}{2^p}})^2 \quad \text{pour un processus } Z ,$$

$$V_p(A) \leqq 3V_p [(f - f_n)(X)] + 3V_p [\int_0^{\cdot} (f_n'-f^*)(X_s) \, dN_s]$$

$$+ 3V_p(B^n) .$$

D'où

$$\limsup_{p\uparrow\infty} \mathbb{E} [V_p(A)] < 3 [N^X(f-f_n)]^2 + 3 \| f_n' - f^* \|^2_{L^2(\mathbb{E} L_1^a, da)}$$

Le second membre peut être rendu aussi petit qu'on veut pour n suffisamment grand ce qui montre que $f(X_t)$ est un processus de Dirichlet de partie martingale $\int_0^t f^*(X_s)\, dN_s$.

Il en résulte également que

$$[\ N^X(f)\ ]^2 = \mathbb{E} \int_0^1 f^{*2}(X_s)\, dN_s = \int_0^1 f^{*2}(a)\, \mathbb{E}\, 1_1^a\, da$$

et la fonction f^* est unique à l'égalité $\mathbb{E}\, L_1^a\, da$ - presque sûre près.

2) Pour démontrer la propriété D.T.O. pour $f(X)$ nous procèderons de la façon suivante :

Considérons la forme bilinéaire symétrique Φ_ω définie par

$$\Phi_\omega(u,v) = \int_{\mathbb{R}} u'(a)\, v'(a)\, L_1^a(\omega)\, da \qquad u,v \in \mathcal{D}$$

ainsi que, en posant $\nu = (\mathbb{E}\, L_1^a) da$, la forme Φ_ν définie par

$$\Phi_\nu(u,v) = \int_{\mathbb{R}} u'(a)\, v'(a)\, \nu(da) \qquad u,v \in \mathcal{D}$$

Il en résulte du fait que L_1^a est càdlàg P.ps. que les formes Φ_ω sont fermables dans $L^2(\mathbb{R})$ (cf. [8]). D'où l'on déduit que Φ_ν est fermable dans $L^2(\mathbb{R})$ (cf. [8] p.45). Notons $\overline{\Phi}_\omega$ et $\overline{\Phi}_\nu$ les formes de Dirichlet associées, ce sont des formes régulières, locales, conservatives.

Soients $u \in \mathcal{D}\,\overline{\Phi}_\nu$ et $u_n \in \mathcal{D}$ telles que

$$\overline{\Phi}_\nu(u-u_n,u-u_n) + \|u-u_n\|_{L^2(\mathbb{R})} \xrightarrow[n\uparrow\infty]{} 0 ,$$

alors u'_n est une suite de Cauchy dans $L^2(\nu)$, converge donc vers $u^* \in L^2(\nu)$, et $\overline{\Phi}_\nu(u,u) = \int u^{*2}(a)\, d\nu(a)$

Dans ces conditions, d'après les lemmes 15 et 16 ci-dessous pour $\mathbb{P}$-presque tout ω on a $u \in \mathcal{D}\overline{\Phi}_\omega$ et la mesure d'énergie locale de u dans $(\mathcal{D}\overline{\Phi}_\omega, \overline{\Phi}_\omega)$ est

$$h \longrightarrow \int h(a)\, u^{*2}(a)\, L_t^2(\omega)\, da .$$

Il résulte alors de la partie II (corollaire 6) que la mesure

$$\varphi \to \int \varphi \circ u(a) \quad u^{*2}(a)\ L_t^a(\omega)\ da$$

est absolument continue par rapport à la mesure de Lebesgue. Maintenant il résulte du 1) que $D(X) \subset \mathcal{D}\overline{\Phi}_\nu$ et que $[\ N^X(f)\ ]^2$ coïncide avec $\overline{\Phi}_\nu(f)$ pour $f \in \mathbb{D}(X)$ d'où la propriété D.T.O. annoncée.

3) Pour montrer le b), soit $f \in L^2(\mathbb{R})$ de classe C^1 à dérivée dans C_0. On peut alors approcher f par des $f_n \in \mathcal{D}$ dans L^2 de sorte que les f_n' approchent f' uniformément. On a alors

$$V_p[(f - f_n)(X)\ ] \leqq \|f' - f_n'\|_\infty^2\ V_p(X)$$

de sorte que

$$N^X(f - f_n) \leqq \|f' - f_n'\|_\infty\ \|X\|_{H^2}$$

d'où le résultat.

4) Sous l'hypothèse du c) soient $x,y \in\ ]\alpha,\beta[$ on a avec les notations du 1) ci-dessus :

$$\left| \int_x^y f^*(z)dz - f_n(y) + f_n(x)\ \right|^2 \leqq \int_x^y \frac{da}{\mathbb{E}L_1^a} \int_x^y (f^*(a) - f_n'(a))^2\ \mathbb{E}L_1^a da$$

$$\leqq \int_\alpha^\beta \frac{da}{\mathbb{E}L_1^a}\ \|f^* - f_n'\|_{L^2(\nu)}^2$$

Le résultat en découle aisément.

5) Sous l'hypothèse du d) on a :

$$\lambda \int_\alpha^\beta u'^2(a)da \leqq \int_{\mathbb{R}} u'^2(a)\ \mathbb{E}L_1^a da \qquad \forall\ u \in \mathcal{D}$$

on a donc en restriction à $]\alpha,\beta[$

$$D(X) \quad \subset \quad \mathcal{D}(\overline{\Phi}_\nu) \quad \subset \quad H^1(]\alpha,\beta[\ ).$$

Il nous reste deux lemmes à établir.

LEMME 15. Soient $\overline{\Phi}_\omega$ et $\overline{\Phi}_\nu$ les formes de Dirichlet régulières définies par

$$\overline{\Phi}_\omega(v,w) = \int v'(a)\, w'(a)\, L_1^a(\omega)\, da \qquad v,w \in \mathcal{D}$$

$$\overline{\Phi}_\nu(v,w) = \int v'(a)\, w'(a)\, \mathbb{E}\, L_1^a\, da \qquad v,w \in \mathcal{D}$$

alors si $u \in \mathcal{D}\,\overline{\Phi}_\nu$, pour presque tout ω, $u \in \mathcal{D}\,\overline{\Phi}_\omega$.

Démonstration.

Si $u \in \mathcal{D}\,\overline{\Phi}_\nu$, il existe $u_n \in \mathcal{D}$ $u_n \to u$ dans $L^2(\mathbb{R})$ et $\Phi_\nu(u_n - u_m, u_n - u_m) \to 0$ quand $m,n \uparrow \infty$.

Soit n_i une sous-suite telle que

$$\sum_{i=1}^{\infty} \sqrt{\Phi_\nu(u_{n_{i+1}} - u_{n_i}, u_{n_{i+1}} - u_{n_i})} < +\infty$$

alors pour P-presque tout ω on a

$$\sum_{i=1}^{\infty} \sqrt{\Phi_\omega(u_{n_{i+1}} - u_{n_i}, u_{n_{i+1}} - u_{n_i})} < +\infty$$

donc

$$\Phi_\omega(u_{n_i} - u_{n_j}, u_{n_i} - u_{n_j}) \to 0 \quad \text{quand} \quad n_i, n_j \uparrow \infty \quad \text{et donc}$$

$u \in \mathcal{D}\,\overline{\Phi}_\omega$.

LEMME 16. Sous les mêmes hypothèses soient $u \in \mathcal{D}\,\overline{\Phi}_\nu$, $u_n \in \mathcal{D}$ convergeant vers u dans L^2 et pour $\overline{\Phi}_\nu$.
Soit u^* la limite des u'_n dans $L^2(\nu)$, alors pour presque tout ω, la mesure d'énergie locale de u dans $\mathcal{D}\,\overline{\Phi}_\omega$ est $h \to \int h(a)\, u^{*2}(a)\, L_1^a(\omega)\, da$.

Démonstration.

Il résulte du raisonnement de la démonstration précédente que pour $\mathbb{P}$-presque tout ω, $u^* \in L^2(L_1^a(\omega)da)$ et $u'_{n_i} \to u^*$ dans $L^2(L_1^a(\omega)da)$.

Alors comme la mesure d'énergie locale $\mu_{u_{n_i}}$ des u_{n_i} dans $(\mathcal{D}\overline{\Phi}_\omega, \overline{\Phi}_\omega)$ est donnée par

$$< \mu_{u_{n_i}}, h > = \int h(a)\, u'^2_{n_i}(a)\, L_1^a(\omega)\, da ,$$

on déduit du fait que pour toute h borélienne positive bornée l'application $u \to < \mu_u, h >$ est continue sur $(\mathcal{D}\overline{\Phi}_\omega, \overline{\Phi}_\omega + \|.\|_{L^2})$ (cf. [11]) le résultat annoncé.

Remarque 17. Si $f \in \mathbb{D}(X)$ et si f est absolument continue de dérivée f' au sens des distributions, on a toujours $f^* = f'$ $(\mathbb{E}L_1^a)da$ -p.p.

(De sorte que, dans ce cas, la propriété D.T.O. pour $f(X)$ résulte immédiatement de la propriété de l'introduction et de la propriété D.T.O. pour X).

En effet, soit $f_n \in \mathcal{D}(\mathbb{R})$ telles que $N^X(f - f_n) \to 0$ et $\|f - f_n\|_{L^2} \to 0$.
Alors $f_n' \to f^*$ dans $L^2(\mathbb{E}L_1^a da)$ et $f_n' \to f'$ au sens de $\mathcal{D}'$. Il existe alors une sous-suite n_i telle que pour $\mathbb{P}$-presque tout ω, $f_{n_i}' \to f^*$ dans $L^2(L^a(\omega)da)$, mais la fonction $a \to L_1^a(\omega)$ étant càdlàg l'ensemble $\{L_1^a(\omega) > 0\}$ ne diffère de son intérieur que par un ensemble dénombrable.
Et sur cet intérieur on a nécessairement $f^* = f'$ Legesgue p.s. on a donc $f^* = f'$ $L_1^a(\omega)da$ - p.p. donc $\mathbb{E}L_1^a da$ p.p.

Remarque 18. Soit $f \in H^1(\mathbb{R})$ telle que $f(X)$ soit un processus de Dirichlet alors ce processus de Dirichlet a pour partie martingale $\int_0^\cdot f'(X_s)\, d N_s$ si et seulement si $f \in \mathbb{D}(X)$.

En effet, si $f \in \mathbb{D}(X)$ le résultat vient de la remarque précédente.
D'autre part, soit $f \in H^1(\mathbb{R})$ telle que $f(X)$ soit un processus de Dirichlet de partie martingale $\int_0^\cdot f'(X_s)\, d N_s$.
Notons d'abord que cette martingale est bien définie car de

$$(X_1 - a)^+ = (X_0 - a)^+ + \int_0^1 1_{\{X_{s-} > a\}}\, dX_s + \frac{1}{2} L_1^a$$

on tire

$$\sup_a \mathbb{E}L_1^a \leqq 2\,\mathbb{E}\,|X_1 - X_0| + 2\,\mathbb{E}\int_0^1 |dB_s| \leqq C\,\|X\|$$

et donc

$$\mathbb{E}\left(\int_0^t f'(X_s)\, d N_s\right)^2 = \int_{\mathbb{R}} f'^2(a)\,\mathbb{E}\,L_t^a\, da \leqq C\,\|X\|\,\|f'\|_{L^2}^2 .$$

De plus si $f_n \in \mathcal{D}(\mathbb{R})$ sont telles que $\|f - f_n\|_{L^2} + \|f' - f_n'\|_{L^2} \to 0$

on a :

$$[\,N^X(f - f_n)\,]^2 = \int_{\mathbb{R}} (f' - f_n')^2(a)\,\mathbb{E}\,L_1^a\, da \leqq C\,\|X\|\,\|f' - f_n'\|_{L^2}^2$$

d'où il résulte que $f \in \mathbb{D}(X)$.

BIBLIOGRAPHIE

[1] ANCONA A.

- Continuité des contractions dans les espaces de Dirichlet. Sém. th. du potentiel n°2, Lect. Notes in math. n°563, Springer (1976).

[2] BLUMENTHAL R.M., GETOOR R.K.

- Markov processes and potential theory. Acad. Press (1968).

[3] BOULEAU N.

- Propriétés d'invariance du générateur étendu d'un processus de Markov. Sém. Prob. XV, Lect. Notes in Math. 850, Springer (1981).

[4] BOULEAU N.

- Semi-martingales à valeurs $\mathbb{R}^d$ et fonctions convexes. C.R. Acad. Sc. Paris t292, p.87-90, (1981).

[5] CINLAR E., JACOD J., PROTTER P., SHARPE M.J.

- Semi-martingales and Markov processes, Z.f. Z.f. Wahrscheinlichkeitstheorie 54, 161-219, (1980).

[6] DELLACHERIE C., MEYER P.A.

- Probabilités et potentiel, théorie des margingales. Hermann, Paris, (1980).

[7] DENY J., LIONS J.L.

- Les espaces de type BEPPO-LEVI. Ann. Inst. Fourier 5, 305-370, (1953/54).

[8] FUKUSHIMA M.

- Dirichlet forms ans Markov processes. North Holland (1980).

[9] GEMAN D., HOROWITZ J.

- Occupations densities. Ann. of Probability, Vol. 8 n°1, 1-67, (1980).

[10] GETOOR R.K.

- Markov processes, Ray processes and Right processes, Lect. notes in Math. 440, Springer (1975).

[11] LE JAN Y.

- Mesures associées à une forme de Dirichlet, applications. Bull. Soc. Math. France 106, 61-112, (1978).

[12] LEPINGLE D.

- La variation d'ordre p des semi-martingales. Z. f. Wahrscheinlichkeitstheorie 36,295-316, (1976).

[13] MEYER P.A.

- Un cours sur les intégrales stochastiques. Sém. Prob. X, Lect. Notes in Math. 511, Springer, (1976).

[14] MEYER P.A.

- La formule d'Ito pour le mouvement brownien d'après Brosamler. Sém. Prob. XII, Lect. Notes in Math. 649, Springer (1978).

[15] REVUZ D.

- Mesures associées aux fonctionnelles additives de Markov I. Trans. Amer. Math. Soc. 148, 501-531, (1970).

- o -

Nicolas BOULEAU

E.N.P.C. - C.E.R.M.A.

28, rue des Saints-Pères

75000 - PARIS

Colloque de Théorie du
Potentiel-Jacques Deny
- Orsay 1983 -

CONTINUITY OF REDUITES AND BALAYAGED FUNCTIONS

Aurel CORNEA

Let S be a standard H-cone of functions on a set X . In [2], Proposition 5.6.14 it was shown that the balayage of a bounded function in S over a set $A \subset X$ is continuous on $X \setminus \overline{A}$ with respect to the natural topology. The interest of such a result consists of its equivalence with the Bauer convergence property when S satisfies a sheaf property and X is locally compact. In this paper we give a completely different and much more general proof of the above continuity property. Moreover, it is shown for rather general cones on arbitrary topological spaces that the reduite of a bounded upper semi-continuous function is again upper semi-continuous.

We use often results of [2], which were proved there only for the special case of H-cones. However, the proofs work also in the present more general setting.

In the sequel X will denote a topological space and S a convex cone of positive (non-negative) numerical functions on X .

The notations inf and sup will stand for the greatest lower (resp. least upper) bounds in the set of numerical functions on X .

For a numerical function f we denote by $\hat{f}$ the lower semi-continuous regularization of f . We call reduite of f with respect to S the function

$$Rf := \inf \{ s \in S : s \geq f \} .$$

For $A \subset X$ and $s \in S$ we put $R_s^A := \inf \{ t \in S : t \geq s \text{ on } A \}$.

The following axioms will be imposed on X and S :

(S1) For any $s,t,u \in S$ with $s + u \leq t + u$ we have $s \leq t$.

(S2) $1 \in S$.

(S3) For any increasing and dominated sequence (s_n) in S we have $\sup s_n \in S$.

(S4) S is inf-stable.

(S5) For any $s,t \in S$ and any positive numerical function f with $s = t + f$ we have $Rf \in S$ and there exists $t' \in S$ such that $s = t' + Rf$.

(S6) a) Any $s \in S$ is lower semi-continuous.

b) For any open set U and any $x \in U$ there exist $u,v \in S$ finite and continuous with $0 \leq u - v \leq 1$, $u(x) - v(x) = 1$, $u - v = 0$ outside U .

Remark - If X possesses a countable base then S is an H-cone of functions (cf. [2] , 3.1).

Definition - For any two elements $s,t \in S$ denote $s \prec t$ if there exists $u \in S$ with $s + u = t$. The relation $\prec$ is an order relation and we call it the specific order.

In [1] , Proposition 1.2 it is shown that the ordered set $(S,\prec)$ is a conditionally σ-complete sublattice of a conditionally σ-complete vector lattice.

Denote S_c the set of all finite continuous elements of S .
It is easily seen that S_c is a specifically solid subcone of S .

Remark - An equivalent form of axiom (S6) is the following :

(S6) a) $s \in S, x \in X$, $s(x) = \sup\{ t(x) : t \in S_c, t \leqslant s \}$.

b) The coarsest topology on X making all elements of S_c continuous coincides with the initial topology of X.

Definition - The coarsest topology such that all functions of S are continuous is called the fine topology.

The fine topology is finer than the initial topology of X . In virtue of axiom (S1) any function of S must be finite on a finely open finely dense set.

Remark - Using axiom (S4) one may deduce the Riesz decomposition property in S, i.e. for any $s,t,u \in S$ with $u \leqslant s + t$ there exists $s',t' \in S$ with $u = s' + t'$, $s' \leqslant s, t' \leqslant t$.

One may show now that R^A is additive, positively homogeneous, contractive and increasing (cf. [4] and [2], p. 76).

Definition - A set A is called a balayage set if

$$R_s^A \in S \quad \text{for any} \quad s \in S .$$

PROPOSITION 1 - Any finely open set of the form $A = \{u > v\}$ where $u,v \in S$, is a balayage set.

Proof - Replacing v by $\inf(u,v)$ we may assume $v \leqslant u$. If one puts $f := u - v$ where v is finite and 0 elsewhere, then $R_s^A = \sup_n R(\inf(x,nf))$ holds. Using ([1] , Theorem 2.2.9.) we see that A is a balayage set.

In what follows B will be an additive, positively homogeneous, contractive, increasing and idempotent map from S into S , such a map is called pseudo-balayage.

We denote

$$d(B) := \{ x \in X : \exists\, s \in S \text{ finite with } s(x) - Bs(x) > 0 \}.$$

Obviously $d(B)$ is a finely open set.

For any $s,t \in S$ with Bs, Bt finite the following properties hold :

(1a) For any $u \in S$ with $s \leqslant u$ we have $\inf(u-Bs,t-Bt) = v - Bv$ where $v \in S$, $v = \inf(u+Bt,t+Bs)$.

(1b) There exists uniquely $w \in S$ such that $s - Bs = w - Bw$ and such that w and Bw are specifically disjoint.

(1c) If s and Bs are specifically disjoint and if $s - Bs \leqslant t - Bt$ then $s \leqslant t$, $Bs \prec Bt$.

The proof of a) is obvious and the existence of a function w in b) follows from the already mentioned lattice theoretical properties of $(s,\prec)$. The uniqueness follows from c). A proof of c) may be found in [2], p. 153.

We denote by S_B the set of all positive numerical functions f on $d(B)$ which satisfy

I - f is finite on a finely dense (in $d(B)$) set.

II - For any finite function $s \in S$ there exists a finite function $t \in S$ such that $\inf(f,(S-Bs)) \mid d(B) = (t-Bt) \mid d(B)$.

Obviously we have

(2a) Any function in S_B is finely continuous.

From (1a) we get

(2b) For any $u,s \in S$ with $s \leqslant u$ and Bs finite, $u - Bs$ belongs to S_B.

Moreover we have

(2c) S_B satisfies properties (S1) - (S5).

Properties (S1), (S2) are obvious and (S3), (S4) can be shown as in [2] , 5.1. The proof of (S5) and the next proposition follow from [3] , Proposition 2.3.

We denote by R' the reduite in S_B .

PROPOSITION 2 - *For any* $s, t \in S$ *with* $t \leqslant s$ *and* Bs *finite we have*

$R'((t - Bs) \mid d(B)) = (u - Bu) \mid d(B)$ *where* $u \in S$, $u \prec t$.

COROLLARY - *Let* (s_i), (t_i), $i = 1 \ldots k$ *be two finite families in* S *with* $t_i \leqslant s_i$ *and* Bs_i *finite for any* i . *Then we have*

$R'(\sup(t_i - Bs_i) \mid d(B)) = (u - Bu) \mid d(B)$ *with* $u \in S$, $u \prec t_1 + \ldots + t_k$.

Proof For any $i = 1 \ldots k$ let u_i be an element of S such that $R'((t_i - Bs_i) \mid d(B)) = (u_i - Bu_i) \mid d(B)$. Then we have

$$R'(\sup(t_i - Bs_i) \mid d(B)) = R'(\sup(u_i - Bu_i) \mid d(B)).$$

The assertion follows now from the inequality $R(v_i)) \prec v_i + \ldots + v_k$ valid generally for the reduite of a family $(v_i), i = 1 \ldots k$.

If B' a further pseudo-balayage with

$$B' \circ B = B \circ B' = B ,$$

then we have $d(B') \subset d(B)$ and (cf. [2], 5.1.12)

(3) $g_{|d(B')} \in S_{B'}$ for any $g \in S_B$.

LEMMA 3 - *Let* $x \in d(B)$ *and* $f \in S_B$. *Then there exists a sequence* (s_n) *in* S *such that*

(1) *For any* $n \in N$, s_n *is bounded, continuous and* $(s_n - Bs_n) \mid d(B) \leqslant f$.

(2) *The sequence* $(s_n - Bs_n)$ *is increasing.*

(3) $f(x) = \sup(s_n(x) - Bs_n(x))$.

Proof - Take $u \in S$ finite with $u(x) - Bu(x) > 0$ and for any $n \in \mathbb{N}$ $v_n \in S$ with $(v_n - Bv_n) \mid d(B) = \inf(f, n(u-Bu) \mid d(B))$. For any $n \in \mathbb{N}$ let $(s_{n,k})_{k \in \mathbb{N}}$ be a sequence in S such that $s_{n,k} \leqslant v_n$, $s_{n,k}$ bounded and continuous for any k and $v_n(x) = \sup_k(s_{n,k}(x))$. Further denote $g_n = \sup(s_{i,k} - Bv_i) \mid d(B), i,k \leqslant n$.

Using the above Corollary we have

$$R'g_n = (s_n - Bs_n) \mid d(B) \quad \text{with} \quad s_n \in S \ , \ s_n \prec \sum_{i,k=1}^{n} s_{i,k} \ .$$

In particular s_n is bounded and continuous. We have also $(s_n - Bs_n) \leqslant f$ and $f(x) = \sup g_n(x) = \sup(s_n(x) - Bs_n(x))$.

Let now $x \in X$ and f be a real function on X such that $f \geqslant 0$, $f(x) = 1$, $f = u - v$, where u,v are bounded and continuous functions of S.

For any real number α denote $G_\alpha = \{ y \in X : f(y) < \alpha\, u(y) \}$.

G_α is open, for $\alpha < \frac{1}{u(x)}$ the closure of G_α does not contain the point x and for $\alpha < \beta$ whe have $G_\alpha \subset G_\beta$.

<u>LEMMA 4</u> *Except for a countable set of real numbers the map $\alpha \to R_u^{G_\alpha}(x)$ is continuous.*

<u>Proof</u> - The above function is monotone and every monotone function is continuous except for a countable set of jumbs.

For any two real numbers α,β with $0 \leqslant \alpha < \beta$ denote

$f_{\alpha,\beta} := (\beta - \alpha)^{-1} \ (\inf(f, \beta u) - \inf(f, \alpha u))$. The function $f_{\alpha,\beta}$ is continuous, $f_{\alpha,\beta} = u$ on the complement of G_β, $f_{\alpha,\beta} = 0$ on G_α, $0 \leqslant f_{\alpha,\beta} \leqslant u$, hence we get $R_u^{G_\alpha} \leqslant R(u - f_{\alpha,\beta}) \leqslant R_u^{G_\beta}$.

<u>LEMMA 5</u> *The function $R_u^{G_\alpha}$ is continuous at x for any real number α for which the map $\beta \to R_u^{G_\beta}(x)$ is continuous at α.*

<u>Proof</u> - Using the above notation, we have $u - f_{\alpha,\beta} = s - t$ with $s,t \in S$ bounded and continuous ; hence $R(u - f_{\alpha,\beta}) \prec s$ and therefore $R(u - f_{\alpha,\beta})$ is continuous.

From the above inequalities we have $R_u^{G_\alpha}(x) = \inf_{\beta > \alpha} R_u^{G_\beta}(x) = \inf R(u - f_{\alpha,\beta})(x)$.

From this we deduce that $R_u^{G_\alpha}$ is upper semi-continuous at x and thus continuous because the elements of S are lower semi-continuous.

THEOREM 6 *Let A be a balayage set and denote $B := R^A$. Then any function g of S_B is lower semi-continuous on the complement of the closura of A.*

Proof - Let x be a point of $X \setminus \overline{A}$ and f be a function on X of the form $f = u' - v'$ whith $u', v' \in S$ bounded and continuous, $0 \leqslant f \leqslant 1$, $f(x) = 1$, $f = 0$ on $\overline{A}$. By (S2) we may assume that $u' \geqslant 1$.
$G := \{ y \in X : f(y) < \frac{2}{3u'(x)} u'(y) \}$ is a balayage set and from $A \subset G$ we get

$$B \circ B' = B' \circ B = B .$$

Note that $x \notin \overline{G}$.

By (3) the restriction of g to $d(B')$ belongs to S_B, and from Lemma 3 we get a sequence (t_n) of bounded and continuous elements of S with

$$t_n - B't_n \leqslant g \text{ on } d(B'),\ g(x) = \sup_n (t_n(x) - B't_n(x)) .$$

For a convenient choice of (ε_n) the series $\Sigma\, \varepsilon_n t_n$ is uniformly convergent and its sum t is dominated by u. Let now $u' := u + t, v' := v + t$ and $G_\alpha := \{ y \in X : f(y) < \alpha u \}$. Because of $f = u - v$ we may apply Lemmas 4 and 5 to find $0 < \alpha < \frac{1}{3u'(x)}$ such that $R_u^{G_\alpha}$ is continuous at x. Since $t \leqslant u$ we have $G_\alpha \subset G$ and therefore

$$B'' \circ B' = B' \circ B'' = B''$$

where $B'' := R^{G_\alpha}$. Since $B''t_n \prec B''t$ and since $B''t$ is continuous at x, $B''t_n$ is also continuous at x for any $n \in \mathbb{N}$. Denoting by R'' the reduite whit respect to $S_{B''}$ we get

$$R''((t_n - B't_n)_{|d(B'')}) = R''((t_n - B''t_n)_{|d(B'')} - (B't_n - B''(B't_n))_{|d(B'')}$$
$$\prec (t_n - B''t_n)_{|d(B'')},$$

where $\prec$ denotes the specific order in the potential cone $S_{B''}$. Because $(t_n - B''t_n)_{|d(B'')}$ is continuous at x, $R''(t_n - B't_n)$ shares, as a specific minorant, the same property. From $g_{|d(B'')} \in S_{B''}$, $\sup_n (t_n - B't_n)_{|d(B')} \leq g_{|d(B')}$ and $\sup_n (t_n(x) - B't_n(x)) = g(x)$ we get

$$\sup_n R''((t_n - B't_n)_{|d(B'')}) \leq g_{|d(B'')} \ , \ \sup_n R''((t_n - B't_n)_{|d(B'')})(x) = g(x)$$

and therefore g is lower semi-continuous at x.

PROPOSITION 7 *Let A be a balayage set, $x \in X \setminus \overline{A}$, $t \in S$ be finite and continuous at x. Then for $s \in S$ with $s \leq t$ we have R^A_s finite and continuous at x.*

Proof - Let us denote $B := R^A$. From $s \leq t$ we get $t = f + Bs$ on $d(B)$ where f is an element of S_B (see (2b)). Since f and Bs are lower semi-continuous and their sum t is finite continuous at x one may deduce that both f and Bs are finite continuous at x.

THEOREM 8 *Let $f \geq 0$ be a numerical function on X, $s \in S$, $f \leq s$ and $x \in X$ such that s is finite continuous at x and f is upper semi-continuous at x.*

Proof - A neighbourhood F of x is called admissible if $X \setminus F$ is a balayage set. It is an easy consequence of Proposition 1 that the system $\mathcal{a}_x$ of admissible neighbourhoods of x is a neighbourhood base of x.

Assume first that, for any $t \in S$ with $f \leq t$, there exists $F \in \mathcal{a}_x$ with

$$f(x) < R^{X \setminus F}_t(x).$$

For a given $\varepsilon > 0$ we choose $t \in S$, $F \in \mathcal{a}_x$ such that

$$f \leq t \leq x \ , \ t(x) \leq Rf(x) + \varepsilon \ , \ f(x) < R^{X \setminus F}_t(x) \ .$$

Using the upper semi-continuity of f at x and the continuity of $R_t^{X\setminus F}$ at x (Proposition 7) we can find $F' \in \mathcal{A}_x$, $F' \subset F$ with $f \leqslant R_t^{X\setminus F}$ on F'. Thus we get

$$f \leqslant R_t^{X\setminus F'}.$$

By proposition 7, $R_t^{X\setminus F'}$ is continuous at x and therefore

$$\limsup_{y \to x} Rf(y) \leqslant \limsup_{y \to x} R_t^{X\setminus F'}(y) = R_t^{X\setminus F'}(x) \leqslant Rf(x) + \varepsilon .$$

Assume now that there exists $t \in S$, $f \leqslant t$ with

$$R_t^{X\setminus F}(x) \leqslant f(x) \quad \text{for any} \quad F \in \mathcal{A}_x .$$

Replacing t by $\inf(t,s)$ we may assume $t \leqslant s$. Let $\varepsilon > 0$ be given and $F \in \mathcal{A}_x$ be arbitrary. By the upper semi-continuity of f at x and the continuity of $R_t^{X\setminus F}$ at x (Proposition 7) we can find $F' \in \mathcal{A}_x$ with

$$f \leqslant R_t^{X\setminus F} + (f(x) - R_t^{X\setminus F}(x)) + \varepsilon \quad \text{on} \quad F' .$$

Thus

$$f \leqslant R_{t+c}^{X\setminus F'} \quad , \text{ where } \quad c := f(x) - R_t^{X\setminus F}(x) + \varepsilon > 0 .$$

By Proposition 7, $R_{t+c}^{X\setminus F'}$ is continuous at x and we get

$$\limsup_{y \to x} Rf(y) \leqslant \limsup_{y \to x} R_{t+c}^{X\setminus F'}(y) = R_{t+c}^{X\setminus F'}(x) \leqslant (t+c)(x) = f(x) + \varepsilon .$$

<u>*COROLLARY 1*</u> *If S is an H-cone then for a real continuous function f on X dominated by a real continuous element of S, Rf is real continuous. Particularly for a bounded continuous function f, Rf is bounded continuous.*

<u>Proof</u> - For a family in S the greatest lower bound (in S) is equal to the lower semi-continuous regularized of the pointwise infimum of this family. Thus Rf is an element of S.

COROLLARY 2 *Assume that* S *is an* H*-cone and let* A *be a subset of* X *,* $x \in X \setminus \overline{A}$ *,* $t \in S$ *be finite continuous at* x *. Then for any* $s \in S$ *,* $s \leq t$ *we have* R_s^A *is finite continuous at* x *.*

Proof - Let G be a balayage set with $A \subset G$, $x \notin \overline{G}$ and put $B := R^G$. From $(R_s^A) \mid d(B) \in S_B$ and Theorem 6 we get (R_s^A) lower semi-continuous at x . By Theorem 8 it is also upper semi-continuous hence continuous.

REFERENCES

[1] BOBOC N., BUCUR Gh.,CORNEA A.,
Cones of potentials on topological spaces. Rev. Roum. Math. Pures et Appl., 18, S. 815-865 (1973).

[2] BOBOC N., BUCUR Gh., CORNEA A., HOLLEIN H.
Order and convexity in potential theory : H-cones. Lecture Notes in Mathematics 853. Berlin-Heidelberg-New York : Springer 1981.

[3] CORNEA A., WITTMANN R.
An approximation theorem for cones of potentials. To appear in Analysis.

[4] MOKOBODZKI G.
Eléments extrêmaux pour le balayage. Séminaire Brelot-Choquet-Deny (Théorie du potentiel), 13ème année, 1969/70, n° 5, Paris.

Katholische Universität Eichstätt
Mathematisch-Geographische Fakultät
OstenstraBe 26-28

D-8078 Eichstätt

Colloque de Théorie du
Potentiel-Jacques Deny
- Orsay 1983 -

LES SOUS-NOYAUX ELEMENTAIRES (1)

par Claude DELLACHERIE

A Jacques Deny, à qui je dois d'aimer
les mathématiques vivantes.

I. THEORIE ALGEBRIQUE.

Notre situation de départ sera très générale, non par amour de la généralité mais parce que cela obligera à trouver les démonstrations les plus élémentaires et permettra ainsi de mieux comprendre ce qui est en jeu.

On part avec un ensemble E et un opérateur N sur E i.e. une application croissante (pour l'ordre usuel) de $\overline{\mathbb{R}}_+^E$ dans lui-même (2) (sauf mention du contraire, nous appellerons fonction sur E - tout court - tout élément de $\overline{\mathbb{R}}_+^E$) . Une fonction f sur E est dite N-excessive (ou tout simplement excessive

---

(1) Les résultats de cet exposé proviennent en grande partie d'une relecture du 3ième volume [1] de "Probabilités et Potentiel" écrit en collaboration avec P.A. Meyer ; ils ont aussi profité de conversations avec G. Mokobodzki. Ceux du § 1 constituent une adaptation au cas sous-linéaire des propriétés des noyaux élémentaires de Deny [2], du côté des fonctions.

(2) Cette définition, très générale (et même le plus souvent trop générale), est bien adaptée au cadre du début de cet exposé.

s'il n'y a pas ambiguité) si on a $Nf \leq f$. Notre ambition - un peu démesurée - est d'étudier les fonctions N-excessives et les opérateurs qui permettent d'en construire.

Exemple : Supposons E muni d'une tribu $\mathcal{E}$ et soit $(P_t)_{t \in T}$ une famille quelconque de noyaux (positifs) de $(E,\mathcal{E})$ dans lui-même. On associe à cette famille un opérateur N en posant $Nf = \sup_{t \in T} P_t f$ pour toute fonction f (les P_t étant étendus aux fonctions non mesurables par le biais de l'intégrale supérieure ; il en sera toujours ainsi par la suite). Un tel opérateur N sera appelé un sous-noyau ; il est clair que N est non seulement croissant mais aussi sous-linéaire et montant (i.e. on a $Nf_n \uparrow Nf$ si $f_n \uparrow f$) . Et f est N-excessive ssi elle est P_t-excessive pour tout $t \in T$. Les sous-noyaux, agrémentés d'une propriété de mesurabilité que nous verrons plus loin, et leurs fonctions excessives seront le sujet principal de notre étude.

Pour construire des fonctions excessives, nous nous donnons en plus de notre ensemble E et de notre opérateur N une opération $*$ i.e. une application $(a,b) \to a * b$ de $\overline{\mathbb{R}}_+^2$ dans $\overline{\mathbb{R}}_+$ vérifiant les propriétés suivantes (qui seront augmentées au fur à mesure des besoins)

(i) elle est séparément croissante

(ii) on a $a * 0 = 0 * a = a$ pour tout $a \in \overline{\mathbb{R}}_+$

Exemples : Il y a deux opérations importantes, l'opération $* = \vee$, qui est la plus petite possible étant donnés (i),(ii), et qui donnera naissance à l'opérateur de réduite R associé à N , et l'opération $* = +$, qui donnera naissance à l'opérateur potentiel G associé à N . En fait, nous ne connaisson pas d'autres opérations intéressantes mais le fait de travailler avec une opération $*$ permet de traiter en même temps les deux opérations fondamentales, avec un gain allant au-delà de l'économie d'écriture.

Notre triplet $(E,N,*)$ étant fixé, nous appellerons équation de Poisson la formule $u = f * Nu$ où u,f sont des fonctions. Nous allons nous occuper maintenant du calcul des $*$-potentiels, i.e. de la résolution de $u = f * Nu$ en u pour f donnée ; plus loin, nous verrons le calcul des $*$-charges, i.e. la résolution de $u = f * Nu$ en f pour u donnée. Notons tout de suite que, si on a $u = f * Nu$, alors, d'après (i),(ii), u est nécessairement une fonction excessive majorant f .

<u>*THEOREME 1*</u>. *Pour f donnée, l'équation $u = f * Nu$ admet une solution minimale, qui est aussi la plus petite fonction v telle que $v \geqq f * Nv$. Cette fonction est appelée le <u>$*$-potentiel</u> de f (resp. la <u>réduite</u> de f si $* = \vee$, le <u>potentiel</u> de f si $* = +$) et sera notée $X_N f$ (resp. $R_N f$, $G_N f$) l'indice étant omis s'il n'y a pas ambiguité.*

<u>Démonstration</u> : Nous définissons par récurrence transfinie sur les ordinaux une famille (f_i) de fonctions comme suit :

$$f_0 = f \qquad f_{i+1} = f * Nf_i \qquad f_j = \sup_{i<j} f_i \quad \text{pour } j \text{ limite}$$

La famille (f_i) est croissante : on a $f_1 = f * Nf \geqq f$ puis, par récurrence,

$$f_{i+1} = f * Nf_i \geqq \sup_{k<i} f * Nf_k = f_i$$

et un raisonnement élémentaire de cardinalité assure alors l'existence d'un ordinal i_o et d'une fonction u tels que $f_i = u$ pour $i \geqq i_o$, ce qui implique $u = f * Nu$. Maintenant, si v est une fonction telle que $v \geqq f * Nv$ on vérifie sans peine par récurrence transfinie qu'on a $v \geqq f_i$ pour tout ordinal i et donc $v \geqq u$.

<u>REMARQUES</u>. a) On aurait pu utiliser le théorème de Zorn à la place de la récurrence transfinie. Mais, outre le fait qu'elle est plus intuitive, la récurrence transfinie a l'avantage de fournir une "construction". Ainsi, si N est montant (par exemple, si N est un sous-noyau), la suite (f_i) stationne dès aleph_o - (f_i) devient une suite ordinaire (f_n) - et on pourra ainsi plus loin obtenir la mesurabilité de $Xf = \lim f_n$ sous des hypothèses convenables. On verra aussi plus loin des résultats fins de mesurabilité obtenus en raisonnant sur des suites transfinies allant au-delà de aleph_o .

b) On a $Gf = f + NGf$ comme dans le cas des noyaux élémentaires mais, même si N est un sous-noyau, en général G n'est pas linéaire et ne vérifie pas $Gf = f + GNf$. Il y a en fait un opérateur G' vérifiant $G'f = f + G'Nf$, donné par la formule classique $G' = \Sigma_{k \geqq 0} N^k$, et qui nous semble nettement moins intéressant que G ; nous en dirons quelques mots plus loin quand il s'avérera utile pour l'étude de G .

c) On a aussi $Rf = f \vee NRf$ comme dans le cas classique, ce qui montre que Rf est bien la réduite de f , i.e. la plus petite fonction excessive majorant f .

Passons à la définition de l'<u>opérateur de réduction</u> H_A , pour A partie fixée de E , associé à N . Il s'agit ici, pour f donnée, de trouver une fonction v égale à f sur A et N-invariante sur A^c . Si on note J_A (resp. J_{A^c}) l'opérateur de multiplication par 1_A (resp. 1_{A^c}) , cette condition s'écrit encore

$$v = J_A f * J_{A^c} N v$$

quelle que soit l'opération $*$ choisie (à cause de (ii)), et on reconnait là une équation de Poisson pour la donnée $J_A f$ relativement à l'opérateur $J_{A^c}N$. Par conséquent, il existe une plus petite solution, notée $H_A f$, égale à ${}^{A^c}XJ_A f$ où ${}^{A^c}X$ est l'opérateur $*$-potentiel associé à l'opérateur $J_{A^c}N$.

<u>*THEOREME 2*</u>. *On a* $H_A f \leqq R(1_A f)$, *et* $H_A f = R(1_A f) \leqq f$ *si* f *est excessive.*

<u>Démonstration</u> : En prenant $* = \vee$ pour calculer H_A et en remarquant qu'on a ${}^{A^c}R \leqq R$ (toute fonction N-excessive est évidemment $J_{A^c}N$-excessive), on obtient l'inégalité $H_A f \leqq R(1_A f)$. Maintenant, si f est excessive, on a $R(1_A f) \leqq f$ et donc $NH_A f \leqq Nf \leqq f$; comme $f = H_A f$ sur A , on a ainsi $NH_A f \leqq H_A f$ sur A tandis que, sur A^c , on a $NH_A f = H_A f$ par définition. D'où $H_A f$ est excessive et, comme elle majore $1_A f$ et est majorée par $R(1_A f)$, on a nécessairement $H_A f = R(1_A f)$.

Comme corollaire, on obtient le "superprincipe" de domination.

<u>*THEOREME 3*</u>. *Soient* u *une fonction excessive et* f *une fonction de* $*$*-potentiel* $v = Xf$. *Si on a* $u \geqq Xf$ *sur* $\{f > 0\}$ *alors on a* $u \geqq Xf$ *partout.*

Démonstration : Posons $A = \{f > 0\}$; comme $H_A v$ est égale à $R(1_A v)$, il suffit de traiter le cas où $u = H_A v$. Or, sur A^c , on a alors $u = Nu = f * Nu$ tandis que sur A on a $u = v = f * Nv \geqq f * Nu$. Donc, on a partout $u \geqq f * Nu$ ce qui implique $u \geqq Xf$ d'après le théorème 1 .

REMARQUE. Comme conséquences, on obtient évidemment le principe de domination pour les $*$-potentiels, et aussi, si N est sous-linéaire et sous-markovien (i.e. $N1 \leqq 1$) , le principe complet du maximum pour les $*$-potentiels et, pour $* = +$, le principe du maximum renforcé pour les potentiels.

Citons, pour mémoire, un résultat ancien (et précieux) de Mokobodzki qui précise notablement le théorème précédent dans le cas où $* = \vee$ et où N est sous-linéaire.

THEOREME 4. Supposons N sous-linéaire et soient u une fonction excessive et f une fonction de réduite $v = Rf$ finie. Si, pour un $t < 1$, on a $u \geqq Rf$ sur $\{f > tRf\}$ alors on a $u \geqq Rf$ partout.

Démonstration : La démonstration est simple mais magique. On pose $A = \{f > tRf\}$ et on remarque que l'on a partout

$$f \leqq (1-t)1_A f + tRf$$

d'où, R étant idempotent, et sous-linéaire si N l'est,

$$Rf \leqq (1-t)R(1_A f) + tRf$$

Comme Rf est finie et $R(1_A f) \leqq Rf$, cela implique $R(1_A f) = Rf$ d'où la conclusion.

Malgré cette belle lancée, on va rencontrer maintenant une difficulté considérable dû au fait que, même si N est sous-linéaire, une excessive u majorée par un potentiel fini Gf n'est pas nécessairement un potentiel. Voici un exemple bien simple de cette situation. Il s'agit essentiellement de l'exemple que donne Revuz [4] de noyau vérifiant le principe du maximum renforcé sans être un noyau élémentaire.

Exemple : On part avec un noyau markovien P sur un espace mesurable $(F,\mathcal{F})$;

on ajoute un point δ à F et on prend $E = F \cup \{\delta\}$ auquel on prolonge P en posant $\varepsilon_\delta P = 0$. Enfin, on note Q le noyau sur E tel que $\varepsilon_x Q = \varepsilon_\delta$ pour $x \in F$ et $\varepsilon_\delta Q = 0$ et on prend pour N le sup de P et Q . Les fonctions N-excessives sont les fonctions P-excessives atteignant leur minimum en δ . Si on prend $f = 1_{\{\delta\}}$, on voit sans peine que Nf est égale à 1_F et est N-invariante, et que Gf est égale à 1_E : ainsi Gf majore une fonction invariante non triviale.

Ainsi, dans notre contexte, la notion de potentiel fini ne coïncide pas avec la notion de potentiel pur. Nous dirons qu'une fonction N-excessive est <u>pure</u> si elle est finie et si elle ne majore aucune fonction N-invariante autre que la fonction nulle. On peut "construire" la plus grande fonction invariante majorée par une fonction excessive u en définissant par récurrence transfinie les N-itérés de u comme suit :

$$u_o = u \qquad u_{i+1} = Nu_i \qquad u_j = \inf_{i<j} u_i \quad \text{si } j \text{ est limite}$$

la suite transfinie (u_i) est décroissante et stationne donc à partir d'un ordinal i_o ; u_{i_o} est alors la plus grande invariante majorée par u . Même si N est un sous-noyau très régulier et u une fonction excessive très régulière, l'ordinal i_o est en général $>$ aleph$_o$; sous des hypothèses convenables de mesurabilité, on verra plus loin qu'on a cependant $i_o \leqq$ aleph$_1$, et même $<$ aleph$_1$ si u est pure i.e. si $u_{i_o} = 0$. Une fonction g sera dite <u>défective</u> si on a $Ng \geqq g$; à l'inverse d'une fonction excessive, une fonction défective est majorée par une plus petite fonction invariante qu'on peut "construire" de manière transfinie (sans dépasser aleph$_o$ cependant si N est montant). Et, si une fonction défective g est majorée par une fonction excessive f , il est clair que la plus petite invariante majorant g est inférieure à la plus grande invariante majorée par f ; en particulier, une fonction excessive finie est pure ssi elle ne majore aucune fonction défective autre que la fonction nulle, critère que nous allons bientôt utiliser.

Nous en venons maintenant au calcul des charges. Nous supposons désormais que nos <u>opérations</u> * <u>sont continues</u>. Pour une fonction excessive donnée u , les propriétés (i),(ii) de * jointes à la continuité implique que l'équation de Poisson $u = f * Nu$ en f admet au moins une solution ; mais elle peut en avoir plusieurs, même si N est un noyau, soit à cause de $*$ (prendre $* = \vee$), soit à cause de u (si Nu n'est pas finie). Elle a cependant toujours une solution minimale, que nous appellerons la <u>$*$-charge de</u> u et que nous noterons Yu . Comme on a $Yu = 0$ si u est invariante, toute fonction excessive ne peut être le $*$-potentiel de sa $*$-charge. On va voir cependant que c'est le cas pour les fonctions excessives pures, tout au moins si on suppose satisfaites les conditions suivantes désormais imposées à notre N et nos $*$

l'opérateur N est sous-linéaire

et on a $a * (b + c) \leqq (a * b) + c$

(cette dernière condition, jointe à (i) et (ii), implique $a \vee b \leqq a * b \leqq a + b$ et donc $Rf \leqq Xf \leqq Gf$) .

<u>THEOREME 5</u>. *Toute fonction excessive pure est le $*$-potentiel de sa $*$-charge.*

<u>Démonstration</u> : Soient u une fonction excessive pure, f sa $*$-charge et v le $*$-potentiel de f . On a $u \geqq v$ par minimalité de v et

$$u-v = (f * Nu) - (f * Nv) \leqq Nu - Nv \leqq N(u-v)$$

la première inégalité provenant de la nouvelle propriété vérifiée par $*$ et la seconde de la sous-linéarité de N . Ainsi la fonction $u-v$ est défective, majorée par u , et donc nulle si u est pure.

<u>REMARQUES</u>. a) Plus généralement, pour u excessive, on obtient une espèce de décomposition de Riesz $u = XYu + j$ où j est une fonction défective. Cette décomposition est cependant peu intéressante dans la mesure où j n'est pas nécessairement invariante et où XYu n'est pas forcément pure, même si $* = +$.
b) Toute fonction excessive majorée par une excessive pure est elle-même pure. Cependant l'ensemble des excessives pures peut-être réduit à $\{0\}$ alors qu'il existe des potentiels finis (c'est le cas dans l'exemple plus haut si F est un ensemble fini !). Toutefois, si N est sous-markovien, on vérifie aisément que toute fonction finie N-excessive est excessive pure par rapport à tN pour

tout $t \in [0,1[$, ce qui permet parfois d'obtenir des résultats sur les fonctions excessives à partir de résultats sur les excessives pures. On trouvera à la fin de ce paragraphe d'autres remarques sur la pureté, qui joue un grand rôle dans tout cet exposé.

Le corollaire suivant précise le théorème 4 dans le cas pur.

COROLLAIRE. *Si u est une fonction excessive pure, l'ensemble $\{u > Nu\}$ est le plus petit ensemble A tel qu'on ait $u = R(1_A u) = H_A u$.*

Démonstration : Si on a $H_A u = u$, alors on a $u = Nu$ sur A^c et donc A contient $\{u > Nu\}$. Réciproquement, si $A = \{u > Nu\}$, alors $1_A u$ est évidemment la charge de u pour l'opération $\vee$ d'où $R(1_A u) = u$ d'après le théorème.

REMARQUE. Le théorème et son corollaire sont encore vrais pour u pure non nécessairement finie. Mais comme dans la suite de l'exposé on devra se limiter au cas des fonctions finies, nous avons trouvé plus commode de supposer d'emblée que les excessives pures sont finies.

Nous poursuivons avec l'étude des inéquations de Poisson

$$u \geqq f * Nu \qquad \text{et} \qquad u \leqq f * Nu$$

pour f donnée. La première a déjà été vue au théorème 1 : l'inégalité $u \geqq f * Nu$ implique u excessive et $u \geqq Xf$, en toute généralité. Pour la seconde, nous aurons besoin d'une hypothèse de pureté.

THEOREME 6. *Soient f,u deux fonctions telles que $f * Nu \geqq u$. Alors, si Ru est pure, u est majorée par Xf .*

Démonstration : La démonstration est analogue à celle du théorème précédent. Si on pose $v = Xf$, on a $f * Nu \geqq u$ et $f * Nv = v$ d'où par différence :

$$(u-v)^+ \leqq (f * Nu - f * Nv)^+ \leqq (Nu - Nv)^+ \leqq N[(u-v)^+]$$

La fonction $(u-v)^+$ est défective, majorée par Ru, et donc nulle ; d'où on a bien $u \leqq v$.

En corollaire, une extension partielle du corollaire du théorème 5 au cas où la fonction u n'est pas excessive.

<u>*COROLLAIRE*</u>. *Soit* u *une fonction telle que* Ru *soit pure. Pour tout ensemble* A *contenant* $\{u > Nu\}$ *on a* $u \leqq H_A u$.

<u>Démonstration</u> : On applique le théorème à $f = 1_A u$, $N = J_{A^c} N$, l'opération * prise étant indifférente.

Voici un dernier énoncé, chapeautant les deux énoncés prédédents (qu'on a cependant trouvé plus clair d'énoncé au préalable).

<u>*THEOREME 7*</u>. *Soient* f,u *deux fonctions et* A *un ensemble tels que* :

$$f * Nu \geqq u \quad sur \quad A^c$$

Alors, si Ru *est pure et si* $v = Xf$, *on a* :

$$(u-v)^+ \leqq H_A[(u-v)^+]$$

<u>Démonstration</u> : Notons d'abord qu'on retrouve le théorème précédent en prenant $A = \emptyset$ et son corollaire en prenant $f = 0$. Ceci dit, en procédant comme dans la démonstration du théorème 6, on trouve $(u-v)^+ \leqq N[(u-v)^+]$ sur A^c et on conclut alors en appliquant le corollaire à la fonction $(u-v)^+$.

Nous terminons cette partie algébrique en donnant, dans ce cadre, les hypothèses sous lesquelles nous travaillerons désormais et quelques conséquences démarquant des propriétés classiques.

D'abord l'opérateur N sera <u>sous-linéaire et montant</u> (en fait, un sous-noyau) <u>sous-markovien</u> (i.e. $N1 \leqq 1$) . Cela implique que :

a) l'opérateur *-potentiel X est montant et que, pour toute f, Xf est la limite croissante des $f_{n+1} = f * Nf_n$ pour $n \in \mathbb{N}$

b) l'ensemble $\mathcal{S}$[(1)] des fonctions excessives, stable pour les inf

---

(1) en théorie élémentaire, la notion de fonction excessive coïncide avec la notion de fonction surmédiane, d'où la notation choisie.

quelconques, est un cône convexe stable pour les limites de suites croissantes, contenant les constantes.

c) l'ensemble $\mathcal{P}$ des fonctions excessives pures est un sous-cône convexe, héréditaire, de $\mathcal{S}$, stable pour les sommes de séries convergentes [en effet, N étant dénombrablement sous-additif, la construction transfinie des N-itérés de $u, {}^k u$, où $u = \Sigma_k {}^k u$, donne $u_i \leqq \Sigma_k {}^k u_i$ et donc $u_j = 0$ si ${}^k u_j = 0$ pour tout $k \in \mathbb{N}$] .

d) le potentiel $u = Gf$ est pur (et même mieux que cela) dès que la série $G'f = \Sigma_{k \geqq 0} N^k f$ converge (mais, contrairement au cas classique, cette condition n'est pas nécessaire) [en effet, par récurrence sur $f_{n+1} = f + Nf_n$, on voit aisément qu'on a $Gf \leqq G'f$ et fonc Gf fini, puis, par sous-additivité dénombrable de N , on a $N^p Gf \leqq \Sigma_{k \geqq p} N^k f$ pour tout entier p d'où $\lim \downarrow N^p u = 0$, sans dépasser aleph_o] .

e) si (u_n) est une suite de fonctions excessives finies (resp. pures) et si on définit une fonction excessive bornée (et pure) u par

$$u = \Sigma_{n,p} \, 2^{-(n+p)} \, u_{n,p} \quad \text{où} \quad u_{n,p} = \inf(u_n, p)$$

alors l'ensemble $\{u > Nu\}$ contient les ensembles $\{u_n > Nu_n\}$; en particulier, si les $\{u_n > Nu_n\}$ forment un recouvrement de E , on a $u > Nu$ partout (cela intervient dans la notion de propreté de G) [il est clair que u est bornée, excessive, et pure si les u_n le sont ; pour $x \in E$ fixé, choisissons un n tel que $u_n(x) > Nu_n(x)$ puis un $p > u_n(x)$. Comme N est dénombrablement sous-additif, on a $Nu \leqq \Sigma \, 2^{-(i+j)} \, Nu_{i,j}$ et, tenant compte du fait que $Nu_{i,j} \leqq u_{i,j}$ avec inégalité stricte en x pour $i = n$ et $j = p$, on obtient $Nu < u$ en x].

f) si, pour $t \in [0,1[$, on désigne par X_t l'opérateur $*$-potentiel de l'opérateur tN , alors on a $Xf = \lim \uparrow X_t f$ quand $t \uparrow 1$ pour toute f .

Ensuite, nous demanderons aux opérations $*$ de vérifier :

(i) croissance et continuité

(ii) $a * 0 = 0 * a = a$

(iii) $(a+d) * (b+c) \leqq (a * b) + (d * c)$

(iv) $(ca) * (cb) = c(a * b)$

La propriété (iii), qui, avec (ii), implique $a * (b+c) \leqq (a * b) + c$, assure avec la propriété (iv) que l'opérateur montant X est sous-linéaire. Ces propriétés sont évidemment vérifiées par les exemples fondamentaux $* = \vee$ et $* = +$ (et aussi par toute "barycentre" de ces deux opérations).

II. PRELIMINAIRES ANALYTIQUES.

Alors que la partie algébrique est très élémentaire, la partie analytique de notre étude va être beaucoup plus sophistiquée, en particulier à cause de problèmes de mesurabilité. Nous serons obligé de faire pleinement usage de la théorie des capacités et des fonctions analytiques (au sens de Souslin et non de Weierstrass !). Mais comme une bonne partie de ce travail d'analyticité est déjà fait dans [1] (une référence de la forme "cf. X.18" y renverra), je me contenterai ici de faire un petit résumé commenté sans démonstrations.

Nous supposerons désormais que notre ensemble E est un espace métrisable compact. On pourrait demander moins - pour la plupart des résultats à venir, E polonais ou même métrisable souslinien conviendrait aussi bien - mais il est toujours plus agréable, quand on manipule des capacités de Choquet, d'avoir un espace ambiant métrisable compact, quitte à étendre les résultats à des espaces plus généraux par plongement. Soit donc E notre espace métrisable compact, muni de sa tribu borélienne $\mathcal{E}$; nous désignerons par $\mathcal{M}_b^+$ l'ensembles des mesures (positives, bornées) sur $(E,\mathcal{E})$ que nous munirons de la topologie vague - c'est un espace LCD . Rappelons qu'un noyau P de E dans E est une application $x \to \varepsilon_x P$ de E dans $\mathcal{M}_b^+$, que ce noyau est dit borélien (resp. universellement mesurable ; en abrégé, u.m.) si, pour f fonction sur E , la fonction $Pf : x \to \langle \varepsilon_x P, f \rangle = P(x,f)$ est borélienne (resp. u.m.) sur E dès que f l'est, et que cela revient à dire que l'application $x \to \varepsilon_x P$ est mesurable pour les tribus boréliennes (resp. u.m.) sur E et $\mathcal{M}_b^+$.

<u>DEFINITION 1</u>. *Un opérateur N sur E est appelé un <u>sous-noyau</u> s'il existe une partie H de $E \times \mathcal{M}_b^+$ telle qu'on ait, pour tout $x \in E$,*

$$Nf(x) = \sup_{\mu \in H_x} < \mu, f >$$

où H_x *est la coupe de* H *en* x *(en convenant que* $Hf(x) = 0$ *si* $H_x = \emptyset$*), pour toute fonction* f *sur* E *(en convenant que* $< \mu, f >$ *est une intégrale supérieure si* f *n'est pas mesurable).*

Il est clair qu'un sous-noyau N est un opérateur sous-linéaire, montant et que c'est un noyau ssi la coupe H_x est réduite à au plus un point pour tout x (nous dirons alors que H est un graphe). Par ailleurs, l'ensemble H engendrant N n'est évidemment pas unique et, pour des raisons qui deviendront claires par la suite, nous dirons qu'une partie B de $E \times \mathcal{M}_b^+$ est une base de N si on a, pour tout $x \in E$,

$$Nf(x) = \sup_{\mu \in B_x} < \mu, f >$$

pour toute f analytique[1] (ou toute f borélienne, ou toute f s.c.s. : cela revient au même ; on pourrait ici prendre aussi toute f u.m. mais ce serait dangereux plus loin). Notre sous-noyau N admet alors une base maximale, l'ensemble $\{(x,\mu) : \mu(f) \leqq Nf(x)$ pour f analytique$\}$. Ceci dit, il se pose tout de suite trois questions épineuses, à savoir :

(a) quelle est la mesurabilité de Nf , connaissant celle de f , ou, autrement dit, comment définir la notion de sous-noyau mesurable ?

(b) la mesurabilité de N est-elle liée à celle de sa base maximale ?

(c) le composé de deux sous-noyaux est-il encore un sous-noyau ?

A ces trois questions la théorie des capacités et des fonctions analytiques permet de donner des réponses pleinement satisfaisantes.

(A) Un sous-noyau N sera dit analytique s'il admet une base qui soit une partie analytique de $E \times \mathcal{M}_b^+$. Si N est un sous-noyau analytique et f une fonction analytique, alors la fonction Nf est aussi analytique (cf. X.14 ; on n'a pas mieux en général si on suppose que N admet une base compacte et que f est borélienne).

---

(1) on rappelle que f est analytique (resp. coanalytique) ssi $\{f > t\}$ (resp. $\{f < t\}$) est analytique pour tout $t \in \mathbb{R}_+$; une telle fonction est u.m.

(B) Un sous-noyau N est analytique ssi sa base maximale est analytique. La nécessité, nullement évidente, résulte aisément d'un profond théorème de Mokobodzki sur la géométrie de la base maximale (cf. XI.33 à 37 , du moins si N est sous-markovien).

(C) Si M et N sont deux sous-noyaux analytiques, alors le composé MN coïncide sur les fonctions analytiques avec un sous-noyau analytique - on dira par abus de langage que MN est encore un sous-noyau analytique (c'est sans danger si on ne sort pas de l'ensemble des fonctions analytiques, ce que (A) nous assure dans une certaine mesure) (cf. XI.21 à 24, mais ce n'y est pas fait explicitement). Plus précisément, si B est une base analytique pour M et C en est une pour N , la réunion des graphes des noyaux u.m. de la forme PQ avec $P \leqq M$, $Q \leqq N$ sur les fonctions analytiques, constitue une base analytique pour MN (résultat de l'auteur à paraître dans le Séminaire de Probabilités de Strasbourg).

Voyons maintenant les premières conséquences de tout cela pour notre théorie du potentiel sous-linéaire, et soit donc N un sous-noyau analytique sous-markovien sur E .

<u>THEOREME 8</u>. *Les opérateurs R et G associés à N sont (égaux à) des sous-noyaux analytiques (sur les fonctions analytiques). En particulier Rf et Gf sont analytiques si f est analytique.*

<u>Démonstration</u> : On définit par récurrence des opérateurs R_n et G_n par

$$R_o f = G_o f = f \qquad R_{n+1} f = f \vee NR_n f \qquad G_{n+1} f = f + NG_n f$$

Le sup ou la somme de deux sous-noyaux analytiques étant un sous-noyau analytique, il résulte de (A) et (C), par récurrence, que les R_n et G_n sont des sous-noyaux analytiques. Comme la limite d'une suite croissante de sous-noyaux analytiques est encore un sous-noyau analytique, R et G en sont aussi.

<u>REMARQUES</u>. a) Pour qui s'inquiéterait de l'opération * en général, disons que c'est encore vrai mais que le jeu n'en vaut pas la chandelle. Notons cependant

que Xf est analytique pour f analytique car Xf est limite croissante des $f_{n+1} = f * Nf_n$ qui sont analytiques par récurrence.

b) L'oubli des parenthèses de l'énoncé (effectué d'ailleurs dans la démonstration) est sans danger dans le sens fonction → $*$-potentiel, le $*$-potentiel d'une analytique étant analytique (ce qui prouve, au passage, qu'il y a beaucoup de fonctions excessives analytiques et donc u.m. ; en fait, il y a même beaucoup de fonctions excessives boréliennes -cf. XI.25). Par contre, il peut être dangereux dans le sens excessive → $*$-charge car, si u est analytique, $u1_{\{u > Nu\}}$ et $u - Nu$ sont des différences de fonctions analytiques (au mieux des fonctions coanalytiques si u est borélienne) et on ne connaît pas grand chose de l'action d'un sous-noyau analytique (et a fortiori d'un opérateur voisin) sur de telles fonctions.

Nous noterons $\mathcal{S}_u$ (resp. $\mathcal{S}_a$, $\mathcal{S}_b$) le cône des fonctions excessives u.m. (resp. analytiques, boréliennes). On définit comme dans le cas classique la <u>relation de balayage</u> sur $\mathcal{M}^+$ (1) par

$$\mu \dashv \nu \iff \forall f \in \mathcal{S}_u \ \mu(f) \geqq \nu(f)$$

(d'autres auteurs, par exemple Mokobodzki, note cela $\mu > \nu$) . Le cône $\mathcal{S}_a$ est suffisamment riche pour définir la relation de balayage, i.e. on a

$$\mu \dashv \nu \iff \forall g \in \mathcal{S}_a \ \mu(g) \geqq \nu(g)$$

le sens ⇒ est trivial ; pour le sens ⇐ , soient $f \in \mathcal{S}_u$ et h une fonction borélienne majorée par f et égale à f $\mu + \nu$ -p.p. : alors, $g = Rh$ appartient à $\mathcal{S}_a$ et, coincée entre h et f , est égale à f $\mu + \nu$ -p.p., d'où la conclusion (en fait, $\mathcal{S}_b$ convient aussi - cf. XI.25). On peut montrer, grâce à (B) entr'autres, que (le graphe de) la relation de balayage est analytique (dans $\mathcal{M}^+ \times \mathcal{M}^+$) (cf. XI.39). Nous serons plus particulièrement intéressé par la relation de balayage quand la première mesure est une masse de Dirac ε_x . Comme Rg est

---

(1) la relation $\mu \dashv \nu$ se lit " ν est une balayée de μ" .

analytique pour g analytique, la relation $\varepsilon_x \dashv \mu$ équivaut, d'après ce qui précède, à $Rg(x) \geqq \mu(Rg)$ pour toute fonction analytique g , ou encore, R étant un opérateur idempotent, à $Rh(x) \geqq \mu(h)$ pour toute h analytique : ainsi, l'ensemble $\{(x,\mu) : \varepsilon_x \dashv \mu\}$, que nous noterons encore R pour ne pas multiplier les notations, est la base maximale du sous-noyau analytique R , et une application de (B) , immédiate cette fois, nous assure que cette base est analytique.

Pour finir, nous citerons, sans démonstration, un résultat difficile qui interviendra dans l'étude des fonctions excessives pures. J'en ai publié une démonstration dans le volume 1980/81 du "Séminaire Choquet" mais on s'est aperçu depuis que, du moins dans son esprit, c'était une conséquence d'un théorème plus ancien de Moschovakis dont Feyel parle abondamment dans un exposé de ce volume. Signalons au passage qu'on trouvera cela, avec beaucoup d'autres choses, bien expliqué dans le livre de théorie descriptive moderne (avec applications à l'analyse) qu'est en train d'écrire Louveau.

THEOREME 9. Soient u une fonction analytique excessive par rapport au sous-noyau analytique N et (u_i) la famille transfinie de ses N-itérés

1) cette famille stationne à partir de $aleph_1$ (noté ω_1)

2) la fonction u_{ω_1} , qui est la plus grande fonction invariante majorée par u , est analytique

3) si u_{ω_1} est nulle, alors on a déjà $u_i = 0$ pour un ordinal dénombrable i .

Voici une application de ce théorème, que nous exploiterons plus loin. Pour simplifier, nous dirons qu'une fonction est dianalytique si elle est différence de deux fonctions analytiques.

COROLLAIRE. Soit u une fonction excessive pure. Si u est analytique, alors il existe une fonction dianalytique ϕ strictement positive sur l'ensemble $\{u > 0\}$ et de potentiel $G\phi$ borné et pur.

Démonstration : D'après le point e) suivant le théorème 7, on peut supposer u bornée. D'après le théorème 8, les N-itérés u_i de u sont analytiques pour i ordinal dénombrable et, d'après le théorème 9, il existe un ordinal dénombrable j

au delà duquel $u_i = 0$ si bien qu'on peut écrire

$$u = \Sigma_{i<j} (u_i - u_{i+1})$$

Enumérons les ordinaux $< j$ en une suite (i_n) et posons

$$\phi = \Sigma_n 2^{-n} (u_{i_n} - u_{i_n+1})$$

Comme u_i est le potentiel de $u_i - u_{i+1}$ (cf. théorème 5) et que G est sous-linéaire et montant, $G\phi$ est majoré par $\Sigma_n 2^{-n} u_{i_n}$. Il est alors clair que ϕ a les propriétés requises.

REMARQUE. On peut exprimer la philosophie de ce corollaire comme suit : si u est excessive pure, alors la restriction de G à $\{u > 0\}$ est propre. Mais, d'un côté, nous ne savons pas démontrer cela sans "analyticité" et, d'un autre côté, nous ne sommes pas arrivé à garder cette analyticité jusqu'au bout (la fonction ϕ est seulement dianalytique si bien que la nature de $G\phi$ est mystérieuse). Cela ne nous empêchera pas d'utiliser efficacement ce résultat dans le paragraphe suivant.

III. APPROXIMATION LINEAIRE.

Nous allons ici approcher la théorie du potentiel relative à un sous-noyau N par celle relative à des noyaux P majorés par N. On reprend en fait le § 1 du chapitre X de [1] en améliorant les résultats en ce qui concerne l'opérateur de réduite R (le seul opérateur *-potentiel qui y soit envisagé, d'après des travaux de Strauch, Sudderth et Ornstein), et en les étendant à l'opérateur potentiel G. Comme précédemment, nous manipulerons une opération $*$ pour tout traiter à la fois.

Notre situation de départ : un espace métrisable compact E, une partie analytique J de $E \times E^{\#}$ où $E^{\#}$ désigne le sous-espace compact de $\mathcal{M}_b^+$ constitué des sous-probabilités, et le sous-noyau analytique N, sous-markovien, associé à J comme plus haut par :

$$Nf(x) = \sup_{\mu \in J_x} < \mu, f >$$

pour tout $x \in E$ et toute fonction f . Nous dirons qu'un noyau P sur E est permis dans J si on a $\varepsilon_x P \in J_x$ pour tout $x \in E$ (en convenant que $\varepsilon_x P = 0$ est licite si $J_x = \emptyset$) ; un tel noyau est évidemment majoré par N . Il est clair que, si P est un noyau permis dans J , alors toute fonction N-excessive est P-excessive et que, du moins si P est u.m. , pour toute mesure μ , la mesure μP est une balayée de μ relativement à N . Au cours de cet exposé, on continuera à s'intéresser non seulement à N mais aussi à sa base privilégiée J (qui, du point de vue probabiliste, est une "maison de jeu", une mesure $\mu \in J_x$ représentant un "jeu permis" pour un joueur dans l'état x , ce jeu amenant le joueur dans l'état y avec une probabilité $\mu(dy)$ -cf. X.2 et X.25). En particulier la notion de noyau permis dans J jouera un grand rôle dans ce paragraphe.

On commence par établir un important lemme d'approximation, qui est une version sophistiquée de X.17. Sa démonstration fera appel à la théorie des constituants des ensembles analytiques étendue aux fonctions analytiques. Nous tâcherons d'expliquer clairement de quoi il s'agit sans entrer profondément dans cette théorie.

LEMME 1. *Soient f une fonction analytique et ϕ une fonction dianalytique majorée par Nf . Si on a $\phi < Nf$ sur l'ensemble $\{0 < Nf\}$, alors il existe un noyau u.m. P permis dans J tel qu'on ait $\phi < Pf$ sur $\{0 < Nf\}$.*

Démonstration : Ecrivons $\phi = g - h$ comme différence de deux fonctions analytiques. Si I désigne l'ensemble des ordinaux dénombrables, la théorie des constituants nous assure l'existence d'une suite transfinie décroissante $(g_i)_{i \in I}$ de fonctions boréliennes majorant la fonction analytique g et vérifiant la propriété suivante : pour toute mesure μ sur E (en particulier toute masse de Dirac), il existe $j \in I$ tel que $g = g_j$ μ-p.p.. Pour $i \in I$ fixé définissons une partie A_i de $E \times E^\#$ par

$$(x,\mu) \in A_i \iff (x,\mu) \in J \text{ et } \mu(f) > g_i(x) - h(x)$$

comme J est analytique ainsi que la fonction $\mu \to \mu(f)$, et que la fonction

$x \to g_i(x) - h(x)$ est coanalytique, on voit aisément que A_i est une partie analytique de $E \times E^{\#}$. Appliquons à cet ensemble analytique dans un produit le théorème classique de section de Jankov-Von Neumann : sur la projection B_i de A_i sur E (qui est analytique) il existe un noyau universellement mesurable P_i de graphe contenu dans A_i et donc tel qu'on ait $P_i f > g_i - h$ sur B_i. Comme $\{0 < Nf\}$ est la réunion croissante des B_i, i parcourant I, (on a $g_i(x) = g(x)$ pour i grand), on définit alors un noyau P sur $\{0 < Nf\}$ en posant $P = P_i$ sur $B_i - (\cup_{j<i} B_j)$, et, la théorie des constituants assurant que toute mesure μ sur E portée par $\{0 < Nf\}$ est déjà portée par l'un des B_i, on voit sans peine que P est universellement mesurable. Alors le noyau P a toutes les propriétés requises sauf qu'il n'est pas défini hors de $\{0 < Nf\}$ (qui est analytique). Pour remédier à cela, on prend n'importe quel noyau u.m. Q permis dans J (il en existe d'après le théorème de Jankov-Von Neumann et la convention $\varepsilon_x Q = 0$ si $J_x = \emptyset$) et on pose $\varepsilon_x P = \varepsilon_x Q$ pour $x \in \{Nf = 0\}$.

COROLLAIRE. *Soit f une fonction analytique telle que Nf soit finie. Alors, pour tout $c < 1$, il existe un noyau u.m. P permis dans J tel que l'on ait $Pf \geq c\, Nf$.*

Démonstration : Prendre $\phi = c\, Nf$ dans le lemme. Noter qu'on n'évite pas la théorie des constituants pour démontrer ce corollaire.

REMARQUES. a) Il existe un cas intéressant où le lemme et son corollaire (et plus généralement, toute notre situation) deviennent très simples. C'est quand l'ensemble J, qu'on n'a pas besoin alors de supposer analytique, est la réunion des graphes d'une suite de noyaux u.m. (on pourrait même se placer dans un cadre abstrait). On peut alors manipuler convenablement les fonctions u.m. au lieu des fonctions plus ou moins analytiques. Cela sera exploité ci-dessous.
b) Il est bien connu que, sauf cas très particulier, on ne peut pas remplacer "noyau u.m." par "noyau borélien" dans les énoncés. Un cas "très particulier" intéressant est celui où J est compact et f est s.c.s. : il existe alors un noyau borélien P permis dans J tel qu'on ait $Pf = Nf$ (l'existence d'un tel

noyau est élémentaire ; le fait qu'il puisse être pris borélien résulte d'un théorème classique de Kunugui-Novikov sur les boréliens à coupes compactes).

Nous allons établir maintenant une version du théorème de Strauch (cf. X.18). Quelques notations d'abord pour rendre son énoncé lisible. Notre opération * étant fixée ainsi qu'une fonction f , nous noterons F l'opérateur défini par

$$Fg = f * Ng$$

pour toute fonction g (l'apparition d'indices et d'exposants plus loin nous interdit de noter que F dépend de f autrement que par le graphisme et nous n'alourdirons pas la notation en marquant la dépendance de *). On reconnaît dans la suite $(F^n f)$ la suite croissante (f_n) convergeant vers le *-potentiel Xf de f . De même, si P est un noyau, il lui correspond, toujours pour * et f fixées, un opérateur F_P et un opérateur *-potentiel X_P ; comme nous allons avoir à manipuler une suite (P_n) de noyaux, nous écrirons plus brièvement F_n , X_n pour F_{P_n} , X_{P_n} .

<u>THEOREME 10</u>. *Soit f une fonction analytique dont le *-potentiel Xf est fini. Pour tout $c < 1$ il existe une suite (P_n) de noyaux u.m. permis dans J telle qu'on ait, pour tout entier k ,*(1)

$$F_k F_{k-1} \cdots F_2 F_1 f \geq c\, F^k f$$

et que, de plus, la suite des fonctions

$$h_k = F_k \cdots F_1 f \quad (\text{avec } h_o = f)$$

soit croissante avec k .

<u>Démonstration</u> : La démonstration va comporter trois parties : dans la première, on obtiendra l'approximation voulue mais pas la croissance de h_k ; dans la seconde, on se ramènera, à l'aide de la première, au cas où J est une réunion dénombrable de graphes de noyaux ; enfin, dans la troisième, on recommence à

(1) l'inégalité inverse $F_k \cdots F_1 f \leq F^k f$ est triviale

établir l'approximation mais en employant une variante de la méthode de la première partie pour obtenir aussi la croissance voulue (et cette variante nécessite une plus grande souplesse dans le maniement de la mesurabilité, d'où la nécessité des deux premières parties même si on a l'impression de tourner en rond).

1ère partie :

on choisit une suite (c_n) dans $[0,1[$ telle que $\Pi_n c_n > c$ puis on applique le lemme 1 avec $F^k f$ à la place de f (pour $k=0$ on prend $F^o f = f$) et $c_{k+1} N F^k f$ à la place de ϕ : on obtient un noyau u.m. P_{k+1} permis dans J vérifiant $P_{k+1} F^k f \geqq c_{k+1} N F^k f$. On a $P_1 f \geqq c_1 Nf$ d'où aussi $F_1 f \geqq c_1 Ff$ et, par récurrence,

$$P_{k+1} F_k \ldots F_1 f \geqq c_{k+1} N(c_k \ldots c_1 F^k f) = c_{k+1} \ldots c_1 N F^k f \quad \text{d'où}$$

$$F_{k+1} F_k \ldots F_1 f \geqq c_{k+1} c_k \ldots c_1 F^{k+1} f$$

On a donc bien $h_k \geqq c F^k f$ pour tout k .

2ème partie :

en faisant parcourir à c une suite tendant vers 1, on voit qu'il existe une famille dénombrable (Q_n) de noyaux u.m. permis dans J telle que, si J' est la réunion des graphes des Q_n et N' le sous-noyau qui lui est associé, alors le *-potentiel de f relatif à N' soit égal au *-potentiel de f relatif à N , et même telle que, pour chaque k , l'approximation $F^k f$ de Xf relative à N' soit égale à l'approximation $F^k f$ de Xf relative à N . On peut donc revenir au début en remplaçant J par J' et N par N' : on a perdu l'analyticité mais on a gagné en simplicité (en effet, maintenant, si f, ϕ sont deux fonctions u.m. avec $N'f \geqq \phi$ et $N'f > \phi$ sur $\{N'f > 0\}$, alors il existe un noyau u.m. P' permis dans J' tel que $P'f > \phi$ sur $\{N'f > 0\}$ - la démonstration étant élémentaire).

3ème partie :

on suppose donc J réunion d'une suite de graphes de noyaux u.m. et on choisit de nouveau une suite (c_n) dans $[0,1[$ telle que $\Pi_n c_n > c$. Puis, on construit par récurrence une suite (P_n) de noyaux u.m. permis dans J comme suit :

d'abord, on choisit P_1 permis tel que $P_1 f \geqq c_1 Nf$ et donc tel que $F_1 f \geqq c_1 Ff$; puis, on suppose construits les P_n pour $n \leqq k$ de sorte que l'on ait, pour tout $n \leqq k$,

$$P_n h_{n-1} \geqq c_n N\, h_{n-1} \quad \text{et} \quad h_n \geqq h_{n-1}$$

et on choisit P_{k+1} de sorte à avoir :

$$P_{k+1} h_k \geqq c_{k+1} N\, h_k \quad \text{et} \quad P_{k+1} h_k \geqq P_k h_{k-1}$$

Qu'on puisse trouver P_{k+1} de telle sorte que l'inégalité de gauche soit vérifiée résulte immédiatement de la version élémentaire du lemme 1 . Pour celle de droite, on remarque qu'on a $Nh_k \geqq Nh_{k-1} \geqq P_k h_{k-1}$: là où on a $Nh_k > P_k h_{k-1}$, la version élémentaire du lemme 1 permet de trouver un P_{k+1} assurant les deux inégalités (prendre $f = h_k$ et, pour ϕ , le sup de $c_{k+1} Nh_k$ et $P_k h_{k-1}$) , et, là où $Nh_k = P_k h_{k-1}$, on peut prendre P_{k+1} égal à P_k . Pour finir, on remarque que l'inégalité de droite assure qu'on a $h_{k+1} \geqq h_k$ tandis que l'inégalité de gauche assure qu'on a :

$$h_{k+1} \geqq c_{k+1} \ldots c_1\, F^{k+1} f$$

car, par récurrence, on a

$$P_{k+1} h_k \geqq c_{k+1} N\, h_k \geqq c_{k+1}\, N(c_k \ldots c_1\, F^k f) = c_{k+1} \ldots c_1\, N\, F^k f \,.$$

<u>REMARQUES</u>. a) Si J est compact et f est s.c.s., tout est bien plus simple : on peut prendre $c = 1$, et les P_n boréliens, obtenus dès la 1ère partie. Même chose si J est la réunion d'une suite <u>finie</u> de graphes de noyaux boréliens et si f est borélienne.

b) Dans le cas où $* = \vee$, on a $h_{k+1} = f \vee P_{k+1} h_k$ et, comme on a $f = h_o \leqq h_k \leqq h_{k+1}$, on a donc $h_{k+1} = h_k \vee P_{k+1} h_k$. Ainsi, il existe, pour tout k , un noyau u.m. Q_{k+1} , permis dans la réunion du graphe de P_{k+1} et de celui de l'identité, tel que $h_{k+1} = Q_{k+1} h_k = Q_{k+1} Q_k \ldots Q_1 f$. Et les noyaux Q_k sont évidemment permis dans J si J est <u>quittable</u>, i.e. si on a $\varepsilon_x \in J_x$ pour tout $x \in E$; on retrouve là (sous une forme améliorée : pas de "μ-p.p.") l'approximation donnée en X.18, approximation importante dans l'étude du sous-noyau R (cf. X.20 à 22).

Voici maintenant, avec les mêmes notations, une version du théorème de Sudderth (cf. X.24.1) où, à une subtilité importante près, on arrive à remplacer la suite (P_n) de noyaux du théorème précédent par un seul noyau P en perdant peu de choses.

<u>THEOREME 11</u>. *Soit f une fonction analytique dont le *-potentiel Xf est fini. Pour tout $c < 1$ et tout entier k fixé, il existe un noyau u.m. P permis dans J tel qu'on ait $X_P f \geq c\, F^k f$.*

<u>Démonstration</u> : Supposons d'abord Xf pur et soit (P_n) la suite de noyaux trouvée précédemment et (h_n) la suite de fonctions associée. Notre entier $k \geq 1$ étant fixé, posons $P = P_k$ et $h = h_{k-1}$; on a :

$$f * Ph = h_k \geq h_{k-1} = h$$

D'après notre étude de l'inéquation de Poisson (théorème 6), nous savons que $f * Ph \geq h$ implique $X_P f \geq h$ si $X_P f$ est P-pur, ce qui est le cas P étant majoré par N et $X_P f$ par Xf ; d'où on a $X_P f \geq c\, F^k f$. Dans le cas général, on sait que Xf est pure relativement à tN pour tout $t \in [0,1[$. L'entier k étant fixé, on commence alors par choisir t assez grand pour avoir $F^k_{tN} f \geq c_1 F^k_N f$ pour $c_1 < 1$ donné (noter qu'on a $F_{tN} g \geq t\, F_N g$) puis on applique le raisonnement précédent au sous-noyau tN et à sa base $tJ = \{(x,t\mu) : (x,\mu) \in J\}$ pour obtenir un noyau u.m. P permis dans J tel qu'on ait $X_{tP} f \geq c_2 T^k_{tN} f$ pour $c_2 < 1$ donné ; on obtient alors le résultat voulu si on a $c \leq c_1\, c_2$.

<u>REMARQUES</u>. a) La subtilité évoquée plus haut réside dans le fait que le noyau P de ce théorème dépend de l'entier k alors que, dans le théorème précédent, la suite (P_n) ne dépendait que de la constante c . Malgré son côté attrayant, ce théorème - ainsi que le suivant d'ailleurs - semble moins utile que le précédent.

b) La démonstration donnée ici est plus simple que celle de Sudderth (reprise en X.24) parce qu'elle bénéficie d'une amélioration du théorème de Strauch, à savoir que la suite (h_n) peut être prise croissante.

Il résulte du théorème 11 que Xf est limite d'une suite $(X_n f)$, où X_n est l'opérateur *-potentiel relatif à un noyau u.m. P_n permis dans J , les $X_n f$ tendant vers Xf au moins aussi vite que la suite croissante des $F^n f$ (ou à peu de choses près : il faudrait multiplier par des $c_n \uparrow 1$) . On verra plus loin qu'on peut supposer la suite $(X_n f)$ croissante si Xf est pur ; nous ne savons pas si c'est encore vrai en général. Ceci dit, sur cette lancée, il est tentant de chercher à obtenir une approximation de type uniforme de Xf par des $X_P f$. Nous commencerons par citer, sans démonstration, une version du théorème de Sudderth-Ornstein : la démonstration de X.24.2, faite pour R , s'étend sans difficultés aux *-potentiels X , et est suffisamment longue et technique pour que nous ne la recopions pas ici.

<u>THEOREME 12</u>. *Soit f une fonction analytique telle que Xf soit fini et soit μ une mesure sur E . Pour tout $c < 1$ il existe un noyau u.m. P permis dans J tel qu'on ait $X_P f \geq c\, Xf$ μ-p.p. .*

<u>REMARQUES</u>. a) On ne sait pas si on peut faire l'économie du "μ-p.p." . Le problème se pose en fait déjà pour J égal à la réunion d'une suite de graphes de noyaux.

b) Noter que, pour Xf bornée, on obtient bien là, au μ-p.p. près, une approximation uniforme de Xf par des $X_P f$.

Nous allons donner maintenant des résultats d'approximation uniforme, sans "μ-p.p." mais en supposant que Xf est pur. Nous commençons par un résultat très simple, et sans doute déjà connu (du moins de Mokobodzki), mais néanmoins spectaculaire. Il est valable sans hypothèse d'analyticité, à la seule condition que J soit contenu dans une réunion dénombrable de graphes de noyaux u.m. .

<u>THEOREME 13</u>. *Supposons que, pour tout $x \in E$, la coupe J_x soit finie et soit f une fonction u.m. . Si Xf est pur, alors il existe un noyau u.m. P permis dans J tel qu'on ait $X_P f = Xf$.*

Démonstration : Soit $u = Xf$ et soit P u.m. permis tel que $Nu = Pu$ (c'est ici qu'intervient la finitude des coupes). On a alors $u = f * Nu = f * Pu$ d'où, u étant aussi pure que P , $u = X_P f$ d'après le théorème 6.

REMARQUES. a) On a un résultat analogue si on suppose J analytique à coupes compactes et Xf s.c.s. .

b) Supposons J analytique, f analytique et Xf pur. Il résulte aisément de ce théorème et de la deuxième partie de la démonstration du théorème 10 qu'il existe alors une suite (P_n) de noyaux u.m. permis dans J telle que les $X_n f$ tendent en croissant vers Xf .

Nous allons étendre autant que possible le résultat précédent au cas général. L'énoncé sera simple, et la démonstration courte. Mais cette dernière fera néanmoins appel à des résultats fins de la théorie des fonctions analytiques par l'intermédiaire du lemme 1 et surtout du corollaire du théorème 9.

THEOREME 14. *Soit f une fonction analytique telle que Xf soit pur. Pour tout $\varepsilon > 0$ il existe un noyau u.m. P permis dans J tel que l'on ait $Xf \leqq X_P f + \varepsilon$.*

Démonstration : Comme $u = Xf$ est pure, il existe d'après le corollaire du théorème 9 une fonction dianalytique ϕ strictement positive sur $\{u > 0\}$ (et donc sur $\{Nu > 0\}$) et telle que $G\phi$ soit borné par $\varepsilon > 0$ fixé. Mais alors, d'après le lemme 1, il existe un noyau u.m. P permis dans J tel qu'on ait $Nu - Pu \leqq \phi$ (prendre dans le lemme $f = u$ et $\phi = (Nu - \phi)^+$). On a :

$$u = f * Nu = f * [Pu + (Nu-Pu)] \leqq (f * Pu) + (Nu-Pu) \leqq (f * Pu) + \phi$$

et donc, si on pose $v = X_P f$,

$$u \leqq (f * Pu) + \phi \quad \text{et} \quad v = f * Pv$$

ce qui donne en retranchant :

$$u - v \leqq (Pu-Pv) + \phi \leqq P(u-v) + \phi$$

Comme u est pur et donc P-pur, le théorème 6 nous donne

$$u - v \leqq G_P\phi \leqq G \leqq \varepsilon$$

soit le résultat voulu.

Contrairement à ce que l'on pourrait penser (on a utilisé seulement le fait que Xf est P-pur), l'hypothèse "Xf est N-pur" a été utilisée pratiquement dans toute sa force. En effet, on a :

<u>THEOREME 15</u>. *Soit u une fonction analytique, excessive, finie. Alors u est N-pure ssi elle vérifie les deux conditions suivantes :*

1) il existe une fonction dianalytique ϕ strictement positive sur l'ensemble $\{u > 0\}$ telle que $G\phi$ soit fini (ou borné)

2) elle est P-pure pour tout noyau u.m. P permis dans J.

<u>Démonstration</u> : La condition nécessaire résulte du corollaire du théorème 9 etc. Pour la suffisance, on remarque d'abord que le point 2) du théorème 9 nous permet de supposer que u est N-invariante. Soit alors, pour $\varepsilon > 0$ fixé, P un noyau u.m. permis dans J tel qu'on ait $Nu - Pu \leqq \varepsilon\,\phi$; si on pose $f = Nu - Pu$, on a alors $u = Nu = f + Pu$ et donc, u étant P-pure, $u = G_Pf \leqq G_P(\varepsilon\phi) \leqq \varepsilon\, G\phi$, d'où finalement $u = 0$.

<u>REMARQUE</u>. Il serait intéressant de trouver, pour les deux théorèmes précédents, une démonstration élémentaire quand J est la réunion d'une suite de graphes de noyaux u.m. (noter au passage que nous ne savons le faire, savamment, que si J est de plus analytique et donc, par exemple, si les noyaux construisant J sont boréliens).

Nous terminons ce paragraphe par quelques remarques - élémentaires ou savantes - sur la notion de propreté provoquées par le point 1) du théorème précédent (ou encore par le corollaire du théorème 9) ; elles ne seront pas utilisées par la suite.

Si on ne se préoccupe pas de la mesurabilité, il est naturel de dire qu'une partie A de E est propre (resp. pure) s'il existe une fonction $\phi > 0$

sur A telle que $G\phi$ soit fini (resp. pur), ou encore, s'il existe une fonction excessive u, finie (resp. pure), telle qu'on ait $u > Nu$ sur A (cela revient au même : dans un sens, prendre $u = G\phi$; dans l'autre, si $\phi = u - Nu$, alors on a $G\phi \leqq u$) . Mais, si on se préoccupe de la mesurabilité, on rencontre très vite de grandes difficultés. Il nous a semblé que la meilleure définition est :

DEFINITION 2. *Une partie A de E est dite* propre *(resp.* pure*) si il existe une fonction excessive analytique u, finie (resp. pure), telle qu'on ait $u > Nu$ sur A.*

Voici alors une petite liste de propriétés, avec seulement des indications pour les démonstrations

a) l'ensemble des parties propres (resp. pures) de E est un σ-idéal [élémentaire : cf. le e) de la fin du § I]

b) le σ-idéal des parties pures contient tout ensemble de la forme $\{v > 0\}$ où v est une fonction excessive, analytique, pure [cf. la démonstration du corollaire du théorème 9]

c) si A est propre (resp. pure), il existe une fonction dianalytique $\phi > 0$ sur A telle que $G\phi$ soit fini (resp. pur) - et même borné [élémentaire ; noter qu'on ne sait rien de la mesurabilité de $G\phi$]

d) soit u excessive, analytique, finie (resp. pure) et soit $\phi = u - Nu$. Si ϕ est analytique, il existe une fonction borélienne $\Psi \geqq \phi$ telle que $G\Psi$ soit fini (resp. pur) [dans le cas "fini" , cela résulte du théorème général de séparation XI.16 ; dans le cas "pur" , il faut encore y ajouter un raffinement du point 3) du théorème 9]

e) même départ que ci-dessus, mais on suppose maintenant que ϕ est coanalytique (c'est le cas si la fonction excessive u est borélienne). Alors, pour toute partie coanalytique A de E contenue dans $\{\phi > 0\}$, on peut trouver une fonction borélienne $\Psi \leqq \phi$ telle qu'on ait $\Psi > 0$ sur A [théorème classique de séparation cette fois]

f) même départ, mais cas général : ϕ est seulement dianalytique. Dans ce cas, nous savons seulement montrer, à l'aide de la théorie des constituants, que, pour toute mesure μ sur E , il existe une fonction borélienne Ψ

égale à ϕ μ-p.p. et telle que $G\Psi$ soit fini (resp. pur).

g) soit u excessive, analytique, finie, et soit v la plus grande fonction invariante majorée par u (elle est analytique d'après le théorème 9). Toute partie analytique de E contenue dans l'ensemble $\{u > v\}$ est propre (mais pas forcément pure comme le montre l'exemple suivant le théorème 4, ce qui ôte beaucoup d'intérêt à cette remarque) [se démontre à l'aide d'un raffinement du point 3) du théorème 9].

IV. THEORIE CANONIQUE ASSOCIEE A UNE REDUITE.

Soit toujours N un sous-noyau analytique, sous-markovien, associé à une partie analytique J de $E \times E^{\#}$ et soit R un opérateur de réduite : nous avons vu au § II que R est un sous-noyau analytique (avec l'abus de langage habituel) de base maximale analytique $R = \{(x,\mu) : \varepsilon_x \dashv \mu\}$. Tout ce que nous avons fait jusqu'ici dépendait étroitement de N (notion de *-potentiel, de pureté, etc) et même de J (notion de noyau permis). Ici, suivant une tradition bien établie, nous allons privilégier R (ou le cône $\mathcal{S}$ des excessives, ou la relation $\dashv$ de balayage, cela revient au même) et voir si on peut définir directement pour R des notions, disons, canoniques, de pureté, d'opérateur *-potentiel (1), etc. Noter qu'on peut définir ce qu'est un bon opérateur de réduite R sans référence explicite à un J ou à un N ; c'est un sous-noyau analytique, idempotent, majorant l'identité, et tel que $R1 \leq 1$ (on peut alors prendre pour J la base maximale de R et pour N le sous-noyau R lui-même). Il nous sera cependant utile pour la suite de conserver notre J et notre N de départ engendrant R afin de pouvoir énoncer des résultats portant sur n'importe quels générateurs J,N de R .

Le point de départ est la remarque simple mais fondamentale suivante. Définissons une application $(x,\mu) \to \mu^x$ de $E \times E^{\#}$ dans $E^{\#}$ par :

$$\mu^x = (\mu - a^x\varepsilon_x)/(1-a^x) \qquad \text{où} \qquad a^x = \mu(\{x\})$$

(1) l'opération $* = v$ étant prise par R , il ne reste plus, pratiquement, que l'opération $* = I$, i.e. l'opérateur G .

en convenant que $\mu^x = 0$ si $a^x = 1$: μ^x est l'unique (sauf si $a^x = 1$) mesure ν orthogonale à ε_x telle que μ soit barycentre de ε_x et de ν. Et, pour toute fonction u.m. u on a évidemment pour tout x et toute μ

$$(°) \qquad u(x) - \mu(u) = (1-a^x)\,[u(x) - \mu^x(u)]$$

en particulier, on a $u(x) \geqq \mu(u)$ ssi on a $u(x) \geqq \mu^x(u)$, ce qui implique qu'on a $\varepsilon_x \dashv \mu$ ssi on a $\varepsilon_x \dashv \mu^x$. Si P est un noyau sur E , nous noterons $P°$ le noyau $x \to (\varepsilon_x P)^x$; il est u.m. (resp. borélien) si P l'est. De même, si H est une partie de $E \times E^{\#}$, nous noterons $H°$ l'ensemble des (x,μ^x) quand (x,μ) parcourt H ; on vérifie sans peine que $H°$ est analytique si H l'est . Revenant à nos J,N,R, nous noterons encore $N°$ le sous-noyau associé à $J°$ (malgré l'ambiguité de cette notation : $N°$ pour N fixé dépend de la base J de N choisie) tandis que $R°$ désignera à la fois l'ensemble $\{(x,\mu^x) : (x,\mu) \in R\} = \{(x,\mu) : \varepsilon_x \dashv \mu \text{ et } \varepsilon_x \perp \mu\}$ et le sous-noyau associé à cet ensemble. Enfin, nous dirons qu'une partie J' de $E \times E^{\#}$, ou que le sous-noyau N' associé à J' , est un <u>générateur de</u> R si J' est contenue dans l'ensemble R et si toute fonction u.m. N'-excessive est N-excessive, soit encore si N et N' admettent les mêmes fonctions u.m. excessives : à cause de problèmes de mesurabilité, c'est un peu plus faible que de dire que l'opérateur de réduite R' associé à N' est égal à l'opérateur R , mais c'est exactement dire que les relations de balayage associées à R' et R sont les mêmes, ou encore, si J' est analytique, que les ensembles R' et R sont égaux, ou que les fonctions analytiques excessives pour N' sont les mêmes que pour N .

<u>*THEOREME 16*</u>. *1) Pour toute fonction analytique* f , *on a :*

$$N°f \leqq R°f \qquad \text{et} \qquad Rf = f \vee R°f$$

2) L'opérateur de réduite R *est engendré par* $J°$, $N°$ *et par* $R°$.
De plus, pour toute fonction excessive analytique u , *on a :*

$$N°u = R°u \leqq Nu$$

En particulier, u est R°-pure dès qu'elle est N-pure

3) Pour toute opération $*$, on a :

$$X_{N^\circ}f = X_{R^\circ}f \leq X_N f$$

pour toute fonction analytique f .

Démonstration : Les inégalités $N^\circ f \leq R^\circ f$ et $Rf \geq f \vee R^\circ f$ sont évidentes et valent pour f u.m. . Supposons qu'en un point x on ait $Rf(x) > R^\circ f(x)$ et soit μ une balayée de ε_x telle que $\mu(f) > R^\circ f(x)$; on a alors $\mu^x(f) < \mu(f)$ et donc, par barycentre, $\mu(f) \leq f(x)$ d'où l'on déduit $Rf(x) \leq f(x)$. Passons au point 2), qui est évidemment le point le plus intéressant du théorème : il nous dit que R° , qui s'obtient facilement à partir de R , est égal à n'importe quel autre générateur "minimal" sur les fonctions excessives. Il résulte d'abord de la formule (°) vue plus haut que J° et N° engendrent R , et donc aussi R° qui est coincé entre N° et R . Passons aux inégalités. Il est clair qu'on a $N^\circ u \leq R^\circ u$ et $N^\circ u \leq Nu$ pour u excessive u.m. (pour la seconde, cf. (°)), et il reste donc à démontrer $N^\circ u \geq R^\circ u$ pour u excessive analytique. En fait, c'est $Nu \geq R^\circ u$ que nous allons prouver pour ne pas alourdir les notations : cela revient au même, N étant en fait un générateur arbitraire de R . Fixons un point x dans E ; pour u fonction analytique on a en x :

$$R^\circ u(x) = \sup\{\mu(u) : \mu \vdash \varepsilon_x \text{ et } \mu \perp \varepsilon_x\} = R\,[1_{\{x\}^c}\,u]\,(x)$$

Posons $f = 1_{\{x\}^c}\,u$ et $v = Rf$; comme f est nulle en x , on a $v(x) = Nv(x)$ d'après $Rf = f \vee NRf$) et, si u est excessive, on a $v \leq u$ partout d'où finalement $R^\circ u(x) = v(x) = Nv(x) \leq Nu(x)$, soit l'inégalité voulue (1) . Démontrons enfin 3). Soit f une fonction analytique et posons $u = X_{N^\circ}f$. On a $u = f * N^\circ u = f * R^\circ u$ et donc on a $u \geq X_{R^\circ}f$ d'où $u = X_{R^\circ}f$ (R° majorant N°). Enfin, si $v = X_N f$, on a $v = f * Nv \geq f * N^\circ v$ et donc $v \geq u$.

(1) cette démonstration, très simple, est due à Mokobodzki et remplace avantageusement ma savante première démonstration (cf. le point 1) du théorème 20).

REMARQUES. a) Le théorème est vrai, mutatis mutandis, dans le cas où J est une réunion dénombrable de graphes de noyaux u.m. (sans hypothèse d'analyticité), les démonstrations étant élémentaires (dans la démonstration précédente, on utilise le fait que R et donc $R°$ sont analytiques, ce qui, nous l'avons vu au § II, est loin d'être évident). Il faudrait en dire un peu plus, dans ce cas, sur la relation de balayage. Nous nous bornerons à remarquer, parce que nous utiliserons quelque chose de semblable ci-dessous, que $R°f$ est u.m. pour f u.m. : en effet, si $(f_y)_{y\in E}$ est une famille de fonctions u.m. telle que $(x,y) \to f_y(x)$ soit mesurable par rapport à $\mathcal{E}_u \times \mathcal{E}$, alors la famille $(Rf_y)_{y\in E}$ jouit de la même mesurabilité (cela résulte de la construction de Rf par itération, $f_{n+1} = f \vee Nf_n$) et, prenant $f_y(x) = f(x)\, 1_{\{y\}^c}(x)$, on obtient $R°f$ en faisant $y = x$ dans $(x,y) \to Rf_y(x)$.

b) Dans le cas particulier de a) où J est réduit à un graphe et où donc N est un noyau u.m., le résultat est sans doute classique (nous ne l'avons pas trouvé dans nos ouvrages de référence : le livre de Revuz et le traité de Dellacherie-Meyer) ainsi que la formule donnant explicitement le noyau potentiel $G_{N°}$ en fonction de G_N

$$G_{N°}f = G_N\,[(1-p)f]$$

où $p(x) = \varepsilon_x N(\{x\})$ pour tout x.

c) On peut, en gros, formuler le point 3) du théorème comme suit : tous les sous-noyaux générateurs de R et orthogonaux à l'identité (comme $N°$ et $R°$; $R°$ est le plus grand possible) ont même opérateur $*$-potentiel, ce dernier étant minimal parmi tous les opérateurs $*$-potentiels (pour $*$ fixé) de générateurs de R. Cet opérateur $*$-potentiel minimal est donc intrinsèquement lié à R ; il sera noté $X_\circ$ (et donc $G_\circ$ si $* = +$; évidemment, pour $* = \vee$, on a $R_\circ = R$).

Nous faisons maintenant une incursion dans le domaine linéaire en cherchant à voir, sur R, si R admet un générateur qui soit un noyau. On va obtenir en particulier une CNS analogue à celle de P.A. Meyer pour les noyaux G vérifiant le principe du maximum renforcé (qui, cependant, n'apparaîtra pas chez nous !), mais les difficultés de démonstration résident plus ici dans la mesurabilité que dans l'approximation du générateur. Comme nous ne sommes pas sûr que cela ait de l'intérêt (les démonstrations cependant sont amusantes) et que nous ne voudrions pas être notre seul lecteur, nous aplanissons ces difficultés en supposant, pour les deux énoncés qui vont suivre, que :

$R^\circ f$ est borélienne pour f borélienne

(condition de toute manière nécessaire pour que R soit engendré par un noyau borélien, et qui entraine que $G_\circ f$ est borélienne pour f borélienne d'après se construction par itération), et en renforçant notre notion de propreté (resp. pureté) par rapport à la définition 2 : le sous-noyau $G_\circ$ sera dit propre (resp. pur) s'il existe une fonction borélienne ϕ strictement positive telle que $G_\circ\phi$ soit finie (resp. pure). Partant de la seule connaissance de R (et donc de R° et $G_\circ$) nous dirons ici qu'une fonction excessive est pure (resp. invariante) si elle est R°-pure (resp. R° -invariante). Enfin, pour les deux énoncés qui suivent, nous noterons resp. $\mathcal{S}$, $\mathcal{P}$ et $\mathcal{J}$ les cônes des fonctions boréliennes finies resp. excessives, excessives pures et invariantes ; noter que les deux premiers sont toujours convexes.

<u>THEOREME 17</u>. *On suppose* G_o *propre. Il existe alors un noyau borélien* P *engendrant* R *ssi* G_o *est pur,* R^o *est linéaire sur* $\mathcal{P}$ *et* $\lim_n \downarrow R^{o^n} u = 0$ $(n \in \mathbb{N})$ *pour tout* $u \in \mathcal{P}$. *De plus,* G_o *est alors égal à* G_{P^o} *sur les fonctions boréliennes.*

<u>Démonstration</u> : Nécessité : si P borélien engendre R, alors d'après le théorème précédent on a $R^\circ u = P^\circ u$ pour $u \in \mathcal{S}$, d'où R° est linéaire et descendant sur $\mathcal{S}$ ce qui entraine la condition sur R° de l'énoncé, et $G_\circ = G_{P^\circ}$ sur les fonctions boréliennes, d'où $G_\circ$ étant propre est pur. Suffisance : R° étant linéaire sur $\mathcal{P}$ admet un prolongement linéaire unique Q à l'espace vectoriel réticulé $\mathcal{P} - \mathcal{P}$ et, R° étant croissant, Q est positif (pour l'ordre usuel). Soit maintenant $\mathcal{C}$ le cône convexe des fonctions boréliennes bornées f telles que $G_\circ f$ soit pur ; $\mathcal{C}$ est stable par troncation par les fonctions boréliennes et c'est un sous-cône de $\mathcal{P} - \mathcal{P}$:

en effet $f \in \mathcal{C}$ s'écrit $f = G_\circ f - R^\circ G_\circ f$. Nous désignons par P la restriction de Q à l'espace vectoriel réticulé $\mathcal{C} - \mathcal{C}$ (noter que $\mathcal{C}$ est le cône positif de cet espace). Pour $f_n \uparrow f$ dans $\mathcal{C}$ on a $Pf_n \uparrow Pf$: P étant positif, les $P_n f$ croissent, et leur limite vaut Pf parce que R° et $G_\circ$ sont montants (on a $Pf = R^\circ G_\circ f - R^\circ R^\circ G_\circ f \leqq R^\circ f$, l'égalité provenant de la définition de Q et l'inégalité de la sous-linéarité de R° ; cela montre aussi que Pf appartient à $\mathcal{C}$). Comme $G_\circ$ est pur, le théorème de Daniell (cf. Loomis [3]) entraine alors que P provient d'un unique noyau borélien sous-markovien (on a $R^\circ 1 \leqq 1$), noté encore P. Vérifions maintenant que $G_\circ f = G_P f$ pour f borélienne. Par troncation on se ramène au cas où $f \in \mathcal{C}$. Posons alors $u = G_\circ f$ et $u_n = R^{\circ n} u$ pour tout $n \in \mathbb{N}$ (avec $u_o = u$) ; par hypothèse, la suite (u_n) décroît vers 0 d'où on a :

$$u = \Sigma_{n \geqq o} (u_n - u_{n+1}) = \Sigma_{n \geqq o} P^n f = G_P f$$

Enfin, de l'égalité de $G_\circ$ et G_P établie on déduit, par troncation, que les fonctions boréliennes P-excessives coïncident avec les fonctions boréliennes excessives, et, R° transformant les fonctions boréliennes en fonctions boréliennes, il en résulte aisément que P engendre R au sens où nous l'avons entendu plus haut (i.e. P et R° ont les mêmes fonctions u.m. excessives).

<u>REMARQUES</u>. a) On aurait voulu faire l'économie de la condition, pour u pure, "$\lim R^{\circ n} u = 0$", i.e. , cette condition étant nécessaire, on aurait voulu l'obtenir comme conséquence du fait que $R^{\circ i} u = 0$ pour i ordinal dénombrable grand, et des autres conditions. Cela ne semble pas possible.

b) On ne peut faire l'économie de la condition "$G_\circ$ est pur" comme le montre l'exemple du paragraphe I venant après le théorème 4.

L'énoncé précédent est satisfaisant dans le cadre d'une étude de $G_\circ$ mais, dans celui d'une étude de R, la condition "$G_\circ$ est propre" est sans doute trop forte. Nous allons y remédier maintenant, imparfaitement. Remarquons d'abord que, si P est un noyau borélien engendrant R, alors, pour $u \in \mathcal{S}$ et $i \in \mathcal{J}$, on a $u - i \in \mathcal{S}$ si on a $u \geqq i$. Cette condition n'est pas apparue ci-dessus grâce à la pureté mais on ne peut en faire l'économie dans le cas général (prendre, dans l'exemple du paragraphe I, F fini avec card $F \geqq 2$ et poser $\varepsilon_\delta P = \varepsilon_x$ pour un $x \in F$ au lieu de $\varepsilon_\delta P = 0$; toutes les excessives sont invariantes et R° est linéaire sur $\mathcal{S}$ mais la condition en question n'est pas vérifiée).

THEOREME 18. Supposons que R^o est linéaire sur $\mathcal{S}$, que, pour tout $u \in \mathcal{S}$, la fonction $u_\infty = \lim_n \downarrow R^{on}u$ $(n \in \mathbb{N})$ est invariante, et que $u-i$ est excessive pour tout $u \in \mathcal{S}$ et tout $i \in \mathcal{J}$ tels que $u \geqq i$. Alors, $\mathcal{E}_s$ désignant la tribu sur E engendrée par $\mathcal{S}$, il existe un (unique) noyau P de $(E,\mathcal{E}_s)$ dans lui-même tel qu'on ait $Pu = R^o u$ pour tout $u \in$.

Démonstration : D'après les hypothèses, pour $u \in \mathcal{S}$, u_∞ est la plus grande fonction invariante majorée par u et $u-u_\infty$ est excessive pure : on a donc une bonne décomposition de Riesz. Avec la linéarité de R° sur $\mathcal{S}$ cela entraîne que, pour f borélienne, $G_o f$ est pure dès qu'elle est finie car elle est la solution minimale de $u = f + R^o u$. Finalement, comme dans le cas classique, tout élément de $\mathcal{S}$ s'écrit comme somme d'un potentiel et d'une invariante, de manière unique. Notons, nous nous en servirons plus loin, que tout élément positif w de $\mathcal{S}-\mathcal{S}$ s'écrit comme la somme d'une différence de deux potentiels et d'une invariante : en effet, on a $w = u-v$ avec $u,v \in \mathcal{S}$ et $u \geqq v$ d'où $u_\infty \geqq v_\infty$ et donc $u_\infty - v_\infty$ invariante. Ceci fait, nous procédons comme plus haut, en résumant. D'abord R° est étendu à $\mathcal{S}-\mathcal{S}$ en un opérateur linéaire positif Q , puis on considère le sous-cône $\mathcal{C}$ de $\mathcal{P}-\mathcal{P}$ constitué des fonctions boréliennes bornées f telles que $G_o f$ soit pur (= fini) et on désigne par P la restriction de Q à l'espace vectoriel $\mathcal{C}-\mathcal{C}$; noter que, comme plus haut, P envoie $\mathcal{C}$ dans $\mathcal{C}$ et qu'on a $Pf \leqq 1$ pour $f \in \mathcal{P}$ majorée par 1. Comme P vérifie les conditions de Daniell, P s'étend en une unique intégrale de Daniell, encore notée P , sur la classe monotone $\mathcal{M}$ engendrée par $\mathcal{C}$, et, comme $\mathcal{C}$ est stable par troncation par les fonctions boréliennes, $\mathcal{M}$ n'est autre que l'ensemble des limites de suites croissantes d'éléments de $\mathcal{C}$. Remarquons que $\mathcal{P}$ est inclus dans $\mathcal{M}$: pour $u \in \mathcal{P}$ bornée, si $u_n = R^{\circ n}u$, on a $u_n - u_{n+1} \in \mathcal{C}$ et $u = \Sigma_{n \geq o}(u_n - u_{n+1})$, et on obtient le cas général par troncation. Vient ensuite l'égalité de P et R° sur $\mathcal{S}$ $\mathcal{M}$ (on s'était contenté de moins, plus haut, à cet endroit) : d'abord, pour $u \in \mathcal{S}$ bornée, on a, avec les notations de ci-dessus, $Pu = \Sigma_{n \geq 1}(u_n - u_{n+1})$ (encore égal à $\Sigma_{n \geq o} P^n f$ en posant $f = u - R^\circ u$) d'où $u - Pu = u - R^\circ u$ et donc $Pu = R^\circ u$, égalité qui s'étend à $u \in \mathcal{S}$ par troncation ; dans le cas général, $u \in \mathcal{S} \cap \mathcal{M}$ est limite d'une suite croissante (f_n) d'éléments de $\mathcal{C}$ et est donc majorée par la limite de la suite croissante $(G_\circ f_n)$, si bien qu'on peut conclure en tronquant u par les $G_\circ f_n$. Nous revenons maintenant à $\mathcal{S} - \mathcal{S}$, ou plutôt au cône $\mathcal{B}$ des éléments bornés et positifs de $\mathcal{S} - \mathcal{S}$ et nous allons vérifier que la restriction de Q à $\mathcal{B}$, notée encore Q , est une intégrale de Daniell. Soit $f_n \uparrow f$ dans $\mathcal{B}$ et montrons que $Qf_n \uparrow Qf$. Chaque f_n (et f) a une écriture $f_n = u_n - v_n + i_n$ $(f = u - v + i)$ avec $u_n, v_n, u, v \in \mathcal{S}$ et $i_n, i \in \mathcal{J}$, et quitte à ajouter v à chaque membre, on peut supposer qu'on a

$$f_n = u_n - v_n + i_n \qquad \text{et} \qquad f = u + i$$

En faisant opérer Q^p , p parcourant $\mathbb{N}$, sur les inégalités :

$$u_n - v_n + i_n \leq u_{n+1} - v_{n+1} + i_{n+1} \leq u + i$$

on obtient $i_n \leq i_{n+1} \leq i$ si bien que la suite (i_n) tend en croissant vers un élément j de $\mathcal{J}$ majoré par i . Par conséquent, la suite $(u_n - v_n)$ a une limite, égale à $u + k$ où $k = i - j$ appartient à $\mathcal{J}$. Ainsi $u + k$ appartient à $\mathcal{S}$, et comme les u_n, v_n appartiennent à la classe monotone $\mathcal{M}$, $u + k$ appartient aussi à $\mathcal{M}$. On a donc, d'après ce qui précède,

$$\lim_n P(u_n - v_n) = P(u + k) = R^\circ(u+k)$$

la première égalité résultant du fait que P est une intégrale de Daniell telle que $\sup_{g \in \mathcal{M}, g \leq 1} Pg \leq 1$ et du fait que les $u_n - v_n$ sont majorées en valeur absolue par une même constante (on a $-j \leq u_n - v_n \leq u + 1$) . Comme on a d'une part $Q(u_n - v_n) = P(u_n - v_n)$ et d'autre part $R^\circ(u + k) = Q(u + k)$, on en déduit sans peine qu'on a bien $Qf_n \uparrow Qf$. Ainsi, comme $\mathcal{B}$ est réticulé et contient les constantes, Q provient d'un unique noyau sous-markovien sur la tribu engendrée par $\mathcal{S}$, noyau que nous noterons encore P car il coïncide avec l'intégrale de Daniell P sur $\mathcal{H}$. Enfin, on a Pu = R°u pour u bornée appartenant à $\mathcal{P}$ ou $\mathcal{J}$, d'où pour $u \in \mathcal{S}$ par troncation et décomposition de Riesz.

REMARQUE. Au lieu de supposer "R°f est borélienne pour f borélienne" (condition a priori extrêmement forte pour un sous-noyau analytique), on peut demander qu' existe sur E une tribu $\mathcal{E}'$ constituée d'ensembles u.m., contenant les ensembles analytiques et vérifiant "R°f est $\mathcal{E}'$ -mesurable pour f $\mathcal{E}'$-mesurable" (une telle tribu existe, convenant à tout sous-noyau analytique, si on renforce de manière adéquate les axiomes habituels de la théorie des ensembles). Plaçons-nous sous cette condition et considérons que $\mathcal{S}$, $\mathcal{P}$ et $\mathcal{J}$ désignent maintenant resp. l'ensemble des fonctions analytiques finies excessives, excessives pures, invariantes. Alors les deux énoncés précédents sont encore vrais avec, pour le premier, un noyau P sur $(E,\mathcal{E}')$ et donc u.m., et, pour le second, un noyau P sur $(\mathcal{E},\mathcal{E}'_s)$ où $\mathcal{E}'_s$ est la tribu engendrée par les fonctions excessives $\mathcal{E}'$ -mesurables.

Revenant au cas général, on sait donc, d'après le théorème 16, que R° est un générateur de R qui se calcule aisément à partir de R mais qui est aussi le plus grand générateur orthogonal à l'identité. Il est donc tentant de chercher de plus petits générateurs et même, si possible, des générateurs minimaux en un certain sens. Nous terminons ce paragraphe en exposant les résultats très partiels que nous avons dans cette direction. Nous notons $\mathcal{S}_a$ (resp. $\mathcal{P}_a$) l'ensemble des fonctions analytiques excessives finies (resp. pures) et dirons que $G_\circ$ est propre (resp. pur) s'il existe $u \in \mathcal{S}_a$ (resp. $u \in \mathcal{P}_a$) telle qu'on ait R°u < u partout. Enfin nous nous donnons une partie analytique L de l'ensemble analytique R et désignons par M le sous-noyau sous-markovien analytique associé à L : L et M sont candidats à être générateurs de R .

THEOREME 19. 1) Si M est un générateur de R , alors on a Mu ≧ R°u pour tout $u \in \mathcal{S}_a$.

2) Réciproquement, supposons qu'on ait Mu ≧ R°u pour tout $u \in \mathcal{S}_a$.

Alors toute fonction analytique M-excessive v majorée par un élément de $\mathcal{S}_a$ est R^o -excessive (et appartient donc à $\mathcal{S}_a$). En particulier, M est un générateur de R si G_o est pur.

Démonstration : Le point 1) est un rappel du théorème 16. Passons au 2). Soit v une fonction analytique M-excessive et posons $u = Rv$: u est R^o -pure par hypothèse. On a $u = v \vee R^o u \leqq v \vee Mu$, et comme u est excessive pure relativement à M , il résulte du théorème 6 que l'on a $u \leqq R_M v = v$ d'où l'égalité. Enfin, si G_o est pur, on obtient que toute fonction analytique M-excessive est R^o -excessive par troncation.

REMARQUE. L'exemple du paragraphe I montre que 2) peut être faux sans hypothèse de pureté.

Disons, pour parler brièvement, qu'un sous-noyau est capacitaire ssi sa base maximale est compacte (ce n'est pas la définition habituelle, mais elle lui est équivalente). On sait que le sous-noyau R est capacitaire ssi le préordre du balayage $\dashv$ est égal à celui associé au cône $\mathcal{S}_c$ des fonctions continues excessives (cf. XI.26-28) et que, sans supposer R capacitaires, si le générateur J de R est compact, alors le sous-noyau de réduite R_t associé à tN est capacitaire pour tout $t \in [0,1[$ (cf. XI.24). Par ailleurs, on peut montrer que les sous-noyaux de réduite capacitaires du type R_t permettent de construire tous les sous-noyaux de réduite analytiques à l'aide des schémas de Souslin privilégiés (cf. XI.32): ce qui va suivre est donc peut-être intéressant malgré les hypothèses restrictives mises sur le sous-noyau R .

THEOREME 20. *1) Si L est un générateur de R et si pour tout $x \in E$ la coupe L_x de L est fortement convexe (1), alors pour tout $(x,\nu) \in R^o$ il existe $(x,\mu) \in L$ tel que $\mu \neq \varepsilon_x$ et $\mu \dashv \nu$.*

2) Réciproquement, supposons que R soit capacitaire et que pour tout $(x,\nu) \in R^o$ il existe $(x,\mu) \in L$ tel que $\mu \neq \varepsilon_x$ et $\mu \dashv \nu$. Alors,

---

(1) rappelons que cela signifie que le barycentre de toute probabilité sur $E^{\#}$ portée par L_x appartient à L_x .

si G_0 est propre, toute fonction continue M-excessive est R^o-excessive, et donc M est un générateur de R si de plus R_M est capacitaire.

<u>Démonstration</u> : D'abord le point 1). On peut évidemment supposer qu'on a $\varepsilon_x \notin L_x$ pour tout $x \in E$. Ceci fait, posons

$$S = \{(x,\nu) \in R : \text{il existe } (x,\mu) \in L \text{ avec } \mu \dashv \nu\}$$

D'une part, la relation $\dashv$ étant analytique (cf. XI.39), S est analytique ; d'autre part, il est clair que les coupes S_x de S sont fortement convexes (appliquer un théorème de section mesurable pour remonter une probabilité sur S_x en une probabilité sur L_x) et héréditaires (i.e. $\nu \in S_x$ et $\lambda \leqq \nu \Rightarrow \lambda \in S_x$). Par ailleurs, d'après la remarque b) du théorème 10, on a pour toute fonction analytique f

$$Rf = \lim_k \uparrow Q_k \dots Q_1 f$$

où (Q_n) est une suite de noyaux u.m. (dépendant de f) telle que chaque Q_n soit permis dans la réunion de L et du graphe I de l'identité. Ainsi, pour tout $x \in E$, la mesure $\varepsilon_x Q_n$ est soit égale à ε_x soit égale à un élément de L_x si bien que la mesure $\varepsilon_x Q_k \dots Q_1$ est soit égale à ε_x soit égale à un élément de S_x . On a donc pour tout $x \in E$

$$Rf(x) = \sup\,[f(x), \sup_{\nu \in S_x} \nu(f)]$$

et il résulte alors du théorème de Mokobodzki évoqué au point (B) du paragraphe II que l'ensemble R est, coupe par coupe, l'enveloppe convexe héréditaire de I et de S , d'où l'égalité de $R°$ de $S°$. Passon au point 2). Nous devons montrer que, pour $(x,\nu) \in R°$ fixé, on a $u(x) \geqq \nu(u)$ pour toute fonction continue M-excessive u . Désignons par $\dashv\!\!\!\!=$ la relation du balayage associée au cône $\mathcal{S}_c^M$ des fonctions continues M-excessives et soit A la partie de $E^{\#}$ constituée des mesures λ vérifiant $\varepsilon_x \;\dashv\!\!\!\!=\; \lambda \dashv \nu$. Comme les relations $\dashv\!\!\!\!=$ et $\dashv$ sont à graphes compact, on voit sans peine que A admet un élément maximal μ pour le préordre $\dashv\!\!\!\!=$ et nous allons montrer qu'on a $\mu = \nu$, d'où $u(x) \geqq \nu(u)$ pour $u \in \mathcal{S}_c^M$. Comme on a $\mu \dashv \nu$, il existe, d'après le théorème de Strassen (cf. X.40), un noyau borélien P permis dans R tel que $\nu = \mu P$ et, d'après l'hypothèse faite sur L, si pour $y \in E$ on écrit $\varepsilon_y P = a\varepsilon_y + (1-a)\beta$ avec $a = \langle \varepsilon_y P, 1_{\{y\}} \rangle$ et $\beta \in R_y^\circ$, alors β est R-balayée d'un élément α de L_y distinct de ε_y et donc $\varepsilon_y P$ est R-balayée de $a\varepsilon_y + (1-a)\alpha$, laquelle est distincte de ε_y si $\varepsilon_y P$ l'est. Par section mesurable, on peut donc trouver un noyau u.m. Q vérifiant pour tout $y \in E$

$$\varepsilon_y \dashv\vdash \varepsilon_y Q \dashv \varepsilon_y P \quad \text{et} \quad \varepsilon_y \neq \varepsilon_y Q \quad \text{si} \quad \varepsilon_y \neq \varepsilon_y P$$

On a alors $\mu \dashv\vdash \mu Q \dashv \mu P = \nu$ et, par maximalité de μ, $\langle \mu, u \rangle = \langle \mu Q, u \rangle$ pour tout $u \in \mathcal{S}_c^M$, donc pour tout $u \in \mathcal{S}_c$ et finalement pour tout $u \in \mathcal{S}_a$. Mais, si $G_\circ$ est propre, il existe $u \in \mathcal{S}_a$ avec $R^\circ u < u$ partout et donc a fortiori $Qu(y) < u(y)$ en tout point y tel que $\varepsilon_y Q \neq \varepsilon_y$. Ainsi $\{y : \varepsilon_y Q \neq \varepsilon_y\}$ est μ-négligeable, donc aussi $\{y : \varepsilon_y P \neq \varepsilon_y\}$, d'où l'égalité de μ et ν. Enfin, si R_M est capacitaire, les relations $\dashv\vdash$ et $\dashv$ sont égales et donc M est un générateur de R.

<u>REMARQUES</u>.a) Ici encore l'exemple du paragraphe I montre que 2) peut être faux sans hypothèse de propreté.

b) Une variante simple de la fin de la démonstration montre que le préordre $\dashv$ est un ordre si $G_\circ$ est propre et R capacitaire. En fait c'est encore vrai, mais un peu plus délicat à montrer, si R est seulement analytique (utiliser l'extension XI.40 du théorème de Strassen).

Lorsque R est capacitaire, nous dirons, pour $(x,\mu) \in R$, que μ est une <u>balayée première</u> de ε_x, noté $\varepsilon_x \dashv^1 \mu$, si μ est un élément minimal pour le préordre $\dashv$ de la coupe en x de l'adhérence de R° dans $E \times E^\#$. On vérifie sans peine que $L^1 = \{(x,\mu) : \varepsilon_x \dashv^1 \mu\}$ est une partie $\mathcal{G}_\delta$ de $E \times E^\#$ et il est clair que pour tout $(x,\nu) \in R^\circ$ il existe $(x,\mu) \in L^1$ avec $\mu \dashv \nu$. Enfin, nous notons M^1 le sous-noyau associé non pas à L^1 mais à son adhérence dans $E \times E^\#$: M^1 est capacitaire.

<u>*THEOREME 21*</u>. *Supposons R capacitaire, $G_\circ$ propre, et qu'il n'existe aucun $x \in E$ tel que $\varepsilon_x \dashv^1 \varepsilon_x$. Alors, toute fonction continue M^1-excessive*

est excessive, et M^1 *est majoré par tout sous-noyau capacitaire engendrant* R *et admettant une base dans* $\overline{R}°$.

Démonstration : Il résulte du point 2) du théorème précédent (en y prenant $L = L^1$ ou $L = \overline{L}^1$) que toute fonction continue M^1-excessive est excessive. Soit maintenant N un sous-noyau capacitaire engendrant R et admettant une base J dans $\overline{R}°$ (il en existe au moins un : prendre $J = \overline{R}°$) . D'abord, quitte à remplacer J par la base maximale de N (on sait que celle-ci est, coupe par coupe, l'enveloppe convexe héréditaire fermée de J ; elle est donc aussi incluse dans $\overline{R}°$) , on peut supposer que J est compacte à coupes convexes. Montrons que L^1 est alors inclus dans J , ce qui entrainera évidemment que M^1 est majoré par N . Fixons $(x,\nu) \in L^1$ et soit $((x_n,\nu_n))$ une suite d'éléments de $R°$ convergeant vers (x,ν) ; d'après le point 1) du théorème précédent, on peut trouver une suite $((x_n,\mu_n))$ dans J telle qu'on ait $\mu_n \dashv \nu_n$ pour tout n et, quitte à extraire une sous-suite, on peut supposer que la suite (μ_n) a une limite μ . On a alors à la limite $(x,\mu) \in \overline{R}°$ et $\mu \dashv \nu$ ce qui implique $\mu = \nu$ d'après la minimalité de ν (et le fait que $\dashv$ est un ordre si $G_\circ$ est propre) d'où $(x,\nu) \in J$.

COROLLAIRE. *Supposons que* R *est capacitaire et qu'on a* $R°1 \leqq t$ *pour un* $t \in [0,1[$. *Alors le sous-noyau* M^1 *est le plus petit générateur capacitaire de* R *admettant une base dans* $\overline{R}°$.

Démonstration : La condition $R°1 \leqq t < 1$ entraine à la fois que $G_\circ$ est propre, qu'on ne peut avoir $\varepsilon_x \dashv^1 \varepsilon_x$, et que le sous-noyau de réduite associé à M^1 est capacitaire.

REMARQUES. a) La condition $R°1 \leqq t < 1$ est si forte qu'il existe sans doute une démonstration élémentaire directe du corollaire.

b) Il existe une autre voie, a priori séduisante, pour aborder la recherche de générateurs. Revenant au cas général où R est analytique, dire que L est un générateur de R revient à dire que, pour toute fonction analytique f , la fonction non nécessairement positive ϕ définie sur $E \times E^{\#}$ par $\phi(x,\mu) = f(x) - \mu(f)$ est positive sur R dès qu'elle l'est sur L. Autrement dit, si $\mathcal{C}$ désigne le cône convexe des fonctions ϕ possibles, L est un générateur de R ssi c'est un ensemble de Šilov pour la restriction de $\mathcal{C}$ à R . Malheureusement, la situation est bien trop générale pour appliquer les résultats classiques sur la frontière de Choquet : R est seulement analytique, les éléments de $\mathcal{C}$ dianalytiques, la restriction de $\mathcal{C}$ à R ne contient jamais de fonction strictement positive, etc. Et si on particularise la situation pour pouvoir en dire quelque chose (supposer R compact, regarder seulement les ϕ continues, restreindre $\mathcal{C}_c$ à $\overline{R}°$, supposer G_o propre), on retombe exactement sur le théorème 21 et son corollaire : L^1 est en fait la frontière de Choquet de la restriction de $\mathcal{C}_c$ à $\overline{R}°$ quand on peut la définir.

B I B L I O G R A P H I E

[1] DELLACHERIE (C.), MEYER (P.A.).

- Probabilités et potentiel.
Ch. IX à XI. Théorie discrète du potentiel, Hermann, Paris, 1984 .

[2] DENY (J.).

- Les noyaux élémentaires.
Sém. Brelot-Choquet-Deny, 4ème année 1959/60, 11 pages .

[3] LOOMIS (L.H.).

- An introduction to abstract harmonic analysis.
Van Nostrand, New York, 1953 .

[4] REVUZ (D.).

- Markov chains.
North Holland, Amsterdam, 1975.

Claude DELLACHERIE
Département de Mathématiques
Université de Rouen
B.P. N° 67
76130 - MONT SAINT AIGNAN

Colloque de Théorie du
Potentiel-Jacques Deny
- Orsay 1983 -

NOYAUX POTENTIELS ASSOCIES AUX MARCHES ALEATOIRES SUR LES ESPACES HOMOGENES QUELQUES EXEMPLES CLEFS DONT LE GROUPE AFFINE

par Laure ELIE

Les exemples considérés ici se veulent être une première approche dans l'étude des noyaux potentiels associés aux marches aléatoires sur les espaces homogènes de groupes non unimodulaires. Jusqu'à présent les espaces homogènes étudiés provenaient de groupes à croissance polynomiale [8] donc unimodulaires et les résultats étaient peu surprenants dans la mesure où on pouvait définir sur ces espaces homogènes une bonne notion de croissance qui permettait d'étendre les résultats connus sur les groupes. Au contraire ici tout sera foncièrement différent. L'exemple le plus simple d'espace homogène de groupe non unimodulaire est l'espace homogène $\mathbb{R}$ du groupe affine sur lequel ce groupe opère par transformations affines $(x \to ax+b)$. Nous ferons une étude relativement complète de cet espace homogène du point de vue transience , récurrence, fonctions harmoniques et mesures invariantes. Ceci nous permettra , entre autre, de construire

- des "marches" récurrentes Harris sur cet espace homogène $\mathbb{R}$ et admettant des fonctions harmoniques positives.
- de nouvelles classes de mesures invariantes.

Un des intérêts du groupe affine est donc aussi de fournir des chaînes de Markov naturelles et très variées sur $\mathbb{R}$.

N'oublions pas non plus que le groupe affine s'est souvent montré un groupe clef pour l'étude des groupes moyennables non unimodulaires, par exemple dans la théorie du renouvellement, dans la détermination des fonctions harmoniques bornées.

Pour la recherche de la transience ou de la récurrence des espaces homogènes, un deuxième exemple clef apparaît naturellement et il est étudié dans le dernier paragraphe.

C'est volontairement que nous nous limiterons à ces deux exemples car il est alors possible à l'aide de ces deux cas clefs de déterminer la récurrence ou la transience d'une classe assez large d'espaces homogènes de groupes non unimodulaires sans quasiment aucune nouvelle idée probabiliste, mais à l'aide de l'arsenal de la théorie des groupes que nous n'avons pas voulu introduire ici.

1 - Généralités sur les marches sur les espaces homogènes

1.1 - Soient G un groupe localement compact à base dénombrable et μ une mesure de probabilité sur G que l'on supposera toujours adaptée, c'est à dire telle que le sous-groupe fermé G_μ engendré par le support de μ soit égal à G.

Soient $(Y_n)_{n \in \mathbb{N}}$ une suite de variables aléatoires indépendantes sur G de loi μ. La marche aléatoire gauche de loi μ sur G issue de g est alors la suite

$$X_n^g = Y_n Y_{n-1} \dots Y_2 Y_1 g .$$

Il est bien connu que

- soit, pour tout g de G, la marche issue de g sort p.s. de tout compact de G, auquel cas la marche est dite transiente.

- soit, pour tout g de G, la marche issue de g visite p.s. une infinité de fois tout ouvert de G, auquel cas la marche est dite récurrente.

Le noyau potentiel U de cette marche gauche s'écrit pour $g \in G$ et A borélien de G

$$U 1_A (g) = U(g,A) = \sum_{n \geqslant 0} \mu^n * \varepsilon_g (A) = \sum_{n \geqslant 0} P [X_n^g \in A]$$

où μ^n désigne la $n^{\text{ième}}$ puissance de convolution de μ. Si la marche est transiente, alors pour tout compact K de G, $U 1_K$ est une fonction bornée ; si au contraire elle est récurrente, pour tout ouvert O de G, $U 1_O$ est toujours infini.

Considérons maintenant H un sous-groupe fermé de G et l'espace homogène $M = G/H$ quotient à droite de G par H. La marche aléatoire induite de loi μ sur M n'est rien d'autre que la projection sur G/H de la marche gauche de loi μ sur G. Si π désigne la surjection canonique de G sur $M = G/H$, comme M est formé des classes à droite de H, G opère à gauche sur M par

$$g \cdot x = \pi(g\, \pi^{-1}(x)) \qquad \forall\, (g,x) \in G \times M$$

et alors la marche aléatoire induite sur M de loi μ et issue de $x \in M$ est

$$B_n^x = (Y_n \ldots Y_1) \cdot x = \pi(X_n^g) \qquad \text{si } g \in \pi^{-1}(x).$$

Comme $B_n^x = Y_n \cdot B_{n-1}^x$, cette marche est une chaîne de Markov sur M dont le noyau de transition $\tilde{P}(y,.)$ est $\mu * \varepsilon_y$ pour $y \in M$ et le noyau potentiel $\tilde{U}(y,.)$ vaut $\sum_{n \geqslant o} \mu^n * \varepsilon_y$. Le produit de convolution est considéré ici bien sûr en tant qu'action de G sur M, c'est à dire que pour toute mesure ν sur M et tout borélien B de M,

$$\mu * \nu(B) = \int_G \int_M 1_B\,(g\,.x)\, d\mu(g)\, d\nu(x).$$

Une question naturelle est alors la suivante : quel est le comportement asymptotique de la marche B_n^x quand $n \to \infty$? Sort-elle de tout compact ?

1.2. Définition - La marche induite de loi μ sur M est dite transiente si pour tout x de M, B_n^x soit p.s. de tout compact de M.

Nous pouvons donc nous poser deux types de problèmes :

(1) Caractériser les espaces homogènes sur lesquels toute marche induite adaptée est transiente. On appelera espace homogène transient un tel espace.

(2) Quel est le comportement de la marche induite lorsqu'elle n'est pas transiente ?

1.3 Pour le problème 1 une réponse a été obtenue dans le cadre des espaces homogènes de certains groupes à croissance polynomiale : les groupes extension d'un sous-groupe compact par un groupe nilpotent [8]. Une propriété importante des espaces homogènes M de ce type de groupe est qu'il existe sur M une mesure λ invariante sous l'action du groupe G, c.à.d. $\varepsilon_g * \lambda = \lambda$ pour tout g de G et cette mesure joue sur l'espace homogène M un rôle analogue à la mesure de Haar sur G. On peut alors définir comme sur les groupes une notion de croissance sur les espaces homogènes relative à cette mesure λ et obtenir un résultat non étonnant, du style :

M est un espace homogène transient

$\Leftrightarrow$ M est à croissance polynomiale de degré > 2 [8].

Remarquons de plus que lorsqu'il existe sur l'espace homogène M une mesure λ invariante sous l'action de G, cette mesure λ satisfait

$$\mu * \lambda = \lambda$$

pour toute probabilité μ sur G et toute marche induite de loi μ sur M admet λ comme mesure invariante ; cette mesure invariante sera de masse infinie si M n'est pas compact.

Dans le cadre qui va nous intéresser des espaces homogènes de groupes non unimodulaires, il n'existera pas en général sur l'espace homogène de mesure invariante sous l'action du groupe. Nous verrons apparaître de nouvelles alternatives : la marche induite peut ne pas avoir de mesure invariante ou peut avoir une mesure invariante de masse finie même si M n'est pas compact.

1.4 - Pour étudier le comportement de la marche induite lorsqu'elle n'est pas transiente (problème (2)), nous serons amenés à supposer μ étalée sur G, c'est à dire qu'il existe un entier p tel que μ^p ne soit pas étrangère à une mesure de Haar sur G. La raison est que sur les espaces homogènes il semble difficile de prouver une récurrence topologique et que l'étalement nous conduira à la récurrence Harris.

Les résultats successifs de [11], [14] et [7] permettent de donner une réponse partielle au problème (2) :

Soit μ une mesure de probabilité étalée sur G. S'il existe sur l'espace homogène M une mesure γ quasi-invariante sous l'action de G (c.à.d. telle que $\varepsilon_g * \gamma$ soit équivalente à γ pour tout g de G) satisfaisant

$$\mu * \gamma \leqslant \gamma \ ,$$

alors - soit la marche induite de loi μ sur M est transiente et pour tout compact K de M, $\tilde{U} 1_k$ est une fonction bornée.

- Soit la marche induite est récurrente Harris sur M de mesure μ-invariante γ ; c'est à dire que pour tout borélien B de M tel $\gamma(B) > 0$, on a pour tout x de M, $P[\overline{\lim_n}\{B_n^x \in B\}] = 1$.

Remarquons que nous sommes dans des cas de dichotomie parfaite car lorsqu'il n'y a pas transience, il y a récurrence Harris sur M entier et que de plus la mesure invariante γ charge tout ouvert de M.

Mais nous verrons (2.3.2) en considérant l'espace homogène $M = \mathbb{R}$ du groupe affine sur lequel ce groupe opère par transformations affines qu'il est facile de construire sur cet espace homogène des marches induites admettant une mesure invariante à support compact. Comme m est de masse finie, on peut prévoir que la marche induite ne sera pas transiente. Sera-t-elle récurrente Harris sur le support de m ? Que se passe-t-il hors de ce support ?

Dans [7] nous donnons une condition sur le semi-groupe fermé T_μ engendré par le support de μ qui permet de caractériser le comportement de la marche induite lorsqu'elle n'est pas transiente. La voici :

1.5. - Soit μ une mesure de probabilité étalée sur G. Supposons que la marche induite de loi μ sur l'espace homogène M ne soit pas transiente. Alors il y a équivalence entre :

1) $T_\mu^{-1} T_\mu$ opère transitivement sur M.

2) La marche induite de loi μ est récurrente Harris sur un ensemble fermé absorbant C (c.à.d. $T_\mu . C \subset C$) de M. De plus partant de x appartenant à l'ouvert $D = C^c$, on sort p.s. de tout compact de D et on atteint C avec une probabilité strictement positive.

Ajoutons que sous ces conditions, il existe à une constante multiplicative près une unique mesure m sur M satisfaisant $\mu * m \leqslant m$ et que m est la restriction à C d'une mesure quasi-invariante.

1.6. - Remarques (a) Sous l'hypothèse $T_\mu^{-1} T_\mu$ opère transitivement sur M , nous avons donc encore une certaine dichotomie pour la marche induite :

- soit elle est transiente

- soit elle est récurrente Harris sur un ensemble absorbant C et a un comportement transient sur $D = C^c$, une partie des trajectoires atteignant C , une autre tendant dans l'ouvert D vers le point à l'infini de D . Bien sûr si $T_\mu = G$, tout ensemble absorbant de M est M entier, et si la marche n'est pas transiente, elle est récurrente Harris partout et la mesure μ-invariante m charge tout l'espace M .

(b) L'hypothèse "$T_\mu^{-1} T_\mu$ opère transitivement sur M" est en fait très naturelle car lorsque la marche sur M n'est pas transiente, on a envie de décomposer l'espace M en ensembles transients et en classes de récurrence qui seront des ensembles fermés absorbants disjoints. Or si $T_\mu^{-1} T_\mu$ opère transitivement sur M , pour tout x et y de M , $T_\mu x \cap T_\mu y \neq \emptyset$ et donc deux ensembles absorbants ne peuvent être disjoints. Il ne pourra donc y avoir qu'une classe de récurrence. La preuve de 1.5 repose sur des arguments de théorie ergodique.

1.7. - L'étude des fonctions harmoniques pour la marche induite va nous apporter des renseignements supplémentaires.

Définition - Une fonction borélienne bornée (respectivement positive) définie sur M est dite μ-harmonique bornée (resp. positive) pour la marche induite sur M si

$$\forall\, x \in M \quad f(x) = \int_G f(g.x)\, d\mu(g) .$$

Une classe naturelle de fonctions μ-harmoniques bornées pour la marche induite est l'ensemble des fonctions

$$h_A(x) = P\,[\, \overline{\lim_n}\, \{B_n^x \in A\}\,]$$

où A est un borélien de M .

Lorsque $M = G$, on retrouve les notions usuelles de fonctions harmoniques sur les groupes.

Une fonction μ-harmonique intéressante dans le cadre de 1.5. 2) est la fonction h_C car $h_C(x) = 1$ si $x \in C$ et $h_C(x) > 0$ si $x \in C^c$; et il est pertinent de se demander dans quel cas $h_C(x) = 1$ pour tout x de M , c'est à dire dans quel cas on atteint C avec probabilité 1.

Remarquons qu'alors la marche sera récurrente Harris sur M entier de mesure invariante m de support un sous-ensemble C de M ; en effet d'après la propriété de Markov une fois que la marche aura atteint C, elle visitera une infinité de fois tout borélien chargé par m . Notons que cela n'empêche pas la marche d'avoir un comportement transient sur C^c.

Proposition 1.8. -- *Si la marche induite de loi* μ *étalée n'est pas transiente, il y a équivalence entre*

(1) la marche induite est récurrente Harris sur M *entier.*

(2) les fonctions μ*-harmoniques bornées pour la marche induite sur* M *sont constantes.*

Corollaire 1.9. - *Soit* μ *une loi de probabilité étalée sur* G *telle que les fonctions harmoniques bornées pour la marche induite sur* M *de loi* μ *soient constantes. Alors cette marche induite est*

- soit récurrente Harris sur M *entier*

- soit transiente et, pour tout compact K *de* M , $\tilde{U} 1_K$ *est une fonction bornée.*

Nous obtenons donc dans ce cas encore un bon théorème de dichotomie, mais lorsqu'il y a récurrence Harris, la mesure invariante ne charge pas en général tout l'espace M .

Commençons par prouver le lemme immédiat suivant qui donne une condition naturelle assurant que $T_\mu^{-1} T_\mu$ opère transitivement sur M .

Lemme 1.10 - *Si les fonctions μ-harmoniques bornées pour la marche induite sur M sont constantes, alors $T_\mu^{-1} T_\mu$ opère transitivement sur M .*

Preuve - Si $T_\mu^{-1} T_\mu$ n'opère pas transitivement sur M , alors

$$\exists (x,y) \in M \times M \qquad T_\mu . x \cap T_\mu . y = \emptyset .$$

Posons $A = T_\mu . x$, alors la fonction harmonique bornée h_A satisfait $h_A(x) = 1$ et $h_A(y) = 0$; elle n'est donc pas constante.

1.11 - Remarque - Ce lemme nous sera fort utile, car il ne semble souvent pas aisé de prouver pour une mesure μ donnée que $T_\mu^{-1} T_\mu$ opère transitivement sur M . Par contre les résultats de [12] sur les fonctions harmoniques permettront dans un certain nombre de cas d'affirmer que les fonctions μ-harmoniques bornées pour la marche gauche sur le groupe G et donc aussi pour les marches induites sur les espaces homogènes de G sont constantes.

Preuve de la proposition - Si les fonctions μ-harmoniques bornées pour la marche induite sont constantes, alors $T_\mu^{-1} T_\mu$ opère transitivement sur M et d'après 1.5, la marche induite est récurrente Harris sur un ensemble absorbant C . Comme h_C est une fonction μ-harmonique bornée donc constante valant 1 sur C, elle vaut 1 partout.

Réciproquement soit f une fonction μ-harmonique bornée pour la marche induite. Comme cette marche est récurrente Harris sur C , f est constante et égale à a sur C . Partant de $x \in C^c$, on atteint p.s. C et par suite la martingale bornée $f(B_n^x)$ converge p.s. vers a . Comme $f(x) = E[\lim_n f(B_n^x)]$, on obtient $f(x) = a$.

1.12 - Dans la suite de ce papier, nous allons étudier en détail deux exemples d'espaces homogènes où le type de dichotomie ci-dessus s'applique bien. Lorsque nous chercherons à prouver que la marche induite est transiente, nous ne supposerons pas μ étalée et nous ne nous soucierons pas de savoir si $T_\mu^{-1} T_\mu$ opère transitivement sur l'espace homogène. Nous verrons d'ailleurs des exemples où la marche est transiente et où $T_\mu^{-1} T_\mu$ n'opère pas transititvement. Par contre dans le cas où nous montrerons que la marche est récurrente Harris, nous ferons l'hypothèse d'étalement et l'action transitive de $T_\mu^{-1} T_\mu$ nous sera alors apportée par la trivialité des fonctions harmoniques bornées pour la marche induite.

2 - Le groupe affine

2.1 - Nous représenterons le groupe affine G_1 de la droite réelle par le produit semi-direct $\mathbb{R} \times \mathbb{R}^{+*}$ muni du produit $(b,a)\,(b',a') = (b+ab', a a')$. Nous désignerons par b et a les projections respectives de G_1 sur $\mathbb{R}$ et $\mathbb{R}^{+*}$ et tout élément g de G_1 s'écrira $(b(g), a(g))$.

Un espace homogène naturel est $\mathbb{R} = G_1/\mathbb{R}^{+*}$ car G_1 opère à gauche sur $\mathbb{R}$ par transformations affines :

$$\forall g \in G_1 \qquad \forall x \in \mathbb{R} \qquad g \, . \, x = a(g)\, x + b(g).$$

Nous noterons $C_K(\mathbb{R})$ l'espace des fonctions continues à support compact sur $\mathbb{R}$.

Nous désignerons par λ_1 une mesure de Haar sur le groupe additif $\mathbb{R}$ et λ_2 une mesure de Haar sur le groupe multiplicatif $\mathbb{R}^{+*}$. Alors $\lambda_1 \otimes \lambda_2$ est une mesure de Haar à droite sur G_1 .

Si μ est une mesure de probabilité sur G_1 , nous allons considérer la marche induite sur $\mathbb{R}$ par la marche aléatoire gauche de loi μ sur G . La mesure $\hat{\mu}$ sera l'image de μ par l'application qui à $g = (b,a)$ associe $g^{-1} = \left(-\frac{b}{a}, \frac{1}{a}\right)$.

La mesure de probabilité μ sur G_1 sera dite avoir un moment d'ordre β si les fonctions $\mathrm{Log}^\beta\,[a(g)]$ et $[\mathrm{Log}^+ |b(g)|]^\beta$ sont μ-intégrables.

Proposition 2.2 - Soit μ une mesure de probabilité adaptée admettant un moment d'ordre 1 sur G_1. Posons $\alpha = \int \mathrm{Log}\, a(g)\, d\mu(g)$.

a) Si μ est étalée et si $\underline{\alpha < 0}$ *, alors la marche induite est récurrente Harris sur $\mathbb{R}$ entier de mesure invariante m de masse finie (récurente positive).*

b) Si μ est étalée, si μ admet un moment d'ordre $2+\varepsilon$ ($\varepsilon > 0$) et si $\underline{\alpha = 0}$ *, alors la marche induite est récurrente Harris sur $\mathbb{R}$ entier de mesure invariante m de masse infinie (récurrente nulle).*

c) Si $\underline{\alpha > 0}$ *, la marche induite sur $\mathbb{R}$ est transiente.*

Preuve : On sait d'après [12] que dans les cas a) et b) c'est à dire μ étalée et $\alpha \leqslant 0$, les fonctions μ-harmoniques bornées pour la marche aléatoire gauche sur G_1 sont constantes et il en est donc de même pour la marche induite sur $\mathbb{R}$. Nous sommes donc d'après 1.9 dans le cas de dichotomie ; soit la marche induite est transiente, soit elle est récurrente Harris sur $\mathbb{R}$ entier.

Cas a : $\alpha < 0$

Avec les notations de 1.1, si $X_n^g = Y_n \ldots Y_1 g = (b(X_n^g), a(X_n^g))$ est la marche aléatoire de loi μ sur G , alors la marche induite sur $\mathbb{R}$

$$B_n^x = b(X_n^{(x,1)}) = Y_n \ldots Y_1 . x .$$

Considérons la variable aléatoire $B_n^o = Y_n \ldots Y_1 . 0 = b(Y_n \ldots Y_1)$. Elle a même loi que $\tilde{B}_n = Y_1 \ldots Y_n . 0 = b(Y_1 \ldots Y_n)$. La suite $\tilde{B}_n$ n'est plus une chaîne de Markov, mais a la propriété remarquable d'être une série. En effet $\tilde{B}_n = Y_1 \ldots Y_{n-1} . b(Y_n) = a(Y_1 \ldots Y_{n-1})\, b(Y_n) + \tilde{B}_{n-1}$. La suite $\tilde{B}_n$ convergera donc p.s. si $\overline{\lim_n} \left[a(Y_1 \ldots Y_{n-1})^{1/n} \, |b(Y_n)|^{1/n} \right] < 1$.

Or comme $\int \operatorname{Log} a(g)\, d\mu(g) = \alpha$, il résulte de la loi des grands nombres que $a(Y_1 \ldots Y_{n-1})^{1/n} = [a(Y_1) \ldots a(Y_{n-1})]^{1/n} \to e^{\alpha}$. De plus la condition

$\int \operatorname{Log}^+ |b(g)|\, d\mu(g) < \infty$ assurée par le moment d'ordre 1 de μ entraîne [5] que $\overline{\lim} |b(Y_n)|^{1/n} = 1$. On en déduit que $\overline{\lim_n}\, a(Y_1 \ldots Y_{n-1})^{1/n} |b(Y_n)|^{1/n} =$ $= e^{\alpha} < 1$ puisque $\alpha < 0$.

Soit donc Z la limite p.s. de $\tilde{B}_n$ quand $n \to \infty$ et soit m la loi de Z. Alors la mesure de probabilité m sur $\mathbb{R}$ est une mesure μ-invariante. En effet considérons la relation (o): $\tilde{B}_n = Y_1 \cdot (Y_2 \ldots Y_n \cdot 0)$. La suite $Y_2 \ldots Y_n \cdot 0$ converge, comme ci-dessus, vers une v.a. Z' qui a encore pour loi m. De l'indépendance des Y_i, il résulte que Y_1 et Z' sont indépendantes et il découle alors de (o) que $m = \mu * m$.

Pour montrer la récurrence de la marche induite, il suffit de prouver puisque l'on est dans un cas de dichotomie qu'il existe un compact K de $\mathbb{R}$ de potentiel infini. Or

$$U * \varepsilon_o(K) = \sum_{n \geqslant o} P(B_n^o \in K) = \sum_{n \geqslant o} P(\tilde{B}_n \in K)$$

Comme $P(\tilde{B}_n \in K)$ tend vers $m(K)$ quand $n \to \infty$, on en conclut que si $m(K) > 0$ alors $U * \varepsilon_o(K)$ est infini. La marche induite est récurrente Harris de mesure invariante la probabilité m.

Cas b : $\alpha = 0$

La suite $a(X_n^g) = a(Y_n) \ldots a(Y_1)\, a(g)$ est une marche aléatoire sur $\mathbb{R}^{+*}$ de loi $a(\mu)$. Comme $\alpha = 0$, elle est récurrente. Par suite les temps d'arrêt τ_k suivants sont p.s. finis :

$$\tau_o = 0, \ldots, \tau_k = \inf \{ n > \tau_{k-1},\ a(X_n^g) < a(X_{\tau_{k-1}}^g) \}$$

et $X_{\tau_k}^g$ est une marche aléatoire sur G_1 de loi ρ définie si $A \in B(G_1)$ par $\rho(A) = P(X_{\tau_1}^e \in A)$, e étant l'élément neutre de G_1. Si la mesure μ admet un moment d'ordre $2 + \varepsilon$, la mesure ρ [5] a un moment d'ordre 1 et $\int \operatorname{Log} a(g)\, d\rho(g) < 0$. La mesure ρ satisfait aux conditions du a) et la marche induite $b(X_{\tau_k}^g)$ est récurrente Harris ; il en est donc à fortiori de même de la marche induite $b(X_n^g)$. Cette marche induite admet donc une unique mesure m invariante et nous verrons en 2.9 que m est toujours de masse infinie.

Remarquons que la récurrence Harris de la marche dans les cas $\alpha \leqslant 0$ avait déjà été obtenue dans [5] où la méthode que j'utilisais reposait sur la théorie du renouvellement. La présentation faite ici a l'avantage d'être directe et ouverte aux généralisations.

Cas c : $\alpha > 0$

Soit $B_n^x = Y_n \ldots Y_1 . x = a(Y_n \ldots Y_1)\, x + b(Y_n \ldots Y_1)$ la marche induite de loi μ sur $\mathbb{R}$ issue de x . Nous allons montrer que pour tout compact K de $\mathbb{R}$, $h_K(x) = P[\overline{\lim}\, B_n^x \in K] = 0$. Remarquons que

$$b(Y_n \ldots Y_1) + a(Y_n \ldots Y_1)\, b(Y_1^{-1} \ldots Y_n^{-1}) = Y_n \ldots Y_1 \;\; Y_1^{-1} \ldots Y_n^{-1} . 0 = 0$$

et donc B_n^x s'écrit

$$B_n^x = a(Y_n \ldots Y_1)\, (x - b(Y_1^{-1} \ldots Y_n^{-1})) .$$

Or d'après la loi des grands nombres, $a(Y_n \ldots Y_1)^{\frac{1}{n}} \overset{p.s}{\to} e^{\alpha} > 1$ et par suite $a(Y_n \ldots Y_1) \overset{p.s}{\to} +\infty$.

Quand à $b(Y_1^{-1} \ldots Y_n^{-1})$ c'est l'analogue de la série $\tilde{B}_n$ considérée en a) où les v.a. Y_i sont remplacées par Y_i^{-1} . Mais ces v.a. Y_i^{-1} ont pour loi $\hat{\mu}$, mesure image de μ par $g \longrightarrow g^{-1}$. Cette mesure $\hat{\mu}$ a un moment d'ordre 1 puisque μ en a un et vérifie $\int \operatorname{Log} a(g)\, d\hat{\mu}(g) = -\alpha < 0$. La mesure $\hat{\mu}$ satisfait donc aux hypothèses du cas a) et par suite $b(Y_1^{-1} \ldots Y_n^{-1})$ converge p.s. vers une v.a. Z' de loi m' telle que $\hat{\mu} * m' = m'$.

Par conséquent, pour tout compact K de $\mathbb{R}$,

$$h_K(x) = P\, [\overline{\lim_n}\, \{ a(Y_n \ldots Y_1)\, (x - b(Y_1^{-1} \ldots Y_n^{-1}))\} \in K]$$

$$\leqslant P\, [\, Z' = x\,] = m'\, [\, \{x\}\,] .$$

Montrons maintenant que m' est une mesure diffuse. On ne fait pas ici d'hypothèse d'étalement sur μ et m' n'est pas en général la restriction d'une mesure quasi-invariante à un sous-ensemble de $\mathbb{R}$. Si la probabilité m' n'est pas diffuse, il existe un ensemble fini D tel que :

$$\forall d \in D \qquad m'(d) = \sup_{x \in M} m[\{x\}]$$

De la relation $\hat{\mu} * m' = m'$, on déduit :

$$\forall d \in D \qquad \hat{\mu} * m'(d) = \int_G m'(g.d)\, d\hat{\mu}(g) = m'(d) ,$$

d'où pour tout $(g,d) \in \operatorname{Supp}\hat{\mu} \times D$, $m'(g.d) = m'(d)$. Comme D est fini, il en résulte que $\operatorname{Supp}\hat{\mu}.D = D$ et donc que $G_\mu.D = D$ ce qui est contradictoire puisque $G_\mu = G$. Par suite pour tout compact K de $\mathbb{R}$, $h_K = 0$ et la marche est transiente.

2.3. <u>Remarques</u> : ① Ce qu'il faut sentir c'est dans le cas $\alpha < 0$, l'action contractante de $a(Y_n \dots Y_1)$ qui rend la série $\widetilde{B}_n$ convergente et la marche induite récurrente positive et au contraire dans le cas $\alpha > 0$ l'action dilatante de $a(Y_n \dots Y_1)$ rend la marche induite transiente. Le cas $\alpha = 0$ est un intermédiaire entre la récurrence positive et la transience.

Notons que la marche $a(X_n^g)$ sur $\mathbb{R}^{+*}$ est transiente si $\alpha \neq 0$ et récurrente si $\alpha = 0$. Par suite dans ce dernier cas les composantes $a(X_n^g)$ et $b(X_n^g)$ sont toutes deux récurrentes, mais la marche gauche X_n^g est transiente car le groupe G_1 est non unimodulaire [10].

② Dans le cas $\alpha < 0$, la mesure invariante m peut être à support compact. Si on choisit μ de manière à ce que $\operatorname{Supp} \mu \subset [-M,M] \times]0,\beta]$ avec $M \in \mathbb{R}^+$ et $\beta < 1$, alors la suite $\widetilde{B}_n$ (2.2.a) est bornée uniformément en n :

$$| \widetilde{B}_n | < \sum_{p \geqq 0} \beta^p M \leq \frac{M}{1-\beta}$$

et donc la loi m de la v.a. Z limite p.s. de $\widetilde{B}_n$ à un support compact.

③ Dans le cas $\alpha \leqq 0$, $T_\mu^{-1} T_\mu$ opère transitivement sur $\mathbb{R}$. Par contre cette propriété n'est pas vérifiée en général si $\alpha > 0$. En effet on peut se rendre compte de la dissymétrie entre les cas $\alpha > 0$ et $\alpha < 0$ de la manière suivante :

soit $x \subset \mathbb{R}$, caractériser $T_\mu.x$ revient à identifier le support de $B_n^x = Y_n \ldots Y_1.x$ pour tout n .

- Supposons $\alpha > 0$. Nous avons (2.2.c)

$$B_n^x = a(Y_n \ldots Y_1)\ (x - b\ (Y_1^{-1} \ldots Y_n^{-1}))$$

où $a(Y_n \ldots Y_1) \xrightarrow[p.s.]{} +\infty$ et $b(Y_1^{-1} \ldots Y_n^{-1}) \xrightarrow[p.s.]{} Z'$ de loi m' satisfaisant $\hat{\mu} * m' = m'$. Si on choisit μ de manière à ce que $\mathrm{Supp}\ \hat{\mu}$ vérifie la condition indiquée en 2.3.2 , alors pour n , $|b(Y_1^{-1} \ldots Y_n^{-1})| \leq M'$ $(M' \in \mathbb{R})$ et donc si $x > M'$, $T_\mu.x \subset \mathbb{R}^{+*}$ et si $y < -M'$, $T_\mu.y \subset \mathbb{R}^{-*}$. Par suite $T_\mu.x \cap T_\mu.y$ sera réduit à l'ensemble vide et $T_\mu^{-1}\ T_\mu$ n'opèrera pas transitivement sur $\mathbb{R}$.

- Supposons maintenant $\alpha < 0$. Le support de $B_n^x = Y_n \ldots Y_1.x$ est aussi le support de $Y_1 \ldots Y_n.x = a(Y_1 \ldots Y_n)x + \tilde{B}_n$. Dans ce cas $a(Y_1 \ldots Y_n) \xrightarrow[p.s.]{} 0$ et $\tilde{B}_n$ converge p.s. vers Z de loi m . Par suite pour tout x de $\mathbb{R}$, $Y_1 \ldots Y_n.x$ converge p.s. vers Z . Si μ est étalée, le support de la mesure μ-invariante m contient un ouvert non vide O . De la convergence de $Y_1 \ldots Y_n.x$ vers Z , il résulte alors que pour tout x de $\mathbb{R}$, $T_\mu.x \supset O$ et donc $T_\mu^{-1}\ T_\mu$ opère transitivement sur $\mathbb{R}$.

2.4. Fonctions harmoniques bornées.

On sait que si μ est étalée et $\alpha \leq 0$, la marche induite sur $\mathbb{R}$ est récurrente Harris sur $\mathbb{R}$ entier et que les fonctions μ-harmoniques bornées sont constantes.

Si $\alpha > 0$, la marche est transiente et il est naturel de rechercher les fonctions μ-harmoniques bornées. Dans ce cas les fonctions harmoniques $h_A(x) = P\ [\overline{\lim_n}\ \{B_n^x \in A\}]$, $A \in \mathcal{B}(\mathbb{R})$ ne sont pas nécessairement constantes.

2.5. PROPOSITION. *Soit μ une preuve de probabilité sur le groupe affine G_1 , admettant un moment d'ordre 1 et telle que $\alpha = \int \mathrm{Log}\ a(g)\ d\mu(g) > 0$. Soit λ_1 une mesure de Haar sur $\mathbb{R}$. Alors toute fonction h μ-harmonique bornée pour la marche induite sur $\mathbb{R}$ s'écrit :*

$$h = \gamma\, h_1 + \beta\, h_2 \qquad \lambda_1\ p.s.$$

où γ , $\beta \in \mathbb{R}$ *et où pour tout* x *de* $\mathbb{R}$, $h_1(x) = P[\overline{\lim_n} \{B_n^x \in \mathbb{R}^+\}]$

et $h_2(x) = P[\overline{\lim_n} \{B_x^x \in \mathbb{R}^-\}]$.

De plus si m' *désigne l'unique probabilité sur* $\mathbb{R}$ *satisfaisant* $\hat{\mu} * m' = m'$, *nous avons :*

$$h_1(x) = \varepsilon_{-x} \,\overline{*}\, m'(\mathbb{R}^-) \quad et \quad h_2(x) = \varepsilon_{-x} \,\overline{*}\, m'(\mathbb{R}^+) ,$$

$\overline{*}$ *désignant le produit de convolution dans* $\mathbb{R}$.

Cette proposition peut être interprétée de la façon suivante : La marche induite admet deux points frontières, l'un correspondant aux trajectoires pour lesquelles la marche tend vers $+\infty$, l'autre aux trajectoires pour lesquelles la marche tend vers $-\infty$. Il n'y a pas ambiguité car il y a dichotomie parfaite : soit les trajectoires tendent vers $+\infty$, soit les trajectoires tendent vers $-\infty$. Il faut en effet se rappeler que la marche induite B_n^x peut s'écrire dans ce cas (cf.2.2.c) :

$$B_n^x = a(Y_n \ldots Y_1)\,(x - b(Y_1^{-1} \ldots Y_n^{-1}))$$

où $b(Y_1^{-1} \ldots Y_n^{-1})$ tend vers Z' de loi m' et où $a(Y_n \ldots . Y_1) \to +\infty$. Donc si $Z'(\omega) < x$, $B_n^x(\omega) \to +\infty$ et si $Z'(\omega) > x$, $B_n^x(\omega) \to -\infty$. Comme la loi de Z' est diffuse (cf.2.2.c) le point x n'est pas chargé par Z P.p.s.

<u>Preuve de la proposition</u> :

Remarquons tout d'abord que nous n'avons pas fait d'hypothèse d'étalement sur μ . La méthode proposée ici permet aisément de déterminer aussi les fonctions μ-harmoniques bornées pour la marche aléatoire gauche sur le groupe affine dans le cas $\alpha > 0$ pour une loi <u>non</u> nécessairement <u>étalée</u> et généralise donc dans ce cas les résultats de A. Raugi [12].Notons que l'idée de départ est la même, mais l'utilisation de la topologie faible $\sigma(L_\infty , L_1)$ sur l'espace des fonctions harmoniques bornées permet d'affiner les résultats.

Soit donc f une fonction harmonique bornée <u>sur $\mathbb{R}$</u> pour la marche induite de loi μ . Alors la fonction f se remonte en une fonction harmonique h

sur G_1 pour la marche gauche de loi μ par $h(g) = f(b(g))$ pour $g \in G_1$.

Comme toute translatée à droite de h est encore une fonction μ-harmonique sur G_1, la fonction H_r définie pour $r \in L_1(\mathbb{R},\lambda_1)$ par :

$$H_r(g) = \int_{\mathbb{R}} h(g(y,1))\, r(y)\, d\lambda_1(y) = \int_{\mathbb{R}} f[a(g)y + b(g)]\, r(y)\, d\lambda_1(y)$$

est aussi μ-harmonique bornée sur G_1.

Si Y_i désigne comme toujours une suite de variables indépendantes de loi μ, la martingale bornée $H_r(Y_n \dots Y_1)$ converge P.p.s.

Soit donc $(r_k)_{k \in \mathbb{N}}$ une suite dense dans $C_K(\mathbb{R})$ pour la topologie de la convergence uniforme sur tout compact. Alors il existe un ensemble $\Omega_1 \subset \Omega$ tel que $P(\Omega_1) = 1$ et tel que :

$$\forall\, \omega \in \Omega_1 \qquad \forall\, k \in \mathbb{N} \qquad H_{r_k}(Y_n \dots Y_1(\omega)) \text{ converge.}$$

Comme la suite $(r_k)_{k \in \mathbb{N}}$ est dense dans $L_1(\mathbb{R},\lambda_1)$ pour la norme L_1 et comme nous savons que

$$\forall\, g \in G \qquad \forall\, r \text{ et } r' \in L^1(\mathbb{R},\lambda_1) \qquad |H_r(g) - H_{r'}(g)| \leq 2 \sup_{x \in \mathbb{R}} |f(x)|\, \| r - r' \|_{L_1},$$

nous en déduisons que

$$\forall\, \omega \in \Omega_1 \qquad \forall\, r \in L^1(\mathbb{R},\lambda_1) \qquad H_r(Y_n \dots Y_1(\omega)) \text{ converge.}$$

Considérons pour $r \in C_K(\mathbb{R})$,

$$\begin{aligned} H_r(Y_n \dots Y_1(\omega)) &= \int f\,[a(Y_n \dots Y_1(\omega))\, y + b(Y_n \dots Y_1(\omega))]\, r(y)\, \lambda_1(dy) \\ &= \int f\,[a(Y_n \dots Y_1(\omega))y]\;\; r\left(y - \frac{b(Y_n \dots Y_1(\omega))}{a(Y_n \dots Y_1(\omega))}\right) \lambda_1(dy) \end{aligned}$$

Puisque d'après 2.2.c :

$$U_n = - \frac{b(Y_n \dots Y_1)}{a(Y_n \dots Y_1)} = b(Y_1^{-1} \dots Y_n^{-1})$$ est une suite convergente P.p.s. vers Z' de loi m' satisfaisant $\hat{\mu} \times m' = m'$, il résulte de l'uniforme continuité et du support compact de $r \in C_K(G)$ que si $\Omega' = \{\omega\,,\ U_n(\omega) \to Z'(\omega)\}$, on a

$\forall\, \omega \in \Omega_2 = \Omega_1 \cap \Omega'$, $\forall\, r \in C_K(G)$

$$\int f\,[a(Y_1 \dots Y_n(\omega))y]\; r(y + Z'(\omega))\; \lambda_1(dy)] \text{ converge.}$$

Comme ceci est vrai pour tout r de $C_K(\mathbb{R})$, on peut remplacer à ω fixé r par $r(.-Z'(\omega))$ et on obtient :

$$\forall \omega \in \Omega_2 , \forall r \in C_K(G) \qquad \int f [a(Y_n \ldots Y_1(\omega))y] r(y) \lambda_1(dy) \text{ converge.}$$

Ceci s'étend par densité comme ci-dessus à toutes les fonctions r de $L_1(\mathbb{R},\lambda_1)$.
Par conséquent pour tout ω de Ω_2 ,
$f [a(Y_n \ldots Y_1(\omega))y]$ converge pour la topologie faible $\sigma(L_\infty ,L_1)$ vers un élément noté $T(y,\omega)$.
Remarquons le fait important que $f [a(Y_n \ldots Y_1(\omega))y]$ ne dépend plus que de la marche $a(Y_n) \ldots a(Y_1)$ de loi $a(\mu)$ sur $\mathbb{R}^{+*}$. Et pour tout r de $L_1(\mathbb{R},\lambda_1)$, la fonction $\psi_r(u)$ définie pour $u \in \mathbb{R}^{+*}$ par :

$$\psi_r(u) = E \left[\int T(u y,.) r(y) \lambda_1(dy)\right]$$

$$= E \left[\lim_n \int f [a(Y_n \ldots Y_1) u y] r(y) \lambda_1(dy)\right]$$

est une fonction $a(\mu)$ - harmonique bornée continue sur $\mathbb{R}^{+*}$. D'après le théorème de Choquet-Deny [4] elle est constante. Comme de plus la martingale bornée $\psi_r [a(Y_n \ldots Y_1)u]$ converge p.s. vers $\int T(u y,.) r(y) \lambda_1(dy)$ (cf. [13]), on conclut que :

$$\int T(y,.) r(y) \lambda_1(dy) \text{ est p.s. non aléatoire}$$

et que :

$$\forall u \in \mathbb{R}^{+*} \qquad \int T(u y,.) r(y) \lambda_1(dy) \underset{p.s.}{=} \int T(y,.) r(y) \lambda_1(dy)$$

D'où en utilisant à nouveau la séparabilité de $L_1(\mathbb{R},\lambda_1)$ et de $\mathbb{R}^{+*}$, on peut construire un ensemble $\Omega_3 \subset \Omega_2$ vérifiant $P(\Omega_3) = 1$ et une fonction φ mesurable sur $\mathbb{R}^{+*}$ tels que :

$$\forall \omega \in \Omega_3 \qquad T(y,\omega) = \varphi(y)$$

et tels que :

$$\forall u \in \mathbb{R}^{+*} \quad \forall r \in L^1(\mathbb{R},\lambda_1) \qquad \int \varphi(u y) r(y) \lambda_1(dy) = \int \varphi(y) r(y) \lambda_1(dy) .$$

Il en résulte aisément que φ est λ_1 p.s. constante sur $\mathbb{R}^{+*}$ et aussi sur $\mathbb{R}^{-*}$. Il existe donc deux constantes γ et $\beta \in \mathbb{R}$ telles que

(1) $$\varphi = \gamma\, 1_{\mathbb{R}^+} + \beta\, 1_{\mathbb{R}^-} \qquad \lambda_1 \text{ p.s.}$$

Considérons à nouveau la martingale bornée $H_r(Y_n \ldots Y_1)$. D'après ce qui précède,

$$\forall\, \omega \in \Omega_3 \qquad \lim_n H_r(Y_n \ldots Y_1(\omega)) = \lim_n \int f\,[a(Y_n \ldots Y_1(\omega))y]\, r[\,y + Z'(\omega)]\ \lambda_1(dy)$$

$$= \int \varphi(y - Z'(\omega))\ r(y)\ \lambda_1(dy)\ .$$

De l'égalité

$$H_r(0,1) = E\,[\lim_n H_r(Y_n \ldots Y_1)]\ ,$$

il découle alors :

$$\int_{\mathbb{R}} f(y)\ r(y)\ \lambda_1(dy) = E\Big[\int_{\mathbb{R}} \varphi(y - Z')\ r(y)\ \lambda_1(dy)\Big]$$

$$= \int_{\mathbb{R}} E\,[\varphi(y - Z')]\ r(y)\ \lambda_1(dy)$$

grâce à Fubini et ceci pour tout $r \in C_K(G)$.

Par conséquent

$$f(y) \underset{\lambda_1 \text{ p.s.}}{=} E\,[\varphi(y - Z')]$$

et il résulte de (1) que, Z' ayant pour loi m',

$$f(y) \underset{\lambda_1 \text{ p.s.}}{=} \gamma\ m'(\mathbb{R}^- + y) + \beta\ m'(\mathbb{R}^+ + y)$$

Pour terminer la preuve de la proposition, il suffit de prouver que

$$P\,[\overline{\lim_n}\ \{B_n^y \in \mathbb{R}^+\}] = m'(\mathbb{R}^- + y)\ .$$

Comme en fait,

$B_n^y = a(Y_n \ldots Y_1)\,[y - U_n]$ où U_n tend vers Z', on a

$\overline{\lim_n}\ \{B_n^y \in \mathbb{R}^+\} = \{y - Z' \in \mathbb{R}^+\}$, d'où l'assertion. Remarquons que dans ce cas

$\overline{\lim_n}\ \{B_n^y \in \mathbb{R}^+\} = \underline{\lim_n}\ \{B_n^y \in \mathbb{R}^+\}$.

L'unicité de la probabilité m' satisfaisant $\hat{\mu} * m' = m'$ (qui découle de 2.2.(a) lorsque μ est étalée) est prouvée dans [5] sans hypothèse d'étalement.

2.6. Fonctions harmoniques positives et mesures invariantes :

Dans un premier temps nous allons faire les hypothèses usuelles qui permettent d'aborder cette étude à savoir :

① $T_\mu = G_1$.

② La mesure μ admet une densité bornée à support compact par rapport à une mesure de Haar sur G .

2.7. PROPOSITION. *Sous les hypothèses ① et ② ci-dessus, toute fonction μ-harmonique positive pour la marche induite de loi μ sur $\mathbb{R}$ est bornée. Par conséquent lorsque $\alpha \leqq 0$, les fonctions harmoniques positives sont constantes, et lorsque $\alpha > 0$, il y a deux harmoniques positives extrémales, à savoir :*

$$h_1(x) = P[\overline{\lim_n} \{B_n^x \in \mathbb{R}^+\}] \quad \text{et} \quad h_2(x) = P[\overline{\lim_n} \{B_n^x \in \mathbb{R}^-\}] .$$

Preuve : Si $\alpha \leqq 0$, la marche induite est récurrente Harris sur $\mathbb{R}$ entier de mesure invariante m . L'hypothèse $T_\mu = G$ assure que le support de m est $\mathbb{R}$ entier et donc que m mesure quasi-invariante sur $\mathbb{R}$ est équivalente à la mesure de Haar λ_1 sur $\mathbb{R}$. Comme toute fonction harmonique positive f pour une chaîne récurrente Harris est m p.s. constante (cf. [13]) on en déduit que f est λ_1 p.s. constante. Or comme μ admet une densité à support compact, μ^2 admet une densité continue à support compact. Il est alors facile de voir que toute fonction μ-harmonique positive f , qui est à fortiori μ^2 harmonique positive, est continue. Par suite f sera constante partout.

Supposons maintenant $\alpha > 0$. Soit f une fonction harmonique positive sur $\mathbb{R}$ pour la marche induite de loi μ . Alors f se remonte en une fonction harmonique positive sur G_1 pour la marche gauche de loi μ par $h(g) = f(b(g))$. Si on étudie les fonctions harmoniques sur G_1 lorsque $\alpha > 0$, on voit apparaître deux classes naturelles :

① les harmoniques <u>exponentielles</u> sur G_1 [c.a.d. vérifiant $h(gg') = h(g)\,h(g')$] . Elles sont au nombre de deux : la fonction constante 1 et la fonction $h_\beta(g) = a(g)^\beta$ où β est l'unique réel non nul satisfaisant $\int_{\mathbb{R}^{+*}} x^\beta a(\mu)(dx) = 1$. En effet, toute fonction exponentielle sur G_1 est de la forme $h(g) = a(g)^\beta$ et cette fonction est μ-harmonique si $F(\beta) = \int x^\beta\, a(\mu)(dx) = 1$. Or la fonction F définie sur $\mathbb{R}$ est convexe et tend vers $+\infty$ quand $|\beta| \to \infty$ puisque $T_\mu = G$. Comme $F(0) = 1$ et $F'(0) = \int \text{Log}\, x\, a(\mu)(dx) = \alpha \neq 0$, il existe une et une seule valeur $\beta \neq 0$ telle que $F(\beta) = 1$; de plus cette valeur β est négative puisque $\alpha > 0$.

② Les fonctions harmoniques construites à l'aide de l'unique probabilité m' satisfaisant $\underline{\hat{\mu} * m' = m'}$. En effet, si φ est une fonction borélienne positive quelconque sur $\mathbb{R}$, la fonction

$$h(g) = \varepsilon_{g^{-1}} * m'(\varphi)$$

est μ-harmonique positive pour la marche <u>gauche</u> de loi μ sur G_1 . Comme μ admet une densité, m' aussi ; et notons ϕ sa densité par rapport à la mesure de Haar λ_1 sur $\mathbb{R}$.

Alors
$$h((b,a)) = \int_{\mathbb{R}} \varphi(a^{-1}z - ba^{-1})\, \phi(z)\, d\lambda_1(z)$$
$$= \int_{\mathbb{R}} a\, \phi(az + b)\, \varphi(z)\, d\lambda_1(z)\ .$$

Remplaçant la mesure $\varphi\lambda_1$ par une mesure de Radon ρ quelconque sur $\mathbb{R}$, on construit de nouvelles fonctions μ-harmoniques en posant $h[g] = \int_{\mathbb{R}} a(z)\, \phi(g\,.\,z)\, d\rho(z)$.

On a montré dans [6] qu'en fait si les hypothèses ① et ② de 2.6 sont vérifiées et si $\alpha > 0$, toute fonction μ-harmonique positive pour la marche gauche de loi μ s'écrit

$$h(g) = c\, h_\beta(g) + \int_{\mathbb{R}} a(g)\, \phi(g.z)\, d\rho(z) \tag{2}$$

où c est son élément de $\mathbb{R}^+$ et ρ une mesure de Radon sur $\mathbb{R}$.

Si h est une fonction μ-harmonique pour la marche induite, c'est-à-dire s'écrit $h(g) = f[b(g)]$, alors, pour tout u de $\mathbb{R}^{+*}$, $\tau_{(o,u)} h = h$ où

$\tau_{(o,u)}h$ désigne la fonction translatée à droite de h par (o,u). De (2) il résulte que :

$$\tau_{(o,u)}h = c\, u^{\beta}\, h_{\beta}(g) + \int_{\mathbb{R}} a(g)\, u\, \phi(g.z)\, d\rho_u(z)$$

où ρ_u est l'image de ρ par l'application $x \to ux$.

De l'unicité de la représentation intégrale (2) de la fonction harmonique h (cf. [6]) , il résulte que

$$\forall\, u \in \mathbb{R}^{+*} \qquad c\, u^{\beta} = c$$

$$u\, \rho_u = \rho$$

La première relation assure que $c = 0$ et il est facile de voir que la deuxième entraîne que $\rho_{|\mathbb{R}^+}$ (resp. $\rho_{|\mathbb{R}^-}$) est la restriction à $\mathbb{R}^+$ (resp. $\mathbb{R}^-$) d'une mesure de Haar sur $\mathbb{R}$. Il existe donc $\gamma, \delta \in \mathbb{R}^+$ tels que

$$\rho = \gamma \lambda_{1\,|\mathbb{R}^+} + \delta \lambda_{1\,|\mathbb{R}^-} .$$

Par suite :

$$\begin{aligned} h(g) &= \int a(g)\, \phi[a(g)\, z + b(g)]\, (\gamma\, 1_{\mathbb{R}^+}(z) + \delta\, 1_{\mathbb{R}^-}(z))\, \lambda_1(dz) \\ &= \gamma \int \phi(z + b(g))\, 1_{\mathbb{R}^+}(z)\, \lambda_1(dz) + \delta \int \phi(z + b(g))\, 1_{\mathbb{R}^-}(z)\, \lambda_1(dz) \\ &= \gamma \int 1_{\mathbb{R}^+}(z - b(g))\, dm'(z) + \delta \int 1_{\mathbb{R}^-}(z - b(g))\, dm'(z) . \end{aligned}$$

puisque ϕ est la densité de m' .

D'où, pour tout y de $\mathbb{R}$,

$$f(y) = \gamma\, m'(\mathbb{R}^+ + y) + \delta\, m'(\mathbb{R}^- + y)$$

La fonction f est donc bornée et on retrouve la représentation de 2.5.

2.8. Remarque :

Sur un groupe il y a dualité pour une mesure μ vérifiant l'hypothèse ② de 2.6 entre les fonctions harmoniques positives pour la marche gauche de loi $\hat{\mu}$ sur G et les mesures μ-invariantes ν sur G (c.à.d. vérifiant $\mu * \nu = \nu$). En effet toute mesure μ-invariante a pour densité par rapport à une mesure de Haar à gauche λ_G une fonction $\hat{\mu}$-harmonique positive et réciproquement. Ceci repose sur la dualité entre les marches de loi μ et de loi $\hat{\mu}$ par rapport à λ_G .

Pour une marche induite, il n'existe pas nécessairement de marche duale et il n'est pas si simple de lier fonctions harmoniques et mesures invariantes pour la marche induite. Pour l'étude de ces dernières nous remonterons donc dans certains cas au groupe affine.

2.9. <u>PROPOSITION</u>. *Soit* μ *une mesure de probabilité sur* G_1 *admettant un moment d'ordre 1 et soit* $\alpha = \int \text{Log}\, a(g)\, d\mu(g)$.

① *Si* $\alpha < 0$, *il exite, à une constante multiplicative près, une unique mesure* m *sur* $\mathbb{R}$ *satisfaisant* $\mu * m = m$ *et cette mesure est de masse finie.*

② *Si* $\alpha = 0$ *et si* μ *admet un moment d'ordre* $2 + \varepsilon$ *et est étalée, il existe, à une constante multiplicative près, une unique mesure* m *sur* $\mathbb{R}$ *satisfaisant* $\mu * m = m$ *et cette mesure est de masse infinie.*

③ *Si* $\alpha > 0$ *et si* μ *satisfaisait les hypothèses* ① *et* ② *de 2.6, il existe une fonction exponentielle* $h_\beta(g) = a(g)^\beta$ *telle que* $h_\beta \mu$ *soit une mesure de probabilité sur* G_1. *Cette probabilité* $h_\beta \mu$ *satisfaisait la condition* ① *de cette proposition et il existe une mesure de probabilité* m_o *sur* $\mathbb{R}$ *telle que* $h_\beta \mu * m_o = m_o$. *Toute mesure* ν *satisfaisant* $\mu * \nu = \nu$ *s'écrit alors*

$$\nu = \gamma\, m_o \,\bar{*}\, (h_\beta^{-1} \lambda_2) + \delta\, m_o \,\bar{*}\, \widetilde{(h_\beta^{-1} \lambda_2)}$$

où γ *et* $\delta \in \mathbb{R}^+$. *Le signe* $\bar{*}$ *désigne le produit de convolution dans* $\mathbb{R}$, *la mesure* λ_2 *une mesure de Haar sur* $\mathbb{R}^{+*}$ *et* $\widetilde{h_\beta^{-1} \lambda_2}$ *l'image dans* $\mathbb{R}$ *de la mesure* $h_\beta^{-1} \lambda_2$ *(portée par* $\mathbb{R}^{+*}$*) par l'application* $x \to -x$.

<u>Preuve</u> : ① L'existence dans le cas $\alpha < 0$ d'une probabilité m satisfaisant $\mu * m = m$ a été vu en 2.2.a. Pour l'unicité d'une telle mesure sans hypothèse

d'étalement, on renvoie à [5].

② Si $\alpha = 0$ et si μ admet un moment d'ordre $2+\varepsilon$ et est étalée, on a montré en 2.2.b que la marche induite sur $\mathbb{R}$ de la loi μ était récurrente Harris. Elle admet donc, à une constante multiplicative près, une unique mesure invariante m. Montrons que m est de masse infinie. Si ce n'était le cas les fonctions f définies par :

$$f(g) = \varepsilon_{g^{-1}} * m(\varphi) ,$$

pour $\varphi \in C_K(G_1)$, seraient $\hat{\mu}$-harmoniques bornées pour la marche gauche sur G_1. Comme $\int \text{Log } a(g)\, d\hat{\mu}(g) = 0$, il découle de [12] qu'elles sont constantes. Par conséquent, pour tout g de G, $\varepsilon_{g^{-1}} * m = m$ et la mesure m serait une mesure de Haar sur $\mathbb{R}$, ce qui est contradictoire avec le fait qu'elle soit de masse finie.

③ Supposons maintenant $\alpha > 0$ et μ satisfaisant ① et ②. La fonction F définie par $F(\beta) = \int_{\mathbb{R}^{+*}} x^{\beta}\, da(\mu)(x)$ vaut 1 en 0 et en une unique autre valeur β qui est négative (cf. 2.7).. La fonction $h_\beta(g) = a(g)^{\beta}$ est μ-harmonique et $h_\beta\mu$ est une probabilité telle que $F'(\beta) = \int_{\mathbb{R}^{+*}} (\text{Log } x) x^{\beta}\, da(\mu)(x) < 0$. En effet si la fonction F convexe a une tangente au point 0 de pente positive, la tangente au point β sera de pente négative sachant que $F(0) = F(\beta) = 1$. Il existe donc une unique probabilité m_o sur $\mathbb{R}$ telle que $h_\beta\mu * m_o = m_o$.

Considérons maintenant une mesure ν sur $\mathbb{R}$ satisfaisant $\mu * \nu = \nu$. Alors la mesure $\tilde{\nu} = \nu \otimes \lambda_2$ sur $G_1 = \mathbb{R} \times \mathbb{R}^{+*}$ satisfait $\mu * \tilde{\nu} = \tilde{\nu}$ où le produit de convolution est ici considéré sur G_1. Si on cherche à étudier ces mesures μ-invariantes sur G_1, alors deux types de mesures interviennent :

① <u>la mesure de Haar à gauche</u> $\lambda_G = \widehat{\lambda_1 \otimes \lambda_2}$ sur $G_1 = \mathbb{R} \times \mathbb{R}^{+*}$ qui satisfait, pour toute mesure μ, $\mu * \lambda_G = \lambda_G$.

② <u>la mesure</u> $h_\beta^{-1}(m_o \otimes \lambda_2)$ et toutes ses <u>translatées à droite</u>. En effet la mesure m_o sur $\mathbb{R}$ satisfaisant $(h_\beta\mu) * m_o = m_o$, la mesure $m_o \otimes \lambda_2$ sur G_1 vérifie $(h_\beta\mu) * (m_o \otimes \lambda_2) = m_o \otimes \lambda_2$. Comme h_β est une fonction exponentielle sur G_1, il est aisé de voir que $\mu * h_\beta^{-1}(m_o \otimes \lambda_2) = h_\beta^{-1}(m_o \otimes \lambda_2)$.

Il est évident que toute translatée à droite d'une mesure μ-invariante est encore μ-invariante. Remarquons que si $u \in \mathbb{R}^{+*}$, $[h_\beta^{-1}(m_o \otimes \lambda_2)] * \varepsilon_{(o,u)} = h_\beta(u)\, h_\beta^{-1}(m_o \otimes \lambda_2)$. Par conséquent il n'y a que les translations par les éléments $(z,1)$ de $\mathbb{R}$ qui nous donneront de nouvelles mesures.

On a prouvé dans [6] que les mesures

. m_G

. $h_\beta^{-1}(m_o \otimes \lambda_2) * \varepsilon_{(z,1)}$, $z \in \mathbb{R}$

sont les seuls éléments extrémaux du cône des mesures μ-invariantes et par conséquent

$$\tilde{\nu} = c\, m_G + \int_{\mathbb{R}} h_\beta^{-1}(m_o \otimes \lambda_2) * \varepsilon_{(z,1)}\, \rho(dz)$$

où $c \in \mathbb{R}^+$ et où ρ est une mesure de Radon sur $\mathbb{R}$.

La mesure $\tilde{\nu}$ de la forme $\nu \otimes \lambda_2$ est invariante par les translations à droite par les éléments $(o,u), u \in \mathbb{R}^{+*}$. Or

$$\tilde{\nu} * \varepsilon_{(o,u)} = c\, m_G * \varepsilon_{(o,u)} + \int_{\mathbb{R}} h_\beta^{-1}(m_o \otimes \lambda_2) * \varepsilon_{(z,u)}\, \rho(dz)$$

$$= c\, u\, m_G + \int_{\mathbb{R}} h_\beta^{-1}(m_o \otimes \lambda_2) * \varepsilon_{(\frac{z}{u},1)}\, h_\beta(u)\, \rho(dz).$$

De l'unicité de la représentation intégrale sur les éléments extrémaux, il découle que :

$$\forall u \in \mathbb{R}^{+*} \qquad c\, u = c$$

$$\rho = h_\beta(u)\, \rho_{1/u}$$

où ρ_v est l'image de ρ par l'application $x \to v\, x$.

La première relation assure que $c = 0$ et la deuxième que si $\rho_1 = \rho|_{\mathbb{R}^{+*}}$ et $\rho_2 = \rho|_{\mathbb{R}^{-*}}$, les mesures $h_\beta \rho_1$ et $h_\beta \tilde{\rho}_2$ où $\tilde{\rho}_2$ désigne l'image dans $\mathbb{R}$ de ρ_2 par l'application $x \to -x$, sont des mesures sur le groupe multiplicatif $\mathbb{R}^{+*}$ qui sont invariantes par translation par les éléments de ce groupe. Ce sont donc des mesures de Haar sur le groupe $\mathbb{R}^{+*}$ et il existe des constantes γ et δ de $\mathbb{R}^+$ telles que $\rho_1 = \gamma\, h_\beta^{-1}\, \lambda_2$ et $\rho_2 = \delta\, \widetilde{h_\beta^{-1}\, \lambda_2}$.

Par conséquent,

$$\tilde{\nu} = \gamma\, \tilde{\nu}_1 + \delta\, \tilde{\nu}_2 \ ,$$

où $\displaystyle \tilde{\nu}_1 = \int_{\mathbb{R}} h_\beta^{-1}(m_o \otimes \lambda_2) * \varepsilon_{(z,1)} \quad h_\beta^{-1}\lambda_2(dz)$

et $\displaystyle \tilde{\nu}_2 = \int_{\mathbb{R}} h_\beta^{-1}(m_o \otimes \lambda_2) * \varepsilon_{(z,1)} \quad \widetilde{h_\beta^{-1}\lambda_2}(dz) \ .$

Or si $f \in C_K^+(G_1)$,

$$\tilde{\nu}_1(f) = \iiint f(a,az+b)\, h_\beta^{-1}(a)\, h_\beta^{-1}(z)\, m_o(db)\, \lambda_2(da)\, \lambda_2(dz)$$

$$= \iiint f(a,z+b)\, h_\beta^{-1}(z)\, m_o(db)\, \lambda_2(da)\, \lambda_2(dz)$$

car λ_2 est une mesure de Haar sur $\mathbb{R}^{+*}$. D'où :

$$\tilde{\nu}_1 = (m_o \,\overline{*}\, h_\beta^{-1}\lambda_2) \otimes \lambda_2 \ ,$$

$\overline{*}$ désignant le produit de convolution dans $\mathbb{R}$.

De même $\tilde{\nu}_2 = (m_o \,\overline{*}\, \widetilde{h_\beta^{-1}\lambda_2}) \otimes \lambda_2$

On conclut donc que

$$\nu = \gamma\, m_o \,\overline{*}\, h_\beta^{-1}\lambda_2 + \delta\, m_o \,\overline{*}\, \widetilde{h_\beta^{-1}\lambda_2} \ .$$

Le cône des mesures ν satisfaisant $\mu * \nu = \nu$ admet donc deux éléments extrémaux. Le résultat est similaire à celui des fonctions harmoniques. Remarquons que non seulement nous déterminons toutes les mesures invariantes pour la chaîne induite, mais aussi que nous mettons en évidence des mesures invariantes bien particulières. Leurs formes bien que relativement simples n'étaient pas faciles à prévoir à priori. Ceci va nous permettre de prouver l'existence de mesures invariantes pour la marche induite lorsqu'elle est transiente dans un cadre plus général.

2.10. ***PROPOSITION***. *Soit μ une mesure de probabilité sur G_1 telle que :*

- le semi-groupe fermé $T_{a(\mu)}$ engendré dans $\mathbb{R}^{+*}$ par le support de $a(\mu)$ soit $\mathbb{R}^{+*}$.

- $\forall\, \beta \leq 0$, la mesure $h_\beta\mu$ où $h_\beta(g) = a(g)^\beta$ admette un moment d'ordre 1 .

$$- \alpha = \int Log\ a(g)\ d\mu(g) \quad soit \quad > 0 .$$

Alors il existe aux moins deux mesures sur $\mathbb{R}$ *μ-invariantes et qui ne sont pas proportionnelles.*

Preuve : Les hypothèses assurent que la fonction convexe $F(\beta) = \int x^{\beta}\ da(\mu)(x)$ est finie pour tout $\beta \leqq 0$ et que de plus $F(\beta) \to +\infty$ quand $\beta \to -\infty$. Comme $\alpha > 0$, il existe un réel β négatif tel que $F(\beta) = 1$. La mesure de probabilité $h_\beta \mu$ admet un moment d'ordre 1 et vérifie aussi $\int Log\ a(g)\ h_\beta\mu(dg) < 0$. Il existe donc une mesure de probabilité m_o telle que $h_\beta\mu * m_o = m_o$. Il est alors aisé de voir que les mesures $\nu_1 = m_o \bar{*}\ h_\beta^{-1}\lambda_2$ et $\nu_2 = m_o \bar{*}\ \widetilde{h_\beta^{-1}}\lambda_2$ définies sur $\mathbb{R}$ sont μ-invariantes pour la marche induite. Le fait que m_o soit de masse finie assure de plus que ces mesures ν_1 et ν_2 ne sont pas proportionnelles.

2.11 Remarque : Bien que nous n'ayons pas fait l'hypothèse d'étalement sur μ , les mesures invariantes que nous mettons en évidence ont toutes une densité par rapport à la mesure de Haar sur $\mathbb{R}$. Y en a-t-il d'autres ? Dans le cas distinct où $\alpha < 0$, nous savons que lorsque la mesure μ est étalée, la probabilité μ-invariante m admet une densité, mais aussi qu'il est très facile de construire des mesures μ telles que la probabilité μ-invariante m soit étrangère à la mesure de Haar sur $\mathbb{R}$.

L'hypothèse $T_{a(\mu)} = \mathbb{R}^{+*}$ est naturelle car elle est en fait nécessaire à l'existence d'une exponentielle h_β non triviale telle que $h_\beta\mu$ soit une probabilité sur G_1 . Lorsque $T_{a(\mu)} \neq \mathbb{R}^{+*}$, existe-t-il des mesures μ invariantes si $\alpha > 0$?

2.12 Que peut-on aussi dire des fonctions harmoniques positives si on ne fait les hypothèses : $T_\mu = G$ et μ admet une densité à support compact ? La proposition 2.5 a mis en évidence un moyen de construire des fonctions harmoniques : si m' est une mesure sur $\mathbb{R}$ satisfaisant $\hat{\mu} * m' = m'$, les fonctions $h_1(y) = \varepsilon_{-y} \bar{*}\ m'(\mathbb{R}^-)$ et $h_2(y) = \varepsilon_{-y} \bar{*}\ m'(\mathbb{R}^+)$ sont μ-harmoniques pour la chaîne induite. Lorsque la mesure m' est de masse finie, ces fonctions sont bornées. Par contre, lorsque m' est de mesure infinie, l'une ou les deux fonctions ci-dessus sont toujours infinies. Et il est intéressant de se demander quand l'une de ces deux fonctions est finie, c'est-à-dire quand $m'(\mathbb{R}^+)$ ou $m'(\mathbb{R}^-)$ est fini.

2.13. <u>PROPOSITION</u>. *Soit μ une mesure de probabilité étalée sur G_1 telle que la marche induite sur $\mathbb{R}$ de loi μ soit récurrente Harris de mesure invariante m et telle qu'il existe une mesure m' satisfaisant $\hat{\mu} * m' = m'$. Alors si $m'(\mathbb{R}^+)$ est fini, il existe un réel z_o tel que*

- *. Supp $m' \subset]-\infty, z_o]$*
- *. Supp $m \subset [z_o, +\infty[$*
- *. Supp $\mu . z_o \subset [z_o, +\infty[$*

La marche induite de loi μ revient alors p.s. une infinité de fois dans tout ouvert de Supp m qui est inclus dans la demi-droite $[z_o, +\infty[$. Mais sur la demi-droite $]-\infty, z_o[$, la marche a un comportement de marche transiente sortant p.s. de tout compact et atteignant p.s. l'ensemble $[z_o, +\infty[$. De plus il existe une fonction harmonique positive h pour cette marche induite qui est non triviale sur $]-\infty, z_o]$.

2.14. <u>Remarques</u> : ① L'existence de cette fonction harmonique positive h confirme le caractère transient de la marche induite sur le complémentaire du support de m. On peut d'ailleurs prouver de plus que si on considère le processus relativisé par rapport à cette fonction harmonique h, ce processus est une chaîne de Markov transiente qui tend p.s. vers $-\infty$.

② Le groupe affine nous permet donc de mettre en évidence la situation quelque peu surprenante de marches induites récurrentes Harris et admettant une fonction harmonique positive non triviale. Cette fonction harmonique sera bien sûr constante sur le support de la mesure invariante.

Donnons précisément des exemples de telles marches :

2.15. <u>COROLLAIRE</u>. *Soit μ une mesure de probabilité étalée sur G_1 telle que T_μ laisse stable une demi-droite de $\mathbb{R}$. Alors la marche induite de loi μ*

est récurrente Harris et admet une fonction harmonique positive non triviale dans les deux cas suivants :

ⓐ *La mesure μ admet un moment d'ordre $2 + \varepsilon$ et satisfait*

$$\alpha = \int Log\ a(g)\ d\mu(g) = 0$$

ⓑ *La mesure μ est telle que*

. $\forall \beta > 0$ *la mesure* $h_\beta \mu$ *admet un moment d'ordre 1 .*

. $\alpha = \int Log\ a(g)\ d\mu(g) < 0$

. $T_{a(\mu)} = \mathbb{R}^{+*}$.

2.16. <u>Remarque</u> : Dans le cas ⓐ la chaîne est récurrente nulle et dans le cas ⓑ récurrente positive. Notons que sous l'hypothèse simple $\operatorname{supp} b(\mu) \subset \mathbb{R}^+$ (resp. $\mathbb{R}^-$) , alors $\operatorname{supp} \mu$ laisse stable $\mathbb{R}^+$ (resp. $\mathbb{R}^-$) . Remarquons enfin que T_μ laisse stable une demi-droite de $\mathbb{R}$ si et seulement si il existe un réel z_o vérifiant

. soit $\operatorname{supp} \mu.z_o \subset [z_o,+\infty[$

. soit $\operatorname{supp} \mu.z_o \subset]-\infty,z_o]$

C'était la condition qui apparaissait naturellement dans la proposition 2.13.

2.17. <u>Preuve de la proposition 2.13.</u>

Supposons que $m'(\mathbb{R}^+)$ soit fini. Alors la fonction h_2 définie sur $\mathbb{R}$ par $h_2(y) = \varepsilon_{-y} * m'(\mathbb{R}^+) = m'([y,+\infty[)$ est μ-harmonique positive <u>décroissante</u>. Comme la marche induite est récurrente Harris de mesure invariante m , la fonction continue h_2 est constante et égale à c sur le support de m . Si B_n^y -désigne la marche induite de loi μ issue de y , la martingale positive $h_2(B_n^y)$ converge p.s. et puisque B_n^y atteint p.s. l'ensemble absorbant $\operatorname{supp} m$, la suite $h_2(B_n^y) \xrightarrow{p.s.} c$. Il résulte alors du lemme de Fatou que :

$$c = E\ [\underline{\lim}_n\ h_2\ [B_n^y]] \leq \underline{\lim}_n\ E\ [h_2\ (B_n^y)] = h_2(y)$$

Par conséquent, pour tout y de $\mathbb{R}$, $h_2(y) \geq c$. Comme $m'(\mathbb{R}^+) < \infty$, la fonction $h_2(y) \to o$ quand $y \to +\infty$. On en déduit donc que $c = 0$ et que $h_2 = 0$ sur le support de m . Notons $z_o = \inf \{y \in \mathbb{R} \; ; \; h_2(y) = 0\}$. Le réel z_o est fini puisque m' est non nulle et $\operatorname{supp} m \subset [z_o,+\infty[$. Comme de plus $h_2(z_o) = m'([z_o,+\infty[) = 0$, le support de m' est inclus dans $]-\infty,z_o]$ et par ailleurs $z_o \in \operatorname{Supp} m'$. L'ensemble $\operatorname{Supp} m'$ étant absorbant pour la marche de loi $\hat{\mu}$, on en déduit que $\operatorname{Supp} \hat{\mu}.z_o$ est inclus dans $\operatorname{Supp} m'$ et donc dans $]-\infty,z_o]$. Par suite, $\forall$ $(a,b) \in \operatorname{Supp} \mu, a^{-1} z_o - a^{-1} b \leq z_o$ et donc $a\, z_o + b \geq z_o$. La proposition est prouvée.

2.18. <u>Preuve du corollaire</u>.

Par hypothèse T_μ laisse invariante une demi-droite de $\mathbb{R}$. Admettons que ce soit $[z_o,+\infty[$. Alors $T_{\hat{\mu}}$ laisse stable $]-\infty,z_o]$

<u>Cas ⓐ</u> : $\alpha = 0$

La mesure $\hat{\mu}$ est étalée et admet un moment d'ordre $2 + \varepsilon$. La marche induite de loi $\hat{\mu}$ est donc récurrente Harris (2.2.b) de mesure invariante m' . Comme l'ensemble $]-\infty,z_o]$ est absorbant pour cette marche, nécessairement $\operatorname{supp} m' \subset]-\infty,z_o]$ et $m'(\mathbb{R}^+) < \infty$. De plus la marche induite de loi μ est récurrente Harris et μ satisfait les conditions de la proposition 2.13.

<u>Cas ⓑ</u> : $\alpha < 0$

La mesure $\hat{\mu}$ satisfait les hypothèses de la proposition 2.10. Il existe donc une exponentielle h_β , $\beta > 0$, telle que $\widehat{h_\beta\mu}$ soit une probabilité sur G_1 , et une probabilité m_o sur $\mathbb{R}$ satisfaisant $\widehat{h_\beta\mu} * m_o = m_o$. Les mesures $\nu_1 = m_o \,\overline{*}\, h_\beta\lambda_2$ et $\nu_2 = m_o \,\overline{*}\, \widetilde{h_\beta\lambda_2}$ sont alors des mesures sur $\mathbb{R}$ $\hat{\mu}$-invariantes. Comme $T_{\widehat{h_\beta\mu}} = T_{\hat{\mu}}$, l'ensemble $]-\infty,z_o]$ est absorbant pour la marche induite de loi $\widehat{h_\beta\mu}$. Cette marche étant récurrente Harris, $\operatorname{supp} m_o \subset]-\infty,z_o]$. Par conséquent, la mesure ν_2 a son support inclus dans $]-\infty,z_o]$ et $\nu_2(\mathbb{R}^+) < +\infty$. Comme la marche de loi μ est de plus récurrente Harris, le corollaire est prouvé. Remarquons de plus que $\nu_1(\mathbb{R}^+) = \infty$ et que $\nu_1(\mathbb{R}^-)$ ne peut être fini sinon la mesure m satisfaisant $\mu * m = m$ aurait un support compact, ce qui est incompatible avec $T_{a(\mu)} = \mathbb{R}^{+*}$. Par suite nous ne construisons qu'une classe de fonctions harmoniques positives.

Le cas où T_μ laisse invariant $]-\infty,z_o]$ se traite de manière analogue.

3. PRODUIT SEMI-DIRECT $\mathbb{R}^2 \times_\eta \mathbb{R}$.

3.1. Soit η un homomorphisme continu de $\mathbb{R}$ dans le groupe des automorphismes continus de $\mathbb{R}^2$. Alors le groupe produit semi-direct $\mathbb{R}^2 \times_\eta \mathbb{R}$ est l'ensemble $\mathbb{R}^2 \times \mathbb{R}$ muni du produit

$$(n_1,a_1)(n_2,a_2) = (n_1 + \eta(a_1)(n_2),\ a_1 + a_2)$$

où n_1 et n_2 appartiennent à $\mathbb{R}^2$ et a_1 et a_2 à $\mathbb{R}$.

Nous ferons ici pour simplifier l'hypothèse suivante sur l'homomorphisme η : il existe une base (e_1,e_2) de $\mathbb{R}^2$ et deux réels β et γ tels que pour tout élément n de $\mathbb{R}^2$ de coordonnées (b,c) dans la base (e_1,e_2), on ait

$$\forall\, a \in \mathbb{R} \qquad \eta(a)(n) = \eta(a)(b,c) = (e^{\beta a}b\ ,\ e^{\gamma a}c)\ .$$

Nous noterons donc <u>G_2 le groupe $\mathbb{R}^2 \times_\eta \mathbb{R}$</u> muni du produit

$$(b,c,a)(b',c',a') = (b + e^{\beta a}b',\ c + e^{\gamma a}c'\ ,\ a + a')\ .$$

Tout élément g de G_2 s'écrira $(n(g),a(g))$ ou $(b(g),c(g),a(g))$, n et a désignant les projections respectives de G_2 sur $\mathbb{R}^2$ et $\mathbb{R}$ et $(b(g),c(g))$ les coordonnées dans $\mathbb{R}^2$ de $n(g)$.

Un espace homogène naturel est l'espace G_2/A où $A = \{(0,0,a), a \in \mathbb{R}\}$. Cet espace est homéomorphe à $\mathbb{R}^2$ et nous l'appellerons <u>l'espace homogène $\mathbb{R}^2$</u>. Le groupe G_2 opère à gauche sur cet espace par

$$g.(y,z) = (e^{\beta a(g)}y + b(g)\ ,\ e^{\gamma a(g)}z + c(g)]\ .$$

3.2. Pourquoi s'intéresse-t-on à ce type de groupes et d'espaces homogènes ? Il est clair tout d'abord que ces groupes sont une première généralisation du groupe affine. On avait remarqué dans l'étude de la récurrence et de la transience des marches induites sur l'espace homogène $\mathbb{R}$ du groupe affine qu'intervenait de manière fondamentale l'action dilatante ou contractante des éléments de $\mathbb{R}^{+*}$.

Ici, si β et γ sont de <u>même signe</u>, l'action $\eta(a)$ d'un élément a de $\mathbb{R}$ sur $\mathbb{R}^2$ sera complètement dilatante ou complètement contractante, en ce sens que les coordonnées (b,c) des éléments de $\mathbb{R}^2$ seront soit toutes les deux dilatées, soit toutes les deux contractées. Les résultats seront analogues à ceux du groupe affine.

Par contre, si β et γ sont de signes différents, l'action $\eta(a)$ d'un élément a de $\mathbb{R}$ sera dilatante dans une des directions de $\mathbb{R}^2$ et contractante dans l'autre. La situation est donc toute nouvelle et on peut se demander si l'espace homogène $\mathbb{R}^2$ "écartelé" dans ce cas sous l'action de $\mathbb{R}$ peut porter des marches récurrentes. La réponse sera non et nous allons prouver de manière plus générale le résultat suivant.

3.3. THEOREME. *Soit G_2 le groupe produit semi-direct $\mathbb{R}^2 \times_\eta \mathbb{R}$ défini en 3.1. L'espace homogène $\mathbb{R}^2$ est transient si et seulement si les réels β et γ sont non nuls et de signes opposés.*

Preuve. Si μ une mesure de probabilité sur G_2, notons

$$X_n^g = (b(X_n^g)\ ,\ c(X_n^g)\ ,\ a(X_n^g))$$

la marche aléatoire gauche de loi μ sur G_2 issue de g. Alors la marche induite de loi μ sur $\mathbb{R}^2$ issue de (y,z) est

$$U_n^{(y,z)} = (b(X_n^g)\ ,\ c(X_n^g)) \quad \text{où} \quad g = (y,z,0)\ .$$

Comme $b(X_n^g)$ (respectivement $c(X_n^g)$) ne dépend que de y (resp. g), nous écrivons

$$U_n^{(y,z)} = (B_n^y\ ,\ C_n^z)\ .$$

Remarquons que si H_1 désigne le groupe quotient de G_2 par $C = \{(0,c,0), c \in \mathbb{R}\}$, H_1 est isomorphe au produit semi-direct $\mathbb{R} \times_{\eta_1} \mathbb{R}$ où le produit de deux éléments est défini par

$$(b,a)(b',a') = (b + e^{\beta a}\, b',\ a + a')\ .$$

Par conséquent si μ_1 désigne la projection de G_2 sur H_1, la suite B_n^y n'est rien d'autre que la marche induite de loi μ_1 sur l'espace homogène $(\mathbb{R} \times_{\eta_1} \mathbb{R})/A_1$ où $A_1 = \{(0,a)\ ,\ a \in \mathbb{R}\}$ et nous allons pouvoir utiliser les résultats obtenus sur l'espace homogène $\mathbb{R}$ du groupe affine. La suite C_n^y étant du même type, nous connaissons donc d'après 2.2 lorsque β et γ sont non nuls le comportement individuel de B_n^x et C_n^y. Il va s'agir d'étudier leur comportement global. Mais il est clair que si B_n^x ou si C_n^y est une marche induite transiente, il en est de même de $U_n^{(x,y)} = (B_n^x, C_n^y)$.

Pour prouver le théorème, nous allons raisonner cas par cas.

3.4. <u>CAS 1</u> : <u>β et γ sont non nuls et de même signe</u>.

Dans ce cas la proposition 2-2 obtenue pour l'espace homogène $\mathbb{R}$ du groupe affine se généralise aisément : Si μ a un moment d'ordre 1 et si α désigne $\beta \int_{\mathbb{R}} a(g)\, d\mu(g)$, nous avons

- si $\alpha < 0$ et si μ est étalée, la marche induite de loi μ sur $\mathbb{R}^2$ est récurrente Harris positive sur $\mathbb{R}^2$

- si $\alpha = 0$ et si μ est étalée et a un moment d'ordre $2+\varepsilon$, la marche induite est récurrente Harris nulle sur $\mathbb{R}^2$.

- si $\alpha > 0$, la marche induite est transiente.

En effet dans les cas $\alpha \leqslant 0$ on sait encore [12] que les fonctions harmoniques bornées pour la marche induite sont constantes et les démonstrations de 2.2 a) et b) se transposent. Dans le cas $\alpha > 0$, la marche induite $U_n^{(x,y)} = (B_n^x, C_n^y)$ est transiente puisque la marche B_n^x l'est.

L'espace homogène $\mathbb{R}^2$ portant des marches induites récurrentes Harris n'est donc pas transient dans ce cas.

3.5. <u>CAS 2</u> : <u>β et γ sont non nuls et de signes opposés</u>.

C'est le cas crucial. Pour prouver que l'espace homogène $\mathbb{R}^2$ est transient, il suffit d'après [2] de montrer que pour toute mesure μ symétrique (c'est-à-dire telle que $\mu = \hat{\mu}$) à support compact sur G_2, la marche induite sur $\mathbb{R}^2$ de loi μ est transiente et que de plus pour tout compact K de $\mathbb{R}^2$, la fonction potentiel

$$\tilde{U}_\mu 1_K = \sum_{n \geqslant 0} \mu^n * \varepsilon_{\cdot}(K)$$

est bornée sur $\mathbb{R}^2$.

Commençons par prouver que toute marche induite sur $\mathbb{R}^2$ de loi μ symétrique à support compact est transiente. Le fait que le potentiel de tout compact soit borné découlera ensuite du lemme 3.6 ci-dessous.

Soit donc μ une mesure de probabilité symétrique à support compact sur G_2 et soit $U_n^{(x,y)} = (B_n^x, C_n^y)$ la marche induite sur $\mathbb{R}^2$ de loi μ issue de (x,y). Comme μ est symétrique, l'intégrale $\int a(g)\, d\mu(g) = 0$ et les deux chaînes B_n^x et C_n^y sont récurrentes Harris si μ est étalée (cf. 2.2). Nous voulons montrer (sans hypothèse d'étalement) que par contre la marche $U_n^{(x,y)}$ soit p.s de tout compact de $\mathbb{R}^2$. Fixons $(x,y) \in \mathbb{R}^2$ et K_1 et K_2 deux compacts de $\mathbb{R}$. Considérons l'ensemble Ω_1 des événements de Ω tels que $U_n^{(x,y)}$ revienne une infinité de fois dans $K_1 \times K_2$, c'est-à-dire

$$\Omega_1 = \overline{\lim_n}\, \{(B_n^x, C_n^y) \in K_1 \times K_2\} .$$

Pour tout ω de Ω_1, nous pouvons construire une sous-suite $n_i(\omega)$ telle que pour tout i de $\mathbb{N}^*$,

$$B^x_{n_i(\omega)}(\omega) \in K_1 \quad \text{et} \quad C^y_{n_i(\omega)}(\omega) \in K_2 .$$

Comme le groupe $\mathbb{R}^2 \times_\eta \mathbb{R}$ est transient [10], la marche gauche $X_n^{(x,y,o)}$ sur G_2 de loi μ issue de (x,y,o) est transiente. Par suite il existe un ensemble $\Omega_2 \subset \Omega_1$ tel que $P(\Omega_2) = P(\Omega_1)$ et tel que pour tout $\omega \in \Omega_2$, la suite $a(X^{(x,y,o)}_{n_i(\omega)}(\omega))$ que nous noterons $A_{n_i(\omega)}(\omega)$ sorte de tout compact. Quitte à extraire de nouvelles sous-suites $n_i(\omega)$, nous obtenons donc que pour tout $\omega \in \Omega_2$

- $B^x_{n_i(\omega)}(\omega) \in K_1$ pour $i \in \mathbb{N}^*$
- $C^y_{n_i(\omega)}(\omega) \in K_2$ pour $i \in \mathbb{N}^*$
- $A_{n_i(\omega)}(\omega) \to -\infty$ ou $A_{n_i(\omega)}(\omega) \to +\infty$ quand $i \to +\infty$.

Or si $B^x_{n_i(\omega)}(\omega)$ reste dans un compact, on a envie de dire vu l'étude du groupe affine (cf. remarque 2.3) que $A_{n_i(\omega)}(\omega)$ agit de manière contractante sur la première coordonnée de $\mathbb{R}^2$ et comme $\beta > 0$, que $A_{n_i(\omega)}(\omega) \to -\infty$. De la même manière, on suggérerait, puisque $C^y_{n_i(\omega)}(\omega)$ reste dans un compact et puisque γ est négatif, que $A_{n_i(\omega)}(\omega) \to +\infty$. Notons donc

$$F_1 = \{\omega \in \Omega_2 \, , \, B^x_{n_i(\omega)}(\omega) \in K_1 \, , A_{n_i(\omega)}(\omega) \to +\infty\}$$

$$F_2 = \{\omega \in \Omega_2 \, , \, C^y_{n_i(\omega)}(\omega) \in K_2 \, , \, A_{n_i(\omega)}(\omega) \to -\infty\} \, .$$

Nous allons montrer que la suggestion ci-dessus est juste, à savoir que $P(F_1) = P(F_2) = 0$. Comme $\Omega_2 \subset F_1 \cup F_2$, nous en déduisons que $P(\Omega_1) = P(\Omega_2) = 0$ et que la marche $U_n^{(x,y)}$ est transiente.

Prouvons que $P(F_1) = 0$. Puisque F_1 ne dépend que de B^x_n et A_n , plaçons nous sur le groupe quotient H_1 isomorphe au produit semi-direct $\mathbb{R} \times_{\eta_1} \mathbb{R}$ défini ci-dessus et désignons par μ_1 la projection de μ sur H_1 . Soit $U_1 = \sum_{n\geq 0} \mu_1^n$. La suite (B^x_n, A_n) est la marche gauche sur H_1 de loi μ_1 issue de $(x,0)$, et pour tout $f \in C^+_K(H_1)$, la surmartingale positive $U_1 * \varepsilon_{(B^x_n, A_n)}(f)$ converge p.s. ($*$ désigne ici le produit de convolution dans H_1) . Soit T sa limite. Comme cette surmartingale est bornée nous obtenons

$$E[U_1 * \varepsilon_{(B^x_n, A_n)}(f)] \xrightarrow{n\to\infty} E(T) \, .$$

Or le premier terme est égal à $\sum_{p\geq n} \mu_1^p * \varepsilon_{(x,o)}(f)$ et tend donc vers 0 quand $n \to \infty$. Par suite $T = 0$ et

$$(1) \qquad U_1 * \varepsilon_{(B^x_n, A_n)}(f) \xrightarrow[p.s.]{} 0 \, .$$

Or d'après la théorie du renouvellement (théorème 5.38 de [5]), si b_n est une suite restant dans un compact et a_n une suite tendant vers $+\infty$, nous avons puisque $\beta > 0$,

$$U_1 * \varepsilon_{(b_n, a_n)}(f) \to m \otimes \lambda_2(f)$$

où m est une mesure non nulle sur $\mathbb{R}$ excessive pour la marche induite B^x_n (c'est-à-dire $\mu_1 * m \leq m$) et λ_2 une mesure de Haar sur $\mathbb{R}$.

Ce résultat est énoncé dans [5] avec l'hypothèse d'étalement, mais il est possible de l'étendre au cas non étalé.

Par suite, pour tout $\omega \in F_1$, pour tout $f \in C^+_K(H_1)$,

$$U_1 * \varepsilon_{(B^x_{n_i}(\omega), A_{n_i}(\omega))} \to m \otimes \lambda_2(f) \, .$$

Comparant avec (1), nous en déduisons donc que $P(F_1) = 0$. Nous prouvons de la même manière que $P(F_2) = 0$ puisque $\gamma < 0$.

Nous savons maintenant que la marche induite $U_n^{(x,y)}$ est transiente. Il va s'agir de prouver que le potentiel de tout compact est borné. Nous utiliserons le lemme suivant :

3.6. LEMME. Soit μ une mesure de probabilité sur un groupe G localement compact à base dénombrable et soient M un espace homogène à droite de G et E un ouvert de M . Si, pour tout x de M , la marche induite B_n^x sur M de loi μ issue de x ne visite p.s. qu'un nombre fini de fois E , il existe une fonction φ continue non nulle à support inclus dans E tel que $\tilde{U}_\mu \varphi$ soit une fonction bornée.

Preuve du lemme.

. Considérons $\tilde{P}_E 1$ le potentiel d'équilibre de E . Alors pour tout x de M , $\tilde{P}_E 1(x) = P\{\tau_E^x < \infty\}$ où $\tau_E^x = \inf\{n \geqslant 0 , B_n^x \in E\}$.

D'après la décomposition de Riesz,

$$\tilde{P}_E 1 = \tilde{U}_\mu g_E + h_E$$

où $h_E(x) = P[\{\lim_n \sup \{B_n^x \in E\}]$

et $g_E = \tilde{P}_E 1 - \tilde{P}\,\tilde{P}_E 1$.

Par hypothèse la fonction h_E est nulle et donc $\tilde{U} g_E = 1$ sur E .

La fonction $f_E = \sum_{n \geqslant o} \frac{1}{2^n} \tilde{P}^n g_E$ est alors strictement positive sur E et de plus $\tilde{U}_\mu f_E \leqslant 2$ partout.

Remarquons de plus que comme E est un ouvert, $\tilde{P}_E 1$ est une fonction semi-continue inférieurement. Comme la fonction f_E est égale à

$$1 - \sum_{n \geqslant 1} \frac{1}{2^n} \tilde{P}^n \tilde{P}_E 1$$

sur l'ouvert E , cette fonction f_E est semi-continue supérieurement sur E . Par conséquent E est réunion dénombrable des fermés $F_n = \{f_E \geqslant \frac{1}{n}\} \cap E$ de E . Comme E a la propriété de Baire, au moins un de ces fermés est d'intérieur non vide et il existe donc $n \in \mathbb{N}$ et un ouvert O de E tels que

$$f_E \geqslant \frac{1}{n} 1_O \quad \text{et alors} \quad \tilde{U}_\mu 1_O \leqslant n \tilde{U}_\mu f_E .$$

Le potentiel $\tilde{U}_\mu 1_O$ est une fonction bornée et il est facile de construire une fonction continue φ non nulle à support inclus dans O telle que $\tilde{U}_\mu \varphi$ soit une fonction bornée.

Fin de la preuve du cas 2 du théorème 3.3.

Comme la marche induite $U_n^{(x,y)}$ sur $\mathbb{R}^2$ de loi μ ne visite p.s. qu'un nombre fini de fois les compacts de $\mathbb{R}^2$, il existe d'après le lemme 3.6 une fonction φ non nulle à support compact telle que $\tilde{U}_\mu \varphi$ soit une fonction bornée. Or par hypothèse, μ est symétrique et donc le semi-groupe T_μ engendré par le support de μ est G_2 entier. Par suite la fonction $\tilde{U}_\mu \varphi$ est strictement positive et la fonction $\psi = \sum_{n \geqslant o} \frac{1}{2^n} \tilde{P}_n \varphi$ est une fonction continue strictement positive telle que $\tilde{U}_\mu \psi$ soit une fonction bornée. Il en résulte que, pour tout compact K de $\mathbb{R}^2$, le potentiel $\tilde{U}_\mu 1_K$ est une fonction bornée.

En conclusion, si β et γ sont non nuls et de signes différents, l'espace homogène $\mathbb{R}^2$ est transient et pour toute mesure de probabilité μ adaptée sur G_2, le potentiel de tout compact est une fonction bornée.

3.6. CAS 3. L'un des deux réels β ou γ est nul.

. Si $\beta = \gamma = 0$, alors l'espace homogène $\mathbb{R}^2$ est en fait un groupe quotient et toute marche induite sur $\mathbf{R}^2$ est en fait une vraie marche sur le groupe $\mathbf{R}^2$. Comme le groupe $\mathbf{R}^2$ est récurrent (cf. [14]), "l'espace homogène $\mathbf{R}^2$" n'est donc pas transient dans ce cas.

. Supposons maintenant $\beta = 0$ et $\gamma \neq 0$, par exemple $\gamma > 0$, le groupe G_2 est alors isomorphe au produit direct des groupes $B = \{(b,0,0), b \in \mathbf{R}\}$ et $H_2 = \{(0,c,a), c \in \mathbf{R}, a \in \mathbf{R}\}$. Soit donc μ une mesure de probabilité sur G_2 de la forme $\nu_1 \otimes \nu_2$ où ν_1 est portée par B et ν_2 par H_2. Si K_1 et K_2 sont deux compacts de $\mathbf{R}$, nous avons, pour tout n de $\mathbf{N}$,

$$(\nu_1 \otimes \nu_2)^n * \varepsilon_{(o,o)}(K_1 \times K_2) = \nu_1^n(K_1)\, \nu_2^n * \varepsilon_o(K_2) .$$

Le produit de convolution ν_1^n (resp. ν_2^n) est considéré sur B (resp. H_2).

On sait d'après le théorème limite local sur $\mathbb{R}$ que si ν_1 satisfait de bonnes conditions de support et d'intégrabilité [3] et si $\int y \, d\nu_1(y) = 0$, il existe une mesure de Haar λ_1 sur $\mathbb{R}$ telle que

$$\nu_1^n(K_1) \sim \frac{\lambda_1(K_1)}{\sqrt{n}} \quad \text{quand} \quad n \to \infty .$$

Quant à la suite $\nu_2^n * \varepsilon_o(K_2)$, elle converge, si ν_2 admet un moment d'ordre 1 et si $\int a(g) \, d\mu(g)$ est négatif, vers $m(K_2)$ où m est l'unique probabilité sur $\mathbb{R}$ satisfaisant $\nu_2 * m = m$. Par conséquent la série $\sum_{n \geqslant o} \mu^n * \varepsilon_o(K_1 \times K_2)$ diverge si $m(K_2) > 0$ et si K_1 est d'intérieur non vide. La marche induite sur $\mathbb{R}^2$ de loi $\mu = \nu_1 \otimes \nu_2$ est alors récurrente Harris si μ est étalée et cet espace homogène $\mathbb{R}^2$ n'est pas transient.

3.7. CONCLUSION.

Compte tenu des résultats connus dans le cadre des groupes à croissance polynomiale de type rigide [8], ces deux exemples conduisent à une caractérisation complète de la transience ou de la récurrence des espaces homogènes N des groupes produits semi-directs $N \times_\eta \mathbb{R}^p$ où $\mathbb{R}^p$ opère par automorphisme sur le groupe nilpotent simplement connexe N . Ce cadre général fera l'objet d'une publication ultérieure.

B I B L I O G R A P H I E

[1] AZENCOTT R.

- Espaces de Poisson des groupes localement compacts.
Lecture Notes n° 148, Springer Verlag, 1970.

[2] BALDI P., LOHOUE N., PEYRIERE J.,

- Sur la classification des groupes récurrents.
CRAS, série A, t. 285, 1977, p. 1103.

[3] BREIMAN L.

- Probability.
Addison Wesley Publishing Company, 1968.

[4] CHOQUET G. et DENY J.

- Sur l'équation de convolution $\mu = \mu * \sigma$.
CRAS, t. 250, 1960, p. 799.

[5] ELIE L.

- Comportement asymptotique du noyau potentiel sur les groupes de Lie. Ann. Scient. Ec. Norm. Sup. t. 15 (1982) p. 257 à 364.

[6] ELIE L.

- Fonctions harmoniques positives sur le groupe affine. Lecture Notes n° 706. Probability measures on Groups. Proceedings Oberwolfach (1978) p. 96.

[7] ELIE L.

- Sur le théorème de dichotomie pour les marches aléatoires sur les espaces homogènes. Lecture Notes n° 928. Probability measures on Groups. Proceedings Oberwolfach (1981) p. 60.

[8] GALLARDO L. et SCHOTT R.

- Marches aléatoires sur les espaces homogènes de certains groupes de type rigide. Astérisque n° 74 (1980) p. 149.

[9] GUIVARC'H Y.

- Application d'un théorème limite local à la transience et à la récurrence des marches de Markov. A paraître même volume.

[10] GUIVARC'H Y., KEANE M., ROYNETTE B.

- Marches aléatoires sur les groupes de Lie. Springer Verlag, Berlin n° 624 (1977).

[11] HENNION H. et ROYNETTE B.

- Un théorème de dichotomie pour une marche aléatoire sur un espace homogène. Astérisque n° 74 (1980) p. 99.

[12] RAUGI A.

- Fonctions harmoniques et théorèmes limites pour les marches aléatoires sur les groupes. Bull. Soc. Math. France, Mémoire 54 (1977).

[13] REVUZ D.

- Markov chains. North Holland Publishing Company (1975).

[14] REVUZ D.

- Sur le théorème de dichotomie de Hennion-Roynette. Publications de l'Institut Elie Cartan. Université de Nancy I (1983) p. 143.

Laure ELIE
UER de Mathématiques
Université Paris VII
2, Place Jussieu
75251 PARIS CEDEX 05

Colloque de Théorie du
Potentiel-Jacques Deny
- Orsay 1983 -

THEORIE DU POTENTIEL ET CONTROLE STOCHASTIQUE

Nicole EL KAROUI

Il est connu depuis de nombreuses années que la théorie discrète du potentiel développée par J. Deny, ([DE.1] et [DE.2]) et r J.L. Doob ([DO.1] et [DO.2]) s'interprète aisément de manière probabiliste (lorsque le noyau P est sous-markovien) par l'intermédiaire de la chaîne de Markov de transition P, (Ω, F_n, X_n, P_x).

En particulier, si Ru désigne la réduite d'une fonction u (minorée par - w, où w est un potentiel fini), pour toute loi initiale μ sur l'espace d'état E de X_n :

$$\mu(Ru) = \inf \{\mu(v);\ v\ P\text{-excessive},\ v \geq u\} = \sup \{E_\mu[u(X_T)];\ T \in \mathcal{C}\}$$

où $\mathcal{C}$ désigne l'ensemble de tous les t.a. finis. En particulier, si $\mu = \delta_x$, $Ru(x) = \sup \{E_x[u(X_T)]\ ;\ T \in \mathcal{C}\}$.

Le membre de droite est la fonction de valeurs d'un problème d'arrêt optimal, associé à une fonction d'utilité u , le problème étant de trouver un temps d'arrêt (règle d'arrêt dont la valeur ne dépend que du passé du processus) qui réalise l'utilité moyenne maximale.

L'idée de généraliser cette étude en remplaçant le noyau P par une maison de jeu (c'est-à-dire une multiapplication mesurable à valeurs dans $m^+(E)$ ensemble de mesures positives de masse ≤ 1) est dûe à Dubbins et Savage dans [D.S.1]. On trouvera un exposé systématique de leurs travaux par C. Dellacherie et P.A. Meyer dans [D.M.1] . Dans [H.T.1], P.A. Meyer et M. Traki utilisent ces idées pour construire la fonction de valeurs du problème d'arrêt optimal d'un processus de Markov en temps continu, à valeurs dans un espace E métrique compact et de semi-groupe P_t Fellerien ($P_t f$ est continue si f est continue) (ou plus généralement droit avec E lusinien).

Là encore, l'outil de base est la notion de réduite par rapport au cône des fonctions α-excessives et positives. Dans la première partie de ce travail, nous reprenons brièvement la construction de la réduite et la description des principales propriétés décrites de la théorie du potentiel.
A cette occasion, nous montrerons que réciproquement certaines idées de la théorie du contrôle optimal peuvent se révèler très opératoires en théorie du potentiel. En particulier, le principe de la programmation dynamique, ou principe de Bellman peut être utilisé pour montrer très aisément que la réduite d'un α-potentiel $U^\alpha h$ est le α-potentiel d'une fonction $g \leq h^+$. La preuve est simple et originale.

Nous l'utilisons ensuite pour donner en toute généralité et très rapidement les principales propriétés du semi-groupe d'arrêt optimal introduit par M. Nisio [NI.1] sous des hypothèses fort restrictives. Nous caractérisons en particulier son générateur G qui appliqué aux fonctions de D(A) (domaine du générateur du semi-groupe P_t) satisfait à $Gf = (Af - \alpha f)^+$.

Nous décrivons ensuite très rapidement les méthodes de pénalisation utilisées avec tellement de succès par les analystes pour résoudre certaines inéquations variationnelles que nous évoquons. On trouvera dans les livres de Bensoussan-Lions ([B.L.1] et [B.L.2]) un exposé complet de ces méthodes ainsi que dans [S.Z.1].

Nous sommes à priori bien loin des problèmes habituels de contrôle stochastique, surtout si on les envisage comme une extension des problèmes de contrôle déterministe pour lesquels l'arrêt optimal n'a pas beaucoup de sens, encore que certains problèmes à frontière libre peuvent s'interpréter dans cet esprit.

Les techniques de contrôle impulsionnel développées systématiquement par N. Robin ([RO.1] et [RO.2]), puis par J.P. Lepeltier et B. Marchal, ([L.M.1] and [L.M.2]), permettent de comprendre facilement la proximité des différents points de vue : dans une situation de contrôle impulsionnel, le contrôleur laisse évoluer le processus suivant une certaine politique connue; à un temps aléatoire (à déterminer) et change de politique (et ce un nombre au plus dénombrable de fois) les choix étant guidés par le critère à maximiser. Il définit ainsi de proche en proche une évolution admissible de son processus au cours du temps dont la construction est très proche de celle utilisée pour les stratégies par rapport à une maison de jeu.

Une différence essentielle, qui a contribué à masquer l'analogie des situations, tient à ce que le critère à maximiser contient en général un terme de gain instantané (donc de la forme $\int_0^t e^{-\alpha s}\ c(X_s,u_s)ds$) qui dépend de tout le passé du processus. Il convient d'utiliser alors une notion de réduite affine par rapport à des maisons de jeu que nous préciserons. Nous nous bornerons à l'évocation ici du contrôle impulsionnel qui a également été utilisé par J.M. Bismut dans de nom - breux travaux ([BI.1] et [BI.2]).

L'idée de traiter les problèmes de contrôle stochastique avec l'outil des maisons de jeu est due à N. El Karoui, J.P. Lepeltier et B. Marchal.

La construction que nous évoquons dans la deuxième partie est exposée en détail dans le cours fait à l'Ecole d'Eté de St. Flour par le premier des auteurs sur les méthodes probabilistes en contrôle stochastique.[EK.1] .
D'autres applications,que nous décrivons ici, à la théorie des semi-groupes ainsi qu'à l'arrêt optimal d'un processus contrôlé sont exposées dans [ELM.1] et [ELM.2].

Dans toutes ces situations on peut définir un principe de la programmation dynamique, mais il ne se révèle pas en toute généralité aussi opératoire que dans la situation (plus simple) de l'arrêt optimal.

Nous décrivons brièvement une situation traitée dans [ELM.1], où on peut affirmer que la réduite (par rapport à une famille de résolvante) d'une différence de deux fonctions excessives pour tous ces semi-groupes a la même propriété.

Enfin, nous terminons cette deuxième partie par la définition de l'équation d'Hamilton - Bellman - Jacobi, dont la résolution permet de construire la fonction de valeurs du problème de contrôle considéré, dans le cas régulier et sur R^n. Il s'agit de la méthode de vérification utilisée par les analystes, Flemming - Rishel, ([F.R.1] Bensoussan - Lions, ([B.L.1 et 2]) P.L. Lions ([P.L.1] etc...).

Ces problèmes posent des questions intéressantes à la théorie du potentiel, notamment en ce qui concerne la fonction de valeurs du problème de l'arrêt optimal d'un processus contrôlé. Peut-on affirmer que c'est l'inf des fonctions excessives pour tous les semi-groupes qui majorent la fonction d'utilité g ? Que peut-on dire de la réduite de la différence de deux fonctions excessives pour tous les semi-groupes etc.....

I. ARRET OPTIMAL ET THEORIE DU POTENTIEL.

Nous ne cherchons pas à traiter le cas le plus général. On trouvera dans la bibliographie les références utiles pour aborder des situations plus complexes par exemple [M.T.1] et [E.K.1]).

Dans toute la suite, E désigne un espace métrique compact, $\mathscr{C}$ l'espace des fonctions continues, P_t un semi-groupe de Feller (qui applique $\mathscr{C}$ dans $\mathscr{C}$ et est fortement continu à droite). La résolvante de P_t est notée U^α.
L'espace $M_1^+(E)$ des mesures positives de masse ≤ 1 est muni de la topologie de la convergence étroite pour laquelle il est compact.

Le cône Γ^α des α-potentiels de fonctions continues et positives est convexe et stable par inf. On lui associe naturellement la maison de jeu sur $E \times M_1^+(E)$ définie par :

$$J = ((x,\mu) \ ; \ \mu(f) \leq f(x) \quad \forall f \in \Gamma^\alpha).$$

C'est un ensemble compact, dont les coupes en x sont convexes.
L'espace vectoriel $\Gamma^\alpha - \Gamma^\alpha$ est dense dans $\mathscr{C}$ d'après le théorème de Stone-Weierstrass) et donc l'ordre induit par Γ^α est un vrai ordre.

Le théorème suivant est établi dans [D.M.1] ainsi que beaucoup d'autres résultats. On y trouvera aussi une description précise de la paternité de ces différents résultats à laquelle je renvoie le lecteur.

1. Construction de la réduite.

A toute fonction g, positive ou bornée on associe sa réduite Rg suivant J par :

$$Rg(x) = \sup\{\mu^*(g);\ (x,\mu) \in J\} \quad (\mu^* \text{ mesure extérieure})$$

les principales propriétés de R sont énoncées ci-dessous.

THEOREME 1. *Soit g une fonction "mesurable" positive ou bornée.*

a) [DM p.75] *Si g est s.c.s. Rg est s.c.s. et si g est analytique positive Rg est analytique positive.*

b) [DM.1. p.93] *Si g est s.c.s. positive* $\lambda(Rg) = \inf\{\lambda(f), f \in \Gamma^\alpha, f \geq g\}$

c) [DM.1. p.74] *Pour tout r de* $[0,1[$ *, nous notons* $B_r = \{r\, Rg \leq g\}$
Si g est analytique positive, $Rg = R(Rg\, 1_{Br})$

d) [DM.1. p.175] *L'opérateur R est capacitaire et donc*
$\lambda(Rg) = \sup\{\lambda(Rf);\ f \text{ s.c.s. } f \leq g\}$ *pour toute loi* λ *sur E.*

e) [DM.1. p.180] *Pour toute mesure* λ *de* $M_1^+(E)$*, nous définissons*
$A_\lambda = \{\mu;\ \mu(f) \leq \lambda(f),\ \forall f \in \Gamma^\alpha\}$ *l'ensemble des balayées de* λ $(\mu \vdash \lambda)$
$\lambda(Rg) = \sup\{\mu(g);\ \mu \in A_\lambda\}$ *et*
$\mu(Rg) \leq \lambda(Rg)$ *pour toute fonction g analytique positive si* μ *appartient à* A_λ .

Ce théorème n'utilise que des méthodes de capacité et de théorie du potentiel.

2. Interprétation probabiliste.

Nous avons besoin de vérifier que comme dans le cas d'un noyau, la réduite est la fonction de valeurs d'un problème d'arrêt optimal.

Soit $(\Omega, \underline{F}_t, X_t, P_x)$ une réalisation fortement markovienne du semi-groupe P_t . Nous notons $\mathcal{T}$ la classe de tous les t.a. finis ou non et par $P_T^\alpha(x,\cdot)$ la mesure de $M_1^+(E)$ définie par $P_T^\alpha f(x) = E_x[e^{-\alpha T} f(X_T)]$

Il est aisé de voir que $(x, P_T^\alpha(x,.))$ appartient à J pour tout T de $\mathcal{C}$ (ce sont des noyaux permis) et d'en déduire que $Rg(x) \geq \sup \{P_T^\alpha g(x) ; T \in \mathcal{C}\} = Sg(x)$. Pour identifier Rg à Sg, il faut montrer que J n'est pas trop gros par rapport à l'ensemble $\{(x, P_T^\alpha(x,.)) ; T \in \mathcal{C}\}$.

Ce résultat est difficile et fait appel, soit à des résultats fins d'analyse donnant la caractérisation des éléments extrémaux des ensenbles A_λ par Mokobodzki ([MO.1]), soit à des démonstrations "à la main" mais lourdes et difficiles ([ME.2], [EK.1. p.156 et suivantes]). Nous proposons dans [EK.2] une preuve considérablement simplifiée de cette identification, qui utilise le fait que R est capacitaire. Revenons au premier point de vue.

THEOREME 2.

a) [MO.1] *Les éléments extrémaux de A_λ sont les mesures de la forme λH_B^α où $H_B^\alpha = P_{D_B}^\alpha$ est l'opérateur de balayage associé au borélien B, de début D_B.*

b) [M.T.1] et [EK.1] *Si g, positive ou bornée est mesurable par rapport à la tribu $\mathcal{B}_e$ engendrée par Γ^α, Rg est $\mathcal{B}_e$-mesurable et pour toute loi λ*

$\lambda(Rg) = \sup\{\lambda H_B^\alpha(g) ; B \in \mathcal{B}_e\} = \sup\{\lambda P_T^\alpha(g) ; T \in \mathcal{C}\} = \lambda(Sg)$

c) [HE.1] et [EK.1] *$e^{-\alpha t} Rg(X_t)$ est la plus petite surmartingale forte qui majore $e^{-\alpha t} g(X_t)$. C'est l'enveloppe de Snell de ce dernier processus.*

De plus $Rg(x) = H_{B_r}^\alpha (Rg)(x)$ si $B_r = \{r\, Rg \leq g\}$, $r \in [0,1[$.

Remarque 3. Le théorème 2 reste valable si P_t est seulement un semi-groupe droit sur un espace E lusinien. Il faut utiliser des procédés de compactifications esquissés dans [DM.1. p.89]ou [EK.1] par exemple . En particulier, nous pouvons tuer un processus de Feller au temps D_B d'entrée dans un élément de B de $\mathcal{B}_e$ et garder les propriétés de la réduite.

Remarque 4. Rg étant indépendante de toute réalisation du semi-groupe, nous voyons grâce à Th 2 b) que Sg ne dépend pas en fait de la réalisation choisie. Il en est donc de même de l'enveloppe de Snell de $e^{-\alpha t} g(Xt)$.
Le temps d'arrêt D_{B_r} qui est r-optimal est mesurable par rapport à toutes les réalisations possibles (dont la plus petite, à savoir la canonique).
Ce résultat est en fait très important pour l'étude du problème d'optimalité.

3. Principe de la programmation dynamique.

On est en fait souvent amenés à considérer, si B appartient à $\mathcal{B}_e$

$$S_B(h,g)(x) = \sup \{E_x [e^{-\alpha T} h(X_T) \{T < D_B\} + e^{-\alpha D_B} g(X_{D_B}) \{T \geq D_B\}] \; ; \; T \in \mathcal{T}\}$$

pour h et g $\mathcal{B}_e$-mesurables bornées. C'est un problème d'arrêt optimal avec "gain" de meurtre g.

Nous voyons aisément que

$$S_B(h,g)(x) - H_B^\alpha g(x) = \sup \{E_x[e^{-\alpha T} (h-H_B^\alpha g)(X_T) \{T < D_B\}] \; ; \; T \in \mathcal{T}\}$$

le membre de droite étant la réduite par rapport au processus tué en D_B de la fonction $h - H_B^\alpha g$ $\mathcal{B}_e$ mesurable bornée. On en déduit aisément les propriétés de $S_B(h,g)$.

Dans cet esprit le principe de la programmation dynamique évoque l'idée qu'il n'est jamais trop tard pour utiliser une politique optimale. Plus précisément :

THEOREME 3. *Soit g une fonction positive ou bornée $\mathcal{B}_e$-mesurable.*

Pour tout élément B de $\mathcal{B}_e$

1) $Rg(x)= S_B(g,Rg)(x)=\sup\{E_x[e^{-\alpha T} g(X_T) \{T>D_B\} + e^{-\alpha D_B} Rg(X_{D_B}) \{T \geq D_B\}]; T\in \mathcal{T}\}$

Plus généralement si B' est $\mathcal{B}_e$-mesurable et inclus dans B.

2) $S_B(h,g)(x) = S_{B'}(h,S_B(h,g))(x)$.

Preuve :

i) g étant majorée par Rg le membre de droite de (1) est majoré par

$$\sup \{E_x(e^{-\alpha D_B \wedge T} Rg(X_{D_B \wedge T})) \; ; \; T \in \mathcal{T}\} \leq Rg(x) \quad \text{car}$$

$(x, P^\alpha_{T\wedge D_B}(x,.))$ appartient à x et que Rg vérifie la propriété e) du théorème 1.

ii) Soit λ la mesure associée $E_x[e^{-\alpha D_B} g(X_{D_B}) \{T \geqslant D_B\}]$

La mesure μ associée à $E_x[e^{-\alpha T} g(X_T) \{T \geqslant D_B\}]$ appartient manifestement à A_λ donc $\lambda(Rg) \geqslant \mu(g)$ d'après le théorème 1 e).

Mais cela implique aisément que le membre de droite de (1) majore

$$\sup \{E_x[e^{-\alpha T} g(X_T)] \; ; \; T \in \mathscr{T} \} = Rg(x) .$$

iii) La relation (2) se montre de la même façon.

Nous en déduisons une conséquence très importante et qui en général est établie de manière très longue ([MO.2. p.184]). L'importance de cette propriété est décrite en détail dans [DM.1. p.32] lorsqu'on regarde la réduite par rapport à un noyau.

PROPOSITION 4. *Supposons que g soit un α-potentiel $U^\alpha h$ positif ou borné avec h $\mathcal{B}_e$-mesurable.*

Il existe φ $\mathcal{B}_e$-mesurable positive, vérifiant $0 \leqslant \varphi \leqslant h^+$ telle que

$$Rg = U^\alpha \varphi$$

φ peut de plus être choisie nulle sur l'ensemble $\{g \neq Rg\}$.

Preuve : On se propose de montrer que $U^\alpha h^+ - Rg$ est une fonction α-excessive

g étant un potentiel, on montre facilement que Rg est α-excessive.

De plus, d'après le théorème 2 b) il suffit de vérifier que

$H_B^\alpha (U^\alpha h^+ - Rg) \leqslant U^\alpha h^+ - Rg$ car on passe ensuite à un temps d'arrêt T de $\mathscr{C}$.

Mais d'après le théorème 3

$Rg - H_B^\alpha(Rg) \leqslant \sup\{E_x[e^{-\alpha T}[U^\alpha h^+ - (U^\alpha h^- + H_B^\alpha Rg)](X_T) \{T < D_B\} \; ; \; T \in \mathscr{C}]$

$U^\alpha h^-(x) \geqslant H_B^\alpha U^\alpha h^-$ car h^- est positive et $Rg + U^\alpha h^- \geqslant U^\alpha h^+$ car $Rg \geqslant g$

$Rg - H_B^\alpha(Rg) \leqslant \sup\{E_x[e^{-\alpha T} (U^\alpha h^+ - H_B^\alpha U^\alpha h^+)(X_T) \{T < D_B\}], T \in \mathscr{C}]$

Mais $U^\alpha h^+ - H_B^\alpha U^\alpha h^+$ est excessive pour le processus tué en D_B, d'où la majoration cherchée.

4. Construction du semi-groupe d'arrêt optimal.

Une application de la programmation dynamique est la construction des semi-groupes non linéaires associés au problème d'arrêt optimal.

Nous décrivons ci-dessous complètement celui décrit par H. Nisio dans [NI.1] sous des hypothèses beaucoup plus faibles et sans utiliser de techniques d'approximations. Le lecteur intéressé par ces questions pourra aussi regarder dans [ZA 1 et 2] le semi-groupe introduit par Zabczyk.

Nos notations sont celles employées jusqu'à maintenant.

Nisio a introduit le semi-groupe d'arrêt optimal défini par :

$Q_t\, g(x) = \sup \{E_x\, [e^{-\alpha T\wedge t}\, g(X_{T\wedge t})]\ \ T \in \mathcal{T}\}$ pour g borélienne bornée et positive et montré sous des hypothèses de régularité que $Q_t g$ vérifie la propriété de semi-groupe et que c'est le plus petit semi-groupe non linéaire qui majore $g(x) \vee P^{\alpha}_t g(x)$.

Elle a d'autre part caractérisé son générateur G en montrant que si g appartient à $\mathcal{D}(A)$ domaine du générateur fort du semi-groupe P_t, g appartient à $\mathcal{D}(G)$ et

$$Gg = (Ag - \alpha g)^+$$

Nous nous proposons de montrer des résultats analogues, en toute généralité, à partir de l'étude précédente.

Nous commençons par montrer que $Q_t\, g$ est la fonction de valeurs d'un problème d'arrêt optimal associé à un processus tué en t.

t n'étant pas un temps d'entrée, il faut travailler avec un autre processus que le le processus initial. Il est donc tout à fait naturel d'introduire le processus espace-temps défini sur $(\Omega \times R^+,\ \underline{\underline{F}} \otimes \mathcal{B}(R^+), P_x \otimes \varepsilon_r)$ par $\hat{X}_t(\omega,r) = (X_t(\omega), t+r.)$ Son semi-groupe $\hat{P}_t\, f(x,r) = E_x[f(X_t,\ t+r)]$ est encore de Feller sur $E \times \bar{R}^+$ le temps d'entrée de $\hat{X}$ dans l'ensemble $E \times [d, +\infty[$ est égal à $(d-r)^+ = \hat{d}(\omega,r)$. Plus généralement, il existe une correspondance entre les temps d'arrêt $\hat{T}(\omega,r)$ de $\hat{X}$ et les temps d'arrêt de X définie par : $\hat{T}(\omega,r) = (T(\omega) - r)^+$ où T appartient à $\mathcal{T}$. Il est naturel de noter $\hat{S}_d(h,g)(x,r)$ l'opérateur, pour $r < d$.

$$\hat{S}_d(h,g)(x,r) = \sup_{T \in \mathcal{T}} E_x[e^{-\alpha(T-r)^+} h(X_{(T-r)^+}, (T-r)^+ + r)\ \{(T-t)^+ + r < d\}$$

$$+ e^{-\alpha(d-r)} g(X_{d-r}, d)\ \{(T-r)^+ + r \geq d\}]$$

Nous voyons que si h et g ne dépendent pas de t $\hat{S}_d(h,g)(x,r) = \hat{S}_{d-r}(h,g)(x,0)$.

$Q_d\ g(x) = \hat{S}_d(g,g)(x,0)$.

<u>*Proposition 5.*</u> *Q_t est un semi-groupe qui envoie $\mathcal{B}_e^+$ sur $\mathcal{B}_e^+$.*

<u>Preuve</u> : Nous appliquons le principe de la programmation dynamique à $\hat{S}_d$ (Th.3 :(2)). et $d' \leq d$, à des fonctions qui ne dépendent pas du temps.

Il vient aisément que

$$\hat{S}_d(g,g)(x,0) = \hat{S}_{d'}(g, \hat{S}_d(g,g))$$

$$= \hat{S}_{d'}[g, \hat{S}_{d-d'}(g,g)(.,0))(x,0)]$$

$$\leq \hat{S}_{d'}[(\hat{S}_{d-d'}(g,g).,0), \hat{S}_{d-d'}(g,g)(.,0)](x,0)$$

$$= Q_{d'}(Q_{d-d'}\ g)(x)$$

Mais par ailleurs si T est un t.a. $\leq d'$

$$E_x[e^{-\alpha T} Q_{d-d'}g(X_T)] = \sup\{E_x[e^{-\alpha T} E_{X_T}[e^{-\alpha U\wedge(d-d')} g(X_{U\wedge d-d'})]\ ;\ U \in \mathcal{T}\ ]$$

d'après le th.2.2. Le temps d'arrêt $T + U o\theta_T \wedge(d-d')$ est majoré par d donc $E_x[e^{-\alpha T} Q_{d-d'}g(X_T)] \leq Q_d\ g(x)$ ceci pour tout t.a. T borné par d' .

L'inégalité inverse est donc établie.

Il reste à préciser le générateur de Q_t .

<u>*THEOREME 6.*</u> *Q_t est un semi-groupe qui envoie $\mathcal{B}_e^+$ sur $\mathcal{B}_e^+$.*

Si une fonction g appartient au domaine $D(A)$ du générateur faible de P_t , alors g appartient au domaine $D(G)$ du générateur faible de Q_t et

$$Gg = (Ag - \alpha g)^+$$

<u>Preuve</u> : Nous appliquons la proposition 4 en notant que si g appartient à $D(A)$, $g(x) - P^{\alpha}_{d-r}\ g(x)$ est un potentiel du processus espace-temps tué en $\hat{d}$.

Or $\hat{S}_{d-r}(g,g)(x,0) - P^{\alpha}_{d-r}g(x)$ est la réduite pour le tué de $g(x) - P^{\alpha}_{d-r}g$. C'est donc un potentiel (du tué) appliqué à une fonction majorée par $(\alpha g - Ag)^+$ car $g = U^\alpha(\alpha g - Ag)$.

Ceci entraine que $Q_d\, g(x) \leqslant P^\alpha_d\, g + \int_0^d P^\alpha_s(Ag - \alpha g)^-\, ds$.

Mais on a alors, car $P_s(Ag - \alpha g)^-$ est continue à droite en zéro

$$\limsup \frac{Q_d\, g-g}{d} \leqslant Ag - \alpha g + (Ag - \alpha g)^- = (Ag - \alpha g)^+$$

D'autre part $\frac{Q_d\, g-g}{d} \geqslant 0$ et $\frac{Q_d\, g-g}{d} \geqslant \frac{P^\alpha_d\, g-g}{d}$ donc

$$\liminf \frac{Q_d\, g-g}{d} \geqslant (Ag - \alpha g)^+$$

C.Q.F.D.

Remarque : On pourrait démontrer, en utilisant les mêmes techniques, que si g est continue, $Q_t\, g$ est continue et que l'application $t \to Q_t\, g$ est continue à droite.

5. Méthodes de pénalisation.

Ces méthodes jouent un rôle très important, à la fois sur le plan théorique et des calculs, et sont à la base de la résolution des inéquations variationnelles (pour un exposé complet, on consultera [Ben-Lion 1 et 2]). Nous les présentons rapidement en suivant [ZAB.1]. Pour les démonstrations, on pourra consulter [Ben-Lion 1 et 2], [EL KA.1.], [ZAB.2], etc.....

Nous avons vu que si h est un potentiel, la réduite Rh est aussi un potentiel, d'une fonction qui est nulle sur $\{Rh \neq h\}$ d'après Th.2.2.

On peut considérer qu'elle vérifie, $ARh - \alpha Rh \leqslant 0$ et $A\,Rh - \alpha\, Rh = 0$ si $Rh > h$, soit encore, $ARh - \alpha\, Rh \leqslant 0$, $Rh \geqslant h$ et $(ARh - \alpha\, Rh)(Rh - h) = 0$

Ce système d'équations et d'inéquations est appelé inéquation variationnelle.

Les méthodes de pénalisation consistent à pénaliser la contrainte de la manière suivante :

On cherche à résoudre $Av_r - \alpha\, v_r + r(h - v_r)^+ = 0$

(On paye r chaque fois que h dépasse v_r) soit encore sous forme intégrée

(2) $v_r = r\, U^\alpha(h - v_r)^+$.

On montre le théorème suivant :

THEOREME 7.

(1) *L'équation (2) admet une solution unique pour* h *bornée qui est égale à :*

$$v_r(x) = \sup \{E_x \int_0^\infty \exp - \int_0^t (u_s+\alpha)ds\, u_t\, h(X_t)dt \; ; \; u_t \text{ processus adapté}$$

positif borné par r } *et le sup est atteint pour le processus*

$$\mu_t^* = r\, 1_{\{v_r(X_t) \leq h(X_t)\}} \; .$$

(2) *De plus, si* h *est continue*, v_r *est continue.*

(3) *Si* h *est continue à droite sur les trajectoires,* v_r *croit si* $r \to +\infty$ *vers* Rh. *De plus la convergence est uniforme si* h *est continue.*

II. CONTROLE INSTANTANE.

Dans cette partie nous ne présentons pas à proprement parler de résultats nouveaux, mais indiquons rapidement ce que les techniques d'arrêt optimal apportent à l'étude du contrôle stochastique.

Comme dans la première partie, nous construisons d'abord la réduite d'une fonction g par rapport à une maison de jeu spécifiée, qui décrit les politiques à priori possibles. Nous interprêtons ensuite cette fonction comme la fonction de valeurs d'un problème de contrôle. On trouvera un exposé détaillé des démonstra - tions dans [E.K.1],[E.L.M.1][E.L.M.2] .

1. Construction de la réduite.

Nous considérons deux espaces compacts E et A et un semi-groupe de Feller sur $E \times A$ noté $P_t^a f(x)$, de résolvante U_a^α .

Nous définissons une maison de jeu J sur $M_1^+(E) \times E$ définie par :

$$J = \{(x,\mu);\ \text{il existe } a \in A \text{ t.q. } \mu U_a^\alpha \leq U_a^\alpha(x,.)\}.$$

$$J = \bigcup_a J^a \quad \text{où} \quad J^a = \{(x,\mu);\ \mu U_a^\alpha \leq U_a^\alpha(x,.)\}.$$

Pour toute fonction g analytique, nous définissons

$$Jg(x) = \sup \{\mu(g);\ (x,\mu) \in J\} = \sup \{R^a g(x);\ a \in A\}$$

si $R^a g$ est la réduite de g par rapport au semi-groupe P_t^a .

Jg est analytique et si nous définissons

$$Kg(x) = \lim_n J^n g(x) \quad , \; Kg \text{ l'est aussi.}$$

On a donc la propriété d'approximation suivante :

Proposition 8. *Soit λ une probabilité sur E et g une fonction analytique positive. Pour tout r tel $r < \lambda(Kg)$, il existe un nombre de noyaux permis (tels que $(x,P(x,.)) \in J$) tels que :*

$$\lambda P_1 P_2 \ldots P_n(g) > r$$

De plus, $Kg = K(Kg \; \{t \; Kg \leqslant g\} \;)$

Soit maintenant $c(x,a)$ une fonction borélienne bornée et g bornée.
On définit <u>l'opérateur de réduite affine</u> par :

$$Cg(x) = \sup_a \; [U_a^\alpha \, c(x,a) + R^a \, (g-U_a^\alpha c)\,]$$

et

$$\Gamma g(x) = \lim_{n \to +\infty} C^n g(x)$$

C et Γ ont des propriétés tout à fait analogues à celles de J et K mais sont un peu plus délicats à manier.

2. <u>Interprétation probabiliste des réduites.</u>

Nous supposons les processus réalisés sur un même espace $(\Omega, \underline{F}_t, X_t, P_x^a)$ satisfaisant aux conditions habituelles. Nous désignons par $\mathcal{D}_e$ la classe des processus u adaptés de la forme $u(t) = \Sigma\, u_i \, 1_{]T_i,T_{i+1}]}$ où $u_i \in \underline{F}_{T_i}$ et (T_n) est une suite croissante de t.a., infinis à partir d'un certain rang.
$\mathcal{D}_n$ désigne la classe des éléments de $\mathcal{D}_e$ tel que $T_n = +\infty$. On suppose que pour tout u de $\mathcal{D}_e$ il existe une probabilité P_x^u sur Ω vérifiant <u>la condition de compatibilité suivante</u> (H.C.) Pour tous t.a S et T, $S \leqslant T$, $A \in \underline{F}_t$ si u et v sont deux contrôles de $\mathcal{D}_e$ qui coïncident sur $]]S,T]]$,

$$P_x^u(A/_{\underline{F}_s}) = P_x^v(A/_{\underline{F}_s}) \; \ldots\ldots$$

THEOREME 9. *Soient $c(x,a)$ et g des fonctions $\mathcal{B}_e$-mesurables bornées*

1) $C^n g(x) = \sup\left\{E_x^u \left[\int_0^T e^{-\alpha s} c(X_s,u_s)ds + e^{-\alpha T} g(X_T)\right];\ u \in \mathcal{D}_n \text{ et } T \in \mathcal{T}\right\}$

$\Gamma g(x) = \sup\left\{E_x^u \left[\int_0^T e^{-\alpha s} c(X_s,u_s)ds + e^{-\alpha T} g(X_T)\right],\ u \in \mathcal{D}_e \text{ et } T \in \mathcal{T}\right\}$

$K g(x) = \sup\left\{E_x^u (e^{-\alpha T} g(X_T)),\ u \in \mathcal{D}_e \text{ et } T \in \mathcal{T}\right\}$

2) *Si* $g(x) = \sup_a U_a^\alpha c(x,a) = c^*(x)$

$\Gamma c^*(x) = \sup\left\{E_x^u \int_0^\infty e^{-\alpha s} c(X_s,u_s)ds\ ,\ u \in \mathcal{D}_e\right\}.$

3) *Le principe de la programmation dynamique est vérifié à savoir :*

Pour tout t.a. S *de* $\mathcal{T}$.

$$\Gamma g(x) = \sup\left\{E_x^u\left[\int_0^{T\wedge S} e^{-\alpha s} c(X_s,u_s)ds + e^{-\alpha t} g(X_T)\ \{T<S\} + e^{-\alpha S}\,\Gamma g(X_s)\ \{T\geqslant S\}\right]:\ u \in \mathcal{D}_e \text{ et } T \in \mathcal{T}\right\}$$

et $\Gamma c^*(x) = \sup\left\{E_x^u \left[\int_0^T e^{-\alpha s} c(X_s,u_s)ds + e^{-\alpha T}\,\Gamma c^*(X_T)\right];\ u \in \mathcal{D}_e\right\}$

<u>COROLLAIRE 10</u>. *On montre aisément que :*

$$R_t g(x) = \sup\left\{E_x^u\left[\int_0^T e^{-\alpha s} c(X_s,u_s)ds + e^{-\alpha t} g(X_t)\right];\ u \in \mathcal{D}_e\right\}$$

est un semi-groupe, mais on ne sait pas étudier son générateur sans hypothèses supplémentaires (cf. par exemple [NI.2]) .

<u>Remarque 1</u>. Le principe de la programmation dynamique est moins efficient dans ce contexte et ne permet pas semble-t-il de démontrer l'analogue de la proposition 4. Beaucoup de questions peuvent être posées par l'opérateur K. Cet opérateur de réduite par rapport à une maison de jeu est-il associé au cône Γ des fonctions continues qui sont des potentiels de fonctions positives pour tout a c'est-à-dire $\Gamma = \bigcap_a \Gamma^a$ si $\Gamma^a = \{U_a^\alpha f;\ f \in C^+\}$? Si g appartient à $\Gamma - \Gamma$, soit $g = h_1 - h_2$, peut-on dire que Kg appartient à Γ ainsi que $h_1 - Kg$?
La programmation dynamique permet seulement d'affirmer que

$$h_1 - Kg \geqslant \inf_{u \in \mathcal{D}_e} P_S^{\alpha,u}\,[h_1 - Kg]$$

Il me semble que la réponse à ces questions ne peut être affirmative en toute généralité.

Toutefois, nous décrivons dans [EK.2] une situation où

$$Kg(x) = E_x^{u*}[e^{-\alpha D} g(X_D)] \quad , \quad D = \inf\{t \geq 0;\ X_t \in \{g = Rg\}\} \quad .$$

et où $u*$ est un contrôle optimal.

Alors si g appartient à $\Gamma - \Gamma$, g est un potentiel pour E_x^{u*} et donc Kg est un potentiel pour E_x^{u*} d'une fonction positive. Or les hypothèses faites sur le modèle, lois équivalentes à une probabilité de référence impliquent que Kg est un α-potentiel pour toute loi P_x^u. Mais Kg étant α-excessive pour toutes ces lois, Kg est un α-potentiel de fonctions positives pour toutes les lois P_x^a. Elle appartient donc à Γ .

3. L'équation d'Hamilton-Bellman-Jacobi.

Nous nous intéressons plus particulièrement au problème de contrôle instantané, de fonctions de valeurs $\Gamma c^*(x) = \sup\{E_x^u \int_0^\infty e^{-\alpha s} c(X_s, u_s) ds;\ u \in \mathcal{D}_e\} = q(x)$. Le principe de la programmation dynamique permet de montrer aisément que $J_t^u = \int_0^t e^{-\alpha s} c(X_s, u_s) ds + e^{-\alpha t} q(X_t)$ est une P_α^u -surmartingale pour tout u de $\mathcal{D}_e$ et qu'un contrôle $u*$ est optimal si et seulement si J^{u*} est une P_x^{u*}-martingale.

Si de plus q appartient à $\bigcap_a \mathcal{D}(A^a)$ (notation évidente), nous voyons que J_t^u diffère de $\int_0^t e^{-\alpha s}(c(X_s, u_s) + A^{u_s} q(X_s) - \alpha q(X_s))\, ds$ que pour une martingale. Ceci implique en particulier que $c(x,a) + A^a q(x) - \alpha q(x) \leq 0$ sauf sur un ensemble de P_x^a -potentiel nul.

Le critère d'optimalité dit que $\sup_a (c(x,a) + A^a q(x) - \alpha q(x)) = 0$ sauf sur un ensemble de P_x^{u*} potentiel nul.

Notons que $\sup_a [c(x,a) + A^a q(x) - \alpha q(x).] = Gq(x)$ peut "s'interpréter comme le générateur du semi-groupe R_t (seulement sous de très fortes hypothèses)". La condition $Gq = 0$ est alors la conséquence naturelle du fait que q est une fonction invariante pour R_t .

Le problème est qu'on ne sait pas en général démontrer que q appartient au domaine de G. L'équation : (H.J.B.) ; $\sup_a [c(x,a) + A^a q(x) - \alpha q(x)] = 0$ s'appelle l'équation d'Hamilton-Bellman-Jacobi.

Elle est fort utilisée par les analystes pour construire q , lorsque des hypothèses de régularité sont faites sur le modèle, sous forme de vérification. (On notera l'analogie avec les méthodes de pénalisation...).

Si E est un compact de R^n, et A^a un opérateur elliptique on cherche a résoudre dans un bon espace fonctionnel l'équation d'H.J.B.. Une fois une solution $\hat{q}$ obtenue, on utilise la compacité de A et la continuité des coefficients pour noter que le sup est atteint dans (H.J.B.) et réalisé par une fonction borélienne $a^*(x)$ (théorème de sélection mesurable).

On montre alors aisément que $\hat{q}(x) = q(x)$ et que le processus $a^*(X.)$ est optimal pour la loi $P_x^{u^*(.)}$ (si on sait la construire). Il serait trop long de rentrer dans les détails.On consultera utilement [B.L.1 et 2], [KR.1], [J.F.R.1] , [P.L.L.1] etc....

En conclusion, nous voulons souligner que si les apports de la théorie du potentiel à la théorie du processus optimal sont fort nombreux, cette dernière théorie adresse un certain nombre de questions non triviales à la théorie du potentiel (qu'elle espère bientôt éclaircies) qui concerne la notion de réduite par rapport à une famille de résolvantes dépendant d'un paramètre.

REFERENCES

Le sujet décrit ci-dessus est trop vaste pour que nous puissions donner une bibliographie exhaustive.

Nous recommandons au lecteur de consulter les références des livres cités, comme complément et information.

LIVRES.

[B.L.1] A. BENSOUSSAN - J.L. LIONS :
- Applications des inéquations variationnelles en contrôle stochastique. Dunod, Paris, 1978 .

[B.L.2] A. BENSOUSSAN - J.L. LIONS :
- Contrôle impulsionnel et inéquations quasi-variationnelles Dunod, Paris, 1982 .

[D.M.1] C. DELLACHERIE et P.A. MEYER :

- Probabilités et potentiel : tome 3 - nouvelle édition - chapitre IX à XI - Théorie discrète du potentiel. Hermann, Paris, 1983 .

[D.S.1] L.E. DUBINS et J.L. SAVAGE :

- How to gamble if you must.
  1º édition : Mc Graw Hill 1965.
  2º édition : Inequalities for stochastic processes - Dover, 1976 .

[F.R.1] W.FLEMING et R. RISHEL :

- Optimal deterministic and stochastic control.
  Springer Verlag, N.Y., 1975 .

[KR.1] N. KRYLOV :

- Controlled processes of Diffusion type.
  Springer Verlag, N.Y., 1980 .

[SH.1] SHYRIAEV :

- Optimal Stopping Rules.
  Springer Verlag, N.Y., 1978 .

Les Lecture Notes suivants contiennent de nombreux articles sur le sujet exposé ici.

[SC.1] Stochastic Control Theory (Bonn, 1979).
Lect. Notes in Control n°16. Springer Verlag, 1979 .

[SC.2] Filtering and optimal Stochastic Control (Pocoyoc - Mexico, 1982).
Lect. Notes in Control n°42. Springer Verlag, 1982 .

[SC.3] Stochastic Differential Systems (Bonn, 1982).
Lect. Notes in Control n°43. Springer Verlag, 1982 .

PUBLICATIONS

[BI.1] J.M. BISMUT :

- Contrôle de processus alternants et applications.
  Z f W 47, 1979, p.241-288.

[BI.2] J.M. BISMUT :

- Convex inequalities in stochastic control.
  J. of Functional Analysis, 42, 1982, p.226-270.

[B.S.1] J.M. BISMUT et B.SKALLI :

- Temps d'arrêt optimal, théorie générale des processus et processus de Markov.
  Z f W 39, 1977, p.301-313.
  (Voir aussi l'article de J.M. BISMUT dans [SC.1]).

[DA.1] M.H.A. DAVIS :

- On the existence of optimal policies in stochastic control.
  St. AM. J. of Control, n°11, 1973, p.587-594.
  (Voir aussi les articles et leurs bibliographies dans [SC.1],[SC.2], [SC.3].

[DEL.] C. DELLACHERIE :

- (Voir bibliographie de [D.M.1]).

[DE.1] J. DENY :

- Les noyaux élémentaires.
Sém. Théorie du Potentiel , Paris, 4ème année, 1959-60.

[DE.2] J. DENY :

- Familles fondamentales, noyaux associés.
Ann. Inst. Fourier , 3, 1951, p.73-101.

[DO.1] J.L. DOOB :

- Discrete potential theory and boundaries.
J. Math. Mech., 8, 1959, p.443-458.

[DO.2] J.L. DOOB :

- Generalized sweeping-out and probability.
J. Funct. Anal., 2, 1968, p.207-225.

[EK.1] N. EL KAROUI :

- Les aspect probabilistes du contrôle stochastique.
Ecole d'été de St.Flour, IX, 1979.
Lect. Notes, n°876, 1981, p.73- 238. Springer Verlag, N.Y.

[EK.2] N. EL KAROUI :

- Réduites et enveloppes de Snell .
(à paraître en 1984).

[E.L.M. 1] N. EL KAROUI - J.P. LEPELTIER - B. MARCHAL.

- Optimal Stopping of controlled Markov Processes
[SC.2], 1982.

[E.L.M. 2] N. EL KAROUI - J.P. LEPELTIER - B. MARCHAL :

- Semi-groupe de Nisio associé au contrôle de processus de Markov
[SC.3], 1982.

[L.M.1] J.P. LEPELTIER et B. MARCHAL :

- Techniques probabilistes dans le contrôle impulsionnel.
Stochastics 2, 1979, p.243-286.

[L.M.2] J.P. LEPELTIER et B. MARCHAL :

- Théorie générale du contrôle impulsionnel markovien.
Siam J. of Control, 1984. (à paraître en Juillet).

[P.L.L.1] P.L. LIONS :

- Optimal stochastic control of diffusion type processes and
H.J.B. équations.
[SC.2],1982. (Voir bibliographie)

[M.T.1] P.A. MEYER et M. TRAKI :

- Réduites et jeux de hasard.
Sem. Proba, VII, Lect. Notes in Math. n°321, 1973, p.155-172.

[MO.1] G. MOKOBODZKI :

- Eléments extrémaux pour le balayage .
  Sem. Brelot-Choquet-Deny, n°5, 1969-1970.

[MO.2] G. MOKOBODZKI :

- Densité relative de deux potentiels comparables.
  Sem. Proba. IV, 1970, p.170-194. Lect. Notes in Math. n°124.
  (et aussi la bibliographie de [DM.1]

[NI.1] M. NISIO :

- On non-linear semi-groups for Markov processes associated with optimal stopping.
  Applied Math. and Optimization, 4, 1978, p.146-169.

[NI.2] M. NISIO :

- On stochastic optimal controls and enveloppe of Markovian semi-group.
  Proc. of Int. Symp. Kyoto, 1976, P.297-325.

[RO.1] M. ROBIN :

- Contrôle impulsionnel des processus de Markov.
  Thèse Paris IX, 1978.

[RO.2] M. ROBIN :

- On some impulsive control problems with long run average cost
  SIAM J. of Control, 19, 1981, p.333-358.

[B.Z.1] L. STETTNER et J. ZABCZYK :

- Strong enveloppes of stochastic processes and a penalty method.
  Stochastic, 4, 1981, p.267-280.

[ZA.1] J. ZABCZYK :

- Introduction to the Theory of optimal Stopping.
  [SC.1] 1979.

[ZA.2] J. ZABCZYK :

- Stopping problems in Stochastic Control.
  Int. Congress of Mathematicians Warsaw, 1982.

Nicole EL KAROUI
Ecole Normale Supérieure
31, Anevue Lombart
92260 - FONTENAY-AUX-ROSES.

Colloque de Théorie du
Potentiel-Jacques Deny
- Orsay 1983 -

QUELQUES APPLICATIONS D'UN THEOREME DE MOSCHOVAKIS A LA THEORIE DU POTENTIEL

Denis FEYEL

INTRODUCTION.

On démontre pour la topologie fine associée à un noyau de Hunt un résultat voisin du théorème de Baire sur les fonctions de $1^{\text{ère}}$ classe. La démonstration fait intervenir une suite transfinie décroissante de type $\aleph_1$ et suggère donc l'emploi de dérivations.

On rappelle alors dans II le résultat très général de Moschovakis sur les dérivations analytiques. Moyennant une hypothèse de compatibilité fine toujours vérifiée dans les applications, une dérivation analytique s'étend de manière unique aux ensembles presque analytiques et y possède encore "presque" les propriétés énoncées par Moschovakis. La démonstration de plusieurs résultats antérieurs se trouve ainsi grandement simplifiée, et l'on obtient aussi un résultat nouveau sur la séparation des ensembles presque finement G_δ .

Au n° III , on donne un exemple de dérivation analytique fonctionnelle d'où l'on déduit l'existence de la balayée itérée transfiniment d'une excessive sur un ensemble presque analytique : c'est une excessive.

En conclusion, on voit que le théorème de Moschovakis, dont l'emploi est extrêmement simple, permet d'étendre sans aucune fatigue à la topologie fin bon nombre de méthodes utilisées en topologie polonaise classique.

Par ailleurs, il convient de signaler que Dellacherie a lui aussi obtenu récemment des résultats sur les dérivations analytiques.

I. RAPPELS.

Soit X un espace localement compact à base dénombrable, muni d'un noyau de Hunt V . Nous allons d'abord rappeler quelques définitions. Nous fixerons un potentiel $p \in \mathcal{C}_o(X)$ une fois pour toutes, p strict. Si A est analytique, et si θ est une mesure bornée $\geqq 0$, on définit

$$c_\theta(A) = \int R_p^A \, d\theta$$

où la réduite R_p^A , plus petite fonction fortement surmédiane majorant p sur A , est analytique selon G. Mokobodzki. c_θ est une capacité de Choquet alternée d'ordre 2 .

L'ensemble E est dit <u>presque analytique</u> (en abrégé p.a.) si pour toute mesure θ on peut trouver A analytique et P borélien tels que :

$$A \subset E \subset A \cup P \quad \text{et} \quad c_\theta(P) = 0 \qquad \text{(I)}$$

L'ensemble E est dit <u>presque borélien</u> (en abrégé p.b.) si dans (I) on peut toujours prendre A borélien.

Si E est presque analytique, on démontre ([2]) que la réduite R_p^E est une fonction presque borélienne. On en déduit que l'adhérence fine $\overline{E}$ de E est un ensemble presque borélien, c'est en effet l'ensemble où p et R_p^E coïncident.

L'ensemble E est dit <u>presque</u> F_σ <u>fin</u> ou presque finement F_σ (en abrégé p.f.F_σ) si dans (I) on peut toujours prendre pour A une réunion dénombrable de fermés fins presque boréliens.(*)

L'ensemble E est dit presque G_δ fin ou presque finement G_δ (en abrégé p.f.G_δ) si dans (I) on peut toujours prendre pour A une intersection dénombrable d'ouverts fins presque boréliens.

Dans (I), P peut toujours être supposé soit un G_δ ordinaire, soit un fermé fin presque borélien, de sorte que les p.f.G_δ sont les complémentaires des p.f.F_σ .

Nous dirons aussi qu'un ensemble est presque finement ambigu (sous entendu de $1^{\text{ère}}$ classe) s'il est à la fois p.f.G_δ et p.f.F_σ .

Enfin, notons qu'un ensemble est p.b. dès qu'il est p.a. ainsi que son complémentaire. J'ignore si étant donnés deux p.a. disjoints on peut trouver un p.b. séparateur.

Rappelons la propriété de Baire de la topologie fine :

Si G_n est une suite de p.f.G_δ finement denses, $\bigcap_n G_n$ l'est aussi.

On notera que tous les fermés fins p.b. sont p.f.G_δ .

Notons Ω le premier ordinal indénombrable, et posons :

DEFINITION. *Soit $(A_i)_{i<\Omega}$ une suite transfinie décroissante de type Ω où les A_i sont p.a. La suite est dite évanescente si pour toute mesure θ, $c_\theta(A_i)$ finit par s'annuler (donc $\bigcap_{i<\Omega} A_i = \emptyset$) .*

Nous avons alors :

LEMME. *Si pour tout i , A_{i+1} est finement rare sur A_i , alors la suite est évanescente.*

Démonstration.

On peut se limiter au cas où les A_i sont fermés fins. Si θ est fixée, nous savons ([1]) qu'il existe $i_o < \Omega$ tel que l'on ait $c_\theta(A_i - A_{i+1}) = 0$ pour

(*) on peut en fait prendre des fermés fins boréliens.

$i \geq i_o$. Mais on a $c_\theta(A_i)=c_\theta(A_i - A_{i+1})$ par l'hypothèse. □

Si f est une fonction p.b., on vérifie facilement que sa régularisée supérieure fine $\overline{f}$ l'est aussi, de même que sa régularisée $\underline{f}$ inférieure, cela subsiste aussi relativement à un ensemble p.b. L'ensemble $\{\overline{f} > \underline{f}\}$ est toujours p.f.F_σ : f est dite finement ponctuellement discontinue si cet ensemble est finement maigre.

Une fonction f est dite presque ambigüe (de $1^{\text{ère}}$ classe) si les ensembles $f^{-1}(U)$ sont p.f.F_σ pour U ouvert (définition de Lebesgue). On a alors le théorème de Baire :

<u>*THEOREME*</u>. *Si f est p.b., les conditions suivantes équivalent :*

a) f est ponctuellement fnt discontinue sur tout p.b. fermé fin,

b) f a un point de continuité fine relative sur tout p.f.G_δ ,

c) f est presque ambigüe.

<u>Démonstration</u>.

c) ⇒ b) soit G un p.f.G_δ . Supposons que $\overline{f}^G > \underline{f}_G$ sur G (ces notations désignent les régularisées relatives). On a $G \subset \{\overline{f}^G > f\} \cup \{f > \underline{f}_G\}$, et ces deux ensembles sont p.f.F_σ relatifs dans G : l'un d'eux au moins a un point intérieur fin relatif sur G . Soit par exemple $G_o \neq \emptyset$ un ouvert fin relatif inclus dans $\{\overline{f}^G > f\}$. D'après la propriété de Baire, on trouve deux rationnels $s < t$ vérifiant $\overline{f}^G > t$ et $f < s$ sur un ouvert fin relatif $G_1 \subset G_o$, $G_1 \neq \emptyset$, en contradiction avec la définition de $\overline{f}^G$.

b) ⇒ a) Si F est fermé fin p.b., l'ensemble $\{\overline{f}^F = \underline{f}_F\}$ rencontre tout ouvert fin p.b. relatif dans F puisqu'un tel ensemble est p.f.G_δ , or les ouverts fins p.b. forment une base de la topologie fine.

a) ⇒ c) on peut supposer $0 \leq f \leq 1$. Pour $\varepsilon > 0$, soit $X_1 = \{\overline{f} - \underline{f} \geq \varepsilon\}$. C'est un fermé fin p.b., et par récurrence transfinie :

$$X_{i+1}=\{x \in X_i / \overline{f}^{X_i} - \underline{f}_{X_i} \geq \varepsilon\} \text{ , } X_j = \bigcap_{i<j} X_i \quad \text{si } j \text{ est limite } < \Omega$$

D'après b) les X_i sont finement rares les uns sur les autres, donc la suite X_i est évanescente d'après le lemme, notamment $\bigcap_{i<\Omega} X_i = \emptyset$. Posons $X_o = X$, et soit g_ε la fonction valant $\underline{f}_{X_i}$ sur $X_i - X_{i+1}$. Cette fonction est donc partout définie, on a $g_\varepsilon \leqq f \leqq g_\varepsilon + \varepsilon$, donc $f = \operatorname{Sup}_\varepsilon g_\varepsilon$. Montrons que les ensembles $\{g_\varepsilon > a\}$ sont p.f.F_σ : on a $\{g_\varepsilon > a\} = \bigcup_i [(X_i - X_{i+1}) \cap (\underline{f}_{X_i} > a)]$. Chacun des termes de cette réunion est p.f.F_σ , or le reste de cette série est inclus dans la suite X_i qui est évanescente : on en déduit que la réunion totale est p.f.F_σ . On a finalement $\{f > a\} = \bigcup_\varepsilon \{g_\varepsilon > a\}$, c'est donc un p.f.F_σ , on montre de même que tout ensemble $\{f < b\}$ en est un. □

Dans le même ordre d'idées, si E est presque ambigu, posons par récurrence $X_o = X$, $X_{i+1} = \overline{X_i \cap E} \cap \overline{X_i \cap E^c}$, (adhérence fine) $X_j = \bigcap_{i<j} X_i$, si j est limite. Comme X_{i+1} est la frontière fine de E ambigu relativement à X_i , on voit que X_{i+1} est rare sur X_i d'après la propriété de Baire, donc la suite X_i est évanescente. On voit alors aisément que E est "presque développable" au sens de Kuratowski : $E = \bigcup_i (\overline{X_i \cap E} - X_{i+1})$, où la série "converge fortement" puisque son reste est évanescent.

II. DERIVATIONS FINEMENT COMPATIBLES.

L'outil fondamental que nous utiliserons maintenant est le théorème sur les dérivations analytiques de Moschovakis, dont on peut trouver une démonstration simple chez Louveau ([3]). Rappelons d'abord ce qu'est une dérivation analytique sur un espace souslinien.

DEFINITION. *Une dérivation analytique sur X est une opération qui a tout analytique A associe un analytique A' de sorte que :*

a) $A' \subset A$ pour tout A

b) $A' \subset B'$ dès que $A \subset B$

c) pour tout $\mathcal{A}$ analytique dans $X \times [0,1]$, l'ensemble $\mathcal{A}'$ obtenu en dérivant $\mathcal{A}$ "coupe par coupe" est analytique.

On peut bien entendu prolonger l'opération de dérivation à tous les ensembles en posant par exemple :

$$E' = \cup \{A'/A \text{ analytique } \subset E\} \tag{2}$$

et définir les dérivés successifs de E par récurrence transfinie. Cela étant, le théorème de Moschovakis assure deux choses :

d) si A est analytique, A^{Ω} l'est aussi et $A^{\Omega+1} = A^{\Omega}$,

e) si A et B sont analytiques, et $B \cap A^{\Omega} = \emptyset$, on a déjà $B \cap A^{i} = \emptyset$ pour un certain $i < \Omega$.

Revenons maintenant à notre espace X avec noyau de Hunt V . Il y a une classe intéressante de dérivations analytiques liées à la topologie fine : ce sont celles qui sont finement compatibles, c'est-à-dire celles qui vérifient la condition suivante :

o) pour A et B analytiques, on a $(A \cup B)' \subset A' \cup \overline{B}$ (adhérence fine)

PROPOSITION. *Si $A \leadsto A'$ est une dérivation analytique finement compatible, on a les propriétés :*

c') la formule (2) définit l'unique prolongement croissant aux ensembles p.a.

d') si E est p.a., tous les E^{i} et E^{Ω} sont p.a. , $E^{\Omega+1} = E^{\Omega}$

e') si E et F sont p.a., et si $F \cap E^{\Omega} = \emptyset$, la suite $(F \cap E^{i})_{i<\Omega}$ est évanescente.

Démonstration :

Soit $E \leadsto E'$ un prolongement croissant aux ensembles p.a. Si E est p.a., fixons une mesure θ , on a :

$$A \subset E \subset A \cup P \quad \text{et} \quad c_{\theta}(P) = 0$$

où A analytique et P borélien dépendent de θ .

On a donc

$$A' \subset E' \subset A' \cup \overline{P} \quad \text{et} \quad c_{\theta}(\overline{P}) = 0 \tag{3}$$

On en déduit que E' est p.a., et répond à la formule (2).

Par récurrence, on a $A^i \subset E^i \subset A^i \cup \overline{P}$ pour $i \leq \Omega$. On en déduit que tous les E^i sont p.a. ainsi que E^Ω puis $E^{\Omega+1}$. On trouve alors $A^\Omega = A^{\Omega+1} \subset E^{\Omega+1} \subset E^\Omega \subset A^\Omega \cup \overline{P}$ et $c_\theta(\overline{P}) = 0$. Comme θ est arbitraire, $E^{\Omega+1} = E^\Omega$.

Si F est p.a. et $F \cap E^\Omega = \emptyset$, soient B analytique et Q borélien tels que $B \subset F \subset B \cup Q$ et $c_\theta(Q) = 0$. On a $B \cap A^\Omega = \emptyset$, d'où l'existence de $i < \Omega$ tel que $B \cap A^i = \emptyset$ selon le théorème de Moschovakis, mais alors $c_\theta(F \cap E^i) \leq c_\theta(\overline{P} \cup Q) = 0$.

EXEMPLES.

i) si E est p.a., posons $E' = \{x \in E / R_p^{E-x}(x) = p(x)\}$. Il s'agit du dérivé topologique fin de E . Si E est analytique, E' l'est aussi (cf.[2]) , et les propriétés a),b),o) sont évidentes. Pour vérifier c), on pose $Wf(x,t) = \int f(y,t)\, V^x(dy)$, ce qui définit un noyau de Hunt W sur $X \times [0,1]$. On constate alors que

$$\mathcal{A}' = \{(x,t) \in \mathcal{A} / R_q^{\mathcal{A}-(x,t)} = q(x,t)\} \quad \text{où} \quad q(x,t) = p(x)$$

est un potentiel continu strict. Donc $\mathcal{A}'$ est analytique dès que $\mathcal{A}$ l'est.

ii) si E est p.a., posons $E' = \{x \in E / R_p^{\widehat{E}}(x) = p(x)\}$. C'est l'ensemble des points de E où E est non effilé. Les vérifications se font de la même manière qu'au i).

iii) si A et B sont analytiques, et E un p.a., posons $E' = E \cap \overline{E \cap A} \cap \overline{E \cap B}$, (dérivation de Hausdorff). Les vérifications sont immédiates. On passe de là au cas où A et B sont seulement p.a., et les conclusions d') et e') valent encore.

Dans le cas i), l'ensemble E est le noyau finement dense en soi que nous avions déjà obtenu dans ([2]), tout au moins lorsque E était p.f.G_δ auquel cas E^Ω est aussi le noyau épais de E que l'on obtenait par approximations internes. Remarquons que E^Ω est fermé fin relatif dans E , donc la suite $(E^i - E^\Omega)$ est évanescente.

Dans le cas ii), on trouve le noyau régulier de E , susceptible des mêmes remarques que le noyau dense en soi.

Par analogie avec la théorie classique des espaces polonais, le iii) est spécialement adapté à l'étude des p.f.G_δ . Soient donc A et B deux p.a., et considérons la suite des dérivés successifs de $X_o = X$. On a donc :

$$X_{i+1} = \overline{X_i \cap A} \cap \overline{X_i \cap B} \quad \text{et} \quad X_j = \bigcap_{i<j} X_i \quad \text{si } j \text{ limite } \leqq \Omega$$

L'ensemble $Z = X_\Omega$, résidu du couple (A,B) est fermé fin p.b., et la suite $(X_i - Z)$ est donc évanescente. On a $Z = \overline{Z \cap A} = \overline{Z \cap B}$, d'où l'on déduit facilement que Z est finement parfait dès que $A \cap B = \emptyset$.

Supposons que $Z = \emptyset$, auquel cas la suite X_i est évanescente. On a alors :

$$A \subset \bigcup_i (\overline{X_i \cap A} - X_{i+1}) \subset \bigcup_i (X_i - \overline{X_i \cap B}) \subset B^c \tag{4}$$

et les deux séries écrites sont à restes évanescents (inclus dans X_i) donc définissent deux ensembles p.f.F_σ , qui sont aussi des p.f.G_δ car leurs complémentaires sont $\bigcup_i (X_i - \overline{X_i \cap A})$ et $\bigcup_i (\overline{X_i \cap B} - X_{i+1})$ et par suite p.f.F_σ comme pour (4).

<u>*THEOREME.*</u> *Le résidu de A et B s'annule si et seulement si A et B sont séparables par un ensemble presque ambigu.*

<u>Démonstration</u> :

Si $Z = \emptyset$, on a les inégalités (4), et l'on a vu que les deux séries alternées définissent des ensembles presque ambigus. Inversement, soit C un ensemble presque ambigu vérifiant $A \subset C$ et $B \subset C^c$. On considère la dérivation $E \mapsto E \cap \overline{E \cap C} \cap \overline{E \cap C^c}$, et les dérivés successifs Y_i de $Y_o = X$. On a par récurrence $X_i \subset Y_i$, et $Z \subset T$, avec $T = Y_\Omega$. On a $T = \overline{T \cap C} = \overline{T \cap C^c}$, ce qui implique $T = \emptyset$ par le théorème de Baire, sans quoi $T \cap C$ et $T \cap C^c$ seraient deux p.f.G_δ disjoints et finement denses sur T . Donc $Z = \emptyset$. □

COROLLAIRES.

a) deux p.f.G_δ disjoints sont toujours séparables par un ensemble presque ambigu : en effet leur résidu est nul à cause de la propriété de Baire.

b) il suffit d'ailleurs que A et B soient p.a. et localement p.f.G_δ . En effet, leur résidu est alors localement vide, donc vide, car les ouverts fins p.b. forment une base de la topologie fine.

c) Un ensemble p.b. est presque ambigu dès qu'il est localement presque ambigu : cela s'applique au noyau W sur $X \times [0,1]$ que nous avons introduit plus haut : un ensemble p.b. est presque ambigu dès que ses coupes sont V-presque ambigües.

d) si E est p.b. finement clairsemé, le résidu Z de E et E^c est vide, car d'une part il est finement parfait et d'autre part contient un point isolé comme adhérence de l'ensemble $Z \cap E$ clairsemé. Donc E est presque ambigu.

III. Le théorème de Moschovakis possède bien sûr un énoncé valable pour les fonctions. Nous indiquerons seulement une extension possible aux fonctions p.a. et donnerons un exemple.

Soit $f \rightsquigarrow f'$ une dérivation analytique : nous dirons qu'elle est finement compatible si l'on a $(f+g)' \leqq f' + Rg$ pour toutes fonctions analytiques f et g , où Rg désigne la réduite de g .

Les résultats du II s'étendent alors sans difficulté : on voit notamment que $f \mapsto f' = \text{Sup}\,\{g'/g \text{ analytique} \leqq f\}$ est l'unique extension croissante possible de la dérivation aux fonctions p.a.

EXEMPLE : Soit E un ensemble analytique. Si f est fortement surmédiane et analytique, la fonction $\hat{R}_f^E$, balayée de f sur E est excessive et analytique. Si f est analytique, nous poserons alors :

$$f' = f \wedge \hat{R}_{Rf}^E \qquad (5)$$

On vérifie aussitôt que c'est une dérivation analytique à l'aide du noyau W sur $X \times [0,1]$ et finement compatible. L'extension unique aux fonctions p.a. est encore donnée par la formule (5), et cela permet de passer au cas où E est seulement p.a., exactement comme on a fait pour la dérivation de Hausdorff.

Alors si u est fortement surmédiane p.a. (donc p.b.), la fonction $v = u^{\Omega}$, "balayée transfinie" de u, est la plus grande excessive minorant u et autobalayée sur E, i.e. $v = \widehat{R}^E_v$, de plus la suite $(u^i - v)$ est évanescente.

B I B L I O G R A P H I E

[1] FEYEL D.

- Représentation des fonctionnelles surmédianes.
Z.f. Wahrscheinlichkeitstheorie, 58, 1983, p. 183.

[2] FEYEL D.

- Sur la théorie fine du potentiel.
Bull. Soc. Math. de France. A paraître, 1983, t. 111.

[3] LOUVEAU A.

- Capacitabilité et sélections boréliennes.
Sém. Init. à l'Analyse. Paris, 21 ième année, 1981/82, n° 19.

D. FEYEL

EQUIPE D'ANALYSE
Equipe de Recherche
associée au C.N.R.S. N° 294

UNIVERSITE PARIS VI

4, place Jussieu

75230 - PARIS CEDEX 05

Tour 46 - 4ème Etage

Colloque de Théorie du
Potentiel-Jacques Deny
- Orsay 1983 -

A DIRICHLET FORM ON THE WIENER SPACE AND PROPERTIES ON BROWNIAN MOTION

Masatoshi FUKUSHIMA

§ 1. A GENERAL VIEW.

In the study of Fourier series, boundary limit theorems and so forth, we often encounter the situation in which almost everywhere statements can be strengthened to quasi-everywhere ones, namely, the statements relevent to various notions of capacities finer than the preassigned measure m on a finite dimensional space X (cf. Zygmund [19], Carleson [3], Adams [1]) . Similar phenomena can be exhibited in relation to the ergodic theorems for Markovian semigroups on a general measure space (X,m) ([6]) .

In the present article however, we consider the case that (X,m) is the Wiener space - a typical infinite dimensional probability measure space. Thus X is the space $W = W_0^d$ of all continuous functions on $[0,\infty)$ taking values in the d-dimensional Euclidean space R^d vanishing at 0 . m is the Wiener measure P on W . When we talk about properties of Brownian motion, we are used to conceive some statements holding for P-a.e. functions $w = w(.) \in W$. Therefore it is very interesting to see how and to what extend each of those statements can be refined to be q.e. ones.

In doing so, the theory of Dirichlet forms due to A. Beurling and J. Deny [2] combined with its probabilistic interpretations [5] provides us with natural and far reaching view point. The Dirichlet form we are going to consider is related to the transition function $p_t(x,dy)$ of the Ornstein-Uhlenbeck process on W. The associated capacity will be denoted by C and we use the term "C-q.e." to mean "except on a set of W of C-capacity zero". Later on we also consider the capacities $C_{r,p}$ of various degrees r and p such that $C = C_{1,2}$ and mention $C_{r,p}$-q.e. statements too.

Recently the author [7] has proved the following theorems. The t-th coodinate of $w \in W$ is denoted by w_t or $b_t(w)$ or $b(t,w)$.

THEOREM 1. Assume that $d = 1$. *Then each of the next properties* (I.1) ∿ (I.5) *holds C-q.e. :*

(I.1) *(quadratic variation)*

$$\lim_{n\to\infty} \sum_k (b(t_k^{(n)},w) - b(t_{k-1}^{(n)},w))^2 = t$$

where $\Delta_n : 0 = t_0^{(n)} < t_1^{(n)} < .. < t_m^{(n)} = t$ *is a sequence of partitions of* $[0,t]$ *such that* $\Sigma|\Delta_n| < \infty$.

(I.2) $b(t,w)$ *is nowhere differentiable in* t.

(I.3) *(Lévy's Hölder continuity)*

$$\lim_{\delta\downarrow 0} \sup_{\substack{0\le t_1<t_2\le 1 \\ t=t_2-t_1<\delta}} \frac{|b(t_2) - b(t_1)|}{(2t \log \frac{1}{t})^{1/2}} = 1 .$$

(I.4) *(law of the iterated logarithm at* 0*)*

$$\overline{\lim_{t\downarrow 0}} \frac{b(t)}{(2t \log_2 \frac{1}{t})^{1/2}} = 1 .$$

(I.5) *(law of the iterated logarithm at* ∞ *)*

$$\overline{\lim_{t\to\infty}} \frac{b(t)}{(2t \log_2 \frac{1}{t})^{1/2}} = 1 .$$

THEOREM II. The following statements hold for higher dimension d .

(II.1) *(unattainability of a one point set)*

Let $d \geq 5$. *Fix any point* $a = (a_1,..,a_d) \in R^d$. *Then* $b(t,w) = a$ *for any* $t > 0$ *C-q.e.*

(II.2) *(transience)*

Let $d \geq 5$. *Then* $\lim_{t\to\infty} |b(t,w)| = \infty$ *C-q.e.*

(II.3) *(absence of double points)*

Let $d \geq 7$. *Then* $b(t,w)$ *has no double point C-q.e.*

In proving above theorems, we use the following properties of the outer capacity C :

(1.1) $A \subset B \Rightarrow C(A) \leqq C(B)$

(1.2) $C(\bigcup_n A_n) \leqq \sum_n C(A_n)$

(1.3) $A_n \uparrow \Rightarrow C(\bigcup_n A_n) = \sup_n C(A_n)$.

(1.2) and (1.3) imply the C-versions of the first Borel Cantelli lemma

(1.4) $\sum_n C(A_n) < \infty \Rightarrow C(\overline{\lim_{n\to\infty}} A_n) = 0$

and the inequality

(1.5) $C(\underline{\lim_{n\to\infty}} A_n) \leqq \underline{\lim_{n\to\infty}} C(A_n)$

respectively, which are very useful in concluding C-q.e. statements.

In the next section, we indicate our method of the proof of the above two theorems. We essentially use two kinds of estimates of the capacity C . The first in an estimate of the capacity C of an elementary product event by means of the P-measure of the same event. The second is the weak type capacitary estimate of the maximum

(1.6) $M^i_{s,t}(w) = \max_{s\leqq v\leqq t} (b^i(v) - b^i(s)),\ 0 \leqq s \leqq t,\ 1 \leqq i \leqq d$.

The proof of the second estimate given in [7] runs as follows : we first show that $\exp(M^i_{s,t})$ belongs to the Dirichlet space and then use the elementary Tchebychev type inequality (for C and the Dirichlet norm). But this way of the proof does not work for more general capacities $C_{r,p}$ and hence we present in § 2 yet another way of the proof based on the maximal inequality for the exponential martingales.

A set $\Lambda \subset W$ is of C-capacity zero if and only if the set Λ is hit by almost no sample paths of the Ornstein-Uhlenbeck process on W with initial distribution P . This can be proved by a general theorem in [5] together with a compactification of W (Takeda [18]). In particular, this implies that C-q.e. statements on W can be reduced to the usual a.e. statements for the Brownian sheet a two dimensional parameter Brownian motion ([7]). Therefore, by reinterpreting the results of Orey-Pruitt [16] , we can see for instance that C-q.e. statement (II.1) for $a = (0,..,0)$ is still true when $d = 4$ but false when $d \leq 3$. Thus we have a non-trivial example of the set $\Lambda = \{w \in W : b(t,w) = 0 \text{ for some } t > 0\}$ of P-measure zero but of positive C-capacity (when $d = 2$ and 3). By the same method, N. Kôno ([11],[12]) has proved that C-q.e. assertion (II.2) (resp. (II.3)) is false when $d \leq 4$ (resp. $d \leq 5$). Actually he has shown a stronger converse that

$$(1.7) \quad C(\varliminf_{t\to\infty} |b(t) - a| < \varepsilon \text{ for any } a \in R^d \text{ and } \varepsilon > 0) > 0$$

when $d \leq 4$.

Quite recently, P. Malliavin [13] introduced capacities related to the Sobolev type spaces of various degrees r and p on the Wiener space in order to produce quasi-continuous modifications of diverse Wiener functionals. Equivalent but slightly different capacities can be defined as follows : using the transition function $p_t(x,dy)$ of the Ornstein-Uhlenbeck process on W , we introduce a probability kenel

$$(1.8) \quad V_r(x,\Lambda) = \frac{1}{\Gamma(r/2)} \int_0^\infty s^{\frac{r}{2}-1} e^{-s} p_s(x,\Lambda)\, ds, \quad r > 0 .$$

Then

(1.9) $F_{r,p} = V_r(L^p)$, $\| u \|_{r,p} = \| f \|_{L^p}$, $u = V_r f$, $f \in L^p$,

is a well defined Banach space and we let

(1.10) $C_{r,p}(A) = \inf \{ \| u \|^p_{r,p} : u \geqq 1 \text{ a.e. on } A,\ u \in F_{r,p} \}$

for open set $A \subset X$ and extend it to any set of W as an outer capacity. If we instead start with the transition function $p_s(x,dy)$ of Brownian motion on a finite dimensional space R^d , then $V_r f$ equals classical Bessel potential. Thus the present $C_{r,p}$ is a natural infinite dimensional analogue of the Bessel capacity in the non-linear potential theory.

$C_{1,2}$ is equal to the preceding capacity C and $C_{r,p}$ is equivalent to the corresponding capacity of Malliavin ([18]) . Each $C_{r,p}$ enjoys not only the properties (1.1), (1.2) but also (1.3). In proving the last property, we can invoke a principle due to J. Deny [4] : a regularity of function space $F_{r,p}$ implies the continuity (1.3) of capacity (Fukushima-Kaneko [8]) .

It is not difficult to extend the estimates of capacity C presented in § 2 to $C_{r,p}$. In this way, Theorem I has been extended to a $C_{r,p}$-q.e. statement for any integer $r > 0$ and real $p > 0$ by M. Takeda quite recently [18]. He has also proved that the statements (II.1), (II.2) and (II.3) of Theorem II hold $C_{r,p}$-q.e. provided that $d > 2 + rp$, $d > \frac{8}{3} + rp$ and $d > 4 + rp$ respectively. In the terminology of Malliavin, Theorem I thus holds except on a slim set of W but it is not likely that Theorem II might hold except on a slim set.

Finally we like to mention some related recent contributions. T. Komatsu and K. Takashima have proved in [10] that the Hausdorff dimension of Brownian path in R^d equals 2 C-q.e. provided that $d \geqq 2$. In the course of the proof, they essentially prove that the functional

$$F(w) = \int_0^1 \int_0^1 |w(s) - w(t)|^{-\alpha} \, ds\, dt, \quad 1 \leqq \alpha < 2 ,$$

is a C-quasi-continuous function belonging to the Dirichlet space and consequently finite C-q.e. I. Shigekawa has shown in [17] the C-q.e. existence of the one-dimensional Brownian local time $\ell(t,a)$ continuous in $t > 0$ and $a \in R^1$ by formulating a refined Tanaka formula using the Brownian sheet. N. Kôno has studied in [11] C-q.e. properties of sample paths for the class of Gaussian processes called the fractional Brownian motions. In this way, he has extended Theorems I and II together with some improvements and new C-q.e. results including Strassen's law.

§ 2. BASIC CAPACITARY ESTIMATES AND ANOTHER DERIVATION OF A CAPACITARY MAXIMAL INEQUALITY.

Following P.A. Meyer [15], we introduce the space W' of all functions from $[0,\infty)$ to R^d with finite variation and compact support, and then the pairing $\{\alpha,w\}$ defined by

$$\{\alpha,w\} = -\int_0^\infty w_s \cdot d\alpha_s \ , \quad \alpha \in W' \ , \ w \in W \ .$$

choose $\{\alpha_1,\alpha_2,..\} \subset W'$ to constitute an orthonormal base of $L^2([0,\infty) \to R^d)$ with inner product $q(\alpha,\beta) = \int_0^\infty \alpha_s \cdot \beta_s \, ds$. We let Z_ℓ to be the closed linear space of $L^2(W,P)$ spanned by

$$\{H_{p_{n_1}..p_{n_k}}(\{\alpha_{n_1},w\},..,\{\alpha_{n_k},w\}) : p_{n_1}+..+p_{n_k} = \ell\}$$

where $H_{p_{n_1}..p_{n_k}}(\xi_1,..,\xi_k)$ are the Hermite polynomials. Then we get the Wiener-Ito decomposition : $L^2(W,P) = \sum_{n=0}^{\infty} \oplus Z_n$.

The Ornstein-Uhlenbeck operator is a self-adjoint operator on L^2 defined by

$$(2.1) \quad A = -\sum_{n=0}^{\infty} \frac{n}{2} P_n \quad (P_n \text{ is the projection on } Z_n) \ .$$

The associated Dirichlet form is given by

$$(2.2) \quad \begin{cases} F = \{u \in L^2 : \sum_{n=0}^{\infty} n(P_n u, P_n u)_{L^2} < \infty\} \\ \\ E(u,v) = \frac{1}{2} \sum_{n=0}^{\infty} n(P_n u, P_n v)_{L^2} \end{cases}$$

and the capacity C is defined by

(2.3) $C(A) = \inf \{E_1(u,u) : u \in F , u \geq 1$ a.e. on $A\}$

for open $A \subset W$, where $E_1(u,v) = E(u,v) + (u,v)_{L^2}$. We have the Markovian realization of semigroup $\exp(tA)f(w_0) = \tilde{E}(f(e^{-t/2}w_0 + \sqrt{1-e^{-t}}\,w)), w_0 \in W$, where $\tilde{E}$ denotes the integration in w with respect to the Wiener measure P.

The basic capacitary estimates mentioned in the introduction are as follows. For an interval $I = (s,t) \subset R$, we let

$$X_I = \frac{b(t,w) - b(s,w)}{\sqrt{t-s}}, \quad X_I(w) = (X_I^1(w),\ldots,X_I^d(w)) .$$

PROPOSITION 2.1. *For disjoint intervals* $I_1, I_2, \ldots, I_N \subset R$ *and* $a_i^j < b_i^j$, $c_i^j > 0$, $i = 1, 2, \ldots, N$, $j = 1, 2, \ldots, d$, *we have*

$$C\left(\bigcap_{i=1}^{N}\bigcap_{j=1}^{d}\{a_i^j < X_{I_i}^j < b_i^j\}\right) \leq \left(\frac{Nd}{2c^2} + 1\right)P\left(\bigcap_{i=1}^{N}\bigcap_{j=1}^{d}\{a_i^j - c_i^j < X_{I_i}^j < b_i^j + c_i^j\}\right)$$

where $c = \min_{i,j} c_i^j$.

PROPOSITION 2.2. *Let* $1 \leq i \leq d$ *and* $0 \leq s \leq t$. *Then, for* $\alpha, \beta > 0$,

$$C\left(M_{s,t}^i - \frac{\alpha}{2}(t-s) > \beta\right) \leq \left(\frac{\alpha^2(t-s)}{4} + 2\right) e^{-\alpha\beta} .$$

The method of the proof of those two propositions is just the usage of the Tchebychev type inequality and the next chain rule of computing the Dirichlet norm $\| u \|_E^2 = E(u,u)$:

(2.4) $$\| f(\{\alpha_1,\cdot\},\{\alpha_2,\cdot\},\ldots,\{\alpha_n,\cdot\}) \|_E^2 = \frac{1}{2}\sum_{i,j=1}^{n} \tilde{E}[f_{x_i}(\{\alpha_1,\cdot\},\ldots)f_{x_j}(\{\alpha_1,\cdot\},\ldots)]q(\alpha_i,\alpha_j),$$

where $\alpha_1,\alpha_2,\ldots,\alpha_n \in W'$ and $f \in C_0^\infty(R^n \to R^1)$. This formula in an elementary application of the Malliavin calculus but also follows from the chain rule for the local Dirichlet form discovered by Y. Le Jan in his thesis (see [5]).

As was pointed out in the introduction, the method of the proof of Proposition 2.2 employed in [7] does not work for more general capacity $C_{r,p}$ for $M_{s,t}^i$ may not belong to $F_{r,p}$ for higher r and p. Here we give another approach.

It can be shown that each $u \in F$ admits a C-quasi-continuous version $\tilde{u}$ and

$$C(|\tilde{u}| > \lambda) \leqq \lambda^{-2} E_\tau(u,u), \quad u \in F, \tau > 1 ,$$

where $E_\tau(u,v) = E(u,v) + \tau(u,v)_{L^2}$. Observe that $V_\tau = (\tau I - A)^{-1/2}$ is represented by a bounded kernel.

$$(2.5) \quad V_\tau(x,\Lambda) = \int_0^\infty \frac{1}{\sqrt{\pi s}} e^{-\tau s} p_s(x,\Lambda)\, ds$$

and $V_\tau u = V_\tau u^+ - V_\tau u^-$ is a C-quasi-continuous function in F for any Borel $u \in L^2$. Rewriting the above inequality, we get

$$(2.6) \quad C(V_\tau|u|(x) > \lambda) \leqq \lambda^{-2} \| u\|^2_{L^2} , \quad u \in L^2 , \text{ Borel}.$$

On the other hand, $V_\tau u = \Sigma \frac{\sqrt{2}}{\sqrt{2\tau+n}} P_n u$ by (2.1), and consequently we have

$$(2.7) \quad V_\tau b(t,.) = \frac{\sqrt{2}}{\sqrt{1+2\tau}} b(t,.) , \quad V_\tau 1 = \frac{1}{\sqrt{\tau}} .$$

<u>LEMMA 2.1</u>. *Let ϕ be a non-negative, strictly increasing convex real function and $\{u_r, r \in I\}$ be a family of $u_r \in L^2$ such that $\sup_{r\in I} \phi(\frac{u_r}{\sqrt{\tau}}) \in L^2$. Then*

$$C(\sup_{r\in I} V_\tau u_r > \lambda) \leqq \tau\phi(\lambda)^{-2} \| \sup_{r\in I} \phi(\frac{u_r}{\sqrt{\tau}}) \|^2_{L^2} .$$

<u>Proof</u>. Using (2.7), Jensen's inequality and the positivity of V_τ, we have $\sup_r \phi(V_\tau u_r) \leqq \sup_r \sqrt{\tau}\, V_\tau \phi(\frac{u_r}{\sqrt{\tau}}) \leqq \sqrt{\tau}\, V_\tau[\sup_r (\frac{u_r}{\sqrt{\tau}})]$. Hence

$$C(\sup_r V_\tau u_r > \lambda) = C(\sup_r \phi(V_\tau u_r) > \phi(\lambda)) \leqq C(V_\tau[\sup_r \phi(\frac{u_r}{\sqrt{\tau}})] > \frac{1}{\sqrt{\tau}} \phi(\lambda)) ,$$

which is not greater than the right hand side of the desired inequality by virtue of (2.6).

q.e.d.

For simplicity, we state the present result for $d = 1$.

<u>PROPOSITION 2.3</u>. *For any $\alpha,\beta > 0$, $\tau > 1$ and $\gamma > 1$,*

$$C(\max_{s\leqq t} [b(s) - \frac{\alpha s}{2}] > \beta) \leqq \tau(\frac{\gamma}{\gamma-1})^\gamma \exp \{- \frac{2\tau\gamma}{1+2\tau} \alpha\beta + \frac{\tau\alpha^2 t}{1+2} \gamma(\gamma-1)\} .$$

Proof. Using (2.7) and lemma 2.1,

$$C(\max_{s\leq t}[b(s)-\frac{\alpha s}{2}]>\beta)=C(\max_{s\leq t}[\frac{\tau\gamma\alpha}{1+2\tau}b(s)-\frac{\tau\gamma\alpha^2 s}{2(1+2\tau)}]>\frac{\tau\gamma\alpha\beta}{1+2\tau})$$

$$=C(\max_{s<t}V_\tau(\frac{\tau\gamma\alpha}{\sqrt{2(1+2\tau)}}b(s)-\frac{\tau\sqrt{\tau}\gamma\alpha^2}{2(1+2\tau)}s)>\frac{\tau\gamma\alpha\beta}{1+2\tau})$$

$$\leq \tau e^{-\frac{2\tau\gamma}{1+2\tau}}\tilde{E}[\max_{s\leq t}\exp\{(\frac{\sqrt{2\tau}\alpha}{\sqrt{1+2\tau}}b(s)-\frac{\tau\alpha^2}{1+2\tau}s)\gamma\}] .$$

Now we can use the L^γ-maximal inequality of the exponential martingale to see that the last expression is not greater than

$$\tau(\frac{\gamma}{\gamma-1})^\gamma e^{-\frac{2\tau\gamma}{1+2\tau}\alpha\beta}\tilde{E}[\exp\{(\frac{\sqrt{2}\sqrt{\tau}\alpha}{\sqrt{1+2\tau}}b(t)-\frac{\tau\alpha^2}{1+2\tau}t)\gamma\}] ,$$

which is equal to the right hand side of the desired inequality.

q.e.d.

McKean [14] has used the weak type maximal inequality of the exponential martingale to get

$$P(\max_{s<t}[b(s)-\frac{\alpha s}{2}]>\beta)\leq e^{-\alpha\beta} .$$

Proposition 2.3 looks more complicated than Proposition 2.2, but they play precisely equivalent roles in proving Theorem I and Theorem II stated in § 1. Proposition 2.1 and Proposition 2.3 have been extended by Takeda to $C_{r,p}$-capacity ([18]) .

Once we use Proposition 2.1, Proposition 2.2 (or Proposition 2.3) and basic properties (1.1) $\sim$ (1.5) of the capacity, we can proceed along the same lines as the classical proof of a.e. statements (presented for instance in the book [14]) to Theorem I. Similarly we use Kakutani's original method of the proof of a.e. statements [9] to get to Theorem II.

REFERENCES

[1] D.R. ADAMS.

- Maximal operators and capacity.
Proc. Amer. Math. Soc., 34 (1972), 152-156.

[2] A. BEURLING AND J. DENY.

- Dirichlet spaces.
Proc. Nat. Acad. Sci. U.S.A., 45 (1959), 208-215.

[3] L. CARLESON.

- Selected problems on exceptional sets.
Van Nostrand, Princeton, 1967.

[4] J. DENY.

- Théorie de la capacité dans les espaces fonctionnels.
Séminaire Brelot-Choquet-Deny, Paris, 1964-65.

[5] M. FUKUSHIMA.

- Dirichlet forms and Markov processes.
North Holland and Kodansha, 1980.

[6] M. FUKUSHIMA.

- Capacitary maximal inequalities and an ergodic theorem.
Proceedings of the 4-th Japan-USSR Symp. on Probability Theory, Lecture Notes in Math., 1021, Springer, 1983.

[7] M. FUKUSHIMA.

- Basic properties of Brownian motion and a capacity on the Wiener space, J. Math. Soc. Japan 36 (1984), to appear.

[8] M. FUKUSHIMA AND H. KANEKO .

- On (r,p)-capacities for general Markovian semigroups, in "Stochastic processes and infinite dimensional analysis". Ed. S. Albeverio, Pitman, 1984.

[9] S. KAKUTANI.

- On Brownian motion in n-space.
Proc. Acad. Japan 20 (1944), 648-652.

[10] T. KOMATSU AND K. TAKASHIMA.

- Haussdorff dimension of quasi-all Brownian paths, to appear.

[11] N. KONO.

- Propriétés quasi-partout de fonctions aléatoires Gaussiennes. Séminaire d'Analyse des Fonctions Aléatoires. Université Strasbourg, 1983.

[12] N. KONO.

- 4-dimensional Brownian motion is recurrent with positive capacity. Proc. Japan Acad., to appear.

[13] P. MALLIAVIN.

- Implicit functions in finite corank on the Wiener space. Proc. Taniguchi Intern. Symp. on Stochastic Analysis, Katata and Kyoto, Ed. K. Ito, Kinokuniya, 1983.

[14] H.P. McKEAN.

- Stochastic integrals. Academic Press, 1969.

[15] P.A. MEYER.

- Note sur les processus d'Ornstein-Uhlenbeck. Séminaire de Probabilités XVI 1980/81, Lecture Notes in Math., 920, Springer, 1982.

[16] S. OREY AND W. PRUITT.

- Sample functions of the N-parameter Wiener process. Ann. Prob. 1 (1973), 138-163.

[17] I. SHIGEKAWA.

- On the existence of the local time of the 1-dimensional Brownian motion in quasi-everywhere, to appear.

[18] M. TAKEDA.

- (r,p)-capacity on the Wiener space and properties of Brownian motion, to appear.

[19] A. ZYGMUND.

- Trigonometric series. Cambridge, 1959.

Masatoshi FUKUSHIMA
Department of Mathematics
College of General Education
OSAKA UNIVERSITY, TOYONAKA
OSAKA - Japan

Colloque de Théorie du
Potentiel-Jacques Deny
- Orsay 1983 -

APPLICATION D'UN THEOREME LIMITE LOCAL A LA TRANSIENCE ET A LA RECURRENCE DE MARCHES DE MARKOV

Yves GUIVARC'H

INTRODUCTION.

On considère certaines chaînes de Markov sur un ensemble produit $X \times Z^d$, qui sont supposées être invariantes par translation, on établit un théorème limite local pour ces chaînes et on en déduit des propriétés de transience ou de récurrence pour ces chaînes.

En particulier, on traite le cas du mouvement brownien sur les revêtements abéliens d'une variété riemannienne compacte, précisant ainsi [10] ; ce type de résultat a également été obtenu par d'autres auteurs ([22], [36]) à l'aide de méthodes plus générales. La méthode ici utilisée donne des informations plus précises et est susceptible d'application dans d'autres questions. On envisage en particulier le cas des marches aléatoires généralisées [7] régies par une transformation du type $x \to 2x$ modulo 1, ou shift sur un espace produit, et la donnée d'une fonction "pas" Holdérienne.

Le passage à l'adjoint pour $x \to 2x$ introduit une chaîne de Markov vérifiant une condition de quasi-compacité dans l'espace des fonctions Holdériennes, condition qui remplace la condition dite de Doeblin.

Ceci permet une étude spectrale d'une famille d'opérateurs "transformés de Fourier", étude qui donne les estimations voulues. Ce type de méthode a été employé dans des cadres voisins en [18], [19], [20] et [32] et d'autre part, pour $d=1$, des résultats de récurrence ont été établis en [15] .

MARCHES DE MARKOV.

Définition. On appelle marche de Markov sur $\mathbb{Z}^d$ une chaîne de Markov d'espace d'états $X \times \mathbb{Z}^d$ dont le noyau $\tilde{P}$ commute avec les translations $(x,t) \to (x,t+s)$.

D'autres termes ont été utilisés dans la littérature : chaînes semi-markoviennes [21], marches aléatoires avec degrés internes de liberté [34].

Cette définition se réduit si $X = \{x\}$ à celle d'une marche aléatoire sur $\mathbb{Z}^d$. Elle contient si X est fini, le cas des marches à mémoire finie [2].

On notera P le noyau projection sur X de $\tilde{P}$ et l'on posera

$$\tilde{P}[(x,0)\,,\,] = \int \delta_y \times \mu_x^y \, P(x,dy) \,.$$

Donc si partant de $(x,0)$ la marche est en (y,X_1) au temps un, μ_x^y n'est autre que la loi conditionnelle de X_1 sachant les positions de la chaîne projection aux temps 0 et 1 , $x_o = x$ et $x_1 = y$.

Si les trajectoires de la chaîne sur X sont notées x_n et les "pas" de la marche X_n , les trajectoires de la marche s'écrivent (x_n,S_n) avec $S_n = X_1+\ldots+X_n$. Il est clair que $\tilde{P}$ est uniquement défini par P et les μ_x^y , et que l'étude asymtotique de $\tilde{P}^n$ repose sur celle de S_n . Celle-ci sera conduite par la méthode des fonctions caractéristiques.

Divers types de situations particulières peuvent être envisagées :

Exemples :

a) Si l'on se donne le noyau de transition P sur X , une mesure de probabilité qui est P-invariante, une fonction f définie sur X , à valeurs dans $\mathbb{R}^d$, l'étude classique des sommes $f(x_1)+\ldots+f(x_n)$ est contenue dans l'étude de la marche de Markov Markov sur $X \times \mathbb{R}^d$ définie par $\mu_x^y = \delta_{f(y)}$.

b) Considérons une suite de variables aléatoires indépendantes g_n et de même loi, à valeurs dans le groupe linéaire de $\mathbb{R}^d$. On considère la chaîne de Markov Y_n sur $\mathbb{R}^d$ définie par $Y_{n+1} = g_n Y_n$; cette chaîne commute avec les homothéties $v \to \lambda v (\lambda > 0)$ et constitue donc une marche de Markov sur $\mathbb{R}$, l'espace X étant ici la sphère S^{d-1} et la décomposition $\mathbb{R}^d = S^{d-1} \times \mathbb{R}^+$ n'étant autre que l'écriture en coordonnées polaires. L'étude de Y_n suppose donc une étude de sa projection sur S^{d-1} [20].

c) On considère une variété riemannienne $\tilde{V}$ (de volume fini) et on la suppose "stochastiquement complète" c'est-à-dire qu'il existe un unique semi-groupe markovien P^t dont le générateur infinitésimal est défini par l'opérateur de Laplace-Beltrami.

On considère aussi un revêtement abélien $\tilde{V}$ de V et les relèvements dans $\tilde{V}$ des trajectoires du mouvement brownien définissant le mouvement brownien dans $\tilde{V}$ associé à la métrique relevée sur $\tilde{V}$. Alors V apparaît comme le quotient de $\tilde{V}$ par un groupe discret d'isométries abélien (par exemple $\mathbb{Z}^d$) et le semi-groupe $\tilde{P}^t$ relevé de P^t commute avec les isométries. Si l'on identifie mesurablement V à un domaine fondamentale de $\mathbb{Z}^d$ dans $\tilde{V}$, on a donc la décomposition $\tilde{V} = X \times \mathbb{Z}^d$ et $\tilde{P}$ définit bien une marche de Markov sur $\mathbb{Z}^d$. On notera (x_t, S_t) les trajectoires du mouvement brownien sur $\tilde{V}$ qui coïncident donc, aux temps entiers avec celles de la marche de Markov. On peut observer ici que, pour la mesure riemannienne sur $\tilde{V}$, les opérateurs $\tilde{P}^t$ sont symétriques sur $\mathbb{L}^2(\tilde{V})$ ce qui va conduire à des propriétés de "centrage" de S_t.

Comme cas particulier, on peut envisager le cas des surfaces de Riemann compactes: si V est une sphère à d anses, les nombres de tours d'un lacet autour des anses définissent un groupe $\mathbb{Z}^d$ et un revêtement $\tilde{V}$ correspondant de groupe fondamental $\mathbb{Z}^d$.

Alors, si l'on ferme conventionnellement les chemins browniens, S_t mesure les nombres de tours de ce lacet brownien autour des anses et les théorèmes obtenus précisent la complexité de cet enroulement.

MESURES INVARIANTES.

On se fixera dans la suite une mesure P-invariante π sur X et on notera P^*

l'adjoint de P . Alors, si la mesure de comptage sur $\mathbb{Z}^d$ est notée h , la mesure $\pi \times h$ est $\tilde{P}$-invariante et si $\tilde{P}[(x,0),] = \int \delta_y \times \mu_x^y \, P(x,dy)$, on calcule l'adjoint $\tilde{P}^*$ de $\tilde{P}$ par

$$\tilde{P}^*[(x,0),] = \int \delta_y \times \check{\mu}_y^x \, P^*(x,dy)$$

où $\check{\mu}$ désigne le symétrique de μ .

En particulier si T est une application de X dans X préservant π , si $P = T^*$ est son adjoint et si de plus $\mu_x^y = \delta_{f(x)}$, $\tilde{T}$ est une transformation de $X \times \mathbb{Z}^d$ définie par $\tilde{T}(x,t) = (Tx, t + f(x))$ tandis que $\tilde{P}$ vérifie

$$P[(x,t),] = \int \delta_y \times \delta_{t-f(y)} \, P(x,dy) .$$

Dans le cas particulier $X = [0,1]$, $T = 2x$ modulo 1 , π étant la mesure de Lebesgue, P est donné par $P\phi(x) = \frac{1}{2} [\phi(\frac{x}{2}) + \phi(\frac{x+1}{2})]$ et l'étude du noyau $\tilde{P}$ donnera des informations sur la transformation $\tilde{T}$. En général, on fera des hypothèses d'ergodicité et d'irréductibilité sur le noyau P : l'équation $P\phi = e^{i\theta}\phi$ avec ϕ mesurable bornée, ne peut être satisfaite que pour $e^{i\theta} = 1$, $\phi = cte$ π p.p. et l'on montrera comment vérifier ce type d'hypothèse dans les exemples. En présence de deux variables x,y , la notation pp sera relative à la mesure $\pi(dx) \, P(x,dy)$.

Enfin, pour ne pas alourdir l'exposé, on se placera d'abord systèmatiquement dans les espaces $\mathbb{L}^\infty(X)$ et $\mathbb{L}^\infty(X \times \mathbb{Z})$ relatifs aux mesures π et $\pi \times h$; dans les situations associées aux exemples du type $x \to 2x$, d'autres espaces fonctionnels interviendront au niveau des conditions de compacité et l'on indiquera à la fin les modifications nécessaires.

APERIODICITE.

Il est naturel de supposer que le noyau P ne dégénère pas, en des sens que l'on précise ici.

Les cas particuliers typiques qui interviennent sont les suivants :

a) $\mu_x^y = \delta_o$ pp .

b) Il existe un sous-groupe strict H de $\mathbb{Z}^d (H \neq \mathbb{Z}^d)$ avec $\mu_x^y(H) = 1$ pp

c) Il existe $a \in \mathbb{R}^d$ et un sous-groupe strict H de $\mathbb{Z}^d$ avec $\mu_x^y(H + a) = 1$ pp.

Par ailleurs, si g est une fonction de X à valeurs dans $\mathbb{R}^d$, le changement de section $[x,0] \to [x,g(x)]$ translate les μ_x^y de $g(x) - g(y)$ dans $\mathbb{R}^d$.

S'il n'existe pas de fonction bornée g ramenant $\tilde{P}$ aux cas a,b,c , on dira que $\tilde{P}$ est respectivement propre, adaptée, apériodique. On voit que le changement de section n'affecte pas les mesures $\mu_x^y * \check{\mu}_x^y$ et $\mu_x^y * \mu_y^x$. On en déduit des conditions suffisantes d'adaptation ou d'apériodicité : dans le premier cas, le sous-groupe engendré par les $\mu_x^y * \check{\mu}_x^y$ et $\mu_x^y * \mu_y^x$ doit être égal à $\mathbb{Z}^d$ et dans le second cas, il doit en être de même du sous-groupe engendré par les $\mu_x^y * \check{\mu}_x^y$ seuls.

Dans le cas particulier ou $\tilde{P}$ est défini à l'aide d'une fonction f, $\mu_x^y = \delta_{f(x)}$, $\tilde{P}$ est propre s'il n'existe pas g bornée avec $g(x) = g(y) - f(y)$ p.p .

Si $P(x,dy) = p(x,y)\,dy$ avec $p > 0$ ceci donne $g(x) = g(y) - f(y) = cte$ pp donc $f = 0$.

De même, dans ce cas, $\tilde{P}$ sera adapté (resp apériodique) si f ne prend pas ses valeurs dans un sous-groupe strict de $\mathbb{Z}^d$ (une classe d'un).

En particulier, dans le cas où le support de μ_x^y est égal à $\mathbb{Z}^d$ pp , il est clair que $\tilde{P}$ est apériodique.

MOMENTS, TRANSFORMEES DE FOURIER.

Le noyau $\tilde{P}$ opère sur divers espaces fonctionnels sur $X \times \mathbb{Z}^d$ stables par les translations de $\mathbb{Z}^d$. On obtient alors, par pasage au quotient, des opérateurs associés à P et définis pour les fonctions sur X. On utilisera l'espace $\mathbb{L}^\infty(X)$ relatif à la mesure π et pour simplifier les notations, on supposera $d = 1$. Par exemple, les "opérateurs moments" d'ordre 1 et 2, M et Σ sont définis par

$$M\phi(x) = E_x\,[X_1\;\phi(x_1)]$$
$$\Sigma\phi(x) = E_x\,[X_1^2\;\phi(x_1)].$$

Posant $m_x^y = \int t\,d\mu_x^y(t)$, $\sigma_x^y = \int t^2\,d\mu_x^y(t)$ (et supposant ces quantités finies) on trouve

$$M\phi(x) = \int m_x^y\;\phi(y)\;P(x,dy)$$

$$\Sigma\phi(x) = \int \sigma_x^y\;\phi(y)\;P(x,dy)\;.$$

Pour que M et Σ soit des opérateurs bornés de $\mathbb{L}^\infty(X)$, il suffit que la quantité $E_x[|X_1|^2 \, 1_{|X_1|\geq n}]$ converge uniformément vers zéro, les normes de M et Σ étant alors :

$$\sup_x \int |m_x^y| \, P(x,dy) \quad \text{et} \quad \sup_x \int \sigma_x^y \, P(x,dy) .$$

Si ces conditions sont vérifiées, on dira que $\tilde{P}$ admet un moment (d'ordre 1 ou 2). On définit de même un opérateur transformé de Fourier par :

$$P_\lambda \phi(x) = E_x \, [e^{i\lambda X_1} \phi(x_1)] = \int \hat{\mu}_x^y(\lambda) \; \phi(y) \; P(x,dy)$$

où $\hat{\mu}_x^y(\lambda)$ est la transformée de Fourier de $\mu_x^y (\lambda \in \mathbb{T})$. La propriété de Markov donne la relation de base :

$$E_x[e^{i\lambda S_n} \Phi(x_n)] = P_\lambda^n \, \phi(x) .$$

Par analogie avec le calcul des dérivées d'une transformée de Fourier, on a le

LEMME 1. *Si $\tilde{P}$ a un moment d'ordre 2, la fonction P_λ est de classe C^2 et les dérivées à l'origine de P_λ sont iM et $-\Sigma$.*

Preuve. Justifions, par exemple que P soit C^1 et pour cela considérons l'opérateur Q_λ défini par $Q_\lambda \, \phi(x) = \int (\hat{\mu}_x^y)'(\lambda) \; \phi(y) \; P(x,dy)$

$$\|Q_\lambda - Q_{\lambda o}\| \leq \sup_x \int |(\hat{\mu}_x^y)'(\lambda) - (\hat{\mu}_x^y)'(\lambda_o)| \; P(x,dy) \quad \text{avec} \quad \varepsilon = |\lambda - \lambda_o|$$

$$\|Q_\lambda - Q_{\lambda o}\| \leq \sup_x \int |t| \; |e^{i\varepsilon t}-1| \; d\mu_x^y(t) \; P(x,dy) .$$

L'hypothèse de moment d'ordre 1 donne que $\lambda \to Q_\lambda$ est continue. On en déduit que $P_{\bar{\lambda}}$ est C^1 de dérivée Q_λ avec $Q_o = iM$.

Examinons l'influence du changement de section par g sur les opérateurs M,Σ,P_λ : m_x^y est modifié par l'addition de $g(x) - g(y)$ ce qui modifie M par l'addition de $g.P - P[g.]$ et le nouvel M1 s'écrit $M1 + g - Pg = M'1$.

Cette quantité peut donc être appelée moyenne de $\tilde{P}$. Supposons cette moyenne nulle et plus particulièrement $M1 \in \mathrm{Im}(I-P)$ [ce qui est assuré si $\mathrm{Im}(I-P) = \mathrm{Ker}\ \pi$]. On peut alors choisir g de façon que $M'1 = 0$ et ce choix est unique à une constante près en vertu de l'ergodicité de P . Ceci fixe les nouveaux $\mu_x'^y$ et en particulier les opérateurs M' et Σ' obtenus sont canoniquement associés à $\tilde{P}$. On peut par exemple définir la variance de $\tilde{P}$ par

$$\sigma = < \Sigma' 1 , \pi > .$$

On supposera dans la suite cette réduction possible et on dira que P est centré si $M1 = 0$, ce qui définit complètement M et Σ associés à $\tilde{P}$.

L'introduction de g modifie P_λ seulement par relativisation : $P_\lambda \phi$ devient $e^{-i\lambda g} P_\lambda [e^{i\lambda g}\phi]$.

Dans le cas où $d > 1$, on doit poser pour $\lambda \in \mathbb{R}^d$ (ou $\mathbb{T}^d$)

$$P_\lambda \phi(x) = \iint e^{i<\lambda,t>} d\mu_x^y(t)\ \phi(y)\ P(x,dy)$$

$$P_\lambda \phi(x) = \int \hat{\mu}_x^y(\lambda)\ \phi(y)\ P(x,dy) .$$

De même, on définit M_λ et Σ_λ par

$$M_\lambda \phi(x) = E_x[< \lambda, X_1 > \phi(x_1)]$$

$$\Sigma_\lambda \phi(x) = E_x[< \lambda, X_1 >^2 \phi(x_1)] .$$

Alors, pour u vecteur unitaire de $\mathbb{R}^d$, les dérivées de P_{tu} en $t = 0$ sont données par iM_u et $-\Sigma_u$.

Les conditions de dégénérescence se traduisent alors dans le

<u>*LEMME 2*</u>. - *$\tilde{P}$ non adaptée (resp. impropre) équivaut à l'existence d'un élément de $\mathbb{L}^\infty(X)$ invariant sous l'un des (resp. tout) P_λ $(\lambda \neq 0)$.*

- $\tilde{P}$ non apériodique équivaut à l'existence d'une valeur propre de module 1 pour l'un des P_λ $(\lambda \neq 0)$.

- Si $\tilde{P}$ admet un moment d'ordre 2 et est centrée, la condition $\sigma \neq 0$ équivaut à $\tilde{P}$ propre.

<u>Preuve</u>. Justifions par exemple la deuxième équivalence. Si $P_\lambda \phi = e^{i\theta}\phi$, on a

$$\int \hat{\mu}_x^y(\lambda)\ \phi(y)\ P(x,dy) = e^{i\theta}\phi(x)$$

et

$$|\phi(x)| \leqslant \int |\hat{\mu}_x^y(\lambda)|\ |\phi(y)| \leqslant P(x,dy) \leqslant P|\phi|(x)$$

car

$$|\hat{\mu}_x^y(\lambda)| \leqslant 1 .$$

Par ergodicité de P , on a alors $|\phi| = \text{cte}$ et $1 = \int |\hat{\mu}_x^y(\lambda)| \, P(x,dy)$ ce qui donne $|\hat{\mu}_x^y(\lambda)| = 1$ p.p

et on en déduit que p.p μ_x^y est portée par une classe de $\text{Ker}\,\lambda = H$ qui coupe $\mathbb{Z}^d$ suivant un sous-groupe strict $(\lambda \neq 0)$. Plus précisément, $\hat{\mu}_x^y(\lambda) = e^{i\theta(x,y)}$ et l'équation $\int \hat{\mu}_x^y(\lambda) \frac{\phi(y)}{\phi(x)} P(x,dy) = e^{i\theta}$ conduit, par stricte convexité, à $\hat{\mu}_x^y(\lambda) \frac{\phi(y)}{\phi(x)} = e^{i\theta}$ p.p .

Donc utilisant l'homomorphisme de $X \times \mathbb{Z}^d$ dans $X \times \mathbb{T}$ défini par λ , on obtient que l'image de μ_x^y est concentrée au point $e^{i\theta(x,y)}$ et que, dans $X \times \mathbb{T}$, le changement de section par ϕ ramène à $e^{i\theta(x,y)} = e^{i\theta}$. Revenant par image réciproque dans $X \times \mathbb{R}^d$, on obtient en posant $\lambda(a) = e^{i\theta}$, que à un changement de section près $\mu_x^y(a + H) = 1$.

Inversement, en définissant λ et θ par $\text{Ker}\,\lambda = H$, $\lambda(a) = e^{i\theta}$:

$$\int e^{i<\lambda,t>} d\mu_x^y(t) = e^{i\theta} \, , \, P_\lambda 1 = e^{i\theta} \, .$$

Remarques.

a) On peut toujours se ramener au cas $\tilde{P}$ adapté si P admet 1 pour valeur spectrale isolée. En effet, si λ et ϕ_λ vérifient $P_\lambda \phi_\lambda = \phi_\lambda$ on a d'après les calculs précédents $\mu_x^y(\lambda) = \frac{\phi_\lambda(y)}{\phi_\lambda(x)}$ p.p avec $|\phi_\lambda| = 1$. La condition $P_\lambda \phi_\lambda = \phi_\lambda$ équivaut donc à $e^{i\lambda X_1} = \frac{\phi_\lambda(x_1)}{\phi_\lambda(x_o)}$ p.p.

On en déduit que l'ensemble des λ tels qu'il existe ϕ_λ avec $P_\lambda \phi_\lambda = \phi_\lambda$ est un sous-groupe Λ de $\mathbb{T}^d$. L'hypothèse faite sur P implique que ce sous-groupe est fermé. En effet, l'opérateur P_λ est une perturbation continue de P et donc au voisinage de $\lambda = 0$ se trouve définie une valeur propre isolée $k(\lambda)$ de module égal au rayon spectral de P_λ[17] ; cette valeur propre varie donc continûment et l'ensemble des λ de ce voisinage où $k(\lambda) = 1$ est fermé. Dans le cas où $\Lambda \neq \mathbb{T}^d$, son orthogonal $\Lambda^\perp$ dans $\mathbb{Z}^d$ définit un sous-groupe portant les μ_x^y à un changement de section près défini à partir d'une base de Λ .

La première partie du lemme précédent montre que $\tilde{P}$, restreint au produit de X par la nouvelle section, est adaptée.

Dans le cas où $\Lambda = \mathbb{T}^d$, la condition $e^{i\lambda X_1} = \frac{\phi_\lambda(x_i)}{\phi_\lambda(x_o)}$ montre que μ_x^y est portée par une classe du noyau de λ et ceci pour tout λ . Donc μ_x^y est concentré en un point $u(x,y)$ et $e^{i<\lambda,u(x,y)>} = \frac{\phi_\lambda(y)}{\phi_\lambda(y)}$ donne en faisant tendre λ vers 0 , $u(x,y) = \psi(y) - \psi(x)$ car $\lim_{\lambda\to o} \phi_\lambda = 1$ permet de passer continûment aux logarithmes.

b) Si P admet 1 pour valeur propre isolée, on peut toujours supposer $M1 = 0$ dès que $< M1,\pi > = 0$ car cette dernière condition implique alors $M1 \in \mathrm{Ker}(I-P)$.

QUELQUES LEMMES.

LEMME 3. Soit $\lambda \to P_\lambda$ une fonction de classe C^2 à valeurs dans les opérateurs d'un espace de Banach complexe : au voisinage de 0 , $P_\lambda = P + i\lambda M - \lambda^2\Sigma + \lambda^2\varepsilon(\lambda)$ avec $\lim_{\lambda\to o} \|\varepsilon(\lambda)\| = 0$. On suppose que P est de rayon spectral 1, que 1 est valeur propre simple isolée et l'on note $x \to < \pi,x > e = \pi(x)$ le projecteur correspondant, $k(\lambda)$ la valeur propre perturbée de 1 . On a alors $k'(0) = i < \pi,Me >$ et si $Me = 0$, $-k''(0) = < \pi,\Sigma e >$.

Preuve. Au voisinage de 0 , on a $P_\lambda = k(\lambda)\ [\pi_\lambda + r_\lambda]$ où π_λ est le projecteur perturbé de π , r_λ de rayon spectral inférieur à 1 , $\pi_\lambda\ r_\lambda = r_\lambda\ \pi_\lambda = 0$ et $k(\lambda)$, π_λ , r_λ de classe C^2 comme p_λ [17] .

On a donc pour λ petit (avec $\log 1 = 0$)

$$\log k(\lambda) = \lim_n \frac{1}{n} \log < \pi,P_\lambda^n\ e >$$

$$\frac{k'(\lambda)}{k(\lambda)} = \lim \frac{1}{n} \frac{< \sum_{j=n}^{n} P_\lambda^{n-j}\ P'_\lambda\ P_\lambda^{j-1}\ e,\pi >}{< P^n\ e,\pi >}$$

avec convergence uniforme en λ à cause de la décomposition

$$p_\lambda^n = k^n(\lambda)\ [\pi_\lambda + r_\lambda^n] .$$

Plus précisément $\frac{1}{nk^n(\lambda)} \sum_{j=1}^{n} P_\lambda^{n-j}\ P'_\lambda\ P_\lambda^{j-1}$ converge uniformément vers $\pi_\lambda\ P'_\lambda\ \pi_\lambda$ et donc $\frac{k'(\lambda)}{k(\lambda)} = < \pi_\lambda\ P'_\lambda\ \pi_\lambda\ e,\pi >$

$$k'(0) = < \pi\ M\ \pi e,\pi > = < Me,\pi > .$$

La condition $Me = 0$ n'est pas modifiée par le changement de P_λ en $\frac{1}{k(\lambda)} P_\lambda$ et donc on peut supposer $k(\lambda) = 1$, ce qui ramène à voir $< \Sigma e,\pi > = 0$.

Notons que ici la relation $\pi_\lambda P_\lambda = P_\pi \pi_\lambda = \pi_\lambda$ implique $P'_\lambda \pi_\lambda + P_\lambda \pi'_\lambda = \pi'_\lambda$

donc $\pi_\lambda P'_\lambda \pi_\lambda = \pi_\lambda \pi'_\lambda - \pi_\lambda P_\lambda \pi'_\lambda = 0$.

En particulier, on a par dérivation :

$$0 = \pi'_\lambda P'_\lambda \pi_\lambda + \pi_\lambda P''_\lambda \pi_\lambda + \pi_\lambda P'_\lambda \pi'_\lambda \quad .$$

En $\lambda = 0$, la condition $M\pi = 0$ implique la nullité du premier terme.

La relation $P'_\lambda \pi_\lambda + P_\lambda \pi'_\lambda = \pi'_\lambda$ dit que pour $\lambda = 0$, $\mathrm{Im}\,\pi'_o \subset \mathrm{Im}\,\pi_o$ car 1 est valeur propre simple de P .

Ceci donne $\pi M \pi'_o = 0$, c'est-à-dire la nullité du dernier terme : $\pi \Sigma \pi = 0$ c'est-à-dire : $< \Sigma e, \pi > = 0$.

<u>LEMME 4</u>. *Avec les notations et hypothèses du lemme 3, on suppose* $Me = 0$ *et l'on pose* $\sigma = < \Sigma e, \pi >$. *Alors* $P^n_{\lambda/\sqrt{n}}$ *converge vers* $\exp[-\frac{\sigma}{2}\lambda^2]\pi$ *et si* $\sigma > 0$ *on a pour* $\frac{\lambda}{\sqrt{n}}$ *assez petit :*

$$\| P^n_{\lambda/\sqrt{n}} \| \leqslant cte\ \exp(-\sigma \frac{\lambda^2}{4})$$

<u>Preuve</u>. En raison du développement $k(\lambda) = 1 - \frac{\sigma}{2}\lambda^2 + \lambda^2 \varepsilon(\lambda)$ on a bien

$$\lim_n k^n(\lambda/\sqrt{n}) = e^{-\frac{\sigma}{2}\lambda^2} \quad .$$

Le premier résultat découle alors de la convergence de $\pi_{\lambda/\sqrt{n}} + r^n_{\lambda/\sqrt{n}}$ vers π

et de la décomposition $P^n_{\lambda/\sqrt{n}} = k^n(\lambda/\sqrt{n})\ [\pi_{\lambda/\sqrt{n}} + r^n_{\lambda/\sqrt{n}}]$

si $\sigma > 0$, on a pour $|\lambda| \leqslant \varepsilon$:

$$1 - \frac{\sigma}{2}\lambda^2 + \lambda^2 \varepsilon(\lambda) \leqslant 1 - \lambda^2 \frac{\sigma}{4} \leqslant e^{-\sigma \frac{\lambda^2}{4}}$$

et donc $$k^n(\lambda/\sqrt{n}) \leqslant e^{-\sigma\frac{\lambda^2}{4}} \quad \text{pour} \quad |\frac{\lambda}{\sqrt{n}}| \leqslant \varepsilon \ .$$

Comme $\| \pi_{\lambda/\sqrt{n}} + r^n_{\lambda/\sqrt{n}} \| \leqslant cte$ pour $|\lambda/\sqrt{n}| \leqslant \varepsilon$, on a bien $\| P^n_{\lambda/\sqrt{n}} \| \leqslant e^{-\sigma \frac{\lambda^2}{4}}$ dans les mêmes conditions.

<u>Remarque</u>. Il s'agit ci-dessus de calculs bien connus dans l'étude du théorème central limite pour variables aléatoires indépendantes, $k(\lambda)$ étant la transformée de Fourier de la loi de probabilité [4] .

LE THEOREME LOCAL.

Introduisons une condition sur $\tilde{P}$ qui sera vérifiée dans les applications, grâce aux propriétés de P et des μ_x^y .

Condition(S). On dira que $\tilde{P}$ vérifie la condition S si l'ensemble des valeurs spectrales de P_λ de module 1 est formé de points isolés du spectre de P_λ . Par exemple, si $P_\lambda(x,dy) = p(x,y)\,dy$ avec $0 \leqslant p \leqslant c$, les P_λ sont définis par les noyaux $P_\lambda(x,y) = p_\lambda(x,y)\,\hat{\mu}_x^y$ et sont donc compacts dans $\mathbb{L}^\infty(X)$.

On a alors :

LEMME 5. Supposons que $\tilde{P}$ soit apériodique, vérifie la condition S . Alors le rayon spectral de P_λ est strictement inférieur à 1 sur les compacts ne contenant pas zéro.

Preuve. Comme P_λ dépend continûment de λ , son rayon spectral est une fonction semi-continue supérieurement de λ . Sur les compacts, ce rayon atteint donc sa borne supérieure. Si celle-ci était 1, on aurait d'après la condition S une fonction ϕ_λ et avec $P_\lambda\phi = e^{i\theta}\,\phi_\lambda$, ce qui contredirait l'apériodicité de $\tilde{P}$.

THEOREME 1. Supposons que $\tilde{P}$ soit apériodique, centré, admette un moment d'ordre 2 et vérifie la condition S . Alors, on a

$$P_\pi\{S_n = 0\} \sim \frac{1}{\sqrt{2\pi}\sigma\, n^{d/2}}$$

Preuve. Pour simplifier les notations, on prendra $d = 1$. Il suffit de reprendre l'argument classique [ ] :

D'après la formule d'inversion de Fourier :

$$P_\pi\{S_n = 0\} = \frac{1}{2\pi}\iint e^{i\lambda S_n(\omega)}\, dP_\pi(\omega)\, d\lambda = \frac{1}{2\pi}\int \langle P_\lambda^n 1,\pi\rangle\, d\lambda$$

$$2\pi\sqrt{n}\, P_\pi\{S_n = 0\} = \int_{-\varepsilon\sqrt{n}}^{\varepsilon\sqrt{n}} \langle P^n_{t/\sqrt{n}} 1,\pi\rangle\, dt + \sqrt{n}\int_{|\lambda|>\varepsilon} \langle P_\lambda^n 1,\pi\rangle\, d\lambda$$

la première intégrale étant sur $\mathbb{R}$ et la deuxième sur $T - [-\varepsilon,\varepsilon]$. Notons que $\tilde{P}$ étant apériodique donc propre, on a $\sigma > 0$ et donc d'après le lemme 4 $\langle P^n_{\lambda/\sqrt{n}} 1,\pi \rangle 1_{[-\varepsilon\sqrt{n},\varepsilon\sqrt{n}}$ converge vers $e^{-\frac{\lambda^2}{2}\sigma}$ avec domination par la fonction intégrable $e^{-\sigma \frac{\lambda^2}{4}}$.

D'autre part, le second terme tend vers zéro exponentiellement d'après le lemme précédent et ceci justifie le théorème.

Remarques.

- Le calcul précédent conduit à une conclusion analogue dans l'évaluation de la probabilité que S_n soit dans $A \subset X \times \{k\}$ connaissant la position initiale de la chaîne P .

- Les conséquences du théorème local restant donc valables dans le cadre présent. En particulier, le temps passé par S_k en 0 $(0 \leqslant k \leqslant n)$ divisé par $\sqrt{n}$ ou $\log n$ (suivant $d = 1$ ou $d = 2$) converge vers une loi gaussienne [4] .

- On peut rassembler en une seule estimation la convergence de $\frac{S_n}{\sqrt{n}}$ vers une loi gaussienne et le théorème limite local, ce qui fournit un théorème d'équirépartition de S_n , le théorème central limite local.

Le cas d'un noyau P associé à une fonction f est explicité par le théorème suivant, sous l'hypothèse que $P(x,dy) = p(x,y)\,dy$ avec $0 < p \leqslant cte$.

THEOREME 2. Supposons que $P(x,dy) = p(x,y)\,dy$ avec p positive bornée.

Supposons que la fonction f vérifie $\int_X f(x)\,dx = 0$, $\int_X f^2(x)\,dx < \infty$ et que l'ensemble des valeurs de f ne soit pas contenu (pp) dans une classe d'un sous-groupe strict de $\mathbb{Z}$. Alors, on a pour tout $A \subset X$ et $x \in X$:

$$P_x\left[\sum_1^n f(x_k) \in A\right] \sim \frac{|A|}{\sqrt{2\pi\sigma}\, n^{d/2}} \quad \text{où } |A| \text{ désigne la mesure de } A .$$

Preuve. L'hypothèse $P(x,y) = p(x,y)\,dy$ implique par un raisonnement classique que l'équation $P\phi = e^{i\theta}\phi$ a pour seule solution $\phi = cte$, $e^{i\theta} = 1$:

D'abord $P\phi = \phi$ conduit à $P\phi^2 \leqslant \phi^2$ donc $P\phi^2 = \phi^2$ pp et d'après l'inégalité de Schwarz : $\phi^2(y) = \phi^2(x)$ pp c'est-à-dire ici $\phi = cte$ pp.

D'autre part, $P\phi = e^{i\theta}\phi$ conduit à $P|\phi| \geqslant |\phi|$ donc $P|\phi| = |\phi|$ pp et $|\phi| = cte$. Par stricte convexité, l'équation $\int \frac{\phi(y)}{\phi(x)} P(x,dy) = e^{i\theta}$ donne alors

$$\phi(y) = \phi(x)\, e^{i\theta} \text{ pp}$$

donc ici $\phi = cte$, $e^{i\theta} = 1$.

Les conditions d'apériodicité, de centrage, de moment et la condition S ont été déjà précisées plus haut dans le cas d'une fonction ce qui donne le résultat présent.

TRANSIENCE ET RECURRENCE.

Précisons d'abord en les adaptant quelques notions usuelles [31] .

Définition. On dira que $\tilde{P}$ est transient (resp récurrent) si pour toute fonction $\phi \geqslant 0$ non négligeable majorée par une somme finie de translatées de 1_X on a p.p.

$$\sum_0^\infty \tilde{P}^k \Phi < +\infty \quad (\text{resp. } \sum_0^\infty \tilde{P}^k \Phi = +\infty) .$$

Cette propriété de récurrence implique le retour dans X , partant de $x \in X$, avec probabilité 1 : Si $R(x,B)$ est la probabilité de revenir dans $\dot{X}$ par $B \subset X$ on a en évaluant de deux façons le nombre moyen de visites à B

$$\sum_0^\infty \tilde{P}^k 1_B(x) = \sum_0^\infty R^k 1_B(x) .$$

Etendant cette relation aux fonctions et posant $\Phi = 1_X - R\,1_X$ on a :

$$\sum_0^\infty \tilde{P}^k \Phi \leqslant 1_X$$

ce qui implique, puisque $\tilde{P}$ est récurrent : $\Phi = 0$, $R\,1_X = 1_X$.

Elle implique aussi la constance des $f \geqslant 0$ vérifiant $\tilde{P}f \leqslant f$, donc l'ergodicité du "shift" sur l'espace des trajectoires bilatères de $\tilde{P}$ muni de la mesure (infinie) naturelle. En effet, la condition $\tilde{P}f \leqslant f$ donne en posant $\Phi = f - \tilde{P}f$,

$$\sum_0^\infty \tilde{P}^k \Phi \leqslant f \quad \text{et donc} \quad \Phi = 0 , \ \tilde{P}f = f .$$

De même, pour tout $c \in \mathbb{R}$, $\tilde{P}(f \wedge c) \leqslant f \wedge c$ donne $P(f \wedge c) = f \wedge c$, et on conclut que les ensembles $A = \{a \leqslant f \leqslant b\}$ sont invariants sous $\tilde{P}$, ce qui en raison de

$$\sum_0^\infty \tilde{P}^k 1_A = 0 \text{ ou } \infty \quad \text{donne} \quad A = \emptyset \text{ ou } X \times \mathbb{Z}^d , \text{ donc } f = \text{cte}.$$

Il en découle aussi que toute partie de $X \times \mathbb{Z}^d$ est atteinte avec probabilité 1.

En effet la probabilité d'atteindre X après l'instant 1 est une fonction $f(x)$ vérifiant $Pf(x) \leq f(x)$; elle est donc constante et étant égale à 1 sur X , elle vaut 1 .

Enfin la transience de P implique que presque toute trajectoire s'éloigne à l'infini $(\lim_n \| S_n \| = \infty)$.

<u>THEOREME 3</u>. *Supposons $P(x,dy) = p(x,y)\,dy$ avec $0 < p \leq M < +\infty$, $\tilde{P}$ adaptée, ayant un moment d'ordre 2 et centré. Alors la chaîne de noyau $\tilde{P}$ est récurrente si $d \leq 2$, transiente si $d > 2$.*

<u>Preuve</u>. Notons que si l'on pose $\tilde{Q} = \frac{I+\tilde{P}}{2}$ on a $\sum_0^\infty \tilde{Q}^k = 2 \sum_0 \tilde{P}^k \Phi$ et donc la finitude de $\sum_0^\infty \tilde{P}^k \Phi$ équivaut à celle de $\sum_0^\infty \tilde{Q}^k \Phi$.

De plus $\tilde{Q}$ est apériodique dès que $\tilde{P}$ est adapté. En effet, $Q_\lambda = \frac{I+P_\lambda}{2}$ et la condition $Q_\lambda \Phi = e^{i\theta}\Phi$ conduit par stricte convexité dans $\mathbb{L}^2(X)$ à $e^{i\theta} = 1$, $P_\lambda \Phi = \Phi$ donc $\lambda = 0$ d'après l'adaptation de $\tilde{P}$. Par ailleurs $\tilde{Q}$ est centré comme $\tilde{P}$ et admet également un moment d'ordre 2 .

Enfin, la condition S est assurée pour $\tilde{Q}$ car elle l'est pour $\tilde{P}$ qui intervient avec coefficient $\frac{1}{2}$ dans $\tilde{Q}$. On peut donc appliquer le théorème local à $\tilde{Q}$ ce qui donne, pour toute $\Phi \geq 0$ (majorée par une somme finie de translatée de 1_X) :

$$\text{si } d \leq 2 \qquad \sum_0^\infty \tilde{Q}^k \Phi(x) \geq \text{cte} \sum_1^\infty \frac{1}{n} = +\infty$$

$$\text{si } d < 2 \qquad \sum_0^\infty \tilde{Q}^k \Phi(x) \leq \text{cte} \sum_1^\infty 1/n^{3/2} < +\infty .$$

<u>COROLLAIRE 1</u>. *Soit P un noyau sur X donné par $P(x,dy) = p(x,y)\,dy$ où $0 < p \leq M$ et f une fonction telle que $\int_X f(x)\,dx = 0$, $\int_X f^2(x)\,dx < +\infty$. On suppose que le sous-groupe engendré par les valeurs de f est égal à $\mathbb{Z}^d$. Alors la chaîne $\tilde{P}$ associée à (P,f) est récurrente si $d \leq 2$, transiente si $d > 2$.*

Remarques.

Le théorème précédent peut être amélioré si l'on tient compte de la dimension :

- si $d = 1$ et si $\tilde{P}$ a un moment d'ordre 1, il y a récurrence [15] .

Ceci découle en fait d'un résultat général relatif aux cocycles [13] .

- si $d \geq 3$, il y a toujours transience. Ceci peut s'établir par un lemme de comparaison [1] au cas $\tilde{P}$ possédant un moment d'ordre 2. Cette technique a été utilisée en [37]. Lorsqu'il y a un moment d'ordre 1, la condition de centrage est nécessaire pour obtenir la récurrence d'après la loi des grands nombres. Elle n'est pas suffisante si $d = 2$, d'où l'utilité d'un théorème local dans ce cas.

<u>COROLLAIRE 2</u>. *Soit* V *une variété riemannienne compacte,* $\tilde{V}$ *un revêtement de* V *à groupe fondamental* $\mathbb{Z}^d$. *Soit* P^t *le semi-groupe de probabilités de transition mouvement brownien sur* V . *Alors on a, pour tout compact* K *et tout* x *de* $\tilde{V}$:

- *si* $d \leq 2$ $\quad \int_0^\infty \tilde{P}^t(x,K)\, dt = +\infty$

- *si* $d > 2$ $\quad \int_0^\infty \tilde{P}^t(x,K)\, dt < +\infty$

En général $\tilde{P}^t(x,K) \sim \dfrac{cte}{t^{d/2}}$ *si* $t \to +\infty$.

<u>Preuve</u>. En fait il faut transposer les résultats précédents au cas du temps non discret, ce qui est immédiat. En raison de la compacité de V on a bien $P(x,dy) = p(x,y)\, dy$ avec $0 < P \leq M$. L'apériodicité de $\tilde{P}$ découle du fait que $\tilde{P}(\tilde{x},d\tilde{y})$ a une densité strictement positive partout [26]. L'existence d'un moment d'ordre 2 découle de la majoration [26] de cette densité par une exponentielle du type $e^{-C\delta^2(\tilde{x},\tilde{y})}$ où δ est la distance qui ici, en raison de la compacité de V est comparable à la norme euclidienne dans $\mathbb{Z}^d$. Enfin le centrage de $\tilde{P}$ découle de sa symétrie ce qui implique $\mu_y^x = \check{\mu}_x^y$ et donc
$\int m_x^y\, P(x,y)\, dx\, dy = - \int m_x^y\, P(x,y)\, dx\, dy = 0$.

Montrons brièvement le

<u>COROLLAIRE 3</u>. [29] *Soit* V *une variété riemannienne compacte à courbure sectionnelle strictement négative et constante,* $\tilde{V}$ *un revêtement de groupe fondamental* $\mathbb{Z}^d$. *Alors le flot géodésique sur* $\tilde{V}$ *est ergodique si et seulement si* $d \leq 2$.

<u>Preuve</u>. On utilisera une idée de [35] concernant la récurrence, du mouvement brownien.

Le fibré des repères orthonormés sur V s'identifie à $\Gamma \backslash SO(n,1)$ où Γ est un sous-groupe discret co-compact du groupe hyperbolique $SO(n,1)$.

La métrique sur $SO(n,1)$ est invariante par translations à gauche et le flot géodésique se réduit à la multiplication à droite dans $SO(n,1)$ ou $_{\Gamma}\backslash SO(n.1)$ par un élément a^t générateur du sous-groupe diagonal A. Aussi le fibré des repères sur $\tilde{V}$ s'identifie à $_{\Gamma'}\backslash SO(n,1)$ avec $\Gamma/\Gamma' = \mathbb{Z}^d$.

Donc l'espace des fonctions invariantes par le flot géodésique sur $\tilde{V}$ s'identifie à l'espace des fonctions sur $SO(n,1)/_A$ invariantes par l'action de Γ'. L'espace homogène $SO(n,1)/_A$ s'identifie mesurablement au produit $B \times B$ où B est la sphère S^{n-1}, bord de l'espace hyperbolique revêtement universel de V.

Considérons maintenant les mouvements browniens bilatères canoniques sur $V, \tilde{V}$, $SO(n,1)$. Si l'on note $s^t(\omega)$ une trajectoire partant de $g = e$, $\omega^- \in \Omega^-$ et $\omega^+ \in \Omega^+$ le passé et le futur de ω, une trajectoire partant de g s'écrira $g\, s^t(\omega)$.

La mesure invariante naturelle sur $G \times \Omega^- \times \Omega^+$ est alors le produit de la mesure de Haar sur G par les mesures de Wiener sur Ω^- et Ω^+. La translation dans cet espace s'écrit $\tilde{\theta}^t(g,\omega) = (gs^t(\omega), \theta^t\, \omega)$ où $\tilde{\theta}^t$ est la translation sur $\Omega^- \times \Omega^+$, de sorte que la condition d'invariance d'une fonction $F(g,\omega)$ sour $\tilde{\theta}^t$ s'écrit $F[gs^t(\omega), \theta^t\omega] = F(g,\omega)$.

Chaque fonction ϕ sur $B \times B$ fournit une fonction $\tilde{\theta}^t$-invariante par la formule

$$F(g,\omega) = \phi[gZ^-(\omega) , gZ^+(\omega)]$$

où gZ^- et gZ^+ sont les positions limites sur B de la trajectoire $gs^t(\omega)$ partie de g :

$$gZ^+(\omega) = \lim_{t\to+\infty} gs^t(\omega) \in B , \quad gZ^-(\omega) = \lim_{t\to-\infty} gs^t(\omega) .$$

En particulier, si ϕ est Γ'-invariante, F sera une fonction invariante pour le mouvement brownien sur $_{\Gamma'}\backslash SO(n,1)$, non constante dès que ϕ l'est puisque $Z^-(\omega)$ et $Z^+(\omega)$ sont indépendants.

Il découle de ceci que l'ergodicité du mouvement brownien, qui ici coïncide avec sa récurrence et est vraie pour $d = 2$, implique la constance de F, donc celle de ϕ, donc l'ergodicité du flot géodésique sur $_{\Gamma'}\backslash SO(n,1)$.

Pour établir la réciproque, on va comparer les mesures potentielles du mouvement brownien et du flot géodésique, mesures qui donnent le temps passé dans un ensemble en partant d'un point distribué suivant une certaine loi initiale. Il est commode ici de partir de la mesure uniforme sur les éléments de contact d'origine au centre 0 de la boule unité représentant l'espace hyperbolique H , ce qui fournira des mesures potentielles bi-invariantes par $O(n)$, donc en correspondance naturelle avec des mesures invariantes par rotation sur H . Si l'on note $r = \|x\|$ la distance euclidienne de $x \in H$ à 0 , l'élément de longueur non euclidien est donné par $ds^2 = \frac{dx^2}{(1-r^2)^2}$, de sorte que la mesure non euclidienne de la sphère de rayon r est à un coefficient près $\frac{r^{d-1}}{(1-r^2)^{d-1}}$. La densité de la mesure potentielle du mouvement brownien par rapport à la mesure non euclidienne est donnée par la fonction de Green $G(0,x) = g(r)$.

Ecrivant que le flux du gradient non euclidien de g sortant de la sphère de rayon r est constant, on obtient : $(1-r^2)\, g(r) \frac{r^{d-1}}{(1-r^2)^{d-1}} = \text{cte}$

et
$$g'(r) = \text{cte}\ \frac{(1-r^2)^{d-2}}{r^{d-1}}$$

soit
$$g(r) \sim \text{cte}\ (1-r)^{d-1} \quad \text{pour } r \text{ voisin de } 1 .$$

D'autre part la mesure potentielle considérée du flot géodésique correspond à la mesure λ sur $SO(n,1)$ donnée par $\lambda = \iint_{O(n)\times \mathbb{R}^+} \delta_{kat}\, dt\, dk$.

En projection sur H , elle a pour densité par rapport à la mesure non euclidienne

$$f(x) = h(r) = \frac{(1-r^2)^{d-1}}{r^{d-1}} \sim (1-r)^{d-1} .$$

Donc pour x voisin du bord de H on a $f(x) \sim \text{cte}\ g(r)$.

L'ergodicité du flot géodésique dit en particulier que, partant de presque tout point, la mesure potentielle est infinie sur les ensembles non négligeables de $\tilde{V} = {}_{\Gamma'}\backslash H$. En particulier, on a par relèvement dans H :

$$\sum_{\gamma \in \Gamma'} f(\gamma x) = \infty \quad \text{p.p}$$

donc
$$\sum_{\gamma} G(0,\gamma x) = +\infty \quad \text{p.p}$$

ce qui prouve que le mouvement brownien sur $\tilde{V}$ est récurrent si le flot géodésique est ergodique. Donc, d'après le théorème, l'ergodicité de flot géodésique n'est valable que pour $d \leqslant 2$.

Remarques.

a) On a en fait prouvé qu'il y a équivalence entre l'ergodicité du flot géodésique et celle du mouvement brownien sur un quotient $_{\Gamma'}\backslash SO(n,1)$, ce qui est un cas spécial d'un résultat de [35] .

b) Une situation voisine est celle où V est de volume fini sans être compacte. C'est le cas du plan complexe privé de deux points et muni d'une métrique à courbure négative constante. Dans ce type de situation, on a $n = 2$, $d = 2$ mais les hypothèses du théorème ne sont pas satisfaites, si bien que le comportement limite normalisé de $\tilde{P}$ fait intervenir la loi de Cauchy au lieu de la loi de Gauss, ce qui donne la transience du mouvement brownien ([22] , [25] , [28] , [36]). Dans les mêmes situations, le flot géodésique n'est pas ergodique [30].

LA CONDITION DE DOEBLIN-FORTET.

On envisage maintenant l'extension des résultats précédents dans un cadre topologique. Soit X un espace métrique compact, L(X) l'ensemble des fonctions lipchitziennes sur X . On pose pour $f \in L(X)$: $[f] = \operatorname{Sup}_{x,y} \frac{|f(x)-f(y)|}{\delta(x,y)}$.

On dira qu'un opérateur borné de C(X) dans C(X) vérifie la condition notée (D) de Doeblin-Fortet [27] si P respecte L(X) et satisfait, avec des constantes convenables $\rho < 1$ et $C > 0$

$$\forall f \in L(X) \quad [Pf] \leqslant [f] + C \|f\| .$$

Cette condition permet d'appliquer le théorème de quasi-compacité de Ionescu-Tulcea-Marinescu [27] et donne en particulier que les valeurs propres de module $\geqslant 1$ sont en nombre fini, et que P est somme d'un projecteur de rang fini et d'un opérateur de rayon spectral inférieur strictement à un.

Une famille d'exemples naturels est fournie par les opérateurs de transition sur X définis comme barycentres à coefficients p(x,a) lipchitziens de transformations lipchitziennes, exemples qui apparaissent dans la théorie des chaînes dites à liaisons complètes [14] : $P\Phi(x) = \int_A \Phi(a.x)\, p(x,a)\, da$

où $$\int_A p(x,a)\, da = 1 , \quad [p(.,a)] \leqslant C$$

et $$\operatorname{Sup}_{x,y} \int \frac{\delta(a.x,a.y)}{\delta(x,y)}\, p(x,a)\, da \leqslant \rho < 1 .$$

La vérification est immédiate.

Cette dernière condition, de contraction en moyenne, peut d'ailleurs être étendue en utilisant les itérés de $p(x,a)$.

Elle est évidemment vérifiée si les transormations a sont contractantes de rapport ρ . Les adjoints de nombreuses transformations dilatantes sont de ce type . Par exemple l'adjoint de $x \to 2x$ modulo 1 par rapport à la mesure de Lebesgue sur $[0,1]$ est défini par :

$$P\Phi(x) = \frac{1}{2}\,[\Phi(\tfrac{x}{2}) + \Phi(\tfrac{x+1}{2})] \,.$$

On retrouve le même type d'exemples au niveau du shift sur A^N où A est un alphabet fini, si l'on munit A^N d'une mesure produit μ^N : si pour $\omega \in A^N$ et $a \in A$, on note $a.\omega$ la suite commençant par a et suivie de ω , l'adjoint du shift est donné par $P\Phi(\omega) = \sum_{a \in A} \Phi(a.\omega)\,\mu(a)$ et les applications $\omega \to a.\omega$ sont bien contractantes. Plus généralement, les "sous-shifts de type fini" [5] fournissent des exemples.

La condition (D) est stable par diverses opérations.

Soit $\alpha(x,y)$ une fonction lipchitzienne en (x,y) majorée par 1 :

$$|\alpha(x,y) - \alpha(x',y')| \leqslant [\alpha]\,[\delta(x,x') + \delta(y,y')] \,,\ \|\alpha\| \leqslant 1$$

et considérons l'opérateur Q défini par :

$$Q\Phi(x) = \int \alpha(x,y)\,\Phi(y)\,P(x,dy) \,.$$

Cet opérateur vérifie la condition (D) si P la vérifie en vertu du calcul suivant :

$$Q\Phi(x) - Q\Phi(x') = \int [\alpha(x,y) - \alpha(x',y)]\,\Phi(y)\,P(x,dy) + \int \alpha(x',y)\,\Phi(y)\,[P(x,dy) - P(x',dy)]$$

$$|Q\Phi(x) - Q\Phi(x')| \leqslant [\alpha]\,\delta(x,x')\,\|P\Phi\| + |P(\Phi\alpha_{x'})(x) - P(\Phi\alpha_{x'})(x')|$$

Or $[\Phi\alpha_{x'}] \leqslant \|\Phi\|\,[\alpha] + \|\alpha\|\,[\Phi] \leqslant [\Phi] + [\alpha]\,\|\Phi\|$ et $\|\Phi\alpha_{x'}\| \leqslant \|\Phi\|$ donnent :

$[Q\Phi] \leqslant [\alpha]\,\|P\Phi\| + \rho([\Phi] + \|\Phi\|\,[\alpha]) + C\,\|\Phi\|$ grâce à la condition (D) pour P . Soit $[Q\Phi] \leqslant \rho[\Phi] + K\,\|\Phi\|$ avec $K = \|P\|\,[\alpha] + C + \rho[\alpha]$.

RETOUR SUR TRANSIENCE ET RECURRENCE.

On considère ici une marche de Markov de noyau $\tilde{P}$ sur $X \times \mathbb{Z}^d$ où X est métrique compact, le noyau de transition P vérifie la condition (D) et l'équation $P\Phi = e^{i\theta}\Phi$ avec $\Phi \in L(X)$ n'admet que Φ = cte et $e^{i\theta} = 1$ comme solutions, ce qui assure l'unicité de la mesure invariante π sous P. Le théorème ergodique montre alors que l'équation $P\Phi = e^{i\theta}\Phi$ avec $\Phi \in \mathbb{L}^\infty(X)$ n'admet que Φ = cte comme solution. Il en découle que si $g \in \mathbb{L}^\infty(X)$ vérifie $(I-P)\, g = f$ avec $f \in L(X)$, on a $g \in L(X)$; on peut en effet supposer $\langle f,\pi \rangle = 0$ et alors $\Sigma\, P^k f$ converge dans $L(X)$ vers g. Les changements de section qui figurent dans la notion "propre" peuvent être alors choisis dans $L(X)$: par exemple la condition :

$$X_1 = g(x_1) - g(x_o) \quad \text{p.p.}$$

donne en intégrant $Pg(x) - g(x) = \int m_x^y\, P(x,dy)$ et si $\int m_x^y\, P(x,dy) \in L(X)$, on a aussi $g \in L(X)$. Pour l'adaptation, on peut seulement supposer $e^{i\theta g} \in L(X)$ pour un certain θ.

On supposera donc ici que les μ_x^y sont lipchitziens au sens où pour toute Φ lipchitzienne $\mu_x^y(\Phi)$ est aussi lipchitzienne. En particulier les $\hat{\mu}_x^y(\lambda)$ sont lipchitziens et l'espace $L(X)$ est respecté par les opérateurs P_λ qui vérifient la condition (D) d'après ce qui précède. La condition S sera donc satisfaite si l'on substitue $L(X)$ à $\mathbb{L}^\infty(X)$. En particulier on peut toujours se ramener, par changement de section régulier et passage à un sous-groupe de $\mathbb{Z}^d$, au cas $\tilde{P}$ adapté. Dans ces conditions, le théorème local devient :

<u>*THEOREME 4.*</u> *Supposons que P vérifie la condition (D), que $\tilde{P}$ soit apériodique, centré avec moment d'ordre 2 et les mesures μ_x^y lipchitziennes. Alors, pour toute fonction $\Phi \geqslant 0$ lipchitzienne à support dans une réunion finie de translatés de X et pour tout x on a : $E_x\,[\Phi(x_n,S_n)] \sim \frac{C}{n^{d/2}}$ avec $C > 0$.*

Examinons le cas spécial où P est l'adjoint du shift sur $A^{\mathbb{N}}$, $\tilde{P}$ est associé à une fonction f, et montrons d'abord que les changements de section se réduisent à des homologies, c'est-à-dire à l'addition à f d'une fonction de la forme : $g - g \circ \theta$. Par exemple, la condition $f(x_1) = g(x_1) - g(x_o)$ pp devient en inverversant la chaîne P : $f(x) = g(x) - g \circ \theta(x) \;\pi$ p.p donc en fait :

$f = g - g \circ \theta$. La condition $\tilde{P}$ propre se réduit donc à f non holomorphe à zéro. On a alors le

<u>THEOREME 5</u>. *Soit* θ *le shift sur l'espace* A^N *muni d'une mesure produit* μ^N *où le support de* μ *est l'ensemble fini* A . *Soit* f *une fonction Holdérienne sur* A^N *ne prenant pas ses valeurs, à homologie près, dans une classe d'un sous-groupe strict de* $\mathbb{Z}^d$.

Alors pour tout $\omega \in A^N$ *et* $j \in \mathbb{Z}$

$$P_x \{\sum f \circ \theta^k = j\} \sim \frac{1}{\sqrt{2\pi\sigma}\; n^{d/2}} .$$

<u>Preuve</u>. La distance sur A^N est définie par $S(\omega,\omega') = \sum_1^\infty 2^{-k} S(\omega_k,\omega'_k)$ et on peut remplacer le facteur 2^{-k} par α^k $(\alpha < 1)$ de façon à rendre la fonction f lipchitzienne ; le résultat découle alors du théorème 4.

D'autre part, des théorèmes locaux pour les produits de matrices aléatoires ont été obtenus, dans des situations différentes, en [3] et [2]. Pour retrouver ici ces résultats, il faut évidemment adapter les théorèmes précédents en remplaçant $X \times \mathbb{Z}^d$ par $S^{d-1} \times \mathbb{R}^+$.

En fait on considère une mesure de probabilité μ à support compact $\Sigma \subset G\ell(d,\mathbb{R})$ et, afin de retrouver les notations précédentes, la marche de Markov sur $(\Sigma \times S^{d-1}) \times \mathbb{R}^+ = \Sigma \times \mathbb{R}^d$ dont les transitions sont de la forme $(g_n, Y_n) \to (g_{n+1}, g_n Y_n)$ où $Y_n \in \mathbb{R}^d$ et (g_n) est une suite de variables aléatoires indépendantes de loi μ . Par homothétie on se ramène toujours au cas centré, et d'autre part, seule intervient essentiellement la projection de μ dans le groupe unimodulaire des matrices g avec $|\det g| = 1$. En particulier l'application du théorème 1 fournit le résultat suivant [3] :

<u>COROLLAIRE 2</u>. *Supposons que* μ *soit à support compact et que son image dans le groupe unimodulaire ait une densité positive en l'identité. Alors pour tout* x *de* $\mathbb{R}^d - \{0\}$ *la probabilité, pour que le produit* $g_n \dots g_1 x$ *appartienne à une boule contenue dans* $\mathbb{R}^d - \{0\}$ *est équivalente à cte* $\rho^n n^{-1/2}$ *où* $\rho < 1$ *est le minimum de la transformée de Laplace généralisée de* μ [3].

Par ailleurs sous des hypothèses d'irréductibilité pour μ la condition (D) est vérifiée pour l'opérateur de transition sur $\Sigma \times S^{d-1}$, si l'on utilise des normes du type de Hölder convenablement modifiées. Un résultat de ce type a été établi en [20], la sphère S^{d-1} étant remplacée par l'espace projectif P^{d-1}. On peut alors préciser le résultat de [20] :

<u>COROLLAIRE 3</u>. *Supposons que* μ *soit à support compact et que l'image dans le groupe unimodulaire du semi-groupe engendré par le support de* μ *soit dense. Soit*

$$\rho = \lim_n \| g_n \dots g_1 x \|^{1/n} .$$

Alors la probabilité pour que $\rho^{-n} g_n \dots g_1 x$ *appartienne à une boule de* $\mathbb{R}^d - \{0\}$ *est équivalente à* $Cte\ n^{-1/2}$.

Afin de décrire ces résultats, on en a simplifié les hypothèses.

A cause de la régularité des fonctions intervenant dans le théorème local, la récurrence au sens défini plus haut ne peut être ici obtenue. Il serait nécessaire pour cela d'obtenir un "lemme de Choquet Deny" [6] donnant la constance pp des solutions mesurables bornées de l'équation $\tilde{P}f = f$. On verra cependant en appendice qu'il est aisé de répondre à ce type de question dans le cadre envisagé au théorème 3 et corollaire 2 .

On dira ici qu'une marche de Markov de noyau $\tilde{P}$ est topologiquement récurrente si pour toute fonction continue Φ sur $X \times Z^d$ on a : $\sum_0^\infty \tilde{P}^k \Phi = +\infty$ pp au sens de $\pi \times h$.

Montrons que cette condition implique que tout ouvert est visité une infinité de fois avec probabilité un, et pour cela étudions d'abord $\tilde{P}^*$, en supposant seulement $\sum_0^\infty \tilde{P}^k = 0$ ou ∞ pp.

Si $f \in \mathbb{L}^\infty(\pi \times h)$ est positive et vérifie $\tilde{P}^* f \leqslant f$, on en déduit avec $g = f - \tilde{P}^* f$: $\sum_0^\infty < \tilde{P}^k \Phi, g > = \sum_0^\infty < \Phi, \tilde{P}^{*k} g > \leqslant < f, \Phi > < +\infty$ ce qui donne $< \Phi, g > = 0$ et en utilisant l'arbitraire de Φ, $g = 0$ donc $\tilde{P}^* f = f$.

Par troncature, la même propriété reste vraie pour $f \geqslant 0$. En particulier prenant ψ mesurable positive et $f = \sum_0^\infty \tilde{P}^{*k} \psi$ on obtient $P^* f + \psi = f$ et $f = 0$ sur le support de ψ ; plus généralement on obtient $\sum_0^\infty \tilde{P}^{*k} \psi = 0$ ou ∞ pp.

La condition $f \geq 0$ $\tilde{P}f \leq f$ implique donc aussi $\tilde{P}f = f$ pp ; montrons que si de plus f est semi-continue inférieurement, elle est constante pp. En effet pour tout $c > 0$, $f \wedge c$ vérifie la même inégalité que f et donc $A = \{f \wedge c\}$ vérifie $\tilde{P}\, 1_A \geq 1_A$ pp , $\tilde{P}\, 1_A = 1_A$ pp. Ceci montre que $\sum_0^\infty \tilde{P}^k\, 1_A = 0$ pp sur le complémentaire de A et puisque A est ouvert, implique, à cause de l'hypothèse de récurrence topologique sur $\tilde{P}$, $A = \emptyset$ si A n'est pas de mesure pleine. Finalement vu l'arbitraire de c on a $f = cte$ pp .

En particulier dans l'hypothèse où les probabilités μ_x^y dépendent continûment de x,y , la probabilité $f(x)$ d'atteindre un ouvert $U \subset X \times Z^d$ en partant de x sera s.c.i. et vérifiera $\tilde{P}f \leq f$; étant égale à un sur U elle vaudra un pp . La probabilité de revenir dans U qui vaut $1_U\, \tilde{P}f$ sera donc égale à un, de même que celle de revenir une infinité de fois. Alors le nombre de visites à U en partant de $x \in X \times Z^d$ sera pp infini avec probabilité un et en particulier presque toute trajectoire partant de presque tout x sera dense dans $X \times Z^d$.

Si $\tilde{P}^*$ est une transformation continue on pourra conclure à sa récurence topologique car la relation $\tilde{P}^* f \leq f$ implique $f = \tilde{P}\, \tilde{P}^* f \leq \tilde{P}f$, donc $\tilde{P}f = f$ et si f est s.c.i., $f = cte$.

Prenant alors Φ continue, on conclut en posant $f = (\sum_0^\infty \tilde{P}^{*k}\Phi) \wedge c$.

D'où l'énoncé analogue au théorème 3 .

<u>THEOREME 6</u>. *Supposons que $\tilde{P}$ vérifie la condition (D) , soit adapté, centré et admette un moment d'ordre 2. Alors :*

- *si $d < 2$, la marche de Markov de noyau $\tilde{P}$ est topologiquement récurrente.*
- *si $d > 2$ elle est transiente.*

Il en est de même de l'adjoint de $\tilde{P}$ si celui-ci est une transformation continue.

<u>Exemples</u>.

a) <u>Produits de matrices aléatoires</u>.

Les matrices aléatoires g_i sont distinctes, suivent la loi μ dans $G\ell(d,\mathbb{R})$, loi qui est supposée à support compact et vérifier une condition d'irréductibilité [20] satisfaite par exemple si le semi-groupe engendré par le support de μ est dense (en projection) dans le groupe unimodulaire. Les trajectoires de la marche de Markov dans $\mathbb{R}^d = S^{d-1} \times \mathbb{R}^+$, s'écrivent ici $g_n \dots g_1 x$ $(x \in \mathbb{R}^d)$. Dans ces conditions le théorème précédent fournit le :

<u>COROLLAIRE 1</u>. *Avec les notations du corollaire 3 du théorème 4 :*

> *Pour tout* $x \in \mathbb{R}^d$ *et presque suite* (g_k) , *la suite* $\rho^{-n}\, g_n \dots g_1 x$ *est dense dans* $\mathbb{R}^d$.

Ce résultat peut être considéré comme un exemple de récurrence dans un espace homogène, ici $\mathbb{R}^d - \{0\}$ soumis à l'action du groupe $G\ell(d,\mathbb{R})$ [8] .

b) <u>Mesures-produits</u>.

On considère un alphabet fini A , une probabilité μ de support A , la mesure produit μ^N sur A^N et une fonction holdérienne $f(\omega)$ ne prenant pas ses valeurs à homologie près dans un sous-groupe strict de $\mathbb{Z}^d$. L'adjoint du shift θ par rapport à μ^N vérifie la condition (D) et donc le théorème 6 donne le

<u>COROLLAIRE 2</u>. *Avec les notations du corollaire 1 du théroème 4 :*

> *- pour* $d \leq 2$ *et pour presque tout* ω , *les sommes* $\sum_0^n f \circ \theta^k(\omega)$ *décrivent* $\mathbb{Z}^d$
>
> *- pour* $d > 2$ *et pour presque tout* ω , $\lim_n \|\sum_0^n f \circ \theta^k(\omega)\| = +\infty$.

c) <u>Séries lacunaires</u>.

La condition de non-réduction par homologie à un sous-groupe strict demande dans les exemples une étude particulière non triviale. On peut par exemple considérer la série lacunaire $\sum_0^\infty z^{2^k}$ $(z = e^{2i\pi x})$ dont les sommes partielles $\sum_0^n z^{2^k}$ s'écrivent sous la forme $\sum_0^n f \circ T^k$ où T est la transformation du cercle unité définie par $T(z) = z^2$ et f la fonction $f(z) = z$. La considération des séries de Fourier de f et g montre immédiatement que l'équation $f(z) = g(z) - g(z^2)$ (avec g continue) n'a pas de solution. Le noyau correspondant est donc propre et il en découle que les sommes $\sum_0^n z^{2^k}$ sont non bornées. Plus précisément, supposons l'existence de g Höldérienne et $\lambda \in \mathbb{R}^2$ avec $e^{<\lambda, f(z)>} = \frac{g(z^2)}{g(z)}$. Ecrivant $g(z) = e^{2i\pi\bar{g}(x)}$ avec $\bar{g}$ Höldérienne et $\bar{g}(x+1) - \bar{g}(x) \in \mathbb{Z}$, on obtient :

$$\bar{f}(x) = 2\pi < \lambda, f(z) > = \bar{g}(x) - \bar{g}(2x) \bmod \mathbb{Z} .$$

Par continuité de $\bar{f}$ et $\bar{g}$, puisque $\mathbb{Z}$ est discret : $\bar{f}(x) - \bar{g}(x) + \bar{g}(2x) = c$.

Puisque $\bar{f}(0) = f(1) = 2\pi < \lambda, f(0) >$, on obtient $\bar{g}(1) = \bar{g}(2)$ et $\bar{g}(x+1) = \bar{g}(x)$; ce qui donne en intégrant $c = 0$, $\bar{f}(x) - \bar{g}(x) + \bar{g}(2x) = 0$.

Or $\bar{f}(x)$ est un polynôme trigonométrique ici $e^{2i\pi x} + be^{-2i\pi x}$ et si l'on pose $g(x) = \sum_{-\infty}^{+\infty} c_k e^{2i\pi kx}$, on obtient les équations :

$$a = c_1 \ , \quad b = c_{-1} \ , \quad c_o = 0$$

$$c_{2p} - c_p = 0 \qquad c_{2p+1} = 0 \qquad (|p| \geqslant 1) .$$

En particulier c_{2^k} ou c_{2^k} serait égal à a ou b $\forall k$ et g ne pourrait être de carré intégrable, ce qui est impossible. D'où, à titre d'exemple le

COROLLAIRE 3. Pour presque tout $z(|z| = 1)$ les sommes $\sum_{0}^{n} z^{2^k}$ sont denses dans $\mathbb{C}$.

Notons que des résultats de ce type ont été obtenus en [13] et [16] .

La question de l'étude des fonctions $\tilde{P}$-harmoniques positives, c'est-à-dire des solutions de l'équation $\tilde{P}f = f$ est susceptible d'une réponse aussi complète que celle de [6] , concernant le cas des marches aléatoires sur un groupe abélien, comme le suggère l'étude spéciale ci-dessous.

Appendice : Fonctions harmoniques positives et variétés à croissance polynomiale [10].

THEOREME 7. Soit $\tilde{V}$ un revêtement abélien d'une variété riemannienne compacte V , Δ l'opérateur de Laplace-Beltrami sur $\tilde{V}$. Alors les solutions positives de l'équation $\Delta f = 0$ sont constantes.

Preuve. Montrons d'abord une inégalité de Harnack uniforme : pour tout $C > 0$, il existe D tel que si $\delta(x,y) \leqslant C$, on ait pour toute $f \geqslant 0$ vérifiant $\Delta f = 0$:

$$f(x) \leqslant D\, f(y) .$$

Une telle inégalité est valable lorsque x,y varient à l'intérieur d'une petite boule fixée car, lu dans une carte, l'opérateur Δ est bien uniformément elliptique ; elle s'étend alors à un compact K de $\tilde{V}$ car deux points de K peuvent être reliés par une chaîne de petite boules choisies dans un recouvrement fini de K : elle est donc en particulier valable si K est une boule de rayon $2C$ telle que la boule concentrique de rayon C contienne un domaine fondamental K_o de l'action de $\mathbb{Z}^d$ sur $\tilde{V}$. Alors si $\delta(x,y) \leqslant C$, il existe $\gamma \in \mathbb{Z}^d$ avec $\gamma\, x \in K_o$ et donc $\gamma y \in K$, ce qui donne $f(\gamma\, x) \leqslant Df(\gamma\, y)$ pour toute $f \geqslant 0$ harmonique. Remplaçant f par $f \circ \gamma^{-1}$ qui est encore harmonique, on obtient $f(x) \leqslant Df(y)$. L'ensemble des f vérifiant $\Delta f = 0$ forme donc un cône $\mathscr{C}$ à base compacte pour la topologie de la convergence vague et il suffira de montrer la constance des extrémales.

Observons que, pour $\gamma \in \mathbb{Z}^d$, la distance $\delta(x,\gamma x)$ est bornée lorsque x parcourt un compact K de V avec $\mathbb{Z}^d.K = V$. Pour $y \in V$ et $\eta \in \mathbb{Z}^d$ avec $x = \eta.y \in K$, on a $\delta(y,\gamma y) = \delta(\eta x,\gamma\eta x) = \delta(\eta x,\gamma\eta x) = \delta(x,\gamma x)$ et la distance $\delta(y,\gamma y)$ est donc bornée sur $\tilde{V}$. La condition de Harnack uniforme donne alors

$$f \circ \gamma \leqslant \text{cte } f .$$

Si f est une extrêmale de $\mathscr{C}$, une telle relation implique, puisque $f \circ \gamma \in \mathscr{C}$:

$$f \circ \gamma = \lambda(\gamma)\, f$$

où $\lambda(\gamma) = e^{<\lambda,\gamma>}$ est une exponentielle sur $\mathbb{Z}^d$. Alors, par identification de $\tilde{V}$ au produit $V \times \mathbb{Z}^d$, à l'aide d'un domaine fondamental de $\mathbb{Z}^d$, on peut écrire $f(v,\gamma) = \lambda(\gamma)\, f(v)\ (v \in V,\ \gamma \in \mathbb{Z}^d)$.

On va voir que $\lambda(\gamma) = 1, \forall \gamma \in \mathbb{Z}^d$.

Observons que l'ensemble des f de $\mathscr{C}$ vérifiant $f \circ \gamma = \lambda(\gamma)\, f$ est un sous-cône de $\mathscr{C}$ à base compacte ; en raison de la décroissance à l'infini en $e^{-C\delta^2(x,y)}$ du noyau de la chaleur $\tilde{p}^t(x,y)$ sur $\tilde{V}$ et de la relation $\tilde{p}^t(\gamma x,\gamma y) = \tilde{p}^t(x,y)$, celui-ci opère continûment sur ce sous-cône. D'après le théorème de Schauder-Tychonoff, on peut donc trouver $f \geqslant 0$ vérifiant $\Delta f = 0$, $f(\gamma y) = \lambda(\gamma)\, f(\gamma)$, $\tilde{P}^t f = a^t f$ où $a > 0$. En raison des majorations précédentes concernant $\tilde{p}^t$ et f on a, pour tout Φ de classe C^∞ et à support compact

$$< \frac{\tilde{P}^t f - f}{t}, \phi > = < f, \frac{\tilde{P}^t \phi - \phi}{t} >$$

et $\dfrac{P^t f - f}{t}$ converge donc vaguement vers $\Delta f = 0$. Ceci donne $\lim\limits_{t \to o} \dfrac{a^t - 1}{t} = 0$ et donc $a = 1$. On est donc ramené à étudier les $f \geqslant 0$ vérifiant

$$f \circ \gamma = \lambda(\gamma)\, f \quad \text{et} \quad \tilde{P} f = f .$$

Considérons l'espace de Banach des f boréliennes qui s'écrivent

$$f(v,\gamma) = \lambda(\gamma)\ \phi(v) \quad \phi \in \mathbb{L}^{\infty}(V)$$

et notons que $\tilde{P}$ opère sur cet espace par la formule

$$\tilde{P}f(v,\gamma) = (P^{\lambda}\phi)(v)\ \lambda(\gamma)$$

où
$$P^{\lambda}\phi(v) = \int p_{\lambda}(x,y)\ \phi(y)\ dy$$

et $P_{\lambda} > 0$ est la transformée de Laplace de μ_x^y. L'opérateur P^{λ} est compact car P_{λ} est bornée et il possède une fonction propre positive ϕ_{λ}, unique à un coefficient près, correspondant au rayon spectral $\rho(\lambda)$ de P^{λ}. De plus, on voit aussi que en raison de la stricte positivité de p_{λ}, la condition $P_{\lambda}\psi \leqslant \rho(\lambda)\ \psi$ implique $P^{\lambda}\psi = \rho(\lambda)\ \psi$ et donc $\psi = \text{cte} \times \phi_{\lambda}$. Il en découle la stricte convexité de la fonction $\text{Log}\ \rho(\lambda)$: l'inégalité de Hölder donne :

$$P^{\alpha\lambda+(1-\alpha)\lambda'}(\phi_{\lambda}^{\alpha}\ \phi_{\lambda'}^{1-\alpha}) \leqslant \rho^{\alpha}(\lambda)\ \rho^{1-\alpha}(\lambda')\ \phi_{\lambda}^{\alpha}\ \phi_{\lambda'}^{1-\alpha}$$

et donc d'après la remarque précédente

$$\rho[\alpha\lambda + (1-\alpha)\lambda'] \leqslant \rho^{\alpha}(\lambda)\ \rho^{1-\alpha}(\lambda')$$

ce qui fournit la convexité de $\text{Log}\ \rho(\lambda)$ dans l'espace vectoriel des exponentielles sur $\mathbb{Z}^d$. La stricte convexité vient du fait que $p_{\lambda}, \Phi_{\lambda}, \Phi_{\lambda'}$ sont strictement positives et de la condition d'égalité dans l'inégalité de Hölder.

Comme $p_{\lambda}(x,y)$ est la transformée de Laplace de μ_x^y, la symétrie de cette famille montre que l'adjoint de P^{λ} est $P^{-\lambda}$ et donc $\rho(\lambda) = \rho(-\lambda)$.

Par stricte convexité de $\text{Log}\ \rho(\lambda)$, le minimum de $\rho(\lambda)$ est donc atteint au point $\lambda = 0$ et en ce point seulement. Donc l'équation $\rho(\lambda) = 1$ a pour unique solution $\lambda = 0$, ce qui donne pour les extrémales f de $\mathcal{C}, f(v,\gamma) = \phi(v)$ où $v \in V$.

Comme $\Delta f = 0$, on a aussi $\Delta\phi = 0$ et donc $\phi = \text{cte} = f$.

<u>COROLLAIRE</u> . *Soit* $\tilde{V}$ *un revêtement d'une variété riemannienne compacte* V. *On suppose que le volume des boules de rayon* r *est majoré par un polynôme en* r. *Alors, les fonctions harmoniques positives sont constantes.*

<u>Preuve</u>. Soit Γ le groupe de Poincaré du revêtement $\tilde{V}$ au dessus de V , A un système de générateurs de Γ et $0 \in \tilde{V}$. Par compacité de V , A est fini et de plus le cardinal de $|A^n|$ est majoré, à un coefficient près, par le volume d'une boule contenant $A^n.0$ et centrée en 0 . Comme Γ opère par isométries, cette boule est de rayon $O(n)$ et donc Γ est à croissance polynomiale. D'après le théorème fondamental de [9] , Γ contient un sous-groupe nilpotent d'indice fini et on peut donc supposer Γ nilpotent, par modification éventuelle de V . Soit alors $f \geqslant 0$ une solution de $\Delta f = 0$ que, comme dans la preuve précédente, on peut supposer extrémale. L'inégalité de Harnack uniforme reste ici valable et de plus, si γ appartient au centre C de Γ, $\delta(y,\gamma y)$ sera bornée sur V . Ceci donne $f \circ \gamma \leqslant cte\, f$ et $f \circ \gamma = cte \times f$ par extrémalité de f . Il existe donc une exponentielle λ sur le centre de Γ avec $f \circ \gamma = \lambda(\gamma)\, f, \forall\, \gamma \in C$.

Considérons alors, comme en [24], le sous-cône $\mathscr{C}_1$ des f vérifiant la relation précédente et notons que Γ opère sur $\mathscr{C}_1$. Comme Γ est nilpotent, il possède la propriété de droite fixe ([12]), et $\mathscr{C}_1$ étant à base compacte, il existe μ exponentielle sur Γ , $f_1 \in \mathscr{C}_1$ avec $f_1 \circ \gamma = \mu(\gamma)\, f_1$ pour tout γ de Γ . On a en particulier $\mu = \lambda$ sur C et si Γ est non abélien, f est invariante sous l'action du dernier terme $\Gamma^{(r)} \neq e$ de la suite centrale descendante de Γ .

On peut alors passer au quotient par $\Gamma^{(r)}$ et, raisonnant par récurrence, on est ramené au cas $\Gamma = \mathbb{Z}^d$, qui a déjà été traité par le théorème.

REFERENCES

[1] P. BALDI, N. LOHOUE et J. PEYRIERE.

- C.R. Acad. Sci. Paris t. 285 (A) p. 1103-1104 (1977).

[2] M.N. BARBER, B.W. NINHAM.

- Randon and restricted walks : theory and applications. New-york Gordon and Breach (1970).

[3] P. BOUGEROL.

- Théorème central limite local sur certains groupes de Lie. Ann. E.N.S. t. 141 p. 403-432 (1981).

[4] L. BREIMAN.

- Probability. Reading Mass. Addisons Wesley (1968).

[5] R. BOWEN.

- Equibrium states and the ergodic theory of Anosov diffeomorphisms. Springer Lect. Notes 470 (1975).

[6] G. CHOQUET, J. DENY.

- Sur l'équation de convolution $\mu = \mu * \sigma$. C.R.A.S. 250 A p. 799-801 (1960).

[7] F.M. DEKKING.

- On transience and recurrence of generalized random walks. Z. Wahr. p. 459-465 (1982).

[8] L. ELIE.

- Sur la récurrence dans les espaces homogènes. A paraître même volume.

[9] M. GROMOV.

- Groups of Polynomial growth and expanding maps. I.H.E.S. Pub. Math. 53 (1981).

[10] Y. GUIVARC'H.

- Mouvement brownien sur les revêtements d'une variété compacte. C.R.A.S. t. 292 p. 851-853 (1981).

[11] Y. GUIVARC'H.

- Marches aléatoires à pas markovien. C.R.A.S. t. 289 p. 211-213 (1979).

[12] Y. GUIVARC'H.

- Sur la représentation intégrale des fonctions harmoniques et des fonctions propres positives dans un espace riemanien symétrique. A paraître dans Bull. des Sc. Math. (1984).

[13] J. HAWKES.

- Probabilistic behaviour of some lacunary series. Z. Wahr. 53 p. 21-33 (1980).

[14] M. IOSIFESCU, R. THEODORESCU.

- Random processes and learning. Springer, Berlin-Heidelberg-New-York (1969).

[15] J. JACOD.

- Théorème de renouvellement et classification pour les chaînes semi-markoviennes. Ann. I.H.P. vol. 7 n°2 p. 83-129 (1971).

[16] J.P. KAHANE.

- Some random series of functions. Lexington D.C. Heath (1968).

[17] T. KATO.

- Perturbation theory for linear operators. Berlin-Heidelberg-New-York 2nd édition Springer (1980).

[18] G. KELLER.

- Un théorème de la limite centrale pour une classe de transformations monotones par morceaux. C.R. Acad. Sci. Paris Sér. A 291 p. 155-158 (1980).

[19] A. KRAMLI, D. SZASZ.

- Random walks with internal degrees of freedom. Z. Wahr. 63 p. 83-95 (1983).

[20] E. LE PAGE.

- Théorèmes limites pour les produits de matrices aléatoires. Oberwolfach Springer Lect. Notes 928 p. 258-303 (1982).

[21] P. LEVY.

- Processus semi-markoviens. Proc. Int. Congress III Amsterdam (1954).

[22] T. LYONS, H. P Mc KEAN.

- Winding of the plane brownian motion. Preprint.

[23] T. LYONS, D. SULLIVAN.

- Function theory, random paths, and covering spaces. Preprint.

[24] G. MARGULIS.

- Positive harmonic functions on nilpotent groups.
Doklady Akad. Tom 166 n°5 p. 241-244 (1966).

[25] P. Mc GILL.

- A fluctuation estimate on Mac Kean's winding brownian motion.
Preprint.

[26] P. MALLIAVIN.

- Diffusions et géométrie différentielle globale.
Varenna Centro Inter. Math. Estivo (1975).

[27] F. NORMAN.

- Markov process and learning models.
Academic Press, New-York (1972).

[28] PITMAN, M. YOR.

- The asymptotic joint distribution of windings of the plane brownian motion.
Preprint.

[29] M. REES.

- Checking ergodicity of some geodesic flows with infinite Gibbs measure.
Ergod. Th. and Dynam. Sys. 1 p. 107-133 (1981).

[30] M. REES.

- Divergence type of some subgroups of finitely generated Fuchsian groups.
Ergod. Th. and Dynam. Sys. 1 p. 209-221 (1980).

[31] A. REVUZ.

- Markov chains.
North Holland, Amsterdam (1975).

[32] J. ROUSSEAU.

- Un théorème de la limite locale pour une classe de transformations dilatantes et monotones par morceaux.
The Ann. of Prob. vol. 11 n°3 p. 772-788 (1983).

[33] K. SCHMIDT.

- Lectures on cocycles of ergodic transformations groups.
Mac Millan India (1977).

[34] Ya.G. SINAI.

- Random walks and some problems concerning Lorentz gas.
Proceedings of the Kyoto Conference 6-17 (1981).

[35] D. SULLIVAN.

- Ergodic theory at infinity of a discrete group of hyperbolic motions.
Proceedings of Stonybrook conference on kleinian groups.
Princeton University Press (1980).

[36] N. VAROPOULOS.

- Brownian motion and Transient groups.
Ann. Inst. Fourier XXX III (2) p. 241-261 (1983).

[37] N. VAROPOULOS.

- Brownian motion and random walk on manifolds.
Ann. Inst. Fourier (preprint).

Y. GUIVARC'H

L.A. 040305

I.R.M.A.R.

Université de Rennes I

Campus de Beaulieu

35042 RENNES CEDEX (FRANCE)

Colloque de Théorie du
Potentiel-Jacques Deny
- Orsay 1983 -

THE POISSON KERNEL FOR $\underline{s\ell}(3,\mathbb{R})$

Carl HERZ *

If $\underline{g}$ is a semi-simple Lie algebra of non-compact type over $\mathbb{R}$ then there is a canonical riemannian symmetric space Σ associated with $\underline{g}$. The riemannian structure of Σ gives a Laplace operator and hence a notion of harmonic function. There is also a canonical compact manifold B, the (maximal or Furstenberg) boundary of $\underline{g}$ which is an appropriate boundary for harmonic functions on Σ. This is to say that for each $p \in \Sigma$ there is a probability measure $\mu(p,.)$ on B so that if u is a well-behaved harmonic function on Σ then there exists a nice function f defined on B such that

$$u(p) = \int_B f(b)\,\mu(p,db).$$

The measures $\mu(p,.)$ are mutually absolutely continuous. If we fix a "centre" $o \in \Sigma$ we may write

$$\mu(p,db) = P_o(p,b)\mu(o,db)$$

---

* Research supported by the Natural Sciences and Engineering Research Council Canada and la Direction générale de l'enseignement supérieur du Québec.

where the function P_o defined on $\Sigma \times B$ is the Poisson kernel for the centre o. The reader may consult [1] and [4] as references for this standard material. When $\underline{g} = \underline{s\ell}(2, \mathbb{R})$ one may identify Σ with the Poincaré disk and B with S^1 in such a way that P_o, with o = origin of the unit disk, is the standard Poisson kernel for the unit disk.

The quantities

$$N_m(o,p) = \int_B P_o^m(p,b)\,\mu(o,db), \; m \in \mathbb{C}$$

play an important role in harmonic analysis on Σ. Since $N_m(o,p) \equiv N_{1-m}(p,o)$ and $N_m(o,p) = N_m(p,o)$, if we restrict our attention to $m \in \mathbb{R}$ it suffices to consider $m \geqslant \frac{1}{2}$. With o fixed $N_m(o,.)$ depends on r parameters where r is the (split) rank of the Lie algebra $\underline{g}$. The problem is to describe the behavior of $N_m(o,p)$ as $p \to \infty$ ("approaches the boundary"). In rank 1 this is a fairly straightforward 1-dimensional problem, but I don't know of explicit calculations in the real rank 2 case.

In this article we shall obtain the precise asymptotic order of magnitude of $N_m(o,p)$ for real m in the case of the rank 2 Lie algebra $S\ell(3\,\mathbb{R})$. The method is related to a general theory involving a low-rank boundary Δ of a large class of Lie algebras, but $B = \Delta$ in rank $r \geqslant 2$ only in the case of $\underline{s\ell}(3,\mathbb{R})$. Therefore the methods we use are very special. In recompense the formulas are completely explicit, à la mode de taupe.

Before stating the results, I wish to describe Σ, B, and Δ. The symmetric space of a semi-simple Lie algebra $\underline{g}$ of non-compact type is the space of Cartan involutions of $\underline{g}$ and the boundary is the space of maximal unipotent subalgebras. Let us make this concrete for $\underline{g} = \underline{s\ell}(r+1,\mathbb{R})$, or better, $\underline{g} = \underline{s\ell}(r+1,\mathbb{F})$ where $\mathbb{F} = \mathbb{R}, \mathbb{C}$, or $\mathbb{H}$ (quaternions). (The notational complexity required for the case $\mathbb{F} = \mathbb{H}$ is useful even when $\mathbb{F} = \mathbb{R}$.) Let V be an (r+1) - dimensional right vector space over $\mathbb{F}$. The Lie algebra $\underline{g}$ is the commutator subalgebra $END_0^{\mathbb{F}}(V)$ of the Lie algebra $END^{\mathbb{F}}(V)$, the algebra of all $\mathbb{F}$-endomorphisms of V with $[X,Y] = XY-YX$. The dual vector space V' of V is a left vector space over $\mathbb{F}$. We identify $END^{\mathbb{F}}(V')$ and $END^{\mathbb{F}}(V)$: for $S \in END^{\mathbb{F}}(V)$ and $f \in V'$ we define fS by $(fS)v = f(Sv)$ for $v \in V$ where $(f,v) \mapsto fv$ is the dual pairing $V' \otimes_{\mathbb{R}} V \to \mathbb{F}$. The opposite vector space $\bar{V}$ is a left vector space corresponding to V by a map $v \mapsto \bar{v}$ where $\overline{v\lambda} = \bar{\lambda}\bar{v}$ for $\lambda \in \mathbb{F}$. If $S \in END(V)$ we define $S^* \in END(\bar{V})$ by $\bar{v}S^* = \overline{Sv}$. The vector space $V^* = \bar{V}'$ is also a right vector space over $\mathbb{F}$. In general, if $T : V \to U$ is an $\mathbb{F}$-linear transformation of right vector spaces over $\mathbb{F}$ we have an adjoint $T^* : U^* \to V^*$ defined by $\bar{v}(T^* u^*) = \overline{Tv}\, u^*$. By <u>hermitean</u> form P on V we mean an $\mathbb{F}$-linear transformation $p : V \to V^*$ such that $P^* = P$. Put $Pos^{\mathbb{F}}(V)$ for the space of hermitean forms P such that $\bar{v}\, P\, v > 0$ for all $v \in V \setminus \{0\}$ with the manifold structure of an open subset of the $\mathbb{R}$ -vector space of all hermitean forms on V. The Cartan involutions of $END_0^{\mathbb{F}}(V)$ are precisely the involutions

$$pX = -P^{-1}X^*P \quad \text{for} \quad P \in Pos^{\mathbb{F}}(V).$$

Thus, we may identify the symmetric space Σ with $Pos^{\mathbb{F}}(V)/\mathbb{R}_+$. The group $AUT^{\mathbb{F}}(V)$ acts on $Pos^{\mathbb{F}}(V)$ by

$$(S,P) \to S^{*-1}PS^{-1}, \; S \in AUT^{\mathbb{F}}(V), \; P \in Pos^{\mathbb{F}}(V) \quad ;$$

this induces the action on Σ . The $AUT^{\mathbb{F}}(V)$ -invariant distance on $Pos^{\mathbb{F}}(V)$ is given by

$$\text{distance } (\mathcal{O},P)^2 = a.\text{trace } (\log \mathcal{O}^{-1}P)^2$$

where a is a positive normalizing constant. We need to explain $\log \mathcal{O}^{-1}P$. Observe that $Q = \mathcal{O}^{-1}P \in AUT^{\mathbb{F}}(V)$. If we choose an o-orthonormal basis for V then Q has a positive-definite matrix, and it may be written uniquely as $Q = \exp(2H)$ where H is positive-definite. We put $\log \mathcal{O}^{-1}P = 2H$ for calculating the distance. In terms of Σ , the product of the involutions o and p is the operation $opX = QXQ^{-1}$. Note that Q is determined up to a positive multiple ; this is usually fixed by requiring $\det Q = 1$, but we shall not adopt this convention. In the case of $\underline{s\ell}(3,\mathbb{R})$ let us put

Q_3 = ratio of largest eigenvalue of Q to smallest eigenvalue.

Q_2 = ratio of second eigenvalue of Q to smallest eigenvalue.

Then we have, with the standard normalization,

$$\text{distance } (o,p) = \{(\log Q_3)^2 + (\log Q_2)^2 - (\log Q_2)(\log Q_3)\}^{1/2} .$$

Our main result is

THEOREM 1. *For* $m > 1/2$, $c_m Q_3^{m-1} \leq N_m(o,p) \leq C_m Q_3^{m-1}$ *where* c_m *and* C_m *are constants.*

THEOREM 2. $N_{1/2}(o,p)$ *lies between constant multiples of*

$$Q_3^{-1/2}(1+\log Q_3)(1+\log Q_2)(1+\log Q_3/Q_2).$$

Observe that when $m > 1/2$ *the asymptotic behavior depends on only one parameter* $Q_3 = \exp 2\rho(o,p)$. *Note that* $\sqrt{3}\rho(o,p) \leq \text{dist}(o,p) \leq 2\rho(o,p)$. *For o-orthogonally invariant functions on* Σ *integration with respect to the riemannian volume is a constant multiple of integration with respect to*

$$(1-Q_3^{-1})\ (1-Q_2^{-1})(Q_2^{-1}-Q_3^{-1})dQ_2 dQ_3 .$$

This furnishes a distribution function estimate which we express in the form

THEOREM 3. *For* $1/2 \leq m \leq 1$ *the function* N_m *is bounded by* 1 *and the equimeasurable decreasing rearrangement* N_m^* *of* $N_m(o,.)$ *has the asymptotic behavior for large* t

$$N_m^*(t) \sim t^{m-1}(\log t)^{1-m} , \quad 1/2 < m \leq 1 ,$$

$$N_{1/2}^*(t) \sim t^{-1/2}(\log t)^{7/2}$$

where $f(t) \sim g(t)$ *mean that there are positive constants* c, C *such that* $cg(t) \leq f(t) \leq Cg(t)$.

In passing we note

THEOREM 3ℂ. *For the Lie algebra $s\ell(3,\mathbb{C})$ the analog of the statement of Theorem 3 is*

$$N_m^*(t) \sim t^{m-1}(\log t)^{1-m},\ \tfrac{1}{2} \leqslant m \leqslant 1.$$

Harish-Chandra [2, Theorem 3, p.279] proved that for all semi-simple Lie algebra of non-compact type

$$N_m(o,p) \leqslant \text{const}\ \exp(2(m-1)\rho(o,p))\ [1+\text{dist}(o,p)]^{2d(1-m)},\ \tfrac{1}{2} \leqslant m \leqslant 1,$$

where d is an integer $\leqslant r$, the rank. The point of Theorems 1 and 2 is to make this bound precise. Indeed, for $m > \frac{1}{2}$, it seems possible that $N_m(o,p) \sim \exp(2(m-1)\rho(o,p))$ in all cases. Here $\rho(o,p)$ is defined by $\exp 4\rho(o,p) = \Pi_{\lambda>1}\lambda$, where λ runs through the eigenvalues of the inner automorphism op of the Lie algebra $\underline{g}$. Only the fundamental function $N_{\frac{1}{2}}$ seems to depend on the precise nature of $\underline{g}$.

Lohoué [3] has given the estimate $N_m^*(t) = O(t^{1-m})$, $\frac{1}{2} < m \leqslant 1$, for Lie Algebras of rank 1. Theorem 3 shows that this weak type L_q, $q = (1-m)^{-1}$, result is false in rank 2, where one might conjecture that $N_m^*(t) \sim (t^{-1}\log t)^{m-1}$ in all cases when $\frac{1}{2} < m \leqslant 1$.

Up until now we have not needed to talk about the boundary B. A maximal unipotent subalgebra of $END^{\mathbb{F}}(V)$ is simply a maximal triangular subalgebra. Given such a subalgebra $\underline{n}$, the kernel of $\underline{n}^k$ is a k-dimensional subspace V_k of V; the sequence $0 \subset V_1 \subset V_2 \subset \ldots \subset V_r \subset V$ gives a <u>flag</u> for V, and there is a one-to-one correspondence between (complete) flags and maximal unipotent subalgebras. Thus B is the flag manifold of V. When $r = 1$, $B = \text{Proj}(1,\mathbb{F})$, i.e., we have to deal with the differentiable manifolds S^1, S^2, S^4. When $r > 1$, which we henceforth assume, the situation becomes more complicated. Instead of considering the full flag manifold we consider a partial flag manifold consisting of the pairs (V_1, V_r) where $V_1 \subset V_r$ and the subscript gives the dimension. Put Δ for the manifold of such pairs ; observe that $B = \Delta$ iff $r = 2$.

Instead of dealing with Δ directly we consider another manifold

$$\Omega = \{Z \in END^{\mathbb{F}}(V) : Z^2 = 0, \text{ dim image } (Z) = 1\} .$$

There is a smooth map $\Omega \to \Delta$, $Z \mapsto (V_1, V_r)$ where V_1 = image(Z), V_r= kernel (Z). Moreover the fibre of Ω over Δ is just $\mathbb{F}_* = \mathbb{F} \setminus \{0\}$, i.e., Ω is an $\mathbb{F}$ -line bundle over Δ . To see this it suffices to pick a basis $e_1,..e_r,e_{r+1}$ for V so that e_1 is a basis for V_1 and $e_1,...e_r$ a basis for V_r. Then Z is completely described by $Ze_{r+1}=e_1\lambda$ where $\lambda \in \mathbb{F}_*$. Moreover Ω is a single orbit in $\underline{g}$ for the action of the adjoint group $G = INT(\underline{g})$. In the case at hand $G = AUT_+^{\mathbb{F}}(V)$/centre **where** $AUT_+^{\mathbb{F}}$ is the component of the identity in the full automorphism group. The adjoint action of G on $\underline{g}$ is represented by $(S,X) \mapsto SXS^{-1}$ where $S \in AUT^{\mathbb{F}}(V)$, $X \in END_o^{\mathbb{F}}(V)$. (Ω is defined when $r = 1$, but in the case of $s\ell(2,\mathbb{R})$ it consists of two components : Z and -Z are not conjugate under oriented changes of basis.) The action of G on Ω commutes with the principal $\mathbb{F}_*$-bundle structure $\Omega \to \Delta$. Adjoint orbits in a semi-simple Lie algebra have a canonical symplectic structure, the Kostant-Souriau form ω , which in this case may be expressed on $\omega = d\theta$ where θ is a 1-form on Ω described next. Since Ω is a submanifold of the vector space $\underline{g}$ we may view the tangent bundle $T(\Omega)$ as a submanifold of $\Omega \times \underline{g}$. For each $Y \in \underline{g}$ there is a vector field A_Y defined on Ω , i.e., a section $\Omega \to T(\Omega)$ such that $A_Y(Z)$ is represented in $\underline{g}$ by $[Z,Y]$. This is to say that A_Y is the infinitesimal generator of the flow $Z \mapsto \exp(-tY)Z\exp(tY)$. The formula

$\theta(A_Y(Z))$ = a.Re [trace YZ], a a normalizing constant, defines a 1-form on Ω since $[Y,Z] = 0$ implies trace $YZ = 0$ in our situation. Given $o \in \Sigma$, a point of the symmetric space regarded as a Cantan involutions of $\underline{g}$,

$$r_o^2(Z) = -\text{trace } Z\, oZ$$

defines a positive function r_o on Ω . In the case $\mathbb{F} = \mathbb{R}$, if we put $\tilde{\Delta} = \Omega/\mathbb{R}_+$, then $r_o^{-1}\theta$ defines a contact structure on $\tilde{\Delta}$ whose corresponding volume element is, up to a normalizing constant depending only on $\underline{g}$, the harmonic measure μ_o. The result is that if $\dim \Delta = 2k - 1$ then the Poisson kernel is

$$P_o(p,b) = (r_o(Z)/r_p(Z))^k$$

where $Z \in \Omega$ is any point covering $b \in \Delta$. This is a very simple, explicit expression for the Poisson kernel which allows for brute force computation, as we shall see.

(In the case $\mathbb{F} = \mathbb{C}$ the method could be extended, but it is nugatory since Harish-Chandra [2,pp.303-304] has computed N_m for all $m \in \mathbb{C}$ when $\underline{g}$ is a complex Lie algebra. The case $\mathbb{F} = \mathbb{H}$ presents complications which we have not investigated.)

For $\underline{s\ell}(3,\mathbb{R})$ there is an explicit coordinatization which allows convenient calculations.

Put $\mathbb{H}$ for the quaternions. We represent an element $q \in \mathbb{H}$ in the form

$$q = q^0 + iq^2 + jq^3 + kq^1$$

where $q^0,..q^3 \in \mathbb{R}$ and i,j,k have their usual meaning. Put $\mathbb{H}_* = \mathbb{H} \setminus \{0\}$, V = imaginary quaternions, S^3 = unit quaternions. We write $\tilde{K}$ for the unit quaternions regarded as a group, $\tilde{M}$ for the quaternion group viewed as the subgroup of $\tilde{K}$ consisting of $\pm 1, \pm i, \pm j, \pm k$, and M_i for the subgroup of $\tilde{K}$ generated by i.

Define a map

$$Z : \mathbb{H}_* \to \Omega \ , \quad q \mapsto Z(q) \in \mathrm{END}(V) \quad \text{where}$$
$$Z(q)w = -|q|^{-2} qk\bar{q}\ \mathrm{Re}(qjq\bar{w}).$$

In terms of the ordered basis (k,i,j) one has

$$Z(1) = \begin{pmatrix} 0 & 0 & 1 \\ 0 & 0 & 0 \\ 0 & 0 & 0 \end{pmatrix}$$

Define an action L of $\widetilde{K}$ on $\mathbb{H}_*$ and S^3 by $L(q)w = qw$ and an action R by $R(q)w = w\bar{q}$. Then L and R commute. We may regard $\mathbb{H}_* \to \Omega$ as a principal bundle for the right action of M_i. The left action of $\widetilde{K}$ on $\mathbb{H}_*$ is transported to Ω by

$$Z(sq) = SZ(q)S^{-1}$$

where $S \in AUT(V)$ is defined by $Sw = sw\bar{s}$. Passing to the boundary Δ we have a principal bundle

$$S^3 \to \Delta, \text{ fibre } \widetilde{M} \text{ (R-action).}$$

(This shows that the fundamental group of Δ is the quaternion group).

It is worth examining the mapping Z in somewhat pedantic detail. We have

$$Z : \mathbb{H}_* \to V \otimes \overline{V} \to END(V)$$

where the first map is

$$q \to |q|^2 \, (qkq^{-1} \otimes \overline{q\, j\, q^{-1}})$$

and the second is

$$u \otimes \overline{v} \to u\, \overline{v}\, \mathcal{O}$$

where $\mathcal{O}$ is the hermitean form on V such that i,j,k are orthonormal.
This second map is an isomorphism of $\mathbb{R}$-vector spaces, and it is the first, which we denote $Z\mathcal{O}^{-1}$ which contains the essential information. The tangent bundle to $\mathbb{H}_*$ may be viewed on $T(\mathbb{H}_*) = \mathbb{H}_* \times \mathbb{H}$. Hence, at $q \in \mathbb{H}_*$, $T_q(Z\mathcal{O}^{-1}) : \mathbb{H}_* \to V \otimes \overline{V}$ is a linear map. Writing

$$Z(q)\mathcal{O}^{-1} = |q|^2 \; u \otimes \overline{v} \; ; \; u = q\, k\, q^{-1} \; , \; v = q\, j\, q^{-1}$$

we have

$$\begin{aligned} T_q(Z\mathcal{O}^{-1})\, \xi &= 2\, \mathrm{Re}(\overline{q}\, \xi) u \otimes \overline{v} \\ &+ |q|^2 (\xi q^{-1} u - u \xi q^{-1}) \otimes \overline{v} \\ &+ |q|^2 \, u \otimes \overline{(\xi q^{-1} v - v \xi q^{-1})} \, . \end{aligned}$$

Put, $X(h)$, $h \in \mathbb{H}$, for the element of $END(V)$ defined by

$$2X(h)w = hw - wh .$$

We then have the end formula for the tangent mapping

$$Tq(Z)\xi = 2 \operatorname{Re} (\xi q^{-1})Z + 2X(\xi q^{-1})Z - 2ZX(\xi q^{-1}) .$$

Above we have used the identification of $T(\Omega)$ with a subspace of $\Omega \times END(V)$. Given $Y \in END_o(V)$ the map

$$A_Y : \Omega \to \Omega \times END(V) , \quad Z \to (Z, [Z,Y])$$

defines a vector fielf on Ω. We now show that A_Y lifts to a vector field $\tilde{A}_Y$ on $\mathbb{H}_*$, i.e., $\tilde{A}_Y \circ Z = T(Z) \circ \tilde{A}_Y$. To do this we fix a point $q \in \mathbb{H}_*$ and put $Z = Z(q)$. There is an Iwasawa decomposition.

$$\underline{g} = END_o(V) = \underline{k} + a(Z) + \underline{n}(Z)$$

where $k = \{Y \in \underline{g} : \sigma Y = Y\}$, $\underline{n}(Z)$ is the nil radical of the normalizer of Z in $\underline{g}$, and $\underline{a}(Z) = \{H \in \underline{n}^{\perp}(Z) : \theta H = -H\}$, $\underline{n}^{\perp}$ being the orthogonal complement of $\underline{n}$ with respect to the Killing form. At $q = 1$, $\underline{n}$ is the space of matrices which are 0 on or below the diagonal and $\underline{a}$ is the diagonal matrices. If $H \in \underline{a}(Z)$ we have $[Z,H] = -Z\,\zeta(H)$ where $\zeta(H)$ is a scalar. Thus $\tilde{A}_H(q) = \frac{1}{2}\zeta(H)q$.
If $N \in \underline{n}(Z)$ then $\tilde{A}_N(q) = 0$. Finally, given $Y \in \underline{k}$, there is a unique $\eta \in \operatorname{Im}(\mathbb{H})$ such that $2Yw = \eta w - w\eta$ and we put $\tilde{A}_Y(q) = -\eta q$.

The canonical 1-form on Ω is given by the formula

$$\theta(A_Y(Z)) = 4\operatorname{tr}(ZY).$$

Abusing the notation, we shall also view θ as a 1-form on $\mathbb{H}_*$. The computation is immediate in view of the considerations made above and we obtain

$$\theta(q,\xi) = -4\operatorname{Re}(i\,\bar{q}\,\xi), \text{ i.e.}$$

$$\theta = (q^0 dq^2 - q^2 dq^0 + q^1 dq^3 - q^3 dq^1).$$

For the canonical symplectic form we have

$$\theta = d\omega = 8(dq^0 \wedge dq^2 + dq^1 \wedge dq^3).$$

The volume element $\tau = \frac{1}{2}\omega^2$ is simply 64 times the ordinary Lebesgue measure.

It will be simpler to deal with the double-covering $\tilde{\Delta} = \Omega/\mathbb{R}_+$ rather than the boundary itself. To compute the Poisson measure at the Cartan involution p corresponding to $P \in \mathrm{Pos}(V)$ we use the contact structure $r_p^{-1}\theta$ on $\tilde{\Delta}$ where

$$r_p(Z) = (\mathrm{tr}\ P^{-1} Z^* P Z)^{1/2}.$$

The appropriate measure $\mu(p)$ is represented by

$$c r_p^{-1} \theta \wedge d(r_p^{-1}\theta) = c r_p^{-2} \theta \wedge \omega$$

where c is a normalizing constant. We wish to compute r_p^2 as a function on $\mathbb{H}_*$. To this effect write $P = \mathcal{O}Q$ where, in our chosen basis, Q is simply a positive-definite symmetric matrix. One computes

$$r_p^2(q) = |q|^{-4}\ \mathrm{Re}(q\ k\ \bar{q}\ Q\ q\ k\ \bar{q})\ \ \mathrm{Re}\ (q\ j\ \bar{q}\ Q^{-1} q\ j\ \bar{q}).$$

In the case $p = o$ we have $r_o(q) = |q|^2$. Thus the Poisson kernel for centre o is

$$P_o(p,b) = (\bar{u}\ Q\ u)^{-1} (\bar{v}\ Q^{-1} v)^{-1}$$

where u and v are "determined" by $b \in \Delta$ according to this rule : take any $q \in \mathbb{H}_*$ covering b and put $u = q\ k\ q^{-1}$, $v = q\ j\ q^{-1}$; although u and v are not single-valued functions of b the resulting Poisson kernel is well-defined.

The explicit formula for P_o allows us to analyze the asymptotic behavior. For reasons of invariance we may always assume that

$$Q = \begin{pmatrix} 1 & 0 & 0 \\ 0 & Q_2 & 0 \\ 0 & 0 & Q_3 \end{pmatrix}, \quad Q_3 \geqslant Q_2 \geqslant 1 .$$

It is convenient to use polar coordinates α,β,γ on S^3, $0 \leqslant \alpha \leqslant \pi/2$, $-\pi \leqslant \beta \leqslant \pi$, $-\pi \leqslant \gamma \leqslant \pi$, where

$$q^0 = \cos\alpha \cos(\beta+\gamma)\ ,\ q^1 = \cos\alpha \sin(\beta+\gamma)$$
$$q^2 = \sin\alpha \cos(\gamma-\beta)\ ,\ q^3 = \cos\alpha \sin(\gamma-\beta)\ .$$

Restricted to S^3, $\theta = (\cos 2\beta)\, d\alpha + (\sin 2\beta)(\sin 2\alpha)\, d\gamma$ and the unit volume element of S^3 is $(4\pi^2)^{-1} \sin 2\alpha\; d\alpha \wedge d\beta \wedge d\gamma$.

Calculations yield

$$u = q\,k\,q^{-1} = (\cos 2\alpha)k + (\sin 2\alpha)(\sin 2\gamma\; i + \cos 2\gamma\; j)$$
$$v = q\,j\,q^{-1} = \sin 2\alpha \cos 2\beta\; k + \cos\alpha[\cos 2(\beta+\gamma)j - \sin^2(\beta+\gamma)i]$$
$$- \sin^2\alpha[\cos 2(\gamma-\beta)j - \sin 2(\gamma-\beta)i].$$

The result is that

$$\bar{u}\,P\,u = \cos^2 2\alpha + \sin^2 2\alpha(Q_2 \sin^2 2\gamma + Q_3 \cos^2 2\gamma)$$
$$\bar{v}\,P^{-1} v = \sin^2 2\alpha \cos^2 2\beta + Q_2^{-1}(\cos 2\gamma \sin 2\beta + \cos 2\alpha \sin 2\gamma \cos 2\beta)^2$$
$$+ Q_3^{-1}(-\sin 2\gamma \sin 2\beta + \cos 2\alpha \cos 2\gamma \cos 2\beta)^2.$$

Notice that on writing $x^1 = \cos 2\beta$, $x^2 = \sin 2\beta$ we have

$$\bar{u}\,P^{-1} v = \bar{x}\,Ax \quad \text{with}$$

$$A_1^1 = \sin^2 2\alpha + \cos^2 2\alpha(Q_2^{-1} \sin^2 2\gamma + Q_3^{-1} \cos^2 2\gamma)\ ,$$
$$A_2^2 = Q_2^{-1} \cos^2 2\gamma + Q_3^{-1} \sin^2 2\gamma\ ,$$
$$A_2^1 = \tfrac{1}{2}(Q_2^{-1} - Q_3^{-1}) \cos 2\alpha \sin 4\gamma\ .$$

Thus trace $A = Q_2^{-1} + Q_3^{-1} + \sin^2 2\alpha(1 - Q_2^{-1} \cos^2 2\gamma - Q_3^{-1} \cos^2 2\gamma)$.

$$\det A = Q_2^{-1} Q_3^{-1} + \sin^2 2\alpha(Q_2^{-1} \cos^2 2\gamma + Q_3^{-1} \sin^2 2\gamma)\ .$$

Now if $m > 0$ we have the formula average value over

$$S^1 \text{ of } (\bar{x}Ax)^{-m} = (\pi^{m-1}/\Gamma(m))(\det A)^{-\frac{1}{2}} \int_{\mathbb{R}^2} \exp(-\pi|x|^2)(\bar{x}A_x^{-1})^{m-1} dx.$$

Since $\bar{x}A^{-1}x \leqslant (\text{trace } A^{-1})\, |x|^2$, for $m \geqslant 1$ we have the estimate

$$\text{average volume over } S^1 \text{ of } (xAx)^{-m} \leqslant (\det A)^{-1/2}(\operatorname{tr} A^{-1})^{m-1}$$
$$= (\det A)^{-m+1/2}(\operatorname{tr} A^{-1})^{m-1}$$

At the expense of introducing a factor of $(2m-1)^{-1}$ this estimate can be extended to all $m > 1/2$. For $m = 1/2$ there are two estimates : $(\det A)^{-1/4}$ and const $(\operatorname{tr} A)^{-1/2}\log((\operatorname{tr} A)^2/\det A)$, the second being the useful one. In summary, if we write $h(A) = (\det A)^{-1}(\operatorname{tr} A)^2$ then we may bound the average value of $(\bar{x}Ax)^{-m}$ over S^1 by $C_m(\operatorname{tr} A)^{-m}h(A)^{m-1/2}$ when $m > 1/2$ and with $h(A)^{m-1/2}$ replaced by $\log h(A)$ when $m = 1/2$.

Introduce the notation $w = \sin^2 2\alpha$, $W = Q_2 \sin^2 2\gamma + Q_3 \cos^2 2\gamma$, and put $\hat{N}_m(o,p,\alpha,\gamma)$ for the average of $P_0^m(p,.)$ over the β-circle. With the above notation we have

$$\bar{u}Pu \sim 1 + wW, \quad \det A = Q_2^{-1}Q_3^{-1}(1+wW), \quad \operatorname{tr} A \sim Q_2^{-1} + w \text{ ; so that,}$$

for $m > \frac{1}{2}$,

$$\hat{N}_m \sim (1+wW)^{1/2-2m} Q_2^{1/2} Q_3^{m-1/2}(1+wQ_2)^{m-1} ,$$

while

$$\hat{N}_{1/2} \sim (1+wW)^{-1/2}\log \frac{Q_3}{Q_2} \frac{(1+wQ_2)^2}{1+wW} Q_2^{1/2}(1+wQ_2)^{-1/2}.$$

The integration in α is tantamount to integration in w from 0 to 1. Consider the range in which $w > Q_2^{-1}$. Since $W \geqslant Q_2$ we have

$$\hat{N}_m \sim W^{1/2-2m} Q_2^{m-1/2} Q_3^{m-1/2} w^{-1/2-m} .$$

Hence $\displaystyle\int_{Q_2^{-1}}^{1} \hat{N}_m dw \sim W^{1/2-2m} Q_2^{2m-1} Q_3^{m-1/2}$. If we now integrate in γ noting that $W = \bar{x}Bx$, our previous gives that the contribution to N_m from the region $\{w > Q_2^{-1}\}$ is exactly of order of magnitude Q_3^{m-1}. In the same region

$\hat{N}_{1/2} \sim W^{-1/2} \log \frac{Q_2 Q_3 w}{W} \; w^{-1}$ which gives $\int_{Q_2^{-1}}^{1} \hat{N}_m \, dw \sim W^{-1/2} \log \frac{Q_2^{1/2} Q_3}{W} \log Q_2$. The

γ -integration yields order of magnitude $Q_3^{-1/2} \log Q_3 (\log Q_3/Q_2) \log Q_2$.

When $w < W^{-1}$ we have $\hat{N}_m \sim Q^{1/2} Q_3^{m-1/2}$ for $m > 1/2$. Integrating over this range of w gives $Q_2^{1/2} Q_3^{m-1/2} W^{-1}$ and $(2\pi)^{-1} \int W^{-1} d\gamma = Q_2^{-1/2} Q_3^{-1/2}$; so the contribution is again of order of magnitude Q_3^{m-1} . For $N_{1/2}$ the contribution of the region $\{w < W^{-1}\}$ is only $Q_3^{-1/2} \log Q_3/Q_2$.

It remains to consider the case $W^{-1} \leqslant w \leqslant Q_2^{-1}$ where $\hat{N}_m \sim w^{1/2 - 2m} W^{1/2 - 2m} Q_2^{1/2} Q_3^{m-1/2}$. If $3/2 - 2m \geqslant 0$ we estimate the integral in w by $Q_2^{2m-3/2}$, otherwise by $W^{2m-3/2}$, and we come to one of the previous cases. For the case $m = 1/2$ we have $\hat{N}_{1/2} \sim Q_2^{1/2} w^{-1/2} W^{-1/2} \log \frac{Q_3}{Q_2 w W}$; in this case also the contribution is of smaller order of magnitude than that from $w > Q_2^{-1}$.

Remark. The average value of $(\bar{x}Ax)^{-m}$ over S^1 may be written in closed form using the Legendre function L_{m-1} . The introduction of special function into the problem is, for m real, a waste of time ; it is easier to calculate directly than to hunt the asymptotic expansions in the literature.

REFERENCES

[1] FURSTENBERG H.

- A Poisson formula for semi-simple Lie group. Annals of Math. 77 (1963), pp.335-386.

[2] HARISH-CHANDRA.

- Spherical functions on a semi-simple Lie group I. Amer. J. Math. 80 (1958), pp.241-310.

[3] LOHOUE N.

- Sur les représentations uniformément bornées et le théorème de convolution de Kunze-Stein. Osaka J. Math. 18 (1981), pp.465-480.

[4] WARNER G.

- Harmonic Analysis on Semi-Simple Lie Groups I. Springer-Verlag, New-York-Heidelberg-Berlin, 1972.

Carl HERZ
Department of Mathematics
and Statistics
McGill University
805 Sherbrooke Street West
MONREAL, Quebec, Canada
H3A 2K6

Colloque de Théorie du
Potentiel-Jacques Deny
- Orsay 1983 -

LES NOYAUX DE CONVOLUTION DE TYPE LOGARITHMIQUE

par Masayuki ITO

§ 1. LES SEMI-GROUPES DE CONVOLUTION SEMI-TRANSIENTS.

Soit X un groupe abélien localement compact et séparé à base dénombrable et ξ une mesure de Haar fixée sur X. On désigne par $M(X)$ l'espace vectoriel topologique des mesures de Radon réelles sur X muni de la topologie vague et l'on pose $M^+(X) = \{\mu \in M(X)\ ;\ \mu \geqq 0\}$. On dit qu'une famille $(\alpha_t)_{t \in R^+} \subset M^+(X)$ est un semi-groupe de convolution si α_o est la mesure de Dirac ε_o à l'origine 0, $\alpha_t * \alpha_s = \alpha_{t+s}$ pour tous $t, s \in R^+$ et si l'application $R^+ \ni t \to \alpha_t \in M(X)$ est continue, où R^+ désigne la demi-droite des nombres $\geqq 0$.

On obtient facilement la remarque suivante :

REMARQUE 1.1. Soit $(\alpha_t)_{t \in R^+}$ un semi-groupe de convolution sur X. Posons $\Gamma = \Gamma((\alpha_t)) = \overline{\bigcup_{t \in R^+} \operatorname{supp}(\alpha_t)}$, où $\operatorname{supp}(\alpha_t)$ désigne le support de α_t. Alors Γ est un semi-groupe dans X contenant 0.

On dit qu'un semi-groupe de convolution $(\alpha_t)_{t \in R^+}$ est canoniquement porté par X si $\overline{\Gamma - \Gamma} = X$ (1), où $\Gamma = \Gamma((\alpha_t))$. Il suffit d'étudier les semi-groupes

---

(1) On considère X comme un groupe additif, et pour deux sous-ensembles A,B de X, on pose $A \pm B = \{x \pm y\ ;\ x \in A,\ y \in B\}$.

de convolution canoniquement portés par X . Soit $C_K(X)$ l'espace vectoriel topologique des fonctions continues dans X à valeurs réelles et à support compact et $C_K^+(X)$ le sous-ensemble de $C_K(X)$ des fonctions ≥ 0 . On dit qu'un semi-groupe de convolution $(\alpha_t)_{t\in R^+}$ est transient (resp. récurrent) si, pour toute $f \in C_K^+(X)$, $\int_0^\infty dt \int f\, d\alpha_t < \infty$ (resp. $\exists\, f \in C_K^+(X)$ telle que $\int_0^\infty dt \int f d\alpha_t = \infty$) . Si $(\alpha_t)_{t\in R^+}$ est transient, alors l'application $C_K(X) \ni f \to \int_0^\infty dt \int f d\alpha_t$ définit une mesure de Radon ≥ 0 sur X , qui est désignée par $\int_0^\infty \alpha_t\, dt$. Soit N un noyau de convolution sur X . On dit que N est un noyau de convolution de Hunt s'il existe un semi-groupe de convolution transient $(\alpha_t)_{t\in R^+}$ sur X tel que $N = \int_0^\infty \alpha_t\, dt$. Dans ce cas, $(\alpha_t)_{t\in R^+}$ est uniquement déterminé et appelé le semi-groupe de convolution de N (voir [3]).

<u>REMARQUE 1.2</u>. (voir [2] et [3]) Un noyau de convolution de Hunt N possède les propriétés suivantes :

(1) N est injectif, c'est-à-dire, pour toute $\mu \in \mathcal{D}(N)$, $\mu = 0$ si $N * \mu = 0$, où $\mathcal{D}(N) = \{\mu \in M(X) \,;\, N * \mu \in M(X)\}$.

(2) N vérifie le principe de domination, c'est-à-dire, pour toutes f , $g \in C_K^+(X)$, $N * f \leq N * g$ sur $\mathrm{supp}(f)$ implique $N * f \leq N * g$ sur X .

(3) N vérifie le principe du balayage sur tout ouvert, c'est-à-dire, pour toute $\mu \in \mathcal{D}^+(N) = \mathcal{D}(N) \cap M^+(X)$ et tout ouvert ω dans X , il existe $\mu'_\omega \in \mathcal{D}^+(N)$ vérifiant $\mathrm{supp}(\mu'_\omega) \subset \overline{\omega}$, $N * \mu'_\omega \leq N * \mu$ et $N * \mu'_\omega = N * \mu$ dans ω .

Pour un semi-groupe de convolution $(\alpha_t)_{t\in R^+}$, une mesure de Radon réelle μ sur X est dite (α_t)-excessive (resp. (α_t)-invariante) si, pour tout $t \in R^+$, la convolution $\mu * \alpha_t$ est définie dans $M(X)$ et $\mu \geq \mu * \alpha_t$ (resp. $\mu = \mu * \alpha_t$) . On désigne par $E^+((\alpha_t))$ (resp. $I^+((\alpha_t))$) l'ensemble des mesures de Radon ≥ 0 et (α_t)-excessives (resp. celui des mesures de Radon ≥ 0 et (α_t)-invariantes). On voit facilement que $E^+((\alpha_t))$ est un cône convexe et fermé dans $M(X)$. On désigne par $\dim E^+((\alpha_t))$ la puissance de l'ensemble de rayons extrémaux de $E^+((\alpha_t))$.

PROPOSITION 1.3. Soit $(\alpha_t)_{t\in R^+}$ un semi-groupe de convolution canoniquement porté par X. Supposons que $\Gamma((\alpha_t)) \neq X$. Alors $(\alpha_t)_{t\in R^+}$ est transient si et seulement si $E^+((\alpha_t)) \neq \{0\}$.

Pour montrer la proposition 1.3, on utilisera le lemme suivant :

LEMME 1.4. (voir [6]) Soit $\sigma \in M^+(X)$ vérifiant $\overline{supp(\sigma) - supp(\sigma)} = X$ et N un noyau de convolution $\neq 0$ sur X vérifiant le principe de domination. Si $N * \sigma$ est définie et $N = N * \sigma$, alors il existe une exponentielle $\phi > 0$ sur X (2) telle que $N = \phi\xi$.

Preuve de la proposition 1.3. Il suffit de montrer que la condition $E^+((\alpha_t)) \neq \{0\}$ est suffisante.

Comme $E^+((\alpha_t)) \neq \{0\}$, $(\exp(-pt)\alpha_t)_{t\in R^+}$ est un semi-groupe de convolution transient pour tout $0 \neq p \in R^+$. Posons $N_p = \int_0^\infty \exp(-pt)\,\alpha_t dt$ $(0 \neq p \in R^+)$. Soit $f_o \in C_K^+(X)$ vérifiant $f_o(0) > 0$, et posons $c_p = \int f_o dN_p$ et $N'_p = \frac{1}{c_p} N_p$. Soit $0 \neq g \in C_K^+(X)$ vérifiant $g * \varepsilon_{-x} \leq \check{f}_o$ pour tout $x \in supp(g)$, où $\check{f}_o(x) = f_o(-x)$. Alors $N'_p * g \leq 1$ sur $supp(g)$. On choisit $0 \neq \lambda \in E^+((\alpha_t))$ et $h \in C_K^+(X)$ vérifiant $\lambda * h \geq 1$ sur $supp(g)$. D'après (2) de la remarque 1.2, on a $N'_p * g \leq \lambda * h$ sur X pour tout $0 \neq p \in R^+$, et donc $(N'_p)_{0\neq p\in R^+}$ est bornée dans $M(X)$. Soit N un point adhérent de $(N'_p)_{0\neq p\in R^+}$ dans $M(X)$ lorsque $p \to 0$; alors $N \neq 0$, N vérifie le principe de domination, $supp(N) \subset \Gamma((\alpha_t))$ et $N \in E^+((\alpha_t))$. On a alors :

$$N \geq pN * N_p \quad \text{et} \quad N \neq pN * N_p \quad (0 \neq p \in R^+),$$

car sinon, le lemme 1.4 donne $supp(N) = X$. Comme, pour tout $0 < p < 1$,

$$(N - N * N_1) * N_p \leq \frac{1}{1-p} N * N_1 \leq \frac{1}{1-p} N,$$

on obtient que $\lim_{p\to o} N_p$ existe dans $M(X)$. Cela montre que $(\alpha_t)_{t\in R^+}$ est transient, et la proposition 1.3 est ainsi démontrée.

---

(2) Une fonction continue ϕ sur X s'appelle une exponentielle si, pour tous $x, y \in X$, $\phi(x + y) = \phi(x)\phi(y)$.

PROPOSITION 1.5. Soit $(\alpha_t)_{t\in R^+}$ un semi-groupe de convolution canoniquement porté par X . Alors il y a équivalence entre (1), (2) et (3).

(1) $(\alpha_t)_{t\in R^+}$ est transient.

(2) $\dim E^+((\alpha_t)) \geq 2$.

(3) $E^+((\alpha_t)) - I^+((\alpha_t)) \neq \emptyset$.

Preuve. D'après la proposition 1.3, il suffit de montrer les équivalences dans le cas où $\Gamma((\alpha_t)) = X$. On a évidemment (1) $\Rightarrow$ (2) . De la même manière que dans la proposition 1.3, on obtient (3) $\Rightarrow$ (1) .

Montrons (2) $\Rightarrow$ (1) . Supposons $E^+((\alpha_t)) = I^+((\alpha_t))$ et soient $0 \neq \mu_1$, $0 \neq \mu_2 \in E^+((\alpha_t))$ quelconques. Comme $\Gamma((\alpha_t)) = X$, on a $\mathrm{supp}(\mu_j) = X$ $(j = 1,2)$. Pour toute $0 \neq f \in C_K^+(X)$ et tout $0 \neq c \in R$, $\mu_1 * f \geq c\,\mu_2 * f$ sur X dès que $\{x \in X \,;\, \mu_1 * f(x) > c\mu_2 * f\} \neq \emptyset$, car $\inf(\mu_1 * f, c\mu_2 * f) \in E^+((\alpha_t)) = I^+((\alpha_t))$. On a donc :

$$\mu_1 * f \geq \frac{\mu_1 * f(0)}{\mu_2 * f(0)}\, \mu_2 * f \quad \text{sur } X .$$

De la même manière, on a l'inégalité inverse, et par suite, pour toute $f \in C_K^+(X)$, $\mu_1 * f$ et $\mu_2 * f$ sont proportionnelles, d'où $\mu_1 = c\mu_2$, où $0 \neq c \in R^+$. Cela est en contradiction avec $\dim E^+((\alpha_t)) \geq 2$. La proposition 1.5 est ainsi démontrée.

Un semi-groupe de convolution $(\alpha_t)_{t\in R^+}$ est dit sous-markovien (resp. markovien) si, pour tout $t \in R^+$, $\int d\alpha_t \leq 1$ (resp. $\int d\alpha_t = 1$) . Dans ce cas, on a $\xi \in E^+((\alpha_t))$.

COROLLAIRE 1.6. Soit $(\alpha_t)_{t\in R^+}$ un semi-groupe de convolution sous-markovien canoniquement porté par X . Alors on a :

(1) Si $\Gamma((\alpha_t)) \neq X$, alors $(\alpha_t)_{t\in R^+}$ est transient.

(2) $(\alpha_t)_{t\in R^+}$ est transient si et seulement si $E^+((\alpha_t)) \neq \{c\xi \,;\, c \in R^+\}$.

REMARQUE 1.7. S'il existe un semi-groupe de convolution $(\alpha_t)_{t\in R^+}$ sous-markovien, récurrent et canoniquement porté par X , alors X est engendré par un voisinage compact de 0 .

En effet, la proposition 1.3 donne $\Gamma((\alpha_t)) = X$. Pour un voisinage compact v de 0 , on désigne par X_v le sous-groupe de X engendré par v . Posons $\alpha_{v,t}$ = la restreinte de α_t à X_v $(t \in R^+)$; alors $(\alpha_{v,t})_{t \in R^+}$ est un semi-groupe de convolution sous-markovien sur X_v . On obtient qu'il existe un voisinage compact v_o de 0 tel que $(\alpha_{v_o,t})_{t \in R^+}$ soit récurrent. Alors, pour tout $t \in R^+$, $\int d\alpha_{v_o,t} = 1$, et donc $X_{v_o} = X$.

Posons $M_K(X) = \{\mu \in M(X)\ ;\ \mathrm{supp}(\mu)\ \ \text{compact}\}$, $M_K^+(X) = M_K(X) \cap M^+(X)$ et $M_K^o(X) = \{\mu \in M_K(X)\ ;\ \int d\mu = 0\}$. Un semi-groupe de convolution $(\alpha_t)_{t \in R^+}$ est dit semi-transient si, pour toute $\mu \in M_K^o(X)$, $(\int_o^a \alpha_t * \mu)_{a>0}$ est bornée dans $M(X)$. Cela est équivalent à la condition que, pour toute $\mu \in M_K^+(X)$ à $\int d\mu = 1$, $((\int_o^a \alpha_t\, dt) * (\varepsilon - \mu))_{a>0}$ est bornée dans $M(X)$.

<u>THEOREME 1.8</u>. Soit $(\alpha_t)_{t \in R^+}$ un semi-groupe de convolution sous-markovien et récurrent sur X . Alors, pour que $(\alpha_t)_{t \in R^+}$ soit semi-transient, il faut et il suffit que $\Gamma((\alpha_t)) = X$ et pour tout $0 < p \in R^+$, $N_p = \int_o^\infty exp(-pt)\alpha_t dt$ soit non-singulier par rapport à ξ . Dans ce cas, on désigne par $N_{p,s}$ la partie singulière de N_p par rapport à ξ . Alors $(N_{p,s})_{o<p \in R^+}$ est bornée dans $M(X)$.

Evidemment $(\alpha_t)_{t \in R^+}$ est markovien. On remarque que s'il existe $0 < p_o \in R^+$ tel que N_{p_o} soit non-singulier par rapport à ξ , alors, pour tout $0 < p \in R^+$, N_p est non-singulier par rapport à ξ . On sait que, sur l'espace euclidien R^k (k = 1,2), il existe des semi-groupes de convolution $(\alpha_t)_{t \in R^+}$ markoviens et récurrents tels que $\Gamma((\alpha_t)) = R^k$ et $N_p = \int_o^\infty \exp(-pt)\alpha_t dt$ soit singulier par rapport à ξ pour tout $0 < p \in R^+$.

Preuve. Supposons d'abord que $(\alpha_t)_{t \in R^+}$ est semi-transient. D'après la proposition 1.3, on a $\Gamma((\alpha_t)) = \overline{\Gamma((\alpha_t)) - \Gamma((\alpha_t))}$. Supposons que $\Gamma((\alpha_t)) \neq X$. Alors il existe un voisinage ouvert v de 0 tel que $v + \Gamma((\alpha_t)) \neq X$. Soit $x_o \in C(v + \Gamma((\alpha_t)))$; alors $(\{x_o\} + \Gamma((\alpha_t))) \cap (v + \Gamma((\alpha_t))) = \emptyset$. Comme $(\int_o^a \alpha_t * (\varepsilon - \varepsilon_{x_o}))_{a>0}$ est bornée dans $M(X)$, où ε_{x_o} désigne la mesure unité en x_o , on a $\int_o^\infty dt \int f d\alpha_t < \infty$ pour toute $f \in C_K^+(X)$ vérifiant

$\mathrm{supp}(f) \subset (v + \Gamma((\alpha_t)))$, d'où la transience de $(\alpha_t)_{t\in R^+}$. On arrive ainsi à une contradiction, et l'on a $\Gamma((\alpha_t)) = X$. Supposons qu'il existe $0 < p \in R^+$ tel que N_p soit singulier par rapport à ξ . Alors, pour tout $a \in R^+$, $\int_o^a \alpha_t dt$ est singulier par rapport à ξ . Soit $\mu = f_o\xi \in M_K^+(X)$ vérifiant $\int d\mu = 1$, où $f_o \in C_K^+(X)$. Alors, pour tout compact K dans X , il existe une constante $A(K) > 0$ telle que, pour tout $a \in R$ et toute $f \in C_K(X)$ vérifiant $\mathrm{supp}(f) \subset K$,

$$\left|\int fd\left(\int_o^a \alpha_t dt - \left(\int_o^a \alpha_t dt\right) * \mu\right)\right| \leq A(K) \, \| f \|_\infty ,$$

où $\| f \|_\infty = \sup_{x\in X} |f(x)|$. Comme

$$\left|\int fd\left(\int_o^a \alpha_t dt\right)\right| \leq \int |f| d\left(\int_o^a \alpha_t dt\right)$$

$$= \sup_{\substack{o \leq g \leq |f| \\ g\in C_K^+(X)}} \int gd\left(\int_o^a \alpha_t dt - \int_o^a \alpha_t * \mu dt\right) \leq A(K) \| f \|_\infty ,$$

on obtient que $\left(\int_o^a \alpha_t dt\right)_{o<a\in R^+}$ est bornée dans $M(X)$. Cela est en contradiction avec la récurrence de $(\alpha_t)_{t\in R^+}$. De la même manière, on obtient que $\left(\left(\int_o^a \alpha_t dt\right)_s\right)_{a\in R^+}$ est bornée dans $M(X)$, où $\left(\int_o^a \alpha_t dt\right)_s$ est la partie singulière de $\int_o^a \alpha_t dt$ par rapport à ξ . Donc $(N_{p,s})_{o<p\in R^+}$ est bornée dans $M(X)$.

Pour montrer que la condition est suffisante, on prépare les lemmes suivants :

<u>*LEMME 1.9*</u>. *Soit $(\alpha_t)_{t\in R^+}$ un semi-groupe de convolution sous-markovien récurrent et canoniquement porté par X . Posons $N_p = \int_o^\infty \exp(-pt)\alpha_t dt$ pour tout $0 < p \in R^+$. Soit $(\mu_p)_{o<p\in R^+}$ une famille dans $M(X)$ vérifiant $\sup_{p>0} \int d|\mu_p| < \infty$ et $N_p * \mu_p \in M^+(X)$. Alors on a :*

(1) S'il existe $0 \neq f_o \in C_K^+(X)$ telle que $\lim_{p\to o} \int f_o d(N_p * \mu_p) = \infty$, alors

$$\lim_{p\to o} \frac{1}{\int f_o d(N_p * \mu_p)} N_p * \mu_p = \frac{1}{\int f_o d\xi}\xi \text{ dans } M(X) .$$

(2) S'il existe $0 \neq f_o \in C_K^+(X)$ telle que $\left(\int f_o d(N_p * \mu_p)\right)_{o<p\in R^+}$ est bornée, alors $(N_p * \mu_p)_{o<p\in R^+}$ est bornée dans $M(X)$.

<u>Preuve</u>. D'après la proposition 1.3, on a $\Gamma((\alpha_t)) = X$, et donc $\mathrm{supp}(N_p) = X$.

Pour $f \in C_K^+(X)$ et $0 < p < 1$ quelconques,

$$\int \check{N}_1 * f d(N_p * \mu_p) = \frac{1}{1-p}\left(\int f d(N_p * \mu_p) - \int f dN_1 * \mu_p\right),$$

où $\int g d\check{N}_1 = \int \check{g} dN_1$ pour $g \in C_K(X)$. Comme $\check{N}_1 * f(x) > 0$ pour tout $x \in X$ et $\left|\int f dN_1 * \mu_p\right| \leqq \| f \|_\infty \sup_{p>o} \int d|\mu_p|$, on a facilement l'énoncé (2) . Montrons l'énoncé (1) . Posons $a_p = 1/\int f_o d(N_p * \mu_p)$ dès que $\int f_o d(N_p * \mu_p) \neq 0$. Comme

$$\lim_{p\to o} \frac{\int \check{N}_1 * f_o d(N_p * \mu_p)}{\int f_o d(N_p * \mu_p)} = 1 ,$$

$(a_p N_p * \mu_p)_{o<p\leqq p_o}$ est bornée dans $M(X)$, où p_o est un nombre > 0 vérifiant $\int f_o d(N_p * \mu_p) \neq 0$ pour tout $0 < p \leqq p_o$. Soit η un point adhérent de $(a_p N_p * \mu_p)_{o<p\leqq p_o}$ lorsque $p \to 0$. Comme :

$$(N_p * \mu_p) * (\varepsilon - \alpha_t)$$

$$= \left(\int_o^t \exp(-ps)\alpha_s ds\right) * \mu_p + (\exp(-pt) - 1)N_p * \mu_p * \alpha_t ,$$

on a, pour tout $t \in R^+$, $\eta \geqq \eta * \alpha_t$, d'où $\eta \in E^+((\alpha_t))$. D'après la proposition 1.4 et $a_p \int f_o d(N_p * \mu_p) = 1$, on a $\eta = \frac{1}{\int f d\xi}\xi$. Cela montre que $(a_p N_p * \mu_p)_{o<p\leqq p_o}$ converge vers η dans $M(X)$ lorsque $p \to 0$. Le lemme 1.9 est ainsi démontré.

Par conséquent, on a, pour toute $0 \neq f \in C_K^+(X)$,

$$\lim_{p\to o} \frac{1}{\int f dN_p} N_p = \frac{1}{\int f d\xi}\xi \quad \text{dans } M(X) .$$

Soit N un noyau de convolution de Hunt et $\eta \in E^+((\alpha_t))$, où $(\alpha_t)_{t\in R^+}$ est le semi-groupe de convolution de N . Pour un ouvert relativement compact ω dans X , il existe $\lambda'_\omega \in \mathcal{D}^+(N)$, et une seule telle que $\mathrm{supp}(\lambda'_\omega) \subset \overline{\omega}$, $N * \lambda'_\omega \leqq \eta$, $N * \lambda'_\omega = \eta$ dans ω et

$$N * \lambda'_\omega = \inf\{N * \nu \,;\, \nu \in \mathcal{D}^+(N) ,\ N * \nu \geqq \eta \ \text{dans } \omega\}$$

(voir [7]). On dit que λ'_ω est la mesure η-équilibre de ω relativement à N . Dans le cas où $\eta = N * \mu$ avec $\mu \in \mathcal{D}^+(N)$, λ'_ω s'écrit μ'_ω et s'appelle la mesure balayée (inférieurement) de μ sur ω relativement à N . Dans le cas où $(\alpha_t)_{t\in R^+}$ est sous-markovien, la mesure ξ-équilibre de ω par rapport à N s'appelle simplement la mesure équilibre de ω par rapport à N .

LEMME 1.10. *Soient $(\alpha_t)_{t\in R^+}$ et N_p $(0 < p \in R^+)$ les mêmes que dans le lemme 1.9 et soit $(\mu_p)_{0<p\in R^+}$ une famille dans $M(X)$ vérifiant $\sup_{p>0}\int d|\mu_p| < \infty$. S'il existe deux ouverts $\omega^{(1)} \neq \emptyset$ et $\omega^{(2)} \neq \emptyset$ tels que, pour tout $0 < p \in R^+$, $N_p * \mu_p \geqq 0$ dans $\omega^{(1)}$ et $N_p * \mu_p \leqq 0$ dans $\omega^{(2)}$, alors $(|N_p * \mu_p|)_{0<p\in R^+}$ est bornée dans $M(X)$.*

Preuve. Il suffit de montrer que $((N_p * \mu_p)^+)_{0<p\in R^+}$ est bornée dans $M(X)$, car on peut montrer, de la même manière, que $((N_p * \mu_p)^-)_{0<p\in R^+}$ est bornée dans $M(X)$. On a, pour tout $0 < p\in R^+$, $\inf(N_p * \mu_p^+ , N_p * \mu_p^-) \in E^+((\exp(-pt)\alpha_t))$. Soit $(\omega_n)_{n=1}^{\infty}$ une exhaustion de X (3) et posons $\eta = \inf(N_p * \mu_p^+ , N_p * \mu_p^-)$. Désignons par λ'_{ω_n} la mesure η-équilibre de ω_n par rapport à N ; alors $\lambda'_{\omega_n} \geqq \lambda'_{\omega_{n+1}}$ dans ω_n , car λ'_{ω_n} est la mesure balayée de $\lambda'_{\omega_{n+1}}$ sur ω_n relativement à N . Donc $\lambda'_p = \lim_{n\to\infty} \lambda'_{\omega_n}$ existe dans $M(X)$. Comme $N_p * \lambda'_{\omega_n} \leqq N_p * \mu_p^+$ $(n = 1,2,\ldots)$, on a $N_p * \lambda'_p = \lim_{n\to\infty} N_p * \lambda'_{\omega_n}$ (voir [3]) , et donc $N_p * \lambda'_p = \inf(N_p * \mu_p^+ , N_p * \mu_p^-)$. On a $\int d\mu_p^+ \geqq \int d\lambda'_p$, car $N_p * \mu_p^+ \geqq N_p * \lambda'_p$. Comme $N_p * \mu_p^+ = N_p * \lambda'_p$ dans $\omega^{(2)}$, le lemme 1.9 montre que $(N_p * (\mu_p^+ - \lambda'_p))_{0<p\in R^+}$ est bornée dans $M(X)$. Ainsi $((N_p * \mu_p)^+)_{0<p\in R^+}$ est bornée dans $M(X)$, d'où le lemme 1.10.

LEMME 1.11. *Soit $(\alpha_t)_{t\in R^+}$ un semi-groupe de convolution sous-markovien et N_p $(0<p\in R^+)$ le même que dans le lemme 1.9. Soient $(p_n)_{n=1}^{\infty}$ et $(\mu_n)_{n=1}^{\infty}$ une suite des nombres > 0 vérifiant $\lim_{n\to\infty} p_n = 0$ et une suite dans $M_K(X)$ vérifiant $\sup_{n\geqq 1} \int d|\mu_n| < \infty$ et $supp(\mu_n) \subset K$ $(n = 1,2,\ldots)$, où K est un compact fixé. Si $\lim_{n\to\infty} N_{p_n} * \mu_n$ existe dans $M(X)$, alors $\lim_{n\to\infty} \mu_n$ existe dans $M(X)$. En posant $\mu = \lim_{n\to\infty} \mu_n$, on a encore*

$$\lim_{n\to\infty}\int_0^t \alpha_s * \mu_n ds = \int_0^t \alpha_s * \mu\, ds$$

pour tout $t \in R^+$.

---

(3) Cela signifie que ω_n est un ouvert relativement compact dans X , $\overline{\omega_n} \subset \omega_{n+1}$ $(n = 1,2,\ldots)$ et $\bigcup_{n=1}^{\infty} \omega_n = X$.

Preuve. Supposons que $(\alpha_t)_{t \in R^+}$ est transient. Posons $N = \int_0^\infty \alpha_t dt$. Alors, pour deux points adhérents μ et μ' de $(\mu_n)_{n=1}^\infty$ lorsque $n \to \infty$ quelconques, $N * \mu = N * \mu'$, et l'injectivité de N donne $\mu = \mu'$. Donc $\lim_{n\to\infty} \mu_n$ existe dans $M(X)$. Le deuxième énoncé est évident.

Supposons que $(\alpha_t)_{t \in R^+}$ est récurrent. D'après le principe de domination pour N_{p_n} , on a, pour toute $f \in C_K^+(X)$,

$$|N_{p_n} * \mu_n * f| \leq \sup_{x \in K+\mathrm{supp}(f)} |N_{p_n} * \mu_n * f(x)| \quad \text{sur } X .$$

On remarque ici $\xi = N_p * (p\xi)$. Donc, pour tout $0 < p \in R^+$, $\lim_{n\to\infty} N_p * N_{p_n} * \mu_n$ existe dans $M(X)$, et par suite $\lim_{n\to\infty} N_p * \mu_n$ existe dans $M(X)$. Par conséquent, $\mu = \lim_{n\to\infty} \mu_n$ existe dans $M(X)$ (voir la première preuve), et pour tout $t \in R^+$, $\lim_{n\to\infty} \int_0^t \alpha_s * \mu_n ds = \int_0^t \alpha_s * \mu ds$, d'où le lemme 1.11.

LEMME 1.12. *Soit N un noyau de convolution de Hunt dont le semi-groupe de convolution est sous-markovien. Si $\mathrm{supp}(N) = X$ et N est non-singulier par rapport à ξ , alors il existe $0 \neq \lambda \in \mathcal{D}^+(N)$ telle que $\int d\lambda \leq 1$ et $N - N_s = N * \lambda$, où N_s est la partie singulière de N par rapport à ξ, et la densité de $N - N_s$ par rapport à ξ est > 0 ξ-p.p. sur X .*

Preuve. Comme, pour tout $n \geq 1$, $\inf(N,n\xi) \in \mathcal{E}^+((\alpha_t))$, où $(\alpha_t)_{t \in R^+}$ est le semi-groupe de convolution de N , on obtient, de la même manière que dans le lemme 1.10, qu'il existe $\lambda_n \in \mathcal{D}^+(N)$ vérifiant $N * \lambda_n = \inf(N,n\xi)$. Comme $\xi \in \mathcal{E}^+((\alpha_t))$ et $N * \lambda_n \leq N$, on a $\int d\lambda_n \leq 1$. On peut supposer que $(\lambda_n)_{n=1}^\infty$ converge dans $M(X)$ lorsque $n \to \infty$. Posons $\lambda = \lim_{n\to\infty} \lambda_n$ dans $M(X)$; alors $\lim_{n\to\infty} N * \lambda_n = N * \lambda$ dans $M(X)$ d'après la propriété de la convergence dominée de N (voir [3]) . On obtient donc que $\int d\lambda \leq 1$ et

$$N - N_s = \lim_{n\to\infty} \inf(N,n\xi) = N * \lambda .$$

Comme $N \neq N_s$, on a $\lambda \neq 0$. Comme $\mathrm{supp}(N * \lambda) = X$, il existe un compact K dans X tel que $\xi(K) > 0$ et $\inf_{x\in K} d(x) > 0$, où d est la densité de $N - N_s$ par rapport à ξ . Soit g la fonction caractéristique de K . Alors le principe de domination de N donne $d \geqq aN * g$ ξ-p.p. sur X, où $0 < a \in R^+$. La fonction $(N * \lambda) * g$ est finie, continue et > 0 partout sur X, car on choisit $0 \neq f \in C_K^+(X)$ vérifiant $\mathrm{supp}(f) \subset \{x \in X ; N * \lambda * g(x) > 0\}$. On a alors $N * \lambda \geqq N * g \geqq N * \lambda * g$ sur X. Le lemme 1.12 est ainsi démontré.

Montrons que la condition est suffisante. Soit $\mu \in M_K^+(X)$ vérifiant $\int d\mu = 1$ quelconque fixée. Soit $(\omega_n)_{n=1}^{\infty}$ une suite des voisinages ouverts et relativement compacts et 0 vérifiant $\omega_n = -\omega_n$, $\overline{\omega_{n+1}} \subset \omega_n$ $(n = 1,2,\ldots)$, $\bigcap_{n=1}^{\infty} \omega_n = \{0\}$, et $C\omega_1 + \mathrm{supp}(\mu) \not\ni 0$. Soit $\lambda_{p,1}$ la mesure équilibre de ω_1 relativement à N_p $(0 < p \in R^+)$ et posons $\nu_{p,1} = \frac{1}{\int d\lambda_{p,1}} \lambda_{p,1}$. Pour tous $0 < p \in R^+$ et $n \geqq 2$, on désigne par $\nu_{p,n}$ la mesure balayée de $\nu_{p,1}$ sur ω_n relativement à N_p. D'après le lemme 1.10, $(|N_p * \nu_{p,1} * (\varepsilon - \mu)|)_{0 < p \in R^+}$ et $(N_p * (\nu_{p,1} - \nu_{p,n}))_{0 < p \in R^+}$ sont bornées dans $M(X)$ $(n = 1,2,\ldots)$. On choisit une suite $(p_n)_{n=1}^{\infty}$ des nombres > 0 telle que $\lim_{n\to\infty} p_n = 0$ et $\lim_{n\to\infty} N_{p_n} * \nu_{p_n,1} * (\varepsilon - \mu)$ et $\lim_{n\to\infty} N_{p_n} * (\nu_{p_n,1} - \nu_{p_n,m})$ existent dans $M(X)$ $(m = 1,2,\ldots)$ (remarquer que X est à base dénombrable). On peut supposer encore que $(\nu_{p_n,1})_{n=1}^{\infty}$ converge dans $M(X)$ lorsque $n \to \infty$, et alors le lemme 1.11 montre que $\lim_{n\to\infty} \nu_{p_n,m}$ existe dans $M(X)$ $(m = 1,2,\ldots)$. Posons $\nu_m = \lim_{n\to\infty} \nu_{p_n,m}$ pour tout $m \geqq 1$; alors $\int d\nu_m = 1$, car l'égalité $\int d\nu_1 = 1$ est évidente et, pour toute $0 \neq f \in C_K^+(X)$,

$$\frac{1}{\int f d\xi} \xi * (\nu_1 - \nu_m) = \lim_{n\to\infty} \frac{1}{\int f dN_{p_n}} N_{p_n} * (\nu_{p_n,1} - \nu_{p_n,m}) = 0$$

dans $M(X)$. On remarque ici $\int d\nu_{p_n,m} \leqq 1$. Posons $\eta_m = \lim_{n\to\infty} N_{p_n} * (\nu_{p_n,1} - \nu_{p_n,m})$ pour tout $m \geqq 1$; alors $\eta_m \in M^+(X)$ et $(\eta_m)_{m=1}^{\infty}$ est croissante. Pour $m \geqq 2$, on pose $\nu'_{p_n,m} = \frac{\int d\nu_{p_n,2}}{\int d\nu_{p_n,m}} \nu_{p_n,m}$, et alors $\int d\nu'_{p_n,m} \leqq 1$ et $\lim_{n\to\infty} \nu'_{p_n,m} = \nu_m$ dans $M(X)$. Soit ω un ouvert $\neq \emptyset$ vérifiant $\omega + (-\overline{\omega_2}) \subset \omega_1$. Alors, pour tout $m \geqq 2$, $N_{p_n} * \nu_{p_n,1} * \nu'_{p_n,m} = (\int d\nu_{p_n,2}) N_{p_n} * \nu_{p_n,1}$ dans ω, et donc le lemme 1.10 montre que $(|N_{p_n} * \nu_{p_n,1} * (\nu_{p_n,2} - \nu'_{p_n,m})|)_{n \geqq 1, m \geqq 2}$ est bornée dans $M(X)$. En prenant une sous-suite de $(p_n)_{n=1}^{\infty}$ si c'est nécessaire, on peut supposer que, pour tout $m \geqq 2$, $(N_{p_n} * \nu_{p_n,1} * (\nu_{p_n,2} - \nu'_{p_n,m}))_{n=1}^{\infty}$ converge dans $M(X)$. On a alors

$$\lim_{n\to\infty} (N_{p_n} * \nu_{p_n,1} * (\nu_{p_n,1} - \nu'_{p_n,m}) + (\frac{\int d\nu_{p_n,2}}{\int d\nu_{p_n,m}} - 1) N_{p_n} * \nu_{p_n,1} * \nu_{p_n,m})$$

$$= \lim_{n\to\infty} N_{p_n} * \nu_{p_n,1} * (\nu_{p_n,1} - \nu_{p_n,m}) = \eta_m * \nu_1 ,$$

et donc $\lim_{n\to\infty} (\frac{\int d\nu_{p_n,2}}{\int d\nu_{p_n,m}} - 1) N_{p_n} * \nu_{p_n,1} * \nu_{p_n,m}$ existe dans $M(X)$. Comme cette limite appartient à $E^+((\alpha_t))$, elle est égale à $a_m \xi$, où $a_m \in R^+$. On a encore

$$\lim_{n\to\infty} (\frac{\int d\nu_{p_n,2}}{\int d\nu_{p_n,m}} - 1) N_{p_n} * \nu_{p_n,m} = a_m \xi$$

dans $M(X)$. On obtient ainsi que $(|(\eta_m - a_m \xi) * \nu_1|)_{m=2}^{\infty}$ est bornée dans $M(X)$. Pour $f \in C_K(X)$ quelconque, on pose

$$A_n(f) = \sup_{x \in \mathrm{supp}(f) + \mathrm{supp}(\varepsilon - \mu) + \overline{\omega}_1} |(N_{p_n} * \nu_{p_n,1} * (\varepsilon - \mu)) * f(x)| \ ;$$

alors $\sup_{n\geqq 1} A_n(f) < \infty$ et le principe de domination de N_{p_n} (ou bien le principe complet du maximum de N_{p_n}) donne

$$|N_{p_n} * \nu_{p_n,1} * (\varepsilon - \mu) * f(x)| \leqq A_n(f)$$

pour tout $x \in X$. Posons $A(f) = \sup_{n\geqq 1} A_n(f)$; alors, pour tout $t \in R^+$, on a

$$|(\int_o^t \alpha_s * \nu_1 * (\varepsilon - \mu) dt) * f(x)|$$

$$= \lim_{n\to\infty} |(N_{p_n} * \nu_{p_n,1} * (\varepsilon - \mu)) * (\varepsilon - \alpha_t) * f(x)|$$

$$\leqq 2A(f)$$

pour tout $x \in X$. Comme l'application $C_K(X) \ni f \to A(f) \in R^+$ est semi-continue, sous-additive et homogène, on obtient que $(\int_o^t \alpha_s * \nu_1 * (\varepsilon - \mu) dt)_{t \in R^+}$ est bornée dans $M(X)$. Pour $f \in C_K(X)$ et $m \geqq 2$, on pose

$$B_m(f) = \sup_{x \in \mathrm{supp}(f)+\mathrm{supp}(\varepsilon-\mu)+\overline{\omega}_1} |\eta_m + (\varepsilon - \mu) * f(x)| .$$

Comme $\lim_{n\to\infty} N_{p_n} * (\nu_{p_n,1} - \nu_{p_n,m}) = \eta_m$, le principe de domination de N_{p_n} $(n = 1,2,\ldots)$ donne

$$|\eta_m * (\varepsilon - \mu) * f(x)| \leqq B_m(f)$$

pour tout $x \in X$. On a donc, pour tous $t \in R^+$ et $x \in X$,

$$\begin{aligned} &|(\int_o^t \alpha_s * (\varepsilon - \nu_1) * (\varepsilon - \mu)ds) * f(x)| \\ &= \lim_{n\to\infty} |(\int_o^t \alpha_s + (\nu_m - \nu_1) * (\varepsilon - \mu)ds) * f(x)| \\ &= \lim_{n\to\infty} |\eta_m * (\varepsilon - \mu) * (\varepsilon - \alpha_t) * f(x)| \\ &\leqq 2 \varliminf_{m\to\infty} B_m(f) . \end{aligned}$$

Par conséquent, il suffit de montrer que, pour toute $f \in C_K^+(X)$, $\sup_{m\geqq 2} B_m(f) < \infty$. Supposons qu'il existe $f \in C_K(X)$ vérifiant $\sup_{m\geqq 2} B_m(f) = \infty$. Posons $g = f * (\varepsilon - \mu)$; alors $\int g d\xi = 0$. D'après le principe de domination de N_{p_n} $(n = 1,2,\ldots)$, il existe $x_m \in \mathrm{supp}(g) + \overline{\omega}_1$ tel que $|\eta_m * g(x_m)| = B_m(f)$. On peut choisir une sous-suite $(B_{m_k}(f))_{k=1}^\infty$ de $(B_m(f))_{m=1}^\infty$ telle que $B_{m_k}(f) > 0$ $(k = 1,2,\ldots)$, $\lim_{k\to\infty} B_{m_k}(f) = \infty$ et $(x_{m_k})_{k=1}^\infty$ converge vers $x_o \in X$ lorsque $k \to \infty$. On peut supposer que $\eta_{m_k} * g(x_{m_k}) > 0$ pour tout $k \geqq 1$. Posons $g_{m_k} = g * \varepsilon_{-x_{m_k}}$ et soit $0 < p \in R^+$ quelconque fixé. Alors on a $B_{m_k}(f) = \eta_{m_k} * g_{m_k}(0)$ et

$$p\int \eta_{m_k} * g_{m_k} d\check{N}_p = \eta_{m_k} * g_{m_k}(0) - N_p * (\nu_{m_k} - \nu_1) * g_{m_k}(0) ,$$

et donc :

$$\lim_{k\to\infty} p\int \frac{\eta_{m_k} * g_{m_k}}{B_{m_k}(f)} d\check{N}_p = 1 .$$

Comme $p\int dN_p = 1$, le lemme 1.12 montre que

$$\lim_{k\to\infty} \frac{\eta_{m_k} * g_{m_k}}{B_{m_k}(f)} = 1 \quad \xi\text{-p.p.} \quad \text{sur} \quad X .$$

Comme $((\eta_m - a_m\xi) * \nu_1)_{m=1}^{\infty}$ est bornée dans $M(X)$, on obtient que, pout toute $h \in C_K^+(X)$, $(\eta_{m_k} * g_{m_k} * \nu_1 * h(0))_{k=1}^{\infty}$ est bornée. On arrive donc à une contradiction, et $\sup_{m\geq 2} B_m(f) < \infty$. On obtient ainsi que

$$(\int_o^t \alpha_s * (\varepsilon - \nu_1) * (\varepsilon - \mu)ds)_{t \in R^+}$$

est bornée dans $M(X)$. Comme $(\int_o^t \alpha_s * \nu_1 * (\varepsilon - \mu)ds)_{t \in R^+}$ est bornée dans $M(X)$, on obtient que $(\int_o^t \alpha_s * (\varepsilon - \mu)ds)_{t \in R^+}$ est bornée dans $M(X)$.
La démonstration du théorème 1.8 est complète.

REMARQUE 1.13. Soit $(\alpha_t)_{t \in R^+}$ un semi-groupe de convolution sous-markovien, récurrent et semi-transient sur X . Alors on a :

(1) Si X est non-compact, alors $\lim_{t\to\infty} \alpha_t = 0$ dans $M(X)$.

(2) Si X est compact, alors $\lim_{t\to\infty} \alpha_t = (\int d\xi)^{-1} \xi$ dans $M(X)$.

L'énoncé (1) est déjà établi dans [9] (voir le lemme 13).
Supposons X est compact. Comme $\int d\alpha_t = 1$, tout point adhérent η de $(\alpha_t)_{t \in R^+}$ lorsque $t \to \infty$ vérifie $\int d\eta = 1$. On obtient facilement que $\eta \in E^+((\alpha_t))$, et par suite $\eta = (\int d\xi)^{-1} \xi$. Cela montre l'énoncé (2).

COROLLAIRE 1.14. Soit $(\alpha_t)_{t \in R^+}$ un semi-groupe de convolution sous-markovien et récurrent sur X . Alors on a :

(1) $(\alpha_t)_{t \in R^+}$ est semi-transient si et seulement si, pour toute $\mu \in M_K^\rho(X)$, $(N_p * \mu)_{o<p \, R^+}$ est bornée dans $M(X)$.

(2) Si $(\alpha_t)_{t \in R^+}$ est semi-transient, alors, pour toute $\mu \in M_K^\rho(X)$ et tous points adhérents η_1 et η_2 de $(\int_o^t \alpha_s * u ds)_{t \in R^+}$ lorsque $t \to \infty$, $\eta_1 - \eta_2 = c\xi$ avec une constante réelle c .

Preuve de (1). Supposons que $(\alpha_t)_{t \in R^+}$ est semi-transient. Dans le théorème 1.8, on a montré que, pour toute $f \in C_K(X)$, $((\int_o^t \alpha_s ds) * \mu * f)_{t \in R^+}$ est uniformément bornée sur X . Comme, pour tous $t \in R^+$ et $0 < p \in R^+$,

$$(N_p * \mu) * (\varepsilon - \alpha_t) = \int_o^t \alpha_s * \mu \, ds - (\int_o^t \alpha_s * \mu \, ds) * (pN_p)$$

et $\lim_{t\to\infty} N_p * \alpha_t = 0$ d'après la remarque 1.13, on a

$$\sup_{p>0}\sup_{x\in X} |N_p * \mu * f(x)| \leqq 2 \sup_{t\in R^+}\sup_{x\in X} |(\int_o^t \alpha_s * \mu\, ds) * f(x)| < \infty .$$

Supposons que $(N_p * \mu)_{o<p\in R^+}$ est bornée dans $M(X)$. Alors, pour toute $f \in C_K(X)$,

$$a = \sup_{p>o}\ \sup_{x\in \text{supp}(f)+\text{supp}(\mu)} |N_p * \mu * f(x)| < \infty ,$$

et le principe de domination de N_p donne $|N_p * \mu * f| \leqq a$ sur X . Donc, pour tout $t \in R^+$,

$$|(\int_o^t \alpha_s * \mu\, ds) * f| \leqq 2a$$

(voir la preuve du théorème 1.8).

Preuve de (2). D'après (1), $\eta_1 * f$ et $\eta_2 * f$ sont bornées sur X pour toute $f \in C_K(X)$, et donc, pour tout $0 < p \in R^+$, $\eta_j * N_p$ est définie $(j = 1,2)$ et, d'après $\lim_t N_p * \alpha_t = 0$, on a

$$N_p * \mu = \eta_j - pN_p * \eta_j \quad (j = 1,2) ,$$

d'où

$$\eta_1 - \eta_2 = pN_p * (\eta_1 - \eta_2) .$$

Par conséquent, l'énoncé (2) est un résultat immédiat du théorème de Choquet et Deny (voir [1]) .

<u>*PROPOSITION 1.15*</u>. *Soit* $(\alpha_t)_{t\in R^+}$ *un semi-groupe de convolution sous-markovien et semi-transient et* N_p $(0 < p \in R^+)$ *le même que ci-dessus. Soit* $\mu \in M_K^+(X)$, $\omega \neq \emptyset$ *un ouvert dans* X *et désignons par* $\mu'_{\omega,p}$ *la mesure balayée de* μ *sur* ω *relativement à* N_p . *Alors* $(\mu'_{\omega,p})_{o<p\in R^+}$ *et* $(N_p * \mu - N_p * \mu'_{\omega,p})_{o<p\in R^+}$ *converge d'une manière croissante dans* $M(X)$ *lorsque* $p \downarrow 0$. *Posons* $\mu'_\omega = \lim_{p\to o} \mu'_{\omega,p}$ *et* $\beta_{\mu,\omega} = \lim_{p\to o} (N_p * \mu - N_p * \mu'_{\omega,p})$; *alors on a :*

(1) Si $(\alpha_t)_{t\in R^+}$ *est transient, alors* μ'_ω *est la mesure balayée de* μ *sur* ω *relativement à* $N = \int_o^\infty \alpha_t dt$ *et*

$$\beta_{\mu,\omega} = N * \mu - N * \mu'_\omega .$$

(2) Si X *est compact, alors* $\int_0^\infty \alpha_t * (\mu - \mu'_\omega)dt = \lim_{a\to\infty} \int_0^a \alpha_t * (\mu - \mu'_\omega)dt$ *existe dans* $M(X)$ *et il existe* $a_\omega \in R^+$ *tel que*

$$\beta_{\mu,} = \int_0^\infty \alpha_t * (\mu - \mu'_\omega)dt + a_\omega \xi .$$

(3) Si X *est non-compact et* $C\omega$ *est compact, alors* $\int_0^\infty \alpha_t * (\mu - \mu'_\omega)dt = \lim_{a\to\infty} \int_0^a \alpha_t * (\mu - \mu'_\omega)dt$ *existe dans* $M(X)$ *et*

$$\beta_{\mu,\omega} = \int_0^\infty \alpha_t * (\mu - \mu'_\omega)dt$$

(4) Si X *est non-compact et* $C\omega$ *n'est pas compact, alors* $(|\int_0^a \alpha_t * (\mu - \mu'_\omega)dt|)_{a \in R^+}$ *est bornée dans* $M(X)$ *et, pour tout point adhérent* β *de* $(\int_0^a \alpha_t * (\mu - \mu'_\omega)dt)_{a\in R^+}$ *lorsque* $a \to \infty$, *il existe* $a_\beta \in R^+$ *tel que* $\beta_{\mu,\omega} = \beta + a_\beta \xi$.

Preuve. Comme, pour $0 < p < q \in R^+$,

$$N_p * \mu - N_p * \mu'_{\omega,p} = N_q * (\mu + (q - p)N_p * (\mu - \mu'_{\omega,p})) - N_p * \mu'_{\omega,p},$$

on obtient facilement que $\mu'_{\omega,p}$ est la mesure balayée de $\mu + (q-p)N_p * (\mu - \mu'_{\omega,p})$ sur ω relativement à N_p , et donc $\mu'_{\omega,p} \geqq \mu'_{\omega,q}$ et $N_p * \mu - N_p * \mu'_{\omega,p} \geqq N_q * \mu - N_q * \mu'_{\omega,q}$. Pour tout $0 < p \in R^+$, $\int d\mu'_{\omega,p} \leqq \int d\mu$ et, d'après le lemme 1.10, $(N_p * \mu - N_p * \mu'_{\omega,p})_{0<p\in R^+}$ est bornée dans $M(X)$. Donc $(\mu'_{\omega,p})_{0<p\in R^+}$ et $(N_p * \mu - N_p * \mu'_{\omega,p})_{0<p\in R^+}$ converge d'une manière croissante dans $M(X)$ lorsque $p \downarrow 0$.

Supposons que $(\alpha_t)_{t\in R^+}$ est transient. Comme $N_p \uparrow N$ et $\mu'_{\omega,p} \uparrow \mu'_\omega$ lorsque $p \downarrow 0$, on a $\lim_{p\to 0} N_p * \mu'_{\omega,p} = N * \mu'_\omega$. On a donc $\beta_{\mu,\omega} = N * \mu - N * \mu'_\omega$. Comme, pour toute $\nu \in \mathcal{D}^+(N)$ vérifiant $N * \nu \geqq N * \mu$ dans ω, $N_p * (\nu + pN * \nu) = N * \nu \geqq N_p * \mu$ dans ω , on a $N * \nu \geqq N_p * \mu'_{\omega,p}$ pour tout $0 < p \in R^+$, et donc $N * \nu \geqq N * \mu'_\omega$. Ainsi μ'_ω est la mesure balayée de μ sur ω relativement à N .

Supposons que $(\alpha_t)_{t\in R^+}$ est récurrent. Si X est compact, la remarque 1.13 montre que, en écrivant aussi $\tilde{\beta} = \beta_{\mu,\omega}$,

$$\lim_{t\to\infty} \beta_{\mu,\omega} * \alpha_t = \frac{\int d\tilde{\beta}}{\int d\xi}\, \xi \quad \text{dans} \quad M(X) ,$$

et en posant $a_\omega = \dfrac{\int d\tilde{\beta}}{\int d\xi}$, on obtient que $\int_o^\infty \alpha_t * (\mu - \mu'_\omega)dt$ existe dans $M(X)$ et $\beta_{\mu,\omega} = \int_o^\infty \alpha_t * (\mu - \mu'_\omega)dt + a_\omega \xi$. Supposons que X est non-compact. Pour toute $f \in C_K^+(X)$, on pose

$$A(f) = \sup_{x \in \mathrm{supp}(f)+\mathrm{supp}(\mu)} \beta_{\mu,\omega} * f(x) ;$$

alors le principe de domination de N_p montre que

$$(N_p * \mu - N_p * \mu'_{\omega,p}) * f \leqq A(f) \quad \text{sur} \quad X ,$$

et donc $\beta_{\mu,\omega} * f \leqq A(f)$ sur X . Donc, pour tout $t \in R^+$, $\beta * \alpha_t$ est définie et

$$\int_o^t \alpha_s * (\mu - \mu'_\omega)ds + \beta_{\mu,\omega} * \alpha_t = \beta .$$

Si $C\omega$ est compact, alors $\beta_{\mu,\omega} \in M_K^+(X)$, et donc $\lim_{t\to o} \beta_{\mu,\omega} * \alpha_t = 0$ (voir la remarque 1.13), d'où l'égalité demandée dans (3). Supposons que $C\omega$ n'est pas compact et soit β' un point adhérent de $(\beta_{\mu,\omega} * \alpha_t)_{t\in R^+}$ lorsque $t \to \infty$. Comme, pour tout $0 < p \in R^+$

$$\beta_{\mu,\omega} = N_p * (\mu - \mu'_\omega) + p\beta_{\mu,\omega} * N_p$$

et $\lim_{t\to\infty} N_p * \alpha_t = 0$, on a $\beta' = p\beta' * N_p$. Donc $\beta' \in E^+((\alpha_t))$, d'où $\beta' = c\xi$, où $c \in R^+$. Par conséquent, on obtient l'énoncé (4). La proposition 1.15 est ainsi démontrée.

Dans ce cas, on dit que μ'_ω est la mesure balayée de μ sur ω relativement à $(\alpha_t)_{t\in R^+}$. Evidemment $\int d\mu'_\omega = \int d\mu$ dès que $(\alpha_t)_{t\in R^+}$ est récurrent.

<u>DEFINITION 1.16</u>. *Soit $(\alpha_t)_{t\in R^+}$ un semi-groupe de convolution sous-markovien et semi-transient sur X . On dit que $(\alpha_t)_{t\in R^+}$ est régulier si, pour toute $\mu \in M_K^\rho(X)$, $\int_o^\infty \alpha_t * \mu\, dt = \lim_{a\to\infty} \int_o^a \alpha_t * \mu\, dt$ existe dans $M(X)$.*

Dans le § 3, on montrera que tout semi-groupe de convolution sous-markovien et semi-transient est régulier, en utilisant les noyaux de convolution de type logarithmique.

PROPOSITION 1.17. Si $(\alpha_t)_{t\in R^+}$ est sous-markovien, semi-transient et régulier, alors, pour toute $\mu \in M_K^\rho(X)$, $(N_p * \mu)_{0<p\in R^+}$ converge dans $M(X)$ lorsque $p \to 0$ et l'on a :

$$\int_0^\infty \alpha_t * \mu \, dt = \lim_{p\to 0} N_p * \mu .$$

Cela est un résultat immédiat du théorème élémentaire suivant concernant la transformation de Laplace.

LEMME 1.18. (voir [12], p. 188). Soit α une fonction sur $(0,\infty)$ à valeurs réelles. Supposons que, pour tout $0 < a \in R^+$, α est de variation bornée sur $(0,a)$ et que, pour tout $0 < s \in R^+$, $\int_0^\infty \exp(-st)|d\alpha|(t) < \infty$. Si $\lim_{t\to 0} \alpha(t)$ existe et est finie, alors $\lim_{s\to 0} \int_0^\infty \exp(-st)d\alpha(t)$ existe et $\lim_{s\to 0} \int_0^\infty \exp(-st)d\alpha(t) = \lim_{t\to 0} \alpha(t)$.

La proposition 1.15 montre immédiatement le corollaire suivant.

COROLLAIRE 1.19. Soit $(\alpha_t)_{t\in R^+}$ un semi-groupe de convolution sous-markovien, semi-transient et régulier. Pour $\mu \in M_K^+(X)$, un ouvert $\omega \neq \emptyset$ dans X et la mesure balayée μ'_ω de μ sur ω relativement à $(\alpha_t)_{t\in R^+}$, il existe $a_{\mu,\omega} \in R^+$, et un seul tel que :

$$\int_0^\infty \alpha_t * (\mu' - \mu)dt \leqq a_{\mu,\omega}\xi \quad \text{et} \quad \int_0^\infty \alpha_t * (\mu' - \mu)dt = a_{\mu,\omega}\xi \quad \text{dans } \omega .$$

§ 2. LES NOYAUX DE CONVOLUTION DE TYPE LOGARITHMIQUE.

Le but de ce paragraphe est de caractériser les noyaux de convolution de type logarithmique en utilisant les résultats de [8] et [9].

DEFINITION 2.1. (voir [8]). Un noyau de convolution réel N (une mesure de Radon réelle) sur X s'appelle un noyau de convolution de type logarithmique s'il existe un semi-groupe de convolution $(\alpha_t)_{t\in R^+}$ sous-markovien, semi-transient et régulier tel que, pour toute $\mu \in M_K^\rho(X)$,

$$N * \mu = \int_0^\infty \alpha_t * \mu \, dt$$

Dans ce cas, $(\alpha_t)_{t \in R^+}$ est uniquement déterminé (voir la proposition 33 dans [8]) et il est appelé semi-groupe de convolution de N . Si N est un noyau de convolution de type logarithmique, tous les noyaux de convolution de type logarithmique dont les semi-groupes de convolution sont égaux à celui de N forment l'ensemble $\{N + a\xi \ ; \ a \in \mathbb{R}\}$. Evidemment tout noyau de convolution de Hunt dont le semi-groupe de convolution est sous-markovien est un noyau de convolution de type logarithmique. Des exemples typiques sont le noyau logarithmique $N = (\log \frac{1}{|x|})\, dx$ sur R^2 et $N = -|x|dx$ sur R^1 .

DEFINITION 2.2. *(1) Un noyau de convolution réel* N *sur* X *est dit vérifier le principe semi-complet du maximum (désigné par* $N \in PSM$*) si, pour toutes* $f, g \in C_K^+(X)$ *et tout* $a \in R$, $N * f \leqq N * g + a$ *sur* X *dès que* $N * f \leqq N * g$ *sur* $supp(f)$.

(2) Un noyau de convolution réel N *sur* X *est dit vérifier le principe du semi-balayage (resp. le principe du semi-balayage sur tout ouvert), (ce qu'on notera par* $N \in PSB$ *(resp.* $N \in PSBg$*)) si, pour toute* $\mu \in M_K^+(X)$ *et tout ouvert relativement compact* $\omega \neq \emptyset$ *(resp. tout ouvert* $\omega \neq \emptyset$*) dans* X *, il existe* $\mu' \in \mathcal{D}^+(N)$ *et* $a \in R$ *tels que* $supp(\mu') \subset \overline{\omega}$, $\int d\mu' = \int d\mu$, $N * \mu' + a\xi \leqq N * \mu$ *et* $N * \mu' + a\xi = N * \mu$ *dans* ω .

REMARQUE 2.3. (voir la proposition 4 dans [9]). Si $N \in PSB$, alors, pour toute $\mu \in \mathcal{D}^+(N)$ vérifiant $\int d\mu < \infty$ et tout ouvert relativement compact $\omega \neq \emptyset$ dans X , il existe un couple $(\mu'_\omega, a_{\mu,\omega}) \in \mathcal{D}^+(N) \times R$ tel que :
$supp(\mu') \subset \overline{\omega}$, $\int d\mu'_\omega = \int d\mu$, $N * \mu'_\omega + a_{\mu,\omega}\xi \leqq N * \mu$, $N * \mu'_\omega + a_{\mu,\omega}\xi = N * \mu$ dans ω et :

$$N * \mu'_\omega + a_{\mu,\omega}\xi$$
$$= \inf \{N * \nu + b\xi \ ; \ \nu \in \mathcal{D}^+(N) \ , \ \int d\nu = \int d\mu \ , \ b \in R \ , \ N * \nu + b\xi \geqq N * \mu \ \text{dans} \ \omega\} .$$

Dans ce cas, $(\mu'_\omega , a_{\mu,\omega})$ s'appelle un couple N-balayé de μ sur ω . Si N est injectif, c'est-à-dire, l'application sur $\{\mu \in \mathcal{D}(N) \ ; \ \int d|\mu| < \infty\}$, $\mu \to N * \mu \in M(X)$ est injective, alors $(\mu'_\omega , a_{\mu,\omega})$ est uniquement déterminé , ce qui est un résultat de la remarque suivante :

REMARQUE 2.4. Soit N un noyau de convolution réel injectif sur X et $\mu \in \mathcal{D}(N)$ vérifiant $\int d|\mu| < \infty$. Si $\int d\mu = 0$ et $N * \mu = c\xi$ avec $c \in R$, alors $\mu = 0$. Dans ce cas où X est non-compact, on peut supprimer la condition $\int d\mu = 0$.

En effet, pour toute $\nu \in M_K^+(X)$ vérifiant $\int d\nu = 1$, on a $N * \mu * (\varepsilon - \nu) = 0$, et donc $\mu = \mu * \nu$. D'après le théorème de Choquet et Deny (voir [1]), on a $\mu = a\xi$ avec $a \in R$. Si X est non-compact, on a directement $\mu = 0$. Si X est compact, $\int d\mu = 0$ donne $\mu = 0$.

PROPOSITION 2.5. *Soit N un noyau de convolution réel sur X. Alors il y a équivalence entre :*

(1) $N \in PSM$.

(2) $N \in PSB$.

(3) Pour toutes μ, $\nu \in \mathcal{D}^+(N)$ vérifiant $\int d\mu = \int d\nu < \infty$ et tout $a \in R$, on a $N * \mu \leqq N * \nu + a\xi$ dès qu'il existe un ouvert $\omega \neq \emptyset$ dans X vérifiant $N * \mu \leqq N * \nu + a\xi$ et $\mu(C\omega) = 0$.

L'équivalence entre (1) et (2) est établie dans [8] (voir la proposition 11), et l'implication (3) $\to$ (1) est évidente. Montrons (1) et (2) $\Rightarrow$ (3). Soit $(\omega_n)_{n=1}^{\infty}$ une exhaustion de ω et $(\mu'_n, a_{\mu,n})$ un couple N-balayé de μ sur ω_n ; alors on peut supposer $\mu'_n \geqq \mu$ dans ω_n, et donc $\lim_{n\to\infty} \mu'_n = \mu$ dans $M(X)$, car $\int d\mu'_n = \int d\mu$. Par conséquent, on a $N * \mu'_n + a_{\mu,n}\xi \uparrow N * \mu$ avec $n \uparrow \infty$. Soit $(\nu'_n, a_{\nu,n})$ un couple N-balayé de ν sur ω_n ; alors $N \in PSM$ donne $N * \mu'_n + a_{\mu,n}\xi \leqq N * \nu'_{n+1} + a_{\nu,n+1}\xi + a\xi \leqq N * \nu + a\xi$. En faisant $n \uparrow \infty$, on arrive à $N * \mu \leqq N * \nu + a\xi$.

Soit $N \in PSM$. Pour toute $\mu \in \mathcal{D}^+(N)$ vérifiant $\int d\mu < \infty$ et tout ouvert $\omega \neq \emptyset$ dans X, on pose :

$$\eta_{\mu,\omega} = \lim_{n\to\infty} (N * \mu'_{\omega_n} + a_{\mu,\omega_n}\xi) \text{ dans } M(X),$$

où $(\omega_n)_{n=1}^{\infty}$ est une exhaustion de ω et où $(\mu'_{\omega_n}, a_{\mu,\omega_n})$ désigne un couple N-balayé de μ sur ω_n. Evidemment $\eta_{\mu,\omega}$ ne dépend pas du choix de $(\omega_n)_{n=1}^{\infty}$

et $\eta_{\mu,\omega} = N * \mu'_\omega + a_{\mu,\omega}\xi$ dès que $\overline{\omega}$ est compact.

REMARQUE 2.6. Soit $N \in PSM$. Alors, pour toute $\mu \in \mathcal{D}^+(N)$ vérifiant $\int d\mu < \infty$ et tout ouvert $\omega \neq \emptyset$ dans X, on a

$$\nu \in \mathcal{D}^+(N)\ ,\ \int d\nu < \infty\ ,\ \mathrm{supp}(\nu) \subset \omega,\ a \in R\ ,$$

$$\eta_{\mu,\omega} = \sup\{N * \nu + a\xi\ ;\ (N + b\xi) * \nu + a\xi \leqq (N + b\xi) * \mu \ \text{ pour tout } \ b \in R\}\ .$$

Comme, pour toute $\nu \in \mathcal{D}^+(N)$ vérifiant $\int d\nu < \infty$ et tout $a \in R$, $\int d\nu = \int d\mu$ dès que $(N + b\xi) * \nu + a\xi \leqq (N + b\xi) * \mu$ pour tout $b \in R$, on obtient la remarque 2.6 (voir § 3 dans [8]) . Donc on peut appeler $\eta_{\mu,\omega}$ la N-réduite de $N * \mu$ sur ω. En particulier, on écrit simplement $\eta_\omega = \eta_{\varepsilon,\omega}$.

Soit $\mathbb{Z}^1$ le groupe des entiers et F un groupe abélien compact. Dans le cas où $X = R^1 \times F$ ou bien $X = Z^1 \times F$, on écrit $X^+ = R^+ \times F$ ou bien $X^+ = Z^+ \times F$ et $X^- = R^- \times F$ ou bien $X^- = Z^- \times F$, où $R^- = \{x \in R^1\ ;\ x \leqq 0\}$, $Z^+ = \{x \in Z^1\ ;\ x \geqq 0\}$ et $Z^- = \{x \in Z^1\ ;\ x \leqq 0\}$. Dans le cas où $X = R^1 \times F$ ou bien $X = Z^1 \times F$, on peut définir de manière analogue X^+ et X^-.

DEFINITION 2.7. Supposons $X \approx R^1 \times F$ ou bien $X \approx Z^1 \times F$. Soit $N \in PSM$.

Un couple (v_1, v_2) de voisinages compacts de 0 est dit symétrique par rapport au N-balayage s'il existe des exhaustions $(\omega_{1,n})_{n=1}^\infty$ de Cv_1, $(\omega_{2,n})_{n=1}^\infty$ de Cv_2, des couples N-balayés $(\varepsilon'_{\omega_{1,n}}, a_{\omega_{1,n}})$ de ε sur $\omega_{1,n}$, $(\varepsilon'_{\omega_{2,n}}, a_{\omega_{2,n}})$ de ε sur $\omega_{2,n}$ relativement à N $(n = 1,2,\ldots)$ et deux constantes $b_1 \geqq 0$, $b_2 \geqq 0$ avec $b_1 + b_2 = 1$ tels que

$$\lim_{n\to\infty} (b_1\varepsilon'_{\omega_{1,n}} + b_2\varepsilon'_{\omega_{2,n}})(X^+) = \lim_{n\to\infty} (b_1\varepsilon'_{\omega_{1,n}} + b_2\varepsilon'_{\omega_{2,n}})(X^-) = \frac{1}{2}\ .$$

On désigne par $V^{(2)}_{N,s}$ l'ensemble des tels couples (v_1, v_2) et l'on dit que (b_1, b_2) est un couple constant associé à (v_1, v_2).

DEFINITION 2.8. Soit N un noyau de convolution réel sur X vérifiant $N \in PSM$.

On dit que N est semi-régulier si X est compact ou bien si X est non-compact et pour toute $\mu \in M_K^\rho(X)$,

$$\lim_{v \uparrow X} \eta_{Cv} * \mu = 0 \quad dans \quad M(X)$$ (4)

où v *est un voisinage compact de* 0 .

Dans le cas où $X \approx R^1$ F *ou bien* $X \approx Z^1 \times F$, *où* F *est un groupe abélien compact, on dit que* N *est semi-régulier au sens faible si* $\lim_{v \uparrow X} \eta_{Cv} = c\xi$ *dans* $M(X)$ *avec* $c \in R$ *ou bien si, pour tout voisinage compact* v *de* 0 , *il existe* $(v,v') \in V^{(2)}_{N,s}$ *tel que* $v \subset v'$ *et si, pour tout couple constant* $(b_v, b_{v'})$ *associé à* $(v,v') \in V^{(2)}_{N,s}$ *et toute* $\mu \in M^{\rho}_K(X)$,

$$\lim_{\substack{v \uparrow X, v' \uparrow X \\ (v,v') \in V^{(2)}_{N,s}}} (b_v \eta_{Cv} + b_{v'} \eta_{Cv'}) * \mu = 0 \quad dans \quad M(X) .$$

Evidemment N est régulier au sens faible dès qu'il est régulier.

Dans R^1 , le noyau de convolution $N = -|x|\,dx$ vérifie PSM et N est semi-régulier au sens faible. Mais N n'est pas semi-régulier.

DEFINITION 2.9. *Soit* N *un noyau de convolution réel sur* X *et* φ *une fonction additive et continue sur* X . *On dit que* N *est dominé par* φ *si, pour toute* $f \in C^+_K(X)$, *il existe* $c_1, c_2 \in R$ *tels que* $N * f \leqq c_1 + c_2\varphi$. *On dit encore que* N *possède une majorante additive s'il existe une fonction additive et continue* $\varphi \neq 0$ *sur* X *telle que* N *soit dominé par* φ .

REMARQUE 2.10. Soit N un noyau de convolution réel sur X vérifiant $N \in$ PSM et φ une fonction additive et continue sur X . S'il existe $0 \neq f \in C^+_K(X)$ et $c \in R$ tels que $N * f \leqq c + \varphi$, alors N est dominé par φ .

En effet, $N \in$ PSM montre que, pour toute $g \in C^+_K(X)$ vérifiant $\int g d\xi = \int f d\xi$, $N * f - N * g$ est bornée sur X , et donc, pour toute $0 \neq g \in C^+_K(X)$, on a :

$$N * g \leqq \frac{\int g d\xi}{\int f d\xi} \sup_{x \in X} \left| \frac{\int f d\xi}{\int g d\xi} N * g(x) - N * f(x) \right| + \frac{\int g d\xi}{\int f d\xi} (c + \varphi) ,$$

d'où la remarque 2.10.

---

(4) Cela signifie que, pour toute suite $(v_n)^{\infty}_{n=1}$ des voisinages compacts de 0 vérifiant l'intérieur de $v_{n+1} \supset v_n$ et $\bigcup_{n=1}^{\infty} v_n = X$, $\lim_{n \to \infty} \eta_{Cv_n} * \mu = 0$ dans $M(X)$.

Le théorème suivant est un résultat principal dans ce paragraphe.

THEOREME 2.11. *Soit N un noyau de convolution réel sur X. Alors on a :*

(1) Supposons que $X \not\approx R^1 \times F$ et $X \not\approx Z^1 \times F$, où F est un groupe abélien compact. Alors, pour que N soit un noyau de convolution de type logarithmique, il faut et il suffit que :

(a) N soit non-périodique, c'est-à-dire, pour tout $x \in X$, $N * \varepsilon_x \neq N$ dès que $x \neq 0$.

(b) $N \in PSM$.

(c) N soit semi-régulier.

(2) Supposons que $X \approx R^1 \times F$ ou bien $X \approx Z^1 \times F$. Alors, pour que N soit un noyau de convolution de type logarithmique, il faut et il suffit que N vérifie (a),(b) et

(c') N soit semi-régulier au sens faible.

Cela est une généralisation de la caractérisation bien connue des noyaux de convolution de Hunt (voir [6]).

Pour montrer que la condition est nécessaire, on prépare les lemmes suivants :

LEMME 2.12. *Soit N un noyau de convolution de type logarithmique et $(\alpha_t)_{t \in R^+}$ le semi-groupe de convolution de N. Supposons que X est non-compact et que $(\alpha_t)_{t \in R^+}$ est récurrent. Alors, pour toute $\mu \in M_K^+(X)$ et tout voisinage compact v de 0, $\mu'_{Cv} \in D^+(N)$ et*

$$\eta_{\mu,Cv} = N * \mu'_{Cv},$$

où μ'_{Cv} est la mesure balayée de μ sur Cv relativement à $(\alpha_t)_{t \in R^+}$. On a encore :

(1) Pour toute $0 \neq \mu \in M_K^+(X)$, $\lim_{v \uparrow X} \eta_{\mu,Cv} = -\infty$; c'est-à-dire, pour toute $0 \neq f \in C_K^+(X)$, $\lim_{v \uparrow X} \int f d\eta_{\mu,Cv} = -\infty$.

(2) Pour toutes $f \in C_K^+(X)$ et $\mu \in M_K^+(X)$, il existe $a_v \in R^+$ tel que $(|\eta_{\mu,Cv} * f + a_v|\xi)_{v \in V}$ soit bornée dans $M(X)$, où V désigne l'ensemble des voisinages compacts de 0. Soit η un point adhérent de $((\eta_{\mu,Cv} * f + a_v)\xi)_{v \in V}$ dans $M(X)$ lorsque $v \uparrow X$ quelconque. Alors on a :

(3) Il existe $c \in R$ *et une fonction additive et continue* φ *sur* X *tels que* $\eta = (\varphi + c)\xi$.

(4) N *est dominé par* φ .

(5) Pour toutes $\nu \in M_K^+(X)$, $\lambda \in \mathcal{D}^+(N)$ *et* $a \in R$ *vérifiant* $\int d\nu = \int d\lambda$ *et* $N * \nu - N * \lambda + a \in M^+(X)$, *on a* $\lambda \in \mathcal{D}^+(\eta)$ *et* $-\int \varphi\, d\nu + \int \varphi d\lambda + a \int d\xi \geqq 0$.

<u>Preuve</u>. Soit $(\omega_n)_{n=1}$ une exhaustion de X vérifiant $\omega_1 \supset v$, $\mu'_{Cv,n}$ la mesure balayée de μ sur $Cv \cap \omega_n$ relativement à $(\alpha_t)_{t \in R^+}$ et $a_n = a_{\mu,Cv \cap \omega_n}$ le nombre $\geqq 0$ obtenu dans le corollaire 1.19 pour $(\alpha_t)_{t \in R^+}, \mu, Cv \cap \omega_n$ et $\mu'_{Cv,n}$.

Alors, on obtient facilement $\eta_{\mu,Cv \cap \omega_n} = N * \mu'_{Cv,n} - a_n\xi$. D'après la méthode de construction de $\mu'_{Cv,n}$ (voir la proposition 1.15), on a $\mu'_{Cv,n} \geqq \mu'_{Cv,n+1}$ dans ω_n , et donc $\lim_{n\to\infty} \mu'_{Cv,n}$ existe dans $M(X)$. Comme $\mu'_{Cv,n} \geqq \mu'_{Cv}$ dans ω_n , $\int d\mu'_{Cv,n} = \int d\mu = \int d\mu'_{Cv}$ $(n = 1,2,\ldots)$, on a $\mu'_{Cv} = \lim_{n\to\infty} \mu'_{Cv,n}$. En utilisant la proposition 1.15, le corollaire 1.16 et le corollaire 14 dans [8], on obtient que N vérifie le principe classique du maximum ; c'est-à-dire, pour toute $f \in C_K^+(X)$, $N * f \leqq \max_{x \in \mathrm{supp}(f)} N * f(x)$ sur X . Donc $N * f * \mu'_{Cv}(0)$ a un sens et $N * f * \mu'_{Cv}(0) \geqq \lim_{n\to\infty} N * f * \mu'_{Cv,n}(0)$, d'où $|N * f| * \mu'_{Cv}(0) < \infty$. On a ainsi $\mu'_{Cv} \in \mathcal{D}^+(N)$. En regardant la preuve de la proposition 28, (2) dans [8], on voit que $\lim_{n\to\infty} \eta_{\mu,Cv \cap \omega_n} = N * \mu'_{Cv}$, d'où $\eta_{\mu,Cv} = N * \mu'_{Cv}$ et $N * \mu - \eta_{\mu,Cv} = \int_0^\infty \alpha_t * (\mu - \mu'_{Cv})\, dt$. On connaît bien l'énoncé (1) (voir le théorème 2 dans [9]) .

Montrons l'énoncé (2), (3) et (4) et (5). On peut supposer $\int f d\xi = \int d\mu = 1$. Pour $v \in V$, on pose :

$$a_v = \max_{x \in \mathrm{supp}(\mu)+\mathrm{supp}(f)} (N * \mu - \eta_{\mu,Cv}) * f(x) \ ;$$

alors $a_v \geqq 0$ et $(N * \mu - \eta_{\mu,Cv}) * f \leqq a_v$, car $N_p * \mu - N_p * \mu'_{Cv,p} \uparrow N * \mu - \eta_{\mu,Cv}$ lorsque $p \downarrow 0$, où $\mu'_{Cv,p}$ est la mesure balayée de μ sur Cv relativement à N_p. Soit $x_v \in \mathrm{supp}(\mu) + \mathrm{supp}(f)$ vérifiant $(N * \mu - \eta_{\mu,Cv}) * f(x_v) = a_v$ et posons $f_v = f * \varepsilon_{-x_v}$. Alors $a_v - (N * \mu - \eta_{\mu,Cv}) * f_v \geqq 0$ sur X et $(N * \mu - \eta_{\mu,Cv}) * f_v(0) = 0$. Pour tout $0 < p \in R^+$, on a :

$$p(a_v - (N * \mu - \eta_{\mu,Cv})) * f_v * N_p(0) = (N_p * \mu - N_p * \mu'_{Cv}) * f_v(0) .$$

Comme $(N_p * \mu - N_p * \mu'_{Cv}) * f_v(0) \leqq 2 \sup_{x \in X} N_p * f(0)$, le théorème 1.8 et le lemme 1.12 montrent que $((a_v - (N * \mu - \eta_{\mu,Cv}) * f_v)\xi)_{v \in \mathcal{V}}$ est contenue dans $M^+(X)$ et bornée dans $M(X)$, et donc $(|\eta_{\mu,Cv} * f_v + a_v|\xi)_{v \in \mathcal{V}}$ est bornée dans $M(X)$. Comme :

$$|\eta_{\mu,Cv} * f + a_v|\xi = (|\eta_{\mu,Cv} * f_v + a_v|\xi) * \varepsilon_{x_v} ,$$

on obtient que $(|\eta_{\mu,Cv} * f + a_v|\xi)_{v \in \mathcal{V}}$ est bornée dans $M(X)$. Soit η un point adhérent de $((\eta_{\mu,Cv} * f + a_v)\xi)_{v \in \mathcal{V}}$ dans $M(X)$ lorsque $v \uparrow X$. On choisit une suite $(v_n)_{n=1}^{\infty} \subset \mathcal{V}$ telle que $v_n \subset \overset{\circ}{v}_{n+1}$, $\bigcup_{n=1}^{\infty} v_n = X$ et $\lim_{n\to\infty} (\eta_{\mu,Cv_n} * f + a_{v_n})\xi = \eta$ dans $M(X)$, où $\overset{\circ}{v}_{n+1}$ désigne l'intérieur de v_{n+1} . En remarquant que, pour tout $x \in X$, $\mu'_{Cv_n} * \varepsilon_x$ est la mesure balayée de $\mu * \varepsilon_x$ sur $Cv_n + \{x\}$, on obtient que

$$\eta_{\mu,Cv_n} - \eta_{\mu,Cv_n} * \varepsilon_x = \int_0^{\infty} \alpha_t * \mu'_{Cv_n} * (\varepsilon - \varepsilon_x)dt ,$$

et donc $\eta - \eta * \varepsilon_x = (\eta - \eta * \varepsilon_x) * \alpha_t$ pour tout $t \in R^+$. Comme $\eta - \eta * \varepsilon_x \geqq (\inf_{y \in X} (N - N * \varepsilon_x) * f(y))\xi$, il existe une constante c_x telle que $\eta - \eta * \varepsilon_x = c_x\xi$. Posons $\varphi(x) = c_x$; alors on voit facilement que φ est une fonction continue et additive sur X . Comme, pour tout $x_o \in X$, $(\eta - \varphi\xi) * \varepsilon_{x_o} = \eta * \varepsilon_{x_o} - \varphi\xi + \varphi(x_o)\xi = \eta - \varphi\xi$, il existe $c \in R$ tel que $\eta - \varphi\xi = c\xi$, d'où $\eta = (\varphi + c)\xi$. Comme $\eta \geqq N * \mu * f\xi$, la remarque 2.9 montre que N est dominé par φ . D'après $N * \mu - N * \mu'_{Cv_n} \in M_K^+(X)$, $(N * \mu'_{Cv_n}) * \nu$ est définie dans $M(X)$. D'après la définition de η_{μ,Cv_n} , $N * \nu \geqq N * \lambda - a\xi$ donne $(N * \mu'_{Cv_n}) * \nu \geqq (N * \mu'_{Cv_n}) * \lambda - a\xi$ $(n = 1,2,...)$. Comme, pour tout $n \geqq 1$, $a_{v_n} - (N * \mu - N * \mu'_{Cv_n}) * f \geqq 0$ et

$$(a_{v_n} - N * \mu * f + N * \mu'_{Cv_n} * f) * \nu + (N * \mu * f) * (\nu - \lambda) + a\xi$$

$$\geqq (a_{v_n} - N * \mu * f + N * \mu'_{Cv_n} * f) * \nu$$

sur X , $(\eta - N * \mu * f) * \lambda$ est définie dans $M(X)$, et donc $\eta * \lambda$ est définie dans $M(X)$. L'inégalité $-\int\varphi d\nu + \int\varphi d\lambda + a \geqq 0$ résulte immédiatement de

$(N * \mu'_{Cv_n}) * \nu \geqq (N * \mu'_{Cv_n}) * \lambda - a\xi \geqq 0$ $(n = 1,2,\ldots)$. Le lemme 2.12 est ainsi démontré.

<u>LEMME 2.13</u>. *Soient* N, $(\alpha_t)_{t \in R^+}$ *et* X *comme dans le lemme 2.12. Soit* $0 < c \in R^+$ *et* $\varphi \neq 0$ *une fonction additive et continue sur* X *à valeurs réelles et supposons que* $X \not\approx R^1 \times F$ *et* $X \not\approx Z^1 \times F$, *où* F *est un groupe abélien compact. Posons* $\omega_\varphi^+ = \{x \in X\ ;\ \varphi(x) > 0\}$ *et* $\omega_\varphi^- = \{x \in X\ ;\ \varphi(x) < 0\}$. *Soient* $\varepsilon'_{\omega_\varphi^+}$ *et* $\varepsilon'_{\omega_\varphi^-}$ *les mesures balayées de* ε *sur* ω_φ^+ *et sur* ω_φ^- *relativement au semi-groupe de convolution de* $N + c\varepsilon$, *respectivement ; alors* $\varepsilon'_{\omega_\varphi^+}(C\omega_\varphi^+) = \varepsilon'_{\omega_\varphi^-}(C\omega_\varphi^-) = 0$, $(N + c\varepsilon) * \varepsilon'_{\omega_\varphi^+} \leqq N$, $(N + c\varepsilon) * \varepsilon'_{\omega_\varphi^+} = N$ *dans* ω_φ^+, $(N + c\varepsilon) * \varepsilon'_{\omega_\varphi^-} \leqq N$ *et* $(N + c\varepsilon) * \varepsilon'_{\omega_\varphi^-} = N$ *dans* ω_φ^-.

Avant de discuter le lemme 2.13, on remarque que $N + c\varepsilon$ est un noyau de convolution de type logarithmique et que son semi-groupe de convolution est récurrent (voir la proposition 49 dans [8]). Il suffit de discuter seulement notre conclusion pour $\varepsilon'_{\omega_\varphi^+}$, car la discution pour $\varepsilon'_{\omega_\varphi^-}$ est semblable. Il est déjà connu que $\varepsilon'_{\omega_\varphi^+}(C\omega_\varphi^+) = 0$ (voir la proposition 8 dans [9]) et que le nombre $a_{\omega_\varphi^+} \geqq 0$ obtenu dans le corollaire 1.19 pour le semi-groupe de convolution de $N + c\varepsilon$, $\mu = \varepsilon$, ω_φ^+ et $\varepsilon'_{\omega_\varphi^+}$ s'annule (voir la première partie de la preuve du théorème 52 dans [8]). Avec le principe semi-complet du maximum de N et $(N + c\varepsilon) * (\frac{1}{c} N_{1/c}) = N$, on obtient l'inégalité et l'égalité demandées (voir la proposition 2.5).

<u>LEMME 2.14</u>. *Soit* N *un noyau de convolution de type logarithmique sur* R^1 *et* $(\alpha_t)_{t \in R^+}$ *son semi-groupe de convolution. Supposons que* $(\alpha_t)_{t \in R^+}$ *est récurrent. Alors il existe un couple* (N^+, N^-) *de noyaux de convolution de Hunt dont les semi-groupes de convolution sont markoviens tel que* $supp(N^+) \subset R^+$, $supp(N^-) \subset R^-$ *et, pour tous* $a \in R^+$ *(resp.* $a \in R^-$*) et* $\mu \in M_K^+(R^1)$ *portée par* $[0,a]$ *(resp.* $[a,0]$*), la mesure balayée de* μ *sur* (a,∞) *(resp.* $(-\infty,a)$*) relativement à* N^+ *(resp.* N^-*) soit égale à celle de* μ *sur* (a,∞) *(resp.* $(-\infty,a)$*) relativement à* $(\alpha_t)_{t \in R^+}$ *(relativement à* $N_o = \int_0^\infty \alpha_t\, dt$ *si* $(\alpha_t)_{t \in R^+}$ *est transient). Dans ce cas,* (N^+, N^-) *est uniquement déterminé excepté la multiplication constante.*

Soit $H^+ = hdx$ le noyau d'Heaviside ; c'est-à-dire, h est une fonction d'Heaviside, et posons $H^- = h(-x)dx$. Soient $\tilde{N}^+$ et $\tilde{N}^-$ des noyaux de convolution $\geqq 0$ sur R^1 vérifiant $\mathrm{supp}(\tilde{N}^+) \subset R^+$, $\mathrm{supp}(\tilde{N}^-) \subset R^-$, $N^+ * \tilde{N}^+ = H^+$ et $N^- * \tilde{N}^- = H^-$. Si $\int d\tilde{N}^+ = \infty$ ou bien $\int d\tilde{N}^- = \infty$, alors N est semi-régulier. Si $\int dN^+ < \infty$ et $\int dN^- < \infty$, alors, pour toute $\mu \in M_K^o(R^1)$,

$$(N * \mu) * (\tilde{N}^+ * \tilde{N}^-) = (-\frac{1}{2}|x|dx) * \mu .$$

Avant de montrer le lemme 2.14, on remarque que, pour un noyau de convolution de Hunt κ sur R^1 porté par R^+, son semi-groupe de convolution est sous-markovien si et seulement s'il existe un noyau de convolution $\kappa' \geqq 0$ sur R^1 porté par R^+ tel que $\kappa * \kappa' = H^+$ (voir, par exemple, [7]).

<u>Preuve</u>. Pour tout $0 < p \in R^+$, il existe un couple (N_p^+, N_p^-) de noyaux de convolution de Hunt dont les semi-groupes de convolution sont sous-markoviens tel que $\mathrm{supp}(N_p^+) \subset R^+$, $\mathrm{supp}(N_p^-) \subset R^-$ et $N_p^+ * N_p^- = N_p$ (voir [10]). Il est facile de voir que, pour tous $a \in R^+$ (resp. $a \in R^-$) et $\mu \in M_K^+(R^1)$ portée par $[0,a]$ (resp. $[a,0]$), la mesure balayée $\mu'_{a,p}$ de μ sur (a,∞) (resp. $(-\infty,a)$) relativement à N_p est égale à celle de μ sur (a,∞) (resp. $(-\infty,a)$) relativement à N_p^+ (resp. N_p^-) et $N_p^+ * (\mu - \mu'_{a,p}) = N_p^+ * \mu|_{[o,a]}$ (resp. $N_p^- * (\mu - \mu'_{a,p}) = N_p^- * \mu|_{[a,o]}$), où $N_p^+ * \mu|_{[o,a]}$ désigne la restreinte de $N_p^+ * \mu$ sur $[0,a]$. Donc $N_p * (\varepsilon - \varepsilon'_{a,p}) = N_p^- * (N_p^+|_{[o,a]})$ ou bien $N_p * (\varepsilon - \varepsilon'_{a,p}) = N_p^+ * (N_p^-|_{[a,o]})$ selon que $a > 0$ ou bien $a < 0$. D'après la proposition 1.15, $(N_p * (\varepsilon - \varepsilon'_{a,p}))_{o < p \in R^+}$ est décroissante lorsque p croît, et elle est bornée dans $M(R^1)$. En considérant une multiplication constante de N_p^+ et celle de N_p^- si c'est nécessaire, on peut supposer que $(N_p^+)_{o<p\in R^+}$ et $(N_p^-)_{o<p\in R^+}$ sont bornées dans $M(R^1)$. Soit $0 < a \in R^+$ (resp. $0 > a \in R^-$), ε'_a la mesure balayée de ε sur $\omega = (a,\infty)$ (resp. $(-\infty,a)$) relativement à $(\alpha_t)_{t\in R^+}$ et a_ω le nombre $\geqq 0$ obtenu dans le corollaire 1.19 pour $(\alpha_t)_{t\in R^+}$, $\mu = \varepsilon$, $\omega = (a,\infty)$ (resp. $(-\infty,a)$) et ε'_a ; alors, pour un couple adhérent (N^+,N^-) de $((N_p^+,N_p^-))_{o<p\in R^+}$ dans $M(R^1) \times M(R^1)$ lorsque $p \to 0$, on a

$$N^- * (N^+|_{[o,a]}) = \int_o^\infty \alpha_t * (\varepsilon - \varepsilon'_a)dt + a_\omega dx$$

$$(\text{resp. } N^+ * (N^-|_{[a,o]}) = \int_o^\infty \alpha_t * (\varepsilon - \varepsilon'_a)dt + a_\omega dx)$$

et $N^+ * (\varepsilon - \varepsilon'_a) = N^+|_{[o,a]}$ (resp. $N^- * (\varepsilon - \varepsilon'_a) = N^-|_{[o,a]}$) . Donc $N^+ \neq 0$ et $N^- \neq 0$. En utilisation une caractérisation bien connue des noyaux de convolution de Hunt (voir, par exemple,[6]) , on voit que N^+ et N^- sont des noyaux de convolution de Hunt dont les semi-groupes de convolution sont sous-markoviens. Comme, pour tout $0 < a \in R^+$ (resp. $0 > a \in R^-$) , $\int d\varepsilon'_a = 1$, on a $\int dN^+ = \infty$ et $\int dN^- = \infty$, et par suite les semi-groupes de convolution de N^+ et de N^- sont markoviens. Par conséquent, on obtient facilement que (N^+,N^-) est un couple demandé, et l'unicité de (N^+,N^-) excepté la multiplication constante a évidemment lieu.

Montrons la deuxième partie du lemme 2.14. Supposons $\int d\tilde{N}^- = \infty$. Alors $\lim_{p\to o} pN^- * N_p = \lim_{v\uparrow R^1} N^- * \varepsilon'_{Cv} = 0$ dans $M(R^1)$, où ε'_{Cv} désigne la mesure balayée de ε sur Cv relativement à $(\alpha_t)_{t\in R^+}$, car $(pN^- * N_p)_{o<p\in R^+}$ et $(N^- * \varepsilon'_{Cv})_{v\in V}$ sont bornées dans $M(R^1)$, et tout point adhérent de $(pN^- * N_p)_{o<p\in R^+}$ dans $M(R^1)$ lorsque $p \to 0$ et celui de $(N^- * \varepsilon'_{Cv})_{v\in V}$ dans $M(R^1)$ lorsque $v \uparrow R^1$ sont égaux à c_1dx et c_2dx , respectivement, où $c_1,c_2 \in R^+$. Donc, pour tout $0 < a \in R^+$, $\lim_{p\to o} pN^- * (N^+|_{[o,a]}) * N_p$ $= \lim_{v\uparrow R^1} N^- * (N^+|_{[o,a]}) * \varepsilon'_{Cv} = 0$ dans $M(R^1)$. D'après $N - N * \varepsilon'_a$ $= \int_o^\infty \alpha_t * (\varepsilon - \varepsilon'_a)dt$, $\lim_{p\to o} (N - N * \varepsilon'_a) * N_p = 0$, d'après la proposition 1.17, et donc $N \geq N * \varepsilon'_a$ et $N = N * \varepsilon'_a$ dans (a,∞). Pour $0 \neq f \in C_K^+(R^1)$ et $\mu = \varepsilon$, on prend une famille $(a_v)_{v\in V} \subset R^+$ obtenue dans le lemme 2.12. Soit $\eta = (\varphi + c)dx$ un point adhérent de $((a_v + \eta_{Cv} * f)dx)_{v\in V}$ dans $M(R^1)$ lorsque $v \uparrow R^1$, où $c \in R$ et φ est une fonction additive et continue sur R^1 . On choisit une suite $(v_n)_{n=1}^\infty \subset V$ telle que $\mathring{v}_{n+1} \supset v_n$, $\bigcup_{n=1}^\infty v_n = R^1$ et $\lim_{n\to\infty} (a_{v_n} + \eta_{Cv_n} * f)dx = \eta$. $\lim_{n\to\infty} (a_{v_n} + \eta_{Cv_n} * f) * (\varepsilon - \varepsilon'_a)dx = 0$ dans $M(R^1)$ d'après $\lim_{v\uparrow R^1} N * (\varepsilon - \varepsilon'_a) * \varepsilon'_{Cv} = 0$. On a $a_{v_n} + \eta_{Cv_n} * f \geq N * f$ sur R^1 .

Posons $m = \max_{x\in \text{supp}(f)} N * f(x)$ et $b = \sup_{x,y\in \text{supp}(f)} (N * f(x) - N * f(x + z)) \in R$;

Alors, pour tous $x,y \in R^1$ et $n \geq 1$,

$$\eta_{Cv_n} * f(x) - \eta_{Cv_n} * f(x-y) \leqq m + b - N * f(-y) ,$$

car

$$\eta_{Cv_n} * f(x) - \eta_{Cv_n} * f(x-y) \leqq \sup_{x \in R^1} (N * f(x) - N * f(x-y))$$

$$= \max_{x \in \mathrm{supp}(f)} (N * f(x) - N * f(x-y))$$

et, pour tout $z \in \mathrm{supp}(f)$, $N * f(x) \leqq N * f * \varepsilon_{-z}(x) + b$ sur $\mathrm{supp}(f)$, et donc $N * f(x) \leqq N * f * \varepsilon_{-z}(x) + b$ sur R^1 . Par conséquent, on a

$$\lim_{n\to\infty} (a_{v_n} + \eta_{Cv_n} * f) * (\varepsilon - \varepsilon'_a)dx = \eta * (\varepsilon - \varepsilon'_a) \quad \text{dans} \quad M(R^1) ,$$

et par suite $\int \varphi d\varepsilon'_a = 0$. Cela montre $\eta = cdx$; c'est-à-dire, pour toute $\mu \in M^o_K(R^1)$, $\lim_{n\to\infty} (\eta_{Cv_n} * f * \mu)dx = 0$ dans $M(R^1)$. Comme η est quelconque, $\lim_{v\uparrow R^1} (\eta_{Cv_n} * f * \mu)dx = 0$ dans $M(R^1)$. En remarquant que $(\eta_{Cv} * \mu)_{v\in V}$ est bornée dans $M(R^1)$ et que tout point adhérent de $(\eta_{Cv} * \mu)_{v\in V}$ dans $M(R^1)$ lorsque $v \uparrow R^1$ est égal à $c'dx$, où $c' \in R$, on arrive à $\lim_{v\uparrow R^1} \eta_{Cv} * \mu = 0$ dans $M(R^1)$, d'où la semi-régularité de N . Dans le cas où $\int dN^+ = \infty$, on obtient aussi la semi-régularité de N .

On montrera finalement l'égalité demandée dans le cas où $\int d\tilde{N}^+ < \infty$ et $\int d\tilde{N}^- < \infty$. Posons $N' = \tilde{N}^+ * \tilde{N}^-$. Alors, pour tous $0 < a \in R^+$ et $\mu \in M^o_K(R^1)$, on a

$$- \frac{d^2}{dx^2} (N * \mu * (\varepsilon - \varepsilon'_a)) * N'$$

$$= - \frac{d^2}{dx^2} (N^- * \tilde{N}^-) * (N^+ * (\varepsilon - \varepsilon'_a) * \tilde{N}^+) * \mu = (\varepsilon - \varepsilon'_a) * \mu$$

au sens des distributions. Comme $\lim_{p\to o} p(N * \mu * (\varepsilon - \varepsilon'_a)) * N_p = 0$ et $(-\frac{1}{2} |x|dx) * \mu * (\varepsilon - \varepsilon'_a)$ s'annule à l'infini, on a

$$(N * \mu * (\varepsilon - \varepsilon'_a)) * N' = (-\frac{1}{2} |x|dx) * \mu * (\varepsilon - \varepsilon'_a) .$$

En faisant $a \uparrow \infty$, on obtient que :

$$(N * \mu) * N' = (-\frac{1}{2}|x|dx) * \mu + c_\mu dx$$

où $c_\mu \in R$. On a $c_\mu dx = -\lim_{p\to o} p((-\frac{1}{2}|x|dx) * \mu) * N_p$, et donc, si μ est symétrique par rapport à 0, alors $c_\mu = 0$. Pour tout entier $n \geqq 1$, on pose $\sigma_n = \varepsilon - \frac{1}{2}(\varepsilon_n + \varepsilon_{-n})$. Alors on a $(N * \sigma_n) * N' = (-\frac{1}{2}|x|dx) * \sigma_n$, et donc $(\check{N} * \sigma_n) * \check{N}' = (-\frac{1}{2}|x|dx) * \sigma_n$, où $\int f d\check{N} = \int f(-x) dN(x)$ pour tout $f \in C_K(R^1)$. Donc, pour tout $0 < p \in R^+$, on a :

$$p(N' - \check{N}') * N_p * \check{N}_p * \sigma_n = -((-\frac{1}{2}|x|dx) * \sigma_n) * (pN_p - p\check{N}_p),$$

car $N' * N_p * \sigma_n = (-\frac{1}{2}|x|dx) * \sigma_n - pN_p * ((-\frac{1}{2}|x|dx) * \sigma_n)$ et $\check{N}' * \check{N}_p * \sigma_n = (-\frac{1}{2}|x|dx) * \sigma_n - p\check{N}_p * ((-\frac{1}{2}|x|dx) * \sigma_n)$. Pour toute $\mu \in M_K(R^1)$, on a

$$p(N' - \check{N}') * N_p * \check{N}_p * \mu = -((-\frac{1}{2}|x|dx) * \mu * (pN_p - p\check{N}_p),$$

car $\lim_{n\to\infty} ((-\frac{1}{2}|x|dx) * \mu) * (\varepsilon_n + \varepsilon_{-n}) = 0$ et $\int d(N' + \check{N}') * N_p * \check{N}_p < \infty$. Pour toute $f \in C_K^+(R^1)$, $A = \sup_{p>o} \sup_{x \in supp(f)+supp(\mu)} |N_p * \mu * f(x)| < \infty$, car $\lim_{p\to o} N_p * \mu = \int_o^\infty \alpha_t * \mu\, dt$, et donc, pour tout $0 < p \in R^+$, $|pN_p * \check{N}_p * \mu * f| \leqq A$ sur R^1. Comme $\lim_{p\to o} p\check{N}_p = 0$ (voir la remarque 1.13), tout point adhérent η de $(pN_p * \check{N}_p * \mu)_{o<p\in R^+}$ dans $M(R^1)$ vérifie $\eta = pN_p * \eta$ pour tout $0 < p \in R^+$ et donc $\eta = c dx$, où $c \in R$. Par conséquent,

$$\lim_{p\to o} p(N' - \check{N}') * N_p * \check{N}_p * \mu = 0 \quad \text{dans } M(R^1),$$

et donc

$$\lim_{p\to o} ((-\frac{1}{2}|x|dx) * \mu) * (pN_p - p\check{N}_p) = 0 \quad \text{dans } M(R^1).$$

En particulier, posons $\mu = \varepsilon - \varepsilon_1$; alors on a

$$\lim_{p\to o} (pN_p - p\check{N}_p) * ((h^+ - h^-)dx) = 0 \quad \text{dans } M(R^1).$$

Comme tout point adhérent de $(p(h^+ dx) * N_p)_{o<p\in R^+}$ dans $M(R^1)$ lorsque $p \to \infty$ est proportionnel à dx ou bien s'annule, on a

$$\lim_{p\to o} pN_p * ((h^+ - h^-)dx) = 0 \quad \text{dans } M(R^1)$$

d'où $\lim_{p\to o} pN_p(R^+) = \lim_{p\to o} pN_p(R^-) = \frac{1}{2}$. Par conséquent, pour toute $\mu \in M_K^o(R^1)$, $\lim_{p\to o} ((-\frac{1}{2}|x|dx) * \mu) * pN_p = 0$ dans $M(R^1)$. On a ainsi l'égalité demandée, ce qui montre le lemme 2.14.

En utilisant le lemme 2.14 et en regardant la preuve ci-dessus, on voit que le corollaire suivant a lieu.

<u>COROLLAIRE 2.15</u>. *Soit N un noyau de convolution de type logarithmique sur R^1 et $(\alpha_t)_{t\in R^+}$ le semi-groupe de convolution de N . Supposons que N n'est pas semi-régulier. Alors $\lim_{p\to o} pN_p(R^+) = \lim_{p\to o} pN_p(R^-) = \frac{1}{2}$, où $N_p = \int_o^\infty \alpha_t exp(-pt)dt$.*

<u>LEMME 2.16</u>. *Supposons $X \approx R^1 \times F$ ou bien $X \approx Z^1 \times F$, où F est un groupe abélien compact. Soit N un noyau de convolution de type logarithmique sur X dont le semi-groupe de convolution $(\alpha_t)_{t\in R^+}$ est récurrent. Alors, pour tout $v \in V$, il existe $v' \in V$ tel que $v \subset v'$ et $(v,v') \in V_{N,s}^{(2)}$.*

<u>Preuve</u>. Il suffit de montrer que, pour tout $v \in V$, il existe $v' \in V$ et deux constantes $b \geqq 0$, $b' \geqq 0$ vérifiant $b + b' = 1$ tels que $v \subset v'$ et $(b\varepsilon'_{Cv} + b'\varepsilon'_{Cv'})(X^+) = \frac{1}{2}$, où ε'_{Cv} est la mesure balayée de ε sur Cv relativement à $(\alpha_t)_{t\in R^+}$, car, pour toute l'exhaustion $(\omega_n)_{n=1}^\infty$ de Cv et le couple N-balayé $(\varepsilon'_{\omega_n}, a_{\omega_n})$ sur ω_n $(n = 1,2,\ldots)$, on a $\lim_{n\to\infty} \varepsilon'_{\omega_n} = \varepsilon'_{Cv}$ dans $M(X)$ et $\int d\varepsilon'_{\omega_n} = \int d\varepsilon'_{Cv} = 1$ (voir la proposition 28, (2) dans [8]). Si $\varepsilon'_{Cv}(X^+) = \varepsilon'_{Cv}(X^-)$, alors, $v' = v$ est un voisinage compact de 0 demandé. Supposons $\varepsilon'_{Cv}(X^+) \neq \varepsilon'_{Cv}(X^-)$, alors il suffit de supposer $\varepsilon'_{Cv}(X^+) > \varepsilon'_{Cv}(X^-)$. Soit $(\tilde{v}_n)_{n=1}^\infty \subset V$ vérifiant $\mathring{\tilde{v}}_{n+1} \supset \tilde{v}_n$ et $\bigcup_{n=1}^\infty \tilde{v}_n = X$, et posons $v_n = (v \cap X^-) \cup (\tilde{v}_n \cap X^+)$. Alors $\varepsilon'_{Cv_{n+1}} \geqq \varepsilon'_{Cv_n}$ sur X^- , et l'on obtient que $\lim_{n\to\infty} \varepsilon'_{Cv_{n+1}} = \varepsilon'_{X^- \cap Cv}$ dans $M(X)$, car $\varepsilon'_{X^- \cap Cv} \geqq \varepsilon'_{Cv_n}$ sur X^- $(n = 1,2,\ldots)$, $(N * \varepsilon'_{Cv_n})_{n=1}^\infty$ est décroissante et bornée, et tout point adhérent de $(N * (\varepsilon'_{Cv_n|X^+}))_{n=1}^\infty$ dans X lorsque $n \to \infty$ est égal à $d\xi$, où $d \in R$. Donc $\lim_{n\to\infty} \int_{X^+} d\varepsilon'_{Cv_n} = 0$. Par conséquent, il existe un entier $m \geqq 1$ tel que $v_m \supset v$ et $\varepsilon'_{Cv_m}(X^+) < \varepsilon'_{Cv_m}(X^-)$. Posons $v' = v_m$,

$$b = \frac{\varepsilon'_{Cv}(X^+) - \frac{1}{2}}{\varepsilon'_{Cv}(X^+) - \varepsilon'_{Cv'}(X^+)} \quad \text{et} \quad b' = \frac{\frac{1}{2} - \varepsilon'_{Cv'}(X^+)}{\varepsilon'_{Cv}(X^+) - \varepsilon'_{Cv'}(X^+)} ;$$

alors on obtient facilement que v' est un voisinage compact de 0 demandé et que b et b' sont des constantes demandées. Dans ce cas, (b,b') est uniquement déterminé. Le lemme 2.16 est ainsi démontré.

Montrons que la condition est suffisante dans les énoncés (1) et (2). Soit $(\alpha_t)_{t \in R^+}$ le semi-groupe de convolution de N et posons $N_p = \int_0^\infty \exp(-pt)\alpha_t dt$ pour tout $0 < p \in R^+$. Si, pour $x \in X$, $N * \varepsilon_x = N$, alors $\int_0^\infty \alpha_t * (\varepsilon_x - \varepsilon)dt = 0$, et donc, pour tout $0 < p \in R^+$, $(N * \varepsilon_x - N) - (N_p * \varepsilon_x - N_p) = p(N * \varepsilon_x - N) * N_p$ donne $N_p * (\varepsilon - \varepsilon_x) = 0$, d'où $\varepsilon - \varepsilon_x = \lim_{p\to\infty} pN_p * (\varepsilon - \varepsilon_x) = 0$. Ainsi N est non-périodique. Si $(\alpha_t)_{t \in R^+}$ est récurrent, on sait déjà que $N \in PSM$. Si $(\alpha_t)_{t \in R^+}$ est transient, alors $N = \int_0^\infty \alpha_t dt + c\xi$, où $c \in R$. Posons $N_o = \int_0^\infty \alpha_t dt$ et supposons que, pour $f, g \in C_K^+(X)$ vérifiant $\int f d\xi = \int g d\xi$ et $a \in R$, $N * f \leqq N * g + a$ sur $supp(f)$. Si $a \geqq 0$, alors le principe de domination de N_o donne $N * f \leqq N * g + a$ sur X. Supposons que $a < 0$. Alors $N * f < N * g$ sur $supp(f)$, et donc il existe $0 \neq h \in C_K^+(X)$ telle que $supp(h) \subset supp(f)$ et $N_o * (f + h) \leqq N_o * g$ sur $supp(f)$. D'après le principe de domination de N_o, on a $N_o * (f + h) \leqq N_o * g$ sur X. En utilisant les mesures d'équilibre par rapport à N_o, on a $\int (f + h)d\xi \leqq \int g d\xi$, d'où une contradiction. Ainsi on a $N \in PSM$.

On montrera la semi-régularité de N ou bien la semi-régularité au sens faible de N. On suppose que X est non-compact et $(\alpha_t)_{t \in R^+}$ est transient. Soient N_o et c les mêmes que ci-dessus. Si $(\alpha_t)_{t \in R^+}$ est markovien, alors, pour tout voisinage compact v de 0, $\eta_{Cv} = N_o * \varepsilon'_{Cv} + c\xi$, où ε'_{Cv} est la mesure balayée de ε sur Cv relativement à N_o, car $\int d\varepsilon'_{Cv} = 1$. Si $(\alpha_t)_{t \in R^+}$ n'est pas markovien, alors, pour un ouvert $\omega \neq \emptyset$ relativement compact,

$$\eta_\omega = N_o * \varepsilon'_\omega + \frac{1 - \int d\varepsilon'_\omega}{\int d\lambda_\omega} N_o * \lambda_\omega - \frac{1 - \int d\varepsilon'_\omega}{\int d\lambda_\omega} \xi + c\xi ,$$

où ε'_ω est la mesure balayée de ε sur ω relativement à N_o et où λ_ω est la mesure d'équilibre de ω relativement à N_o, et donc, pour tout voisinage compact v de 0,

$$\eta_{Cv} = N_o * \varepsilon'_{Cv} + \lim_{n\to\infty} \left(\frac{1 - \int d\varepsilon'_{\omega_n}}{\int d\lambda_{\omega_n}} N_o * \lambda_{\omega_n} - \frac{1 - \int d\varepsilon'_{\omega_n}}{\int d\lambda_{\omega_n}} \xi \right) + c\xi$$

$$= N_o * \varepsilon'_{Cv} + c\xi ,$$

où $(\omega_n)_{n=1}^{\infty}$ est une exhaustion de Cv, car $\int dN_o < \infty$ donne $\lim_{n\to\infty} \int d\lambda_{\omega_n} = \infty$.

On connaît bien $\lim_{v\uparrow X} N_o * \varepsilon'_{Cv} = 0$ (voir [6]), et donc N est semi-régulier. On suppose ensuite que X est non-compact et $(\alpha_t)_{t\in R^+}$ est récurrent. Pour que N soit semi-régulier, il suffit que, pour $0 \neq f \in C_K^+(X)$, tout point adhérent η de $((a_v + \eta_{Cv} * f)\xi)_{v\in V}$ dans $M(X)$ lorsque $v \uparrow X$ soit de la forme $\eta = c\xi$, où $(a_v)_{v\in V}$ est la famille $\subset R^+$ obtenue dans le lemme 2.12 pour f et $\mu = \varepsilon$ et $c \in R$ (voir la preuve de la semi-régularité de N dans le cas où $\int d\tilde{N}^+ = \infty$ ou bien $\int d\tilde{N}^- = \infty$ dans le lemme 2.14). Donc, si N ne possède pas de majorante additive, alors N est semi-régulier, d'après le lemme 2.12. Supposons $X \not\approx R^1 \times F$ et $X \not\approx Z^1 \times F$, où F est le même que ci-dessus. On suppose qu'il existe un point adhérent $\eta = (\varphi + a)\xi$ de $((a_v + \eta_{Cv} * f)\xi)_{v\in V}$ dans $M(X)$ lorsque $v \uparrow X$ vérifiant $\varphi \neq 0$, où $a \in R$ et φ est une fonction additive et continue sur X. Soit $0 < c \in R^+$, et soient $\varepsilon'_{\omega_\varphi^+}$ et $\varepsilon'_{\omega_\varphi^-}$ les mesures de Radon $\geqq 0$ dans X obtenues dans le lemme 2.13. D'après (5) du lemme 2.12 et le lemme 2.13, on a $\int \varphi d\varepsilon'_{\omega_\varphi^+} \geqq 0$ et $\int \varphi d\varepsilon'_{\omega_\varphi^-} \geqq 0$. Comme $\int d\varepsilon'_{\omega_\varphi^+} = \int d\varepsilon'_{\omega_\varphi^-} = 1$ et $\varepsilon'_{\omega_\varphi^+}(C\omega_\varphi^+) = \varepsilon'_{\omega_\varphi^-}(C\omega_\varphi^-) = 0$, on a $(\int \varphi d\varepsilon'_{\omega_\varphi^+}).(\int \varphi d\varepsilon'_{\omega_\varphi^-}) < 0$, d'où une contradiction. Par conséquent, N est semi-régulier. Supposons $X = R^1$ et que N n'est pas semi-régulier. Alors, le lemme 2.14 montre qu'il existe un noyau de convolution $N' \geqq 0$ tel que $\int dN' < \infty$ et, pour toute $\mu \in M_K^o(X)$, $(N * \mu) * N' = (-\frac{1}{2}|x|dx) * \mu$. Pour tout $v \in V$, il existe $v' \in V$ tel que $v \subset v'$ et $(v,v') \in V_{N,s}^{(2)}$, d'après le lemme 2.16. On obtient encore que, pour tout $(v,v') \in V_{N,s}^{(2)}$, $(b\varepsilon'_{Cv} + b'\varepsilon'_{Cv'})(R^+) = (b\varepsilon'_{Cv} + b'\varepsilon'_{Cv'})(R^-) = \frac{1}{2}$, où (b,b') est le couple constant associé à (v,v'). Donc, pour toute $\mu \in M_K^o(X)$,

$$\lim_{\substack{v\uparrow X, v'\uparrow X \\ (v,v')\in V^{(2)}_{N,s}}} ((-\tfrac{1}{2}|x|dx) * \mu) *(b\varepsilon'_{Cv} + b'\varepsilon'_{Cv'}) = 0 ,$$

et donc :

$$\lim_{\substack{x\uparrow X, v'\uparrow X \\ (v,v')\in V^{(2)}_{N,s}}} (N * \mu) * (b\varepsilon'_{Cv} + b'\varepsilon'_{Cv'}) = 0 ,$$

car tout point adhérent de $(\eta_{Cv} * \mu)_{v\in V}$ dans $M(X)$ lorsque $v \uparrow X$ est égal à cdx , où $c \in R$. Par conséquent, N est semi-régulier au sens faible. De la même manière, on voit que N est semi-régulier au sens faible dans le cas où $X = Z^1$ et N n'est pas semi-régulier. Dans ce cas, on utilise $\frac{1}{2}\left(\sum_{n=1}^{\infty} - n\varepsilon_n + \sum_{n=1}^{\infty} - n\varepsilon_{-n}\right)$ au lieu de $-\frac{1}{2}|x|dx$. Supposons $X = R^1 \times F$ ou bien $X = Z^1 \times F$ et que N n'est pas semi-régulier. Alors la projection canonique de $N * \xi_F$ sur R^1 ou bien Z^1 est un noyau de convolution de type logarithmique qui n'est pas semi-régulier, où ξ_F est la mesure de Haar normalisée sur F . Donc, pour toute $\mu \in M^o_K(X)$,

$$\lim_{\substack{v\uparrow X, v'\uparrow X \\ (v,v')\in V^{(2)}_{N,s}}} N * \mu * \xi_F * (b\varepsilon'_{Cv} + b'\varepsilon'_{Cv}) = 0 \quad \text{dans } M(X)$$

où (b,b') est le couple constant associé à (v,v'). Par conséquent, N est semi-régulier au sens faible, car tout point adhérent de $(N * \mu * \varepsilon'_{Cv})_{v\in V}$ lorsque $v \uparrow X$ est aussi égal à $c\xi$, où $c \in R$. Dans le cas où $X \approx R^1 \times F$ ou bien $X \approx Z^1 \times F$, la même conclusion a évidemment lieu. Ainsi on achève complètement de montrer que la condition est nécessaire dans l'énoncé (1) et (2).

Pour montrer que la condition est suffisante, on rappelle d'abord la proposition suivante :

<u>PROPOSITION 2.17</u>. *(voir le théorème 2 dans [9]). Soit N un noyau de convolution réel sur X . Alors, il y a une équivalence entre (1) et (2) :*

(1) $N \in PSM$, $\lim_{v\uparrow X} \eta_{Cv} = -\infty$ et N est non-périodique.

(2) $N = N_o + \varphi\xi$, où N_o est un noyau de convolution de type logarithmique

dont le semi-groupe de convolution est récurrent et où φ *est une fonction additive et continue sur* X .

On utilisera encore le lemme suivant :

LEMME 2.18. *Soit* N_o *un noyau de convolution de type logarithmique dont le semi-groupe de convolution* $(\alpha_t)_{t\in R^+}$ *est récurrent et* φ *une fonction additive et continue sur* X . *Posons* $N = N_o + \varphi\xi$. *Alors, pour tous* $v \in V$ *et* $\mu \in M_K^o(X)$,

$$\eta_{Cv} = N_o * \varepsilon'_{Cv} + \varphi\xi ,$$

où η_{Cv} *est la N-réduite de* N *sur* Cv *et* ε'_{Cv} *est la mesure balayée de* ε *sur* Cv *relativement à* $(\alpha_t)_{t\in R^+}$.

Preuve. Soit $(\omega_n)_{n=1}^{\infty}$ une exhaustion de Cv . Alors, $(\varepsilon'_{\omega_n}, -a_{\omega_n} + \int\varphi\, d\varepsilon'_{\omega_n})$ est le couple N-balayée de ε sur ω_n relativement à N , où ε'_{ω_n} est la mesure balayée de ε sur ω_n relativement à $(\alpha_t)_{t\in R^+}$ et où a_{ω_n} est le nombre $\geqq 0$ obtenu dans le corollaire 1.19 pour $(\alpha_t)_{t\in R^+}$, $\mu = \varepsilon$ et ω_n . Comme $\lim_{n\to\infty} a_{\omega_n} = 0$ (voir la proposition 28, (2) dans [8]), $\varepsilon'_{Cv} = \lim_{n\to\infty} \varepsilon'_{\omega_n}$ dans M(X) , $\int d\varepsilon'_{Cv} = \int d\varepsilon'_{\omega_n} = 1$, $(\varphi\xi) * \varepsilon'_{\omega_n} = \varphi\xi - (\int\varphi d\varepsilon'_{\omega_n})\xi$ et

$$\eta_{Cv} = \lim_{n\to\infty} (N * \varepsilon'_{\omega_n} - a_{\omega_n}\xi + (\int\varphi d\varepsilon'_{\omega_n})\xi) ,$$

on a $\eta_{Cv} = N_o * \varepsilon'_{Cv} + \varphi\xi$, ce qui montre le lemme 2.18.

On connaît déjà le lemme suivant :

LEMME 2.19. *(voir les corollaires 16 et 20 dans* [9]*). Soit* $N \in PSM$ *et supposons que* $\eta_\delta = \lim_{v\uparrow X} \eta_{Cv} \in M(X)$. *Posons* $N_o = N - \eta_\delta$. *Si* N *est non périodique et* $N_o \neq 0$, *alors* N_o *est un noyau de convolution de Hunt dont le semi-groupe de convolution est sous-markovien.*

Montrons que la condition est suffisante dans les énoncés (1) et (2) du théorème 2.11. Supposons que X est non-compact. Rappelons d'abord que

$\lim_{v\uparrow X} \eta_{Cv} \in M(X)$ ou bien $\lim_{v\uparrow X} \eta_{Cv} = -\infty$ (c'est-à-dire, pour toute $0 \neq f \in C_K^+(X)$, $\lim_{v\uparrow X} \int f d\eta_{Cv} = -\infty$) (voir la remarque 19 dans [8]). Supposons $\eta_\delta = \lim_{v\uparrow X} \eta_{Cv} \in M(X)$. Si N est semi-régulier, alors $\eta_\delta = c\xi$, où $c \in R$. Si $X \approx R^1 \times F$ ou bien $X \approx Z^1 \times F$, où F est un groupe abélien compact, et si N est semi-régulier au sens faible, alors on a aussi $\eta_\delta = c\xi$, où $c \in R$, car on a

$$\eta_\delta = \lim_{\substack{v\uparrow X, v'\uparrow X \\ (v,v') \in \mathcal{V}^{(2)}_{N,s}}} (b\eta_{Cv} + b'\eta_{Cv'})$$

dès que la limite est définie, où (b,b') est un couple constant associé à (v,v'). Posons $N_o = N - c\xi$; alors le lemme 2.19 montre que N_o est un noyau de convolution de Hunt dont le semi-groupe de convolution est sous-markovien, et donc N est un noyau de convolution de type logarithmique.

Supposons que $\eta_\delta = -\infty$, c'est-à-dire, pour toute $0 \neq f \in C_K^+(X)$, $\lim_{v\uparrow X} \int f d\eta_{Cv} = -\infty$. Alors, d'après la proposition 2.17, N est de la forme $N = N_o + \varphi\xi$, où N_o est un noyau de convolution de type logarithmique dont le semi-groupe de convolution $(\alpha_t)_{t\in R^+}$ est récurrent et où φ est une fonction additive et continue. Comme, pour toute $\mu \in M_K^o(X)$, $(\varphi\xi) * \mu = -(\int \varphi d\mu)\xi$, le lemme 2.18 et la semi-régularité de N montre $\varphi = 0$, d'où $N = N_o$.
On suppose que $X \approx R^1 \times F$ ou bien $X \approx Z^1 \times F$ et N est semi-régulier au sens faible. D'après le lemme 2.18, on a $\mathcal{V}^{(2)}_{N,s} = \mathcal{V}^{(2)}_{N_o,s}$ (voir encore la première partie de la preuve du lemme 2.16), et donc, d'après le lemme 2.18, on a $\varphi = 0$, d'où $N = N_o$.

Supposons que X est compact. On peut supposer $\int d\xi = 1$. De la même manière que dans le cas où X est non-compact, on obtient que, pour tout $c \in R^+$, $(N + c\varepsilon, N) \in PRSB$; c'est-à-dire, pour toute $\mu \in M^+(X)$ et tout ouvert $\omega \neq \emptyset$ dans X, il existe $\mu' \in M^+(X)$ et $a \in R$ tels que $\mathrm{supp}(\mu') \subset \overline{\omega}$, $\int d\mu' = \int d\mu$ et $(N + c\varepsilon) * \mu' + a\xi \leqq N * \mu$ et $(N + c\varepsilon) * \mu' + a\xi = N * \mu$ dans ω (voir la proposition 11 dans [8]). Par conséquent, à tout $0 < p \in R^+$, on associe $N_p \in M^+(X)$ et $a_p \in R$ tels que $(pN + \varepsilon) * N_p + a_p\xi = N$ et $p\int dN_p = 1$. Dans ce cas, (N_p, a_p) est uniquement déterminé, car, pour tout (N'_p, a'_p)

vérifiant les présentes conditions, on a $(pN + \varepsilon) * N_p * N'_p + \frac{1}{p} a_p \xi = N * N'_p$ et $(pN + \varepsilon) * N'_p * N_p + \frac{1}{p} a'_p \xi = N * N'_p$, et donc $PN * N'_p + a'_p \xi = pN * N_p + a_p \xi$, d'où $N_p = N'_p$ et $a_p = a'_p$. Comme N est non-périodique, N_p l'est aussi. D'une manière usuelle (voir, par exemple, le corollaire 18 dans [8]), on voit que $(N_p)_{o < p \in R^+}$ est une résolvante ; c'est-à-dire, pour tous $0 < p,q \in R^+$, $N_p - N_q = (q - p)N_p * N_q$. Par conséquent, il existe un semi-groupe de convolution markovien $(\alpha_t)_{t \in R^+}$, et un seul tel que, pour tout $0 < p \in R^+$,

$$N_p = \int_o^\infty \alpha_t \exp(-pt)dt$$

(voir la proposition 13 dans [7]). Comme $\lim_{p \to o} pN_p = \lim_{t \to \infty} \alpha_t = \xi$ dans $M(X)$, on a, pour toute $\mu \in M_K^o(X)$ $(= M^o(X))$,

$$N * \mu = \lim_{p \to o} N_p * \mu \quad \text{et} \quad \lim_{t \to o} (N * \mu) * \alpha_t = 0 \quad \text{dans} \quad M(X) ,$$

d'où $N * \mu = \int_o^\infty \alpha_t * \mu \, dt$. On a ainsi montré que la condition est suffisante dans les énoncés (1) et (2) du théorème 2.11.

D'après le théorème 2.11 et la présente preuve, on obtiendra facilement la remarque suivante :

<u>REMARQUE 2.20</u>. Soit N un noyau de convolution réel et non-périodique sur X vérifiant $N \in PSM$. Alors on a :

(1) Si X n'est pas compact et $X \not\approx R^1 \times F$ et $X \not\approx Z^1 \times F$, où F est un groupe abélien compact, alors N est semi-régulier si et seulement s'il existe $(v_n)_{n=1}^\infty \subset \mathcal{V}$ telle que, $\mathring{v}_{n+1} \supset v_n$ et $\bigcup_{n=1}^\infty v_n = X$ et, pour toute $\mu \in M_K^o(X)$,

$$\lim_{n \to \infty} \eta_{Cv_n} * \mu = 0 \quad \text{dans} \quad M(X) .$$

(2) Soit $X \approx R^1 \times F$ ou bien $X \approx Z^1 \times F$ et N un noyau de convolution réel et non-périodique sur X vérifiant $N \in PSM$. Supposons qu'il existe $0 \neq f \in C_K^+(X)$ telle que $N * f$ soit non-borné. Alors N est semi-régulier au sens faible si et seulement s'il existe $(v_n)_{n=1}^\infty \subset \mathcal{V}$ et $(v'_n)_{n=1}^\infty \subset \mathcal{V}$ telles que $(v_n, v'_n) \in \mathcal{V}_{N,s}^{(2)}$, $\mathring{v}_{n+1} \supset v_n$, $\mathring{v}'_{n+1} \supset v'_n$, $\bigcup_{n=1}^\infty v_n = \bigcup_{n=1}^\infty v'_n = X$ et,

pour toute $\mu \in M_K^o(X)$,

$$\lim_{n\to\infty} (b_n \eta_{Cv_n} + b'_n \eta_{Cv'_n}) * \mu = 0 \quad \text{dans} \quad M(X) ,$$

où (b_n, b'_n) est un couple constant associé à (v_n, v'_n) .

On sait bien que, pour un semi-groupe de convolution $(\alpha_t)_{t \in R^+}$ sous-markovien sur X , il existe une fonction définie-négative ψ (5) sur le groupe dual $\hat{X}$ et une seule telle que, pour tout $t \in R^+$,

$$\hat{\alpha}_t = \exp(-t\psi)$$

(voir, par exemple,[4]), où $\hat{\alpha}_t$ désigne la transformée de Fourier de α_t . On dit que ψ est la fonction définie-négative associée à $(\alpha_t)_{t \in R^+}$.

D'après le lemme 2.12 et la preuve du théorème 2.11, on obtiendra le corollaire suivant :

<u>*COROLLAIRE 2.21.*</u> *Soit $X = R^1$ ou bien $X = Z^1$ et N un noyau de convolution de type logarithmique. On désigne par ψ la fonction définie-négative associée au semi-groupe de convolution $(\alpha_t)_{t \in R^+}$ de N . Alors, pour que N ne soit pas semi-régulier, il faut et il suffit que $\lim_{x\to o} \psi(x)/|x|^2$ existe, ne s'annule pas et soit finie.*

<u>Preuve.</u> On le discute seulement pour $X = R^1$. Soient N^+ , N^- , $\tilde{N}^+$ et $\tilde{N}^-$ les noyaux de convolution obtenus dans le lemme 2.12. On obtient facilement que $\tilde{N}^+ * \tilde{N}^-$ est définie et $\int d\tilde{N}^+ * \tilde{N}^- < \infty$ si et seulement si $\lim_{x\to o} \psi(x)/|x|^2$ existe et ne s'annule pas, car, pour la fonction définie-négative ψ_1 associée au semi-groupe de convolution de N^+ et celle ψ_2 associée au semi-groupe de convolution de N^- , on a $\psi = \psi_1 \cdot \psi_2$. Si N n'est pas semi-régulier, alors le lemme 2.12 donne $\int dN' < \infty$, où $N' = \tilde{N}^+ * \tilde{N}^-$. Supposons $\int dN' < \infty$; alors

---

(5) Une fonction continue ψ sur $\hat{X}$ à valeurs complexes est dite définie-négative si $\psi(0) \geqq 0$ et si, pour tout entier $n \geqq 1$, toute famille $(\hat{x}_j)_{j=1}^n \subset \hat{X}$ et pour toute famille $(c_j)_{j=1}^n$ de nombres complexes vérifiant $\sum_{j=1}^n c_j = 0$, on a :

$$\sum_{j,k=1}^n \psi(\hat{x}_j - \hat{x}_k) c_j \overline{c_k} \leqq 0 .$$

le lemme 2.12 montre que, pour toute $\mu \in M_K^o(R^1)$, $(N * \mu) * N' = (-\frac{1}{2}|x|cx) * \mu$. Evidemment $(\alpha_t)_{t \in R^+}$ est récurrent. De la même manière que dans le lemme 2.16, il existe $(v_n)_{n=1}^{\infty} \subset \mathcal{V}$ telle que $\mathring{v}_{n+1} \supset v_n$, $\bigcup_{n=1}^{\infty} v_n = X$ et $\overline{\lim_{n\to\infty}}\, \varepsilon'_{Cv_n}(R^+) < \frac{1}{2}$, où ε'_{Cv_n} est la mesure balayée de ε sur Cv_n relativement à $(\alpha_t)_{t \in R^+}$. Alors, pour tout $x \in R^1$

$$\overline{\lim_{n\to\infty}}\, ((-\frac{1}{2}|x|) * (\varepsilon - \varepsilon_1)) * \varepsilon'_{Cv_n}(x) = \overline{\lim_{n\to\infty}}\, (\varepsilon'_{Cv_n}(R^-) - \varepsilon'_{Cv_n}(R^+)) > 0 ,$$

et donc $(N - N * \varepsilon_1) * \varepsilon'_{Cv_n}$ ne s'annule pas lorsque $n \to \infty$. Par conséquent, N n'est pas semi-régulier, ce qui montre le corollaire 2.21.

QUESTION 2.22. Soit $X \approx R^1 \times F$ ou bien $X \approx Z^1 \times F$ et N un noyau de convolution réel sur X . Supposons $N \in PSM$ et que N est non-périodique. Est-ce que N est semi-régulier au sens faible si et seulement si, pour toute $\mu \in M_K^o(X)$,

$$\lim_{\substack{v \uparrow X \\ v \in \mathcal{V}_s}} \eta_{Cv} * \mu = 0 \quad \text{dans} \quad M(X) \;?$$

On désigne ici par $\mathcal{V}_s$ l'ensemble des voisinages compacts de 0 symétriques par rapport à 0 .

D'après les théorèmes 1.8 et 2.11, on obtient le corollaire suivant :

COROLLAIRE 2.23. Supposons que X est non-compact. Soit N un noyau de convolution réel et non-périodique sur X vérifiant $N \in PSM$. Si N est semi-régulier et N est singulier par rapport à ξ , alors N est un noyau de convolution de Hunt dont le semi-groupe de convolution est sous-markovien.

Preuve. D'après le théorème 2.11, N est un noyau de convolution de type logarithmique. Soit $(\alpha_t)_{t \in R^+}$ le semi-groupe de convolution de N et posons $N_p = \int_0^{\infty} \alpha_t \exp(-pt)dt$ pour tout $0 < p \in R^+$. Alors on a $(pN + \varepsilon) * N_p = N$ pour tout $0 < p \in R^+$, et donc N_p est aussi singulier par rapport à ξ . Le théorème 1.8 montre que $(\alpha_t)_{t \in R^+}$ est transient, et donc $N = \int_0^{\infty} \alpha_t dt + c\xi$, où $c \in R$. Comme, pour toute $f \in C_K^+(X)$, $\underline{\lim}_{x\to\infty} (\int_0^\infty \alpha_t dt) * f(x) = 0$, on a $c = 0$, ce qui montre le corollaire 2.23.

§ 3. LA RELATION ENTRE LES SEMI-GROUPES DE CONVOLUTION SEMI-TRANSIENTS ET LES NOYAUX DE CONVOLUTION DE TYPE LOGARITHMIQUE

Dans ce paragraphe, on discutera une relation entre les noyaux de convolution de type logarithmique et les semi-groupes de convolution semi-transients.

THEOREME 3.1. Soit $(\alpha_t)_{t\in R^+}$ *un semi-groupe de convolution sur* X *. Alors, pour qu'il existe un noyau de convolution de type logarithmique dont le semi-groupe de convolution est égal à* $(\alpha_t)_{t\in R^+}$ *, il faut et il suffit que* $(\alpha_t)_{t\in R^+}$ *soit sous-markovien et semi-transient.*

Pour montrer le théorème 2.24, on prépare le lemme suivant :

LEMME 3.2. Supposons que X *est non-compact et soit* $(\alpha_t)_{t\in R^+}$ *un semi-groupe récurrent, markovien et semi-transient. Alors, pour tout* $v \in V$ *et tout compact* K *dans* X *, il existe une constante* $A(v\ ;\ K) > 0$ *telle que, pour tous* $t \in R^+$ *,* $x \in v$ *et* $f \in C_K(X)$ *vérifiant* $\mathrm{supp}(f) \subset K$ *,*

$$\| (\int_0^t \alpha_s * (\varepsilon - \varepsilon_x) ds) * f \|_\infty \leqq A(v\ ;\ K) \| f \|_\infty .$$

Preuve. On choisit une suite $(\omega_n)_{n=1}^\infty$ d'ouverts dans X telle que $\overline{\omega}_n \in V$, $\overline{\omega_{n+1}} \subset \omega_n$, $\bigcap_{n=1}^\infty \omega_n = \{0\}$ et $C\omega_1 + v \not\ni 0$. Posons $N_p = \int_0^\infty \alpha_t \exp(-pt)dt$ pour tout $0 < p \in R^+$ et soit ν_p la mesure d'équilibre de ω_1 relativement à N_p $(0 < p \in R^+)$. Posons $\lambda_{p,1} = \frac{1}{\int d\nu_p} \nu_p$. Soit ω un ouvert dans X tel que $\overline{\omega} \in V$ et $(C\omega_1 + v) \cap \overline{\omega} = \emptyset$. Alors, pour tous $x \in v$ et $0 < p \in R^+$, $N_p * \lambda_{p,1} * (\varepsilon - \varepsilon_x) = 0$ dans ω , et donc $(N_p * \lambda_{p,1} * (\varepsilon - \varepsilon_x))_{x\in v, 0<p\in R^+}$ est bornée dans M(X) (voir le lemme 1.10 et sa preuve). Donc, il existe une constante $B(v\ ;\ K) > 0$ telle que, pour tous $0 < p \in R^+$, $x \in v$ et $f \in C_K(X)$ vérifiant $\mathrm{supp}(f) \subset K$,

$$\sup_{y\in \omega_1+v+K} |N_p * \lambda_{p,1} * (\varepsilon - \varepsilon_x) * f(y)| \leqq B(v\ ;\ K) \| f \|_\infty .$$

D'après le principe de domination (ou bien le principe complet du maximum) de N_p, on a

$$\| N_p * \lambda_{p,1} * (\varepsilon - \varepsilon_x) * f \|_\infty \leq B(v ; K) \| f \|_\infty .$$

Soit λ_1 un point adhérent de $(\lambda_{p,1})_{o<p\in R^+}$ lorsque $p \to 0$ quelconque ; alors, pour tous $t \in R^+$, $x \in v$ et $f \in C_K(X)$ vérifiant $\mathrm{supp}(f) \subset K$, on a

$$\| (\int_o^t \alpha_s * \lambda_1 * (\varepsilon - \varepsilon_x) ds) * f \|_\infty \leq 2B(v ; K) \| f \|_\infty ,$$

car $\lim_{p\to o} N_p * (\varepsilon - \alpha_t) = \int_o^t \alpha_s\, ds$. Soit $\lambda_{p,n}$ la mesure balayée de $\lambda_{p,1}$ sur ω_n relativement à N_p $(n \geq 2,\ 0 < p \in R^+)$. On choisit une suite décroissante $(p_m)_{m=1}^\infty$ de nombres > 0 telle que $\lim_{m\to\infty} p_m = 0$ et, pour tout $n \geq 1$, $\lim_{m\to\infty} \lambda_{p_{m,n}}$ existe dans $M(X)$. Posons $\lambda_n = \lim_{m\to\infty} \lambda_{p_{m,n}}$; alors $\int d\lambda_n = 1$ (voir la preuve du théorème 1.8), et donc $\lim_{n\to\infty} \lambda_n = \varepsilon$. Comme $(N_{p_m} * (\lambda_{p_{m,1}} - \lambda_{p_{m,n}}))_{m=1}^\infty$ est bornée (voir le lemme 1.10), on peut supposer que, pour tout $n \geq 2$, $\lim_{m\to\infty} N_{p_m} * (\lambda_{p_{m,1}} - \lambda_{p_{m,n}})$ existe dans $M(X)$.

Posons $\eta_n = \lim_{m\to\infty} N_{p_m} * (\lambda_{p_{m,1}} - \lambda_{p_{m,n}})$ dans $M(X)$ $(n = 2,3,\ldots)$ et, pour $f \in C_K(X)$ vérifiant $\sup(f) \subset K$,

$$B_n(f) = \sup_{\substack{y\in\bar{\omega}_1+v+K \\ x\in v}} | \eta_n * (\varepsilon - \varepsilon_x) * f(y) | .$$

Alors, d'après le principe de domination de N_{p_m}, on a, pour tout $x \in v$,

$$\| \eta_n * (\varepsilon - \varepsilon_x) * f \|_\infty \leq B_n(f) ,$$

et donc, pour tout $t \in R^+$,

$$\| (\int_o^t \alpha_s * (\lambda_1 - \lambda_n) * (\varepsilon - \varepsilon_x) ds) * f \|_\infty \leq 2B_n(f) .$$

Comme, pour tout $t \in R^+$, $\int_o^t \alpha_s\, ds = \int_o^t \alpha_s * \lambda_1\, ds - \lim_{n\to\infty} \int_o^t \alpha_s * (\lambda_1 - \lambda_n) ds$, il suffit de montrer $B(f) = \sup_{n\geq 2} B_n(f) < \infty$ (le théorème classique de Gelfand). Supposons $B(f) = \infty$; alors on peut supposer $\lim_{n\to\infty} B_n(f) = \infty$. On choisit $x_n \in v$ et $y_n \in \bar{\omega} + v + K$ tel que

$$|\eta_n * (\varepsilon - \varepsilon_{x_n}) * f(y_n)| = B_n(f) ,$$

et l'on peut supposer $\eta_n * (\varepsilon - \varepsilon_{x_n}) * f(y_n) > 0$. De la même manière que dans le théorème 1.8, on arrive à une contradiction. On utilise ici la bornitude uniforme de $(\eta_n * (\varepsilon - \varepsilon_{x_n}) * \lambda_1 * f)_{n=1}^{\infty}$. Le lemme 3.2 est ainsi démontré.

Preuve du théorème 2.14. Evidemment la condition est nécessaire, et donc on montrera seulement que la condition est suffisante. Il suffit de le montrer dans le cas où $(\alpha_t)_{t \in R^+}$ est récurrent. Pour tout $0 < p \in R^+$, on pose $N_p = \int_0^\infty \exp(-pt)\alpha_t dt$. Si X est compact, on peut supposer $\int d\xi = 1$. Soit N un point adhérent de $(\int_0^t \alpha_s * (\varepsilon - \xi)ds)_{t \in R^+}$ dans $M(X)$ lorsque $t \to \infty$; alors N est non-périodique et $N \in PSB$, d'après la proposition 1.15. Donc le théorème 2.11 montre que N est un noyau de convolution de type logarithmique. Comme, pour tous $0 < p \in R^+$ et $\mu \in M_K^o(X)$, $\lim_{t\to\infty} (\alpha_t * \mu) * N_p = 0$ dans $M(X)$ montre que

$$pN * N_p * \mu = N * \mu - N_p * \mu ,$$

on obtient que le semi-groupe de convolution de N est égal à $(\alpha_t)_{t \in R^+}$.

Supposons que X est non-compact et soit $f_o \in C_K^+(X)$ vérifiant $\int f_o d\xi = 1$ quelconque fixée. Pour $v \in \mathcal{V}$, on pose

$$a_v = \sup_{x \in \mathrm{supp}(f_o)} (\int_0^\infty \alpha_t * (\varepsilon - \varepsilon'_{Cv})dt) * f_o(x) ,$$

où ε'_{Cv} désigne la mesure balayée de ε sur Cv relativement à $(\alpha_t)_{t \in R^+}$. Comme $N_p * (\varepsilon - \varepsilon'_{Cv,p}) \uparrow \int_0^\infty \alpha_t * (\varepsilon - \varepsilon'_{Cv})dt$ lorsque $p \downarrow 0$ (voir la proposition 1.15), où $\varepsilon'_{Cv,p}$ désigne la mesure balayée de ε sur Cv relativement à N_p , le principe de domination de N_p donne

$$(\int_0^\infty \alpha_t * (\varepsilon - \varepsilon'_{Cv}) * f_o \leq a_v \quad \text{sur } X .$$

De la même manière que dans le lemme 2.12, on obtient que $((a_v + (\int_0^\infty \alpha_t * (\varepsilon - \varepsilon'_{Cv})dt) * f_o)\xi)_{v \in \mathcal{V}}$ est bornée dans $M(X)$. Soit K un compact dans X et $v_o \in \mathcal{V}$ vérifiant $\mathrm{supp}(f_o\xi) \subset v_o$; alors, pour toute $g \in C_K(X)$ vérifiant $\mathrm{supp}(g) \subset K$, le lemme 3.2 montre

$$\| (\int_0^\infty \alpha_t * (\varepsilon - \varepsilon'_{Cv})dt - (\int_0^\infty \alpha_t * (\varepsilon - \varepsilon'_{Cv})dt) * (f_o \xi)) * g \|_\infty \leq 2A(v_o ; K)) \| g \|_\infty ,$$

où $A(v_o ; K)$ est la constante du lemme 3.2. Donc

$(a_v \xi + \int_0^\infty \alpha_t * (\varepsilon - \varepsilon'_{Cv})dt)_{v \in V}$ est bornée dans $M(X)$. Soit N un point adhérent de $(a_v \xi + \int_0^\infty \alpha_t * (\varepsilon - \varepsilon'_{Cv})dt)_{v \in V}$ dans $M(X)$ lorsque $v \uparrow X$ et $(v_n)_{n=1}^\infty \subset V$ vérifiant $\mathring{v}_{n+1} \supset v_n$, $\bigcup_{n=1}^\infty v_n = X$ et

$$\lim_{n\to\infty} (a_{v_n} \xi + \int_0^\infty \alpha_t * (\varepsilon - \varepsilon'_{Cv_n})dt) = N \text{ dans } M(X) .$$

Soit $\mu \in M_K^+(X)$, $\omega \neq \emptyset$ un ouvert relativement compact dans X et μ'_ω la mesure balayée de μ sur ω relativement à $(\alpha_t)_{t \in R^+}$. Alors, d'après $\int d\mu' = \int d\mu$, on a

$$N * \mu - N * \mu'_\omega = \lim_{n\to\infty} \int_0^\infty (\alpha_t * (\mu - \mu'_\omega) - \alpha_t * (\mu - \mu'_\omega) * \varepsilon'_{Cv_n})dt .$$

Soit $\beta_{\mu,\omega}$ la même notation dans la proposition 1.15. Alors, pour tout $0 < p \in R^+$, $p\beta_{\mu,\omega} * N_p = \beta_{\mu,\omega} - N_p * (\mu - \mu'_\omega)$. Donc le lemme 3.2 montre que

$$\begin{aligned} & p(N * \mu - N * \mu'_\omega - \beta_{\mu,\omega}) * N_p \\ & = \lim_{n\to\infty} p(\int_0^\infty (\alpha_t * (\mu - \mu'_\omega) - \alpha_t * (\mu - \mu'_\omega) * \varepsilon'_{Cv})dt) * N_p - p\beta_{\mu,\omega} * N_p \\ & = \lim_{n\to\infty} (\int_0^\infty (\alpha_t * \mu - \mu'_\omega) - \alpha_t * (\mu - \mu'_\omega) * \varepsilon'_{Cv})dt \\ & - N_p * (\mu - \mu'_\omega) + N_p * (\mu - \mu'_\omega) * \varepsilon'_{Cv_n}) - \beta_{\mu,\omega} + N_p * (\mu - \mu'_\omega) \\ & = N * \mu - N * \mu'_\omega - \beta_{\mu,\omega} . \end{aligned}$$

D'après le lemme 3.2, on obtient que, pour toute $f \in C_K(X)$, $(N * \mu - N * \mu'_\omega) * f$ est borné sur X, et donc, d'après le théorème de Choquet-Deny (voir [1]), on a

$$N * \mu - N * \mu'_\omega - \beta_{\mu,\omega} = c_\omega \xi ,$$

où $c_\omega \in R$, d'où $N \in PSB$. On a ainsi $N \in PSM$ (voir la proposition 2.5). Soit $x \in X$ vérifiant $N * \varepsilon_x = N$. Alors, pour tout $0 < p \in R^+$, on a

$$0 = (N - N * \varepsilon_x) * (\varepsilon - pN_p) = N_p * (\varepsilon - \varepsilon_x) ,$$

et donc la non-périodicité de N_p donne $x = 0$, d'où la non-périodicité de N . Soit $v \in V$ et $(\omega_n)_{n=1}^{\infty}$ une exhausion de Cv . On désigne par $(\varepsilon'_{\omega_n}, a_{\omega_n})$ le couple N-balayé de ε sur ω_n . Alors ε'_{ω_n} est aussi la mesure balayée de ε sur ω_n relativement à $(\alpha_t)_{t \in R^+}$ (voir la preuve ci-dessus). Donc $\lim_{n\to\infty} \varepsilon'_{\omega_n} = \varepsilon'_{Cv}$ dans $M(X)$ et $\int d\varepsilon'_{\omega_n} = \int d\varepsilon'_{Cv} = 1$. Désignons par η_{Cv} la N-réduite de N sur Cv , alors on a $\eta_{Cv} = \lim_{n\to\infty} (N * \varepsilon'_{\omega_n} + a_{\omega_n} \xi)$. Supposons $\eta_\delta = \lim_{v \uparrow X} \eta_{Cv} \neq -\infty$; alors $\eta_\delta \in M(X)$. Pour tous $v \in V$, $\mu \in M_K^o(X)$ et $0 < p \in R^+$, on a

$$(N * \mu - \eta_{Cv} * \mu) * (\varepsilon - pN_p) = N_p * \mu - N_p * \mu * \varepsilon'_{Cv} ,$$

car, pour toute $f \in C_K(X)$, $N * \mu * f$ est borné sur X . En faisant $v \uparrow X$, on arrive à

$$((N - \eta_\delta) * \mu) * (\varepsilon - pN_p) = N_p * \mu .$$

Donc $N - \eta_\delta \neq 0$. D'après le lemme 2.19 , $N - \eta_\delta$ est un noyau de convolution de Hunt dont le semi-groupe de convolution $(\alpha'_t)_{t \in R^+}$ est sous-markovien . Posons $N'_p = \int_0^\infty \exp(-pt)\alpha_t dt$ pour tout $0 < p \in R^+$; alors $p(N - \eta_\delta) * N'_p = (N - \eta_\delta) - N'_p$, et donc, pour toute $\mu \in M_K^o(X)$,

$$(p(N - \eta_\delta) + \varepsilon) * \mu * N_p = (p(N - \eta_\delta) + \varepsilon) * \mu * N'_p = (N - \eta_\delta) * \mu$$

D'après l'égalité $(p(N - \eta_\delta) + \varepsilon) * N'_p = N - \eta_\delta$, on a $N_p * \mu = N'_p * \mu$, et par suite $N_p = N'_p$, car $\int d(N_p + N'_p) < \infty$. On a ainsi $\alpha_t = \alpha'_t$ pour tout $t \in R^+$. Mais cela est en contradiction avec la récurrence de $(\alpha_t)_{t \in R^+}$. Par conséquent, $\eta_\delta = -\infty$. D'après la proposition 2.17, N est de la forme $N = N_o + \varphi\xi$, où N_o est un noyau de convolution de type logarithmique dont le semi-groupe $(\alpha'_t)_{t \in R^+}$ est récurrent et où φ est une fonction additive et continue sur X . Posons $N'_p = \int_0^\infty \alpha'_t \, dt$ pour tout $0 < p \in R^+$. Alors, pour toute $\mu \in M_K^o(X)$, on a aussi

$$((N_o + \frac{1}{p}\varepsilon) * \mu) * N_p = ((N_o + \frac{1}{p}\varepsilon) * \mu) * N'_p = \frac{1}{p} N_o * \mu \quad (0 < p \in R^+)$$

et donc $(pN_o + \varepsilon) * N'_p = N_o$ montre $(N_o * \mu) * N_p = (N_o * \mu) * N'_p$, d'où $N_p * \mu = N'_p * \mu$. Par conséquent, $N_p = N'_p$ $(0 < p \in R^+)$, d'où $\alpha_t = \alpha'_t$ pour tout $t \in R^+$, ce qui montre que la condition est suffisante. La démonstration est ainsi complète.

<u>COROLLAIRE 3.3.</u> *Si un semi-groupe de convolution est sous-markovien et semi-transient, alors il est régulier.*

On rappelle la proposition suivante :

<u>PROPOSITION 3.4.</u> *(voir [5]). Soit N un noyau de convolution de Hunt sur X et $(\alpha_t)_{t\in R^+}$ le semi-groupe de convolution de N. Alors, pour tout noyau de convolution de Hunt κ sur R^1 porté par R^+ dont le semi-groupe de convolution est sous-markovien, $N_{(\kappa)} = \int_0^\infty \alpha_t d\kappa(t)$ est un noyau de convolution de Hunt. Dans ce cas, le semi-groupe de convolution de $N_{(\kappa)}$ est $(\int \alpha_s d\tau_t(s))_{t\in R^+}$, où $(\tau_t)_{t\in R^+}$ est le semi-groupe convolution de κ.*

Il y a donc problème pour les noyaux de convolution de type logarithmique.

<u>QUESTION 3.5.</u> Soit N un noyau de convolution de type logarithmique dont le semi-groupe de convolution $(\alpha_t)_{t\in R^+}$ est récurrent et κ un noyau de convolution de Hunt porté par R^+ dont le semi-groupe de convolution $(\tau_t)_{t\in R^+}$ est sous-markovien. Alors, est-ce qu'il existe un noyau de convolution $N_{(\kappa)}$ de type logarithmique dont le semi-groupe de convolution est égal à $(\int \alpha_s \, d\tau_t(s))_{t\in R^+}$?

Si $N_{(\kappa)}$ existe, alors $N_{(\kappa)}$ est unique et s'appelle le noyau de convolution de type logarithmique subordonné à N et κ.

<u>REMARQUE 3.6.</u> Si κ n'est pas singulier par rapport à dx, alors, il existe un noyau de convolution de type logarithmique dont le semi-groupe de convolution est égal à $(\int \alpha_s d\tau_t(s))_{t\in R^+}$.

En effet, posons $\kappa_p = \int_0^\infty \tau_t \exp(-pt)dt$ pour tout $0 < p \in R^+$. Alors κ_p n'est pas singulier, car κ est absolument continu par rapport à κ_p. On remarque ici que, pour $q > p$, $\kappa = \frac{1}{q} \sum_{n=1}^{\infty} (q\kappa_q)^n$ et $\kappa_p = \frac{1}{q-p} \sum_{n=1}^{\infty} ((q-p)\kappa_q)^n$ (6).

---

(6) Pour $\lambda \in M^+(X)$, on écrit $(\lambda)^0 = \varepsilon$, $(\lambda)^1 = \lambda$ et $(\lambda)^{n+1} = (\lambda)^n * \lambda$ $(n \geq 1)$ dès que ceux-ci sont définis.

Comme $(\int \alpha_s d\tau_t(s))_{t \in R^+}$ est récurrent, $supp(\int \alpha_t d\kappa_p(t))$ est un sous-groupe de X (voir la proposition 1.3), et donc il suffit de montrer que $\int \alpha_t d\kappa_p(t)$ n'est pas singulier par rapport à ξ (voir les théorèmes 1.8 et 3.1). Supposons qu'il existe $0 < p \in R^+$ tel que $\int \alpha_t d\kappa_p(t)$ soit régulier par rapport à ξ. Comme, pour $0 < p < q$, $\kappa_p = \frac{1}{q-p} \sum_{n=1}^{\infty} ((q-p)\kappa_q)^n$ et κ_q n'est pas singulier par rapport à dx, il existe deux suites croissantes $(a_n)_{n=1}^{\infty}$ et $(b_n)_{n=1}^{\infty}$ dans R^+ telles que $0 < a_n < b_n$, $\lim_{n\to\infty} a_n = \lim_{n\to\infty} b_n = \infty$ et $\int_{a_n}^{b_n} \alpha_t dt$ soit singulier par rapport à ξ. Comme, pour tous $n \geqq 1$ et $s \in R^+$ vérifiant $s \leqq a_n$,

$$\alpha_s * (\int_{a_n - s}^{b_n - s} \alpha_t dt) = \int_{a_n}^{b_n} \alpha_t dt ,$$

on obtient que, pour tout $s \in R^+$, $\int_o^s \alpha_t dt$ est singulier par rapport à ξ.

Donc, pour tout $0 < p \in R^+$, $N_p = \int_o^{\infty} \alpha_t \exp(-pt)dt$ est singulier par rapport à ξ, mais cela est en contradiction avec le théorème 1.8, ce qui montre la remarque 3.6.

On voit encore que la réponse à la question 3.5 est positive si, pour tout $0 < a \in R^+$ existe un noyau de convolution de type logarithmique subordonné à N et $\sum_{n=o}^{\infty} (\varepsilon_a)^n$, car, pour tous $a > 0$ et $1 > b > 0$, $\sum_{n=o}^{\infty} b^n \varepsilon_{na}$ n'est pas singulier par rapport à ξ.

B I B L I O G R A P H I E

[1] G. CHOQUET et J. DENY.

- Sur l'équation de convolution $\mu = \mu * \sigma$.
C.R.A. Acad. Sc. Paris, 250 (1960), 799-801.

[2] G. CHOQUET et J. DENY.

- Noyaux de convolution et balayége sur tout ouvert.
Lecture Notes Math., Springer, n° 404, (1974), 60-112.

[3] J. DENY.

- Noyaux de convolution de Hunt et noyaux associés à une famille fondamentale.
Ann. Inst. Fourier, 12, (1962), 643-667.

[4] C.S. HERZ.

- Analyse harmonique à plusieurs variables.
Sém. Math. Orsay, 1965/66.

[5] M. ITÔ.

- Sur une famille sous-ordonnée au noyau de convolution de Hunt donné.
Nagoya Math. J. 51, (1973), 45-56.

[6] M. ITÔ.

- Sur le principe de domination pour les noyaux de convolution.
Nagoya Math. J., 50, (1973), 149-173.

[7] M. ITÔ.

- Sur les noyaux de convolution conditionnellement sous-médians II.
Nagoya Math. J., 75, (1979), 1-36.

[8] M. ITÔ.

- Une caractérisation des noyaux de convolution réels de type logarithmique.
Nagoya Math. J., (à paraître).

[9] M. ITÔ.

- Sur le principe semi-complet du maximum pour les noyaux de convolution réels.
Nagoya Math. J., (à paraître).

[10] M. ITÔ.

- Sur une décomposition des noyaux de convolution de Hunt.
Sém. de Théorie du Potentiel, Lecture Notes Math., Springer.
(à paraître).

[11] A. WELL.

- L'intégration dans les groupes topologiques et ses applications.
Hermann, Paris, 1965.

[12] D. WIDDER.

- The Laplace transform.
Princeton Univ. Press. Princeton, 1948.

Masayuki ITÔ

Département de Mathématiques

Faculté des Sciences

Université de Nagoya
Furo-chô, Chikusa-ku

Nagoya 464

Japon

Colloque de Théorie du
Potentiel-Jacques Deny
- Orsay 1983 -

DIMENSION CAPACITAIRE ET DIMENSION DE HAUSDORFF.

Jean Pierre KAHANE

INTRODUCTION.

Soit K un compact métrique, et $\alpha > 0$. On dit que la mesure de Hausdorff de K en dimension α est nulle, et on écrit $H_\alpha(K) = 0$, s'il existe une suite de boules B_n vérifiant

$$\Sigma\, (\mathrm{diam}\, B_n)^\alpha < \infty$$

$$K \subset \overline{\lim}\, B_n \quad .$$

Sinon, on note $H_\alpha(K) > 0$ (il existe une définition de la mesure de Hausdorff $H_\alpha(K)$, mais on n'en a pas besoin ici). La borne inférieure des $\alpha > 0$ tels que $H_\alpha(K) = 0$ est la dimension de Hausdorff de K. On la note $\dim K$. Ainsi, $H_\alpha(K) = 0$ quand $\alpha > \dim K$ et $H_\alpha(K) > 0$ (avec la définition usuelle, $H_\alpha(K) = \infty$) quand $\alpha < \dim K$. Référence : Hausdorff 1919.

Supposons que K soit un compact dans $\mathbb{R}^d$, et $0 < \alpha < d$. On associe à toute mesure positive μ portée par K ($\mu \in M^+(K)$) son potentiel

$$p(x) = \int \frac{d\mu(y)}{|x-y|^\alpha}$$

et son énergie

$$I = \iint \frac{d\mu(x)\ d\mu(y)}{|x-y|^\alpha}$$

par rapport au noyau $\frac{1}{|x|^\alpha}$ (on note $|\ |$ la norme euclidienne). La capacité d'ordre α de K peut être définie de deux manières :

a) comme borne supérieure des masses des $\mu \in M^+(K)$ telles que $p(x) \leq 1$ partout, soit $C^o_\alpha(K)$

b) comme borne supérieure des carrés des masses des $\mu \in M^+(K)$ telles que $I \leq 1$ partout, soit $C^1_\alpha(K)$. Evidemment $C^1_\alpha(K) \geq C^o_\alpha(K)$. Si $\alpha \geq d-2$, la théorie du potentiel donne $C^1_\alpha(K) = C^o_\alpha(K)$.

Polya et Szegö (1932) ont appelé dimension capacitaire la borne inférieure des α tels que $C^o_\alpha(K) = 0$, resp. $C^1_\alpha(K) = 0$. A priori, on a deux dimensions capacitaires, $\dim_o K$ et $\dim_1 K$.

Frostman (1935) a démontré l'égalité

(F) $\dim K = \dim_o K = \dim_1 K$

lorsque $d = 2$, et sa démonstration utilise la théorie du potentiel, donc ne s'étend pas de façon évidente au cas $d \geq 3$, $\alpha < d-2$. L'outil principal est le lemme suivant, implicite dans la démonstration, et indépendant de la théorie du potentiel : pour avoir $H_\alpha(K) > 0$, il faut et il suffit qu'existe une mesure $\mu \in M^+(K)$, non nulle, et telle que pour toute boule B

$$\mu(B) \leq (\mathrm{diam}\ B)^\alpha .$$

A ma connaissance, l'égalité (F), qui est bien connue et souvent utilisée, n'est établie dans aucun ouvrage. Jacques Peyrière m'en a indiqué une démonstration très rapide, utilisant seulement le lemme de Frostman.

La thèse de Deny (1950) suggère une troisième définition de la dimension capacitaire. En effet, l'intégrale d'énergie peut se définir pour des distributions, et on peut noter $\dim_2 K$ la borne supérieure des α tels que K porte des distributions non nulles d'énergie finie par rapport au noyau $\frac{1}{|x|^\alpha}$. On a encore

(F') $\dim K = \dim_o K = \dim_1 K = \dim_2 K.$

La dernière égalité résulte d'un théorème du folklore, qui m'a été signalé en 1977 par Hans Wallin, et commenté en 1978 par Lars Hedberg : si K porte une distribution d'énergie finie non nulle, (notons $C_\alpha^2(K) > 0$), il porte une mesure d'énergie finie non nulle, c'est-à-dire $C_\alpha^1(K) > 0$. Est-ce que cela entraine $C_\alpha^o(K) > 0$? J'en doutais, mais c'est vrai.

Le point de vue de Kakutani (1944) consiste à identifier les compacts de capacité nulle et les compacts presque sûrement non rencontrés par un processus de Markov (le mouvement brownien dans le cas du potentiel newtonien). Dans le cas $\alpha \geqslant d-2$, il permet facilement d'établir

$$C_\alpha^2(K) > 0 \Leftrightarrow C_\alpha^1(K) > 0 \Leftrightarrow C_\alpha^o(K) > 0$$

sans avoir recours à la théorie de l'équilibre : c'est ce que nous allons voir dans la partie I. Dans le cas $\alpha < d-2$, nous n'avons plus de processus de Markov, et nous examinerons ce que donnent les processus gaussiens appelés "browniens fractionnaires" (qui intéressent l'intervalle $0 < \alpha < d-1$).

PARTIE I.

Supposons d'abord que $X(t)$ soit la fonction du mouvement brownien partant de 0 à valeurs dans $\mathbb{R}^d$ $(d \geqslant 3)$. Soient τ^o et τ deux temps d'arrêt tels que $\tau^o \leqslant \tau$, μ^o et μ les distributions de $X(\tau^o)$ et $X(\tau)$. Alors le potentiel newtonien de μ^o majore le potentiel newtonien de μ .

En effet, en notant par un point le produit scalaire, on a

$$E\left(\int_\tau^\infty e^{i\xi.X(t)}\,dt\right) = E\left(e^{i\xi.X(\tau)}\, E^{\mathcal{B}_\tau}\int_\tau^\infty e^{i\xi.(X(t)-X(\tau))}\,dt\right)$$

$$= E\left(e^{i\xi.X(\tau)}\int_\tau^\infty e^{-\frac{1}{2}|\xi|^2(t-\tau)}\,dt\right) = \hat{\mu}(\xi)\,\frac{2}{|\xi|^2}$$

C'est (à un facteur près) la transformée de Fourier du potentiel newtonien de μ.

Comme

$$E\left(\int_{\tau_o}^{\tau} e^{i\xi\cdot X(t)}dt\right)$$

est la transformée de Fourier d'une mesure positive, le résultat est établi.

Supposons $0 \in K$, et $\alpha = d - 2$, de sorte que $\frac{1}{|x|^{\alpha}}$ est le noyau newtonien.

En application du résultat souligné, montrons l'équivalence des propositions suivantes :

A) K porte une distribution $T \neq 0$ d'énergie finie (c'est-à-dire $C_{\alpha}^{2}(K) > 0$)

B) la trajectoire de $X(t)$ rencontre K avec une probabilité positive

C) K porte une mesure positive $\mu \neq 0$ de potentiel borné (c'est-à-dire $C_{\alpha}^{o}(K) > 0$).

A) $\Rightarrow$ B) parce que, $\nu = \nu_{\omega}$ désignant l'image par $X(t)$ de la mesure équirépartie sur $I = [0,1]$, on a

$$E\int_{\mathbb{R}^d} |\hat{T}(-\xi)\,\hat{\nu}(\xi)|^2 d\xi = E\int_{\mathbb{R}^d}\int_I\int_I |\hat{T}(-\xi)|^2\, e^{i\xi\cdot(X(t)\,-X(t'))}dt\,dt'\,d\xi$$

$$=\int_{\mathbb{R}}\int_I\int_I |\hat{T}(-\xi)|^2\, e^{-\frac{1}{2}|\xi|^2|t'-t|}\,dt\,dt'\,d\xi$$

$$\leqslant 4\int_{\mathbb{R}^d} |\hat{T}(-\xi)|^2|\xi|^{-2}\,d\xi \;<\; \infty\,.$$

En conséquence, mes $(X(I) - K) > 0$ p.s., donc (après réflexion)

$$P(0 \in X(I) - K) > 0$$

B) $\Rightarrow$ C) parce que, $\varepsilon > 0$ étant fixé assez petit, et τ étant le temps de premier arrêt sur K

$$\tau = \inf(t \geqslant \varepsilon \,|\, X(t) \in K)$$

le potentiel de la mesure μ définie par

$$\mu(B) = P(\tau < \infty \text{ et } X(\tau) \in B)$$

est majoré par le potentiel de la distribution de $X(\varepsilon)$, qui est borné.

C) $\Rightarrow$ A) est évident.

Supposons maintenant que $X(t)$ $(t \geq 0)$ soit un processus de Lévy stable d'indice γ $(0 < \gamma \leq 2)$ partant de 0 dans $\mathbb{R}^d$. Ainsi

$$E(e^{i\xi\cdot(X(t) - X(t'))}) = e^{-|t-t'|\psi(\xi)}$$

$$\psi(\lambda\xi) = \lambda^{\gamma}\psi(\xi) \qquad (\lambda > 0,\ \xi \in \mathbb{R}^d)$$

et supposons que le processus soit vraiment d-dimensionnel, c'est-à-dire

$$\inf_{|\xi| = 1} \psi(\xi) > 0 .$$

Le support de la distribution de $X(t)$ $(t > 0)$ est un cône convexe Γ, indépendant de t, d'intérieur $\mathring{\Gamma}$ non vide. Le mouvement brownien correspond à $\gamma = 2$, $\psi(\xi) = \frac{1}{2}|\xi|^2$.

De nouveau, désignons par τ^o et τ deux temps d'arrêt tels que $\tau^o \leq \tau$, et par μ^o et μ les distributions de $X(\tau^o)$ et $X(\tau)$.

<u>Alors</u>

$$\mu^o * K \geq \mu * K$$

<u>où</u> K <u>est le potentiel associé au processus</u> : $\hat{K} = \psi^{-1}$. K est homogène et de degré $\gamma - d$:

$$K(\lambda x) = \lambda^{\gamma-d} K(x) \qquad (\lambda > 0,\ x \in \mathbb{R}^d)$$

et il est porté par le cône Γ. La démonstration est la même que dans le cas brownien.

De la même façon que dans le cas brownien, on a l'équivalence des propositions A), B), C), en supposant $K \subset \mathring{\Gamma}$, avec $\alpha = d - \gamma$.

PARTIE II

Considérons le cas où $X(t)$ est un processus gaussien à accroissements stationnaires, tel que

$$(*) \qquad E(e^{i\xi\cdot(X(t)-X(t'))}) = e^{-c|\xi|^2|t-t'|^\gamma}$$

avec $0 < \gamma < 2$, et $c > 0$. Le mouvement brownien correspond maintenant à $\gamma = 1$. Il est commode de définir $X(t)$ par l'intégrale de Wiener formelle

$$X(t) = \int_{-\infty}^{t} (t-s)^{-\beta}\, dW(t) \ ;$$

cela signifie, pour $\tau < t$,

$$(\boxtimes) \quad X(t) - X(\tau) = \int_{-\infty}^{\tau} ((t-s)^{-\beta} - (\tau-s)^{-\beta})\, dW(s) + \int_{\tau}^{t} (t-s)^{-\beta} dW(s)$$

qui est bien une somme de vraies intégrales de Wiener lorsque

$$-\frac{1}{2} < \beta < \frac{1}{2} \ .$$

Dans ce cas, on a bien (*), avec c convenable et

$$\gamma = 1 - 2\beta \ .$$

Quoique $X(t)$ ne soit pas un processus de Markov, on lui associe le potentiel

$$K = \int_{0}^{\infty} \mu_t \, dt \ ,$$

où μ_t est la distribution de $X(t) - X(0)$, soit

$$\hat{K}(\xi) = \int_{0}^{\infty} e^{-c|\xi|^2 t^\gamma}\, dt = C|\xi|^{-\frac{2}{\gamma}}$$

soit (en changeant la constante C d'une ligne à l'autre)

$$K(x) = C|x|^{d-\frac{2}{\gamma}} \ ,$$

sous l'hypothèse $\frac{2}{\gamma} < d$, c'est-à-dire

$$\beta < \frac{1}{2} - \frac{1}{d} \, .$$

Dans le cas

$$\frac{1}{2} - \frac{1}{d} < \beta < \frac{1}{2} \ ,$$

les trajectoires de $X(t)$ sont presque sûrement de mesure de Lebesgue pleine dans $\mathbb{R}^d$. Le cas $\beta = \frac{1}{2} - \frac{1}{d}$ (analogue au mouvement brownien plan) mériterait une étude spéciale.

Nous supposons désormais

$$\beta < \frac{1}{2} - d \ , \quad X(0) = 0 \quad .$$

Soit τ un temps d'arrêt. Ecrivons la formule (⊠) sous la forme

$$X(t) - X(\tau) = P_\tau(t) + Q_\tau(t)$$

et considérons la mesure positive R dont la transformée de Fourier est

$$\hat{R}(\xi) = E\left(\int_\tau^\infty e^{i\xi . X(t)} \, dt \right) .$$

Si τ est constant, c'est la convolution de la distribution de $X(\tau)$ par le noyau K ; sauf dans le cas $\tau = 0$, c'est une fonction bornée. Dans le cas général, on a

$$\hat{R}(\xi) = E\left(\int_\tau^\infty e^{i\xi . (X(\tau) + P_\tau(t))} \, E^{\mathcal{B}_\tau}(e^{i\xi . Q_\tau(t)}) dt\right)$$

$$= E\left(e^{i\xi . X(\tau)} \int_\tau^\infty e^{i\xi . P_\tau(t)} \, e^{-c|\xi|^2 (t-\tau)^\gamma} dt\right) .$$

Cette dernière intégrale est la transformée de Fourier de

$$(\neq) \qquad \int_\tau^\infty \exp\left(- \frac{|x - P_\tau(t)|^2}{(t-\tau)^\gamma} \right) \frac{dx}{(t-\tau)^{\gamma \frac{d}{2}}}$$

Supposons enfin que τ est un point lent à gauche pour le processus de Wiener $W(t)$ qui a servi à définir $X(t)$, c'est-à-dire

$$|W(s) - W(\tau)| < C\sqrt{\tau - s}$$

pour $\tau - 1 < s < \tau$. On sait que de tels points existent, et que leur ensemble a une dimension de Hausdorff fonction de C, qui tend vers 1 quand $C \to \infty$. On vérifie alors que

$$|P_\tau(t)| < C(t - \tau)^{\gamma/2}$$

et il en résulte que l'intégrale $(\neq)$ est minorée par $CK(x)$

(on le voit bien en minorant la fonction de Gauss par un multiple de la fonction indicatrice d'une boule convenable).

En conséquence, si τ est un temps d'arrêt $\geqslant \varepsilon > 0$, et qui est un point lent à gauche pour $W(t)$, la distribution de $X(\tau)$ par rapport à $\frac{1}{|x|^{\alpha}}$ avec $\alpha = d - \frac{2}{\gamma}$ est bornée (et majorée par celle de $X(\varepsilon)$).

On peut remplacer l'hypothèse que τ est un point lent pour $W(t)$ par celle, plus naturelle, que c'est un point lent pour $X(t)$, dans le sens que

$$|X(s) - X(\tau)| < C(\tau - s)^{\gamma/2}$$

pour $\tau - 1 < s < \tau$. La conclusion est encore valable. La démonstration nécessite alors d'exprimer $P_{\tau}(t)$ en fonction des X_s $(s < \tau)$, ce qui est un exercice intéressant en lui-même (suivant que $\beta > 0$ ou $\beta < 0$, $P_{\tau}(t)$ apparait comme une intégrale convexe des $X_s - X_{\tau}$, ou comme une intégrale convexe des $X_{\tau} - X_s$).

Si l'on reprend les propositions A), B), C) de la partie I, en supposant maintenant $\alpha = d - \frac{2}{\gamma}$, on vérifie A) $\Rightarrow$ B) de la même façon que dans la partie I (la réflexion nécessaire pour aboutir à $P(0 \in X(I) - K) > 0$ étant ici un peu plus longue). Mais il n'est pas clair du tout que B) entraine C). On a un substitut de B), qui est

B') l'ensemble des points lents (à gauche) de $X(t)$ rencontre K avec une probabilité positive.

Le résultat souligné ci-dessus montre que B') $\Rightarrow$ C).

Observons que, dans cette partie II, les valeurs de α qui apparaissent sont dans l'intervalle $0 < \alpha < d - 1$.

J.P. KAHANE

Université Paris-Sud
Département de Math.
Batiment 425

91400 - ORSAY

Colloque de Théorie du
Potentiel-Jacques Deny
- Orsay 1983 -

LOCALISATION OF SUPERHARMONIC FUNCTIONS IN NOT NECESSARILY LOCAL DIRICHLET SPACES

Torbjörn KOLSRUD

Introduction.

In the framework of Dirichlet spaces, we study "weakly harmonic" and "weakly superharmonic" functions. We prove that these notions can be localised in a natural way, although Dirichlet spaces are non-local in general. (All functions are of course globally defined).

Our main tools are the Choquet property, the quasi Lindelöf property and continuity properties of the balayage functional. In §1 the necessary background is outlined ; for details we refer to [3] . We also refer to [4] where we study these phenomena in more detail. Among other things, we show that the above mentioned functions can be identified with "finely (super-) harmonic" functions in a certain sense.

1. PRELIMINARIES.

Let $(\xi_t)_{t \geq 0}$ be a Hunt process on a nice topological space X (locally compact, Hausdorff and second countable) equipped with the Borel σ-algebra $\mathcal{B} = \mathcal{B}(X)$. Denote by $p(t,x,E)$ ($t > 0$, $x \in X$, $E \in \mathcal{B}$) the transition function of the process :

$$p(t,x,E) = \Pr(\xi_t \in E \mid \xi_0 = x) ,$$

and let $p_t f$ be the corresponding semi-group :

$$p_t\, f(x) = \int_X p(t,x,dy)\, f(y),\ f \in C_0(X) ,$$

where $C_0(X)$ denotes the continuous and compactly supported functions on X. All functions are assumed to be real or extended real-valued.

In order to build a Hilbert space structure, we assume that there is a measure m with support equal to X, which is positive, Radon, and such that p_t is symmetric with respect to m :

$$\int_X p_t\, f\, g\, dm = \int_X f\, p_t g\, dm .$$

We will also assume that (ξ_t) is transient in the sense that for any function $f \in C_0(X)$ and any point $x \in X$, we have

(T) $$Gf(x) < + \infty,$$

where G is the Green operator : $G = \int_{(0,\infty)} p_t\, dt$. (Note that we may always replace p_t by $e^{-t} p_t$ if condition (T) is not satisfied).

We can introduce a(real) inner product by letting

(1) $$(u|v) = (Gf|Gg) = \int_X Gf\, g\, dm = \int_X f\, Gg\, dm ,$$

for potentials $u = Gf$ and $v = Gg$ with f and g in $C_0(X)$[(1)]. We define W as the Hilbert space obtained by completion in the norm $\|\cdot\|$ corresponding to (1). The space W we obtain is a Dirichlet space.

Let $C_\infty(X)$ be the closure of $C_0(X)$ in the supremum norm $\|\cdot\|_\infty$, so that $C_\infty(X)$

consists of the continuous functions $X \to \mathbb{R}$ which vanish at infinity. The following regularity assumption is crucial:[(2)]

(RA) $W \cap C_\infty(X)$ is dense in W and in $C_\infty(X)$.

Under this condition, the capacity of a set can be introduced in the "usual" manner and any element of W has a quasi continuous representative. (For a compact set K, the capacity is defined as $\operatorname{cap} K = \inf \{\|u\|^2 : u \geq 1_K , u \in C_0(X) \cap W\}$, and $\operatorname{cap}(\cdot)$ can be extended as an outer capacity as usual). The abbreviation "q.e." stands for "quasi everywhere" meaning outside a set of capacity zero.

We will need the following approximation forms (here $t > 0$ and $u \in W$) : Let

$$E_t(u) = \frac{1}{t}\int_X (1-p_t)u\, u\, dm$$

$$= \frac{1}{2t}\iint_{X\times X} (u(x)-u(y))^2\, \sigma_t(dx,dy) + \frac{1}{t}\int_X u(x)^2\, m_t(dx) ,$$

where $\sigma_t(dx,dy) = (1-p(t,x,dy))m(dx)$ and $m_t(dx) = (1-p(t,x,X))m(dx)$. Then $E_t(u) \uparrow \|u\|^2$ as $t \downarrow 0$. (It is immediately seen from this that contractions operate on W).

In what follows we will assume that $p(t,x,dy) = p(t,x,y)m(dy)$. Then "polar sets", "semi-polar sets", and "sets of capacity zero" all coincide[(3)].

Denote par E the positive measures of finite energy, i.e. the positive elements in the dual of W. For such a measure μ , the potential $G\mu$ belongs to W and

$$(u|G\mu) = \int_X u\, d\mu \ , \ u \in W, \mu \in E .$$

We will write $I(\mu) = \int_X G\mu\, d\mu = \|G\mu\|^2$ for the energy of $\mu \in E$. Clearly $\{G\mu_1 - G\mu_2 : \mu_1 , \mu_2 \in E\}$ is dense in W . The function $u = G\mu$, $\mu \in E$, which is defined everywhere, is excessive in the usual sense ($u \geq 0$, $u \geq p_t u$, $u = \lim_{t\downarrow 0} p_t u$).

We will write S for the excessive functions and we will make the following assumption on S :

(LSC) All functions in S are lower semi-continuous.

S is a lattice with infimum operation

$$\bigwedge_{i \in I} u_i = (\inf_{i \in I} u_i)^{\wedge} ,$$

where "^" denotes lower semi-continuous envelope. The <u>fine topology</u>(4) is (by assumption (T)) the topology generated by S . It follows that functions in W are finely continuous q.e.

The following important results relating "quasi-topology" to "fine topology" hold :

<u>Choquet property</u> : Quasi (lower semi-) continuity and fine (lower semi-) continuity q.e. are equivalent concepts. Specifically, a set E is <u>quasi-open</u> (i.e. such that for some sequence (ω_n) of open sets with $E \subset \omega_n$, we have $\mathrm{cap}(\omega_n \setminus E) \to 0$) if E is finely open. (For a proof, see [3]) .

<u>Quasi Lindelöf property</u> : If $(V_i, i \in I)$ is an arbitrary family of finely open sets, one can extract a sequence $(i_1, i_2, \ldots .)$ from I such that

$$\mathrm{cap} \{ \bigcup_{i \in I} V_i \setminus \bigcup_{n \geqslant 1} V_{i_n} \} = 0 .$$

(This holds because m is a representing measure).

We define the <u>balayage functional</u> (for $f \geqslant 0$) by

$$\hat{R}_f = \bigwedge \{ v \in S : v \geqslant f \} (\in S) .$$

Then $[0, +\infty]^X \ni f \longrightarrow \hat{R}_f$ is an <u>upper capacity</u> (with values in the lattice $(S, \wedge)$) . If $u = G\mu$ ($\mu \in E$) and $E \subset X$, then $\hat{R}_u^E = \hat{R}_{u.1_E} = G\mu^E$ for some μ^E in E (the balayee of μ onto the set E).

Define $W_0(E) = \{ u \in W : u = 0$ q.e. off $E \}$. If E' denotes the fine interior of E , then $W_0(E) = W_0(E')$, see [4] . We will therefore only consider $W_0(V)$ for finely open sets V . $W_0(V)$ should be looked upon as the <u>test functions</u> on V . We define

$$H(V) = W_0(V)^{\perp} = \{ u \in W : (u \mid \phi) = 0, \forall \phi \in W_0(V) \}$$

and

$$S(V) = \{ u \in W : (u \mid \phi) \geqslant 0, \forall \phi \in W_0(V)^+ \} .$$

The elements of $H(V)$ and $S(V)$ are respectively weakly harmonic and weakly superharmonic on V. We remark that $G\mu^{CV} = \pi_{H(V)} G\mu$ for $\mu \in E$. Here π means orthogonal projection.

2. LOCALISATION OF WEAKLY SUPERHARMONIC FUNCTIONS :

We can now state our result. It displays the sheaf character of the maps $V \to H(V)$ and $V \to S(V)$ as V ranges over the finely open sets. In the Greenian case (i.e. BLD-functions which, in particular, is a local case) this result is proved by B. Fuglede in [2, proposition 10] .

THEOREM. *Let $(V_i, i \in I)$ be any family of finely open sets with $\cup V_i = V$. Then*

$$\text{(a)} \quad S(V) = \bigcap_{i \in I} S(V_i) ,$$

$$\text{(b)} \quad H(V) = \bigcap_{i \in I} H(V_i) ,$$

$$\text{(c)} \quad W_0(V) = \overline{\sum_{i \in I} W_0(V_i)} , \quad \text{and}$$

$$\text{(d)} \quad W_0(V)^+ = \overline{\sum_{i \in I} W_0(V_i)^+} .$$

- Before the proof, we state three lemmas, the proofs of which we postpone for the moment.

LEMMA A. *Let $(\omega_i)_{i=1}^{\infty}$ be open sets, and suppose that $\phi \in W_0(\cup_i \omega_i)^+$ has compact support in $\cup_i \omega_i$. Then we can find functions $\phi_i \in W_0(\omega_i)^+$, $1 \leqslant i \leqslant N$, such that*

$$\phi = \phi_1 + \dots + \phi_N .$$

LEMMA B. *(Spectral synthesis) Let $u \in W_0(V)$, where V is finely open. Then one can find a sequence of functions u_n from $W_0(V)$ with compact supports in V, such that $\|u_n - u\| \to 0$. Moreover, if $0 \leqslant u \leqslant 1$, then we can choose u_n with $0 \leqslant u_n \leqslant 1$.*

LEMMA C. *For any two functions u and v in W,*

$$\|uv\| \leqslant C\,(\|u\|_\infty \cdot \|v\| + \|u\| \cdot \|v\|_\infty),$$

where C is a constant that does not depend on u and v.

PROOF OF THE THEOREM We assume the lemmas and prove (d). Suppose that $\phi \in W_0(\cup V_i)^+$ and that (V_i) is denumerable. We may assume that $0 \leqslant \phi \leqslant 1$. According to lemma B, there is a compactly supported function $\psi \in W_0(\cup V_i)$, with $0 \leqslant \psi \leqslant 1$, such that $\|\phi - \psi\| < \varepsilon$, where ε is any preassigned positive number.

By the Choquet property, all V_i's are quasi open, so there are open sets $\omega_i^n \supset V_i$ such that

$$\text{(2)} \qquad \operatorname{cap}\,(\bigcup_i (\omega_i^n \setminus V_i)) \to 0, \; n \to \infty .$$

To each n there are, according to lemma A, functions $\psi_1^n, \psi_2^n, \ldots, \psi_N^n$, $N = N(n)$, with $\psi_i^n \in W_0(\omega_i^n)^+$, such that

$$\psi = \sum_i \psi_i^n .$$

From (2) and the definition of capacity, there are functions χ_n, with $0 \leqslant \chi_n \leqslant 1$, such that $\|\chi_n\| \to 0$, $\chi_n = 1$ in a neighbourhood of $\cup_i(\omega_i^n \setminus V_i)$, and such that $\chi_n \to 0$ q.e.

Write

$$\psi = \chi_n\psi + \sum_i (1-\chi_n)\psi_i^n = \chi_n\psi + \sum_i (\zeta - \chi_n)\,\psi_i^n ,$$

where $\zeta = 1$ in a neighbourhood of supp ψ and $\zeta \in W$.

Lemma C shows that for all n, $(\zeta-\chi_n)\,\psi_i^n \in W_0(V_i)$, so defining

$$\psi^n = \sum_i (\zeta - \chi_n)\,\psi_i^n ,$$

we have $\psi^n \in \Sigma_{i \leqslant N} W_0(V_i)^+$, because ζ is chosen so that $(\zeta-\chi_n)\,\psi_i^n \geqslant 0$.

Now,

$$\| \psi - \psi^n \| = \| \chi_n \psi \| ,$$

so, again by Lemma C ,

$$\| \psi - \psi^n \| \leq C (\| \chi_n \|_\infty \cdot \| \psi \| + \| \chi_n \| \cdot \| \psi \|_\infty) \leq \text{const} .$$

A weak compactness argument, as in [3, Theorem 4.1] , shows that

$$\| \psi - \psi^n \| \to 0, n \to \infty ,$$

possibly after reduction to a sequence of convex linear combinations.
It follows that

$$\psi \in \overline{\sum_{i \geq 1} W_0(V_i)^+} ,$$

hence that this is valid also for ϕ in this case. The general case, i.e. when I is not necessarily countable, follows from the quasi Lindelöf property : if

$$\text{cap } [(\bigcup_{i \in I} V_i) \setminus (\bigcup_{n \geq 1} V_{i_n})] = 0 ,$$

then

$$W_0(\bigcup_{i \in I} V_i)^+ = W_0(\bigcup_{n \geq 1} V_{i_n})^+ ,$$

hence

(3) $$W_0(\bigcup_{i \in I} V_i)^+ \subset \overline{\sum_{n \geq 1} W_0(V_{i_n})^+} \subset \overline{\sum_{i \in I} W_0(V_i)^+}$$

follows. The converse implication in (d) is obvious, so (d) follows from (3) , hence also (c) .

To prove (a) , it suffices to show , in the denumerable case, that

(4) $$\bigcap_{i \geq 1} S(V_i) \subset S(\bigcup_{i \geq 1} V_i) .$$

We suppose that $u \in \bigcap S(V_i)$ and choose some ϕ in $W_0(\bigcup V_i)^+$. Then (d) gives, for some $\phi_i^n \in W_0(V_i)^+$, $1 \leq i \leq N(n)$,

$$\phi = \lim_n \sum_i \phi^n_i .$$

Accordingly ,

$$(u \mid \phi) = \lim_n \sum_i (u \mid \phi_i^n) \geqslant 0 \quad ,$$

so (4) follows, hence also (a).

Writing

$$H(U) = S(U) \cap (-S(U)) \quad ,$$

we see that (b) follows from (a). □

<u>PROOF OF LEMMA A.</u> Let $K = \text{supp}\ \phi$. Suppose, to start with, that $K \subset \omega_1 \cap \omega_2$. We may assume that $\overline{\omega_1}$ and $\overline{\omega_2}$ are compact. Under the present assuptions on (X,T), we have a metrizable space, and the metric gives the same topology. This we can safely define, for ω open and $\delta > 0$,

$$\omega^\delta = \{x \in \omega \ : \text{dist}\ (x, \partial\omega) > \delta\} \quad .$$

Then, for some δ depending on K , $K \subset \Omega_\delta \equiv \omega_1^\delta \cap \omega_2^\delta$. According to the Tietze-Urysohn theorem (valid in this situation when X is locally compact and Hausdorff), there is a function $\chi_0 \in C_0(X)$ with $\chi_0 = 1$ on $\overline{\omega_1^\delta}$, $\chi_0 = 0$ on $C\omega_1$ and $0 \leqslant \chi_0 \leqslant 1$ everywhere. The regularity condition (RC) implies that to each $\varepsilon > 0$ there is a function $\chi_1 \in C_0(X) \cap W$ such that $\|\chi_0 - \chi_1\|_\infty < \varepsilon$. Hence $\chi_1 \geqslant 1-\varepsilon$ on $\overline{\omega_1^\delta}$, and $-\varepsilon \leqslant \chi_1 \leqslant \varepsilon$ on $C\omega_1$, so $\chi_1^+ \leqslant \varepsilon$ on $C\omega_1$, hence $\chi_2 \equiv (\chi_1^+ - \varepsilon)^+ = 0$ on $C\omega_1$ and $\chi_2 \geqslant 1-2\,\varepsilon$ on $\overline{\omega_1^\delta}$. Defining $\chi = (\frac{1}{1-2\,\varepsilon}\chi_2) \wedge 1$, we get a function in W with the same properties as χ_0 had. In particular, $\chi \in W_0(\omega_1)$. Put $\phi_1 = \chi\phi$. By the not yet proved Lemma C, we have $\phi_1 \in W_0(\omega_1)^+$. Write $\phi_2 = \phi - \phi_1 = (1-\chi)\phi$. If $\phi_2(x) \neq 0$, then (neglecting polar sets) $x \in \Omega_\delta \setminus \overline{\omega_1^\delta} \subset \omega_2$, so $\phi_2 \in W_0(\omega_2)$, and $\phi_2 \geqslant 0$ also, because $\chi \leqslant 1$. Thus the lemma follows when $\text{supp}\ \phi \subset \omega_1 \cup \omega_2$.

In the general case, by compactness, $\text{supp}\ \phi \subset \cup_1^N \omega_i$, for some N , and by what we have just proved,

$$\phi = \phi_1 + \phi_2' \in W_0(\omega_1)^+ + W_0(\bigcup_2^N \omega_i)^+ \quad ,$$

so, repeating this for ϕ_2' etc., we get

$$\phi = \phi_1 + \ldots + \phi_N \in \sum_1^N W_0(\omega_i)^+ \quad . \qquad \square$$

<u>PROOF OF LEMMA B.</u> Consider a potential $u = G\mu$, $\mu \in E$. By [1, Theorem 3.7 (b)] we get, for any $A \subset X$,

$$G\mu^A = \bigwedge \{G\mu^\omega : \omega \supset A, \omega \text{ open}\}.$$

(We use that $\hat{R}_\cdot$ is an upper capacity.) This gives

$$G\mu^{CV} = \bigwedge \{G\mu^{CK} : K \subset V, K \text{ compact}\} ,$$

so if $K \uparrow V$, then $G\mu^{CK} \to G\mu^{CV}$ q.e. We next prove that this holds also in W. Since $G\mu \geqslant G\mu^{CK} - G\mu^{CV} \geqslant 0$, we can use dominated convergence in $L^1(\mu)$ to get convergence in this space. But

$$\|G\mu^{CK} - G\mu^{CV}\|_{L^1(\mu)} = \int_X (G\mu^{CK} - G\mu^{CV})\, d\mu = I(\mu^{CK}) - I(\mu^{CV})$$

$$= \|G\mu^{CK}\|^2 - \|G\mu^{CV}\|^2 ,$$

so that

$$\|G\mu^{CK}\|^2 \to \|G\mu^{CV}\|^2 , \quad K \uparrow V .$$

In very much the same manner, one proves that

$$\|G\mu^{CK} + G\mu^{CV}\|^2 \to 4\|G\mu^{CV}\|^2 , \quad K \uparrow V .$$

By the parallelogram law,

$$\|G\mu^{CK} - G\mu^{CV}\|^2 = 2(\|G\mu^{CK}\|^2 + \|G\mu^{CV}\|^2) - \|G\mu^{CK} + G\mu^{CV}\|^2 \to 0, \quad K \uparrow V .$$

Hence

$$G\mu^{CK} \to G\mu^{CV} , \quad \underline{\text{strongly}}, \ \underline{\text{as}} \ K \uparrow V .$$

Since $G\mu^{CV} = \pi_{H(V)} G\mu$, and analogously for K , we get

(5) $$\pi_{H(K)} u \to \pi_{H(V)} u \ \underline{\text{in}}\ W \ \underline{\text{as}}\ K \uparrow V , \quad u \in W ,$$

where we have used the density in W of potentials of measures from $E - E$.
It follows from (5) that

$$\pi_{W_0(K)} u \to \pi_{W_0(V)} u , \quad K \uparrow V , \quad u \in W ,$$

proving the assertion about compact support.
If $K_n \uparrow V$, so that $u'_n = \pi_{W_0(K_n)} u \to u \in W_0(V)$, and $0 \leq u \leq 1$, then we may replace u'_n by $u_n = (u'_n)^+ \wedge 1$ and get the same conclusion $u_n \to u$.
(This can be proved by a weak compactness argument as in Theorem 4.1. in [3] .

PROOF OF LEMMA C. Let $A = \|u\|_\infty$, $B = \|v\|_\infty$. We use the forms E_t from §1. We have

$$|(uv)(x)-(uv)(y)|^2 \leq 2\{|u(x)(v(x)-v(y))|^2 + |v(y)(u(x)-u(y))|^2\}$$

$$\leq 2\{A^2|v(x)-v(y)|^2 + B^2|u(x)-u(y)|^2\} .$$

Hence

$$\frac{1}{2t}\int_{X\times X} |(uv)(x) - (uv)(y)|^2 \sigma_t (dx,dy)$$

$$\leq \frac{1}{t} \{A^2 \int_{X\times X}|v(x)-v(y)|^2 \sigma_t (dx,dy) + B^2 \int_{X\times X}|u(x)-u(y)|^2 \sigma_t (dx,dy)\}$$

$$\leq 2 (A^2 E_t(v) + B^2 E_t(u)) \leq 2 (A^2 \|v\|^2 + B^2 \|u\|^2) ,$$

and trivially

$$\frac{1}{t}\int_X (uv)(x)^2 (1-p(t,x,X))\, m(dx) \leq (A^2 \|v\|^2 + B^2 \|u\|^2) ,$$

so letting $t \downarrow 0$, we get

$$\|uv\|^2 \leq 3 (A^2 \|v\|^2 + B^2 \|u\|^2) \leq 3 (A \|v\| + B \|u\|)^2 ,$$

and the assertion follows with $C = 3$. □

Notes : 1. We could equally well consider all functions $f \in \mathcal{B}$ such that $\int_X G|f|.|f| \, dm < +\infty$.

2. One could also have constructed W without reference to stochastic processes. However, by the work of M. Fukushima, this is no restriction : if W is a Dirichlet space constructed from a sub Markov semi-group, and if (RC) is satisfied, then we can fund a Hunt process such that the semi-group is the one obtained from the transition function of the process.

3. We refer to the well-known probabilistic interpretations of these concepts.

4. The fine topology is defined probabilistically. The fine neighbourhoods of a point x are those sets V for which $\complement V$ is thin at x , i.e. such that, with probability one, a particle starting at x , stays in V for a positive period of time.

Acknowledgements : This article contains material that was included in a preprint of the author. I want to thank Lars Inge Hedberg, Bent Fuglede and Peter Sjögren for their helpful remarks.

References :

[1] B. FUGLEDE.

- Capacity as a sublinear functional generalizing an integral. Mat. Fys. Medd. Danske Vid. Selsk. 38, No 7 (1971), 1-44.

[2] B. FUGLEDE.

- Fonctions BLD et fonctions finement surharmoniques . Sém. de Théorie du Potentiel, Paris, Lecture Notes in Math. 809, Springer, Berlin, 1982 .

[3] T. KOLSRUD.

- Capacitary integrals in Dirichlet spaces, to appear.

[4] T. KOLSRUD.

- Fine potential theory in Dirichlet spaces, to appear.

Department of Mathematics
University of Stockholm
Box 6701
S- 113 85 Stockholm, Sweden

Colloque de Théorie du
Potentiel-Jacques Deny
- Orsay 1983 -

FONCTIONS "CAD-LAG" SUR LES TRAJECTOIRES D'UN PROCESSUS DE RAY

Yves LE JAN

L'objet de ce travail est de donner une caractérisation potentialiste des fonctions "cad-lag" sur les trajectoires des processus de Ray. Un résultat essentiellement identique a été simultanément obtenu par Mokobodzki (voir 10).

Le théorème obtenu contient un résultat (non publié) de Mokobodzki en théorie de la dualité : Les fonctions co-excessives bornées sont, en dehors d'un semi-polaire, limites quasi uniformes de différence de fonctions excessives (car si f est co-excessive, $\tilde{f} = \lim_{\alpha\to\infty} \alpha V_\alpha f$ est "cad-lag" et $\tilde{f} \neq f$ est semi-polaire).Une démonstration probabiliste de ce dernier résultat a été donnée par l'auteur dans [8].

Une étude assez complète des processus de Ray a été publiée par Getoor dans [6]. Pour les notions de convergence quasi-uniforme etc... on pourra consulter Feyel et de la Pradelle ([4], ...) et [8]. Tous ces résultats généralisent une situation déjà bien connue dans le cas symétrique. (cf. Deny ; [3] ,

Fukushima ; [5]). On pourra comparer la caractérisation obtenue avec celle des fonctions quasi-continues ([8]) et celles des fonctions finement continues ([1]).

Soit E un espace compact métrisable et V_α une résolvante de Ray sur E (cf. [6],[9]).

Soit P_t le semigroupe markovien associé et B l'ensemble des points de branchement.

Soit $(P_x, x \in E)$ le processus de Markov associé, défini sur l'espace canonique Ω des trajectoires cad-lag (continues à droite et pourvues de limites à gauche) $\omega : \mathbb{R}^+ \to E$. On sait que B n'est p.s.visité que par le processus des limites à gauche.(cf. [6]).

Une fonction borélienne bornée f définie sur $E - B$ est dite α-excessive ssi elle est α-surmédiane (i.e. $e^{-\alpha t} P_t f \leq f$, $\forall t$) et $\lim_{t \downarrow o} P_t f = f$ (sur $E - B$).

On note $\mathcal{S}^\alpha$ le cône formé par ces fonctions. $\mathcal{L} = \mathcal{S}^\alpha - \mathcal{S}^\alpha$ est un espace réticulé indépendant de α .

Soit $\mathcal{D}$ l'espace des fonctions boréliennes bornées définies sur $E - B$, telles que $f(\omega(t))$ soit p.s. cad-lag en t .

Pour tout ouvert U de E , posons $\tau_U(\omega) = \inf(s \in \mathbb{R}^+, \omega(s) \in U)$. Pour toute probabilité initiale $\mu \in \mathcal{M}^1(E)$, définissons $Cap_\mu(U) = E_\mu(e^{-\tau_U})$.

Nous allons démontrer le résultat suivant :

<u>*THEOREME*</u>. *Pour toute fonction* $g \in \mathcal{D}$, *pour toute loi initiale* μ *il existe une suite de fonctions* $f_n \in \mathcal{L}$ *et une suite d'ouverts* U_n , *telles que* $\tau_{U_n} \uparrow \infty$ P_μ *p.s. et* $|f_n - g| \leq 2^{-n}$ *en dehors de* U_n .

<u>Démonstration</u>. Fixons une loi initiale $\mu \in \mathcal{M}^1(E)$.

<u>*LEMME 1*</u>. Cap_μ *se prolonge en une capacité de Choquet continue à droite sur* E . *De plus, pour tout borélien* A , $\tau_A(\omega) = \inf(s \geq 0 , \omega(s-) \in A$ *ou* $\omega(s) \in A)$ *est un temps d'arrêt et* $Cap_\mu(A) = E_\mu(e^{-\tau_A})$.

Comme dans le cas des processus de Hunt, c'est une conséquence facile du théorème de capacitabilité. Une démonstration complète est donnée dans [8].

LEMME 2. Si A est un borélien contenu dans $E - B$,

$$\tau_A = \inf(s \geqq 0, \omega(s) \in A) \; P_\mu \; p.s.$$

En effet, il existe une suite décroissante d'ouverts U_n telle que $\tau_{U_n} \uparrow \tau_A$, et l'on a donc soit $\lim_{n\to\infty} \omega(\tau_{U_n}) = \omega(\tau_A)$, soit $\omega(\tau_A -) \in B$.

A toute fonction f borélienne bornée sur $E - B$, on associe le processus $F_t(\omega) = f(\omega(t))$ défini à la P_μ-indistinguabilité près. Deux fonctions sont ainsi associées au même processus si et seulement si elles coïncident en dehors d'un ensemble de capacité nulle.

LEMME 3. $e^{-\alpha t} F_t(\omega)$ est une surmartingale ssi il existe $g \in \mathcal{S}_\alpha$, telle que $f = g$ sur $E - B$, en dehors d'un ensemble de capacité nulle.

Seule la nécessité est à démontrer. Il est clair que, sur $E - B$, en dehors d'un ensemble de capacité nulle (c'est-à-dire quasi partout), $n V_{\alpha+n} f \leqq f$ pour tout n et $n V_{\alpha+n} f \uparrow f$

mais $n V_{\alpha+n} f = n V_\alpha (f - n V_{\alpha+n} f)$

D'autre part $f = f'$ quasi partout $\Rightarrow V_\alpha f = V_\alpha f'$ quasi partout

Ainsi $n V_{\alpha+n} f = n V_\alpha [(f - n V_{\alpha+n} f)^+]$ q.p.

et donc $f = \liminf_{n\to\infty} n V_\alpha [(f - n V_{\alpha+n} f)^+]$ qui est une fonction α-surmédiane que nous noterons φ .

On a alors $n V_{\alpha+n} f = n V_{\alpha+n} \varphi$ q.p

et donc $f = g$ q.p. ou $g = \lim \uparrow n V_{\alpha+n} \varphi$ est la régularisée α-excessive de φ.

Soit M l'espace des processus $F_t(\omega)$ admettant une représentation de la forme $f(\omega(t))$, f étant borélienne bornée sur $E - B$. Soit D l'espace des processus cad-lag de M et S_α les processus de M tels que $e^{-\alpha t} F_t$ soit une surmartingale. Le lemme 3 montre que les processus de S_α sont représentables par des fonctions de $\mathcal{S}_\alpha$. Pour tout $F \in M$ posons $\|F\| = E(\sup_{t\geqq o} e^{-t} |F_t|$.

DEFINITION. Nous dirons qu'une suite f_n de fonctions boréliennes bornées sur $E - B$ converge quasi uniformément vers 0 ssi il existe une suite *décroissante d'ouverts de* $E, (U_n)$, *telle que* $Cap_\mu(U_n) \downarrow 0$ *et* $|f_n| \leq 2^{-n}$ *sur* $B^c \cap U_n^c$.

<u>LEMME 4</u>. *Si* $F_n = f_n(\omega(t))$ *est une suite d'éléments de* M *tels que* $\| F_n \| \downarrow 0$, *il existe une sous suite* n_K *telle que* $f_{n_K} \downarrow 0$ *quasi uniformément.*

Procède du lemme 2 et d'un argument standard : cf. [8] § 1.2 ; le point essentiel est que $\mathrm{Cap}(|f| \geq \varepsilon) \leq \frac{1}{\varepsilon} \| f \|$).

La démonstration du théorème se ramène donc, d'après les lemmes 3 et 4, à celle du résultat suivant :

<u>PROPOSITION</u>. $L = S_\alpha - S_\alpha$ *est dense dans* D *pour la norme* $\| \ \|$.

<u>Démonstration</u>. D étant réticulé, et du fait que $|f| \leq |g|$ implique $\| f \| \leq \| g \|$, toute forme linéaire continue sur $(D, \| \ \|)$ est différence de deux formes linéaires continues et positives (cf. [2] p. 28).

Posons $H_+ = \Omega \times [0 + \infty[$; $H_- = \Omega \times]0 + \infty[$ et $H = H_+ + H_-$. Une partie de H est dite évanescente ssi ses restrictions à H_+ et H_- sont évanescentes. Notons $\mathcal{E}$ la σ-algèbre de parties de H contenant les évanescents et engendré par les fonctions $F^\# = F \chi_{H_+} + F^- \chi_{H_-}$, $F \in D$ ou F^- désigne le processus $F_{t-}^{(\omega)}$.

<u>LEMME 5</u>. *Si* $F_n^\# \downarrow 0$ *en dehors d'un évanescent*, $\| F_n \| \downarrow 0$.

Il résulte de l'hypothèse et d'une version du lemme de Dini que pour presque tout ω, $F_t(\omega)$ converge vers 0 uniformément sur tout compact de $\mathbb{R}^+$.

Il résulte de ce lemme que toute forme linéaire positive et continue sur D se prolonge en une mesure positive sur $(H, \mathcal{E})$, ne chargeant pas les évanescents.

Toute forme linéaire continue étant différence de formes linéaires positives et vu que $1 \in D$, toute forme linéaire continue se prolonge en une mesure bornée μ ne chargeant pas les évanescents. Nous pourrons conclure la démonstration de la proposition, et donc du théorème, pour le théorème de Hahn Banach si nous montrons que μ = 0 sur D en supposant que μ = 0 sur L.

Si $F_t = f(\omega(t))$ appartient à M, il en est de même de $F_t^\alpha = \alpha V_\alpha f(\omega(t))$.

F^{α}_t est la projection optionnelle (i.e. la version continue à droite des espérances conditionnelles sachant $\mathcal{F}_t$) du processus $Z_t = \int_0^{+\infty} e^{-\alpha s} F_{t+s}\, ds$ et F^{α}_{t-} sa projection prévisible (i.e. la version continue à gauche de $E(Z_t / \mathcal{F}_{t-})$) .

On en déduit que $\lim_{\alpha\to\infty} (F^{\alpha})^{\#} = F\, \chi_{H_+} + \Pi F\, \chi_{H_-}$ ou ΠF désigne la projection prévisible de F .

Ainsi, si $\mu = 0$ sur L , $\mu(F\, \chi_{H_+} + \Pi F \chi_{H_-}) = 0$ pour tout $F \in M$. Il suffit donc de montrer que $\mu((\Pi F - F^-)\, \chi_{H_-}) = 0$ pour tout $F \in D$.

Soit I un segment de $\mathbb{R}$ ne contenant pas 0 . Posons

$A_I = \{(\omega,t) \in H_- \,,\, F_{t_-}(\omega) - \Pi F_t(\omega) \in I\}$. Il suffit de montrer que $\mu(A_I) = 0$.

Soit $\mathcal{A}^-$ la σ-algèbre de H_- engendrée par $\{F^-, F \in D\}$. Il est clair que $A^I \in \mathcal{A}^-$.

F_{t_-} et ΠF_t n'ayant pas de discontinuité de 2° espèce, $\chi_{A_I}(\omega)$ est p.s. discret. A_I est la réunion des graphes d'une suite croissante de temps d'arrêt prévisibles disjoints.

Pour tout $t \geqq 0$, on pose $T_t = \inf(s > t \,,\, \chi_{A_I}(s) = 1)$. Soit G^{α}_t la projection optionnelle de $e^{-\alpha T_t}$. (i.e. la version cad des espérances conditionnelles $E(e^{-\alpha T_t} \,|\, \mathcal{F}_t))$.

<u>*LEMME 6*</u>. *G^{α} appartient à S_{α} .*

G^{α}_t étant une α-surmartingale continue à droite, il suffit de montrer que $G^{\alpha} \in M$ λ-p.s. avec $\lambda = e^{-t}\, dt \otimes P$ (car on peut régulariser à l'aide de la résolvante). Soit $\mathcal{F}$ la σ-algèbre de H_+ engendrée par les processus $\theta_s F(t,\omega) = F_{t+s}(\omega)$, $s \in \mathbb{R}^+$, $F \in M$. On vérifie aisément que la λ-espérance conditionnelle d'un processus $\mathcal{F}$-mesurable borné sur la σ-algèbre optionnelle appartient à M λ-p.s. (Utiliser le théorème des classes monotones).

<u>*LEMME 7*</u>. *Pour tout $A \in \mathcal{A}^-$, $T^A_t = \inf\{s > t \,,\, \chi_A(s,\omega) = 1\}$ est $\mathcal{F}^{\lambda}$-mesurable.*

Remarquons que T^A_t est cad-lag et que $T^A_{t_-} \neq T^A_t \Rightarrow T^A_{t_-} = 0$.

Désignons par U (par K) la classe des parties de H_- qui sont de la forme $\{(t,\omega), F_{t-}(\omega) > 0\}$ ($\{(t,\omega), F_{t-}(\omega) \leqq 0\}$) avec $F \in D$, U et K sont contenus dans H_-.

Si $A = \{F^- > 0\}$, $\{T_t^A \geqq \alpha\} = \bigcap_{s \in Q^+ \cap [0,\alpha]} \{F_{t+s} \leqq 0\} \in \mathcal{F}$

Si $A = \{F^- \leqq 0\}$, $A^\varepsilon = \{F^- < \varepsilon\} \in U$ et $T_{t-}^{A\varepsilon} \uparrow T_{t-}^A$ pour tout t . p.s. si $\varepsilon \downarrow 0$.

On conclut par un raisonnement standard : Soit $\mathcal{C}$ la classe des ensembles $A \in \mathcal{A}^-$ tels que :

i) $\exists\ K_n \in K$, $K_n \subseteq A$ et $T^{K_n} \downarrow T^A$ λ-p.s.

ii) $\exists\ O_n \in U$, $G_n \supseteq A$ et $T^{O_n} \uparrow T^A$ λ-p.s.

$\mathcal{C}$ contient K et est stable par passage au complémentaire. On vérifie de plus facilement que $\mathcal{C}$ est stable par limites croissantes. On achève ainsi la démonstration des lemmes 6 et 7 .

Fin de la démonstration :

On a donc $\mu((G^{\alpha-} - \Pi\, G^\alpha)\, \chi_{H_-}) = 0$.

Il suffit de montrer que $\lim_{\alpha\to\infty} G^{\alpha-} - \Pi\, G^\alpha = \chi_{A_I}$ pour pouvoir conclure.

Or, $T_{t_-}(\omega) = T_t(\omega)$, sauf si

$$(t,\omega) \in A_I \iff T_{t_-}(\omega) = 0 \text{ et } T_t(\omega) > 0$$

Ainsi pour tout temps d'arrêt prévisible $SG^\alpha_{S_-} - \Pi\, G^\alpha_S = E(\chi_{A_I}(S)\ (1 - e^{-\alpha T_S}) \mid \mathcal{F}_{S_-})$ converge vers $\chi_{A_I}(S)$ lorsque $\alpha \to \infty$.

BIBLIOGRAPHIE

[1] BLUMENTHAL-GETOOR.

- Markov Processes.
Academic Press. New York (1968).

[2] BOURBAKI.

- Intégration.
Chap. 1-4 2° Ed. Hermann. Paris (1952).

[3] DENY.

- Méthodes hilbertiennes en théorie du potentiel.
C.I.M.E. 1969.

[4] FEYEL-de la PRADELLE.

- Dualité des quasi résolvantes de Ray.
Séminaire de Théorie du Potentiel L.N. 713, Springer Berlin, Heidelberg New-York (1979).

[5] FUKUSHIMA.

- Dirichlet forms and Markov processes.
North Holland-Kodanska. Amsterdam,Oxford, New-York, Tokyo (1980).

[6] GETOOR.

- Ray Processes and Right Processes.
L.N. 440. Springer. Berlin, Heidelberg, New-York (1975).

[7] LE JAN.

- Dual markovian semi-groups and processes.
Functional Analysis in Markov processes.
L.N. 923. Springer. Berlin, Heidelberg, New-York (1982).

[8] LE JAN.

- Quasi-continuous functions and Hunt processes.
J. Math. Soc. Japon vol. 35, n° 1 (1983) p. 37-42.

[9] MEYER P.A.

- Probabilités et Potentiel.
(première édition Hermann). Paris (1966).

[10] MOKOBODZKI G.

- Compactification relative à la topologie fine en théorie du potentiel. Dans ce volume.

Yves LE JAN
Laboratoire de Probabilités
Université P. et M. Curie
75005 - PARIS

Colloque de Théorie du
Potentiel-Jacques Deny
- Orsay 1983 -

INTEGRAL REPRESENTATION OF POSITIVE SOLUTIONS OF THE HEAT EQUATION

Bernard MAIR et J.C. TAYLOR

INTRODUCTION. Consider the heat equation $\frac{1}{2}\Delta u = \frac{\partial u}{\partial t}$ on $\mathbb{R}^n \times \mathbb{R}_+$. Widder [16] showed that by means of the Gauss Kernel every positive solution is represented by a positive measure on $\mathbb{R}^n$. This result was extented by Aronson [2] to a very extensive class of parabolic operators.

Kaufman and Wu [9] and then Mair [13] solved the problem of integral representation of positive solutions on $\mathbb{R}_+ \times \mathbb{R}$ (i.e. $x > 0$ and $t \in \mathbb{R}$) and on $\mathbb{R}^n_+ \times (0,T)$ respectively. Their proofs are adaptations of Widder's original arguments.

Sieveking [15] considered the problem of integral representation and used axiomatic potential theory methods to deduce the well known fact that the minimal solutions of the heat equation on $\mathbb{R}^n \times \mathbb{R}$ are the functions $K_y(x,t) = \exp\{\|y\|^2 t/2 + \langle x,y\rangle\}$, where $y \in \mathbb{R}^n$. These functions can be obtained from the Gauss Kernel by means of the Appell transform (c.f. [10]).

Since the cone of non-negative superharmonic (i.e. superparabolic) functions for the heat equation (or for a suitable parabolic equation) is weakly complete one may apply the Choquet integral representation theorem (c.f. Constantinescu-Cornea [3]). For the heat equation (and also for a large class of parabolic equations Aronson [1]) two potentials with the same point support are proportional. When this condition of proportionality is satisfied, it follows that every minimal solution $h(x,t)$ is the limit of a sequence $c_n G(x,t;\, y_n, s_n)$ for some sequence of "poles" (y_n, s_n) and constants c_n (here G denotes the fundamental solution). In other words, as Doob remarked [5], the method of Martin applies to the heat equation (and other parabolic operators).

For example, it was used by Cranston et al [4] to compute the minimal solutions of the parabolic equation $\frac{1}{2}\Delta u(x,t) + \langle B(x), \nabla_x(x,t)\rangle = \frac{\partial u}{\partial t}(x,t)$ on $\mathbb{R}^2 \times \mathbb{R}$, where $B : \mathbb{R}^2 \to \mathbb{R}^2$ is linear with eigen-values λ_1, λ_2 such that $\operatorname{Re} \lambda_i > 0$, $i = 1,2$, OR λ_i are real and non-zero.

The hypothesis of proportionality for the heat equation was proved by Kryżański [12] using Widder's representation theorem. Aronson [1] proved proportionality for a large class of parabolic equations without using an integral representation theorem. Assuming the hypothesis of proportionality, it is shown in this article how the method of Martin gives quick proofs of all integral representation results cited above for the heat equation. In addition, the integral representation is used to show the uniqueness of positive solutions of the Cauchy problem for the heat equation (Widder [16]) on $\mathbb{R}^n \times (0,T)$.

Finally, it is indicated how the Martin method applied to a non-compact symmetric space X leads one to conjecture that the minimal solutions of the heat equation on $X \times \mathbb{R}$ factor as the product of an exponential in t and function on X (as in the case of the heat equation on $\mathbb{R}^n \times \mathbb{R}$). This conjecture has been settled in the affirmative by Koranyi and Taylor [11] using other techniques.

1. INTEGRAL REPRESENTATION OF HARMONIC FUNCTIONS. (for details see [3]).

Let $X = (X,\mathcal{H})$ denote a P-harmonic space in the sense of [3]. Assume X has a countable base. Let S denote the cone of positive superharmonic functions on X . On this cone there is a locally convex topology, the so-called $\mathcal{T}$-topology. It is metrisable as X has a countable base. A measure r on X is said to be a reference measure if the only non-negative hyperharmonic function that vanishes on the support of r is the zero function. For example, when considering the heat equation on $U \times (0,T)$, U open in $\mathbb{R}^n$ and connected, this is equivalent to asking that $\sup\{t \mid \text{the support of } r \text{ meets } U \times \{t\}\} = T$. The $\mathcal{T}$-topology has the property that $K_r = \{s \in S , \int s\,dr \leq 1\}$ is compact. The set $\{s \in S \mid \int s\,dr > 1\}$ is convex as is K_r, i.e. K_r is a cap or hat of S .

Let $h \geq 0$ be harmonic and in the cap K_r with $\int h\,dr = 1$. Then h is represented by a unique measure μ on the set $\varepsilon(K_r)$ of extreme points of K_r. As h is harmonic, this measure is carried by $\varepsilon(K_r) \cap H$, where $H \subset S$ is the convex subcone (in fact a face) of positive harmonic functions on X . The functions in $\varepsilon(K_r) \cap H$ are the minimal harmonic functions on X (where r varies over the set of reference measures).

LEMMA 1.1. *Every minimal harmonic function is the limit of a sequence of extreme potentials. More precisely,* $\overline{\varepsilon(K_r) \cap P} \supset \varepsilon(K_r) \cap H$, *where* $P \subset S$ *is the subcone of potentials. Furthermore, a sequence of extreme potentials converges locally uniformly if it converges to a harmonic function.*

PROOF : Let $h \in \varepsilon(K_r) \cap H$. Let $U_n \subset \bar{U}_n \subset U_{n+1}$ be an increasing sequence of open sets with $\bigcup_n U_n = X$. Then $P_n = R_{U_n} h$ is a potential in K_r and $(P_n)_{n \geq 1}$ converges in the $\mathcal{T}$-topology to h [3] . Consequently, $\overline{\varepsilon(K_r) \cap P}$ is a compact subset of K_r such that the set of barycenters of positive measures on it is K_r. Hence, $\varepsilon(K_r) \subset \overline{\varepsilon(K_r) \cap P}$. The last statement is to be found in [3] .

DEFINITION 1.2. A P-harmonic space $X = (X,H)$ satisfies the hypothesis of proportionality if for each point $x_0 \in X$ any two potentials with point support $\{x_0\}$ are proportional.

Proportionality is a local property as the following lemma shows.

LEMMA 1.3. *Let (X,H) be a P-harmonic space* [3]. *The hypothesis of proportionality on X is satisfied if and only if it is satisfied locally.*

PROOF : Assume that (X,H) satisfies the axiom of proportionality. Let $W \subset X$ be open and let q be a potential on W with point support $\{x_0\}$. To verify the hypothesis of proportionality on W it will suffice to show that $q = \alpha\, p_{x_0}|_W + h$, where $\alpha > 0$ and h is harmonic on W. This is because if q_1 and q_2 are two potentials on W and $q_1 = q_2$ + a harmonic function, then $q_1 = q_2$.

By theorem 2.3.2. in [3], if $x_0 \in U \subset \bar{U} \subset U' \subset \bar{U}' \subset W$, with $\bar{U}'$ compact there exists a superharmonic function u on X and a potential p on X (harmonic on $X \setminus (\bar{U}' \setminus U)$) such that (i) $u = q + p$ on U (ii) $u = p$ on $X \setminus \bar{U}'$. Using specific multiplication [3] one can write $u = u_1 + u_2$ with u_1 harmonic on $X \setminus \{x_0\}$ and u_2 harmonic on $X \setminus (\bar{U}' \setminus U)$. Consequently, on U $q = \alpha\, p_{x_0} + h_1$, h_1 harmonic on U. Since $q - \alpha\, p_{x_0}$ is harmonic on $W \setminus \{x_0\}$, $q = \alpha\, p_{x_0}|_W + h$, h harmonic on W.

To prove the converse, note that if q_1 and q_2 are two potentials on X with point support $\{x_0\}$ then $q_1 = q_2$ + harmonic functions if the hypothesis of proportionality is satisfied on an open neighbourhood W of x_0.

§ 2. Widder's theorem.

Consider the heat equation $\frac{1}{2}\Delta u = \frac{\partial u}{\partial t}$ on $\mathbb{R}^n \times \mathbb{R}$. Then it is well known that the sheaf H of solutions is a P-Bauer space [3]. It has the property of proportionality as pointed out in the introduction. It is easy to see that Aronson's theorem III in [1] applies to prove proportionality once the following simple lemma is proved.

LEMMA 2.1. *Let $p \geqslant 0$ be a potential for the heat equation on $\mathbb{R}^n \times \mathbb{R}$ with support at $(0,0)$. Then $p(x,t) = 0$ if $t < 0$.*

PROOF : Let $U_n = \{(x,t) \mid \|x\| < n, |t| < n\}$. Then $0 = \lim_{n\to\infty} R_{CU_n} p$ as p is a potential. Since p is a solution for $t < 0$ it follows that $R_{CU_n} p(x,t) = p(x,t)$ if $t < 0$.

$$\text{Let } W(x,t\ ;\ y,s) = \begin{cases} [2\pi(t-s)]^{-n/2} \exp(-1)\|x-y\|^2/2(t-s) & \text{if } t > s \\ 0 \quad \text{if } t \leqslant s. \end{cases}$$

Then, if p is a potential with point support $\{(y,s)\}$ it follows that $p(x,t) = \alpha W(x,t\ ;\ y,s)$ for some $\alpha > 0$.

THEOREME 2.2. *(Widder [16]) let $u \geqslant 0$ be a solution of the heat equation on $\mathbb{R}^n \times (0,T)$, $0 < T \leqslant +\infty$. Then there is a unique positive Borel measure μ on $\mathbb{R}^n$ such that*

$$u(x,t) = \int W(x,t\ ;\ y,0)\,\mu(dy), \quad \text{for } 0 < t < T.$$

PROOF : The minimal functions $h(x,t)$ are of the form $\lim_{n\to\infty} c_n W(w,t\ ;\ y_n, s_n)$ since the proportionality condition is satisfied on $\mathbb{R}^n \times (0,T)$ by lemma 1.3.

Since $h \not\equiv 0$ there is a point $(0,b)$ with $h(0,b) > 0$. Let $b < a < T$. Then, $\overline{\lim}_n s_n \leqslant b$ and so by considering a subsequence, if necessary, one may assume $s_n \to s$, $0 \leqslant s \leqslant b < a < T$.

The sequence (y_n, s_n) converges only if $s = 0$. Assume $s = 0$. Then $1/c_n \sim W(0,t\ ;\ y_k, s_k)$ and so $h(0,t)/h(0,a) = \lim_{k\to\infty} (\frac{a-s_k}{t-s_k})^{n/2} \exp(-\frac{1}{2})(a-t)\|y_k\|^2/(t-s_k)(a-s_k)$. If $\lim_{k\to\infty} \|y_k\|^2 = +\infty$ and $b < t < a$ then $h(0,t) = 0$ and so $h(x,t) = 0$ for $t < a$. This contradicts the fact that $h(0,b) \not\equiv 0$. Consequently, one can assume that $(y_k) \to y \in \mathbb{R}^n$ and so $h(x,t) = c\,W(x,t\ ;\ y,0)$ if $0 \not\equiv h$ is the limit function.

If $s > 0$ then $\lim_{k\to+\infty} \|y_k\| = +\infty$. The above calculation shows that this is impossible. Consequently, up to positive constants, the only non-zero harmonic functions that are limits of extreme potentials are the functions $W(x,t\ ;\ y,0) = K_y(x,t)$, $y \in \mathbb{R}^n$.

Since the heat equation is translation invariant it follows immediately that each function K_y is a minimal harmonic function.

COROLLARY 2.3. (Widder [16]) . Let $u \geqq 0$ *be a solution of the heat equation on* $\mathbb{R}^n \times (0,T)$, $0 < T \leqq +\infty$. *Assume that* $\lim_{t \downarrow 0} u(x,t) = 0$ *for all* x *and that* u *is continuous on* $\mathbb{R}^n \times [0,T)$.

Then $u \equiv 0$.

PROOF : Extend u to $\mathbb{R}^n \times (-1,T)$ by setting $u(x,t) = 0$ if $t \leqq 0$. Then u is a solution of the heat equation on $\mathbb{R}^n \times (-1,T)$ which vanishes on the strip $\mathbb{R}^n \times (-1,0)$. In view of theorem 1.2 this is impossible.

REMARKS : 1. The Harnack inequality can be established using theorem 1.2.

2. This corollary is a key step in the proof given by Widder of theorem 1.2.

3. These arguments clearly extend to linear parabolic operators L for which the sheaf of solutions is a strict Bauer sheaf. It is therefore interesting to know whether the operators considered by Aronson in [2] have this property. If they do then the proofs of theorem 1.2 and corollary 1.3 can be used to establish the corresponding results of Aronson.

4. Recent arguments of Koranyi and Taylor [11] show how to establish corollary 1.2 in many situations without first proving integral representation on $\mathbb{R}^n \times (0,T)$. They use integral representation on $\mathbb{R}^n \times (-\infty,T)$ and are able to calculate the minimal harmonic functions without assuming proportionality.

§ 3. THE SEMI-INFINITE SLAB IN $\mathbb{R}^n \times \mathbb{R}$.

Let $X = \mathbb{R}^n_+ \times (0,T) = \{(\bar{x},x_n,t) \mid \bar{x} \in \mathbb{R}^{n-1}, x_n > 0, 0 < t < T\}$, $0 < T \leqslant +\infty$. Let $(\bar{x},x_n) = x$. Consider the heat equation $\frac{\partial u}{\partial t} = \frac{1}{2} \Delta u$ on X . The fundamental solution G is given by the formula $G(x,t ; y,s) = W(x,t ; y,s) - W(x,t ; \tilde{y},s)$ where $\tilde{y} = (\bar{y},-y_n)$ if $y = (\bar{y},y_n)$ and W is the fundamental solution of the heat equation on $\mathbb{R}^n \times \mathbb{R}$. Hence,

$$G(x,t\ ;\ y,s) = \begin{cases} \left[\frac{1}{2\pi(t-s)}\right]^{n/2} e^{\frac{-\|x-y\|^2}{2(t-s)}} \left\{ 1 - e^{-\frac{2x_n y_n}{t-s}} \right\} & \text{if } t > s \\ 0 & \text{if } t \leqslant s \end{cases}$$

The hypothesis of proportionality is satisfied as it is satisfied by the heat equation on $\mathbb{R}^n \times \mathbb{R}$ (see lemma 1.3). Let $e \in \mathbb{R}^n_+$ be the point with $\bar{e} = 0$ and $e_n = 1$.

PROPOSITION 3.1. *The non-negative solutions $h \not\equiv 0$ of the heat equation on X that are of the form*

$$(*) \qquad h(x,t) = \lim_{k\to+\infty} c_k\, G(x,t\ ;\ y_k, s_k)$$

for some $(c_k) \subset \mathbb{R}_+$ and $((c_k, s_k)) \subset X$ are (up to a constant multiple) the solutions of this form that occur when the sequence $((y_k, s_k))$ converges to a point $(y,s) \in \partial X \setminus (\mathbb{R}^n \times \{T\})$.

PROOF : Since $h \not\equiv 0$ there exists $[a_1, a_2] \subset (0,T)$ with $h(e,t) > 0$ for $a_1 \leqslant t \leqslant a_2$. As in the proof of theorem 2.2. this implies that one can assume $s_k \to s \leqslant a_1$.

Further, $1/c_k \sim G(e, a_2\ ;\ y_k, s_k)$, and so for $a_1 \leqslant t < a_2$ has

$$h(e,t) = \lim_{k\to+\infty} \exp(-1)\, \|e - y_k\|^2\, \{(a_2 - t)/(t-s_k)(a_2-s_k)\} \times O(1)\ .$$

This holds because $\{1-\exp(-1)2y_{n,k}/(t-s_k)\}/\{1-\exp(-1)2y_{n,k}/(a_2-s_k)\}$ and $(a_2-s_k)/(t-s_k)$ are both bounded in t on $[a_1, a_2]$, with a bound independent of k. Consequently, (y_k) is bounded and so may be assumed to converge.

REMARK. The sequence (c_k) has a finite limit when $(y_k, s_k) \to (y,s)$ if and only if $s = 0$.

PROPOSITION 3.2. *The minimal solutions K_b of the heat equation on the quarter space X are of two types, corresponding to the vertical V and the horizontal H boundaries. More precisely, up to a multiplicative constant, they are given by the following formulas :*

(1) if $b \in H = \{(y,0) | y_n > 0\}$ *then* $K_b(x,t) = G(x,t\ ;\ y,0)$ *when* $b = (y,0)$;

(2) if $b \in V = \{(y,s) | y_n = 0,\ 0 \leq s < T\}$, *then*

$$K_b(x,t) = \begin{cases} x_n (t-s)^{-\frac{(n+2)}{2}} \exp(-1)\left\{\dfrac{\|\bar{x}-\bar{y}\|^2 + x_n^2}{2(t-s)}\right\} & \text{if } t > s \\ 0 & \text{if } t \leq s , \end{cases}$$

where $b = (\bar{y},0,s)$.

PROOF : The functions $G(\cdot,\cdot;\ y,0)$ corresponding $b = (y,0) \in H$ are clearly of the desired form (*) (see proposition 3.1.)

Assume $(y,s) \in V$ is the limit of (y_k, s_k) and let $T-s > a > 0$. Set $1/c_k = G(e, s+a\ ;\ y_k, s_k)$. Then, the function $\lim_{k\to+\infty} c_k G(\cdot,\cdot;\ y_k,s_k)$ exists and equals $a^{n+2/2}\, e^{\|e-y\|^2/2a}$ times K_b.

The "vertical" functions K_b, $b = (\bar{y},0,s)$ with $s > 0$ are either all minimal or all non-minimal. They cannot be all non-minimal since integral representation would then imply that every positive harmonic function on X has no zeros. The function, K_b, $b = (\bar{y},0,s)$ is defined on $\mathbb{R}^{n-1} \times \mathbb{R}_+ \times \mathbb{R} = \mathbb{R}^n_+ \times \mathbb{R}$. It is minimal on $\mathbb{R}^n_+ \times (0,T)$ if and only if it is minimal on $\mathbb{R}^n_+ \times (2s-T,T)$. This is the case if and only if $K_{(\bar{y},0,\frac{1}{2})}$ is minimal on $\mathbb{R}^n_+ \times (0,1)$ in view of the fact that the heat equation scales under the transformation $(x,t) \rightsquigarrow (\lambda x, \lambda^2 t)$. From this it follows by translation with $\bar{y} \in \mathbb{R}^{n-1}$ that all the "vertical" functions are of the same type. Hence, they are all minimal.

The functions K_b, $b = (\bar{y},0,0)$ are all minimal since $f(x,t) = K_b(x,t-\varepsilon)$ is minimal on $\mathbb{R}^n_+ \times (-\varepsilon, T-\varepsilon)$.

It remains to establish the minimality of the "horizontal" functions i.e. K_b, $b = (y,0)$, $y \in \mathbb{R}^n_+$. Assume u is a solution of the heat equation on $\mathbb{R}^n_+ \times (0,T)$ with $u \leq K_b$. Define $\tilde{u}(x,t) = u(x,t)$ if $T > t > 0$ and $= 0$ if $-1 < t \leq 0$. Let $\hat{u}$ be the lower-semi-continuous regularisation of $\tilde{u}$. Then $\hat{u}$ is a positive superharmonic function on $\mathbb{R}^n_+ \times (-1,T)$. It is therefore a multiple of the Green function on $\mathbb{R}^n_+ \times (-1,T)$ with pole at $(y,0)$. Hence, K_b is minimal.

<u>*COROLLARY 3.3.*</u> *(Mair [13]). Let $u \geq 0$ be a solution of the heat equation on $\mathbb{R}^n_+ \times (0,T)$, $0 < T \leq +\infty$. Then there is a unique pair of Borel measures μ_1, μ_2 on $V = \mathbb{R}^{n-1} \times [0,T]$ and on $H = \mathbb{R}^n_+ \times \{0\}$ respectively, such that*

$$u(x,t) = \int_{\{(\bar{y},s)\,|\,t>s\}} x_n (t-s)^{\frac{-(n+2)}{2}} \exp(-1)\{\frac{\|\bar{x}-\bar{y}\|^2 + x_n^2}{2(t-s)}\}\mu_1(d\bar{y},ds) + \int_{\mathbb{R}^n_+} G(x,t,0,y)\mu_2(dy).$$

<u>*COROLLARY 3.4.*</u> *Let $u \geq 0$ be a solution of the heat equation on $\mathbb{R}^n_+ \times (-\infty,-1/T)$, $0 < T \leq +\infty$. Then there is a unique triple of Borel measures μ_1, μ_2, μ_3 on $\mathbb{R}^{n-1} \times (-\infty,-1/T)$, $\mathbb{R}^{n-1}$ and $\mathbb{R}^n_+$ respectively such that*

$$u(x,t) = \int_{\{(\bar{y},s)\,|\,t>s\}} x_n (t-s)^{\frac{-(n+2)}{2}} \exp(-1)\{\frac{\|\bar{x}-\bar{y}\|^2 + x_n^2}{2(t-s)}\}\mu_1(d\bar{y},ds)$$

$$+ \int_{\mathbb{R}^{n-1}} x_n \exp\{\tfrac{1}{2}\|y\|^2 t + \langle\bar{x},\bar{y}\rangle\}\,\mu_2(d\bar{y})$$

$$+ \int_{\mathbb{R}^n_+} \sin h(x_n y_n) \exp\{\tfrac{1}{2}\|y\|^2 t + \langle\bar{x},\bar{y}\rangle\}\mu_3(dy)$$

<u>PROOF</u> : The Appell transform A defined by

$$(Av)(x,t) = v(x/t,-1/t)(2\pi t)^{-n/2}\exp(-1)\ \{\|x\|^2/2t\} \quad \text{for} \quad t>0,\ x\in\mathbb{R}^n$$

defines a linear bijection between solutions v of the heat equation on $\mathbb{R}^n_+\times(-\infty,-1/T)$ and solutions on $\mathbb{R}^n_+\times(0,T)$. It therefore suffices to compute AK_b when

(1) $K_b(x,t) = x_n(t-s)^{\frac{-(n+2)}{2}}\exp(-1)\{\frac{\|\bar{x}-\bar{y}\|^2+x_n^2}{2(t-s)}\}$ for $0>t>s$ and $=0$ for $t\leqslant s$,

where $b=(\bar{y},0,s)$ with $-\infty<s<0$;

(2) $K_b(x,t) = x_n\exp\{\frac{1}{2}\|\bar{y}\|^2t + <\bar{x},y>\}$ if $b=(\bar{y},0,-\infty)$; and

(3) $K_b(x,t) = \sin h(x_ny_n)\exp\{\frac{1}{2}\|y\|^2t + <\bar{x},\bar{y}>\}$ if $b=(y\ ;\ -\infty)$.

In case (1),

$$(AK_b)(x,t) = (2\pi)^{-n/2}(-s)^{\frac{-(n+2)}{2}}\exp\ (\|\bar{y}\|^2/2s)K_c(x,t),$$

where $c=((-1/s)y,0,-1/s)$.

In case (2),

$$(AK_b)(x,t) = (\frac{1}{2\pi})^{n/2}K_c(x,t), \quad \text{where} \quad c=(\bar{b},0,0).$$

In case (3)

$$(AK_b)(x,t) = K_c(x,t) \quad \text{where} \quad c=(\bar{b},b_n\ ;\ 0) = G\ (x,t\ ;\ b,0).$$

Corollary 3.4 then follows from Corollary 3.3.

<u>*COROLLARY 3.5.*</u> *(Kaufman and Wu [9], n=1). Let $u\geqslant 0$ be a solution of the heat equation on $\mathbb{R}^n_+\times\mathbb{R}$. Then there is a unique of Borel measures μ_1, μ_2 and μ_3 on $\mathbb{R}^{n-1}\times\mathbb{R}$, $\mathbb{R}^{n-1}$, and $\mathbb{R}^n_+$ respectively such that*

$$u(x,t) = \int_{\{(\bar{y},s)\,|\,t>s\}} x^n(t-s)^{\frac{-(n+2)}{2}}\exp(-1)\{\frac{\|\bar{x}-\bar{y}\|^2+x_n^2}{2(t-s)}\}\ \mu_1\ (d\bar{y},ds)$$

$$+ \int_{\mathbb{R}^{n-1}} x_n \exp \{\tfrac{1}{2} \|\bar{y}\|^2 t + \langle \bar{x},\bar{y}\rangle\} \mu_2(dy)$$

$$+ \int_{\mathbb{R}^n_+} \sin h\,(x_n y_n) \exp\{\tfrac{1}{2}\|y\|^2 t + \langle \bar{x},\bar{y}\rangle\} \mu_3(dy)$$

PROOF : Since the translation $(x,t) \rightsquigarrow (x,t+a)$ preserves the heat equation, the integral representation in corollary 3.4 for $\mathbb{R}^n_+ \times (-\infty, -1/T)$ holds for $\mathbb{R}^n_+ \times (-\infty, n)$ for any n. From the uniqueness of the measures in the representation it follows that as n increases to $+\infty$ the measures $\mu_{1,n}$ on $\mathbb{R}^{n-1} \times (-\infty, n)$ have the property that $\mu_{1,n+1}$ restricted to $\mathbb{R}^{n-1} \times (-\infty, n)$ equals $\mu_{1,n}$ for all $n \geqslant 1$. Hence, the measure μ_1 on $\mathbb{R}^{n-1} \times \mathbb{R}$ is defined by letting it agree with $\mu_{1,n}$ on $\mathbb{R}^{n-1} \times (-\infty, n)$.

§4. NON-COMPACT SYMMETRIC SPACES. A CONJECTURE.

Let X denote a non-compact symmetric space and let Δ_X denote the Laplace-Beltrami operator on X. If one considers the heat equation $\frac{1}{2} \Delta_X u = \frac{\partial u}{\partial t}$ on $X \times \mathbb{R}$ it is a natural question to ask if every minimal solution $h(x,t)$ has the form $h(x,t) = e^{\alpha t} f(x)$, where $\alpha \geqslant -\|\rho\|^2$ (the lowest value of c for which $\Delta u = cu$ has positive global solutions on X, c.f. [8]) and $\Delta f(x) = \alpha f(x)$. When $X = \mathbb{R}^n$ and $\Delta_X = \Delta$ this is in fact the case as was stated in the introduction.

The method of Martin applies in this context since by Aronson's result [1] the hypothesis of proportionality is satisfied. Consequently, every minimal harmonic function $h(x,t)$ is of the form $\lim_{n\to\infty} c_n\, G(x,t\,;\, y_n, s_n)$, where G is the fundamental solution of the heat equation (for its existence see [8]). If one assumes that positive solutions to the Cauchy problem on $X \times \mathbb{R}_+$ are unique it follows that $s_n \to -\infty$. Two possibilities remain : either (i) $(y_n)_{n\geqslant 1}$ has a convergent subsequence or (ii) "$y_n \to \infty$". Provided one can eliminate the first possibility the answer to the above question is affirmative because of the following result.

PROPOSITION 4.1. *Let $o \in X$ be a fixed point. Assume that $h(x,t) = \lim_{n\to\infty} c_n\, G(x,t\,;\,y_n,s_n)$ is a minimal solution, where $\lim_{n\to\infty} s_n = -\infty$ and $\lim_{n\to\infty} d(o,y_n) = +\infty$ (d is the invariant distance on X). Then, there is a constant $\alpha \geq -\|\rho\|^2$ and a minimal solution f of the equation $\Delta u = \alpha u$ such that $h(x,t) = e^{\alpha t} f(x)$.*

PROOF OUTLINE : Dynkin [6] (and also Karpelevic [8]) showed how to reduce the computation of limits of quotients of Green functions to the computation of minimal solutions invariant under the action of N , where NAK = G is an Iwasawa decomposition of the group G of isometries of X and K is the isotropy group of o.

Their reduction, done for the operator $\Delta - cI$, applies to the parabolic operator $\frac{1}{2}(\Delta_X + \|\rho\|^2 I) - \partial/\partial t = L$. The subgroup A is abelian with Lie algebra $\mathfrak{a} \cong \mathbb{R}^r$, r the rank of X . If $a \in A$ then $a = \exp H$, $H \in \mathfrak{a}$. Let $f(x,t)$ be a solution of the heat equation $Lf = 0$ that is N-invariant. Set $f(na.o,t) = f(a.o,t) = \varphi(H,t)$ if $a = \exp H$. Then it is well known that

$$
\begin{aligned}
Lf(a.o,t) &= \tfrac{1}{2}(\Delta_X f + \|\rho\|^2 f)(a.o,t) - \frac{\partial f}{\partial t}(a.o,t) \\
&= \tfrac{1}{2}\, e^{\rho(H)}\Delta(e^{-\rho}\varphi)(H,t) - \frac{\partial \varphi}{\partial t}(H,t) \\
&= e^{\rho(H)}\{\tfrac{1}{2}\,\Delta\psi(H,t) - \frac{\partial \psi}{\partial t}(H,t)\}
\end{aligned}
$$

where $\psi(H,t) = e^{-\rho(H)}\varphi(H,t)$ and the linear functional $\rho(H)$ on $\mathfrak{a}$ is one half the sum of the positive roots.

From the minimality of f one can deduce that ψ is a minimal solution on $\hat{\mathfrak{a}}$ of the heat equation. Hence, $\varphi(H,t) = e^{\alpha t}\theta(H)$ where $\alpha \geq 0$ and $\theta(H) = \exp\langle L,H\rangle$ with $\|L\|^2 = 2\alpha$ (the inner product here is given by the Killing form).

CONJECTURE : The assumptions made above are valid and so the minimal functions are the functions determined in proposition 4.1.

In fact this turns out to be the case as has been shown by Koranyi and Taylor [11] using different methods from the above.

BIBLIOGRAPHY

[1] D.G. ARONSON.

- Isolated singularities of solutions of second order parabolic equations, Archive for Rat. Mech.and Analysis 19 (1965), 231-238.

[2] D.G. ARONSON.

- Non-negative solutions of linear parabolic equations, Ann. della Scuolà Norm. Sup. Pisa 22 (1968), 607-694.

[3] C. CONSTANTINESCU and A. CORNEA.

- Potential theory on harmonic spaces, Springer Verlag, Berlin 1972.

[4] M. CRANSTON, S. OREY, and U. RÖSLER.

- The Martin boundary of two dimensional Ornstein-Uhlenbeck processes, Probability, Statistics and Analysis, 63-78. London Math. Soc. Lecture Note Ser., 79, Cambridge University Press, Cambridge, 1983.

[5] J.L. DOOB.

- Private communication.

[6] E.B. DYNKIN.

- Brownian motion in certain symmetric spaces and non-negative eigenfunctions of the Laplace-Beltrami operator, AMS translations series 2 vol. 72 (1968). [originally in Izv. Akad. Nauk. SSR ser. Mat. 30 (1966)] .

[7] S. HELGASON.

- Analysis on Lie groups and homogeneous spaces, Conf. Board of Math. Sci. Publications # 14, American Math. Soc., Providence R.I. 1971.

[8] F.I. KARPELEVIC.

- The geometry of geodesics and the eigenfunctions of the Beltrami-Laplace operator on symmetric spaces, Trans. Moscow Math. Soc. 14 (1965), 51-199.

[9] R. KAUFMAN and J.-M WU.

- Parabolic potential theory, Jour. Diff. Eqns. 43 (1982), 203-234.

[10] A. KORANYI and J.C. TAYLOR.

- Fine convergence and parabolic convergence for the Helmholtz equation and the heat equation, Illinois Jour. 27 (1983), 77-93.

[11] A. KORANYI and J.C. TAYLOR.

- Uniqueness of positive solutions of second order parabolic equations, to appear.

[12] M. KRYŻAŃSKI.

- Sur la solution élémentaire de l'équation de la chaleur, Atti dell' Accad. Nazion. dei Lincei, cl.sc. fis., mat. e natur., ser. VII 8 (1950), 193-199 ; 13 (1952), 24-25.

[13] B. MAIR.

- Fine and parabolic limits, Ph.D. thesis, Mc Gill University, 1982.

[14] J. MOSER.

- A Harnack inequality for parabolic differential equations, Comm. Pure Appl. Math. Vol. XVII (1964), 101-134.

[15] M. SIEVEKING.

- Integraldarstellung superharmonischer Funktionen mit Anwendung auf parabolische Differentialgleichungen, Seminar über Potential theorie, Springer Lecture Notes in Mathematics # 69, pp. 13-68, Berlin, 1968.

[16] D.V. WIDDER.

- Positive temperatures on an infinite rod, Trans. Amer. Math. Soc. 55 (1944) 85-95.

B.M.
Department of Mathematics
University of West Indies
Mona, Kigston 7
Jamaica

J.C.T.
Department of Mathematics and Statistics
McGill University
805 Sherbrooke St. W.
Montreal, Quebec
Canada H31 2K6

BM/JCT/pf

Colloque de Théorie du
Potentiel-Jacques Deny
- Orsay 1983 -

SUR L'INTERPRETATION PROBABILISTE DE L'ENERGIE

Paul-André MEYER

Cet exposé est dédié à J. DENY, en témoignage de reconnaissance, et d'admiration pour son oeuvre mathématique.

On sait que la thèse de Deny étudiait les potentiels d'énergie finie, c'est-à-dire les éléments du complété en norme-énergie de l'espace des différences de potentiels de mesures positives d'énergie finie. En théorie classique du potentiel, la symétrie du noyau permet à la norme-énergie de contrôler assez bien une différence de potentiels. Mais en l'absence de symétrie, on ne sait plus rien dire, et ce sujet n'a pu être étudié de manière satisfaisante que dans le cas symétrique, ou dans des cas très voisins ("condition de secteur").

Un problème voisin est celui-ci : du point de vue probabiliste, on peut "voir" les mesures d'énergie finie sur les trajectoires du processus de Markov associé, sous la forme de fonctionnelles additives. Dans le cas symétrique, Fukushima à montré que l'on peut de même "voir" les distributions d'énergie finie, comme des fonctionnelles additives continues, qui ne sont plus à variation finie, mais sont du moins à variation quadratique nulle. Que peut-on dire dans le cas non-symétrique ?

L'exposé ne prétend pas résoudre ces problèmes, tout au plus les présenter. Il ne contient rien de nouveau, mais constitue plutôt une sorte d'aide-mémoire sur l'interprétation probabiliste de l'énergie.

NOTATIONS

Sur un espace localement compact à base dénombrable E, nous considérons un processus de Hunt (X_t), de semi-groupe (P_t), résolvante (U_p), noyau potentiel U (supposé propre). Nous nous donnons aussi une mesure de référence excessive ξ, et nous supposons - bien que ce ne soit pas partout indispensable - que les mesures $U(x,dy)$ sont absolument continues par rapport à ξ, ce qui permet de définir une corésolvante $(\hat{U}_p)$, de choisir de bonnes densités $U(x,y)$ pour U, et de parler de potentiels de mesures $U\mu(x) = \int U(x,y)\mu(dy)$.

La mesure ξ est limite d'une suite croissante de potentiels $\nu_n U$. On pose alors pour toute fonction excessive f

(1) $$L(f) = \lim_n < \nu_n, f > = \sup_{\nu \,:\, \nu U \leq \xi} < \nu, f > .$$

Cette fonctionnelle possède, outre les propriétés évidentes de linéarité, les propriétés suivantes :

(1_a) $f \leq g \Rightarrow L(f) \leq L(g)$

(1_b) $f_n \uparrow f \Rightarrow L(f_n) \uparrow L(f)$

(1_c) $L(Uh) = < \xi, h >$

$L(U\mu) = < \mu, 1 >$

Par exemple, dans le cas du mouvement brownien de $\mathbb{R}^n (n \geq 3)$, ξ sera la mesure de Lebesgue, et l'on aura $\nu_n = cn\sigma_n$, où c est une constante, et σ_n est la répartition de probabilité uniforme sur la sphère de rayon n. En raison de (1_c), nous appellerons L la <u>fonctionnelle de masse</u> ; il est clair qu'elle se prolonge par linéarité à l'espace des différences de fonctions excessives de masse finie.

DEFINITION DE L'ENERGIE

1. Considérons une fonction excessive f , finie et appartenant à la classe (D) - une théorie complète exigerait que l'on considère aussi des fonctions excessives prenant la valeur $+\infty$ sur un ensemble polaire, mais nous ne le ferons pas ici. On peut alors écrire

(2) $$f = U_A = E^{\cdot}[A_\infty]$$

où A est une (unique) fonctionnelle additive prévisible. Par exemple, si $f = Uh$ est un potentiel de fonction, on aura

$$A_t = \int_0^t h(X_s)\,ds$$

Le fait de considérer un processus de Hunt nous permet d'éviter toute distinction technique entre fonctionnelles "prévisibles" et "naturelles", et entraîne bien d'autres simplifications. On a toujours

$$A_\infty(\omega) = A_t(\omega) + A_\infty(\theta_t\omega) \quad (\theta_t\omega \text{ est la trajectoire décalée de } t)$$

de sorte que sur Ω , A_∞ est une v.a. excessive ($A_\infty \circ \theta_t \leq A_\infty$, et tend vers A_∞ lorsque $t \to 0$). Soulignons que pour l'instant f peut être harmonique, ou même invariante, i.e. A peut avoir un saut à l'instant de la durée de vie, ou même à l'infini.

Nous pouvons associer à f un noyau G_f par la formule

(3) $$G_f(.,h) = E^{\cdot}\left[\int_0^\infty h(X_{s-})\,dA_s\right] \quad (h \text{ borélienne bornée})$$

et la mesure de Revuz μ associée à f par

(3_a) $$\mu(h) = L(G_f(h))$$

sous des hypothèses très faibles, Revuz a montré que si f n'a pas de partie invariante

(3_b) $$f = Uh \quad , \quad G_f(h) = U(h\mu)$$

On a ainsi une bonne interprétation probabiliste de la représentation de f comme potentiel de mesure, et de la correspondance entre mesures et fonctionnelles additives. Intuitivement, A_t est la partie de la masse de μ que la trajectoire a "vu" entre les instants 0 et t.

Ici encore, la notion de mesure de Revuz s'étend à une différence de deux potentiels admettant des mesures de Revuz bornées, ou du moins σ-finies...

2. Soit f une fonction excessive de la classe (D). D'après ce qui précède, nous pouvons écrire $f = U_A$; nous poserons

(4) $$j_f = E^{\cdot}[A_\infty^2]$$

qui est une fonction excessive sur E (non nécessairement finie).
Nous dirons que f est d'<u>énergie finie</u> si la quantité e(f) définie par

(4_a) $$e(f) = L(j_f)^{1/2}$$

appelée <u>énergie de f</u> (pour la mesure excessive ξ) est finie. Il est facile de voir que, si $g = U_B$ et $h = U_C$ sont deux fonctions excessives d'énergie finie, la fonction excessive sur E

(4_b) $$k_{g,h} = E^{\cdot}[B_\infty C_\infty]$$

est telle que $L(k_{g,h}) \leq e(g)e(h) < \infty$. Si l'on pose $f = g - h = U_A$ $(A = B - C)$, on peut définir encore j_f par (4), avec $j_f = j_g + j_h - 2k_{g,h}$ p.p., et la limite

(4_c) $$e(f)^2 = L(j_f) = \lim_n <\nu_n, j_f> = \lim_n E^{\nu_n}[A_\infty^2]$$

existe, est positive et finie. On peut donc encore définir l'énergie de f. Pour une telle différence de potentiels, $e(f)^2$ n'est plus égale à $\sup_{\nu\,:\,\nu U \leq \xi} E^\nu[A_\infty^2]$ comme en (1); en particulier, nous allons voir un exemple où une fonction non nulle peut être d'énergie nulle.

<u>**EXEMPLE.**</u> Nous prenons le moins symétrique de tous les processus : le processus de translation uniforme sur $\mathbb{R}$: Alors $X_t = X_0 + t$, l'opérateur

potentiel est donné par $U_f(x) = \int_x^\infty f(y)dy$, $\varepsilon_x U = I_{[x,\infty[}\xi$ (où ξ est la mesure de Lebesgue), et l'on peut prendre $\nu_n = \varepsilon_{-n}$. Les fonctions excessives sont les fonctions décroissantes et continues à droite. Pour une différence f de deux fonctions excessives, $L(f) = \lim_{t\to-\infty} f(t)$. D'autre part, la fonctionnelle A associée à f est donnée par $A_t = f(X_0) - f(X_t)$, et si f est un potentiel (ce qui signifie que $f(t) \to 0$ pour tout $t \to +\infty$) on a simplement $A_\infty = f(X_0)$, donc $j_f = f^2$. Ainsi l'énergie est simplement $\lim_{t\to-\infty}|f(t)|$, et elle ne contrôle la taille de f que si f est excessive (i.e. décroissante).

RESULTATS CLASSIQUES SUR L'ENERGIE.

3. Puisque f est le potentiel de la fonctionnelle additive A, le processus $f\circ X_t + A_t = M_t$ est une martingale, avec $M_0 = f(X_0)$ et $M_\infty = A_\infty$. Introduisons les variables aléatoires

(5) $$A^* = \sup_t |A_t| \;,\; M^* = \sup_t |M_t| \;,\; f^* = \sup_t |f(X_t)|$$

cette dernière est visiblement une v.a. excessive, donc $E^\cdot[f^*]$, plus généralement $E^\cdot[f^{*p}]$ pour $p > 0$, est une fonction excessive sur E .

Lorsque f est excessive, on a $f^* \leq M^*$, donc en appliquant a M l'inégalité de Doob, on a

(5_a) $$E^\cdot[f^{*2}] \leq 4E^\cdot[A_\infty^2] \,,$$

Mais inversement, d'après Dellacherie-Meyer [1], VI.95, on a

(5_b) $$E^\cdot[A^2] \leq 4E^\cdot[f^{*2}] \;.$$

On en tire le résultat suivant : si f est une fonction excessive d'énergie finie, toute fonction excessive $g \leq f$ est d'énergie finie, avec $j_g \leq 16 j_f$, donc $e(g) \leq 4e(f)$. Dans le cas symétrique on peut remplacer 4 par 1.

Le cône des fonctions excessives d'énergie finie est donc $\wedge$-stable, de sorte que l'espace vectoriel $\mathcal{E}$ des différences de fonctions excessives d'énergie finie est réticulé. Nous allons maintenant retrouver le résultat familier de la théorie des espaces de Dirichlet, suivant lequel la contraction module, ou la contraction unité, diminue l'énergie.

4. Rappelons que si (Z_t) est une semi-martingale (une somme d'une martingale locale et d'un processus à variation finie), on peut définir le crochet droit $[Z,Z]$, processus croissant tel que [1]

(6) $$[Z,Z]_t = \lim \Sigma (Z_{t_{i+1}} - Z_{t_i})^2 \quad \text{(en mesure)}$$

La limite étant prise le long de la famille des subdivisions dyadiques de $[0,t]$, par exemple. La partie discontinue de ce processus croissant est donnée par

(6_a) $$[Z,Z]^d_t = \Sigma_{s \leqslant t} (\Delta Z_s)^2 \quad , \quad \Delta Z_s = Z_s - Z_{s-} \, ,$$

et la partie continue par

(6_b) $$[Z,Z]^c_t = \lim_{\varepsilon \to 0} \lim \Sigma \, \varepsilon \wedge (Z_{t_{i+1}} - Z_{t_i})^2 \, .$$

De plus, si Z est une martingale, on a

(6_c) $$E[Z^2_t] = E[Z^2_0 + [Z,Z]_t]$$

On peut d'ailleurs prendre $t = +\infty$ à condition de choisir convenablement les subdivisions. L'expression quadratique $[Z,Z]$ peut se polariser en une expression bilinéaire symétrique, nous ne donnons pas de détails.

Nous allons appliquer cela avec $Z_t = M_t = f(X_t) + A_t$. Ainsi

(7) $$j_f = E^{\cdot}[M^2_\infty] = E^{\cdot}[M^2_0 + [M,M]_\infty] = f^2 + E^{\cdot}[[M,M]_\infty]$$

Pour calculer $[M,M]$, nous utiliserons la relation $M = f(X) + A$ et la bilinéarité du crochet $[,]$, c'est-à-dire

$$[M,M] = [f(X),f(X)] + [A,A] + 2[f(X),A]$$

---

1. On ajoute souvent Z^2_0 au second membre. Nous ne le ferons pas ici.

Comme A est à variation finie, les deux derniers termes sont purement discontinus. D'autre part, $[f(X),A]_t = \Sigma_{s \leq t} \Delta f(X)_x \Delta A_s$; comme les sauts de A sont prévisibles, et comme nous avons affaire à un processus de Hunt (i.e. les filtrations naturelles du processus sont quasi-continues à gauche) nous avons en fait $\Delta f(X)_s = -\Delta A_s$ en tout saut de A, donc il nous reste

$$[M,M] = [f(X),f(X)] - [A,A]$$

Toujours parce que X est de Hunt, nous pouvons partager les sauts de $f(X)$ en deux classes : ceux qui ont lieu en un point de continuité de la trajectoire X, ils sont prévisibles, et en un tel point nous avons $\Delta f(X)_s^2 = \Delta A_s^2$, donc ces sauts disparaissent de la différence; ceux qui ont lieu en un point de discontinuité de la trajectoire X , qui sont totalement inaccessibles, et où l'on a $f(X)_{s-} = f(X_{s-})$. Ainsi

(8) $$[M,M]_\infty = [f(X),f(X)]^c_\infty + \Sigma_{s\,:\,X_s \neq X_{s-}} (f(X_s) - f(X_{s-}))^2$$

$$= \lim_\varepsilon \lim \Sigma_i \,\varepsilon \wedge (f(X_{t_{i+1}}) - f(X_{t_i}))^2 + \sum_{X_s \neq X_{s-}} (f(X_s) - f(X_{s-}))^2$$

Sur cette expression, on peut constater deux choses : d'une part $[M,M]_\infty$ <u>est une v.a. excessive</u> . D'autre part, si l'on remplace f par $|f|$, ou par $(f^+)\wedge 1$, ce qui ne fait pas sortir de l'espace $\mathcal{E}$, on diminue à la fois f^2 et $[M,M]_\infty$, donc aussi j_f d'après (7).

Nous reviendrons plus loin sur cette formule . Remarquons seulement ici que si le processus possède un <u>noyau de Lévy</u> $N(x,dy)$, on a une relation de la forme

$$E^\cdot[\Sigma_{x \leq t} h(X_{s-},X_s) I_{\{X_s \neq X_{s-}\}}] = E^\cdot[\int_0^t H(X_s)ds]$$

$$\text{avec} \quad H(x) = \int h(x,y)N(x,dy)$$

donc l'espérance du dernier terme de (8) est égale à UF , avec

(8_a) $$F(x) = \int (f(y) - f(x))^2 N(x,dy)$$

et si le premier terme au second membre de (8) est nul (processus purement discontinus), on sait alors calculer $E^\cdot[[M,M]_\infty] = UF$, donc $e(f)^2 = L(f^2) + \langle \xi, F \rangle$.

Cela rejoint les considérations sur l'opérateur carré du champ, que nous verrons plus loin.

5. Indiquons maintenant la formule la plus classique de calcul de l'énergie (cf. Dellacherie-Meyer, VI. 94-95).

(9) $$E^{\bullet}[A_{\infty}^{2}] = E^{\bullet}[\int_{0}^{\infty}(f(X_{s}) + f(X)_{s-})dA_{s}]$$

Aux instants de saut de A, qui sont prévisibles, et où le processus X est donc continu, on a $f(X)_{s-} = f(X_s) + \Delta A_s$, et par ailleurs $f(X_s) = f(X_{s-})$. On peut donc écrire

(9_a) $$E^{\bullet}[A_{\infty}^{2}] = 2E^{\bullet}[\int_{0}^{\infty} f(X_{s-})dA_{s}] + E^{\bullet}[\Sigma_{s} (\Delta A_{s})^{2}]$$

Le premier terme est l'énergie classique: il s'écrit en effet $2U_{fA}$ ou, si l'on introduit la mesure de Revuz μ , $2U(f\mu) = 2U(U\mu.\mu)$. Si on lui applique la fonctionnelle de masse L , on trouve donc $2 < 1, U\mu.\mu > = 2 < \mu, U\mu >$, l'énergie telle qu'on la décrit en théorie du potentiel. On voit ici qu'elle ne représente qu'une partie de e(f) : la totalité seulement si A est continue (f régulière). Des exemples sur le processus de translation uniforme montrent que cette partie, prise à elle seule, peut être nulle, ou même négative.

En revanche, si toutes les fonctions excessives sont régulières, ou encore (cela revient au même) si les ensembles semi-polaires sont polaires, propriété réalisée dans le cas symétrique ou sous une "condition de secteur", l'énergie classique est la ≪ vraie ≫ énergie.

6. En théorie classique du potentiel, l'énergie apparaît comme liée à <u>l'intégrale de Dirichlet</u>. Celle-ci apparaît pour les semi-groupes généraux (symétriques ou non) sous la forme de <u>l'opérateur carré du champ</u> (introduit par Roth de manière analytique, par Kunita sous forme probabiliste). Voici de quoi il s'agit.

Nous dirons que f appartient au domaine $\mathcal{D}$ du générateur $\mathcal{L}$, et que $\mathcal{L}f = g$, si les propriétés suivantes sont satisfaites : 1) f est bornée ,

2) le p-potentiel $U_p(|g|)$ est fini pour tout $p > 0$, 3) on a $f = U_p(pf-g)$.
Alors le processus

$$(10) \qquad C_t^f = f(X_t) - f(X_0) - \int_0^t g(X_s)ds$$

est une martingale, de carré intégrable sur tout intervalle fini. Rappelons qu'une martingale M de carré intégrable ne possède pas seulement un "crochet droit" $[M,M]$, mais un "crochet oblique" $< M,M >$, qui est le compensateur prévisible du crochet droit. Dans la situation où nous sommes (processus de Hunt : filtration quasi-continue à gauche), $< M,M >$, contrairement à $[M,M]$, sera toujours continu.

On a le théorème suivant, dû en substance à Kunita. Il est d'une très grande importance, et assez mal connu des analystes. Aussi le commenterons nous assez longuement.

THEOREME. *Les propriétés suivantes sont équivalentes :*

1) *Pour toute martingale de carré intégrable M (ou seulement localement de carré intégrable), quelle que soit la loi initiale choisie, le crochet $< M,M >_t$ est absolument continu : $d<M,M>_t \ll dt$.*
2) *Pour $f \in \mathscr{D}$, le crochet de C^f est absolument continu.*
3) *$\mathscr{D}$ est une algèbre.*
4) *Les fonctions de classe C^2 opèrent sur $\mathscr{D}$.*

De plus, pour vérifier que ces propriétés ont lieu, il suffit de savoir que $\mathscr{D}$ contient une algèbre, stable par la résolvante, et suffisamment riche. Il suffit aussi (N. BOULEAU) de savoir qu'une seule fonction convexe non affine opère sur $\mathscr{D}$.

Supposons ces conditions satisfaites. Alors le crochet $< C^f,C^f >$ est absolument continu, et l'on peut écrire explicitement sa densité

$$(11) \qquad < C^f,C^f >_t = \int_0^t \Gamma(f,f)\circ X_s \, ds \ , \quad \Gamma(f,f) = \mathscr{L}(f^2) - 2f\mathscr{L}f$$

Comme la notation $[,]$ ou $< , >$, la notation $\Gamma(f,f)$ est faite pour être polarisée en

$$(11_a)\qquad \Gamma(f,g) = \mathscr{L}(fg) - f\mathscr{L}g - g\mathscr{L}f$$

expression bilinéaire symétrique (dans le cas complexe, on prendra $\mathscr{L}(f\bar{g}) - f\mathscr{L}\bar{g} - \bar{g}\mathscr{L}f$) qui est naturellement positive p.p., puisqu'un crochet $< C^f, C^f >$ est toujours croissant. Considérons par exemple le cas d'un semi-groupe de convolution sur $\mathbb{R}^n$, en posant $e^{iu.x} = e_u(x)$. Nous avons un générateur $\mathscr{L}$ satisfaisant à $\mathscr{L}(e_u) = -\Psi(u)e_u$, donc

$$\Gamma(e_u, e_v) = (\Psi(u) + \Psi(-v) - \Psi(u-v))e_{u-v}$$

Ecrivant alors la positivité de la forme hermitienne Γ sur l'espace des poly - nômes trigonométriques, on trouve que les formes hermitiennes

$$\Sigma(\Psi(u_i) + \Psi(-u_j) - \Psi(u_i-u_j))\lambda_i\bar{\lambda}_j$$

sont positives, ce qui donne de manière immédiate la propriété de "type négatif" de la fonction Ψ .

D'autre part, explicitons la manière dont les fonctions de classe C^2 opérent sur le domaine : c'est la version analytique de la formule d'Ito, et elle rend de très grands services, par exemple dans le ≪ calcul de Malliavin ≫ . On désigne par $f^1,\dots,f^n$ des éléments de $\mathscr{D}$, par H une fonction de classe C^2 sur $\mathbb{R}^n$, par F la fonction $H(f^1,\dots,f^n)$. On a

$$(12)\qquad \mathscr{L}F = \Sigma_i\, D_iH(f^1,\dots,f^n)\mathscr{L}f^i + \frac{1}{2}\Sigma_{ij}\, D_{ij}H(f^1,\dots,f^n)\Gamma(f^i,f^j)$$

où les D_iH, $D_{ij}H$, sont les dérivées partielles de H sur $\mathbb{R}^n$.
Si g est un autre élément de $\mathscr{D}$, on a aussi

$$(12_a)\qquad \Gamma(F,g) = \Sigma_i\, D_iH(f^1,\dots,f^n)\Gamma(f^i,g) .$$

Dans le cas de l'opérateur $\mathscr{L} = \frac{1}{2}\Delta$ associé au mouvement brownien, on a $\Gamma(f,g) = \text{grad } f.\text{grad } g$; l'opérateur Γ nous donne la forme de Dirichlet, sans nous donner individuellement les opérateurs de dérivation D_i. Ceux-ci correspon - dent à une ≪ diagonalisation ≫ de la forme Γ , $\Gamma(f,f) = \Sigma_i\,(D_if)^2$, en une somme de carrés d'opérateurs linéaires qui commutent avec $\mathscr{L}$. Une telle diagonalisation existe pour tous les semi-groupes de convolution. Pour l'opérateur d'Ornstein-Uhlenbeck, étudié par Mallavin, on a une situation analogue, mais il n'y a plus commutation. Le commutateur est cependant très simple, ce qui permet de mener à bien un certain nombre de calculs. Il y a peut-être là un début de sentier menant vers une meilleure compréhension de la structure des semi-groupes symétriques.

Un cas particulier simple où l'on sait calculer Γ est le cas où 1) toutes les martingales sont purement discontinues, 2) le semi-groupe possède un noyau de Lévy N. Dans ce cas, le calcul que nous avons fait dans les formules (6) à (8_a), avec $M_t = C_t^f$, $A_t = -\int_0^t g(X_s)ds$, va nous donner

(13) $$\Gamma(f,f)(x) = \int_E (f(y) - f(x))^2 N(x,dy) .$$

7. Revenons à l'énergie. La formule (7) s'écrit tout aussi bien

(14) $$j_f = E^\cdot[M_\infty^2] = E^\cdot[M_0^2 + \langle M,M\rangle_\infty] = f^2 + E^\cdot[\langle M,M\rangle_\infty]$$

Nous savons que le crochet $\langle M,M\rangle$ est absolument continu. Désignant par $\Gamma(f,f)\circ X_t$ sa densité - ce qui prolonge la définition donnée pour le cas où $f\in\mathcal{D}$, nous pouvons écrire

(14_a) $$j_f = f^2 + U(\Gamma(f,f))$$

et par conséquent

(14_b) $$e(f)^2 = L(j_f) = L(f^2) + \langle \xi, \Gamma(f,f)\rangle$$

qui est la version probabiliste de la relation classique entre l'énergie et l'intégrale de Dirichlet.

Dans le cas du semi-groupe de translation uniforme, l'opérateur Γ est identiquement nul.

Cela conclut notre liste de résultats classiques. Nous allons maintenant revenir sur la définition même de l'énergie.

ENERGIE D'UNE REDUITE.

8. Dans cette section, nous allons étudier les relations entre deux semi-normes sur $\mathcal{E}$. La première est la semi-norme énergie e(f)

$$e(f)^2 = \lim_n < \nu_n, j_f >$$

et la seconde est une semi-norme visiblement plus grande, que nous désignerons par $\varepsilon(f)$, définie par

$$\varepsilon(f)^2 = \sup_{\nu\,:\,\nu U \leq \xi} < \nu, j_f > . \tag{15}$$

Par exemple, dans le cas de la translation uniforme, nous avons vu que $e(f) = \lim_{t \to -\infty} |f(t)|$, tandis que toutes les mesures positives ν de masse totale ≤ 1 satisfont à $\nu U \leq \xi$, donc $\varepsilon(f) = \sup_x |f(x)|$. Il s'agit évidemment d'un cas extrême : nous allons voir que ces deux normes sont équivalentes dans le cas symétrique, résultat connu des spécialistes, mais peu connu tout de même. Nous nous plaçons dans le cas symétrique, qui entraîne l'inégalité classique

$$| < \lambda, U_\mu > | \leq < \lambda, U\lambda >^{1/2} < \mu, U\mu >^{1/2} \tag{16}$$

pour tout couple de mesures λ, μ (non nécessairement positives) d'énergie finie. Ou, plus généralement, sous une condition de secteur

$$| < \lambda, U_\mu > | \leq \gamma < \lambda, U\lambda >^{1/2} < \mu, U\mu >^{1/2} . \tag{16_a}$$

Silverstein a montré qu'alors les ensembles semi-polaires sont polaires, toutes les fonctions excessives sont régulières, toutes les fonctionnelles additives prévisibles sont continues. Soit alors $f = U_A = U_B - U_C$ un potentiel d'énergie finie (B et C sont continues), et soit h = Rf la réduite de f, c'est-à-dire la plus petite fonction surmédiane majorant f (elle est en fait excessive). Comme $h \leq U_B$, h est d'énergie finie. Introduisant les mesures de Revuz λ de f, μ de h , il est classique que μ est portée par l'ensemble $\{f = h\}$. On a donc

$$e(h)^2 = < \mu, U\mu > = < \mu, U\lambda > \leq \gamma < \mu, U\mu >^{1/2} < \lambda, U\lambda >^2 = \gamma e(h) e(f)$$

et comme on sait a priori que h est d'énergie finie, on en déduit

(17) $e(Rf) \leq \gamma e(f)$ ($\gamma = 1$ dans le cas symétrique).

Ce résultat simple ne semble pas assez bien connu ! Il s'applique à $R(|f|)$, puisque le passage de f à $|f|$ diminue l'énergie.

Reprenons maintenant la formule (7), et posons $R(|f|) = k = U_D$. Nous avons

$$E^{\cdot}[A_\infty^2] = f^2 + E^{\cdot}[[M,M]_\infty] \leq R(|f|)^2 + E^{\cdot}[[M,M]_\infty] \leq E^{\cdot}[D_\infty^2 + [M,M]_\infty]$$

et comme la dernière expression est une fonction excessive, nous avons pour toute mesure ν telle que $\nu U \leq \xi$

$$< \nu, j_f > = E^{\nu}[A_\infty^2] \leq \lim_n E^{\nu n}[D_\infty^2] + [M,M]_\infty] \leq L(j_k) + e(f)^2$$
$$= e(k)^2 + e(f)^2 \leq (\gamma^2 + 1)e(f)^2 \quad \text{d'après (17)} .$$

Passant au sup sur ν, on obtient

(18) $\varepsilon(f)^2 \leq (\gamma^2 + 1)e(f)^2$

qui est l'équivalence de normes désirée.

Des formules comme (7) ou (14_b) montrent que j_f est toujours (sans hypothèse de symétrie) la somme de f^2 et d'une fonction excessive. Pour celle-ci, il est indifférent que l'on écrive $\sup_{\nu:\ \nu U \leq \xi}$ ou $\lim_{\nu_n}$, et le remplacement de la norme $e(f)$ par la norme $\varepsilon(f)$ revient donc en substance à remplacer $L(f^2)$ par $\sup_{\nu U \leq \xi} <\nu, f^2>$. Pour ν fixée, commençons par prendre le sup sur les mesures η telles que $\eta U \leq \nu U$, c'est-à-dire sur les <u>balayées</u> de ν. Il est bien connu que ce $\sup_\eta$ est égal à $<\nu, R(f^2)>$. Comme $R(f^2)$ est maintenant excessive, prendre le sup sur ν revient à appliquer la fonctionnelle de masse L, et par conséquent la norme $\varepsilon(f)$ est toujours équivalente à la norme

$$\|f\| = [L(R(f^2)) + e(f)^2]^{1/2}$$

et l'on voit qu'elle ne diffère de la norme-énergie que par des termes ≪ d'ordre 0 ≫. On pourrait songer à utiliser la norme $\varepsilon(f)$ au lieu de la norme-énergie pour compléter l'espace des potentiels d'énergie finie, dans le cas non symétrique.

TRANSFORMEES DE RIESZ.

Que le semi-groupe (P_t) soit symétrique ou non, on peut toujours définir un nouveau semi-groupe (Q_t) par la formule

$$(19) \qquad Q_t = \int \mu_t(ds) P_s$$

où (μ_t) est le semi-groupe stable d'ordre 1/2 sur $\mathbb{R}_+$, défini par sa transformée de Laplace

$$(19_a) \qquad \int \mu_t(ds) e^{-ps} = e^{-t\sqrt{p}}$$

Nous dirons que (Q_t) est le semi-groupe de Cauchy associé à (P_t), et que le générateur $\mathcal{G}$ de (Q_t) est le générateur de Cauchy associé à $\mathcal{L}$. Dans le cas des semi-groupes symétriques opérant sur $L^2(\xi)$, on a $\mathcal{G} = -\sqrt{-\mathcal{L}}$ au sens de la théorie des opérateurs autoadjoints positifs. Mais la définition de $\mathcal{G}$ n'exige aucune symétrie.

Dans la théorie classique des espaces de Dirichlet (symétrique) l'espace de Dirichlet est exactement le domaine de l'opérateur $\mathcal{G}$, et en fait on a pour $f \in \mathcal{D}$, le domaine de $\mathcal{L}$

$$(20) \qquad < \mathcal{G} f, \mathcal{G} f >_\xi \;=\; - <\mathcal{L} f, f>_\xi$$

Supposons que (P_t) admette un opérateur carré du champ, et que la mesure ξ soit invariante symétrique (ce qui revient à dire que l'on est dans le cas markovien). Faisant un calcul un peu formel, on a

$$< \xi , \Gamma(f,f) > \;=\; < \xi , \mathcal{L}(f^2) - 2f \mathcal{L} f > \;=\; - 2 < \mathcal{L} f, f >$$

car l'invariance entraîne formellement (il faut bien sûr une justification) que $< \xi , \mathcal{L} h > = 0$ pour $h \in \mathcal{D}$ et intégrable. On a donc si $f \in \mathcal{D}$

$$(20_a) \qquad \| \mathcal{G} f \|_{L^2} = c \, \| \sqrt{\Gamma(f,f)} \|_{L^2} \qquad (c = 1/\sqrt{2})$$

Le problème général des transformations de Riesz consiste à se demander si cette égalité de normes pour $p = 2$ peut être remplacée par une équivalence de normes dans L^p, pour certaines valeurs de $p \neq 2$. Par exemple, lorsque (P_t) est le semi-groupe du mouvement brownien dans $\mathbb{R}^n$, on a une équivalence de normes pour $1 < p < \infty$, et cela constitue la théorie classique des transformations de Riesz. Ici encore, on commence à distinguer certaines propriétés ≪ fines ≫ des semi-groupes symétriques. Il serait encore plus beau de savoir aborder les espaces H^1-BMO... tout cela est encore un terrain en friche.

REFERENCES

C. DELLACHERIE et P.A. MEYER .[1] .

- Probabilités et Potentiels, partie B, théorie des martingales. Hermann, Paris, 1979.

M. FUKUSHIMA. [1].

- A decomposition of additive functionals of finite energy. Nagoya Math. J. 74, 1979, p.137-168.

M. FUKUSHIMA. [2]

- Dirichlet forms and Markov Processes. Kodansha/North Holland, 1980.

H. KUNITA. [1]

- Sub-Markov semi-groups in Banach lattices. Proc. Intern. conference on functional analysis. Tokyo 1969.

P.A. MEYER. [1]

- Interprétation probabiliste de la notion d'énergie. Seminaire Brelot-Choquet-Deny, Théorie du Potentiel, 7éme année 1962/63. Institut Henri Poincaré, Paris.

P.A. MEYER. [2]

- L'opérateur carré du champ. Sémin. Prob. X, Lect. Notes in M. 511, p.142-164, Springer 1976.

Z.R. POP-STOJANOVIC et K.M. RAO. [1]

- Some results on energy. Seminar on Stochastic Processes 1981 (Chung, Cinlar, Getoor ed.). Birkhaueser.

J.P. ROTH [1].

- Opérateurs dissipatifs dans les espaces de fonctions continues. Annales Inst. Fourier, 26-4, 1976.

M.L. SILVERSTEIN. [1] .

- The sector condition implies that semipolar sets are quasi-polar. ZW 41, 1977, p.13-33.

(Voir aussi J. GLOVER : Energy and the maximum principle for nonsymmetric Hunt processes, si cet article a été publié - je n'en ai qu'un preprint).

P.A. MEYER

I. R. M. A.

7, rue René Descartes

67084 STRASBOURG-Cedex

Colloque de Théorie du
Potentiel-Jacques Deny
- Orsay 1983 -

COMPACTIFICATION RELATIVE A LA TOPOLOGIE FINE EN THEORIE DU POTENTIEL

par Gabriel MOKOBODZKI

INTRODUCTION.

L'idée d'utiliser des méthodes de compactification est maintenant assez ancienne en théorie du potentiel, cf. [R],[K],[GE],[M],[MO 5] , mais leur usage s'est plutôt limité à des compactifications métrisables afin de pouvoir utiliser toute la richesse des propriétés des résolvantes de Ray.

Comme je l'ai montré dans [MO 4] , les structures de type algébrique en théorie du potentiel constituent un élément suffisamment riche pour qu'on essaie de dégager des propriétés ou des outils qui ne dépendent pas d'hypothèses de séparabilité. En retour, on peut ainsi obtenir dans le cas séparable une interprétation et des résultats nouveaux. Ces idées seront mises en oeuvre pour traiter trois types de questions :

1) Caractérisation des fonctions continues à droite et pourvues de limites à gauche <u>au sens du balayage</u> ;

2) décomposition à la Mertens pour des mesures ;

3) caractérisation de mesures semi-régulières.

Un certain nombre d'idées ou de méthodes que j'utilise ont été présentées dans les articles suivants :

- Famille additive de cônes convexes et noyaux subordonnés [MO 1].
- Structures algébriques des cônes de potentiels [MO 4].
- Ensembles compacts de fonctions fortement surmédianes [MO 8].

Enfin pour les aspects généraux sur les résolvantes et le balayage on renvoie à :

- Probabilités et potentiel de C. Dellacherie et P.A. Meyer, [D+M] (ancienne et nouvelle édition).
- Cônes de potentiels et noyaux subordonnés [MO 2], cours de l'école d'été du CIME (1969).
- Dualité des quasi-résolvantes de Ray [F+P].
- Compactification par rapport à une résolvante [MO 5].

I. PRELIMINAIRES.

Dans toute la suite on se donne une résolvante de Ray $(V_\lambda)_{\lambda\geqq 0}$ sur un espace compact métrisable X. On suppose que $V_o = V$ est borné et fellerien. On désigne par X_o l'ensemble des points de non-branchement de X et on suppose que X_o est dense dans X.

On pose $\mathcal{S}_o = \overline{V_o\ (\mathcal{C}^+(X))}$

$\mathcal{S} = \{w \text{ excessive} \mid w \text{ bornée}\}$.

Sans autre précision, R désigne l'opérateur de réduite par rapport à $\mathcal{S}$. Pour des mesures $\mu,\nu \geqq 0$ portées par X_o, on introduit la relation de balayage : $(\nu \prec \mu) \Longleftrightarrow (\nu V \leqq \mu V)$. On rappelle que sur X_o, le cône $\mathcal{S}$ est inf-stable, que $1_{|X_o} \in \mathcal{S}_{|X_o}$ et que $(\mathcal{S}-\mathcal{S})_{|X_o}$ est réticulé.

DEFINITION 1 : On appelle compactifié fin de X_o, qu'on notera $\overline{X}_o$, le compactifié de X_o pour la structure uniforme la moins fine rendant continus les éléments de $\mathcal{S}$.

L'espace vectoriel $(\mathcal{S}-\mathcal{S})_{|X_o}$ se plonge injectivement dans $\mathcal{C}(\overline{X}_o)$ et même sur un sous-espace dense de $\mathcal{C}(\overline{X}_o)$ par application du théorème de Stone-Weierstrass. Pour tout $s \in \mathcal{S}$, on désigne par $\tilde{s}$ son prolongement continu à $\overline{X}_o$. Toute mesure $\mu \geqq 0$ sur X_o s'étend en une mesure $\tilde{\mu}$ sur $\overline{X}_o$ par la relation

$$\int \tilde{s}\, d\mu = \int s\, d\mu .$$

Le système $(\tilde{\mathcal{S}}, \leq)$ est alors un cône de potentiels continus sur $\overline{X}_o$, au sens de [MO 4] , et $\tilde{\mathcal{S}}$ est fermé dans $\mathcal{C}(\overline{X}_o)$.

DEFINITION 2. Pour une mesure $\sigma \geq 0$ *sur* X_o *, on appellera compactifié fin réduit (relativement à* σ*) le complémentaire* X_σ *dans* $\overline{X}_o$ *du plus grand ouvert* Ω_σ *intérieurement polaire pour* $\tilde{\sigma}$ *.*

On vérifie facilement que l'on a aussi :

$$X_\sigma = \overline{\{\cup\, S_{\tilde{\mu}}} \mid \mu < \sigma\} \text{ , où } S_{\tilde{\mu}} \text{ désigne le support de } \tilde{\mu} .$$

La capacité associée à σ sera définie par $C(A) = \int R_1^A \, d\sigma$.

Dans la mesure où il n'y aura pas d'ambiguité on notera de la même façon la relation de balayage sur X_o et sur $\overline{X}_o$.

On remarquera que si $A \subset X_o$ est fermé fin régulier d'adhérence $\overline{A}$ dans $\overline{X}_o$, alors $\overline{A}$ est un compact régulier de $\overline{X}_o$, relativement à $\tilde{\mathcal{S}}$.

PROPRIETES ELEMENTAIRES DU COMPACTIFIE FIN REDUIT.

On fixe désormais une mesure $\sigma \geq 0$ sur X_o .

1) si $v_1, v_2 \in \mathcal{S}$ et $v_1 \leq v_2$ σ-quasi partout alors $\tilde{v}_1 \leq \tilde{v}_2$ sur X_σ

2) si $v_1, v_2, u_1, u_2 \in \mathcal{S}$ et $v_1 - v_2 \leq u_1 - u_2$ σ-quasi-partout, alors $R(v_1 - v_2) \leq R(u_1 - u_2)$ σ-quasi-partout et

$$\tilde{R}(\tilde{v}_1 - \tilde{v}_2) \leq \tilde{R}(\tilde{u}_1 - \tilde{u}_2) \quad \text{sur } X_\sigma$$

$$\widetilde{R(v_1 - v_2)} = \tilde{R}(\tilde{v}_1 - \tilde{v}_2)$$

3) $\tilde{\mathcal{S}}_\sigma = \tilde{\mathcal{S}}_{|X_\sigma}$ est un cône de potentiels sur X_σ et on peut vérifier que $\tilde{\mathcal{S}}_\sigma$ est fermé dans $\mathcal{C}(X_\sigma)$ (si $(v_n) \subset \mathcal{S}$ est une suite bornée telle que $(\tilde{v}_n)$ converge uniformément sur X , alors elle converge vers $\widetilde{\liminf v_n}$) .

4) Si $A \subset X_o$ est un fermé fin régulier presque borélien alors $\overline{A} \cap X_\sigma$ est régulier pour $\tilde{\mathcal{S}}_\sigma$.

En effet pour $v_1, v_2 \in \mathcal{S}$ on a $(v_1 \leq v_2$ σ-quasi-partout sur $A) \Longleftrightarrow$

$\Longleftrightarrow (Rv_1^A \leqq Rv_2^A$ σ-quasi-partout sur $A)$

$\Longleftrightarrow (Rv_1^A \leqq Rv_2^A$ σ-quasi-partout sur $X_o)$

$\Longleftrightarrow (\int R(Rv_1^A - v_2)\, d\sigma = 0)$

car A est un fermé fin presque borélien et pout toute $\mu \geqq 0$ la balayée μ^A est portée par A.

Donc si $v_1 \leqq v_2$ σ-quasi-partout sur A, et si on pose $w = R(Rv_1^A - v_2)$ alors $(\tilde{w} > 0) \cap X_\sigma \cap \overline{A} = \emptyset$. Inversement si $v_1, v_2 \in \mathcal{S}$ et $\tilde{v}_1 \leqq \tilde{v}_2$ sur $\overline{A} \cap X_\sigma$, alors pour tout $\varepsilon > 0$, $(\tilde{v}_1 > \tilde{v}_2 + \varepsilon) \cap \overline{A} \cap X_\sigma = \emptyset$ et

$$(\tilde{v}_1 > \tilde{v}_2 + \varepsilon) \cap \overline{A} \subset [\overline{(v_1 > v_2 + \varepsilon) \cap A}] \subset (\tilde{v}_1 \geqq \tilde{v}_2 + \varepsilon) \cap \overline{A} .$$

Il s'ensuit que les conditions $(v_1 \leqq v_2$ σ-quasi-partout sur $A)$ et $(\tilde{v}_1 \leqq \tilde{v}_2$ sur $\overline{A} \cap X_\sigma)$ sont équivalents, d'où l'on conclut facilement.

5) On sait que $\mathcal{S}_o = \overline{V(\mathcal{C}^+(X))}$ sépare les points de X_o ; la transposée de l'application $s \to \tilde{s}$ définit donc une application continue surjective p de $\overline{X}_o$ sur X telle que $s \circ p = \tilde{s}$ pour tout $s \in \mathcal{S}_o$.

La théorie générale des noyaux subordonnés à un cône convexe cf. [MO 1], [MO 4] nous fournit alors pour tout $u \in \mathcal{S}$ des noyaux $S^u, S^{\tilde{u}}, S_\sigma^{\tilde{u}}$ définis respectivement sur $X, \overline{X}_o, X_\sigma$ et caractérisés par

a) $S^u 1 = u$, $S^{\tilde{u}} 1 = \tilde{u}$, $S_\sigma^{\tilde{u}}(1) = \tilde{u}|_{X_\sigma}$

b) $S^u, S^{\tilde{u}}, S_\sigma^{\tilde{u}}$ sont respectivement subordonnés aux cônes convexes $\mathcal{S}, \tilde{\mathcal{S}}, \tilde{\mathcal{S}}_\sigma$

c) pour tout $f \in \mathcal{C}(X)$,

$$\widetilde{S^u(f)} = S^{\tilde{u}}(f \circ p)$$

d) pour tout $g \in \mathcal{C}(\overline{X}_o)$.

$$S_\sigma^{\tilde{u}}(g|_{X_\sigma}) = S^{\tilde{u}}(g)|_{X_\sigma}$$

Les noyaux S^u sont aussi appelés noyaux excessifs [A 2]. En conclusion, on peut dire que le cône $\tilde{\mathcal{S}}_\sigma$ représente bien la théorie du potentiel associée à l'espace des classes de fonctions excessives définies à l'égalité σ-quasi-partout près sur X.

L'espace X_σ n'étant pas en général métrisable, on peut aussi considérer qu'à chaque $t \in \tilde{\mathcal{S}}_\sigma$, on peut associer le noyau $N^t = S_\sigma^{\tilde{t}}$ et la résolvante $(N_\lambda^t)_{\lambda \geqq 0}$ correspondante de sorte que la théorie du potentiel définie par $\tilde{\mathcal{S}}_\sigma$ est associée à la famille de résolvantes compatibles $(N_\lambda^t)_{\lambda \geqq 0}$, t parcourant $\tilde{\mathcal{S}}$, la compatibilité signifiant que pour $t,t' \in \tilde{\mathcal{J}}_\sigma$, toute fonction v , excessive pour (N^t_λ) , est surmédiane pour $(N^{t'}_\lambda)$.

II. CONTINUITE ET LIMITE POUR LE BALAYAGE.

On fixe une mesure $\sigma \geqq 0$ sur X_o et on pose

$$B_\sigma = \{\mu \geqq 0 \mid \mu \prec \sigma \ , \ \mu \in \mathcal{M}_b^+(X_o)\}$$

DEFINITIONS 3. Soit f une fonction borélienne bornée sur X .

a) On dira que f est continue à droite pour le balayage sur B_σ si pour toute suite $(\mu_n) \subset B_\sigma$, croissante pour l'ordre du balayage, de limite μ , on a

$$\int f\, d\mu = \lim \int f\, d\mu_n$$

b) on dira que f a des limites à gauche pour le balayage sur B_σ si pour toute suite $(\mu_n) \subset B_\sigma$, décroissante pour l'ordre du balayage, $\lim_{n\to\infty} \int f\, d\mu_n$ existe.

Si f vérifie les deux conditions ci-dessus, on dira par analogie que f est continue à droite et pourvue de limites à gauche, pour le balayage, et en abrégé cad-lag.

On vérifie immédiatement que l'espace des fonctions cad-lag pour le balayage est un espace vectoriel, fermé en norme uniforme. On a même mieux :

LEMME 4. Soit w une fonction excessive $\geqq 0$ non nécessairement finie mais σ-intégrable, avec $\int w\, d\sigma \leqq 1$.

Soit f borélienne bornée sur X , $(u_n),(v_n)$ deux suites de fonctions excessives bornées telles que

$$|f - (u_n - v_n)| \leqq n^{-1}\, w \quad \text{sur } X$$

alors f est cad-lag pour le balayage.

Démonstration : On peut observer que les notions de continuité (à droite, à gauche) pour le balayage ne font intervenir que les fonctions définies sur B_σ , comme par exemple $\mu \mapsto \int f \, d\mu$, mais on pourrait considérer bien d'autres fonctions sur B_σ .

Il suffit de remarquer qu'en tant qu'espace de fonctions sur B_σ l'espace des fonctions cad-lag est fermé en norme uniforme et la condition du lemme signifie en particulier que la suite $(u_n - v_n)_{n \in \mathbb{N}}$ converge uniformément vers f sur B_σ .

Réciproquement, soit (t_n) une suite bornée d'éléments de $(\mathcal{S} - \mathcal{S})$ qui converge uniformément sur B_σ . On peut supposer par exemple que $\| t_n - t_{n+1} \|_{B_\sigma} \leqq 4^{-n-1}$. Posons alors $w_n = R(t_n - t_{n+1}) + R(t_{n+1} - t_n)$. Pour $u,v \in \mathcal{S}$, on a toujours

$$\int R(u - v) \, d\sigma = \sup_{\mu \in B_\sigma} \int (u - v) \, d\mu$$

On aura donc $\int w_n \, d\sigma \leqq 4^{-n}$. Posons $w = \sum_{n \geqq 1} 2^n w_n$. La suite (t_n) va donc converger σ-quasi-partout vers $t = \liminf t_n$ et l'on aura

$$|t - t_n| \leqq 2^{-n+1} w \quad \text{pour tout } n .$$

Y.Le Jan a également étudié cette situation à travers la notion de convergence quasi-uniforme. [L 1] .

La propriété que nous venons de voir est en fait caractéristique des fonctions cad-lag pour le balayage.

THEOREME 5. *Soit f une fonction borélienne bornée, cad-lag pour le balayage sur B_σ . Il existe alors une suite $(t_n) \subset (\mathcal{S} - \mathcal{S})$, w excessive σ-intégrable telles que*

$$\lim \left\| \frac{f - t_n}{w} \right\|^\infty_{X_o} = 0$$

On va s'appuyer sur plusieurs lemmes.

LEMME 6. *Si f est continue à droite pour le balayage, alors f est finement continue σ-quasi-partout sur X_o .*

Démonstration : Pour $\lambda < \lambda'$, posons

$$A_\lambda = \{f < \lambda\} \quad \text{et} \quad D_{\lambda'} = \{f > \lambda'\} \quad \text{et}$$

montrons que $\overline{A}_\lambda \cap \overline{D}_{\lambda'}$ est σ-polaire, où l'on prend ici les adhérences pour la topologie fine.

Pour tout ensemble A borélien, $A \subset X_o$, $\overline{A} = \{V\,1 = R^A V\,1\}$ ce qui montre que $\overline{A}$ est analytique.

Soit $\nu \in B_\sigma$, ν portée par $\overline{A}_\lambda \cap \overline{D}_{\lambda'}$. On a aussi, en désignant par ν^Z la balayée de ν sur un ensemble Z , $\nu = \nu^{D_{\lambda'}} = \nu^{\overline{D}_{\lambda'}} = \lim \nu^{K_n}$ où (K_n) est une suite croissante convenable de compacts contenus dans $D_{\lambda'}$. On aura donc

$$\int f\, d\nu = \lim \int f\, d\nu^{K_n} \geqq \lambda' . \lim \nu^{K_n}(1) = \lambda'.\nu(1)$$

de la même façon, si ν est portée par $\overline{A}_\lambda$, on aura

$$\int f\, d\nu \leqq \lambda.\nu(1) \text{ . Comme } \lambda < \lambda' \text{ , on a } \nu(1) = 0 \text{ .}$$

Considérons alors l'ensemble des couples de nombres rationnels (r_n, s_n) avec $r_n < s_n$ et posons

$$C_n = \overline{A}_{r_n} \cap \overline{D}_{s_n} \quad , \quad C = \bigcup_n C_n \text{ .}$$

L'ensemble C est σ-polaire, $f_{|(X_o \setminus C)}$ est finement continue ; un argument classique montre alors que f est finement continue σ-quasi-partout.

Il en résulte en particulier que A_λ et $D_{\lambda'}$ sont des ouverts fins à un ensemble σ-polaire près.

<u>LEMME 7</u>. *Soient K_1 , K_2 des compacts de $\overline{X}_o$. Pour que $K_1 \cap K_2$ soit $\tilde{\sigma}$-polaire dans $\overline{X}_o$, il faut et il suffit que pour la suite définie par $U_o = 1$, $U_{2n+1} = R^{K_1}_{u_{2n}}$ $u_{2n+2} = R^{K_2}_{u_{2n+1}}$ on ait $\lim \int u_n\, d\tilde{\sigma} = 0$. En particulier $\tilde{\overline{A}}_\lambda \cap \tilde{\overline{D}}_{\lambda'}$ est $\tilde{\sigma}$-polaire dans X_o ($\tilde{\overline{A}}$ désigne l'adhérence de A dans $\overline{X}_o$) .*

<u>Démonstration</u> : Le cône $\mathcal{F}$ est un cône de fonctions continues sur $\overline{X}_o$, c'est un cône de potentiels stable par enveloppe inférieure finie. Partant d'une mesure $\mu \geqq 0$ sur $\overline{X}_o$, on obtient la balayée de μ sur $K_1 \cap K_2$ par le procédé alterné : on balaye successivement μ sur K_1 , puis sur K_2 , puis sur K_1 , et de nouveau sur K_2 , indéfiniment. On obtient ainsi une suite de mesures sur $\overline{X}_o$, décroissante

pour le balayage dont la limite est la balayée de μ sur $K_1 \cap K_2$. On a donc $\inf_n = R_1^{K_1 \cap K_2}$ (réduite relativement à $\tilde{\mathcal{S}}_\sigma$), d'où la première partie du lemme.

Posons $K_1 = \tilde{\bar{A}}_\lambda$, $K_2 = \tilde{\bar{D}}_{\lambda'}$ les adhérences étant prises dans le compactifié $\bar{X}_o$.

Comme A_λ est un ouvert fin à un ensemble σ-polaire près, pour toute $v \in \mathcal{S}$, et $w = \hat{R}_v^{A_\lambda}$, on a $\tilde{w}_{|X_\sigma} = R_{\tilde{v}}^{K_1}$ la réduite étant prise dans X_σ. En particulier pour toute $\nu \geq 0$ sur X_o, $\nu < \sigma$, on a

$$(\widetilde{\nu^{A_\lambda}}) = \tilde{\nu}^{K_1} = \tilde{\nu}^{K_1 \cap X_\sigma} \; ; \; (\widetilde{\nu^{D_{\lambda'}}}) = \tilde{\nu}^{K_2} = \tilde{\nu}^{K_2 \cap X_\sigma}$$

Considérons alors la suite de mesures (ν_n) définie par

$$\nu_o = \sigma \; , \; \nu_{2n+1} = \nu^{A_\lambda} \; , \; \nu_{2n+2} = \nu_{2n+1}^{D_{\lambda'}} \; .$$

La fonction f étant finement continue σ-quasi-partout, ν_{2n+1} est portée par $\{f \leq \lambda\}$, ν_{2n+2} est portée par $\{f \geq \lambda'\}$. La suite (ν_n) est décroissante pour le balayage, $\lim \int f \, d\nu_n$ existe. Or on a $\int f \, d\nu_{2n+1} \leq \lambda . \nu_{2n+1}(1)$ et $\int f \, d\,\nu_{2n} \geq \lambda' . \nu_{2n}(1)$, par suite f étant cad-lag, on a nécessairement $\lim \nu_n(1) = 0$. D'autre part $\lim_n \tilde{\nu}_n = \tilde{\sigma}^{K_1 \cap K_2}$, par le procédé alterné, et par conséquent $\tilde{\bar{A}}_\lambda \cap \tilde{\bar{D}}_\lambda$ est $\tilde{\sigma}$-polaire dans $\bar{X}_o$.

Venons-en à la démonstration du théorème 5.

Pour f cad-lag sur X_o, considéré comme plongé dans $\bar{X}_o$, posons

$$\varphi = \sup \{\tilde{v}_1 - \tilde{v}_2 \mid v_1, v_2 \in \mathcal{S} \, , \, v_1 - v_2 \leq f\}$$
$$\psi = \inf \{\tilde{u}_1 - \tilde{u}_2 \mid u_1, u_2 \in \mathcal{S} \, , \, u_1 - u_2 \geq f\}$$

On va montrer que $\varphi = \psi$ $\tilde{\sigma}$-quasi-partout sur X_σ. Soient α', α tels que $\alpha' > \lambda' > \lambda > \alpha$ et soit $\tilde{\bar{D}}_{\lambda'} = E_{\lambda'}$ l'adhérence de $D_{\lambda'}$ dans $\bar{X}_o$. Par construction, on a

$f \leq \lambda'$ dans l'ouvert $E_{\lambda'}^c \cap X_o$ et par conséquent

$\psi \leq \lambda'$ dans l'ouvert $E_{\lambda'}^c \cap X_\sigma$ de X_σ, car $\tilde{\mathcal{S}}_\sigma - \tilde{\mathcal{S}}_\sigma$ est dense dans $\mathcal{C}(X_\sigma)$; par suite, on a

$$\{\psi \geq \alpha'\} \subset \tilde{\bar{D}}_{\lambda'} \quad \text{et} \quad \{\varphi < \alpha\} \subset \tilde{\bar{A}}_\lambda$$

et il en résulte que l'ensemble $\{\psi > \varphi\}$ est $\tilde{\sigma}$-polaire. Posons $K_n = \{\psi \geq \varphi + \frac{1}{n}\}$; chacun des K_n est $\tilde{\sigma}$-polaire. Pour tout n, il existe $v_n \in \mathcal{S}$, $0 \leq v_n \leq 1$ tel que $\tilde{v}_n \geqq 1$ sur K_n et $\int \tilde{v}_n \, d\tilde{\sigma} = \int v_n \, d\sigma \leqq 2^{-n}$. Posons $w = \Sigma v_n$ et $\tilde{w} = \sup_{p \in \mathbb{N}} \widetilde{w \wedge p}$. Sur chacun des ensembles $M_p = (\tilde{w} \leqq 2^p)$, $p \in \mathbb{N}$, on a $\varphi = \psi$ et les fonctions $\psi_{M_p}, \varphi_{M_p}$ sont <u>continues</u>. L'espace vectoriel $\tilde{\mathcal{G}} - \tilde{\mathcal{G}}$ est dense dans $\mathcal{C}(\tilde{X})$, il existe donc $t_n = u_n - v_n \in \tilde{\mathcal{G}} - \tilde{\mathcal{G}}$, $t'_n \in \tilde{\mathcal{G}} - \tilde{\mathcal{G}}$ tel que $\tilde{t}_n \leqq \varphi \leqq \psi \leqq \tilde{t}'_n$ partout sur $\overline{X}_o$

$$\| t_n \| \text{ et } \| t'_n \| \leqq \| f \| \text{ et}$$

$$|\tilde{t}'_n - \tilde{t}_n| \leqq \frac{1}{n} \text{ sur } M_n .$$

Posons $E_n = \{t'_n - t_n > \frac{2}{n}\}$. On a $\tilde{\overline{E}}_n \cap M_n = \emptyset$ et $\int R_1^{E_n} \, d\sigma \leqq 2^{-n} \int \tilde{w} \, d\tilde{\sigma} \leqq 2^{-n}$. Posons $s = 1 + \| f \| \sum_{n \geqq 1} n.R_1^{E_n}$. On aura $\int s \, d\sigma < + \infty$ et $|t_n - f| \leqq |t'_n - t_n| \leqq \frac{1}{n} . s$ partout, ce qui démontre le théorème.

<u>CAS PARTICULIER IMPORTANT.</u>

Soit ν une mesure positive sur X_o, balayée de σ. Ceci peut s'écrire $\nu V \leqq \sigma V$ et il existe une densité $\frac{d(\nu V)}{d(\sigma V)}$ de νV par rapport à σV définie σV -p-partout. Un des problèmes dans l'étude de la dualité consiste à définir cette densité, non seulement σV -presque partout, mais σ-quasi-partout. La méthode développée dans [MO 6], voir aussi [A 1],[G 1],[F+P], montre qu'on peut toujours choisir une densité définie σ-quasi-partout qu'on notera $\frac{D\nu}{D\sigma}$ qui est en fait une fonction cad-lag en balayage sur B_σ. En effet, dans la caractérisation des fonctions cad-lag, on a seulement utilisé des suites (μ_n) décroissantes pour le balayage d'un type très particulier : à partir d'une mesure $\theta \geqq 0$, et de deux ensembles $A_\lambda, D_{\lambda'}$, on a construit la suite obtenue par le balayage alterné sur A_λ et $D_{\lambda'}$. C'est précisément cette méthode qui était utilisée dans [MO 6] pour <u>définir</u> $\frac{D\nu}{D\sigma}$ σ-quasi-partout et qui avait permis par la suite à l'auteur (résultat non publié) de construire une approximation de $\frac{D\nu}{D\sigma}$ à l'aide d'une suite $(t_n) \subset \mathcal{G} - \mathcal{G}$.

Remarquons encore que si $\nu = (f.\sigma V)V_\lambda$, $f \geqq 0$, alors $\frac{D\nu}{D\sigma}$ est une version de $V_\lambda^* f$, où (V_λ^*) est la famille résolvante définie pour la dualité par rapport à σV par $\int f.V_\lambda h \, d\sigma V = \int h.V_\lambda^* f \, d\sigma V$.

Considérant par exemple le cadre étudié par Feyel et la Pradelle dans [F+P] pour la dualité des résolvantes et en échangeant les rôles de (V_λ) et (V_λ^*) on voit que l'espace des fonctions cad-lag (définies à des ensembles négligeables près convenables) est le même pour (V_λ) ou (V_λ^*) . cf. aussi Le Jan[L 2] qui a établi ce résultat indépendamment.

<u>Remarque 8</u> : Soit $x \in X_o$ et soit f une fonction borélienne bornée sur X telle que pour toute suite (μ_n) croissante pour le balayage et convergeant vaguement vers ε_x on ait $f(x) = \lim \int f\, d\mu_n$ alors $f_{|X_o}$ est finement continue en x , la réciproque étant immédiate. En effet soit $\alpha = f(x)$ et posons $A_n = \{f \geqq \alpha + \frac{1}{n}\}$ $B_n = \{f \leqq \alpha + \frac{1}{n}\}$ et montrons que x n'appartient ni à l'adhérence fine de A_n , ni à celle de B_n . Soit (ω_p) une base de voisinages ouverts de x pour la topologie ordinaire. Posons $v_o = V\,1$. Dire que $x \in \overline{A}_n$ équivaut à dire que :

$$R_{v_o}^{A_n}(x) = v_o(x) = \sup_p R_{v_o}^{A_n \setminus \omega_p}$$

Posons $\nu_p = \varepsilon_x^{A_n \setminus \omega_p}$, évidemment si $x \in \overline{A}_n$, $\lim \nu_p = \varepsilon_x$. Sous cette hypothèse, soit K_p un compact contenu dans $(A_n \setminus \omega_p) \cap X_o$ et tel que :

$$R_{v_o}^{K_p}(x) = \int v_o \, d\varepsilon_x^{K_p} \geqq R_{v_o}^{A_n \setminus \omega_p} - 2^{-p}$$

Posons alors $\mu_p = \inf_{<} \{\theta \mid \theta \succ \varepsilon_x^{K_r} , \forall\, r \leqq p\}$. On sait alors [MO 4] que $\mu_p \leqq \sum_{r \leqq p} \varepsilon_x^{K_r}$ et $\mu_p \prec \varepsilon_x$. La suite (μ_p) converge encore vaguement vers ε_x car $\lim \int v_o \, d\mu_p = v_o(x)$ et $v_o = V\,1$ est un potentiel strict.
On aurait donc $\int f\, d\mu_p \geqq (\alpha + \frac{1}{n})\, \mu_p(1)$, $\lim \mu_p(1) = 1$ contrairement à l'hypothèse $\int \lim f\, d\mu_p = f(x) = \alpha$. On procède de même avec l'ensemble B_n de sorte que sur $(\overline{A}_n \cup \overline{B}_n)^c$ on a $\alpha - \frac{1}{n} \leqq f \leqq \alpha + \frac{1}{n}$, ce qui montre par passage à la limite que f est finement continue en x .

Supposons maintenant qu'en dehors d'un ensemble σ-polaire D la fonction f soit finement continue. On va <u>esquisser</u> une méthode pour montrer que f est continue à droite pour le balayage sur B_σ .
On s'appuie sur le lemme suivant.

LEMME 9. Soit (μ_n) *une suite croissante pour le balayage,* $\mu_n \prec \sigma$ *pour tout* n *. Alors pour toute décomposition de* σ *en* $\sigma = \sigma_1 + \sigma_2$ *, il existe une famille de décompositions de* μ_n *en* $\mu_n = \mu_n^1 + \mu_n^2$ *telle que chacune des deux suites* (μ_n^1) *,* (μ_n^2) *soit croissante pour le balayage et* $\mu_n^1 \prec \sigma_1$ *,* $\mu_n^2 \prec \sigma_2$ *pour tout* n *.*

Démonstration : On suppose que $\sigma(1) \leqq 1$. Si la suite (μ_n) est stationnaire, c'est une propriété élémentaire qui résulte de la stabilité par enveloppe inférieure de $\mathcal{S}_{|X_o}$. Pour traiter le cas général, on considère l'espace $X_o^{\#} = \{\mu \in \mathcal{M}^+(X_o) \mid \mu(X_o) \leqq 1\}$ qui est compact quand on le munit de la topologie faible engendrée par $V_o(\mathcal{C}(X))$, puis on considère dans $Y = X_o^{\#} \times (X_o^{\#})^{\mathbb{N}}$ l'ensemble Γ des systèmes $\tau = (\theta, \theta_1, \ldots, \theta_n \ldots)$ tels que

a) $\theta \succ \theta_n$ pour tout n b) $\theta_{n+1} \succ \theta_n$, $\forall\, n \geqq 1$.

Le sous-ensemble Γ_s des systèmes $\tau \in \Gamma$ pour lesquels la suite $(\theta_n)_{n \geqq 1}$ est stationnaire est dense dans Γ et Γ est convexe compact dans Y , ce qui permet de conclure.

Le lemme qu'on vient de démontrer montre que les éléments extrémaux de Γ sont de la forme $\tau = (\varepsilon_x, \theta_1, \theta_2, \ldots, \theta_n, \ldots)$ où $x \in X_o$.

En s'inspirant alors d'une technique de Strassen [S] on peut établir le résultat suivant :

LEMME 10. Soit $\tau = (\sigma, \mu_1, \mu_2, \ldots, \mu_n, \ldots)$ *un élément de* Γ *. Il existe alors des applications mesurables* $t \to \mu_n^t$ *de* X_o *dans* $X_o^{\#}$ *telles que*

a) pour tout t, $\tau_t = (\varepsilon_t, \mu_1^t, \ldots, \mu_n^t, \ldots)$ *est un élément de* Γ

b) pour tout n $\int \mu_n^t \, d\sigma(t) = \mu_n$

De plus si $\lim \mu_n = \sigma$ *, on peut exiger que* $\lim \mu_n^t = \varepsilon_t$ *pour tout* t *.*

Application : Si f est finement continue σ-quasi-partout alors si $\lim \mu_n = \sigma$ $\int f \, d\sigma = \lim \int f \, d\mu_n$. On peut dans cette construction remplacer σ par toute mesure $\sigma' \in B_\sigma$, ce qui établit la continuité à droite pour le balayage sur B_σ .

III. THEORIE ELEMENTAIRE DE LA DUALITE.

La démarche habituelle pour construire une famille résolvante duale $(V^*_\lambda)_{\lambda \geqq 0}$ d'une famille résolvante de Ray $(V_\lambda)_{\lambda \geqq 0}$ sur X, consiste à choisir d'abord une mesure excessive θ sur X, puis à choisir des représentants convenables de la famille $V^*_\lambda(f)$, $f \in \mathscr{C}(X)$ pour que l'équation $\int f.V_\lambda\, h\, d\theta = \int h.V^*_\lambda\, f\, d\theta$ soit vérifiée. Dans un deuxième temps, on restreint la famille V^*_λ à un sous-ensemble convenable X_1 de X_o pour que (V^*_λ) s'interprète comme une famille résolvante de vrais noyaux mesurables sur X_1. cf. par exemple [M] ,[MO 5],[GA], [F+P] . Si l'on applique les méthodes de compactification de Ray-Knight [R],[K], on compactifie alors l'espace X_1 en un espace X^* sur lequel la famille $(V^*_\lambda)_{\lambda \geqq 0}$ peut se prolonger en une famille de noyaux felleriens définissant ainsi une résolvante de Ray sur X^*.

Cette approche a l'inconvénient de masquer la situation de symétrie qui existe entre le couple $(X,(V_\lambda))$ et le couple $(X^*,(V^*_\lambda))$.
Dans la présentation qui va suivre, on ne prétend pas traiter le problème de la dualité dans son ensemble, mais seulement fournir un cadre pour traiter commodément des propriétés des compactifiés fins. Une étude plus complète sera publiée ultérieurement.

Cette présentation s'appuie sur l'idée que, partant d'une résolvante de Ray $(V_\lambda)_{\lambda \geqq 0}$ sur X, le cône des mesures $\geqq 0$ sur X_o est lui-même un cône de potentiels pour l'ordre du balayage (cf. [MO 4]) et par conséquent que certains sous-cônes de mesures peuvent s'interpréter comme le cône de fonctions excessives sur un espace auxiliaire X^*, relativement à une famille résolvante convenable (V^*_λ). La dualité considérée est donc moins une dualité entre résolvantes qu'une dualité entre cônes de fonctions excessives.

Soient X,X^* des espaces compacts métrisables, $(V_\lambda)_{\lambda \geqq 0}$, $(V^*_\lambda)_{\lambda \geqq 0}$ des résolvantes de Ray sur X et X^* respectivement. On désigne toujours par X_o (resp. X^*_o) l'ensemble des points de non-branchement et l'on garde les notations de <u>I. Préliminaires</u>, en spécifiant par l'astérisque * ce qui concerne l'espace X^*. On pose $\mathscr{S}_o = \mathscr{S} \cap \mathscr{C}(X)$, $\mathscr{S}^*_o = \mathscr{S}^* \cap \mathscr{C}(X^*)$.

DEFINITION 11. On dira que (V_λ) et (V_λ^*) sont en dualité s'il existe une forme bilinéaire a sur $(\mathcal{S}_o - \mathcal{S}_o) \times (\mathcal{S}_o^* - \mathcal{S}_o^*)$ vérifiant les conditions suivantes

1) a est séparée, croissante en chacune des variables

2) $\sup \{a(v,w) \mid v \in \mathcal{S}_o \, , \, w \in \mathcal{S}_o^* \, , \, v \leq 1 \, , \, w \leq 1\} < +\infty$

3) a permet de définir grâce à 2) ci-dessus des mesures σ et τ sur X_o et X_o^* par $\langle \sigma, v \rangle = \sup\limits_{w \leq 1, w \in \mathcal{S}_o^*} a(v,w)$ pour tout $v \in \mathcal{S}_o$ et on écrira symboliquement $\langle \sigma, v \rangle = a(v,1)$; de même on définira une mesure τ sur X_o^* par $\langle \tau, w \rangle = a(1,w)$ pour $w \in \mathcal{S}_o^*$. De façon générale d'après 1) et 2)

pour $w \in \mathcal{S}_o^*$, $\sigma_w = (v \to a(v,w))$ est une mesure sur X_o

pour $v \in \mathcal{S}_o$, $\tau_v = (w \to a(v,w))$ est une mesure sur X_o^*

4) l'application $v \to \tau_v$ se prolonge canoniquement aux fonctions excessives de la forme $v = V f$, avec f mesurable bornée, en considérant la mesure $\sigma_{V_1^*}$ et en remarquant que $\mathcal{S}_o^* = \overline{V_o^*(\mathcal{C}^+(X^*))}$. L'application $v \to \tau_v$ se prolonge alors canoniquement à $\mathcal{S}$ en posant $\tau_v = \lim \tau_{\lambda V_\lambda v}$. On procède de même pour étendre l'application $w \to \sigma_w$ à $\mathcal{S}^*$.

5) Propriété de séparation :

si $v_1, v_2 \in \mathcal{S}$ et $v_1 \leq v_2$ σ-quasi-partout, alors $\tau_{v_1} \leq \tau_{v_2}$

6) Propriété de densité :

si $v_1, v_2 \in \mathcal{S}$ et $[v_1 \neq v_2]$ non σ-polaire, alors $\tau_{v_1} \neq \tau_{v_2}$

5 bis et 6 bis) même conditions sur $\mathcal{S}^*$ et τ en permutant les rôles de $(\mathcal{S},\sigma)$ et $(\mathcal{S}^*,\tau)$.

7) Pour toute mesure $\alpha \geq 0$ sur X_o^*, telle que $\alpha < \tau$ il existe v excessive sur X telle que $\tau_v = \alpha$

7 bis) Pour toute mesure $\beta \geq 0$ sur X_o, telle que $\beta < \sigma$ il existe w excessive sur X^* telle que $\sigma_w = \beta$

On pose $B_\sigma = \{\mu \geq 0 \text{ sur } X_o \mid \mu < \sigma\}$

$B_\tau^* = \{\nu \geq 0 \text{ sur } X_o^* \mid \nu < \tau\}$

On désigne par M_1^σ l'ensemble des classes de fonctions excessives v sur X, égales à un ensemble σ-polaire près, telles que $0 \leq v \leq 1$. On définit de même $M_1^{*\tau}$, ensemble de classes de fonctions excessives sur X^* . On peut considérer que M_1^σ est plongé de façon injective dans $L^1(\sigma V)$ sur un compact faible de $L^1(\sigma V)$. L'application $v \to \tau_v$ est alors un isomorphisme et un homéomorphisme de M_1^σ , muni de la topologie $\sigma(L^1(\sigma V), L^\infty(\sigma V))$ dans B_τ^* muni de la topologie faible $\sigma(\mathcal{M}^+(X_o^*)$, $V^*(\mathcal{C}(X^*)))$. L'isomorphisme entre M_1^σ et B_τ^* échange l'ordre ordinaire entre fonctions et l'ordre du balayage sur les mesures.

On a de même un isomorphisme entre $M_1^{*\tau}$ et B_σ . On conserve pour la suite ce cadre de deux résolvantes en dualité.

IV. ETUDE DES MESURES SEMI-REGULIERES.

Commençons par rappeler quelques résultats sur les fonctions fortement surmédianes. cf [MER],[MO 8],[F 1] . On dit qu'une fonction mesurable ≥ 0 sur X_o est fortement surmédiane si $\int f\, d\mu \leq \int f\, d\nu$ dès que $\mu < \nu$; elle est <u>régulière</u> si pour toute suite (μ_n) de mesures sur X_o , décroissante pour le balayage et de limite $\mu \in \mathcal{M}^+(X_o)$, on a $\int f\, d\mu = \inf \int f\, d\mu_n$. Si f est bornée (ou somme d'une suite de fonctions surmédianes bornées, alors on peut associer à f un noyau surmédian S^f sur X (analogue au noyau excessif quand f est excessive). Caractérisé par les conditions

a) $S^f(1) = f$

b) $S^f(\varphi)$ est fortement surmédiane pour $\varphi \in \mathcal{C}^+(X)$

c) Si $(\varphi > 0) \subset K$ compact, alors

$$R^K_{S^f\varphi} = S^f\varphi \text{ quand } \varphi \in \mathcal{C}^+(X) .$$

Dire que f est régulière équivaut alors à dire que S^f vérifie le principe complet du maximum, ou encore (dans le cas où f est bornée) que sur chaque ensemble $B_\mu = \{\nu < \mu\}$ l'application

$\nu \to \int f\, d\nu$ est semi-continue supérieurement.

Une autre façon commode de caractériser les fonctions fortement surmédianes régulières f est la suivante :

pour toute suite croissante $(f_n) \subset \mathcal{S}$, $\sup f_n = f$, alors $\inf_n R(f - f_n) = 0$.

Cette notion peut se relativiser à une mesure σ :

une fonction fortement surmédiane f sera égale σ-quasi-partout à une fonction régulière, si pour toute suite croissante (f_n) de fonctions fortement surmédianes telle que $\sup f_n = f$ σ-quasi-partout, alors $\inf \int R(f - f_n)\, d\sigma = 0$

Cette idée peut se généraliser aux mesures :

une mesure $\mu \geqq 0$ sur X_o sera régulière, c'est-à-dire ne charge pas les ensembles semi-polaires, si pour toute suite croissante (μ_n) pour l'ordre du balayage, $\inf_n R(\mu - \mu_n) = 0$. Sous cette forme, on voit en particulier que l'isomorphisme entre M_1^σ et B_τ^* échange fonctions excessives régulières sur X et mesures régulières sur X_o^* .

Rappelons enfin une propriété de représentation : si ℓ est une forme affine positive sur B_σ , croissante pour l'ordre du balayage sur B_σ , telle que $\ell(\mu) \leqq \mu(1)$ $\forall\, \mu \in B_\sigma$ alors il existe une fonction borélienne f bornée par 1, fortement surmédiane sur X_o , telle que

$$\int f\, d\mu = \ell(\mu) \quad \text{pour toute} \quad \mu \in B_\sigma \ .$$

Dans le même ordre d'idées, soit ℓ une fonction positive sur B_σ , nulle en 0 , et semi-continue supérieurement sur B_σ . Il existe alors, cf. [MO 7] , une suite décroissante (f_n) de fonctions numériques sur X_o , boréliennes, telle que

a) $\mu \to \int f_n\, d\mu$ est continue sur B_σ .

b) $\ell(\mu) = \inf_n \int f_n\, d\mu$ pour toute $\mu \in B_\sigma$.

Si l'on pose $v_n = R\, f_n$ alors v_n est fortement surmédiane, égale σ-quasi-partout à une fonction excessive régulière w_n . Si de plus la forme affine ℓ est croissante pour l'ordre du balayage, alors, compte-tenu de la formule

$$\int Rf\, d\mu = \sup_{\nu < \mu} \int f\, d\nu$$

on a aussi $\inf R\, f_n = \inf f_n$ σ-quasi-partout.

On peut alors montrer qu'il existe une suite décroissante u_n de fonctions excessives régulières telle que $\ell(\mu) = \inf \int u_n\, d\mu$ $\forall\, \mu \in B_\sigma$.

Enfin, on a la décomposition de Mertens (cf. [MER] , [F 1]) : Toute fonction fortement surmédiane w se décompose d'une manière unique en somme $w = v + s$ où v est excessive, s est fortement surmédiane régulière, et s ne majore au sens de l'ordre spécifique aucune fonction excessive non nulle.

On désignera respectivement par $\overline{\mathcal{S}}$ (resp. $\overline{\mathcal{S}}^*$) le cône des fonctions fortement surmédiane sur X (resp. X^*) .

<u>*DEFINITION 12*</u>. *On dit qu'une fonction excessive est semi-régulière s'il existe une fonction fortement surmédiane* v *telle que* $f = \hat{v}$*, régularisée excessive de* v .

On peut alors se poser la question de savoir quelles sont les mesures θ semi-régulières sur X au sens suivant : il existe une suite (μ_n) de mesures régulières sur X_o , décroissante pour l'ordre du balayage, telle que $\theta = \lim \mu_n$.
On va maintenant utiliser le compactifié fin $\overline{X}_o$ et le compactifié fin réduit X_σ définis dans I. Préliminaires.
On a vu que deux fonctions excessives bornées v,w égales σ-quasi-partout sur X_o , définissent des éléments $\tilde{v}$, $\tilde{w}$ de $\tilde{\mathcal{S}}$ <u>égaux</u> sur X_σ , compactifié fin réduit.
On a ainsi une deuxième représentation de M_1^σ : c'est l'ensemble G_1^σ des éléments $\tilde{u} \in \tilde{\mathcal{S}}_\sigma$ majorés par 1 sur X_σ .

<u>*PROPOSITION 13*</u>. *Soit* $u \in \tilde{\mathcal{S}}_\sigma$ *et soit* S^u *le noyau surbordonné à* $\tilde{\mathcal{S}}_\sigma$ *, associé à* u *, défini sur* X_σ *. L'application* $w \to \int S^u(w)\, d\tilde{\sigma}$ *, définie sur* G_1^σ *, est semi-continue supérieurement si on la considère comme application définie sur* M_1^σ .

La démonstration s'appuiera sur plusieurs lemmes.

<u>*LEMME 14*</u>. *Soit* $u \in \tilde{\mathcal{S}}$, S^u *le noyau subordonné à* $\tilde{\mathcal{S}}$ *associé à* u *sur* $\overline{X}_o$.
Alors pour toute $f \geqq 0$ *borélienne bornée sur* $\overline{X}_o$ *il existe* $w \in \tilde{\mathcal{S}}$ *telle que*
$S^u(f) = w$ *sur* X_σ *en dehors d'un ensemble* $\tilde{\sigma}$*-polaire de* X_σ .
Si $f \leqq 1$ *, alors on peut prendre* $w < u$.

<u>Démonstration</u> : On se ramène au cas où $0 \leqq f \leqq 1$.
Soit (f_n) une suite décroissante de fonctions continues, $0 \leqq f_n \leqq 1$ définies

sur $\overline{X}_o$, $\inf_n f_n = f$, telle que

$$\int S^u (f_n - f_{n+1}) \, d\tilde{\sigma} \leq 2^{-n+1} \quad \text{pour tout } n .$$

Posons $w_n = S^u (f_n)$. Le cône $\tilde{\mathcal{S}}$ étant fermé pour la convergence uniforme, il existe $v_n \in \mathcal{S}$, tel que $\tilde{v}_n = w_n$ et pour tout n , $(v_n - v_{n+1}) \in \mathcal{S}$. Posons $v = \inf v_n$; la fonction v est excessive sur X et

$$\int (\tilde{v}_n - \tilde{v}) \, d\tilde{\sigma} = \int (v_n - v) \, d\sigma \leq 2^{-n} \quad \text{et par suite}$$

pour toute $\nu \geq 0$ sur $\overline{X}_o$, avec $\nu < \tilde{\sigma}$ (relativement à $\tilde{\mathcal{S}}$) on a aussi $\int (\tilde{v}_n - \tilde{v}) \, d\nu \leq 2^{-n}$, de sorte que $\int (S^u(f) - \tilde{v}) \, d\nu = 0$ ce qui montre que l'ensemble $(S^u(f) > \tilde{v})$ est un K_σ qui est $\tilde{\sigma}$-polaire.

Passons au cas général.

Soit φ s.c.s. ≥ 0 sur $\overline{X}_o$, $\varphi = \inf_\alpha f_\alpha$ où la famille (f_α) est une famille filtrante décroissante de fonctions continues sur $\overline{X}_o$. Pour tout α , soit $v_\alpha \in \mathcal{S}$ telle que $\tilde{v}_\alpha = S^u(f_\alpha)$. Il existe alors une sous-suite (v_{α_n}) , filtrante décroissante telle que $\inf \int v_\alpha \, d\sigma V = \inf \int v_{\alpha_n} \, d\sigma V$ de sorte que si on pose $v = \inf v_{\alpha_n}$, alors $v_\alpha \geq v$ σ-quasi-partout, en particulier $\tilde{v}_\alpha \geq \tilde{v}$ sur X_σ .
On a même mieux. Pour tout α , il existe une décomposition de v en $v = v_1 + v_2$ avec $\int v_2 \, d\sigma = 0$ et $(v_\alpha - v_1) \in \mathcal{S}$, ce qui entraîne que $(\tilde{v}_\alpha - \tilde{v})_{|X_\sigma} \in \tilde{\mathcal{S}}_\sigma$ pour tout α .
Le même raisonnement que précédemment montre que, sur X_σ , l'ensemble $(\inf \tilde{v}_\alpha > \tilde{v})$ est $\tilde{\sigma}$-polaire. Notons u_φ l'unique élément de $\tilde{\mathcal{S}}_\sigma$ tel que $\{S^u \varphi > u_\varphi\}$ soit $\tilde{\sigma}$-polaire sur X_σ , lorsque φ est s.c.s. sur $\overline{X}_o$.
Pour $g = \sup_n \varphi_n$, où la suite φ_n est s.c.s. , $\varphi_n \geq 0$, le même raisonnement fournira un unique élément u_g de $\tilde{\mathcal{S}}_\sigma$ telle que $\{u_g \neq S^u g\} \cap X_\sigma$ soit $\tilde{\sigma}$-polaire.
Pour le cas général, avec f mesurable, $0 \leq f \leq 1$, on construit deux suites croissantes (φ_n) , (ψ_n) de fonctions semi-continues supérieurement sur X_o telle que $\varphi_n \leq f \leq 1 - \psi_n$ et $\int S^u(1 - \psi_n - \varphi_n) \, d\tilde{\sigma} \leq 2^{-n}$.
Rappelons le résultat suivant de [MO 8].

LEMME 15. Pour toute suite bornée $(v_n) \subset \widetilde{\mathcal{F}}$, *et toute mesure* $\theta \geq 0$ *sur* $\overline{X}_o$, *il existe une sous-suite* (v'_n), *avec* v'_n *dans l'enveloppe convexe de la suite* $(v_{p+n})_{p \geq 1}$, *telle que la suite* (v'_n) *converge simplement* θ*-quasi-partout sur* $\overline{X}_o$.

LEMME 16. Soit (v_n) *une suite bornée de fonctions excessives convergeant vers* $v \in \mathcal{F}$ *au sens de la topologie* $\sigma(L^1(\sigma V), L^\infty(\sigma V))$. *Alors*

$$\limsup \int S^u(\widetilde{v}_n)\, d\widetilde{\sigma} \leq \int S^u(\widetilde{v})\, d\sigma$$

Démonstration : On commence par remarquer que la mesure $\widetilde{\sigma}\, S^u$ ne charge pas les ensembles $\widetilde{\sigma}$-polaires de $\overline{X}_o$ et donc que $\widetilde{\sigma}\, S^u$ est portée par X_σ .
Considérons la famille résolvante de noyaux $(W_\lambda)_{\lambda \geq 0}$ sur $\overline{X}_o$, d'opérateur terminal $W_o = S^u$.
D'après le lemme précédent on peut se ramener au cas où la suite $\widetilde{v}_n$ converge simplement $\widetilde{\sigma}$-quasi-partout sur $\overline{X}_o$, en particulier la suite (v_n) converge alors aussi σ-quasi-partout sur X_o et on peut supposer que v, limite de (v_n) dans $L^1(\sigma V)$ s'écrit $v = \widehat{\liminf v_n} = \sup_n\, (\widehat{\inf_{m \geq n} v_m})$.
Pour tout λ et tout n, on a

$$\lambda\, W_\lambda\, (\inf_{m \geq n} \widetilde{v}_m) \leq \widetilde{v}_m \quad \text{dès que } m \geq n .$$

Il existe une fonction excessive w^n_λ telle que $\widetilde{w}^n_\lambda = \lambda\, W_\lambda (\inf_{m \geq n} \widetilde{v}_m)$ $\widetilde{\sigma}$-quasi-partout sur $\overline{X}_o$, ce qui implique que $w^n_\lambda \leq v_m$ σ-quasi-partout sur X_o et ceci pour tout $m \geq n$ de sorte qu'on a encore $w^n_\lambda \leq \widehat{\inf_{m \geq n} v_m}$ σ-quasi-partout sur X .
Posons $s_n = \widehat{\inf v_m}$, $(v = \sup s_n)$, on a alors sur $\overline{X}_o$, pour des inégalités vraies $\widetilde{\sigma}$-quasi-partout,

$$\lambda\, W_\lambda (\inf_{m \geq n} \widetilde{v}_m) \leq \widetilde{w}^n_\lambda \leq \widetilde{s}_n \leq v .$$

Par passage à la limite

$$\lambda\, W_\lambda (\liminf \widetilde{v}_m) \leq \widetilde{v} \quad \widetilde{\sigma}\text{-quasi-partout}$$

Si on pose $h = \liminf \tilde{v}_m$, $\hat{h} = \sup_\lambda \lambda W_\lambda(h)$ on a

$$\lim_n \tilde{\sigma}S^u(v_n) = \tilde{\sigma}S^u(h) = \tilde{\sigma}S^u(\hat{h}) \leq \tilde{\sigma}S^u(\tilde{v})$$

puisque $\tilde{\sigma}S^u$ ne charge pas les ensembles $\tilde{\sigma}$-polaires sur $\bar{X}_o$. Ce dernier lemme termine la démonstration de la proposition 13, car la topologie $\sigma(L^1(\sigma V), L^\infty(\sigma V))$ sur M_1^σ est métrisable et l'on peut se ramener à étudier la semi-continuité sur des suites convergentes.

Remarque 17. Si l'on considère $t \in \mathcal{S}$ et $u = \tilde{t}$, il existe un noyau S^t sur X subordonné à $\mathcal{S}$ et tel que $S^t(1) = t$. Si on considère la mesure σS^t , alors pour toute excessive w continue sur X ,

$$\int S^t(w)\, d\sigma = \int S^u(\tilde{w})\, d\tilde{\sigma}$$

La mesure σS^t n'est pas nécessairement portée par X_o . En toute rigueur c'est donc la mesure balayée de σS^t sur X_o qui se représente comme régularisée d'une fonctionnelle semi-continue supérieurement sur M_1^σ . Toutefois, considérons une suite (μ_n) de mesures ≥ 0 sur X_o , décroissante pour le balayage, et soit μ sa limite vague dans $\mathcal{M}_b^+(X)$. D'abord cette limite existe. En effet, considérons le cône convexe inf-stable P engendré par $[V_o(\mathcal{C}^+(X)) + \mathbb{R}^+]$. L'espace vectoriel $(P - P)$ est alors réticulé, séparant, contient les constantes, donc est dense dans $\mathcal{C}(X)$. Pour tout $f \in P$, $\hat{f} = \sup_\lambda \lambda V_\lambda f$ est excessive et $f = \hat{f}$ sur X_o de sorte que $\int \lim f\, d\mu_n$ existe pour toute $f \in P$, et tout $f \in \mathcal{C}(X)$.

COROLLAIRE 18. *Soit u excessive bornée, S^u le noyau excessif associé sur X . Alors pour tout $\sigma \geq 0$ sur X_o , l'application $w \longmapsto \sigma S^u(w)$ définie sur $\mathcal{S} \cap \mathcal{C}^+(X)$ se représente par une mesure semi-régulière, c'est-à-dire qu'il existe, une suite (μ_n) de mesures régulières portées par X_o , décroissante pour l'ordre du balayage et telle que*

$$\sigma S^u(w) = \inf_n \int w\, d\mu_n \quad \text{pour tout} \quad w \in \mathcal{S} \cap \mathcal{C}^+(X) .$$

Démonstration : Soit $S^{\tilde{u}}$ le noyau subordonné à $\tilde{\mathcal{S}}$ sur $\overline{X}_o$ associé à $\tilde{u}$, et soit γ l'application canonique de B_τ^* dans M_1^σ. La mesure $\sigma S^{\tilde{u}}$ étant portée par X_σ, on peut considérer que l'application $w \mapsto \sigma S^{\tilde{u}}(w)$ est définie sur M_1^σ.

L'application $N : \alpha \mapsto \sigma S^{\tilde{u}}(\gamma(\alpha))$ est alors une fonction affine semi-continue supérieurement sur B_τ^*, croissante pour l'ordre du balayage sur B_τ^*.

La fonctionnelle N peut se représenter par une fonction fortement surmédiane régulière g sur X^*, il existe une suite décroissante (g_n) de fonctions excessives régulières τ-intégrables sur X^* telle que

$$N(\alpha) = \inf \int g_n \, d\alpha \quad \text{pour tout} \quad \alpha \in B_\tau^*$$

Pour tout n il existe une mesure μ_n régulière sur X telle que $\int v \, d\mu_n = \int g_n \, d\tau_v$ pour tout $v \in \mathcal{S} \cap \mathcal{C}^+(X)$. La suite (μ_n) répond alors aux conditions cherchées.

Remarque 19. Les fonctions g_n ne sont pas nécessairement bornées ; on s'y ramène en posant

$$g_n^p = g_n - R(g_n - p.1) \leqq p \quad , \ p \in \mathbb{N} .$$

La suite g_n^p est alors croissante pour l'ordre spécifique du cône des fonctions excessives sur X^*.

On exposera dans un travail ultérieur une réciproque du corollaire ci-dessus, à savoir que toute mesure semi-régulière θ est bien du type $\theta = \sigma S^u$ mais avec u excessive non nécessairement bornée.

V. DECOMPOSITION DE MERTENS POUR LES MESURES.

Soit θ une mesure positive sur $\overline{X}_o$, $\theta < \tilde{\sigma}$. La mesure θ est donc portée par X_σ. Considérons l'application canonique γ de B_τ^* dans M_1^σ, ensemble que l'on aura identifié à $G_1^\sigma = \{\tilde{v} \in \tilde{\mathcal{S}}_\sigma \mid 0 \leq \tilde{v} \leq 1\}$. L'application $\ell_\theta : \alpha \mapsto \int \gamma(\alpha)\, d\theta$ est affine, croissante pour l'ordre du balayage sur B_τ^*, et l'on a pour v excessive, $0 \leq v \leq 1$

$$\int \tilde{v}\, d\theta \leq \int \tilde{v}\, d\tilde{\sigma}\ , \quad \text{car} \quad \theta < \tilde{\sigma}\ , \quad \text{et} \quad \int \tilde{v}\, d\tilde{\sigma} = \int 1\, d\,\tau_v$$

de sorte que $\ell_\theta(\alpha) \leq \alpha(1)$ pour tout $\alpha \in B_\tau^*$.

Il existe donc une fonction borélienne f_θ sur X^*, fortement surmédiane, bornée par 1 et telle que

$$\ell_\theta(\alpha) = \int f_\theta\, d\alpha \quad \text{pour tout} \quad \alpha \in B_\tau^* .$$

Considérons maintenant l'ensemble $\mathcal{M}^+(X_\sigma)$. Certains de ses éléments sont de la forme $\nu = \tilde{\mu}$ où μ est une mesure sur X_o qu'on a prolongé sur X_σ par la relation $\int v\, d\mu = \int \tilde{v}\, d\tilde{\mu}$ pour toute $v \in \mathcal{S}$.

<u>*LEMME 20*</u>. *L'ensemble* $\tilde{M} = \{\tilde{\mu} \mid \mu \in \mathcal{M}^+(X_o)\}$ *est un sous-cône héréditaire de* $\mathcal{M}^+(X)$.

<u>Démonstration</u> : Considérons la face $\mathcal{S}_1$ engendrée dans $\mathcal{S}$ par $\mathcal{S}_o = \mathcal{S} \cap \mathcal{C}^+(X)$, c'est-à-dire l'ensemble des $u \in \mathcal{S}$ qui s'écrivent $u = v - w$ avec $v \in \mathcal{S}_o$ et $w \in \mathcal{S}$. Les éléments de $\mathcal{S}_1$ sont réguliers et donc bien approximables par des éléments de $\mathcal{S}_o$, de sorte que deux mesures θ, $\theta' \geq 0$ sur $\overline{X}_o$, θ, $\theta' < \tilde{\sigma}$ qui sont égales sur $\tilde{\mathcal{S}}_o$, sont égales sur $\tilde{\mathcal{S}}_1$.

Une mesure θ est alors dans $\tilde{M}$ si et seulement si elle vérifie la condition, pour tout $v \in \mathcal{S}$,

$$\int \tilde{v}\, d\,\theta = \sup\ \{\int w\, d\theta \mid w \in \tilde{\mathcal{S}}_1\ ,\ w \leq v\}$$

ce qui montre bien que $\tilde{M}$ est une face de $\mathcal{M}^+(\overline{X}_o)$. La face $\tilde{M}$ est évidemment fermée pour la convergence en norme. Toute mesure $\theta \geq 0$ sur $\overline{X}_o$ se décompose alors de manière unique en $\theta = \theta_e + \theta_r$ ou $\theta_e \in \tilde{M}$ et θ_2 est étrangère à toute mesure de $\widetilde{M}$.

<u>*PROPOSITION 21*</u>. *Soit* $\theta \geq 0$ *une mesure sur* $\overline{X}_o$, $\theta < \widetilde{\sigma}$, $\theta = \theta_e + \theta_r$ *sa décomposition par rapport à* $\widetilde{M}$, f_θ , f_{θ_e} , f_{θ_r} *les fonctions fortement surmédianes sur* X^* *qui s'en déduisent, et soient* $f_\theta = v_e + v_r$ *la décomposition de Mertens de* f_θ *sur* X^* , v_e *étant la partie excessive,* v_r *la partie régulière. Alors* $f_{\theta_e} = v_e$ *σ-quasi-partout,* $f_{\theta_r} = v_r$ *σ-quasi-partout.*

<u>Démonstration</u> : L'identification entre B_σ et $M_1^{*\tau}$, établit la correspondance entre fonctions excessives sur X^* et éléments de $\widetilde{M} \cap B_{\widetilde{\sigma}}$. La proposition résulte alors de ce que v_e est <u>la plus grande</u> fonction v excessive telle que $v = f_\theta - w$ avec w fortement surmédiane.

<u>B I B L I O G R A P H I E</u>

<u>AZEMA J.</u>

[A 1] . Théorie générale des processus et retournement du temps.
Annales scientifiques de l'Ecole normale supérieure, T.6 fasc. 4 (1973) 459-519.

[A 2] . Noyau potentiel associé à une fonction excessive d'un processus de Markov.
Ann. Inst. Fourier 19,2 (1970), 495-526.

<u>DELLACHERIE C. , MEYER P.A.</u>

[D+M] . Probabilités et potentiel.
Hermann, Paris, 1983.

<u>FEYEL D.</u>

[F 1] . Représentation des fonctionnelles surmédianes.
Z.F.W. 58 (1981) 183-198.

[F 2] . Sur la théorie fine du Potentiel.
Bull. Soc. Math. France 111 (1983), 41-57.

<u>FEYEL D., la PRADELLE A.</u>

[F+P] . Dualité des quasi-résolvantes de Ray.
Sém. théorie du Potentiel n° 4, 67-88.
Lectures Notes N° 713, Springer-Verlag, 1979.

GARCIA-ALVAREZ M.A.

[G A] . Représentation des noyaux excessifs.
Ann. Inst. Henri Poincaré, section B. 9,3 (1973), 277-284.

GETOOR R.K.

[G E] . Ray processes and right processes.
Lectures Notes 440. Springer-Verlag, 1975.

KNIGHT F.

[K] . Note on regularization of Markov processes.
Ill. J. Maths. 9 (1965) 548-552.

LEJAN Y.

[L 1] . Quasi-continuous functions and Hunt processes.
J. Math. Soc. Japan 35,1 (1983) 37-42.

[L 2] . Semi-groupes markoviens en dualité.
Colloque de Théorie du Potentiel. Jacques Deny - Orsay 1983 (ce volume).

MERTENS J.F.

[MER] . Strongly supermedian functions and optimal stopping.
Z.F.W. 25 (1973) 119-139.

MEYER P.A.

[M] . Représentation intégrale des fonctions excessives.
In. Sém. Probabilités V. Lectures Notes n° 191, p. 196-208, Springer,1971.

MOKOBODZKI G.

[MO 1]. (avec D. SIBONY). Famille additive de cônes convexes et noyaux subordonnés.
Ann. Institut Fourier 18,2 (1968) 205-220.

[MO 2]. Cônes de potentiels et noyaux subordonnés.
C.I.M.E. Stresa 1969.

[MO 3]. Dualité formelle et représentation intégrale des fonctions excessives.
Actes du Congrès international des Maths. (1970). Tome 2, 531-535.

[MO 4]. Structure des cônes de potentiels.
Sém. Bourbaki 22, 1969-1970, n° 377.
Lectures Notes n° 180, 239-252, Springer-Verlag.

[MO 5]. Compactification par rapport à une résolvante.
Séminaire Goulaouic-Schwartz 1971-1972. Exposé n° VII.

[MO 6]. Pseudo-quotient de deux mesures par rapport à un cône de potentiels.
In séminaires de Probabilités VI et VII.
Lectures notes in Maths n° 258 (1972) et 321 (1973).

[MO 7]. Représentation des fonctions affines s.c.i. .
Séminaire Choquet, 15° année 1975/76.

[MO 8]. Ensembles compacts de fonctions fortement surmédianes.
In Sem. théorie du Potentiel n° 4. 178-193.
Lectures Notes in Maths. N° 713. Springer, 1979.

RAY D.

[R] . Resolvents, transitions functions and strongly Markovian processes.
Ann. of Maths 70 (1959) 43-75.

STRASSEN V.

[S] . The existence of probability with given marginals.
Annals of Maths. Stat. vol. 36 (1965) 423-439.

EQUIPE D'ANALYSE
Equipe de Recherche
associée au C.N.R.S. N° 294
UNIVERSITE PARIS VI
4, Place Jussieu
75230 - PARIS CEDEX 05
Tour 46/0 - 4ème Etage

Colloque de Théorie du
Potentiel-Jacques Deny
- Orsay 1983 -

SUR LE PRINCIPE DE DOMINATION COMPLEXE

Arnaud de la PRADELLE

Nous nous proposons d'étudier la théorie du potentiel associée à une famille résolvante (U_λ) de pseudo-noyaux complexes sur un espace X localement compact relativement à une mesure de base θ . On suppose que U_λ est subordonnée à une famille résolvante positive V_λ sous-markovienne et à contraction dans $\mathbb{L}^1(\theta)$, c'est-à-dire tel que l'on ait $|U_\lambda \varphi| \leqq V_\lambda \varphi$ pour $\varphi \geqq 0$. Le cadre naturel est alors l'espace de Banach réticulé $\mathbb{L}^1(\gamma)$ des classes de fonctions quasi-continues définies à un ensemble V_λ -polaire près. On suppose que les résolvantes duales $\tilde{U}_\lambda$ et $\tilde{V}_\lambda$ vérifient les mêmes conditions. Pour simplifier l'exposé nous faisons une hypothèse du type axiome D . On conserve alors le formalisme des équations différentielles : à toute mesure ne chargeant pas les polaires correspond un potentiel U^μ . U^μ vérifie un principe de domination relativement à un cône qui s'introduit naturellement. On fait l'étude du balayage relativement à un tel cône et on en déduit le balayage des potentiels complexes sur un ensemble. On résoud le problème de Dirichlet dont la solution est majorée en module par la solution relative à la théorie majorante.

Si les U_λ sont de vrais noyaux absolument continus par rapport à θ et si $U_\lambda \varphi$ est continu hors du support de φ, le principe de domination est renforcée et permet de démontrer un principe de continuité.

On termine en montrant que cette étude s'applique par exemple à des opérateurs différentiels à dérive complexe de la forme $L f = \mathrm{div}(A \hat{f'} + \hat{X} f) - \vec{Y} \vec{f'} - c f$ où A est une matrice carrée réelle symétrique elliptique à coefficient $\mathbb{L}^\infty$ et où les champs de vecteurs $\hat{X}, \hat{Y}$ et la fonction c sont $\mathbb{L}^\infty$ complexes, $\mathcal{R}e\, c > 0$.

Cela explique le choix un peu batard du cadre défini par des pseudo-noyaux sur un espace localement compact.

Une rédaction relative à des hypothèses plus générales paraîtra au prochain séminaire de Théorie du Potentiel de Paris.

§ I. HYPOTHESES - ESPACE ADAPTE COMPLEXE.

L'espace de base X est localement compact à base dénombrable. On désigne par $K_{\mathbb{C}}(X)$ (resp. $K(X)$) l'espace des fonctions continues à support compact complexes (resp. réelles).

On se donne deux familles résolvantes de pseudo-noyaux V_λ et $\tilde{V}_\lambda$ en dualité par rapport à une mesure bornée $\theta \geqq 0$ sur X. On suppose V_λ et $\tilde{V}_\lambda$ fortement continues, achevées et à contraction dans $\mathbb{L}^1(\theta)$.

On en déduit qu'elles opèrent dans $\mathbb{L}^\infty(\theta)$ et que $V1$ et $\tilde{V}1$ sont > 0 et bornées et que 1 est pseudo-excessive directe et adjointe.

Pour $\varphi \geqq 0$, $\varphi \in K_{\mathbb{C}}(X)$, on pose $\gamma(\varphi) = \int \mathcal{R}|\varphi| \, d\theta$ où $\mathcal{R}|\varphi|$ désigne la pseudo-réduite de $|\varphi|$. On définit de même $\tilde{\gamma}$ relative à la résolvante $(\tilde{V}_\lambda)$.

Pour f s.c.i. $\geqq 0$, on pose

$$\gamma^*(f) = \mathrm{Sup}\, \{\gamma(\varphi)/\varphi \in K \quad 0 \leqq \varphi < f\}$$

et pour g quelconque $\gamma^*(g) = \mathrm{Inf}\, \{\gamma^*(f), f \text{ s.c.i.} \geqq |g|\}$ γ^* est une capacité fonctionnelle de Choquet. Si E est un ensemble $\gamma^*(E) = \gamma(1_E)$ est continue à droite et fortement sous-additive sur les ensembles analytiques. (cf.[2])

γ est une semi-norme adaptée au sens de [2] . On note $\mathcal{L}^1(\gamma)$ le complété fonctionnel de $\mathbb{K}$ pour γ et $\mathbb{L}^1(\gamma)$ l'espace séparé associé. On en déduit facilement les propriétés de $\mathcal{L}^1_{\mathbb{C}}(\gamma)$ et $\mathbb{L}^1_{\mathbb{C}}(\gamma)$ relatifs à la complétion de $K_{\mathbb{C}}$.
$\mathcal{L}^1_{\mathbb{C}}(\gamma)$ est constitué de classes de fonctions appelées quasi-continues définies à un ensemble γ-négligeable près. $f \in \mathcal{L}^1_{\mathbb{C}}(\gamma)$ est dite quasi-continue si elle a la propriété de Lusin relativement à γ , c'est-à-dire si pour tout $\varepsilon > 0$, il existe un ouvert ω , $\gamma(\omega) < \varepsilon$ tel que $f_{|\omega^c}$ soit continue.
f appartient à $\mathcal{L}^1_{\mathbb{C}}(\gamma)$ si et seulement si $\mathcal{R}e\ \varphi$ appartient à $\mathcal{L}^1(\gamma)$.
Si $\varphi \in \mathcal{L}^1_{\mathbb{C}}(\gamma)$, $|\varphi| \in \mathcal{L}^1(\gamma)$ et toute φ quasi-continue $|\varphi| \leq \psi$ avec $\psi \in \mathcal{L}^1(\gamma)$ appartient à $\mathcal{L}^1_{\mathbb{C}}(\gamma)$.
On n'écrira donc plus dans la suite l'indice $\mathbb{C}$ dans $\mathcal{L}^1(\gamma)$, aucune confusion ne pouvant en résulter.
Une fonction φ est dite quasi s.c.i. si φ est limite quasi-partout (i.e. à un γ-négligeable près) d'une suite croissante de fonctions quasi-continues.
Un ensemble E est quasi-ouvert si 1_E est quasi s.c.i. Cela définit une quasi-topologie (cf. [2]) .
Les éléments du dual topologique de $\mathcal{L}^1(\gamma)$ sont représentables par des mesures complexes μ . Plus précisément μ appartient à la boule unité du dual si et seulement si sa variation totale $|\mu|$ lui appartient. Cela résulte de la relation

$$|\mu|\ (\varphi) = \operatorname*{Sup}_{|\psi|\leq\varphi} |\mu(\psi)| \leq \operatorname*{Sup}_{|\psi|\leq\varphi} \gamma(\psi) = \gamma(\varphi) \qquad (\varphi \geq 0)$$

On note $\mathfrak{M}^\infty(\gamma)$ le dual et $\mathfrak{M}^\infty_1(\gamma)$ sa boule unité. On fait <u>l'hypothèse d'adaption</u> :
$V(\mathbb{K})$ est inclus et dense dans $\mathcal{L}^1(\gamma)$ et de même pour $\tilde{V}(\mathbb{K})$ relativement à $\mathcal{L}^1(\tilde{\gamma})$.
Dans ces conditions, on peut voir que $V(\mathbb{L}^\infty) \subset \mathcal{L}^1(\gamma)$ et que $(V_\lambda)_{\lambda>0}$ se précise en résolvante à contraction fortement continue dans $\mathbb{L}^1(\gamma)$.
V et $(V_\lambda)_{\lambda>0}$ se prolongent de façon unique en quasi-noyaux (i.e. Si $\varphi_n \in K$ $\varphi_n \searrow 0$ q.p. alors $V_{\varphi_n} \searrow 0$ q.p.).
θ charge tout quasi-ouvert et on a pour toute $\varphi \geq 0$ analytique (i.e. à sous-graphe analytique dans $X \times \overline{\mathbb{R}}_+$) la relation du balayage de Mokobodzki :

$$\gamma(\varphi) = \text{Sup}\ \{\mu(\varphi)/\mu \geq 0 \quad \text{et} \quad \mu \prec \theta\} = \int R_\varphi\, d\theta$$

où la relation du balayage $\mu \prec \nu$ signifie $\mu V \leq \nu V$ (ce qui a un sens grâce à l'hypothèse d'adaptation) et R_φ la réduite quasi-excessive de φ i.e. Ess inf $\{u/u$ quasi-excessive, $u \geq \varphi$ q.p. $\}$ voir [4] p. 194).

On se donne maintenant deux familles résolvantes complexes U_λ et $\widetilde{U}_\lambda$ de quasi-noyaux en dualité par rapport à θ :

$$\int \varphi\, \overline{U_\lambda \psi}\, d\theta = \int U_\lambda\, \varphi . \overline{\psi}\, d\theta$$

On suppose qu'elles sont achevées, que $U(\mathbb{K})$ est inclus et partout dense dans $\mathcal{L}^1(\gamma)$ (de même pour $\widetilde{U}(\mathbb{K})$ relativement à $\mathcal{L}^1(\widetilde{\gamma})$) et que l'on a :

$$|U_\lambda| \leq V_\lambda \quad (\text{resp. } |\widetilde{U}_\lambda| \leq \widetilde{V}_\lambda)$$

où $|U_\lambda|$ est définie pour $\varphi \geq 0$ $\varphi \in \mathbb{K}$ par

$$|U_\lambda|\ (\varphi) = \underset{\psi \in K, |\psi| \leq \varphi}{\text{Ess sup}} |U_\lambda\ \psi|$$

$|U|(\varphi)$ et $|U_\lambda|(\varphi)$ sont bien définies q.p. pour toute $\varphi \in K$ et se prolongent de façon unique en quasi-noyaux. Il en est de même pour $\widetilde{U}$ et $\widetilde{U}_\lambda$.

1. PROPOSITION. *Les $(U_\lambda)_{\lambda>0}$ laissent $\mathcal{L}^1(\gamma)$ invariant et sont des contractions de $\mathbb{L}^1(\gamma)$. De plus pour toute φ borélienne $U\varphi$ appartient à $\mathcal{L}^1(\gamma)$ dès que $V|\varphi|$ est intégrable et (V_λ) est fortement continue dans $\mathbb{L}^1(\gamma)$.*

Démonstration. La première partie est évidente d'après la relation

$$R_{|\lambda U_\lambda \varphi|} \leq R_{\lambda V_\lambda |\varphi|} \leq R_{\lambda V_\lambda R|\varphi|} \leq R_{|\varphi|}$$

Pour la seconde affirmation, on raisonne comme dans [2] . Si $\varphi \geq 0$ est s.c.s. à support compact, soit φ_n, $\varphi_n \in \mathbb{K}$, $\varphi_n \geq 0$ tel que $\varphi_0 - \varphi = \Sigma\, \varphi_n$, on a :

$$\gamma(U\,\varphi_k - U_\varphi) = \gamma(U(\varphi_k - \varphi)) \leq \gamma(V(\varphi_k - \varphi)) = \int V(\varphi_k - \varphi)\, d\theta$$

donc $U\,\varphi \in \mathcal{L}^1(\gamma)$.

Si f est borélienne ≥ 0 $f = \Sigma \varphi_n$ θV donc θ U p.p. où φ_n est s.c.s. ≥ 0 à support compact, d'après le théorème de Lusin. D'où :

$$\gamma(U f - \sum_1^k U \varphi_n) \leq \gamma(U(\sum_{n>k} \varphi_n)) \leq \gamma(V(\sum_{n>k} \varphi_n)) = \int V(\sum_{n>k} \varphi_n)\, d\theta$$

et $V f \in \mathcal{L}^1(\gamma)$ si $V f$ est θ-intégrable.

Si f est borélienne complexe, on considère $g = \Re e\, f$ on a g^+ et $g^- \leq |f|$ et le résultat vaut encore.

(V_λ) est fortement continue dans $U(\mathbb{K})$ et donc, par densité de $U(\mathbb{K})$ et équicontinuité, également dans $\mathbb{L}^1(\gamma)$. □

La proposition 1 duale relative à $(\tilde{U}_\lambda)$ et $\mathbb{L}^1(\tilde{\gamma})$ vaut évidemment.

§ II. POTENTIELS COMPLEXES.

Soit $T = \{z \in \mathbb{C}/|z| = 1\}$ le cercle unité du plan complexe. On sait d'après Feyel (cf. [5] et [6]) qu'il existe un $T \times \chi$ deux résolvantes (W_λ) et $(\tilde{W}_\lambda)$ de pseudo-noyaux sous markoviennes achevées et en dualité par rapport à la mesure $dt \otimes d\theta$ où dt désigne la mesure de Lebesgue sur T et vérifiant.

1°) $W_\lambda(z \otimes f) = z \otimes U f$ (z = identitié de T) $(\lambda \geq 0)$

2°) $W_\lambda(1 \otimes f) = 1 \otimes V_\lambda f$ $(\lambda \geq 0)$

3°) W_λ commute avec les notations, c'est-à-dire $W_\lambda(G_{z_o}) = (W_\lambda(G))_{z_o}$ avec $G_{z_o}(t,x) = G(z_o t,x)$ et les propriétés $\tilde{1°}$) $\tilde{2°}$), $\tilde{3°}$) relatives à $\tilde{W}_\lambda, \tilde{V}_\lambda, \tilde{V}_\lambda$

On note ${}^W R$ (resp. ${}^{\tilde{W}}R$) la pseudo-réduite relative à W_λ (resp. $\tilde{W}_\lambda$) et Γ (resp. $\tilde{\Gamma}$) la semi-norme associée comme au § I .

<u>HYPOTHESE</u>. On suppose dans tout ce qui suit en plus de l'hypothèse $W(\mathbb{K}) \subset \mathbb{L}^1(\Gamma)$ et $\tilde{W}(\mathbb{K}) \subset \mathbb{L}^1(\tilde{\Gamma})$, l'axiome (D) :

- <u>Tout ensemble</u> Γ <u>semi-polaire est</u> Γ-<u>polaire</u>.

Elle est équivalente à tout ensemble $\tilde{\Gamma}$-semi-polaire est $\tilde{\Gamma}$-polaire. Rappelons que cette hypothèse permet d'étudier simplement la dualité. (cf. [14]) :

Soit $K_{W_1} = \{p/W_\lambda$ q. excessives $\leq W1\}$

il existe alors une bijection $\mathfrak{M}_1^\infty(\tilde{\Gamma}) \longrightarrow K_{W\,1}$

$$\alpha \longmapsto W^\alpha$$

et toute fonction W_λ q.excessive est q.continue $(K_{W\,1} \subset \mathbb{L}^1(\Gamma))$.

Notons que les égalités 1°) 2°) et 3°) on alors lieu q.p. pour les résolvantes précisées q.p.

2. *THEOREME. Soit* μ *complexe* $|\mu| \lesssim \theta$ *(i.e.* $|\mu|\,\tilde{V} \leq \theta\tilde{V}$*) alors* $\mu\,\tilde{\tilde{U}}$ *et* $|\mu|\tilde{V}$ *sont absolument continues par rapport à* θ *. On note* U^μ *et* V^μ *leurs densités. On a* $|U^\mu| \leq V^{|\mu|}$ θ *p.p. et l'application* $\mathfrak{M}_1^\infty(\tilde{\gamma}) \longmapsto \mathbb{L}^1(\theta)$ *est injective*

$$\mu \longmapsto U^\mu$$

<u>Démonstration</u>. Si $\theta(\varphi) = 0$,$\varphi \geq 0$, on a $\tilde{V}\,\varphi = 0$ θ pp. donc q.p. soit $|\mu|\,\tilde{U}\,(\varphi) = 0$ et a fortiori $\mu\,\tilde{U}\,(\varphi) = 0$

Soient $\varphi \geq 0$ et ψ telle que $|\psi| \leq \varphi$, on a :

$$\left|\int U^\mu\,\overline{\psi}\,d\theta\right| = \left|\int \overline{\tilde{U}\,\psi}\,d\mu\right| \leq \int|\tilde{U}\,\psi|\,d|\mu| \leq \int\tilde{V}\,\varphi\,d|\mu| = \int V^{|\mu|}\varphi\,d\theta$$

Donc en faisant varier ψ , on a :

$$\int|U^\mu|\,\varphi\,d\,\theta \leq \int V^{|\mu|}\,\varphi\,d\theta$$

puis en faisant varier φ

$$|U^\mu| \leq V^{|\mu|} \quad \theta\ .pp.$$

Pour terminer, supposons que l'on ait : $U^\mu = U^\nu$ θ pp. alors $\mu\,\tilde{U} = \nu\,\tilde{U}$ c'est-à-dire $\nu\,\tilde{U}\,\tilde{U}_\lambda = \mu\,\tilde{U}\,\tilde{U}_\lambda$, soit d'après l'équation résolvante $\nu\,\tilde{U}_\lambda = \mu\,\tilde{U}_\lambda$ pour tout λ . Donc si $\varphi \in \mathbb{K}$, $\nu(\lambda\,\tilde{U}_\lambda\,\varphi) = \mu(\lambda\,\tilde{U}_\lambda\,\varphi)$ puis $(\lambda \to +\infty)$ $\nu(\varphi) = \mu(\varphi)$ et $\mu = \nu$. □

<u>Remarque</u>. Evidemment le théorème 2 vaut aussi pour μ ne chargeant pas les polaires telle que $\mu\,\tilde{V}$ soit une mesure de Radon.

Nous avons besoin de la proposition.

3. *PROPOSITION. Soit* α *une mesure complexe sur* $T \times X$ *, alors : Si* α *est invariante par les rotations* ($\alpha_z = \alpha$ *pour tout* $z \in T$) *,* α *est de la forme* $\alpha = dt \otimes d\beta$ *avec* $\beta = \Pi(\alpha)$ *, où* $\Pi : T \times X \to X$ *désigne la deuxième projection.*

Si α *tourne avec les rotations (i.e.* $\alpha_z = z\,\alpha$ *pour tout* $z \in T$) α *est de la forme* $\alpha = Z\, dt \otimes d\beta = dZ \otimes d\beta$ *avec* $\beta = \Pi(\overline{Z}\alpha)$

Démonstration. Supposons α invariante et appliquons Fubini un $T \times T \times X$ à la mesure $K = dt \otimes d\alpha$. Intégrons d'abord en dt la fonction

$\varphi(z\, z') \otimes \psi(x) = G(g,z',x)$

$$\int G\, d\, K = \int [\int \varphi(z\, z')\, dt]\, \psi\, d\, \alpha = \int A \otimes \psi\, d\, \alpha = \int \varphi\, dt - \int \psi\, d\, \Pi(\alpha)$$

$$= \int \varphi \otimes \psi\, dt \otimes d\, \Pi(\alpha) \qquad (A = \int \varphi\, dt)$$

En intégrant d'abord en α , on a :

$$\int G\, d\, K = \int (\int \varphi_2 \otimes \psi\, d\, \alpha)\, dt = \int (\int \varphi \otimes \psi\, d\, \alpha)\, dt = \int \varphi \otimes \psi\, d\, \alpha$$

d'où le résultat.

Si α tourne avec les rotations, $\overline{Z}\, d\, \alpha$ est invariante d'où $\overline{Z}\, d\, \alpha = dt \otimes \Pi(\overline{Z}\, \alpha)$ et le résultat.

4. Remarque. On montrerait de la même manière que toute mesure complexe sur T invariante par rotation est de la forme $k\, dt$ (k = constante).

Nous allons connaître les propriétés des potentiels de U^{μ} grâce à celles des W^{α} . Pour cela, la proposition suivante est fondamentale.

5. *PROPOSITION. Pour toute* $\mu \in \mathfrak{M}^{\infty}(\gamma)$ *,* U^{μ} *est représentable par une classe de fonction encore noté* U^{μ} *, vérifiant la relation :*

$$z \otimes U^{\mu} = W^{Z\, dt \otimes d\mu} \quad \Gamma \text{ q.p.}$$

De plus on a :

$$1 \otimes V^{\mu} = W^{dt \otimes d\mu} \quad \Gamma \text{ q.p.}$$

U^{μ} *se trouve alors défini* $\Pi(\Gamma)$ *q.p.*

Démonstration. On remarque que l'on a :

$$W_{z_o}^{Z\, dt\otimes d\mu} = W^{ZZ_o\, dt\otimes d\mu} = Z_o\, W^{Z\, dt\otimes d\mu} \quad dt \otimes d\theta \text{ p.p. donc } \Gamma \text{ q.p.}$$

On pose $W' = \overline{Z}\, W^{Z\, dt\otimes d\mu}$ W' est invariante sous l'action de T, donc est de la forme $1 \otimes W''$ (appliquer la proposition 3 à la mesure $W'\, dt \otimes d\theta$) .

On en déduit que l'on a

$$W^{Z\, dt\otimes d\mu} = Z \otimes W'' \quad \Gamma \text{ q.p.}$$

Identifions W'' :

$$\int W''\, .\, \overline{\varphi}\, d\theta = \int Z \otimes W''\, \overline{Z \otimes \varphi}\, dt \otimes d\theta = \int \overline{\tilde{W}(Z \otimes \varphi)}\, Z\, dt \otimes d\theta = \int \overline{Z \otimes \tilde{U}\, \varphi}\, Z\, dt \otimes d\theta$$

$$= \int \tilde{U}\, \varphi\, d\mu = \int U^{\mu}\, .\, \overline{\varphi}\, d\theta \quad \text{pour tout } \varphi \in K$$

d'où $U^{\mu} = W''$ p.p. on pose donc $U^{\mu} = W''$.

La deuxième relation est plus facile : V^{μ} est déjà défini γ q.p. donc $1 \otimes V^{\mu}$ est défini Γ q.p. car pour tout $E \subset X$, on a $\Gamma(T \times E) \leqq \gamma(E)$. (On montre comme plus haut que $W^{dt\otimes d\mu}$ est de la forme $1 \otimes W'$) . □

6. COROLLAIRE. *$\mu \in \mathfrak{M}_1^{\infty}(\gamma)$ si et seulement si $dt \otimes d\mu \in \mathfrak{M}_1^{\infty}(\Gamma)$.*

Démonstration. Il suffit de le voir pour $\mu \geqq 0$, où $\mu \in \mathfrak{M}_1^{\infty}(\gamma)^+$ équivaut à $\tilde{V}^{\mu} \leqq \tilde{V}(1)$.

Cela entraine donc $1 \otimes \tilde{V}^{\mu} = \tilde{W}^{dt\otimes d\mu} \leqq 1 \otimes \tilde{V}(1) = \tilde{u}(1)$ Γ q.p. donc $dt \otimes d\mu$ est balayée de $dt \otimes d\theta$ d'après la propriété rappelée au § II. La réciproque est évidente. □

7. COROLLAIRE. *Soit E universellement capacitable, $E \subset X$ alors E est γ-polaire si et seulement si $T \times E$ est Γ-polaire.*

On en conclut que U^{μ} qui était seulement défini à un ensemble $\Pi(\Gamma)$ -négligeable près est en fait défini à un γ-polaire près.

8. Remarque. On peut même montrer que l'on a :

$$W_{R_1}^{T\times E} = 1 \otimes R_1^E$$

9. *<u>COROLLAIRE</u>. Pour* $\mu \in \mathfrak{M}^{\infty}(\gamma)$ *, on a :*

$$|U^{\mu}| \leqq V^{|\mu|} \quad q.p. \quad (|\mu| = \text{variation totale de } \mu) .$$

<u>Démonstration</u>. Cela résulte immédiatement de la relation

$$|W^{Z\ dt\ d\mu}| \leqq W^{1\ dt\ d\mu} \quad \Gamma\ q.p.$$

10. *<u>COROLLAIRE</u>. Soit* $\mu \in m^{p}(\tilde{\gamma})$ *et* $\nu \in m^{p}(\gamma)$ *on a :*

$$\int U^{\mu}\, d\bar{\nu} = \int \tilde{\bar{U}}^{\nu}\, d\mu .$$

<u>Démonstration</u>. Cela résulte de l'égalité.

$$\int W^{Z\ dt\ d\mu}\, \overline{Z\ dt\ d\nu} = \int \overline{\tilde{W}^{Z\ dt\ d\nu}}\, Z\ dt\ d\mu .$$

11. *<u>PROPOSITION</u>. Soit* $\varphi \geqq 0$ *analytique, alors on a :*

$$\Gamma(Z \otimes \varphi) = \Gamma(1 \otimes \varphi) = \gamma(\varphi)$$

<u>Démonstration</u>. La première égalité est évidente. Pour la seconde on a :

$$\Gamma(1 \otimes \varphi) = \text{Sup}\ \{ \mu\ (1 \otimes \varphi)\ /\ \mu < dt \otimes d\theta\}$$

Or si $\mu < dt \otimes d\theta$, il en est de même de la mesure μ_z pour tout $z \in T$. On considère alors la mesure $\alpha = \int \mu_z\, dt\ (z = e^{it})$ - α est invariant par T donc d'après la proposition 3 $\alpha = dt \otimes \Pi(\alpha)$. On remarque alors que $\Pi(\alpha)$ est balayée de θ pour (V_λ) et que l'on a :

$$\mu(1 \otimes \varphi) = \alpha(1 \otimes \varphi) = \int (1 \otimes \varphi)\ dt \otimes d\Pi(\alpha)$$

Si bien que l'on a montré la relation

$$\Gamma(1 \otimes \varphi) = \text{Sup}\ \{\int 1 \otimes \varphi\ dt \otimes d\mu\ /\ \mu < \theta\}$$

$$= \text{Sup}\ \{\mu(\varphi)\ /\ \mu < \theta\} = \gamma(\varphi)\ . \ \square$$

On en déduit la :

12. PROPOSITION. *Les propriétés suivantes sont équivalentes*

1°) φ *est* γ*-quasi-continue*

2°) $z \otimes \varphi$ *est* Γ *quasi-continue*

3°) $1 \otimes \varphi$ *est* Γ *quasi-continue*

Démonstration. On a les relations

$$\Gamma(\lambda W_\lambda(z \otimes \varphi) - z \otimes \varphi) = \Gamma(z \otimes [\lambda U_\lambda \varphi - \varphi]) = \Gamma(1 \otimes |\lambda U_\lambda \varphi - \varphi|) = \gamma(\lambda U_\lambda \varphi - \varphi)$$

puis

$$\Gamma(\lambda W_\lambda(1 \otimes \varphi) - 1 \otimes \varphi) = \Gamma(1 \otimes |\lambda V_\lambda \varphi - \varphi|) = \gamma(\lambda V_\lambda \varphi - \varphi)$$

qui montrent que $\varphi \in \mathcal{L}^1(\gamma)$ équivaut à $z \otimes \varphi \in \mathcal{L}^1(\Gamma)$ et à $1 \otimes \varphi \in \mathcal{L}^1(\Gamma)$. La démonstration du cas où φ est seulement quasi-continue est laissée au lecteur.

13. COROLLAIRE. $E \subset X$ *est* γ *quasi-ouvert si et seulement si* $T \times E$ *est* Γ *-quasi-ouvert.*

14. COROLLAIRE. V^μ *et* U^μ *appartiennent à* $\mathbb{L}^1(\gamma)$ *pour* $\mu \in \mathfrak{M}^\infty(\tilde{\gamma})$. *En effet* $z \otimes U^\mu = W^{z\, dt \otimes d\mu}$ *et* $1 \otimes V^\mu = W^{dt \otimes d\mu}$ *appartient à* $\mathbb{L}^1(\Gamma)$.

15. COROLLAIRE. D *a lieu pour* $\mathbb{L}^1(\gamma)$ *et* $\mathbb{L}^1(\tilde{\gamma})$.

Démonstration. D'après le corollaire 14, toute $\mu \in \mathfrak{M}^\infty(\tilde{\gamma})$ est régulière (cf. [14]) .

C.Q.F.D.

16. THEOREME. *(principe de domination). Soit* $\mu \in \mathfrak{M}^\infty(\tilde{\gamma})$ *et soit* $\alpha = \mathcal{R}e(z \otimes f)^+ \, dt \otimes d|\mu|$ *où* $f = \dfrac{d\mu}{d|\mu|}$. *Soit* w W_λ *-quasi-excessive, on a :*

$$w \geq \mathcal{R}e(z \otimes U^\mu) \ \alpha \ p \ p \Rightarrow w \geq \mathcal{R}e(z \otimes U^\mu) \ \Gamma \ q.p.$$

Démonstration. $\mathcal{R}e(z \otimes U^\mu)$ est une différence de fonctions quasi-excessive de $\mathbb{L}^1(\Gamma)$, pour lesquelles le principe de domination à lieu. (cf. par exemple cours de 3ème cycle 1977-78 Paris par D. Feyel et de la Pradelle).

17. *THEOREME. (principe de domination module). Dans les hypothèses du théorème 16, soit* v V_λ *- quasi-excessive, on a :*

$$v \geqq |U^\mu| \ \mu \text{ p.p.} \Rightarrow v \geqq |U^\mu| \text{ q.p.}$$

18. Remarque. 1°) 16 et 17 s'étendent à toute mesure μ ne chargeant pas les polaires et intégrant $\tilde{V}(1)$ (par exemple bornées). Alors $\mu = \Sigma \mu_n$ $\mu_n \in \mathfrak{M}^\infty(\tilde{\gamma})$ (cf. [2]) et $W^{z\, dt \otimes d\mu} = z \otimes V^\mu$ est encore q-continu.

2°) Si μ est positive, $\mu \in \mathfrak{M}^\infty(\tilde{\gamma})$, $\varphi \mapsto U^{\varphi\mu}$ possède une famille résolvante. Pour le voir, on associe le noyau $F \mapsto W^{F\, dt \otimes d\mu}$ sur $T \times X$, vérifiant les conditions 1°),2°),3°). Il est positif et vérifie le principe complet du maximum. Il possède donc une famille résolvante. Celle-ci commute avec les rotations . On en déduit l'existence d'une famille résolvante associée à U^μ . Un raisonnement classique montre l'unicité.

3°) Si μ n'est pas $\geqq 0$, U^μ vérifie le principe de domination, comme on l'a vu, mais n'admet pas nécessairement une famille résolvante (voir à ce sujet [13]).

§ III. BALAYAGE COMPLEXE.

Le principe de domination module nous conduit naturellement à considérer la frontière de Choquet module d'un espace vectoriel complexe relativement à un cône de fonctions réelles.

Soit C un cône de fonctions quasi s.c.i. stable par enveloppe inférieure tel que toute $v \in C$ soit minorée par une fonction de $\mathbb{L}^1(\gamma)$ et tel que $C' = C \cap \mathbb{L}^1(\gamma)$ vérifie :

a) Pour toute $\varphi \in \mathbb{L}^1(\gamma)$, il existe $v \in C'$ telle que $\varphi \leqq v$.

b) $C' - C'$ est dense dans $\mathbb{L}^1(\gamma)$.

Soit $\mathcal{E}$ un espace vectoriel de fonctions complexes $\mathcal{E} \subset \mathbb{L}^1(\gamma)$.

On voit (cf. [2]) que le cône convexe $\mathcal{S}$, stable par enveloppe inférieure engendré par les fonctions de la forme $v - k\,|f|$ $v \in C$, $k \geqq 0$, et $f \in \mathcal{E}$, admet une quasi-frontière de Šilov $\delta(\mathcal{S})$, i.e. un plus petit quasi-fermé qui porte toutes les mesures minimales pour le balayage défini par $\mathcal{S}$.

On dira que deux mesures complexes α et $\alpha' \in \mathcal{M}^{\infty}(\gamma)$ sont équivalentes $(\alpha \sim \alpha')$ si elles prennent la même valeur sur toute fonction de $\mathcal{E}$.

Si C était réduit aux constantes positives et $\mathcal{E}$ un espace vectoriel de fonctions continues, alors la frontière de Choquet de $\mathcal{S}$ n'est autre que la frontière de Choquet module déjà connue. (voir à ce sujet [11]) .

19. <u>THEOREME</u>. *Soit* $\alpha \in \mathcal{M}^{\infty}(\gamma)$, *il existe alors* $\alpha' \in \mathcal{M}^{\infty}(\gamma)$ *telle que :*

a) $|\alpha'| \underset{C}{\prec} |\alpha|$

b) $\alpha \sim \alpha'$

c) α' *est portée par* $\delta(\mathcal{S})$.

<u>Démonstration</u>. Soit $\mu \geqq 0$ une balayée minimale de $|\alpha|$ par rapport à $\mathcal{S}$.

On a :

$$\mu(v) \leqq |\alpha|\ (v) \quad \text{pour toute} \quad v \in C$$

et

$$\mu(|f|) \geqq |\alpha|\ (|f|) \geqq |\alpha(f)| \quad \text{pour toute} \quad f \in \mathcal{E}$$

D'après Hahn-Banach il existe une forme linéaire complexe L telle que $L(f) = \alpha(f)$, pour tout $f \in \mathcal{E}$ et telle que $|L(f)| \leqq \mu(|f|)$ pour toute $f \in \mathbb{L}^1(\gamma)$. L étant continue sur $\mathbb{L}^1(\gamma)$ est représentable par une mesure $\alpha' \in \mathcal{M}^{\infty}(\gamma)$. On a : $|\alpha'| \leqq \mu$, donc α' est portée par $\partial\mathcal{S}$- a) et b) sont facilement vérifiées.

C.Q.F.D.

Le théorème suivant précise le théorème IV.5.3 de [13] dans le cas où γ = norme uniforme et $\mathcal{L}^1(\gamma) = \mathcal{C}_o(X)$.

20. <u>THEOREME</u>. *Soit* $U : K \mapsto \mathbb{L}^1(\gamma)$ *un opérateur linéaire et soit* C *un cône de fonctions quasi-s.c.i. vérifiant les conditions du 19. Alors sont équivalents :*

1) V *vérifie le principe du maximum module relatif à* C .

2) Pour tout compact K , *et pour toute* $\alpha \in \mathcal{M}^{\infty}(\gamma)$ *il existe* $\alpha' \in \mathcal{M}^{\infty}(\gamma)$ *telle que*

a) $|\alpha'| \underset{c}{\prec} |\alpha|$

b) $\int U\varphi \, d\alpha = \int U\varphi \, d\alpha'$ pour toute $\varphi \in K$, $Supp\ \varphi \subset K$.

c) $Supp\ \alpha' \subset K$

Démonstration. 1) ⇒ 2) On applique le théorème en prenant $\mathcal{E} = \{U\varphi / Supp\ \varphi \subset K\}$

2) ⇒ 1) Soit $v \in C$ $v \geq |U\varphi|$ sur $Supp\ \varphi = K$. Soit

$\alpha \in \mathfrak{M}^{\infty}(\gamma)$, α 0 : et $\psi \in \mathbb{K}$ $|\psi| \leq 1$ on a :

$$\left|\int U\varphi.\psi \, d\alpha\right| = \left|\int U\varphi \, d(\psi\alpha)'\right| \leq \int |U\varphi| \, d|(\psi\alpha)'| \leq \int v \, d|(\psi\alpha)'| \leq \int v \, d\alpha$$

En faisant varier ψ, on a :

$$\int |U\varphi| \, d\alpha \leq \int v \, d\alpha$$

En faisant varier α, on a : $|U\varphi| \leq v$ q.p. par le théorème de capacitabilité.

On en déduit également le :

21. THEOREME. *(Balayage des Potentiels). On ait dans les hypothèses du § II.*

Soit E un ensemble $\subset X$, soit F la quasi-adhérence de E et soit α complexe, $\alpha \in \mathfrak{M}^{\infty}(\gamma)$. Il existe alors une mesure α'^{E} portée par F, tel que :

a) $|\alpha'^{E}| \underset{\sim}{\prec} |\alpha|^{F} \underset{\sim}{\prec} |\alpha|$ où $|\alpha|^{F}$ désigne la balayée de $|\alpha|$ sur F pour $(\tilde{V}_{\lambda})$.

b) $U^{\alpha'^{E}} = U^{\alpha}$ q.p. sur F

c) $\delta(\alpha'^{E}) \subset F$ ($\delta(\alpha'^{E})$ = quasi-support de α'^{E}).

Démonstration. On applique le théorème, en prenant

$\mathcal{E} = \{\tilde{\bar{U}}^{\beta} / \beta$ complexe, $\beta \in \mathfrak{M}^{\infty}(\gamma)$, β portée par $F\}$ et $C = \{v / v\ \tilde{V}_{\lambda}$ q-excessive$\}$.

On obtient alors une mesure complexe α'^{E} qui vérifie c) car pour toute $\beta \in \mathfrak{M}^{\infty}(\gamma)$ $\delta(\beta) \subset F$, on a $\delta(\tilde{U}^{\beta}) \subset F$ d'après le principe de domination module. Elle vérifie a) : On remarque d'abord que $|\alpha'^{E}| \underset{\sim}{\prec} |\alpha|$, puis que $|\alpha|^{F}$ est la plus grande balayée adjointe de $|\alpha|$ portée par F.

b) est vérifié : D'après la formule de dualité, on a :

$$\int U^{\alpha E}\, d\,\overline{\beta} = \int \tilde{\overline{U}}^{\beta}\, d\,\alpha'^{E} = \int \tilde{\overline{U}}^{\beta}\, d\,\alpha = \int U^{\alpha}\, d\,\overline{\beta}$$

pour toute mesure β portée par F , $\beta \in \mathcal{M}^{\infty}(\gamma)$.

C.Q.F.D.

Nous allons maintenant étudier d'un peu plus près les mesures balayées sur un ensemble E d'une mesure donnée. On revient sur $T \times X$ et on vérifie facilement que pour w W_λ q-excessive on a $R_{W_{z_o}}^{T\times E} = (R_W^{T\times E})_{z_o}$. Soit alors une mesure $\mu \geqq 0$ sur X . On vérifie en utilisant la relation ci-dessus que la mesure balayée α de $dt \otimes d\mu$ définie par

$$\int R_W^{T\times E}\, dt\, d\mu = \int w\, d\,\alpha$$

vérifie $\alpha_{z_o} = \alpha$. Elle est donc de la forme $dt \otimes d\alpha'$ d'après la proposition 3 or d'après 8 $\alpha' = \mu^E$ (μ^E = balayée de μ sur E pour V_λ) . (On peut prendre aussi μ complexe).

Soit maintenant la mesure $\overline{z}\, dt \otimes d\mu$, en prenant les parties réelles et imaginaires, elle se balaye également sans ambiguité sur $T \times E$ et donne une mesure β avec la formule

$$\int R_W^{T\times E}\, \overline{z}\, dt \otimes d\mu = \int w\, d\,\beta$$

et on en déduit encore facilement que l'on a $\beta_{z_o} = \overline{z}_o\, \beta$ et donc d'après 3) on a $\beta = \overline{z}\, dt \otimes d\mu'^{E}$. Enfin, on a pour w_1, w_2 W_λ -q-excessive $w_1 \geqq w_2$

$$\left|\int (R_{w_1}^{T\times E} - R_{w_2}^{T\times E})\, \overline{z}\, dt \otimes d\mu\right| \leqq \int (R_{w_1}^{T\times E} - R_{w_2}^{T\times E})\, dt\, d\mu$$

On en déduit par densité dans $\mathbb{L}^1(\Gamma)$ que $|\overline{z}\, dt \otimes d\mu'^{E}| \leqq dt \otimes d\mu^E$ puis $|\mu'^{E}| \leqq \mu^E$.

De plus si $\beta \in \mathcal{M}^{\infty}(\tilde{\gamma})$, β portée par $\overline{E}$ = q.adhérence de E , on a (principe de domination) :

$$\int w^{z\, dt \otimes d\beta}\; z\, dt \otimes d\mu = \int w^{z\, dt \otimes d\beta}\; z\, dt \otimes d\mu'^{E}$$

d'où, en utilisant la relation $w^{z\, dt \otimes d\beta} = z \otimes U^{\beta}$.

$$\int U^{\beta}\, d\mu = \int U^{\beta}\, d\mu'^{E} .$$

On a aussi : $\int v\, d|\mu'^E| \leqq \int v\, d\mu^E \leqq \int v\, d\mu$ pour toute v V_λ -q.excessive.

En remplaçant μ par $\psi\mu$, $|\psi| \leqq 1$, on obtient μ'^E_ψ au lieu de μ'^E et on a $|\mu'^E_\psi| \leqq |\mu'^E|$. On en déduit :

$$\left|\int U^\beta\, \psi\, d\mu\right| = \left|\int U^\beta\, d\mu'^E_\psi\right| \leqq \int |U^\beta|\, d|\mu'^E|$$

d'où en faisant varier ψ :

$$\int |U^\beta|\, d\mu \leqq \int |U^\beta|\, d|\mu'^E|$$

Résumons ce que nous avons obtenu en le :

22. THEOREME. *Soit* $E \subset X$ *et soit* $\mu \geqq 0$, $\mu \in \mathfrak{M}^\infty(\gamma)$, *il existe alors une mesure complexe* $\mu'^E \in \mathfrak{M}^\infty(\gamma)$ *tel que :*

a) $\mu(U^\beta) = \mu'^E(U^\beta)$ *pour toute* $\beta \in \mathfrak{M}^\infty(\tilde{\gamma})$

β *portée par* $\overline{E}$ = *quasi-adhérence de* E .

b) μ'^E *est portée par* $\overline{E}$

c) $|\mu'^E|$ *est balayée de* μ *relativement au cône convexe réticulé inférieurement engendré par les fonctions de la forme* $v - k|U^\beta|$, $\beta \in \mathfrak{M}^\infty(\gamma)$, β *portée par* E .

d) $|\mu'^E| \leq \mu^E$

De plus l'application $\mu \mapsto \mu'^E$ *est linéaire.*

23. THEOREME. *(Sous-harmonicité hors des masses). Soient* $U^\beta \in \mathbb{L}^1(\gamma)$, *alors pour tout quasi-fermé* $F \supset \delta(\beta)$ *et pour toute mesure* $\mu \geqq 0$, $\mu \in \mathfrak{M}^\infty(\gamma)$ $\delta(\mu) \subset X \setminus F$, *on a :*

$$\int |U^\beta|\, d\mu \leqq \int |U^\beta|\, d\mu^F$$

Démonstration. On a : $\int |U^\beta|\, d\mu \leqq \int |U^\beta|\, d|\mu'^F| \leqq \int |U^\beta| d\mu^F$ où μ'^F est la balayée complexe du théorème précédent. □

24. Remarque. On peut remplacer quasi-fermé par quasi-fermé fin et quasi-support par quasi-support fin, puisqu'il existe une quasi-topologie fine d'après [4] .

§ IV. LE PROBLEME DE DIRICHLET.

Soit α complexe, $\alpha \in \mathcal{M}^{\infty}(\gamma)$ et soit $E \subset X$. La mesure balayée α'^{E} donnée par le théorème 22 est unique. En effet, soit α'' une autre mesure vérifiant les conditions a),b) et c). On a : $U^{\alpha'^{E}} = U^{\alpha''} = U^{\alpha}$ q.p. sur $\overline{E} = F =$ quasi-adhérence de E (car $U^{\alpha'^{E}}$ est quasi-continue).
Soit $\mathcal{R}e(z \otimes U^{\alpha E}) = \mathcal{R}e(z \otimes U^{\alpha''})$ q.p. sur $T \times F$ d'où $\mathcal{R}e(z \otimes U^{\alpha^{E}}) = \mathcal{R}e(z \otimes U^{\alpha''})$ q.p. d'après le principe de domination, c'est-à-dire $U^{\alpha E} = U^{\alpha}$ q.p. puis $\alpha'^{E} = \alpha''$ d'après 2 .

25. *DEFINITION. Soit $\varphi \in \mathcal{L}^{1}(\gamma)$, on dira que φ est U-harmonique dans un quasi-ouvert ω si pour toute $\alpha \in \mathcal{M}^{\infty}(\gamma)$, on a :*

$$\int \varphi \, d\, \alpha = \int \varphi \, d\, \alpha^{\omega^{c}}$$

où $\alpha^{\omega^{c}}$ est l'unique balayée de α sur ω^{c} .

26. *THEOREME. (Synthèse spectrale). Soit F un quasi-fermé $\subset X$. Soit $\mathcal{K}_{F} \subset \mathcal{L}^{1}(\gamma)$ le sous-espace borné des fonctions $f \in \mathcal{L}^{1}(\gamma)$ tel que f soit harmonique dans $\omega = F^{c}$ et soit $\mathcal{E}_{F} \subset \mathbb{L}^{1}(\gamma)$ le sous-espace des potentiels $U^{\mu} \in \mathbb{L}^{1}(\gamma)$ μ portés par F . Alors $\mathcal{E}_{F}$ est dense dans $\mathcal{K}_{F}$.*

Démonstration. Soit $\alpha \in \mathcal{M}^{\infty}(\gamma)$, α orthogonale à $\mathcal{E}_{F}$, on a :
$0 = \int U^{\mu} \, d\, \alpha = \int U^{\mu} \, d\, \alpha^{\omega^{c}}$ pour tout $U^{\mu} \in \mathcal{E}_{F}$
soit $\int U^{\tilde{\bar{\alpha}}^{\omega^{c}}} d\mu = 0$ pour toute $\mu \in \mathcal{M}^{\infty}(\gamma)$, μ portée par ω^{c} . On en déduit $U^{\tilde{\bar{\alpha}}^{\omega^{c}}} = 0$ q.p. un ω^{c} d'où $U^{\tilde{\bar{\alpha}}^{\omega^{c}}} = 0$ q.p. par le principe de domination puis $\bar{\alpha}^{\omega^{c}} = 0$, soit, si $\varphi \in \mathcal{K}_{F}$, $\int \varphi \, d\, \alpha = \int \varphi \, d\, \alpha^{\omega^{c}} = 0$. Ce qui permet de conclure d'après Hahn-Banach.

C.Q.F.D.

Soit $\mathcal{L}^{1}(\gamma_{F})$ l'espace des $f \in \mathcal{L}^{1}(\gamma)$ muni de la norme $\gamma_{F}(f) = \gamma(1_{F}.f)$: c'est l'espace des restrictions à F (ou des traces sur F) . L'espace séparé associé est complet : il suffit de recopier la démonstration de [3] p.200 en pensant que l'on a affaire à des fonctions complexes. La boule unité de $\mathcal{M}^{\infty}(\gamma_{F})$ est constitué de mesures complexes α , portées par F telles que $|\alpha|$ soit balayée de θ . Donc les ensembles γ_F -polaires sont les traces des γ-polaires.

On a alors

27. THEOREME. *(Problème de Dirichlet). Il existe une application*

$$\mathbb{L}^1(\gamma_F) \longmapsto \mathcal{H}_F$$
$$f \longmapsto H_f$$

qui est un isomorphisme isométrique.

De plus pour tout $f \in \mathbb{L}^1(\gamma_F)$ *on a :*

$|H_f| \leq R^F_{|f|}$ *où* R^F *désigne le quasi-noyau de réduction associé à* V_λ *(il est portée par* F *et néglige les polaires donc* R^F_f *est parfaitement défini pour* $f \in \mathbb{L}^1(\gamma_F)$*)* .

Démonstration. Montrons d'abord $\mathcal{H}_{F|F} = \mathbb{L}^1(\gamma_F)$. Il suffit de montrer que $\mathcal{H}_{F|F}$ est partout dense. Appliquons Hahn-Banach. Soit α orthogonale à $\mathcal{H}_{F|F}$, $\alpha \in \mathcal{M}^\infty(\gamma_F)$ On a en particulier $\alpha(U^\mu) = 0$ pour toute μ portée par F , $\mu \in \mathcal{M}^\infty(\tilde{\gamma})$, donc $\int \tilde{U}^\alpha \, d\mu = 0$. Soit $\tilde{U}^\alpha = 0$ q.p. sur F puis q.p. par le principe de domination soit $\alpha = 0$. Soit $f \in \mathbb{L}^1(\gamma_F)$ il existe $g \in H_F$ tel que $g = f$ q.p. sur F . On pose $H_f = g$, H_f est bien défini car si g et $g' \in H_F$ et valent f sur H on a pour tout $\mu \in \mathcal{M}^\infty(\gamma)$. $\int g \, d\mu = \int g \, d\mu^F = \int g' \, d\mu^F = \int g' \, d\mu$ et donc $g = g'$ q.p.

$f \longmapsto H_f$ est linéaire, car $H_{f+g} - H_f - H_g = 0$ q.p. sur F donc q.p. c'est une isométrie car

$$\gamma(H_f) = \sup_{\alpha \in \mathcal{M}_1^\infty(\gamma)} \left|\int H_f \, d\alpha\right| = \sup_{\alpha \in \mathcal{M}_1^\infty(\gamma),\, \alpha \text{ portée par } F} \left|\int f \, d\alpha\right| = \gamma_F(f)$$

Pour tout potentiel U^μ , μ portée par F , on a $R^F_{|U^\mu|} \geq |U^\mu| = |H_{U^\mu}|$ grâce à la sous-harmonicité hors des masses. Or $\mathcal{E}_F$ est dense dans $\mathcal{H}_F$ donc $\mathcal{E}_{F|F}$ est dense dans $\mathbb{L}^1(\gamma_F)$, d'où par densité $R^F_{|f|} \geq |H_f|$ pour toute $f \in \mathbb{L}^1(\gamma_F)$. □

§ V. LE PRINCIPE DE CONTINUITE.

Il s'agit d'un principe qui s'applique à des fonctions. Nous faisons donc les hypothèses supplémentaires.

Hypothèse I. W est un noyau de base $dt \otimes d\theta$, c'est-à-dire que $\varphi \geqq 0$ à support compact dans $T \times X$, $\varphi = 0$ $dt \otimes d\theta$ p.p. $\Rightarrow W \equiv 0$.

Toute classe de fonction quasi-excessive est alors représentable de façon canonique par une fonction excessive et u, v q-excessives $u \geqq v$ $dt \otimes d\theta$ pp. $\Rightarrow u \geqq v$ partout.

Le principe de domination se renforce alors en : si $\mu \in \mathcal{M}^\infty(\tilde{\gamma})$, U^μ q.continue a un représentant canonique défini partout il vaut $W^{z\, dt \otimes d\mu}(1,x)$ et si $\alpha = \mathcal{R}e(z \otimes f)^+ |\mu|$, avec $f = \frac{d\mu}{d|\mu|}$. Alors pour w W_λ -excessive, on a :

$$w \geqq \mathcal{R}e(z \otimes U^\mu)\ \alpha \text{ p.p.} \Rightarrow w \geqq \mathcal{R}e\ z \otimes U^\mu \text{ partout}$$

Hypothèse II. Pour toute $\varphi \in \mathbb{L}_K^\infty$ (à support compact dans $T \times X$) $W\varphi$ est continue dans le complémentaire du support de φ .

V vérifie alors l'hypothèse I relativement à θ et l'hypothèse II. Le représentant excessif pour W_λ ou V_λ est alors s.c.i. (cf. [7] [8] et [12]).

Nous commençons par améliorer le principe de continuité donné par Netuka dans [15].

28. THEOREME. *Soit α réelle $\alpha \in \mathcal{M}^\infty(\gamma)$, α régulière et soit E un borélien portant α et soit $x_o \in E$, alors si $V^\alpha_{|E}$ est continu en x_o , V^α est continu en x_o .*

Démonstration. Supposons que $\alpha = \mu - \nu$, $\mu, \nu \geqq 0$. Soient $\varepsilon > 0$ et ω un voisinage de x_o tel que $V^{(\mu+\nu)|\omega}_{(x_o)} < \varepsilon$. Posons $a = V^{\alpha|\omega}_{(x_o)}$.

Par hypothèse, il existe ω' ouvert, $x \in \omega' \subset \omega$ tel que $V^{\alpha|\omega}_{(y)} < a + \varepsilon$ pour tout $y \in \omega' \cap E$. A fortiori, on aura : $V^{\mu|\omega'}_{(y)} - V^{\nu|\omega}_{(y)} \leqq a + \varepsilon$ sur $\omega' \cap E$ donc partout par le principe de domination. D'après l'égalité

$$V^\alpha = V^{\mu|\omega'} - V^{\nu|\omega} + V^{\mu|\omega\,\omega'} + V^{\alpha|\omega^c}$$

on a :

$$\lim_{y \to x_o} V^\alpha_{(y)} \leqq a + \varepsilon + \overline{\lim_{y \to x_o}}\ V^{\mu|\omega \setminus \omega'}_{(y)} + \overline{\lim_{y \to x_o}}\ V^{\alpha|\omega^c}_{(y)}$$

les deux derniers termes de droite n'ayant pas de masse au voisinage de x_o valent respectivement $V_{(x_o)}^{\mu|\omega\setminus\omega'}$ et $V_{(x_o)}^{\alpha|\omega^c}$ ce qui donne

$$\overline{\lim_{y\to x_o}}\ V^\alpha(y) \leqq V_{(x_o)}^{\alpha|\omega} + V_{(x_o)}^{\alpha|\omega} + \varepsilon + V_{(x_o)}^{\mu|\omega\setminus\omega'} \leqq V_{(x_o)}^{\alpha} + 2\ \varepsilon$$

ε étant arbitraire, on en déduit que V^α est s.c.s. en x_o. Le même raisonnement montre que $-V^\alpha = V^{(-\alpha)}$ est s.c.s. donc V^α est continue en x_o. □

29. Remarques. 1°) Extension du principe de continuité du cas classique. Rappelons le principe de domination de Brelot dans $\mathbb{R}^n (n \geqq 1)$. Soit G^μ le potentiel de Green de $\mu \geqq 0$ quelconque dans un ouvert de Green Ω. Soit v surharmonique $\geqq 0$ majorant G^μ q.p. sur une base B partout μ alors on a : $v \geqq G^\mu$ partout. La démonstration ci-dessus donne donc : Soit B (*) une base portant $\mu + \nu$ $\mu,\nu \geqq 0$ quelconques tel que $G^{\mu+\nu} \not\equiv +\infty$ (**). Alors si $G^{\mu-\nu}_{|B}$ est fini continu en x_o, $G^{\mu-\nu}$ est continu en x_o. (cf.[1]).

2°) Plus généralement soit X un espace harmonique de Brelot, X métrisable. On suppose l'existence d'un potentiel > 0 sur X et on se donne une mesure θ intégrant tous les potentiels et telle que pour tout potentiels p,q, on ait :

$$p \leqq q \quad \theta \text{ pp.} \iff p \leqq q$$

On considère l'espace $\mathbb{L}^1(\gamma)$ avec $\gamma(\varphi) = \int R\,\varphi\, d\,\theta$. Soient p et q des potentiels réguliers de $\mathbb{L}^1(\gamma)$, $S^{p-q} = S^p - S^q$ le noyau excessif associé à $p - q$. On peut montrer que l'on a :

$$v \text{ surharmonique, } v \geqq p - q \quad \theta\, S^p \text{ p.p.} \Rightarrow v \geqq p - q \text{ partout}$$

On en déduit le principe de continuité :

Soit E un borélien portant $\theta\, S^{p+q}$ et soit $x_o \in E$, alors si $(p - q)_{|E}$ est continue en x_o, $p - q$ est continue en x_o.

(*) Rappelons qu'une base est un ensemble parfait en topologie fine.

(**) $G^{\mu-\nu}$ est supposé partout défini, prenant éventuellement les valeurs $\pm\infty$.

On recopie la démonstration du théorème 28, en écrivant $S^{p-q}(\omega)$ à la place de $V^{\alpha}|_{\omega}$ etc...

30. *THEOREME. Si $U^{\mu}|_{E}$ est fini continu en $x_o \in E$, où E est un ensemble mesurable qui porte μ, alors U^{μ} est continue en x_o.*

Démonstration. $\mathcal{R}e\, W^{z\, dt \otimes d\mu}|_{T\times E} = \mathcal{R}e(z \otimes U^{\mu})|_{T\times E}$

est continue en x_o, donc d'après le théorème 28

$\mathcal{R}e\, W^{z\, dt\otimes d\mu} = \mathcal{R}e(z \otimes U^{\mu})$ est continue en x_o. Il en est de même de $I_m\, z \otimes U^{\mu}$, puis de $z \otimes U^{\mu}$ et finalement de U^{μ}. □

§ VI. EQUATIONS ELLIPTIQUES A DERIVE COMPLEXE.

On considère un opérateur différentiel defini dans $\mathbb{R}^n$ $(n \geqq 1)$ formellement par

$$Lf = \mathrm{div}(A\, f' + f\, X) - (Y,f') - C\, f$$

où A est une matrice carrée symétrique dont les coefficients sont des fonctions réelles appartenant à $\mathbb{L}^{\infty}_{\ell oc}(\mathbb{R}^n)$.

Y,Y sont des champs de vecteurs complexes appartenant à $\mathbb{L}^{\infty}_{\ell oc}$

- f' désigne le gradient de f.
- C est une fonction complexe appartenant à $\mathbb{L}^{\infty}_{\ell oc}$, $\mathcal{R}e\, C \geqq 0$.

Pour tout ouvert $\omega \subset \mathbb{R}^n$, on note $W^2(\omega)$ l'espace de Sobolev des $f \in \mathbb{L}^2(\omega)$ tel que $f'^2 \in \mathbb{L}^2(\omega)$ muni de la norme hilbertienne :

$$\| f \|^2 = \int_{\omega} (f^2 + f'^2) d\, \tau \qquad \tau = \text{mesure de Lebesgue}$$

$W^q_o(\omega)$ désigne l'adhérence de $\mathcal{D}(\omega)$ (espace des fonctions C^{∞} complexes à support compact inclus dans ω) et $W^{-1}_o(\omega)$ son dual topologique.

On désigne par $W^2_{\ell oc}(\omega)$ les $f \in \mathbb{L}^2_{\ell oc}(\omega)$ tel que $f' \in \mathbb{L}^2_{\ell oc}$ muni de ses semi-normes évidentes.

Soit X un ouvert de $\mathbb{R}^n$ qui sera l'espace de base. On considère la forme bilinéaire associée à L sur X.

$$B(f,\varphi) = \int_X \{(A\, f',\overline{\varphi'}) + f(X,\overline{\varphi'}) + \overline{\varphi}(Y,f') + C\, \overline{\varphi}\, f\}\, d\, \tau$$

pour $f, \varphi \in \mathcal{D}(X)$.

Cela définit une forme bilinéaire continue sur $W^2(X) \times W^2(X)$.

On supposera L uniformément elliptique, c'est-à-dire qu'il existe $\varepsilon > 0$ tel que l'on ait

$$(A\,\xi,\bar{\xi}) \geqq \varepsilon|\xi|^2$$

pour tout champ de vecteurs ξ sur X

On suppose également que l'on a

$$\operatorname{div} \mathcal{R}e\, X \geqq 0 \qquad \text{et} \qquad \operatorname{div} \mathcal{R}e\, Y \geqq 0$$

Dans ces conditions, en choisissant X suffisamment petit, B est coercitif, c'est-à-dire : pour toute $\varphi \in W_0^2(X)$, on a

$$|B(\varphi,\varphi)| \geqq k\, \|\varphi\|^2 \qquad (k > 0)$$

On sait alors d'après Lax et Milgram que pour toute $\mu \geqq 0$, $\mu \in W_o^{-1}(X)$ et tout $\lambda \geqq 0$, il existe un λ-potentiel U_λ^μ appartenant à $W_o^2(X)$, vérifiant :

$$B^\lambda(U_\lambda^\mu,\varphi) = \int \overline{\psi}\, d\mu \quad \text{pour toute} \quad \psi \in W_o^2(X)$$

où $B^\lambda(\varphi,\psi) = B(\varphi,\psi) + \lambda \int \varphi\, \overline{\psi}\, d\,\tau$

(Nous ne considérons que les mesures $\mu \in W_o^{-1}$ tel que $|\mu| \in W_o^{-1}$).

Si $\mu = \varphi\,\tau$, on pose $U_\lambda(\varphi) = U_\lambda^{\varphi.\tau}$. Les $(U_\lambda)_{\lambda \geqq o}$ forment une famille résolvante d'opérateurs de $W_o^2(X)$.

On pourrait voir tout de suite que $U_\lambda(\mathbb{L}^2(\tau) \subset W_o^1$ et que U_λ s'étend en résolvante à contraction fortement continue dans $\mathbb{L}^2$. Mais notre but est d'appliquer la théorie précédente. Il s'agit de construire V_λ et W_λ . Nous en déduirons les propriétés de (U_λ).

Faisons donc apparaître les parties réelles et imaginaires en écrivant :

$C = - C_1 + i\, C_2 \qquad C_1 \geqq 0$

$X = X_1 + 2\, i\, X_2 \qquad X_2 = (U_1,\ldots,U_2)$

$Y = Y_1 + 2\, i\, Y_2 \qquad Y_2 = (v_1,\ldots,v_n)$

On constate alors que l'on a sur $T \times X$:

$B^{\#}(z \otimes U_o \varphi, G) = \int \bar{G}\, z \otimes \varphi \, dt \otimes d\tau$ pour toute $G \in \mathcal{D}(T \times \Omega)$ où $B^{\#}$ vaut

$$B^{\#}(F,G) = \int_{T\times X} \{[(A^{\#} + M + N)\, F', G'] + F(X_1^{\#}, \bar{G}') + (Y_1^{\#}, F')\, \bar{G} + C_2 \, F'_t \, G\} \, dt \otimes d\tau$$

où $A^{\#}$ est la matrice $(n+1) \times (n+1)$ $\begin{pmatrix} C_1 & 0 \\ 0 & A \end{pmatrix}$

M (resp. N) la matrice $\begin{pmatrix} 0 & u_1 & \cdots & u_n \\ u_1 & 0 & & 0 \\ \vdots & & \ddots & \\ u_n & 0 & & 0 \end{pmatrix}$ (resp. $\begin{pmatrix} 0 & v_1 & \cdots & v_n \\ v_1 & 0 & & 0 \\ \vdots & & \ddots & \\ v_n & 0 & & 0 \end{pmatrix}$)

$X_1^{\#} = (0, X_1)$, $Y_1^{\#} = (0, Y_1)$

(Si $z = e^{it}$, on a simplement utilisé les relations $\frac{dz}{dt} = iz$, $\frac{d^2 z}{dt^2} = -z$)

$B^{\#}$ correspond formellement à l'opérateur

$$L^{\#}(F) = \operatorname{div}\{(A^{\#} + M + N)\, F' + F\, X_1^{\#}\} - (Y_1^{\#}, F') - C_2 \, F'_t$$

On considère $W_o^2(T \times X)$, le complété des fonctions C^{∞} à support compact dans $T \times X$ muni de la norme hilbertienne $\| G \| = \int_{T \times X} G'^2 \, dt \otimes d\tau$. Un calcul classique montre que l'on a :

$$\| G \| \leqq k' \, \| G' \|_{\mathbb{L}^2}$$

si bien que $W_o^2(T \times X) \subsetneq \mathbb{L}^2(T \times X)$.

On en déduit, en prenant au besoin X plus petit et C_1 plus grand que $B^{\#}$ est coercitif sur $W_o(T \times X)$. Il existe alors une famille résolvante $(W_\lambda)_{\lambda \geqq 0}$ sur $T \times X$ qui vérifie :

$$B^{\#}(W_\lambda \Phi, G) + \lambda \int W_\lambda \, \Phi \, \bar{G} \, dt \otimes d\tau = \int \Phi \, \bar{G} \, dt \otimes d\tau$$

pour toute $\Phi, G \in W_o^1(T \times X)$.

On a également

(1) $W_\lambda(z \otimes \varphi) = z \otimes U_\lambda \varphi$ pp. pour toute $\varphi \in W_o^1(X)$

et W_λ commute avec les rotations.

30. *PROPOSITION.* $\varphi \in W_o^2(X)$ *si et seulement si* $1 \otimes \varphi \in W_o^2(T \times X)$.

Démonstration : évident.

On en déduit que l'égalité (1) a lieu q.p. et que E est W_o^1 -polaire si et seulement si $T \times E$ est $W_o^2(T \times X)$ -polaire.

Cherchons le λ-potentiel d'un élément de la forme $1 \otimes \varphi$. On a :

(2) $W_\lambda(1 \otimes \varphi) = 1 \otimes V_\lambda\ \varphi$ q.p.

où V_λ vérifie

$$B_{\mathbb{R}}(V_\lambda\ \varphi,\psi) + \lambda \int V_\lambda\ \varphi\ \overline{\psi}\ d\tau = \int \varphi\ \overline{\psi}\ d\tau$$

où on a posé :

$$B_{\mathbb{R}}(f,\psi) = \int (A\ f',\overline{\psi'}) + f(\mathcal{R}e\ X,\overline{\psi'}) + \overline{\psi}(\mathcal{R}e\ Y,f')\ d\tau$$

31. *THEOREME. Les* $(V_\lambda)_{\lambda>0}$ *forment une famille résolvante de pseudo-noyaux fortement continue et à contraction dans* $\mathbb{L}^1(\tau)$ *et* $\mathbb{L}^\infty(\tau)$ *. De plus* $V_\lambda(\mathbb{L}^2)$ *est dense dans* $W_o(\Omega)$ *. On a le même énoncé pour* W_λ *sur* $T \times X$ *.*

Indiquons rapidement l'idée de la démonstration qui est classique.

Les V_λ sont des pseudo-noyaux parce que ce sont des opérateurs $\geqq 0$ de $\mathbb{L}^2$.

Ce sont des contractions de $\mathbb{L}^2$ car

$$\lambda \| V_\lambda\ f \|^2_{\mathbb{L}^2} \leqq B^\lambda_{\mathbb{R}}\ (V_\lambda\ f,V_\lambda\ f) = \int f.V_\lambda\ f\ d\tau \leqq \| f \|_{\mathbb{L}^2} \|\ V_\lambda\ f \|_{\mathbb{L}^2}$$

$V_\lambda(\mathbb{L}^2)$ est dense dans $W_o(\Omega)$, sinon d'après Lax-Milgram appliqué à la transposée de $B^\lambda_{\mathbb{R}}$, il existerait $\varphi \neq 0$ telle que $\tilde{B}^\lambda_{\mathbb{R}}\ (V_\lambda\ f,\varphi) = 0$ pour toute $f \in \mathbb{L}^2$ c'est-à-dire $\int f\ \varphi\ d\tau = 0$ pour toute $f \in \mathbb{L}^2$, donc $\varphi = 0$, ce qui est contradictoire. On en déduit que $V_\lambda(\mathbb{L}^2)$ est dense dans $\mathbb{L}^2$ et donc par un raisonnement habituel que V_λ est fortement continue dans $\mathbb{L}^2$.

Enfin il est classique que tout potentiel $p \in W_o^1(X)$ est caractérisé par la condition $\lambda\ V_\lambda\ p \leqq p$ pour tout $\lambda > 0$.

La condition div $\mathcal{R}e\ X \geqq 0$ et div $\mathcal{R}e\ Y \geqq 0$ entrainent que $\lambda\ V_\lambda\ 1 \leqq 1$ et $\lambda\ \tilde{V}_\lambda\ 1 \leqq 1$, d'où l'on déduit que V_λ est à contraction dans $\mathbb{L}^2$, puis fortement continue dans $\mathbb{L}^2$

Pour cela, on utilise le lemme :

32. *LEMME. Soit* p *un potentiel* $\in W_o^2(X)$, *soit* $\gamma(t)$ *de classe* C^p γ,γ' *bornées* $\gamma(0) = 0$, γ *concave croissante, alors* $\gamma(p)$ *est un potentiel de* $W_o^1(X)$.

Démonstration. Si $\varphi \in W_o^1$,$\varphi \geqq 0$ $\varphi\,\gamma'(p)$ est $\geqq 0$ et appartient à W_o^1 et un simple clacul montre que

$$B_{\mathbb{R}}(\gamma(p),\varphi) - B_{\mathbb{R}}(p,\varphi\,\gamma'(p)) \text{ est } \geqq 0 \text{ . } \square$$

En faisant tendre $\gamma(t)$ vers $t \wedge 1$ on en déduit que pour tout potentiel p , $\lambda\, V_\lambda(p \wedge 1) \leqq p \wedge 1$. Il existe $f > 0$ t.q. $V f \in W_o^2$ et $V f > 0$ sinon $V_\lambda\, f$ serait nulle sur un ensemble non négligeable et ainsi f par continuité forte. Alors $n\, V f \wedge 1$ tend en croissant vers 1 $(n \to +\infty)$ d'où à la limite $\lambda\, V_\lambda\, 1 \leqq 1$. La démonstration est la même pour W_λ .

Si $f \in \mathbb{L}^2$, on a $R((V f)^+) \prec V f$, donc $R(V f)^+ = V g$ avec $0 \leqq g \leqq f^+$ donc $g \in \mathbb{L}^2$ et $R(V f)^+ \in W_o^2(X)$.

Pour φ mesurable, on pose $\gamma(\varphi) = \int R(|\varphi|)\, d\tau \leqq +\infty$. On note $\mathbb{L}^1(\gamma)$ l'adhérence de $V(\mathbb{L}^2)$.

33. *THEOREME. On a* $W_o^2(X) \hookrightarrow \mathbb{L}^1(\gamma) \hookrightarrow \mathbb{L}^1(\tau)$ *où l'inclusion* $\hookrightarrow$ *désigne une injection continue.*

Démonstration. Pour $\varphi,\psi \in V(\mathbb{L}^2)$, on a

$\gamma(|\varphi - \psi|) = \int R(|\varphi - \psi|)\, d\tau$ donc

$\gamma(|\varphi - \psi|) \leqq B_R(V\,1, R(|\varphi - \psi|) \leqq K\, \|V\,1\|\, \|R(|\varphi - \psi|)\| \leqq K'\, \|V\,1\|\, \|\varphi - \psi\|$

(car il est bien connu que $\|R(\varphi - \psi)\| \leqq Cte\, \|\varphi - \psi\|$)

d'où le résultat. □

34. *COROLLAIRE.* $\mathcal{D}(\Omega)$ *est dense dans* $\mathbb{L}^1(\gamma)$ *et* $\lambda\, V_\lambda$ *est fortement continu et à contraction dans* $\mathbb{L}^1(\gamma)$.

On définit de même Γ relative à W_λ sur $T \times X$, on obtient les mêmes résultats.

On vérifie facilement que les γ-polaire sont les W^1_o -polaires (considère les mesures d'énergie finie ≥ 0) et même que les quasi-topologies sont les mêmes (considérer les unités décroissantes φ_n tendant vers 0 q.p.) . Il est alors classique que l'axiome (D) est vérifié.

$B_{\mathbb{R}}$ correspond à l'opérateur

$\mathbb{L}_{\mathbb{R}}(f) = \operatorname{div}(A\, f' + f\, \mathcal{R}e\, X) - (\mathcal{R}e\, Y, f')$

L'inégalité

$$|W_\lambda\ (z \otimes \varphi)| \leq W_\lambda(1 \otimes \varphi) \qquad \varphi \geq 0$$

nous donne la relation

$$|U_\lambda\ \varphi| \leq V_\lambda\ \varphi \ \text{ pour } \ \varphi \geq 0$$

Résumons : (U_λ) et (V_λ) sont des résolvantes achevées fortement continues et à contractions dans $\mathbb{L}^1(\gamma)$. Elles sont respectivement associées aux opérateurs L et $L_{\mathbb{R}}$ et sont en dualité par rapport à τ avec $(\tilde{U}_\lambda)$ et $(\tilde{V}_\lambda)$, qui sont également achevées, fortement continues et à contractions dans $\mathbb{L}^1(\tilde{\gamma})$. Elles correspondent respectivement aux opérateurs adjoints $\tilde{L}$ et $\tilde{L}_{\mathbb{R}}$.

La résolvante W_λ sur $T \times X$ est achevée, fortement continue et à contraction dans $\mathbb{L}^1(\Gamma)$: elle est associée à $L^{\#}$ et vérifie :

1°) $W_\lambda\ (z \otimes \varphi) = z \otimes U_\lambda\ \varphi$

2°) $W_\lambda\ (1 \otimes \varphi) = 1 \otimes V_\lambda\ \varphi$

3°) W_λ commute avec les rotations

La résolvante duale $\tilde{W}_\lambda$ vérifie les mêmes propriétés dans $\mathbb{L}^1(\tilde{\Gamma})$.

Enfin W_λ et V_λ vérifient (D).

Remarques. 1°) On sait par Stampacchia ([16]) que $L^{\#}$ est hypoelliptique, c'est-à-dire que toute solution locale de $L^{\#}\ u = 0$ admet un représentant continu. On en déduit que les potentiels associés à $L^{\#}$ sont s.c.i. et continus hors des masses (cf. [7] [8] et [12]) . L est donc lui-même hypoelliptique : les hypothèses du chapitre V sont alors vérifiées et le principe de continuité a lieu. $U_\lambda, V_\lambda, W_\lambda$ se précisent en vrais noyaux, les fonctions quasi-excessives ont un représentant canonique s.c.i. et la mesure L-harmonique μ_x^ω au point x d'un ouvert ω, $\omega \subset \bar{\omega} \subset X$, est portée par la frontière $\partial\omega$. Il en est de même pour ω ouvert fin et sa frontière fine ∂_f^{ω}), car on a :

$|\mu_x^\omega| \leqq \rho_x^\omega$ où ρ_x^ω est la mesure L_R-harmonique.

2°) En fait on pourrait faire toute la théorie sur ω ouvert fin (cf. [9] et [10]) et parler de potentiels fins complexes.

3°) Si 1 est L-harmonique $|\mu_x^\omega| = \rho_x^\omega$

4°) Toute fonction continue f L-harmonique dans ∂ ouvert. i.e. vérifiant $\mu_x^\omega(f) = f(x)$ pour tout (x,ω) $x \in \omega \subset \bar{\omega} \subset \partial$) appartient à $W^2_{\ell oc}$ et est solution faible de L.

5°) Toute famille localement bornée de fonctions L-harmonique dans un ouvert est équicontinue.

6°) Un point-frontière x_o d'un ouvert ω est L-régulier si et seulement si il est $L_{\mathbb{R}}$ -régulier. Donc les boules assez petites forment une base d'ouverts réguliers.

7°) Dans un ouvert L-régulier U_λ et V_λ sont des résolvantes de Hunt. (i.e. fortement continues dans $\mathcal{C}_o$).

8°) On a choisi $\mathcal{R}e\ c > 0$ assez grand pour s'assurer que (W_λ) soit associée à une théorie elliptique. Il est bien clair que l'on peut également traiter des cas où $\mathcal{R}e\ c = 0$: c'est celui, par exemple de $Lu = \Delta u - i u$ pour lequel 1 est L-harmonique et qui donne sur le cylindre $T \times X$ l'équation de la chaleur $L^{\#} w = \Delta w - \frac{\partial w}{\partial t}$ à laquelle est associée une résolvante ayant toutes les propriétés voulues.

BIBLIOGRAPHIE

[1] M. BRELOT.

- La topologie fine en théorie du Potentiel.
Lecture notes in Math. vol. 31, 1967.

[2] D. FEYEL.

- Espace de Banach fonctionnels adaptés, quasi-topologie et balayage.
Séminaire de théorie du Potentiel Paris n° 3. Lecture notes in Math. N° 681, Springer-Verlag.

[3]

- Ensembles singuliers associés aux espaces de Banach réticulés.
Ann. Inst. Fourier. t. XXXI vol. 195 (1981).

[4]

- Représentation des fonctionnelles surmédianes.
Z.f.W. vol. 58, 1981, p. 83.

[5]

- Sur les extensions cylindriques de Noyaux.
Séminaire de théorie du Potentiel Paris n° 6, Lecture notes in Math. 906, Springer-Verlag.

[6]

- Espaces complètement réticulés de pseudo-noyaux-applications aux résolvantes et aux semi-groupes complexes.
Séminaire de théorie du Potentiel Paris n° 3, Lecture notes in Math. N° 681, Springer-Verlag.

[7] D. FEYEL et A. de la PRADELLE.

- Faisceaux d'espaces de Sobolev et principes du minimum.
Ann. Inst. Fourier 25,1 (1975) p. 127-149.

[8]

- Faisceaux maximum de fonctions associées à un opérateur elliptique de second ordre.
Ann. Inst. Fourier 26,3 (1976) p. 257-274.

[9]

- Espaces de Sobolev sur les ouverts fins.
C.R.A.S. Paris t. 280, p. 1125 série A (1975).

[10]

- Le rôle des espaces de Sobolev en topologie fine.
Séminaire de théorie du Potentiel Paris n° 2. Lecture Note in Math. N° 563, Springer Verlag.

[11]

- Frontière de Choquet module et balayage.
à paraître.

[12] R.M. et M. HERVE.

- Les fonctions surharmoniques associées à un opérateur elliptique du second ordre à coefficients discontinus.
Ann. Inst. Fourier 19,1 (1969) p. 305-359.

[13] F. HIRSCH.

- Familles résolvantes, générateurs, cogénérateurs, potentiels.
Ann. Inst. Fourier t. 22 (1972) Fasc. 1, p. 89-210.

[14] A. de la PRADELLE.

- Espaces adaptés. Dualité.
Séminaire de théorie du Potenteil. Paris n° 3, Lecture notes n° 681 Springer-Verlag.

[15] I. NETUKA.

- Continuity and maximum principle for potentiels of signed measures.
Czechoslovak Math. 25 (100) 1975. Prague.

[16] G. STAMPACCHIA.

- Le problème de Dirichlet pour les équations elliptiques du second ordre à coefficients discontinus.
Ann. Inst. Fourier 15,1 (1965) p. 189-258.

EQUIPE D'ANALYSE
Equipe de Recherche
associée au C.N.R.S. N° 294
UNIVERSITE PARIS VI
4, Place Jussieu
75230 - PARIS CEDEX 05

Colloque de Théorie du
Potentiel-Jacques Deny
- Orsay 1983 -

UN THEOREME DE CHOQUET-DENY POUR LES SEMI-GROUPES ABELIENS

Albert RAUGI

1. INTRODUCTION.

Soient S un semi-groupe abélien localement compact à base dénombrable et σ une mesure de Radon positive sur S .

Nous nous proposons d'étudier les fonctions σ-harmoniques continues positives sur S ; c'est-à-dire les fonctions continues positives h sur S vérifiant l'équation fonctionnelle

$$(*) \qquad h(x) = \int_S h(x+y)\,\sigma(dy) \qquad (x \in S) .$$

Le résultat obtenu généralise un théorème bien connu de Choquet et Deny ([1]) . Il permet en outre de donner une démonstration de ce théorème à l'aide de la théorie élémentaire des martingales, en évitant le recours à des résultats sur les représentations intégrales dans certains cônes convexes sans base compacte.

2. ENONCE DU THEOREME PRINCIPAL.

(2.1) Notations.

Nous désignons par $\mathcal{H}_\sigma$ l'espace vectoriel des fonctions σ-harmoniques continues positives sur S . Si h est un élément de $\mathcal{H}_\sigma$, pour tout $g \in S$, la translatée h^g de h par g , définie par $h^g(x) = h(g + x)$, est encore un élément de $\mathcal{H}_\sigma$.

Dans la suite, nous envisageons le cas où $\mathcal{H}_\sigma$ n'est pas réduit à la fonction identiquement nulle sur S ; autrement dit $\dot{\mathcal{H}}_\sigma = \mathcal{H}_\sigma - \{0\} \neq \emptyset$.

Soit $h \in \dot{\mathcal{H}}_\sigma$. Nous notons ${}^hP$ la probabilité de transition sur $(S, \mathcal{B}(S))$ définie par

$$
{}^hP(x,A) = \begin{cases} \dfrac{1}{h(x)} \displaystyle\int_S 1_A(x + y)\, h(x + y)\, \sigma(dy) & \text{si } h(x) > 0 \\ 1_A(x) & \text{si } h(x) = 0 \end{cases}
$$

Nous appelons $(\Omega = S^{\mathbb{N}}, \mathcal{F} = \mathcal{B}(S^{\mathbb{N}}), (X_n)_{n \geq 0}, ({}^h\mathbb{P}_x)_{x \in S})$ la chaîne de Markov canonique, de probabilité de transition ${}^hP$, sur S . Si x vérifie $h(x) = 0$, alors, ${}^h\mathbb{P}_x$ - p.s., $X_n = x \ \forall n \geq 0$; si $h(x) > 0$, alors ${}^h\mathbb{P}_x$ - p.s., $h(X_n) > 0$ $\forall n \geq 0$. [En effet

$${}^h\mathbb{P}_x\,[h(X_n) = 0] = [({}^hP)^n\, h]\,(x) = \frac{1}{h(x)} \int_S 1_{\{h=o\}}\,(x + y)\, h(x + y)\, \sigma^n(dy) = 0 \ !] .$$

Pour tout $g \in S$, nous posons

$$
H_g(x) = \begin{cases} \dfrac{h(g + x)}{h(x)} & \text{si } h(x) > 0 \\ 1 & \text{sinon} \end{cases}
$$

H_g est une fonction ${}^hP$-harmonique positive sur S (i.e. ${}^hP\, H_g = H_g$) .

Pour tout entier naturel n , nous appelons $\mathcal{F}_n$ la tribu engendrée par les variables aléatoires $\{X_p \ ; 0 \leq p \leq n\}$. $\{(H_g(X_n), \mathcal{F}_n) \ ; n \geq 0\}$ est alors, pour tout $x \in S$, une martingale positive définie sur $(\Omega, \mathcal{F}, {}^h\mathbb{P}_x)$. On en déduit que, pour tous $x,g \in S$, la suite de v.a.r. $\{H_g(X_n) , n \geq 0\}$ converge ${}^h\mathbb{P}_x$ -p.s. vers une v.a.r. $\xi^h(g,.)$. Plus précisément : si $h(x) = 0$,

${}^h\mathbb{P}_x$ -p.s., $H_g(X_n) = \xi(g,.) = 1$, $\forall\, n \geq 0$; si $h(x) > 0$, ${}^h\mathbb{P}_x$ -p.s.,

$$H_g(X_n) = \frac{h(g+X_n)}{h(X_n)} \longrightarrow \xi^h(g,.) ,$$

et (lemme de Fatou),

$${}^h\mathbb{E}_x\,[\xi^h(g.,)] \leq \lim_n \inf\, {}^h\mathbb{E}_x\,[H_g(X_n)] = H_g(x) = \frac{h(g+x)}{h(x)}$$

Notons au passage que si on a $h(g+x) = 0$, pour g et $x \in S$, alors, ${}^h\mathbb{P}_x$ -p.s. ;

$$h(g+X_n) = 0 , \quad \forall\, n \geq 0 .$$

et

$$\xi^h(g,.) = \begin{cases} 0 & \text{si } h(x) > 0 \\ 1 & \text{si } h(x) = 0 \end{cases}$$

Nous appelons S_σ le sous-semi-groupe fermé de S engendré par le support de la mesure σ .

(2.2) THEOREME. *Pour tous* $h \in \mathcal{H}_\sigma$ *et* $x \in S$, *nous avons, avec les notations de (2.1) :*

i) $\forall\, s \in S_\sigma$, $h(s+x) = h(x)\, {}^h\mathbb{E}_x\,[\xi^h(s,.)]$

ii) $\forall\, s , t \in S_\sigma$,

$$\xi^h(s+t,.) = \xi^h(s,.)\, \xi^h(t,.) ,\ {}^h\mathbb{P}_x \text{-p.s.}$$

iii) $\int_S \xi^h(s,.)\, \sigma(ds) = 1$, ${}^h\mathbb{P}_x$ -p.s. .

Avant de prouver ce théorème (section 3), nous en tirons quelques conséquences. Il résulte du théorème que, pour les éléments g de S_σ , la v.a.r. $\xi^h(g,.)$ appartient à tous les espaces $\mathbb{L}^p(\Omega, \mathcal{F}, {}^h\mathbb{P}_x)$, $p \geq 1$; et la convergence de $H_g(X_n)$ vers $\xi^h(g,.)$ a lieu aussi en norme $\mathbb{L}^p$, $p \geq 1$.
D'autre part nous avons le corollaire suivant :

(2.3) COROLLAIRE. *Pour tous* $h \in \mathcal{H}^{\bullet}_\sigma$, $x \in S$ *et* $t \in S_\sigma$,

$$h^t(x)\, {}^{h^t}\mathbb{P}_x = \xi^h(t,.)\, h(x)\, {}^h\mathbb{P}_x$$

Preuve.

Si $h(x)\, h(t+x) = 0$, l'égalité se réduit à $0 = 0$.

Supposons donc que $h(x)\, h(t+x) > 0$. On montre facilement que pour tout entier $n \geqq 0$ et tout $A \in \mathcal{F}_n$,

$$ {}^h\mathbb{P}^t_x (A) = \frac{h(x)}{h(t+x)} \; {}^h\mathbb{E}_x \left[1_A \frac{h(t+X_n)}{h(X_n)} \right] $$

D'après le i) du théorème, nous avons, ${}^h\mathbb{P}_x$ -p.s.,

$$ \frac{h(t+X_n)}{h(X_n)} = {}^h\mathbb{E}_{X_n} [\xi^h(t,.)] $$

$$ = {}^h\mathbb{E}_x [\xi^h(t,.) \mid \mathcal{F}_n] \quad \text{(propriété de Markov)} . $$

Par suite les deux mesures positives du corollaire (2.3) coïncident sur $\bigcup_{n \geqq 0} \mathcal{F}_n$ et donc sur $\mathcal{F}$.

3. DEMONSTRATION DU THEOREME (2.2).

(3.1) Notations.

Si d est un entier $\geqq 1$, nous notons σ^d la probabilité sur les boréliens de S^d , produit de d probabilités égales à σ ; nous avons donc

$$ \sigma^d(A_1 \times \ldots \times A_d) = \prod_{i=1}^{d} \sigma(A_i) , \quad \forall A_1,\ldots,A_d \in \mathcal{B}(S) . $$

Nous appelons σ^{*d} la d-ième convolée de σ ; σ^{*d} est l'image de σ^d par l'application de S^d dans S qui au d-uple $(x_1,\ldots,x_p)$ associe l'élément $x_1 +\ldots+ x_p$ de S .

Nous reprenons les notations introduites en (2.1). Cependant pour alléger l'écriture nous écrivons P , $\mathbb{P}_x$ et ξ au lieu respectivement de ${}^hP$, ${}^h\mathbb{P}_x$, ξ^h .

(3.2) Pour $h(x) = 0$, le théorème (2.2) est trivial ; nous supposons donc que $h(x) > 0$.

Soit d un entier naturel ≥ 1 et A un borélien de S^d. La fonction H_A sur S définie par

$$H_A(x) = \int_A H_g(x)\ \sigma^{*d}(dg) \qquad (s \in S),$$

est une fonction P-harmonique positive, bornée par 1 .

$\{(H_A(X_n), \mathcal{F}_n)$, $n \geq 0$ est alors une martingale bornée définie sur $(\Omega, \mathcal{F}, \mathbb{P}_x)$; elle converge donc, $\mathbb{P}_x$ -p.s., et en norme $\mathbb{L}^p$, $p \geq 1$, vers une v.a.r. $\lambda(A,.)$ vérifiant :

$$(1) \quad H_A(X_n) = \mathbb{E}_x\ [\lambda(A,.) \mid \mathcal{F}_n]$$

et

$$(2) \quad H_A(x) = \mathbb{E}_x\ [\lambda(A,.)]\ .$$

Le théorème résultera des deux lemmes suivants.

(3.3) <u>*LEMME*</u>. *Avec des notations évidentes, pour tout $A \in \mathcal{B}(S^d)$ et tout $B \in \mathcal{B}(S^r)$,*

$$\lambda(A \times B,.) = \lambda(A,.)\ \lambda(B,.) \qquad \mathbb{P}_x \text{-p.s.}$$

<u>Preuve du lemme</u>.

Nous avons

$$u_n = \int \frac{h(u+X_n)}{h(X_n)}\ [H_A\ (u+X_n) - H_A\ (X_n)]^2\ \sigma^{*r}\ (du)$$

$$= (P^r\ [(H_A\ (.) - H_A\ (X_n))^2])\ (X_n)$$

$$= [P^r\ H_A^2\ ](X_n) - H_A^2\ (X_n)\ ;$$

et par suite

$$\mathbb{E}_x\ [u_n] = P^{n+r}\ H_A^2\ (x) - P^n\ H_A^2\ (x)\ .$$

Comme la suite $\{P^n\ H_A^2\ (x)\}_{n \geq 1}$ est croissante et majorée par 1, la série $\sum_{n \geq 0} \mathbb{E}_x\ [u_n]$ est convergente. On en déduit, en particulier, que la suite de v.a.r. u_n converge $\mathbb{P}_x$ -p.s. vers zéro.

D'autre part des égalités

$$H_{s+t}(x) = H_s(t+x)\, H_t(x) \qquad (x \in S\ ;\ s,t \in S_\sigma)\ ,$$

il résulte que

$$H_{A\times B}(X_n) = \int_B H_A(u + X_n)\, H_u(X_n)\ \sigma^{*r}(du)$$

et par suite

$$|H_{A\times B}(X_n) - H_A(X_n)\, H_B(X_n)\ | \leq \left| \int_B H_u(X_n)\ [H_A(u+X_n) - H_A(X_n)]\ \sigma^{*r}\ (du)\right|$$

$$\leq u_n\ .$$

D'où le résultat.□

(3.4) *LEMME. Pour tous* $A \in \mathcal{B}(S^d)$, $B \in \mathcal{B}(S^r)$ *tel que* $\sigma^d(A)\ \sigma^r(B) > 0$,

$$\mathbb{E}_x\ \left[\left(\frac{\lambda(A,.)}{\sigma^d(A)} - \frac{\lambda(B,.)}{\sigma^r(B)}\right)^2\right] = \frac{1}{[\sigma^d(A)]^2}\ H_{A\times A}(x)$$

$$- \frac{2}{\sigma^d(A)\sigma^r(B)}\ H_{A\times B}(x) + \frac{1}{[\sigma^r(B)]^2}\ H_{B\times B}(x)\ .$$

Preuve du lemme. Le lemme résulte immédiatement du lemme (3.3) et de la relation (2) de (3.2).□

Ceci dit posons $H = \bigcup_{p\geq 1} \text{supp}(\sigma^{*p})$. Si $s \in H$, il existe un entier $d \geq 1$ tel que $s = s_1 + \ldots + s_d$ avec $s_1,\ldots,s_d \in \text{Supp}\ \sigma$. Choisissons une suite de voisinages $\{V_n\}_{n\geq 0}$ de $(s_1,\ldots,s_d)$ dans S^d , décroissant vers $(s_1,\ldots,s_d)$. La fonction h étant continue, d'après le lemme (3.4) , la suite de v.a.

$\left\{ \frac{\lambda(V_n,.)}{\sigma^d(V_n)} \right\}_{n\geq 0}$ est une suite de Cauchy dans $\mathbb{L}^2(\Omega,\mathcal{F},\mathbb{P})$; elle converge donc dans $\mathbb{L}^2$ vers une v.a.r. $\bar{\xi}(s_1,\ldots,s_d, \{V_n\}_{n\geq 0}\ ;.)$.

Mais toujours d'après le lemme 2, cette v.a.r. ne dépend ni du choix de la décomposition de s , ni du choix de la suite de voisinages $\{V_n\}$; nous la notons donc $\bar{\xi}(s,.)$.

Nous avons alors, pour tous s et $t \in H$:

i') $\mathbb{E}_x\, [(\bar{\xi}(s,.) - \bar{\xi}(t,.))^2] = h(2s) - 2h(s+t) + h(2t)$

(conséquence du lemme (3.4))

ii') $H_s(X_n) = \mathbb{E}_x\, [\bar{\xi}(s,.) \mid \mathcal{F}_n]$ $\mathbb{P}_x$ -p.s.

et

$H_s(x) = \mathbb{E}_x\, [\bar{\xi}(s,.)]$

(conséquence des relations (1) et (2) de (3.2))

iii') $\bar{\xi}(s+t,.) = \bar{\xi}(s,.)\, \bar{\xi}((t,.)$ $\mathbb{P}_x$ -p.s.

(conséquence du lemme (3.3)).

Soit $t \in S_\sigma$. Comme $S_\sigma = \bar{H}$, il existe une suite $\{t_n\}$ d'éléments de H convergeant vers t. D'après i') la suite de v.a.r. $\bar{\xi}(t_n,.)$ converge dans $\mathbb{L}^2$ vers une v.a.r. $\bar{\xi}(t,.)$ indépendante du choix de la suite $\{t_n\}$. Les affirmations i'), ii') et iii') restent alors vraies pour tous s et $t \in S_\sigma$.

De l'assertion ii') il résulte : d'une part que

$$\forall\, s \in S_\sigma \;, \qquad H_s(X_n) \xrightarrow{\mathbb{P}_x\text{ -p.s.}} \bar{\xi}(s,.)$$

et d'autre part

$$1 = \int_S H_u(X_n)\, \sigma(du) = \mathbb{E}_x \left[\int_S \bar{\xi}(u,.)\, \sigma(du) / \mathcal{F}_n \right] \xrightarrow{\mathbb{P}_x\text{ -p.s.}} \int_S \bar{\xi}(u,.)\, \sigma(du) \;.$$

Ce qui achève la démonstration du théorème.

4. APPLICATIONS DU THEOREME (2.2).

(4.1) Nous reprenons les notations de (2.1).

Nous supposons désormais que S est un sous-semi-groupe fermé d'un groupe abélien ℓ.c.d. G. quitte à poser $h(0) = \int_S h(x)\, \sigma(dx)$ et à remplacer σ par $(\sigma+\varepsilon_0)/2$, nous pouvons toujours supposer que l'élément nul 0 de G appartient à S et S_σ.

Nous appelons Σ_σ le plus petit sous-semi-groupe fermé de S, contenant S_σ, vérifiant la propriété suivante :

"Si pour $u,v \in \Sigma_\sigma$ il existe $(w,p) \in \Sigma_\sigma \times \mathbb{N}$ tels que

$u-v-w \in S$ et $pw-v \in \Sigma_\sigma$, alors $u-v \in \Sigma_\sigma$" .

(L'existence d'un tel sous-semi-groupe fermé ne pose pas de problème ; Σ_σ est l'intersection de tous les sous-semi-groupes fermés possédant les propriétés considérées).

(4.2) <u>THEOREME</u>. Pour tout $h \in \mathcal{H}^{\cdot}_\sigma$ et $x \in S$, nous avons avec les notations et les hypothèses de (4.1) :

i) $\forall s \in \Sigma_\sigma$, $h(s+x) = h(x)\ {}^h\mathbb{E}_x\,[\xi^h(s,.)]$

ii) $\forall s,t \in \Sigma_\sigma$, $\xi^h(s+t,.) = \xi^h(s,.)\ \xi^h(t,.)\ \ {}^h\mathbb{P}_x$ - p.s.

(Autrement dit, dans le théorème (2.2), on peut remplacer S_σ par Σ_σ !)

Ce théorème est démontré dans la section 5. Nous en tirons à présent quelques conséquences.

(4.3) Nous appelons <u>exponentielle</u> sur S, toute application <u>continue</u> λ de S dans $\mathbb{R}_+$ vérifiant

$$\lambda(x+y) = \lambda(x)\,\lambda(y) \qquad \forall\, x,y \in S .$$

Soit E l'ensemble des exponentielles sur S muni de la topologie de la convergence uniforme sur les compacts. Nous disons qu'une exponentielle λ est <u>harmonique</u> si $\int_S \lambda(x)\,\sigma(dx) = 1$. Nous notons E_σ l'ensemble des exponentielles harmoniques ; E_σ est un borélien de E.

(4.4) Nous désignons par $C_K(S)$ l'espace des fonctions continues, à support compact, sur S.

Soit ρ une mesure de Radon positive sur S. Nous disons qu'une fonction borélienne f sur S est localement ρ-<u>intégrable</u> si :

$$\forall \varphi \in C_K(S) , \qquad \forall x \in S , \qquad \int f(x+y)\ \varphi(y)\ \rho(dy) < +\infty .$$

Nous disons que S possède une mesure régularisante s'il existe sur S une (donc des) mesure(s) de Radon positive(s) ρ telle(s) que pour toute fonction localement ρ-intégrable f et tout élément φ de $C_K(S)$, la fonction $x \longmapsto \int f(x+y)\ \varphi(y)\ \rho(dy)$ soit continue.

Par exemple, si S est d'intérieur non vide dans G, on peut prendre $\rho = 1_S\, m$, où m est la mesure de Haar de G.

(4.5) Hypothèses. Nous supposons que $S = \Sigma_\sigma$ et que S possède une mesure régularisante ρ vérifiant la condition (*) suivante :

(*) Pour tout $h \in \mathcal{H}^{\cdot}_\sigma$,

$$\int \xi^h(u,.)\ \rho(du) > 0 \qquad {}^h\mathbb{P}_o - \text{p.s.}$$

Soit $S(\rho) = \{u \in S : \exists\, p \geqq 1 , pu \in (\operatorname{supp} \rho + S)\}$; cette condition est satisfaite si $0 \in S(\rho)$, ou encore si

$$\sigma(\{0\}) < 1 \quad \text{et} \quad \operatorname{supp} \sigma - \{0\} \subset S(\rho) .$$

En effet la fonction

$$f(u) = {}^h\mathbb{E}_o\ [\xi^h(u,.)\ 1_{\{\int \xi^h(y,.)\ \rho(dy) = 0\}}]$$ est continue ; elle s'annule sur $(\operatorname{supp}\rho + S)$ et donc sur $S(\rho)$. Si $0 \in S(\rho)$, nous avons

$$f(0) = {}^h\mathbb{P}_o\ [\int \xi^h(y,.)\ \rho(dy) = 0] = 0 .$$

Si $\operatorname{supp} \sigma - \{0\} \subset S(\rho)$, nous avons

$$0 = \int f(u)\ [\sigma - \sigma(\{0\})\ \varepsilon_o]\ (du) = (1 - \sigma(\{0\}))\ f(0) .$$

(4.6) THEOREME. Sous les hypothèses (4.5) tout élément de $\mathcal{H}^{\cdot}_\sigma$ *s'écrit :*

$$h(x) = \int_{E_\sigma} \lambda(x)\ \nu(d\lambda) ,$$

où ν *est une mesure positive sur* E *, portée par* E_σ *.*

De plus cette représentation est unique.

(4.7) Exemples.

1/ S est un groupe et σ est adaptée à G (c'est-à-dire que le sous-groupe fermé de G engendré par le support de σ est G). Les hypothèses (4.5) sont satisfaites en prenant pour ρ la mesure de Haar de G. On retrouve ainsi un résultat de Choquet et Deny.

2/ $S = S_1 \times G_2$ est le produit direct d'un sous-semi-groupe S_1 d'un groupe G_1 et d'un groupe G_2. S contient $S_1 \times S_2$ où S_2 est un sous-semi-groupe de G_2 tel que $\overline{S_2 - S_2} = G_2$. Nous avons alors $\Sigma_\sigma = S$.

3/ $S = N \times \mathbb{R}_+$ et $S_\sigma \supset \bigcup_{p \geqq 0} \{p\} \times [u_p, +\infty[$

où $\{u_p\}$ est une suite de réels positifs. Les hypothèses (4.5) sont satisfaites avec par exemple $\rho = \varepsilon_o \otimes 1_{[o,+\infty[}(x)\, dx$.

4/ Soit par exemple à trouver toutes les suites de fonctions continues positives $\{h_n\}_{n \geqq 0}$ sur $\mathbb{R}_+$ telles que

$$\forall x \in \mathbb{R}_+ \quad h_n(x) = \int_0^1 h_{n+1}(x+u)\, du \qquad [\text{resp.}\, h_n(x) = \int_1^{+\infty} h_{n+1}(x+u)\, du] .$$

Posons $\sigma = \varepsilon_1 \otimes 1_{[0,1]}(u)\, du$ [resp. $\varepsilon_1 \otimes 1_{[1,+\infty[}(u)\, du$] .

La fonction $H(n,x) = h_n(x)$ est alors une fonction σ-harmonique sur $S = \mathbb{N} \times \mathbb{R}_+$.

Dans le premier cas $S_\sigma = \bigcup_{p \geqq 1} \{p\} \times [0,p]$, et par suite $\Sigma_\sigma = \mathbb{N}^* \times \mathbb{R}_+$.

L'ensemble des exponentielles harmoniques sur $\mathbb{N}^* \times \mathbb{R}_+$ est

$$\left\{ 1 \; ; \left(\frac{b}{e^b - 1}\right)^n e^{bx} \, , \; b \neq 0 \right\} .$$

Il existe donc une mesure positive ν sur $\mathbb{R}^*$ et un réel C tels que

$$h_n(x) = C + \int \frac{b^n}{(e^b-1)^n} e^{bx}\, \nu(db) \, , \; \forall\, n \geqq 1 \text{ et } \forall\, x \in \mathbb{R}_+ ,$$

et par suite, $\forall\, n \geqq 0$ et $\forall\, x \in \mathbb{R}_+$

Dans le second cas $S = \bigcup_{p \geqq 1} \{p\} \times [p, +\infty[$ et par suite $\Sigma_\sigma = \mathbb{N}^* \times \mathbb{R}_+$.

L'ensemble des exponentielles harmoniques sur $\mathbb{N}^* \times \mathbb{R}_+$ est $\{b^n e^{b(n-x)} \, , \; b > 0\}$.

Il existe donc une mesure positive ν sur $\mathbb{R}_+^*$ telle que

$$h_n(x) = \int_{\mathbb{R}_+^{\cdot}} b^n e^{b(n-x)} . \nu(db) \qquad \forall n \geq 1 \text{ et } x \in \mathbb{R}_+ ,$$

et par suite $\forall n \geq 0$ et $x \in \mathbb{R}_+$.

Ces deux derniers éxemples, nous conduisent à la remarque suivante.

(4.8) Remarque.

Le théorème (4.2) nous donne (moyennant certaines hypothèses) une description de l'ensemble $\mathcal{H}_\sigma(\Sigma_\sigma)$ des fonctions σ-harmoniques continues positives sur Σ_σ . Supposons que $S_\sigma^\cdot + S \subset \Sigma_\sigma$. C'est le cas par exemple si $\Sigma_\sigma = x + S$ pour un certain $x \in S$.

Alors nous avons :

. Si $\sigma(\{0\}) > 1$, $\mathcal{H}_\sigma(S)$ est réduit à la fonction nulle sur S .

. Si $\sigma(\{0\}) = 1$, $\mathcal{H}_\sigma(S)$ est l'ensemble des fonctions continues positives sur S nulle sur $S + \Sigma_\sigma^\cdot$

. Si $\sigma(\{0\}) < 1$, tout élément de $\mathcal{H}_\sigma(S)$ est déterminé par sa restriction à Σ_σ . $\mathcal{H}_\sigma(S)$ s'identifie donc à $\mathcal{H}_\sigma(\Sigma_\sigma)$.

Exemples. . $S = \mathbb{R}_+$ $\quad S_\sigma = [1,+\infty[$; et par suite $\Sigma_\sigma = [1,+\infty[$

. $S = \mathbb{N} \times \mathbb{R}$ $\quad S_\sigma = \bigcup_{p \geq k} \{p\} \times [p,+\infty[$; et par suite

$\Sigma_\sigma = (k + \mathbb{N}) \times \mathbb{R}$.

Plus généralement supposons qu'il existe une partition de S_σ en deux boréliens A_1 et A_2 vérifiant

$$A_2 + S \subset \Sigma_\sigma .$$

Désignons par σ_1 et σ_2 les restrictions de σ respectivment à A_1 et A_2 et posons $\tau_1 = \sum_{k \geq 0} \sigma_1^{*k}$.

Alors

$$\mathcal{H}_\sigma(S) = \Big\{ h_1 + \iint h_2(.+y+z)\ \sigma_2(dy)\ \tau_1(dz) :$$

$$h_2 \in \mathcal{H}_\sigma(\Sigma_\sigma)\ ,\ h_1 \in \mathcal{H}_\sigma(S) \cap \mathcal{H}_{\sigma_1}(S)$$

$$\text{et} \quad \iint h_2(x+y+z)\ \sigma_2(dy)\ \tau_1(dz) < +\infty\ ,\ \forall\, x \in S \Big\}$$

[Il suffit de noter que pour $h \in \mathcal{H}_\sigma(S)$

$$\forall\, n \geq 0 \qquad h - \int h(.+z)\ \sigma_1^{*(n+1)}(dz) = \sum_{k=o}^{n} \iint h(.+z+y)\ \sigma_2(dy)\ \sigma_1^{*k}(dz)]$$

(4.9) <u>*COROLLAIRE*</u>. *Plaçons nous sous les hypothèses (4.5). Pour toute fonction σ-harmonique positive, localement ρ-intégrable, f, il existe une mesure positive ν sur E, portée par E_σ, telle que, pour tout $x \in S$,*

$$f(x+.) = \int_{E_\sigma} \lambda(x+.)\ \nu(d\lambda) \qquad \rho\text{-}p.p.$$

<u>Preuve</u>. Pour tout élément α de $C_K(S)$, la fonction

$$f_\alpha(x) = \int_S f(x+y)\ \alpha(y)\ \rho(dy)$$

appartient à $\mathcal{H}_\sigma$ et s'écrit donc (théorème (4.6)),

$$f_\alpha(x) = \int_E \lambda(x)\ \nu_\alpha(d\lambda)\ .$$

Soient α,β deux éléments de $C_K(S)$. En considérant la fonction

$$g(x) = \int f_\beta(x+y)\ \alpha(y)\ \rho(dy)$$

$$= \int f_\alpha(x+y)\ \beta(y)\ \rho(dy)\ ,$$

On voit, grâce à l'unicité exprimée par le théorème (4.6), que

$$(1) \quad \left[\int \lambda(y)\ \beta(y)\ \rho(dy)\right] \nu_\alpha(d\lambda) = \left[\int \lambda(y)\ \alpha(y)\ \rho(dy)\right] \nu_\beta(d\lambda)\ .$$

Soit $\{\beta_n\}_{n \geq 1}$ une suite d'éléments de $C_K(S)$ croissant vers la fonction identique à 1 . Posons

$$E_o = \emptyset \ , \ E_n = \{\lambda \in E_\sigma : \int \lambda(y)\ \beta_n(y)\ \rho(dy) > 0\} \ ;$$

puis

$$\nu(d\lambda) = \sum_{n \geq 1} 1_{E_n \cap E^c_{n-1}} \frac{\nu_{\beta_n}(d\lambda)}{(\int \lambda(y)\beta_n(y)\rho(dy)}$$

Pour tout $\alpha \in C_K(S)$, nous avons alors

$$\nu_\alpha(d\lambda) = [\int_S \lambda(y)\ \alpha(y)\ \rho(dy)]\ \nu(d\lambda) \ .$$

[Noter que d'après les hypothèses (4.5), $\nu_\alpha(\{\lambda \in E_\sigma : \int \lambda(y)\ \rho(dy) = 0\}) = 0$]

D'où ,

$$\forall\ \alpha \in C_K(S) \ , \ f_\alpha(x) = \int_S f(x+y)\ \alpha(y)\ \rho(dy) = \int\left[\int_{E_\sigma} \lambda(x+y)\ \nu(d\lambda)\right] \alpha(y)\ \rho(dy) \ ;$$

ce qui donne le corollaire (4.9).

5. DEMONSTRATION DES THEOREMES (4.2) et (4.5).

A/ Démonstration du théorème (4.2).

(5.1) DEFINITION. Si U est un sous-semi-groupe fermé de S , on appelle $S^1(U)$ le sous-semi-groupe fermé de S défini comme l'adhérence dans S de l'ensemble $\{u-v : u,v \in U \ , \ \exists\ (w,p) \in U \times \mathbb{N} \ , \ u-v,-w \in S \text{ et } pw-v \in U\}$.

(5.2) PROPOSITION. Soit U un sous-semi-groupe fermé de S tel que, pour tout $x \in S$ et tout $h \in \mathcal{H}^{\cdot}$, on ait :

i) $\forall\ u,v \in U \ , \ \xi^h(u+v,.) = \xi^h(u,.)\ \xi^h(v,.)$ ${}^h\mathbb{P}_x$-p.s.

ii) $\forall\ u \in U \ , \ h(u+x)\ {}^{h^u}\mathbb{P}_x = \xi^h(u,.)\ h(x)\ {}^h\mathbb{P}_x$ -p.s.

Alors les mêmes propriétés sont vraies pour le sous-semi-groupe $S^1(U)$ de S (définition (5.1)).

Pour prouver cette proposition, nous utiliserons le lemme suivant.

(5.3) <u>LEMME</u>. *Sous les hypothèses de la proposition (5.2), soient* $f \in \mathcal{K}_U$,
$x \in S$ *et* $y \in U$ *tels que* $f(x+y) > 0$. *Alors nous avons :*

1) $f(x+py) > 0$, $\forall p \in \mathbb{N}$

2) *Les probabilités* $\{ {}^{f^{py}}\mathbb{P}_x , p \geq 1\}$ *sont toutes équivalentes*

3) $\forall \; p \in \mathbb{N}$, $\forall u \in U$, $\xi^{f^{py}}(u,.) = \xi^{f}(u,.)$ ${}^{f^y}\mathbb{P}_x$-p.s.

Preuve du lemme :

. Les deux premières assertions résultent des formules

$$f(x+py)\, {}^{f^{py}}\mathbb{P}_x = [\xi^h(y,.)]^p \, f(x)\, {}^{f}\mathbb{P}_x \;, \quad p \geq 1 \;,$$

qui se déduisent de i) et ii).

. D'autre part de i) et ii) il résulte aussi que :

$$f(x+u+py)\, {}^{f^{u+py}}\mathbb{P}_x = \xi^{f^{py}}(y,.)\, f(x+py)\, {}^{f^{py}}\mathbb{P}_x$$

$$= \xi^{f^{py}}(u,.)\, \xi^{f}(py,.)\, f(x)\, {}^{f}\mathbb{P}_x \;;$$

et

$$f(x+u+py)\, {}^{f^{u+py}}\mathbb{P}_x = \xi^{f}(u+py,.)\, f(x)\, {}^{f}\mathbb{P}_x$$

$$= \xi^{f}(u,.)\, \xi^{f}(py,.)\, f(x)\, {}^{f}\mathbb{P}_x \;.$$

D'où l'on déduit l'assertion 3). □

Preuve de la proposition.

Soient u et v deux éléments de U pour lesquels il existe un entier q et un élément w de U tels que

$$u-v-w \in S \quad \text{et} \quad qw-v \in U \;.$$

(5.4) Supposons que $h(x+u-v) > 0$.

D'après le lemme (5.3), appliqué à $f = h^{u-v-w}$ et $y = w$, nous avons :

a) $h(x+u-v+pw) > 0$, $\forall p \geq 0$ (ce qui entraine d'après ii) , pour $p \geq q$, que $h(x+u) > 0$ et $h(x) > 0$)

b) Toutes le probabilités $\left\{ {}^{h^{u-v+pw}}\mathbb{P}_x , p \geq 0 \right\}$ sont équivalentes.

c) $\xi^{h^{u-v+pw}}(z,.) = \xi^{h^{u-v-w}}(z,.)$ ${}^{h^{u-v}}\mathbb{P}_x$ -p.s. $\forall z \in U$,$\forall$ $p \geq 0$.

Ce même lemme, appliqué à $f=h$ et $y=u-v+pw$, nous donne pour $p \geq q$,

d) $\forall z \in U$, $\xi^{h^{u-v+pw}}(z,.) = \xi^h(z,.)$ ${}^{h^{u-v+pw}}\mathbb{P}_x$ -p.s. , et donc ${}^{h^{u-v}}\mathbb{P}_x$ -p.s. d'après b).

On obtient alors

$$(1) \quad h(x+u-v)\,{}^{h^u}\mathbb{P}_x = \frac{1}{\xi^h(qw,.)} 1_{\{\xi^h(w,.)>0\}} h(x+u-v+qw)\,{}^{h^{u-v+pw}}\mathbb{P}_x$$

$$= \frac{\xi^h(u-v+qw)}{\xi^h(qw,.)} 1_{\{\xi^h(w,.)>0\}} h(x)\,{}^h\mathbb{P}_x .$$

Or d'après i) nous avons :

$$(2) \quad \xi^h(u+qw-v,.) = \xi^h(u,.)\,\xi^h(qw-v,.) \quad {}^h\mathbb{P}_x \text{ -p.s.}$$

et

$$(3) \quad \xi^h(qw-v,.)\,\xi^h(v,.) = \xi^h(qw,.) \quad {}^h\mathbb{P}_x \text{ -p.s.}$$

D'autre part, les propriétés suivantes :

$\xi^h(w,.) = \xi^{h^{u-v-w}}(w,.) > 0$, ${}^{h^{u-v}}\mathbb{P}_x$ -p.s. , et donc ${}^{h^u}\mathbb{P}_x$ -p.S. (car ${}^{h^u}\mathbb{P}_x << {}^{h^{u-v}}\mathbb{P}_x$!) ,

et

$$h(x+u)\,{}^{h^u}\mathbb{P}_x = \xi^h(u,.)\,h(x)\,{}^h\mathbb{P}_x ,$$

montrent, avec (3), que

$$(4) \quad \{\xi(u,.) > 0\} \subset \{\xi(w,.) > 0\} \subset \{\xi(v,.) > 0\} \quad {}^h\mathbb{P}_x \text{ -p.s. .}$$

Compte tenu de (2),(3) et (4), l'égalité (1) devient alors

$$h(x+u-v)\ {}^{h^{u-v}}\mathbb{P}_x = \frac{\xi^h(u,.)}{\xi^h(v,.)}\, 1_{\{\xi^h(v,.)\,>\,0\}}\ h(x)\ {}^h\mathbb{P}_x\ ;$$

ce qui entraine que

$$\frac{h(u-v+X_n)}{h(X_n)} = {}^h\mathbb{E}_x\left[\frac{\xi^h(u,.)}{\xi^h(v,.)}\, 1_{\{\xi^h(v,.)>0\}} \Big| \mathcal{F}_n\right],\ {}^h\mathbb{P}_x\text{ -p.s.}$$

[En effet $\frac{h(u-v+X_n)}{h(X_n)}$ est la densité de la restriction de ${}^{h^{u-v}}\mathbb{P}_x$ à $\mathcal{F}_n$ par rapport à la restriction de ${}^h\mathbb{P}_x$ à $\mathcal{F}_n$].

Par conséquent,

$$\xi^h(u-v,.) = \frac{\xi^h(u,.)}{\xi^h(v,.)}\, 1_{\{\xi^h(v,.)>0\}}\quad {}^h\mathbb{P}_x\text{ -p.s. ;}$$

et aussi, d'après (4) ,

$$\xi^h(u-v,.)\ \xi^h(v,.) = \xi^h(u,.) \qquad {}^h\mathbb{P}_x\text{ -p.s.}$$

(5.5) <u>Supposons que $h(x+u-v) = 0$</u>.

Si $h(x) = 0$, alors pour tout $g \in S$,

$$\xi^h(g,.) = 1 \qquad {}^h\mathbb{P}_x\text{ p.s.}$$

Si $h(x) > 0$, nous avons $h(x+u-v+U) = \{0\}$ d'après ii), et par suite

$$\forall\ w \in U\ ,\ \xi^h(u-v+w) = 0 \qquad {}^h\mathbb{P}_x\text{ -p.s. .}$$

A l'aide de (5.4) et (5.5) on vérifie aisément alors que l'on a le résultat énoncé pour les éléments de l'ensemble,

$$H = \{u-v\ ;\ u,v \in U\ ,\ \exists\ (w,p) \in U \times \mathbb{N}\ ,\ u-v-w \in S \ \text{ et } \ pw-v \in U\}$$

On passe alors de H à $S^1(U) = \overline{H}$ en utilisant la continuité en norme quadratique... argument déjà employé pour la démonstration du théorème (2.2).

(5.6) Preuve du théorème (4.2).

Soit T l'ensemble des sous-semi-groupes fermés U de S contenant S_σ et vérifiant les hypothèses de la proposition (5.2). Ordonné par l'inclusion, T est inductif ; en effet toute partie totalement ordonnée F de T possède un majorant qui est l'adhérence de la réunion des sous-semi-groupes fermés de F. D'après le théorème de Zorn, T possède un élément maximal M qui vérifie nécessairement $S^1(M) = M$ (prop. (5.2)). D'où le résultat. □

B/ Démonstration du théorème (4.6).

Le problème est de trouver une version $\bar{\xi}^h$ de ξ^h telle que pour ${}^h\mathbb{P}$-presque tout $\omega \in \Omega$, $\bar{\xi}^h(.,\omega)$ soit un élément de E_σ.

Soit $\{\beta\}_{n\ n \leq 1}$ une suite de fonction continue à support compact sur S croissant vers la fonction identique à 1. Soit $\Omega_o = \emptyset$ et

$$\Omega_n = \left\{\omega \in \Omega \ : \int_S \xi^h(y,\omega)\ \beta_n(y)\ \rho(dy) > 0\right\} \ ;$$

$\{\Omega_n \cap \Omega^c_{n-1}\ , n \geq 1\}$ constitue alors une partition dénombrable de l'ensemble

$$\left\{\omega \in \Omega : \int \xi^h(y,\omega)\ \rho(dy) > 0\right\} .$$

Pour $\omega \in \Omega_n \cap \Omega^c_{n-1}$, nous posons

$$\bar{\xi}^h(x,\omega) = \frac{\int \xi^h(x+y,\omega)\ \beta_n(y)\ \rho(dy)}{\int \xi^h(y,\omega)\ \beta_n(y)\ \rho(dy)}$$

Des égalités

$$\forall\ x,y \in S\ ,\ \xi^h(x+y,.) = \xi^h(x,.)\ \xi^h(y,.)\ \ {}^h\mathbb{P}_o\text{ -p.s.}\ ,$$

Il résulte d'une part que

$$\forall\ x \in S \qquad \bar{\xi}^h(x,.) = \xi^h(x,.) \qquad {}^h\mathbb{P}_o\text{ -p.s.}$$

et d'autre part, pour ${}^h\mathbb{P}_o$ presque tout $\omega \in \Omega$,

$$\bar{\xi}^h(.,\omega) \in E_\sigma\ .$$

La première assertion du théorème est alors prouvée : ν étant l'image de $h(0)\ {}^{h}\mathbb{P}_o$ par l'application de $(\Omega,\mathcal{F})$ dans E_σ qui à ω associe $\overline{\xi}^h(.,\omega)$.

Supposons que h admette une autre représentation,

soit $$h(x) = \int_{E_\sigma} \lambda(x)\ \nu'(d\lambda)$$

Pour tout entier naturel n , appelons $\mu_n(.,d\lambda)$ la probabilité sur E définie par

$$\mu_n(.,d\lambda) = \begin{cases} \dfrac{\lambda(X_n)}{h(X_n)}\ \nu'(d\lambda) & \text{si } h(X_n) > 0 \quad \forall\, n \geq 0 \\ \varepsilon_1 & \text{sinon} \end{cases}$$

où ε_1 est la mesure de Dirac en l'exponentielle identique à 1 .

Pour tout $n \geqq 0$, la loi de la v.a. $\mu_n(.,d\lambda)$ par rapport à ${}^{h}\mathbb{P}_o$ est $\nu'(d\lambda)$. Soit $\theta(\omega,d\lambda)$ la limite vague d'une sous-suite $\{\mu_{\varphi(n)}(\omega,d\lambda)\}$ de la suite de probabilité $\{\mu_n(\omega,d\lambda)\}$. Pour ${}^{h}\mathbb{P}_o$ -presque tout $\omega \in \Omega$, $\theta(\omega,d\lambda)$ est une probabilité sur E et la loi de la v.a. $\theta(.,d\lambda)$ par rapport à ${}^{h}\mathbb{P}_o$ est $\nu'(d\lambda)$. De plus nous avons, pour tout $\omega \in \Omega$,

$$\int_{E_\sigma} \lambda(g)\ \theta(\omega,d\lambda) \leqq \liminf_n \int_{E_\sigma} \lambda(g)\ \mu_{\varphi(n)}(\omega,d\lambda) .$$

Or

$$\int_{E_\sigma} \lambda(g)\ \mu_{\varphi(n)}(\omega,d\lambda) = \frac{h(g+X_{\varphi(n)})}{h(X_{\varphi(n)})} \quad \text{sur } \{h(X_n) > 0 \ , \ \forall\, n \geqq 0\} \ ;$$

par suite

$$\int_{E_\sigma} \lambda(g)\ \theta(.,d\lambda) \leqq \overline{\xi}^h(g,.) \qquad {}^{h}\mathbb{P}_o\text{-p.s. .}$$

Les deux membres de cette inégalité ayant même espérance par rapport à ${}^{h}\mathbb{P}_o$, il s'ensuit que l'on a égalité. Pour tout entier $n \geq 1$ et tout $g \in S$, nous avons alors ${}^h\mathbb{P}_o$-p.s.,

$$\bar{\xi}^h(g,.) = [\bar{\xi}^h(g^n,.)]^{1/n} = [\int_{E_\sigma} [\lambda(g)]^n \, \theta(.,d\lambda)]^{1/n}$$

et en faisant tendre n vers $(+\infty)$, on voit que nécessairement pour ${}^h\mathbb{P}_o$-presque tout ω

$$\theta(\omega,d\lambda) = \varepsilon_{\bar{\xi}^h(.,\omega)}(d\lambda)$$

D'où l'on déduit que $\nu = \nu'$. □

BIBLIOGRAPHIE

[1] G. CHOQUET et J. DENY.

- Sur l'équation de convolution $\mu = \mu * \sigma$.
CRAS, t. 250, 1960, p. 799-801.

Signalons que dans un article en préparation, L. DAVIES et D. SHANBHAG obtiennent des résultats analogues par des méthodes différentes et donnent de nombreuses applications.

Albert RAUGI
Laboratoire de Statistique
et Probabilités
Université Paul Sabatier
E.R.A.-C.N.R.S. 591
118, route de Narbonne
31062 - TOULOUSE CEDEX

Colloque de Théorie du
Potentiel-Jacques Deny
- Orsay 1983 -

LE SPECTRE DU LAPLACIEN SUR UN GRAPHE

par Jean-Pierre ROTH

I. INTRODUCTION.

De nombreux travaux ont été consacrés à l'étude du comportement asymptotique de fonctions associées au spectre du laplacien soit sur un ouvert de $\mathbb{R}^n$ ([1]), soit sur une variété riemannienne sans bord ([2],[3],[4],[5]). L'objet du présent article est de traiter ce type de problème dans le cadre nouveau où l'espace de base est un graphe. Nous établissons une identité reliant le spectre du laplacien sur un graphe et certains éléments géométriques de ce graphe. Les résultats de ce travail ont été annoncés dans [7].

NOTATIONS.

$\mathcal{G}$ est un graphe fini non orienté comportant S sommets et A arêtes. Chaque arête est identifiée à un intervalle de $\mathbb{R}$. Si f est une fonction de classe $\mathcal{C}^2$ sur l'intervalle $[\alpha\beta]$ associé à l'arête a, alors les notions $f''(x)$, $f'(\alpha)$ et $-f'(\beta)$ se transposent sur l'arête a pour donner les notions de dérivée seconde sur a et de dérivées intérieures le long de a en chacune des extrémités de a.

Un arc est le couple d'une arête et d'une orientation de celle-ci. A chaque arête sont associés deux arcs d'orientations opposées. Les couples d'arcs opposés sont notés $(-1,+1),..,(-A,+A)$. On note $\overline{j}$ la longueur de l'arc j et $d(x,y)$ la distance entre deux points x et y appartenant au même arc. On désigne par $I(j)$ et $T(j)$ les extrémités initiale et terminale de l'arc j .

Un chemin C est une suite finie d'arcs $(i_1,\ldots,i_n)$ telle que $T(i_1) = I(i_2),\ldots,T(i_{n-1}) = I(i_n)$. Le chemin C est fermé si de plus $T(i_n) = I(i_1)$. Les chemins fermés $(i_1,\ldots,i_n)$ et $(i_p,\ldots,i_n,i_1,\ldots,i_{p-1})$, si $p \leqq n$, sont dits équivalents. Une classe de chemins fermés équivalents est un circuit. On désigne par $\mathcal{C}$ l'ensemble des circuits.

Pour un entier p non nul on note pC le circuit obtenu en répétant p fois la séquence $C = (i_1,\ldots i_n)$. $\widetilde{C}$ est le plus petit circuit pour lequel il existe un entier p positif non nul tel que $C = p\widetilde{C}$. $\widetilde{C}$ est le circuit primitif engendrant C .

La longueur $\ell(C)$ du circuit C est la somme des longueurs des arcs qui le constituent. On désigne par L la somme des longueurs de toutes les arêtes de $\mathcal{G}$.

Si s est un sommet le degré de s , noté $m(s)$, est le nombre d'arcs issus de s . Pour un arc i arrivant en s et un arc j issu de s on définit le coefficient de transfert de i vers j, ε_{ij} , par

$$\varepsilon_{ij} = \frac{2}{m(s)} \quad \text{si } j \neq -i \quad \text{(transmission en } s\text{)} ,$$

et

$$\varepsilon_{ij} = \frac{2}{m(s)} - 1 \quad \text{si } j = -i \quad \text{(réflexion en } s\text{)} .$$

Dans le cas où $T(i) \neq I(j)$ on pose $\varepsilon_{ij} = 0$.
A tout circuit $C = (i_j,\ldots,i_n)$ on associe son indice $\alpha(C)$ défini par

$$\alpha(C) = \varepsilon_{i_n i_1} \cdot \varepsilon_{i_1 i_2} \cdot \ldots \cdot \varepsilon_{i_{n-1} i_n} .$$

Nous allons enfin introduire le laplacien Δ sur $\mathcal{G}$.

Son domaine $D(\Delta)$ est l'ensemble des fonctions continues sur $\mathcal{G}$ dont les restrictions à chacune des arêtes de $\mathcal{G}$ sont de classe $\mathcal{C}^2$ et qui satisfont pour tout sommet s de $\mathcal{G}$ aux deux conditions suivantes

. les dérivées secondes le long de chaque arc issu de s se raccordent en s,

. la somme des dérivées intérieures en s le long de chaque arc issu de s est nulle.

Pour toute fonction f de $D(\Delta)$ on pose $\Delta(f) = f''$.

On considère l'espace $L^2(\mathcal{G})$ associé à la mesure qui coïncide avec la mesure de Lebesgue sur chaque arête. Nous verrons que $-\Delta$ admet dans $L^2(\mathcal{G})$ une fermeture $-\overline{\Delta}$ auto-adjointe, positive et à résolvante compacte. L'opérateur $-\overline{\Delta}$ admet donc une suite de valeurs propres tendant vers l'infini,

$0 = \lambda_o \leqq \lambda_1 \leqq \lambda_2 \leqq \ldots$, chacune d'elles étant répétée un nombre de fois égal à son ordre de multiplicité.

<u>*THEOREME 1*</u>. *Pour tout* $t > 0$ *on a l'égalité suivante*

$$\sum_{n=0}^{\infty} \exp(-\lambda_n t) = L(2\sqrt{\pi t})^{-1} + \frac{1}{2}(S-A) + (2\sqrt{\pi t})^{-1} \sum_{C\in\mathcal{C}} \alpha(C)\ell(\tilde{C})\exp(-\ell(C)^2/4t)$$

les deux séries étant absolument convergentes.

<u>Remarque</u>. - On peut se demander si le spectre du laplacien sur un graphe caractérise entièrement celui-ci. L'exemple traité au paragraphe V prouve que la réponse est négative.

Les paragraphes 2) à 4) sont consacrés à la démonstration du théorème 1.

II. <u>FORMULE DE TRACE</u>.

1. <u>Solution fondamentale de l'équation de la chaleur</u>.

On désigne par $\tilde{\mathcal{G}}$ la somme topologique des arêtes de $\mathcal{G}$. $\tilde{\mathcal{G}}$ s'identifie donc à une réunion d'intervalles fermés disjoints. A une fonction f sur $\mathcal{G}$ on associe la fonction $\tilde{f}$ sur $\tilde{\mathcal{G}}$ qui coïncide avec f sur chaque arête fermée de $\mathcal{G}$.

Soit H une fonction sur $]0\infty[\times \mathcal{G} \times \mathcal{G}$ et $\tilde{H}$ sa fonction associée sur $]0\infty[\times \tilde{\mathcal{G}} \times \tilde{\mathcal{G}}$. H est dite solution fondamentale de l'équation de la chaleur $\frac{\partial u}{\partial t} = \Delta u$ si

1°) H est continue sur $]0\infty[\times \mathcal{G} \times \mathcal{G}$.

2°) $\forall\ (t,x,y)\ \frac{\partial H}{\partial t}(t,x,y)$ existe et est continue par rapport à (t,x,y) sur $]0\infty[\times \mathcal{G} \times \mathcal{G}$.

3°) $\forall\ (t,x,y)\ \frac{\partial \tilde{H}}{\partial y}(t,x,y)$ et $\frac{\partial^2 \tilde{H}}{\partial y^2}(t,x,y)$ existent et sont continues par rapport à (t,x,y) sur $]0\infty[\times \tilde{\mathcal{G}} \times \tilde{\mathcal{G}}$

et $\forall\ (t,x)\ H(t,x,.) \in D(\Delta)$.

4°) $\forall\ (t,x,y) \in\ ]0\infty[\times \mathcal{G} \times \mathcal{G}$, $\frac{\partial H}{\partial t}(t,x,y) = \Delta_y H(t,x,y)$.

5°) $\forall\ f \in \mathcal{C}(\mathcal{G})$, $\int_{\mathcal{G}} H(t,x,y)\, f(x)dx \to f(y)$ quand t tend vers 0, la convergence étant uniforme par rapport à y sur $\mathcal{G}$.

Le paragraphe III est consacré à la construction de H.

2. Semi-groupe de la chaleur sur $\mathcal{G}$

Supposons connue une solution fondamentale H de l'équation de la chaleur sur $\mathcal{G}$. Pour toute fonction f de $L^2(\mathcal{G})$ et $t > 0$ on définit la fonction $P_t f$ par

$$\forall\ y \in \mathcal{G} \qquad P_t f(y) = \int_{\mathcal{G}} H(t,x,y) f(x) dx\ ,$$

et on pose $P_o f = f$.

Si f est continue sur $\mathcal{G}$ et $u(t,y) = P_t f(y)$, alors u est l'unique solution du problème.

$$\begin{cases} \frac{\partial u}{\partial t} = \Delta u \quad \text{sur }]0\infty[\times \mathcal{G} \\ u(0,.) = f \\ u \ \text{continue sur } [0\infty[\times \mathcal{G} \end{cases}$$

L'unicité provient du principe du maximum

$$\text{Sup}\,\{u(t,y)/(t,y) \in [0\infty[\times \mathcal{G}\} = \text{Sup}\,\{u(0,y)/y \in \mathcal{G}\}\ .$$

Compte tenu de la remarque précédente et des propriétés de H on montre facilement que $(P_t)_{t\geqq 0}$ est un semi-groupe d'opérateurs fortement continu sur $L^2(\mathcal{G})$ dont le générateur infinitésimal est la fermeture $\overline{\Delta}$ de Δ dans $L^2(\mathcal{G})$.

3. Formule de trace.

$-\Delta$ est un opérateur symétrique et positif donc $-\overline{\Delta}$ est autoadjoint et positif. Nous montrerons à la fin du paragraphe III que la résolvante de $\overline{\Delta}$ est un opérateur à noyau continu sur $\mathcal{G} \times \mathcal{G}$ donc est compacte. L'opérateur $-\overline{\Delta}$ admet donc une suite de valeurs propres tendant vers l'infini, $0 = \lambda_o \leqq \lambda_1 \leqq \lambda_2 \leqq \ldots$, chacune d'elles étant répétée un nombre de fois égal à son ordre de multiplicité.

P_t est un opérateur nucléaire, comme carré de l'opérateur de Hilbert-Schmidt $P_{t/2}$, et sa trace vaut $\int_{\mathcal{G}} H(t,x,x)dx$.

Par ailleurs $(\exp(-\lambda_n t))_n$ constitue la suite des valeurs propres de $P_t = \exp(t\Delta)$. La trace de P_t vaut donc aussi $\sum_{n=0}^{\infty} \exp(-\lambda_n t)$.

On obtient donc la formule

$$\sum_{n=0}^{\infty} \exp(-\lambda_n t) = \int_{\mathcal{G}} H(t,x,x)dx\ .$$

III. CONSTRUCTION DE LA SOLUTION FONDAMENTALE.

1. Recherche de la fonction $\tilde{H}$.

Soit x un point fixé dans l'intérieur de l'arête 1 .
A tout arc $j = \pm 1,\ldots, \pm p$ on associe une fonction $\phi_j(t,x)$ continue par rapport à t sur $[0\infty[$ et, pour les points y de l'arc j , on recherche $\tilde{H}(t,x,y)$ sous la forme suivante

$$\tilde{H}(t,x,y) = (2\sqrt{\pi t})^{-1}\,\delta_{1,|j|}\,\exp(-d(x,y)^2/4t)$$
$$+ [(2\sqrt{\pi t})^{-1}\,\exp(-d(y,I(j))^2/4t)] * \phi_j(t,x)$$
$$+ [(2\sqrt{\pi t})^{-1}\,\exp(-d(y,I(-j))^2/4t)] * \phi_{-j}(t,x)\ ,$$

où $*$ désigne la convolution portant sur la variable t, toutes les fonctions étant définies nulles pour $t \leqq 0$. Dorénavant, pour simplifier l'écriture nous omettrons les crochets. Dans cette expression de $\tilde{H}$ le premier terme est la solution fondamentale de l'équation de la chaleur sur $\mathbb{R}$ tout entier et les deux autres permettent d'ajuster la solution aux deux extrémités de l'arc j.

$\tilde{H}(.,x,.)$ est solution de l'équation de la chaleur sur $]0\infty[\, \times \tilde{\mathcal{G}}$. Il s'agit maintenant de déterminer les fonctions inconnues ϕ_j de telle façon que les conditions de raccordement pour $\tilde{H}$ soient satisfaites en chaque sommet de $\mathcal{G}$.

Soit j un arc issu du sommet $s(I(j) = s)$. On note s_j l'extrémité initiale de j dans $\tilde{\mathcal{G}}$ et, si g est une fonction sur j, on note $\frac{\partial g}{\partial n_j}(s)$ la dérivée en 0 de la fonction $u \to g(x(u))$, où $x(u)$ est le point de j à la distance u de s_j.

On a

$$\tilde{H}(t,x,s_j) = (2\sqrt{\pi t})^{-1}\,\delta_{1,|j|}\,\exp(-d(x,s_j)^2/4t) + (2\sqrt{\pi t})^{-1} * \phi_j(t,x)$$
$$+ (2\sqrt{\pi t})^{-1}\,\exp(-\bar{j}^2/4t) * \phi_{-j}(t,x)$$

$$\frac{\partial \tilde{H}}{\partial n_j}(t,x,s_j) = (4\sqrt{\pi}t^{3/2})^{-1}\,\delta_{1,|j|}\,d(x,s)\,\exp(-d(x,s_j)^2/4t) - \frac{1}{2}\,\phi_j(t,x)$$
$$+ (4\sqrt{\pi}t^{3/2})^{-1}\,\bar{j}\,\exp(-\bar{j}^2/4t) * \phi_{-j}(t,x)$$

L'apparition du terme $-\frac{1}{2}\,\phi_j(t,x)$ s'explique par le résultat élémentaire du lemme suivant.

<u>LEMME 1</u>. *Pour $t > 0$ et f une fonction continue sur $[0\infty[$, on pose*

$$F(u) = \int_0^t (2\sqrt{\pi s})^{-1}\,\exp(-u^2/4s)f(t-s)ds\ .$$

| *Alors* F *est dérivable à droite en* 0 *et* $F'(0^+) = -\frac{1}{2} f(t)$.

Les conditions de raccordements en s s'écrivent ainsi

(i) Pour tous les arcs j issus de s , les quantités $\widetilde{H}(t,x,s_j)$ sont égales à une même valeur notée v .

(ii) $\Sigma \frac{\partial}{\partial n_j} \widetilde{H}(t,x,s_j) = 0$, la somme étant étendue à tous les arcs j issus de s .

Pour rendre maniables ces deux conditions nous allons faire un changement de fonctions inconnues en posant

$$\theta_j(t,x) = (2\sqrt{\pi t})^{-1} * \phi_j(t,x) .$$

<u>LEMME 2</u>. *Pour* $A \geqq 0$, B *et* $C > 0$ *on a les formules*

$$(\sqrt{\pi t})^{-1} \exp(-A^2/t) * B(\sqrt{\pi} t^{3/2})^{-1} \exp(-B^2/t) = (\sqrt{\pi t})^{-1} \exp(-(A+B)^2/t)$$

et

$$B(\sqrt{\pi} t^{3/2})^{-1} \exp(-B^2/t) * C(\sqrt{\pi} t^{3/2})^{-1} \exp(-C^2/t) =$$
$$= (B+C)(\sqrt{\pi} t^{3/2})^{-1} \exp(-(B+C)^2/t)$$

La démonstration de ce lemme peut se faire à la main par une suite de changements de variables bien choisis. On peut aussi l'obtenir en utilisant la transformation de Laplace.

En introduisant les nouvelles inconnues θ_j et en faisant usage des formules du lemme 2, la condition (i) s'écrit

(i') $\forall\, j, I(j) = s,\ (2\sqrt{\pi t})^{-1}\ \delta_{1,|j|} \exp(-d(x,s_j)^2/4t) + \theta_j(t,x)$

$$+ (2\sqrt{\pi} t^{3/2})^{-1}\ \bar{j} \exp(-\bar{j}^2/4t) * \theta_{-j}(t,x) = v$$

La condition (ii) équivaut à

$$\sum_* \frac{\partial \widetilde{H}}{\partial n_i} (t,x,s_i) * (\sqrt{\pi t})^{-1} = 0 ,$$

où $\sum_*$ signifie la somme étendue à tous les arcs i issus de s .

Compte tenu du lemme 2 la condition (ii) s'écrit donc

$$\text{(ii')} \quad \sum_{*} (2\sqrt{\pi t})^{-1} \delta_{1,|i|} \exp(-d(x,s_i)^2/4t) - \sum_{*} \theta_i(t,x)$$
$$+ \sum_{*} (2\sqrt{\pi} t^{3/2})^{-1} \bar{i} \exp(-\bar{i}^2/4t) * \theta_{-i}(t,x) = 0 .$$

En sommant les égalités (i') pour tous les arcs issus de s on obtient

$$\sum_{*} (2\sqrt{\pi t})^{-1} \delta_{1,|i|} \exp(-d(x,s_i)^2/4t) + \sum_{*} \theta_i(t,x)$$
$$+ \sum_{*} (2\sqrt{\pi} t^{3/2})^{-1} \bar{i} \exp(-\bar{i}^2/4t) * \theta_{-i}(t,x) = m(s)v .$$

La somme membre à membre de ces deux relations donne

$$v = \frac{2}{m(s)} \sum_{*} (2\sqrt{\pi t})^{-1} \delta_{1,|i|} \exp(-d(x,s_i)^2/4t)$$
$$+ \frac{2}{m(s)} \sum_{*} (2\sqrt{\pi} t^{3/2})^{-1} \bar{i} \exp(-\bar{i}^2/4t) * \theta_{-i}(t,x)$$

Finalement, j étant l'un des arcs issus de s , on déduit de la formule précédente et de (i') la relation suivante

$$\theta_j(t,x) = (\frac{2}{m(s)} - 1) \delta_{1|j|} (2\sqrt{\pi t})^{-1} \exp(-d(x,s_j)^2/4t)$$
$$+ \frac{2}{m(s)} \sum_{*,i\neq j} \delta_{1|i|} (2\sqrt{\pi t})^{-1} \exp(-d(x,s_i)^2/4t)$$
$$+ (\frac{2}{m(s)} - 1)(2\sqrt{\pi} t^{3/2})^{-1} \bar{j} \exp(-\bar{j}^2/4t) * \theta_{-j}(t,x)$$
$$+ \frac{2}{m(s)} \sum_{*,i\neq j} (2\sqrt{\pi} t^{3/2})^{-1} \bar{i} \exp(-\bar{i}^2/4t) * \theta_{-i}(t,x) .$$

En utilisant les coefficients de transfert $\varepsilon_{h,k}$ définis dans l'introduction on peut écrire $\theta_j(t,x)$ sous la forme suivante

$$\theta_j(t,x) = (2\sqrt{\pi t})^{-1} [\varepsilon_{-1,j} \exp(-d(x,s_1)^2/4t) + \varepsilon_{1,j} \exp(-d(x,s_{-1})^2/4t]$$
$$+ \sum_{i\in\mathcal{A}} \varepsilon_{i,j} (2\sqrt{\pi} t^{3/2})^{-1} \bar{i} \exp(-\bar{i}^2/4t) * \theta_i(t,x) ,$$

où $\mathcal{A} = \{-1,+1,\ldots,-A,+A\}$ est l'ensemble ordonné de tous les arcs de $\mathcal{G}$.

On va exprimer ces relations pour tout j de $\mathcal{A}$ par une écriture matricielle.

A cet effet on introduit

$\Theta(t,x)$ la matrice colonne $[\theta_j(t,x)]_{j\in\mathcal{A}}$,

$\Lambda_1(t,x)$ la matrice colonne $[\lambda_{j1}(t,x)]_{j\in\mathcal{A}}$, où

$$\lambda_{j1}(t,x) = (2\sqrt{\pi t})^{-1}\ [\varepsilon_{-1,j}\ \exp(-d(x,T(-1))^2/4t) + \varepsilon_{1,j}\ \exp(-d(x,T(1))^2/4t)]$$

$T(t)$ la matrice carrée $[t_{ji}(t)]_{j,i\in\mathcal{A}}$, où

$$t_{ji}(t) = \varepsilon_{ij}(2\sqrt{\pi}t^{3/2})^{-1}\ \bar{i}\ \exp(-\bar{i}^2/4t)\ .$$

Θ , Λ_1 et T sont des matrices à coefficients dans l'algèbre de convolution des fonctions de t nulles pour $t < 0$ et dont la restriction à $[0\infty[$ est continue.

Θ satisfait alors à l'égalité suivante

$$\Theta(t,x) = T(t) * \Theta(t,x) + \Lambda_1(t,x)\ .$$

On reconnait une équation intégrale vectorielle de type de Volterra. Sa solution existe et s'exprime comme somme d'une série

$$\Theta(t,x) = \sum_{n=0}^{\infty} T(t)^{*n} * \Lambda_1(t,x)\ .$$

Pour un point y d'un arc fixé j on a

$$\begin{aligned}\tilde{H}(t,x,y) &= (2\sqrt{\pi t})^{-1}\ \delta_{1,|j|}\ \exp(-d(x,y)^2/4t) \\ &+ (2\sqrt{\pi}t^{3/2})^{-1}\ d(y,I(j))\exp(-d(y,I(j))^2/4t * \theta_j(t,x) \\ &+ (2\sqrt{\pi}t^{3/2})^{-1}\ d(y,I(-j))\exp(-d(y,I(-j))^2/4t) * \theta_{-j}(t,x)\ .\end{aligned}$$

En introduisant $\Gamma_j(t,y)$ la matrice ligne $[\gamma_{j\ell}(t,y)]_{\ell\in\mathcal{A}}$ où

$$\begin{aligned}\gamma_{j\ell}(t,y) &= (2\sqrt{\pi}t^{3/2})^{-1} d(y,I(\ell))\exp(-d(y,I(\ell))^2/4t) \quad \text{si } \ell = \pm j \\ &= 0 \quad \text{sinon,}\end{aligned}$$

$\tilde{H}(t,x,y)$ s'écrit

$$\tilde{H}(t,x,y) = (2\sqrt{\pi t})^{-1}\ \delta_{1|j|}\ \exp(-d(x,y)^2/4t) + \sum_{n=0}^{\infty} \Gamma_j(t,y) * T(t)^{*n} * \Lambda_1(t,x)\ .$$

Jusqu'à présent nous avons supposé que x est un point dans l'intérieur de l'arête $(-1,+1)$. Plus généralement si x est dans l'intérieur de l'arête $(-i,i)$ et y appartient à l'arête $(-j,j)$ on a

$$\widetilde{H}(t,x,y) = (2\sqrt{\pi t})^{-1}\ \delta_{|i||j|}\ \exp(-d(x,y)^2/4t) + $$
$$+ \sum_{n=0}^{\infty} \Gamma_j(t,y) * T(t)^{*n} * \Lambda_i(t,x) .$$

Le terme général d'ordre n de cette série est la somme de tous les éléments du type suivant

$$\gamma_{\pm j,i_{n+1}} * t_{i_{n+1},i_n} * \dots * t_{i_2,i_1} * \lambda_{i_1,i} .$$

Il suffit de considérer ceux de ces produits pour lesquels $(\pm i,i_1,\dots,i_n, \pm j)$ est un chemin de $\mathcal{G}$ puisque tous les autres sont nuls, ε_{hk} étant nul dès que $T(h) \neq I(k)$.

Le lemme 2 permet de calculer ces produits de convolution et on obtient finalement

$$\widetilde{H}(t,x,y) = (2\sqrt{\pi t})^{-1}\ \delta_{|i||j|}\ \exp(-d(x,y)^2/4t)$$
$$+ \sum_C \left(\prod_{k=0}^{n} \varepsilon_{i_k,i_{k+1}} \right)(2\sqrt{\pi t})^{-1} \exp(-(d(x,T(i_o)) + \overline{i}_1 + \dots + \overline{i}_n$$
$$+ d(I(i_{n+1}),y))^2/4t)$$

La somme étant étendue à tous les chemins $C = (i_o,i_1,\dots,i_n,i_{n+1})$ tels que $i_o = \pm i$ et $i_{n+1} = \pm j$, où i (resp. j) est un arc contenant x (resp. y).

2. Propriétés de la fonction $\widetilde{H}$.

Nous allons préciser la convergence de la somme obtenue pour expression de $\widetilde{H}$. En notant a la longueur de la plus petite arête de $\mathcal{G}$ et en remarquant que $|\varepsilon_{hk}| \leq 1$ on voit que le terme général $v_C(t,x,y)$ de cette somme vérifie

$$|v_C(t,x,y)| < (2\sqrt{\pi t})^{-1} \exp(-n(C)^2 a^2/4t) ,$$

où $n(C) + 2$ est le nombre d'arcs du chemin C.

Par ailleurs on a

$$\sum_C \exp(-n(C)^2 a^2/4t) \leqq \sum_{n=0}^{\infty} 4\, A^n \exp(-n^2 a^2/4t) ,$$

ce qui montre la convergence normale de $\sum_C v_C(t,x,y)$ sur $[bc] \times \tilde{\mathcal{G}} \times \tilde{\mathcal{G}}$ $(0 < b < c)$.
$\tilde{H}$ est donc continue sur $]0\infty[\times \tilde{\mathcal{G}} \times \tilde{\mathcal{G}}$.

De la même manière on montre que $\frac{\partial \tilde{H}}{\partial t}$, $\frac{\partial \tilde{H}}{\partial y}$, $\frac{\partial^2 \tilde{H}}{\partial y^2}$ existent, sont continues sur $]0\infty[\times \tilde{\mathcal{G}} \times \tilde{\mathcal{G}}$ et s'obtiennent par dérivation sous le signe somme.

$\tilde{H}$ a été construite de telle façon que, pour la variable y, les conditions de raccordement en chaque sommet soient satisfaites et ceci est réalisé pour tout x distinct d'un sommet de $\tilde{\mathcal{G}}$. Par continuité elles sont encore satisfaites lorsque x est l'un des sommets de $\tilde{\mathcal{G}}$.

Pour pouvoir remonter de la fonction $\tilde{H}$ sur $]0\infty[\times \tilde{\mathcal{G}} \times \tilde{\mathcal{G}}$ à une fonction H sur $]0\infty[\times \mathcal{G} \times \mathcal{G}$ il suffit de prouver que si i et j sont deux arcs issus d'un même sommet s alors $\tilde{H}(t,s_i,y) = \tilde{H}(t,s_j,y)$ pour tout y de $\tilde{\mathcal{G}}$.
Cette égalité est immédiate car $\tilde{H}(t,x,y)$ est symétrique en x et en y comme on le voit sur son expression et on sait par ailleurs que $\tilde{H}(t,y,s_i) = \tilde{H}(t,y,s_j)$.

La fonction H ainsi obtenue sur $]0\infty[\times \mathcal{G} \times \mathcal{G}$ vérifie bien les propriétés 1°) à 4°) d'une solution fondamentale.

3. H <u>satisfait à la propriété 5°)</u>.

On prouve d'abord $\forall\, t > 0$, $\forall\, x \in \mathcal{G}$, $\int_{\mathcal{G}} H(t,x,y)\,dy = 1$.

On remarque

$$\frac{\partial}{\partial t} \int_{\mathcal{G}} H(t,x,y)\,dy = \int_{\mathcal{G}} \frac{\partial H}{\partial t}(t,x,y)\,dy = \int_{\mathcal{G}} \Delta_y H(t,x,y)\,dy = 0$$

Il suffit alors de montrer

$$\forall\, x \in \mathcal{G} , \lim_{t \to 0} \int_{\mathcal{G}} H(t,x,y)\,dy = 1$$

Par continuité, on peut même se limiter à prendre x distinct d'un sommet. Le résultat est alors la conséquence de l'égalité

$$\int_{\mathbb{R}} (2\sqrt{\pi t})^{-1} \exp(-d(x,y)^2/4t)\,dy = 1$$

et du fait que le noyau de la chaleur sur $\mathbb{R}$ approche convenablement H en les points x distincts des sommets de $\mathcal{G}$, ce que précisent les deux inégalités suivantes

(i) Soit x un point à l'intérieur de l'arc j . On pose

$$\alpha = \frac{1}{2} \operatorname{Min} \{d(x,I(j)),d(x,T(j))\}$$

Alors $\exists K > 0$, $\forall t > 0$, $\forall y \in$ arc j , $d(x,y) < \alpha \Rightarrow$

$$|H(t,x,y) - (2\sqrt{\pi t})^{-1} \exp(-d(x,y)^2/4t)| \leqq Kt^{-1/2} \exp(-\alpha^2/4t)$$

(ii) $\forall \alpha > 0$, $\exists K > 0$, $\forall (t,x,y) \in]0\infty[\times \mathcal{G} \times \mathcal{G}$, $d(x,y) > \alpha \Rightarrow$

$$|H(t,x,y)| \leqq Kt^{-1/2} \exp(-\alpha^2/4t) ,$$

où $d(x,y)$ est la longueur du plus court chemin joignant x à y dans $\mathcal{G}$.

Ces inégalités se prouvent à partir de l'expression de $\tilde{H}(t,x,y)$ comme somme de série.

Finalement la propriété 5°) découle de $\int_{\mathcal{G}} H(t,x,y)dy = 1$ et de l'inégalité (ii).

Nous avons annoncé au paragraphe II le fait que la résolvante de $\overline{\Delta}$ est un opérateur à noyau continu. C'est une conséquence facile des propriétés de H . Le noyau $H(t,x,y)$ de P_t est continu sur $]0\infty[\times \mathcal{G} \times \mathcal{G}$ et vérifie la majoration suivante

(iii) $\exists K > 0$, $\forall t > 0$, $\forall (x,y) \in \mathcal{G} \times \mathcal{G}$, $|H(t,x,y)| \leqq K(1+t^{-1/2})$.

On pose $R(\lambda,x,y) = \int_0^\infty H(t,x,y)\, e^{-\lambda t}\, dt$ pour $\lambda > 0$.

$R(\lambda,x,y)$ est une fonction continue sur $]0\infty[\times \mathcal{G}\times\mathcal{G}$ et c'est le noyau de la résolvante R_λ de $\overline{\Delta}$.

IV. CALCUL DE LA TRACE.

Pour achever la démonstration du théorème nous devons calculer

$\int_{\mathcal{G}} H(t,x,x)dx$.

Soit x un point de $\mathcal{G}$ distinct d'un sommet. $H(t,x,x)$ est la somme de quantités de l'un des trois types suivants

type 1 : $(2\sqrt{\pi t})^{-1}$

type 2 : $\left(\prod_{k=0}^{n} \varepsilon_{i_k,i_{k+1}}\right)(2\sqrt{\pi t})^{-1} \exp(-(\overline{i}_o+\ldots+\overline{i}_n)^2/4t)$

où $(i_o,i_1,\ldots,i_{n+1})$ est un chemin tel que $i_o = i_{n+1} \ni x$,

type 3 : $\left(\prod_{k=0}^{n} \varepsilon_{i_k,i_{k+1}}\right)(2\sqrt{\pi t})^{-1} \exp(-(\overline{i}_1+\ldots+\overline{i}_n + 2d(x,I(i_1)))^2/4t)$

où $(i_o,i_1,\ldots,i_{n+1})$ est un chemin tel que $i_o = -i_{n+1} \ni x$.

L'intégration du terme de type 1 sur chacune des arêtes de $\mathcal{G}$ donne la contribution $L\ (2\sqrt{\pi t})^{-1}$.

L'intégration sur l'arête $(i_o,-i_o)$ du terme de type 2 associé au circuit $C = (i_o,\ldots,i_n)$ donne

$$\overline{i}_o\ \alpha(C)\ (2\sqrt{\pi t})^{-1} \exp(-\ell(C)^2/4t) .$$

On note $\widetilde{C} = (i_o,\ldots,i_p)$ le circuit primitif générateur de C . Pour chacune des arêtes $(i_k,-i_k)$, $k = 0,\ldots,p$, le circuit C apporte la contribution

$$\overline{i}_k\ \alpha(C)\ (2\sqrt{\pi t})^{-1} \exp(-\ell(C)^2/4t) .$$

Globalement le circuit C donne donc

$$\ell(\widetilde{C})\alpha(C)\ (2\sqrt{\pi t})^{-1} \exp(-\ell(C)^2/4t) .$$

La somme de ces quantités pour tous les circuits C de $\mathcal{G}$ donne le troisième terme dans la formule du théorème 1.

Il nous reste à évaluer la somme $f(t)$ des intégrales des termes du type 3. Ce calcul est un peu plus délicat.

$$f(t) = \Sigma \left(\prod_{k=0}^{n} \varepsilon_{i_k i_{k+1}}\right) (2\sqrt{\pi t})^{-1} \int_0^{\bar{i}_o} \exp(-(\bar{i}_1+\ldots+ i_n + 2u)^2/4t)du \ .$$

$$f(t) = \Sigma \left(\prod_{k=0}^{n} \varepsilon_{i_k i_{k+1}}\right) (2\sqrt{\pi})^{-1} [F(\bar{i}_1+\ldots+ \bar{i}_n)-F(\bar{i}_1+\ldots \bar{i}_n+ 2\bar{i}_o)]$$

où $F(u) = \displaystyle\int_{u/2\sqrt{t}}^{\infty} \exp(-v^2)dv$,

Cette somme étant prise sur tous les chemins $(i_o,\ldots,i_{n+1})$ tels que $i_o = -i_{n+1} \ni x$.

Dans cette expression, si $(i_1,\ldots,i_n) = \emptyset$ c'est-à-dire si $n = 0$, on prend $\bar{i}_1 +\ldots+ \bar{i}_n = 0$

Etudions la somme $\mathcal{S}(C)$ des termes

$$\left(\prod_{k=0}^{n} \varepsilon_{i_k i_{k+1}}\right)(2\sqrt{\pi})^{-1} F(\bar{i}_1 + \ldots + \bar{i}_n)$$

lorsque $C = (i_1,\ldots,i_n)$ est un circuit fixé non vide et $i_{n+1} = -i_o$ vaut successivement chacun des arcs j issus du sommet $I(i_1) = T(i_n)$.

<u>*LEMME 3*</u>. *Si* h *et* k *sont deux arcs pointant vers le sommet* s *alors*

$$\sum_{j/I(j)=s} \varepsilon_{hj}\, \varepsilon_{kj} = \begin{cases} 0 & si \ \ h \neq k \\ 1 & si \ \ h = k \end{cases}$$

<u>Démonstration du lemme</u>. On note m pour $m(s)$

si $h \neq k$ $\quad \displaystyle\sum_{j/I(j)=s} \varepsilon_{hj}\, \varepsilon_{kj} = 2\left(\frac{2}{m} - 1\right)\frac{2}{m} + (m-2)\frac{2}{m}\frac{2}{m} = 0$

si $h = k$ $\quad \displaystyle\sum_{j/I(j)=s} \varepsilon_{hj}\, \varepsilon_{kj} = \left(\frac{2}{m} - 1\right)^2 + (m-1)\frac{2}{m}\frac{2}{m} = 1$.

En utilisant le lemme 3 et en remarquant que $\varepsilon_{-j,i} = \varepsilon_{-i,j}$ on obtient

$$\mathcal{S}(C) = \left(\prod_{k=1}^{n-1} \varepsilon_{i_k i_{k+1}}\right)(2\sqrt{\pi})^{-1} F(\bar{i}_1 + \ldots + \bar{i}_n)\left(\sum_{j/I(j)=s} \varepsilon_{-j,i_1}\varepsilon_{i_n j}\right)$$

$$\mathcal{S}(C) = \begin{cases} 0 \quad \text{si} \quad i_1 \neq -i_n \\ \left(\prod_{k=1}^{n-1} \varepsilon_{i_k i_{k+1}}\right)(2\sqrt{\pi})^{-1} F(\bar{i}_2 + \ldots + \bar{i}_{n-1} + 2\bar{i}_n) \quad \text{si} \quad i_1 = -i_n \end{cases}$$

En revenant à l'expression de $f(t)$ on voit que ce dernier terme y figure aussi affecté du signe moins. Finalement seules subsistent dans l'expression de $f(t)$ les quantités

$$\left(\prod_{k=0}^{n} \varepsilon_{i_k i_{k+1}}\right)(2\sqrt{\pi})^{-1} F(\bar{i}_1 + \ldots + \bar{i}_n)$$

associées à des chemins $(i_o, \ldots, i_{n+1} = -i_o)$ tels que $(i_1, \ldots, i_n) = \emptyset$, donc, si $\mathcal{A}$ (resp. $\mathcal{S}$) est l'ensemble des arcs (resp. sommets) de $\mathcal{G}$, on a

$$f(t) = \left(\sum_{j\in\mathcal{A}} \varepsilon_{-j,j}\right)(2\sqrt{\pi})^{-1} F(0) = \frac{1}{4} \sum_{j\in\mathcal{A}} \left(\frac{2}{m(I(j))} - 1\right)$$

$$f(t) = \frac{1}{4} \sum_{s\in\mathcal{S}} \sum_{j/I(j)=s} \left(\frac{2}{m(s)} - 1\right) = \frac{1}{4} \sum_{s\in\mathcal{S}} (2-m(s))$$

Finalement $f(t) = \frac{1}{2} S - \frac{1}{2} A$ ce qui achève la démonstration du théorème.

V. ETUDE D'UN EXEMPLE.

Pour $a,b,c, > 0$ on note $\mathcal{G}_{abc}$ le graphe constitué de quatre sommets s_1, s_2, s_3, s_4 et des six arêtes suivantes

- deux arêtes notées 1 et 2 de longueur a joignant s_1 et s_2
- deux arêtes notées 3 et 4 de longueur b joignant s_2 et s_3
- deux arêtes notées 5 et 6 de longueur c joignant s_3 et s_4 .

PROPOSITION. Pour le graphe $\mathcal{G}_{abc}$ *on a la formule*

$$\sum_{n=0}^{\infty} \exp(-\lambda_n t) = d(\sqrt{\pi t})^{-1} - 1 + (\sqrt{\pi t})^{-1} \sum_{n=1}^{\infty} \left[d \exp(-n^2 d^2/t) + a \exp(-n^2 a^2/t) + b \exp(-n^2 b^2/t) + c \exp(-n^2 c^2/t)\right]$$

où l'on a posé $d = a + b + c$.

En particulier, si a *et* b *sont distincts,* $\mathcal{G}_{abc}$ *et* $\mathcal{G}_{bac}$ *ont même spectre mais ne sont pas isométriques.*

Démonstration. Nous allons montrer cette relation non comme corollaire du théorème 1 mais par une preuve directe.

Soit $u(t,x)$ la solution de l'équation de la chaleur sur $\mathcal{G}_{abc}$ avec la donnée initiale $f(x)$. Les arêtes 1,2,3,4,5,6 sont identifiées aux intervalles $[0,a]_1$, $[0,a]_2$, $[a,a+b]_3$, $[a,a+b]_4$, $[a+b,a+b+c]_5$, $[a+b,a+b+c]_6$. On note u_i (resp. f_i) la restriction de u (resp. f) à l'arête i.

On pose $d = a+b+c$ et on note U la fonction sur $[0\infty[\times [0d]$ définie par

$$U(t,x) = \begin{cases} (u_1+u_2)(t,x) & \text{si } x \in [0,a] \\ (u_3+u_4)(t,x) & \text{si } u \in [a,a+b] \\ (u_5+u_6)(t,x) & \text{si } x \in [a+b,a+b+c] \end{cases}$$

On définit de la même manière F à partir de f_1+f_2 , f_3+f_4 , f_5+f_6 .

U est solution du problème de la chaleur sur $[0d]$ avec conditions de Neumann au bord $(\frac{\partial U}{\partial x}(t,0) = \frac{\partial U}{\partial x}(t,d) = 0)$ et avec F pour donnée initiale. La solution fondamentale $J_d(t,x,y)$ de ce problème vaut

$$J_d(t,x,y) = \sum_{p=-\infty}^{+\infty} [G(t,x+2pd,y) + G(t,-x+2pd,y)] ,$$

où $G(t,x,y)$ est le noyau de la chaleur sur $\mathbb{R}$.

$$\forall\, x \in [0d] ,\ U(t,x) = \int_0^L J_d(t,x,y)\, F(y)\, dy \qquad (*)$$

Cette relation donne la valeur de u_1+u_2 , u_3+u_4 et u_5+u_6 .
La fonction u_1-u_2 est la solution du problème de la chaleur sur $[0a]$ avec conditions de Dirichlet au bord $((u_1-u_2)(t,0) = (u_1-u_2)(t,a) = 0)$ et avec f_1-f_2 pour donnée initiale. La solution fondamentale $K_a(t,x,y)$ de ce problème vaut

$$K_a(t,x,y) = \sum_{p=-\infty}^{+\infty} [G(t,x+2pa,y) - G(t,-x+2pa,y)] .$$

$$\forall\, x \in [0a] , \quad (u_1-u_2)(x) = \int_0^a K_a(t,x,y)(f_1-f_2)(y)dy \qquad (**)$$

La conjonction des relations (*) et (**) donne

$$\begin{aligned} 2u_1(x) = & \int_0^a J_d(t,x,y)(f_1+f_2)(y)dy + \int_a^{a+b} J_d(t,x,y)(f_3+f_4)(y)dy \\ & + \int_{a+b}^{a+b+c} J_d(t,x,y)(f_5+f_6)(y)dy + \int_0^a K_a(t,x,y)(f_1-f_2)(y)dy . \end{aligned}$$

Si l'on note $H(t,x,y)$ la solution fondamentale du problème de la chaleur sur $\mathcal{G}_{abc}$ on a donc

$$\forall\, x \in [0,a]_i \quad (i=1,2) , \quad H(t,x,x) = \frac{1}{2} J_d(t,x,x) + \frac{1}{2} K_a(t,x,x) .$$

De la même manière on obtient

$$\forall\, x \in [a,a+b]_i \ (i=3,4), \ H(t,x,x) = \frac{1}{2} J_d(t,x,x) + \frac{1}{2} K_b(t,x-a,x-a)$$

$$\forall\, x \in [a+b,a+b+c]_i \ (i=5,6), \ H(t,x,x) = \frac{1}{2} J_d(t,x,x) + \frac{1}{2} K_c(t,x-a-b,x-a-b) .$$

En reportant ces valeurs de $H(t,x,x)$ dans la formule de trace on obtient

$$\begin{aligned} \sum_{n=0}^{\infty} \exp(-\lambda_n t) &= \int_0^d J_d(t,x,x)dx + \int_0^a K_a(t,x,x)dx \\ &+ \int_0^b K_b(t,x,x)dx + \int_0^c K_c(t,x,x)dx \\ &= g(d)+h(d)+g(a)-h(a)+g(b)-h(b)+g(c)-h(c) , \end{aligned}$$

où l'on a noté

$$\begin{aligned} g(r) &= \int_0^r \Big(\sum_{p=-\infty}^{+\infty} G(t,x+2pr,x)\Big)dx = (2\sqrt{\pi t})^{-1} \sum_{p=-\infty}^{+\infty} r \exp(-p^2r^2/t) \\ &= r(2\sqrt{\pi t})^{-1} + (\sqrt{\pi t})^{-1} \sum_{p=1}^{\infty} r \exp(-p^2r^2/t) , \\ h(r) &= \int_0^r \Big(\sum_{p=-\infty}^{+\infty} G(t,-x+2pr,x)\Big)dx = (2\sqrt{\pi t})^{-1} \sum_{p=-\infty}^{+\infty} \int_0^r \exp((x-pr)^2/t)dx \\ &= (2\sqrt{\pi t})^{-1} \int_{-\infty}^{+\infty} \exp(-x^2/t)dx = \frac{1}{2} , \end{aligned}$$

ce qui donne bien le résultat annoncé.

VI. FORMULE DE POISSON SUR UN GRAPHE.

De la même façon qu'on a résolu le problème de la chaleur sur un graphe, on peut s'intéresser à l'équation des ondes. Une telle étude conduit au théorème 2 .

THEOREME 2. On a la formule

$$\sum_{n=0}^{\infty} exp(\pm i\sqrt{\lambda_n}\,u)du = 2L\delta_0 + (S-A)du + \sum_{C\in\mathcal{C}} \alpha(C)\ell(\tilde{C})\delta_{\pm\ell(C)} ,$$

la convergence des séries étant à prendre au sens des distributions.

Nous n'en donnons pas la démonstration ici.

On peut souligner que dans le contexte de l'équation des ondes les coefficients de transfert ε_{ij} ont une signification concrète ; ils précisent la propagation des singularités par réflexion et transmission en les sommets du graphe.

La relation du théorème 2 est vraie au sens des distributions c'est-à-dire lorsqu'on applique les deux membres à une fonction ϕ de $\mathcal{D}$, mais elle reste encore vraie quand on l'applique à des fonctions ϕ décroissant très vite à l'infini comme $u \to e^{-u^2}$. En particulier appliquée à $\phi(u) = (2\sqrt{\pi t})^{-1} \exp(-u^2/4t)$ elle redonne la formule du théorème 1.

Ces formules suggèrent la possibilité d'introduire une fonction zêta associée à un graphe permettant d'étudier la répartition des longueurs des circuits primitifs de ce graphe (cf. [6] chapitre 2).

B I B L I O G R A P H I E

[1] R. BALIAN et C. BLOCH.

- Eigenfrequency Density Oscillations.
Annals of Physics, 69, (1972), p. 76-160.

[2] M. BERGER, P. GAUDUCHON et E. MAZET.

- Le spectre d'une variété riemannienne.
Springer Lecture Notes, 194, (1971).

[3] J. CHAZARAIN.

- Formule de Poisson pour les variétés riemanniennes.
Inventiones Mathematicae, 24, (1974), p. 65-82.

[4] Y. COLIN DE VERDIERE.

- Spectre du laplacien et longueurs des géodésiques périodiques.
Compositio Mathematica, 27, (1973), p. 83-106 et 159-184.

[5] J.J. DUISTERMAAT and V.W. GUILLEMIN.

- The spectrum of positive elliptic operators and periodic bicharacteristics.
Inventiones Mathematicae, 29, (1975), p. 39-79.

[6] D.A. HEJHAL.

- The Selberg trace formula for PSL $(2,\mathbb{R})$.
Springer Lecture Notes, 548, (1976).

[7] J.P. ROTH.

- Spectre du laplacien sur un graphe.
C.R. Acad. Sc. Paris, t. 296, (1983), p. 783-795.

Jean-Pierre ROTH

I. S. E. A.

4, rue des Frères Lumière

68093 - MULHOUSE Cedex

Colloque de Théorie du
Potentiel-Jacques Deny
- Orsay 1983 -

DOOB'S CONVERGENCE AXIOM IMPLIES THE COINCIDENCE OF THE TOPOLOGIES τ_{cc} and τ_{nat}

Ursula SCHIRMEIER

On the cone $\mathcal{S}_+(X)$ of all positive superharmonic functions of a $\mathcal{P}$-harmonic space X with countable base various topologies have been introduced.

(1) The topology of graph convergence (see Mokobodzki [6] and Barth [1]), which coincides with the natural topology τ_{nat} introduced in [2].

(2) The topology generated by the family of maps

$$s \longmapsto R_s^{\varphi}(x) ,$$

where $\varphi \in \mathcal{C}_+(X)$ with compact support and $x \notin \operatorname{supp} \varphi$([6] and [1]) .

(3) The topology τ_{cc} introduced in Constantinescu-Cornea's book [3] .

The topology τ_{cc} is defined in such a way that the specific multiplication map

$$s \longmapsto f \odot s$$
$$\mathcal{S}_+(X) \to \mathcal{S}_+(X)$$

is continuous for every continuous function $f \geq 0$ on the Alexandroff-compactification X_w of X .

G. Mokobodzki and Th. Barth prove in [6] and [1] the coincidence of the topologies (1) and (2) in the presence of Doob's convergence axiom. Here we prove the coincidence of τ_{nat} and τ_{cc} :

<u>THEOREM</u>. *The topologies* τ_{cc} *and* τ_{nat} *coincide on* $\mathcal{S}_+(X)$ *provided that* X *satisfies Doob's convergence axiom.*

The proof of this theorem uses the following connections between continuity properties of the specific multiplication map and the carrier correspondence, which are valid in the general framework of standard H-cones. The notations are those of [2].

<u>PROPOSITION</u>. *Let* S *be a standard H-cone of functions on* X_1 *and let* A *be a specifically solid subset of* $\mathcal{S}(\overline{X}_1)$ *(i.e.* $s \in A, s' \in S, s' \prec s \Rightarrow s' \in A$*).*
Then the following statements are equivalent :

(1) The restriction of the correspondence $carr = carr_{\overline{X}_1}$ *to* A *is lower semi-continuous.*

(2) The restriction of the specific multiplication map M *to* $\mathcal{C}_+(\overline{X}_1) \times A$

$$M : \mathcal{C}_+(\overline{X}_1) \times A \to S$$
$$(f,s) \longmapsto V_s(f) =: f \circledcirc s$$

is continuous with respect to the natural topology on A *and* S *and the uniform convergence topology on the space* $\mathcal{C}_+(\overline{X}_1)$ *of all positive continuous functions on* $\overline{X}_1$ *. (For the definition of* X_1 *,* $\mathcal{P}$ *and* V_s *see [2]).*

Proof. A slight modification of the proof of [7], Proposition 4.4. shows the implication (1) $\Rightarrow$ (2) . Conversely for any closed subset F of $\overline{X}_1$ the set $\{s \in A : \text{carr } s \subset F\}$ is the intersection of the closed sets

$$A_f := \{s \in A : V_s(f) = 0\} \text{ , where } f \in \mathcal{C}_+(\overline{X}_1) \text{ and } F \cap \text{Supp}(f) = \emptyset \text{ .}$$

Remark. The proposition remains true, if the space $\overline{X}_1$ is replaced by a general second countable "carrier space" Y , as considered in [7], § 4 .

Proof of the Theorem. The topology τ_{cc} is always finer than the natural topology by [2], Theorem 4.5.8. and [3], Proposition 11.2.8. In order to prove the converse we have to show the natural continuity of the maps

$$s \longmapsto \mu(f \circledcirc s)$$

for every $f \in \mathscr{C}_+(X_w)$ and every positive measure μ on X_w with support disjoint from supp(f) ([3], Proposition 11.5.1 and Proposition 11.2.4).

$S = \mathscr{S}_+(X)$ is a standard H-cone of functions on X. By [5] we way assume that $X = X_1$ and $X_w = \overline{X}_1$. The harmonic support S_o as defined in [3], p. 194, is just $\mathrm{carr}_{\overline{X}_1}$ and $\mathscr{T}(X_1) = \mathscr{S}_+(X)$. The following lemma will show that the presence of Doob's convergence axiom implies the lower semi-continuity of the carrier correspondence on $\mathscr{S}_+(X)$ and hence the continuity of the maps

$$s \longmapsto f \circledcirc s$$
$$\mathscr{S}_+(X) \to \mathscr{S}_+(X)$$

and of the maps

$$s \longmapsto \mu(f \circledcirc s)$$
$$\mathscr{S}_+(X) \to \mathbb{R} ,$$

where $f \in \mathscr{C}_+(\overline{X}_1)$ and μ is a measure on $\overline{X}_1$ with support disjoint from supp(f).

<u>*LEMMA*</u>. *Let $(s_n)_{n \in \mathbb{N}}$ be a sequence in $\mathscr{S}_+(X)$ converging to some $s \in \mathscr{S}_+(X)$ with respect to the natural topology and let F be a closed subset of X_w containing the carriers $\mathrm{carr}\ s_n, n \in \mathbb{N}$. Then $\mathrm{carr}\ s \subset F$ and the sequence $(s_n)_{n \in \mathbb{N}}$ converges locally uniformly to s on $X \setminus F$.*

Proof. Since a naturally convergent sequence converges on a dense subset, the assertion follows immediately from [4], Lemma 3.1.

Remark. It is not clear, whether the carrier correspondence is lower semi-continuous on $S = \mathscr{S}_+(X)$ for a $\mathscr{P}$-harmonic space without Doob's convergence property. It would be interesting to have a characterization of those H-cones S for which the carrier correspondence is lower semi-continuous.

REFERENCES

[1] T. BARTH.

- Représentation intégrale des fonctions surharmoniques au moyen des réduites.
  Séminaire de Théorie du Potentiel, Paris 14e - 15e années, 26, 1970-1972.

[2] N. BOBOC, Gh. BUCUR, A. CORNEA, H. HÖLLEIN.

- Order and convexity in potential theory : H-cones.
  Lecture Notes in Math. 852, Springer, Berlin-Heidelberg-New York, 1981.

[3] C. CONSTANTINESCU, A. CORNEA.

- Potential theory on harmonic spaces.
  Springer, Berlin-Heidelberg-New York, 1972.

[4] K. JANSSEN.

- On the existence of a Green function for harmonic spaces.
  Math. Ann., 208 (1974), 295-303.

[5] K. JANSSEN.

- Standard H-cones and balayage spaces.
  Preprint 1981.

[6] G. MOKOBODZKI.

- Représentation intégrale des fonctions surharmoniques au moyen des réduites.
  Ann. Inst. Fourier, Grenoble. 15, 1, 1965, 103-112.

[7] U. SCHIRMEIER.

- Continuity properties of the carrier map.
  Rev. Roum. Math. Pures et Appli., Tome XXVIII, N° 5, p. 431-451, Bucarest, 1963.

Ursula SCHIRMEIER
Katholische Universität Eichstätt
Mathematisch-Geographische Fakultät
Ostenstrasse 26-28
D-8078 EICHSTÄTT

Colloque de Théorie du
Potentiel-Jacques Deny
- Orsay 1983 -

UNE REMARQUE SUR LA CONVERGENCE DES FONCTIONS PROPRES DU LAPLACIEN A VALEUR PROPRE CRITIQUE

Peter SJÖGREN

Soit

$$P(z,\theta) = \frac{1}{2\pi}\,\frac{1-|z|^2}{|z-e^{i\theta}|^2}\ , \quad z \in U = \{|z| < 1\}\ , \quad \theta \in \mathbb{T} = \mathbb{R}/2\pi\mathbb{Z}\ ,$$

le noyau de Poisson du disque unité. Il est bien connu que $P(z,\theta)^{\lambda+\frac{1}{2}}$ est une fonction propre du Laplacien hyperbolique $L = \frac{1}{4}(1-|z|^2)^2\Delta$, à valeur propre $\lambda^2 - 1/4$. Pour $\lambda \geq 0$, toute solution $u \geq 0$ de l'équation $L\,u = (\lambda^2 - 1/4)u$ dans U admet une représentation

$$u(z) = P_\lambda\mu(z) = \int_{\mathbb{T}} P(z,\theta)^{\lambda+\frac{1}{2}}\,d\mu(\theta)\ ,$$

où $\mu \geq 0$ est une mesure dans $\mathbb{T}$. Mais lorsque la valeur propre est inférieure à 1/4, il n'existe pas de fonctions propres positives de L dans U .

Si $d\mu = f d\theta$ est absolument continue, il est facile de récupérer les valeurs de f à partir de $u = P_\lambda f$. En normalisant, on trouve que $P_\lambda f / P_\lambda 1$ est, pour $|z|$ fixé, une convolution de f et d'une bonne approximation de l'identité. Ici 1 est la fonction constante dans $\mathbb{T}$. Pour presque tout $\alpha \in \mathbb{T}$, la fonction $P_\lambda f(z)/P_\lambda 1(z)$ converge vers $f(\alpha)$ lorsque z tend vers $e^{i\alpha}$ en restant dans un cône non tangentiel, c'est-à-dire que la quantité $|\alpha - \arg z|/(1 - |z|)$ doit rester bornée.

Dans [1] , nous avons examiné le cas du bidisque. La frontière de Martin minimale des fonctions propres du Laplacien bihyperbolique est alors le produit du tore $\mathbb{T}^2$ et d'un quart de cercle. Voir aussi [2], et [3] pour les espaces symétriques. On a vu dans [1] que la racine carrée P_0 , qui correspond à la valeur propre critique, joue un rôle particulier.

En effet, soit $f \in L^1(\mathbb{T}^2)$, à laquelle nous associons la fonction propre

$$P_{\lambda,\lambda} f(z_1,z_2) = \int_{\mathbb{T}^2} P(z_1,\theta_1)^{\lambda+\frac{1}{2}} P(z_2,\theta_2)^{\lambda+\frac{1}{2}} f(\theta_1,\theta_2)\,d\theta_1 d\theta_2 \ , \quad (z_1,z_2) \in U^2 .$$

Faisons tendre (z_1,z_2) vers un point de $\mathbb{T}^2$, chaque z_i restant dans un cône non tangentiel. Alors pour tout $\lambda > 0$, on sait que $P_{\lambda,\lambda} f/P_{\lambda,\lambda} 1 \to f$ p.p. sur $\mathbb{T}^2$ au sens de la convergence restreinte, définie par la condition

$$0 < c \leq \frac{1 - |z_1|}{1 - |z_2|} \leq C < \infty .$$

Mais pour $\lambda = 0$, on a aussi p.p. la convergence faiblement restreinte, définie par

$$c \leq \frac{\log(1 - |z_1|)}{\log(1 - |z_2|)} \leq C ,$$

voir [1], Théorème 3.

Nous allons voir que même dans le disque on a une propriété de convergence particulièrement forte pour P_0 . Définissons un *domaine faiblement tangentiel* de U en $\alpha \in \mathbb{T}$ par l'inégalité

$$|\alpha - \arg z| \leq C(1 - |z|) \log(1 - |z|)^{-1} , \qquad (1)$$

où C est une constante.

PROPOSITION. Soit $f \in L^1(\mathbb{T})$. Pour presque tout $\alpha \in \mathbb{T}$, le quotient $P_0 f(z)/P_0 1(z)$ tend vers $f(\alpha)$ quand z tend vers $e^{i\alpha}$ en restant dans un domaine faiblement tangentiel en α.

Il est facile de voir qu'on ne peut remplacer ici P_0 par P_λ, $\lambda > 0$, ni prendre des domaines de convergence essentiellement plus grands.

Dans la boule unité de $\mathbb{R}^n$, on peut considérer pour $\lambda \geq 0$ le noyau

$$P_\lambda(x,y) = \frac{(1-|x|^2)^{\lambda+\frac{1}{2}}}{|x-y|^{2\lambda+n-1}}, \quad |x| < 1, \quad |y| = 1 .$$

Il donne des solutions dans la boule de l'équation

$$\frac{1}{4}(1-|x|^2)^2 \, \Delta u = (\lambda^2 - \tfrac{1}{4})\, u ,$$

et pour $\lambda = 0$ il y a un résultat analogue à la proposition.

Pour le noyau

$$P_\lambda(x,y) = \frac{x_{n+1}^{\lambda+\frac{1}{2}}}{|x-y|^{2\lambda+n}}, \quad x \in \mathbb{R}^{n+1}_+, \quad y \in \mathbb{R}^n = \partial \mathbb{R}^{n+1}_+ ,$$

dans le demi-espace $\mathbb{R}^{n+1}_+ = \{x \in \mathbb{R}^{n+1} : x_{n+1} > 0\}$, on a l'équation $x_{n+1}^2 \, \Delta u = (\lambda^2 - 1/4)u$. La proposition reste valable $(\lambda = 0)$, à condition de normaliser en divisant cette fois par $P_\lambda h$, où h est une fonction convenable à support compact dans $\mathbb{R}^n$ qui vaut 1 au voisinage du point considéré.

Démonstration de la proposition. Avec $t = 1 - |z|$, $\varphi = \arg z \in \mathbb{T}$, on trouve que

$$\frac{P_0 f(z)}{P_0 1(z)} \sim \frac{1}{1 + \log t^{-1}} \int_{\mathbb{T}} \frac{f(\theta)\, d\theta}{t + |\theta - \varphi|}, \quad f \geq 0 ,$$

où $A \sim B$ signifie $A/B \leq c^{te}$, $B/A \leq c^{te}$. Posons

$$M_0 f(\alpha) = \sup \frac{P_0|f|(z)}{P_0 1(z)} ,$$

le sup pris dans le domaine défini par les inégalités $\frac{1}{2} < |z| < 1$ et (1), où la constante C est fixe. Par la méthode habituelle d'approximation, on voit qu'il suffit de montrer que l'opérateur maximal M_0 est de type faible (1,1) dans $\mathbb{T}$.

Nous avons

$$M_0 f(\alpha) \leq c^{te} \sup_{\substack{|\varphi-\alpha|\leq Ct \log t^{-1} \\ 0<t<\frac{1}{2}}} \frac{1}{\log t^{-1}} \int_{\mathbb{T}} \frac{|f(\theta)|\,d\theta}{t+|\theta-\varphi|} .$$

Notons que

$$\frac{1}{\log t^{-1}} \int_{|\theta-\alpha|<2Ct \log t^{-1}} \frac{|f(\theta)|\,d\theta}{t+|\theta-\varphi|} \leq$$

$$\leq \frac{1}{t \log t^{-1}} \int_{|\theta-\alpha|<2Ct \log t^{-1}} |f(\theta)|\,d\theta \leq 4CMf(\alpha),$$

où M est l'opérateur maximal classique. D'autre part, $|\theta - \alpha| > 2\,C\,t \log t^{-1}$ entraîne $|\theta - \varphi| > |\theta - \alpha|/2$, d'où, si C est grand,

$$\frac{1}{\log t^{-1}} \int_{|\theta-\alpha|>2\,C\,t \log t^{-1}} \frac{|f(\theta)|\,d\theta}{t+|\theta-\varphi|} \leq \frac{2}{\log t^{-1}} \int_{|\theta-\alpha|>t} \frac{|f(\theta)|\,d\theta}{|\theta-\alpha|} =$$

$$= \frac{2}{\log t^{-1}} \sum_{1\leq 2^k<\pi/t} \frac{1}{2^k t} \int_{2^k t<|\theta-\alpha|<2^{k+1}t} |f(\theta)|\,d\theta <$$

$$\leq \frac{8}{\log t^{-1}} \sum \frac{1}{2^{k+2}t} \int_{|\theta-\alpha|<2^{k+1}t} |f(\theta)|\,d\theta .$$

Chaque terme dans cette dernière somme est majorée par $Mf(\alpha)$, et le nombre de termes est inférieure à $c^{te} \log t^{-1}$. Il en découle que $M_0 f \leq c^{te}\,Mf$, d'où le résultat.

BIBLIOGRAPHIE

[1] P. SJÖGREN

- Fatou theorems and maximal functions for eigenfunctions of the Laplace-Beltrami operator in a bidisk.
J. reine angew. Math. 345 (1983), 93-110.

[2] P. SJÖGREN.

- A Fatou theorem and a maximal function not invariant under translation.
Seminar on Fourier Analysis, El Escorial (Espagne), 1983.

[3] P. SJÖGREN.

- A Fatou theorem for eigenfunctions of the Laplace-Beltrami operator in a symmetric space.
A paraître dans Duke Math. J. 51 (1984).

CHALMERS UNIVERSITY OF TECHNOLOGY
University of Göteborg
Department of Mathematics
S-412 96 GÖTEBORG
Suède

Colloque de Théorie du
Potentiel-Jacques Deny
- Orsay 1983 -

SUR LES FLUCTUATIONS DES MARCHES ALEATOIRES SUR UN GROUPE

Christian SUNYACH

On sait que l'étude des fluctuations d'une marche aléatoire sur R repose sur l'identité $\varepsilon - \mu = (\varepsilon - \mu^-) * (\varepsilon - \mu^+)$ où μ désigne la loi des accroissements de la marche, μ^+ (resp. μ^-) la loi d'entrée dans $[0,+\infty[$ (resp. $]-\infty,0[$) partant de l'origine et ε la probabilité de Dirac en l'origine (voir [1] et [3]). Nous démontrons une identité analogue pour une marche aléatoire sur un groupe en remplaçant $[0,+\infty[$ par un semi-groupe arbitraire A du groupe (th. 2) [μ^- est alors la loi d'entrée de la marche droite dans A^c, mais μ^+ est la loi de la position de la marche gauche en un temps d'arrêt ne dépendant que de A et coïncidant avec le temps d'entrée dans A lorsque, de plus, A^c est lui-même un semi-groupe] .

Dans un article ultérieur, nous montrerons l'usage que l'on peut faire de cette identité, dans l'étude des fluctuations d'une marche aléatoire.

Si A est un borélien arbitraire du groupe, une identité de ce type (μ^- et μ^+ étant des sous-probabilités portées par A^c et A respectivement) n'existe pas, en général. On est alors amené à rechercher une partition $A_1,\ldots,A_q$ telle que $A = \bigcup_1^p A_i$ et $A^c = \bigcup_{p+1}^q A_i$ et des sous-probabilités μ_i portées par A_i telles que

$$\varepsilon - \mu = (\varepsilon - \mu_1) * (\varepsilon - \mu_2) * \ldots * (\varepsilon - \mu_q) .$$

Cette question a été résolue dans un autre contexte par M. Ito dans [2] , pour les groupes R^d et pour certaines partitions. Nous donnons ici une réponse plus générale et une formule explicite pour les mesures μ_i dans le cas des groupes commutatifs, inspirée de la formule de Baxter et Spitzer qui correspond au cas de R ou Z et de la partition $]-\infty,0[$, $[0,+\infty[$.

I. ENTREE DANS LE COMPLEMENTAIRE D'UN SEMI-GROUPE.

Dans ce qui suit on désignera par G un groupe, μ une loi de probabilité sur G , X_n une suite de variables aléatoires à valeurs dans G indépendantes équidistribuées de loi μ , et $S_n = X_1 \cdot X_2 \cdot \ldots \cdot X_n$.

Soit A une partie de G . On désigne par ν_A le temps d'atteinte de A : $\nu_A = \inf \{n : n \geqq 1$ et $S_n \in A\}$, et par ν_A^p la suite $\nu_A^o = \nu_A$ et

$$\nu_A^{p+1} = \nu_A^p + \inf \{n : n \geqq 1 \text{ et } S_{\nu_A^p+n} \in S_{\nu_A^p} . A\} .$$

Dans la théorie des fluctuations sur un groupe (et déjà sur R^2) on est conduit à introduire de nouveaux temps d'arrêt. On dira que $X_i \cdot X_{i+1} \cdot \ldots X_n$ est A-décomposable s'il existe une suite strictement croissante d'entiers $i < n_1 < n_2 < \ldots < n$ telle que

$$X_i \cdot \ldots \cdot X_{n_1} \in A , X_{n_1+1} \cdot \ldots \cdot X_{n_2} \in A , \ldots \text{ et } X_{n_p+1} \cdot \ldots \cdot X_n \notin A .$$

On désigne par λ_A le temps d'arrêt suivant :

$$\lambda_A = \inf \{n : n \geqq 1 \text{ et } S_n \text{ n'est pas } A^c\text{-décomposable}\} .$$

Il est clair que $\lambda_A \geqq \nu_A$ et que $\lambda_A = \nu_A$ si A^c , le complémentaire de A , est un semi-groupe. (Nous appelons semi-groupe une partie fermée pour la multiplication. Elle peut contenir ou non le neutre).

C'est la propriété suivante qui amène à introduire les temps d'arrêt λ :

<u>LEMME FONDAMENTAL</u>. *Soient* T *un borélien de* G *tel que son complémentaire soit* μ^{*n} *-négligeable pour tout* $n \geq 1$ (μ^{*n} *désigne la* $n^{\text{ième}}$ *puissance de convolution de* μ) *et* A *un borélien de* G .

Désignons par $\Pi_n(A)$ *l'évènement : pour tout* $i \in \{1,2,\dots,n\}$, $X_i \cdot X_{i+1} \cdot \dots X_n$ *est* A*-décomposable. Nous avons les inclusions (presque sures) :*

$$\Pi_n(A) \subset \{n = \nu_A^0 \text{ ou } n = \nu_A^1 \text{ ou } n = \nu_A^2 \dots\} \subset \Pi_n\ (A \cup [(A^c \cap T)^{-1} . (A \cap T)]) .$$

<u>Preuve</u>.

Première inclusion : Vu que $X_1 \cdot \dots \cdot X_n$ est A-décomposable, n majore un ν_A^p . Soit p le plus grand entier tel que $\nu_A^p \leq n$. Il n'est pas possible que $\nu_A^p < n$ car $X_{\nu_A^{p+1}} \cdot \dots \cdot X_n$ serait A - décomposable et par suite n serait égal à ν_A^{p+1} , ce qui contredirait la définition de p .

Deuxième inclusion : commençons par montrer que, pour tout $i \in \{1,\dots,\nu_A^0\}$, $X_i \cdot \dots \cdot X_{\nu_A^0}$ appartient à B , où l'on a posé $B = A \cup [(A^c \cap T)^{-1} . (A \cap T)]$.

Par définition, $X_1 \cdot \dots \cdot X_{\nu_A^0}$ appartient presque surement à $A \cap T$ et $X_1 \cdot \dots \cdot X_i$ à $A^c \cap T$ ($i = 1,2,\dots,\nu_A^0 - 1$) , donc $X_{i+1} \cdot \dots \cdot X_{\nu_A^0}$ appartient à B .

On voit de même que $X_i \cdot \dots \cdot X_{\nu_A^{p+1}} \in B$ pour tout $i \in \{\nu_A^p + 1,\dots,\nu_A^{p+1}\}$ et par suite $X_i \cdot \dots \cdot X_{\nu_A^p}$ est B-décomposable pour tout $i \in \{1,\dots,\nu_A^p\}$.

<u>COROLLAIRE 1</u>. *Si* $(A^c \cap T) . (A^c \cap T) \subset (A \cap T)^c$, *alors*

$$\Pi_n(A \cap T) = \{n = \nu_A^0 \text{ ou } n = \nu_A^1 \text{ ou } n = \nu_A^2 \dots\} .$$

<u>Preuve</u>.

Vu que $\Pi_n(A) = \Pi_n(A \cap T)$ presque surement, il nous suffit de voir que A contient $T \cap [(A^c \cap T)^{-1} . (A \cap T)]$.

De fait, soit x un élément de $A^c \cap T$. Par hypothèse, nous avons

$x\cdot(A^c \cap T) \subset A^c \cup T^c$, donc $A^c \cap T \subset x^{-1}\cdot(A \cap T)^c$ et par suite $A^c \subset T^c \cup [x^{-1}\cdot(A \cap T)^c] = (T \cap x^{-1}\ (A \cap T))^c$, ce qui montre que A contient $T \cap x^{-1}\cdot(A \cap T)$.

On notera ε_x (resp. ε) la probabilité de Dirac en x (resp. en l'élément neutre du groupe). Posons $\tilde{S}_n = X_n\cdot X_{n-1}\cdot\ldots X_1$ et désignons par $\tilde{\lambda},\tilde{\nu}$ les temps d'arrêt correspondants.

<u>THEOREME 2</u>. *Soient T un borélien de G tel que T^c soit μ^{*n}-négligeable pour tout $n \geq 1$ et A un borélien tel que $(A^c \cap T)\cdot(A^c \cap T) \subset (A \cap T)^c$. Pour tout $s \in [0,1]$, on a l'identité*

$$\varepsilon - s\,\mu = (\varepsilon - E\, s^{\nu_A}\, \varepsilon_{S_{\nu_A}}) * (\varepsilon - E\, s^{\tilde{\lambda}_{A^c}}\, \varepsilon_{\tilde{S}_{\tilde{\lambda}_{A^c}}})$$

Remarquons que si T est un semi-groupe, l'hypothèse signifie que $A^c \cap T$ est un semi-groupe.

<u>Preuve</u>.

Nous établirons l'identité pour $s \in [0,1[$ et elle s'en déduira par continuité pour $s = 1$. Rappelons l'identité suivante, valable pour tout temps d'arrêt :

$$(\varepsilon - E\, s^{\tilde{\lambda}_{A^c}}\, \varepsilon_{\tilde{S}_{\tilde{\lambda}_A}}) * E \sum_o^{\infty} s^n\, \varepsilon_{\tilde{S}_n} = E \sum_o^{\tilde{\lambda}_{A^c}-1} s^n\, \varepsilon_{\tilde{S}_n} \;.$$

Comme $p \longmapsto (\nu_A^p\,,\, S_{\nu_A^p})$ est une marche aléatoire sur $\bar{\mathbb{N}} \times (G \cup \infty)$, il nous suffit de montrer que

$$E \sum_o^{\tilde{\lambda}_{A^c}-1} s^n\, \varepsilon_{\tilde{S}_n} = E \sum_o^{\infty} s^{\nu_A^p}\, \varepsilon_{S_{\nu_A^p}} \;.$$

Or d'après le corollaire 1,

$$E \sum_o^{\infty} s^{\nu_A^p}\, \varepsilon_{S_{\nu_A^p}} = \sum_{n=o}^{\infty} E\, 1_{\{n=\nu_A^0 \text{ ou } n=\nu_A^1 \ldots\}}\, s^n\, \varepsilon_{S_n} = \sum_{n=o}^{\infty} E\, 1_{\Pi_n(A)}\, s^n\, \varepsilon_{S_n} = Z$$

car la suite ν_A^p est strictement croissante, et

$$Z = \sum_{n=o}^{\infty} E\, 1_{\tilde{\Pi}_n(A)}\, s^n\, \varepsilon_{\tilde{S}_n}$$

en désignant par $\tilde{\Pi}_n(A)$ l'évènement : pour tout $i \in \{1,\ldots,n\}$, $X_i \cdot \ldots \cdot X_1$ est A-décomposable, donc par définition de $\tilde{\lambda}_{A^c}$ nous avons

$Z = E \sum_{o}^{\tilde{\lambda}_{A^c}-1} s^n \varepsilon_{\tilde{S}_n}$. D'où

$$(\varepsilon - E\, s^{\tilde{\lambda}_{A^c}} \varepsilon_{\tilde{S}_{\tilde{\lambda}_{A^c}}}) * E \sum_{o}^{\infty} s^n \varepsilon_{\tilde{S}_n} = E \sum_{o}^{\infty} s^{\nu_A^p} \varepsilon_{S_{\nu_A^p}} ,$$

ce qui est, autrememnt écrite, l'identité cherchée. Pour le cas de R ou Z voir [1] et [3].

Posons $\mu_A^s = E\, s^{\lambda_A} \varepsilon_{S_{\lambda_A}}$ et $\tilde{\mu}_A^s = E\, s^{\tilde{\lambda}_A} \varepsilon_{\tilde{S}_{\tilde{\lambda}_A}}$. Si μ est une sous-probabilité sur G , notons U_μ sa mesure potentielle $\sum_o^\infty \mu^{*n}$.

<u>*COROLLAIRE 3*</u>. *Soit A un borélien de G tel que A ou A^c soit un semi-groupe. Il existe un unique couple de fonctions croissantes $\mu_1^\bullet$ et $\mu_2^\bullet$, où μ_1^s et μ_2^s sont des sous-probabilités portées par A et A^c respectivement, tel que*

$$\varepsilon - s\,\mu = (\varepsilon - \mu_1^s) * (\varepsilon - \mu_2^s)$$

pour tout $s \in [0,1[$, à savoir $\mu_1^\bullet = \mu_A^\bullet$ et $\mu_2^\bullet = \widetilde{\mu_{A^c}^\bullet}$ si A^c est un semi-groupe.

1. A^c est un semi-groupe.

L'existence découle immédiatement du théorème 2. Si $\varepsilon - s\,\mu = (\varepsilon - \mu_1^s) * (\varepsilon - \mu_2^s)$ et $s < 1$, il est clair que la masse de μ_1^s et μ_2^s est strictement plus petite que 1 , car

$$1 - s = [1 - \mu_1^s(1)]\,[1 - \mu_2^s(1)] \quad .$$

D'où $U_{s\mu} * (\varepsilon - \mu_1^s) = U_{\mu_2^s}$ et par suite $U_{s\mu} * (\varepsilon - \mu_1^s) - \varepsilon$ est nulle sur A , donc $(\varepsilon - \widehat{\mu_1^s}) * U_{s\hat{\mu}} = \varepsilon$ sur $\hat{A}$. Vu que $\widehat{\mu_1^s}$ est portée par $\hat{A}$, le principe d'unicité des masses montre que $\widehat{\mu_1^s}$ est uniquement déterminée, donc $\mu_2^s = \varepsilon - U_{\mu_1^s} * (\varepsilon - \mu)$ aussi.

2. A est semi-groupe.

Il suffit de raisonner comme ci-dessus, mais à partir de

$$\varepsilon - s\,\hat{\mu} = (\varepsilon - \widehat{\mu_2^s}) * (\varepsilon - \widehat{\mu_1^s}) .$$

Remarques.

1. Sur R , le corollaire ci-dessus est inexact pour $A = [0,1]$.

2. Soit μ une sous-probabilité sur G . Posons $\mu_A = \mu_A^1$ si $\mu(1)=1$ et $\mu_A = \theta_A^{\mu(1)}$ si $0 < \mu(1) < 1$, où $\theta = \mu/\mu(1)$. La formule

$$\mu_A = E \sum_{n=1}^{\infty} [\mu(1)]^n \, \varepsilon_{S_n} \, 1_{\lambda_A = n} ,$$

où l'espérance est prise par rapport à la marche de loi θ , montre que la fonction $\mu \longmapsto \mu_A$ est croissante, car $\{\lambda_A = n\}$ ne dépend que de $S_1, S_2, \ldots S_n$.

3. On sait que le groupe des transformations affines de R est isomorphe ou groupe des matrices $\begin{pmatrix} 1 & a \\ 0 & h \end{pmatrix}$ où $a \in R$ et $h \in R_+^*$. le semi-groupe $A_\alpha = \{(a,h) : a > \alpha\}$ où $\alpha \geqq 0$, fournit une illustration intéressante de la situation étudiée dans cette première partie.

II. LE CAS D'UNE PARTITION FINIE.

Dans cette deuxième partie nous supposerons que le groupe G est commutatif. Si μ est une mesure positive, on posera $\exp \mu = \sum_0^\infty \frac{1}{n!} \mu^{*n}$.

PROPOSITION 4. *Soit A un semi-groupe tel qu'il existe une suite décroissante $B_1, B_2, \ldots, B_p$ de semi-groupes boréliens tels que $B_1 = G$, $B_p = A$ et que pour tout $i = 1,2,\ldots,p-1, B_i \cap B_{i+1}^c$ soit un semi-groupe. Etant donné une sous-probabilité μ sur G et $s \in [0,1[$, la mesure $\mu_A^s = \varepsilon - \exp - 1_A \sum_1^\infty \frac{s^n}{n} \mu^{*n}$ est une sous-probabilité. La fonction $s \to \mu_A^s$ est croissante et on notera μ_A^1 sa borne supérieure.*

Si μ est transiente, μ_A^1 l'est aussi et

$$U_{\mu_A^1} = \sum_0^\infty (\mu_A^1)^{*n} = \exp 1_A \sum_1^\infty \frac{1}{n} \mu^{*n} .$$

Preuve.

Supposons $\mu(1) < 1$. D'après le théorème 2 il existe des sous-probabilités μ_1 et μ_1' portées par $B_1 \cap B_2^c$ et B_2 respectivement telles que

$\varepsilon - \mu = (\varepsilon - \mu_1) * (\varepsilon - \mu_1')$, et par récurrence on trouve une suite $(\mu_i)_{i=1,\dots,p}$ de sous probabilités portées par $B_i \cap B_{i+1}^c$ pour $i = 1,2,\dots,p-1$, μ_p étant portée par $B_p = A$, telle que $\varepsilon - \mu = \overset{p}{\underset{1}{*}} (\varepsilon - \mu_i)$.

Si $\mu(1) \leqq 1$ et $s \in [0,1[$ on peut donc décomposer $\varepsilon - s\,\mu$ en $(\varepsilon - \mu_1^s) * (\varepsilon - (\mu_1')^s)$. D'après la remarque suivant le corollaire 3, les fonctions $s \longmapsto \mu_1^s$ et $s \longmapsto (\mu_1')^s$ sont croissantes. On voit, par récurrence, que dans la décomposition $\varepsilon - s\,\mu = \overset{p}{\underset{1}{*}} (\varepsilon - \mu_i^s)$ les fonctions μ_i^s $(i = 1,\dots,p)$ sont croissantes. Par passage à l'enveloppe supérieure on peut donc les prolonger en $s = 1$ et on aura donc $\varepsilon - \mu = \overset{p}{\underset{1}{*}} (\varepsilon - \mu_i^1)$, les μ_i^1 étant des sous-probabilités portées par $B_i \cap B_{i+1}^c$.

Supposons à nouveau $\mu(1) < 1$. On démontre facilement l'identité

$$\Sigma_o^\infty \mu^{*n} = \exp \sum_1^\infty \frac{1}{n} \mu^{*n} .$$

De $U_p = \underset{i}{*} U_{\mu_i}$ on déduit donc que

$$\sum_1^\infty \frac{1}{n} \mu^{*n} = \sum_i \sum_1^\infty \frac{1}{n} \mu_i^{*n}$$

et comme $A_i = B_i \cap B_{i+1}^c$ est un semi-groupe et la mesure μ_i portée par A_i , on voit que $1_{A_i} \Sigma_1^\infty \frac{1}{n} \mu^{*n} = \Sigma_1^\infty \frac{1}{n} \mu_i^{*n}$, d'où

$$U_{\mu_i} = \Sigma_o^\infty \mu_i^{*n} = \exp \Sigma_1^\infty \frac{1}{n} \mu_i^{*n} = \exp 1_{A_i} \Sigma_1^\infty \frac{1}{n} \mu^{*n} ,$$

et $\varepsilon - \mu_i = U_{\mu_i}^{-1} = \exp(- 1_{A_i} \Sigma_1^\infty \frac{1}{n} \mu^{*n})$.

Si μ est transiente, la mesure $\sum_1^\infty \frac{1}{n} \mu^{*n}$ est finie et on voit que $\Sigma_o^\infty \mu^{*n} = \exp \Sigma_1^\infty \frac{1}{n} \mu^{*n}$ en passant à la limite dans $\Sigma_o^\infty s^n \mu^{*n} = \exp \Sigma_1^\infty \frac{s^n}{n} \mu^{*n}$. Donc μ_A^1 est transiente et

$$U_{\mu_A^1} = \lim_{0\uparrow 1} U_{\mu_A^s} = \lim_{s\uparrow 1} \exp 1_A \Sigma_1^\infty \frac{s^n}{n} \mu^{*n} = \exp 1_A \Sigma_1^\infty \frac{1}{n} \mu^{*n}$$

<u>*DEFINITION*</u>. *Nous dirons qu'un semi-groupe A est <u>décomposant</u> s'il existe une suite de semi-groupe B_i vérifiant l'hypothèse de la proposition précédente.*

Exemples. Dans R^2 , tout cône convexe de sommet l'origine (contenant ou non l'origine) et ne contenant pas de droite est décomposant.

Dans R^3 , tout cône convexe de sommet l'origine et à section polygonale (compacte ou non) est décomposant.

THEOREME 5. Soient A_i *une partition de* G *en semi-groupes décomposants et* μ *une sous-probabilité sur* G *. Il existe une unique famille de fonctions croissantes* $\mu^{\bullet}_{A_i}$ $(i = 1,\dots,p)$ *définies sur* $[0,1[$ *et telle que* $\mu^s_{A_i}$ *soit une sous-probabilité portée par* A_i *et que* $\varepsilon - s\,\mu = \overset{p}{\underset{1}{*}} (\varepsilon - \mu^s_{A_i})$ *, à savoir*

$$\mu^s_{A_i} = \varepsilon - \exp - 1_{A_i} \Sigma_1^\infty \frac{s^n}{n} \mu^{*n} .$$

De plus les enveloppes supérieures $\mu^1_{A_i}$ *sont portées par* A_i *et vérifient*

$$\varepsilon - \mu = \overset{p}{\underset{1}{*}} (\varepsilon - \mu^1_{A_i}) .$$

Preuve.

1. La famille indiquée convient car

$$\overset{p}{\underset{1}{*}} U_{\mu_i^s} = \overset{p}{\underset{1}{*}} \exp 1_{A_i} \Sigma_1^\infty \frac{s^n}{n} \mu^{*n} = \exp \Sigma_1^\infty \frac{s^n}{n} \mu^{*n} = U_{s\mu} .$$

2. Soit $(\mu_i^{\bullet})$ une famille vérifiant les conditions indiquées. Nous avons

$\overset{p}{\underset{1}{*}} U_{\mu_i^s} = U_{s\mu}$, d'où

$$\sum_1^\infty \frac{s^n}{n} \mu^{*n} = \sum_i \sum_1^\infty \frac{1}{n} (\mu_i^s)^{*n} .$$

Mais μ_i^s est portée par A_i, et A_i est un semi-groupe, d'où

$$1_{A_i} \sum_1^\infty \frac{s^n}{n} \mu^{*n} = \Sigma_1^\infty \frac{1}{n} (\mu_i^s)^{*n} \quad \text{et par suite} \quad \mu^s_{A_i} = \varepsilon - \exp - 1_{A_i} \sum_1^\infty \frac{s^n}{n} \mu^{*n} .$$

Remarques.

On peut remplacer l'hypothèse "A_i est décomposant" par "1_{A_i} est limite simple d'une suite de fonctions caractéristiques de semi-groupes décomposants boréliens". En effet tout repose sur la positivité des mesures $\varepsilon - \exp - 1_{A_i} \Sigma_1^\infty \frac{s^n}{n} \mu^{*n}$. On atteint ainsi une classe beaucoup plus large de semi-groupes.

BIBLIOGRAPHIE

[1] FELLER W.

- An introduction to probability theory and its applications. Wiley Ed. 1970.

[2] ITO M.

- Sur une décomposition des noyaux de convolution de Hunt. (à paraître aux Annales de l'Institut Fourier).

[3] SPITZER F.

- Principles of random walk. Van Nostrand 1964.

Note sur épreuves.

Il convient d'ajouter les références suivantes :

GREENWOOD P. et SHAKED M.

- Dual pairs of stopping times of random walks. The Annals of Prob. 6,4, 1978, 644-650.

- Fluctuations of random walk in R^d and storage systems. Adv. Appli. Prob. 9, 1977, 566-587.

Christian SUNYACH
Laboratoire de Probabilité
U.E.R. 48 - TOUR 56
UNIVERSITE PARIS VI
4, Place Jussieu
75230 - PARIS CEDEX 05

ON THE FLUCTUATION THEORY FOR RANDOM WALKS ON GROUPS

SUMMARY.

We prove a Wiener-Hopf factorisation formula for a random walk on an arbitrary group and give the probabilistic interpretation (the state space group is partitionned in an arbitrary sub-semi-group and its complement). Applications to fluctuation theory will he given later.

We extend also a factorisation property for potential kernels, due to M. Ito, on abelian groups and give an explicit formula for the component, related to Baxter and Spitzer formula in fluctuation theory.

Colloque de Théorie du
Potentiel-Jacques Deny
- Orsay 1983 -

SEMI-GROUPS RELATED TO DIRICHLET'S PROBLEM WITH APPLICATIONS TO FATOU THEOREMS

par Rainer WITTMANN

INTRODUCTION.

In the first section we show that for any strictly starlike domain U , $P^U_t f(x) := H_U f(x_o + r^t(x-x_o))$ (H_u = harmonic kernel of U) defines a nice semi-group of operators on various functions spaces on the boundary of U . Under a slight additional condition this semi-group is analytic. For the unit disc these results were shown previously by E. Hill based on Fourier series. In section 2 we apply the semi-group in combination with local ergodic theorems to prove Fatou theorems. Although the main results of this section are new under those general assumptions, the entirely new method of proof seems to be more important. In § 3 we outline how some of the results of the preceding sections may be generalized to other harmonic spaces (most notably the Heat equation).

§ 1. CONSTRUCTION OF THE SEMI-GROUP

For a subset $A \subset \mathbb{R}^n$, $B(A)$ denotes the Banach space of all bounded measurable complex valued functions endowed with the supremum norm $\| . \|_\infty$. The spaces of bounded continuous real valued (resp. complex valued) functions are denoted by $C(A)$ (resp. $C_{\mathbb{C}}(A)$). For a measure μ on A , $L^p(\mu)$ $(1 \leq p \leq \infty)$ denotes always the complex L^p-space endowed with the norm $\| . \|_p$. The corresponding operator norms on these spaces are denoted by $|||.|||_\infty$ and $|||.|||_p$. For any relatively compact open set $U \subset \mathbb{R}^n$ we denote by H_U the harmonic kernel of U , i.e. $H_U f$ is the Perron-Wiener solution of the Dirichlet problem with boundary value $f \in C(\partial U)$. U is said to be strictly starlike with center x_o if $x_o + t.(x-c_o) \in U$ for any $x \in \overline{U}$ and $0 \leq t \leq 1$. Throughout the sequel we fix a constant $0 < r < t$.

THEOREM 1.1. Let $U \subset \mathbb{R}^n$ be open, relatively compact and stric by starlike with center x_o Then the family $(P_t^U)_{t>o}$ of kernels on ∂U defined by $P_t^U f(x) := H_U f(x_o + r^t \cdot (x-x_o))$ $(t > 0, f \in C(\partial U), x \in \partial U)$ is a Markovian semi-group. Moreover we have

(i) $\lim\limits_{t \to s} \| P_t^U f - P_s^U f \|_\infty = 0$ for any $f \in C(\partial U)$ and $s > 0$.

(ii) $P_t^U f \in C(\partial U)$ for any $f \in C(U)$ and $t > 0$.

(iii) If U is regular with respect to the Dirichlet problem, then $\lim\limits_{t \to o} \| P_t^U f - f \|_\infty = 0$ for any $f \in C(\partial U)$. Thus $(P_t^U)_{t>o}$ is a Feller semi-group.

(IV) The measure $\mu := H_U(x_o, \cdot)$ is invariant with respect to $(P_t^U)_{t>o}$, i.e. $\mu P_t^U = \mu$ for any $t > 0$, and $\lim\limits_{t \to o} \| P_t^U f - f \|_p = 0$ for any $f \in L^p(\mu)$ and $1 \leq p < \infty$.

Proof

We prove only (iv) and that $(P_t^U)_{t>o}$ is a semi-group, the rest is straightforward. For simplicity we assume $x_o = 0$. Let $f \in C(\partial U)$ and $s,t>0$. Then $u := H_U f$ is harmonic and the function u' defined by $u'(x) := u(r^t . x)$ is also harmonic on $U' := \{x \in \mathbb{R}^n : r^t . x \in U\}$. Thus $H_U u'(x) = u'(x)$ for any $x \in U$. Note that $u'|_{\partial U} = P_t f$. The semi-group property follows now from

$P_s P_t f(x) = H_U P_t f(r^s.x) = H_U u'(r^s.x) = u'(r^s.x) = u(r^t.r^s.x) = H_U f(r^{s+t}.x) = P_{s+t} f(x)$.

Assertion (iv) follows from

$$\int P_t f(x)\, \mu(dx) = \int u'(x) H_U(o,dx) = u'(o) = u(o) = H'_U f(o) = \int f d\mu .$$

In a similar way one may prove the following result :

THEOREM 1.2 - Let $U \subset \mathbb{C}$ be open, relatively compact, strictly starlike with center 0 and assume that the boundary of U is parametrised by a precewise smooth curve γ . Then the family $(Q_t^U)_{t>o}$ of complex kernels on ∂U defined by $Q_t^U f(x) := \frac{1}{2\pi i} \int_\gamma \frac{f(\zeta)}{\zeta - r^t . x} d\zeta$ $(t>0, f \in C_{\mathbb{C}}(\partial U),\ x \in \partial U)$ is a semi-group.

Remarks - (1) Contrary to (P_t^U), (Q_t^U) is not strongly continuous in $C_{\mathbb{C}}(\partial U)$ since not every $f \in C_{\mathbb{C}}(U)$ is the boundary value of an analytic function.

(2) An analogue of Theorem 1.1. is well known for the half space (cf. 3.10 and [6] ,p. 62). For the unit disc in $\mathbb{R}^2$ and $x_o = 0$, Theorem 1.1. has been shown in [13] ,p. 556 by a different and much more complicated method.

Although $(P_t^U)_{t>o}$ has always an invariant measure μ in a natural way, (P_t^U) seems to be far away from being symmetric in $L^2(\mu)$ for general U . However for the unit ball we have.

PROPOSITION 1.3 - Let U be the unit ball (with center $x_o = 0$) and σ the normalized surface measure on ∂U . Then every kernel P_t^U is a symmetric operator on $L^2(\sigma)$.

Proof

For the unit ball, H_U is the Poisson kernel, i.e.

$$H_U f(x) = \int \frac{1-|x|^2}{|x-z|^n} f(z)\, \sigma(dz) \quad (f \in C(\partial U),\ x \in U) .$$

Ergo,

$$P_t^U f(x) = \int \frac{1-r^{2t}}{|r^t x-z|^n} f(z)\, \sigma(dz) \quad (t > 0,\ x \in \partial U, f \in C(U)).$$

From $|r^t x-z|^2 = |r^t . x|^2 + |z|^2 - 2 < r^t x, z > = r^{2t} + 1 - 2r^t < x,z > = |r^t z-x|^2$

we see that $\dfrac{1-r^{2t}}{|r^t x-z|^n}$ is a symmetric function kernel and the assertion is proved.

Now we want to study some analytic properties of the semi-group $(P_t^U)_{t>o}$.

PROPOSITION 1.4 *Let $U \subset \mathbb{R}^n$ be an open relatively compact strictly starlike set with center x_o and let μ be the measure $H_U(x_o,.)$. Then we have for any $f \in L^1(\mu)$ and $t > 0$*

$$\lim_{h\to o} \frac{1}{h} (P_{t+h}^U f - P_t^U f) \text{ exists in } C(\partial U) \text{ and } L^p(\mu) (1 \leqslant p \leqslant \infty).$$

In other words, $P_t^U f$ lies in the domain of the infinitesimal generator of (P_t^U) viewed as a contraction semi-group on $C(\partial U)$ or $L^p(\mu)(1 \leqslant p \leqslant \infty)$.

Proof

Let $x_o = 0$ and $f \in L^1(\mu)$. Then $u := H_U f$ is harmonic and therefore infinitely differentiable on U. In particular, there exists $K > 0$ such that

$$(*) \qquad | D_y^2 u(z) | \leqslant K \qquad (y \in \partial U, z \in \overline{U}_t),$$

where $U_t := \{r^t x : x \in U\}$ and $D_y u(z) := \lim\limits_{h\to o} \frac{1}{h} (u(z+h.y) - u(z))$.

Obviously, $\lim\limits_{h\to o} \frac{1}{h} (P_{t+h}^U f(x) - P_t^U f(x)) = \lim\limits_{h\to o} \frac{1}{h} (u(r^{t+h}x) - u(r^t x)) =$

$D_x u(r^t x) . r^t . \log r$.

From (*) we see that the differential quotient converges uniformly in x and the assertion is proved.

<u>THEOREM 1.5</u> *Let U be an open, relatively compact strictly starlike set with center x_o. Moreover we assume that there exists a ball $B(x_o,\delta) \subset U$ such that $y + t(x-y) \in U$ for any $y \in B(x_o,\delta)$, $x \in \overline{U}$ and $0 \leqslant t \leqslant 1$. Let μ be the measure $H_U(x_o,.)$. Then $(P_t^U)_{t>o}$ viewed as a semi-group on $C_{\mathbb{C}}(\partial U)$ or $L^p(\mu)$ $(1 < p < \infty)$ is a holomorphic semi-group.*

<u>Proof</u>

Let $x_o = 0$ and write (P_t) instead of (P_t^U) for a simplicity. Further let $f \in L^\infty(\mu)$ and $u := H_U f$.

Simple gradient estimates for harmonic functions (see [11], 2.7 and 3.4) show that there exists $C_1 > 0$ (independent of u) such that

$$|D_y u(z)| \leqslant \frac{C_1}{d(z,\partial U)} \, \| f \|_\infty \qquad (y \in \partial U, z \in U),$$

where $d(z,\partial U) := \inf \{ |z-x| : x \in \partial U \}$.

From our geometric condition on U we get $C_2 > 0$ (depending only on δ and $\sup\{|z| : z \in U\}$) such that

$$d(tx,\partial U) \geqslant C_2 \cdot (1-t) \quad (0 \leqslant t < 1, x \in \partial U) .$$

We also have $C_3 := r\,|\log r|$

$$1 - r^t \geqslant C_3 \cdot t \qquad (0 \leqslant t \leqslant 1) .$$

From the proof of the last proposition we see

$$P_t' f(x) := \lim_{h \to o} \frac{1}{h} \left(P_{t+h} f(x) - P_t f(x)\right) = D_x u(r^t x) \cdot r^t \cdot \log r .$$

Putting all these things together we get

$$|P_t' f(x)| = r^t \cdot |\log r| \, |D_x u(r^t x)| \leqslant \frac{r^t |\log r| C_1}{C_2 \cdot C_3 \cdot t} \cdot \| f \|_\infty$$

Hence there exists $C > 0$ such that $|||\, C \cdot t \cdot P'_t \,|||_\infty \leq 1 \quad (0 < t < 1)$.

From [21], p. 255 we see that there exists $a > 0$ and a family $(T_z)_{z \in K_\alpha}$, $K_\alpha := \{ z \in \mathbb{C} : |\arg z| < \alpha \}$ of bounded operators on $B(\partial U)$ such that

(1) $\quad P_t f = T_t f \qquad (t > 0, f \in B(\partial U))$,

(2) $\quad z \longrightarrow T_z f$ is an analytic function with values in $B(\partial U)$ $(f \in B(\partial U))$.

(3) $\quad \sup \{ |||T_z|||_\infty : z \in K_\beta, |z| \leq 1 \} < \infty \quad (0 < \beta < \alpha)$.

If U is regular, then $(P_t)_{t \geq 0}$ is strongly continuous and since $C_{\mathbb{C}}(\partial U) \subset B(\partial U)$ also holomorphic. In order to see the analyticity of (P_t) in L^p we use Stein's interpolation theorem for analytic families of operators (see [20] and [19], p.69).

Nothing that $(T_{t.z})_{t > 0}$ is a semi-group (see [16], p.195) for any $z \in K_\alpha$, we see that $|||e^{-M_\beta z} T_z|||_\infty \leq 1$ for any $z \in K_\beta$, $0 < \beta < \alpha$ where

$M_\beta := \frac{1}{\cos \beta} \log(\sup \{ |||T_z|||_\infty : z \in K_\beta, |z| \leq 1 \}) < \infty$. Let $0 < \beta < \alpha, \eta > 0$, $|\theta| \leq \beta$ and denote $h(z) := \eta e^{i\theta z}$. Then $U_z := e^{-M_\beta h(z)} T_{h(z)}, 0 \leq \mathrm{Re} z \leq 1$ defines a family of operators on $B(\partial U)$ and hence also on $L^\infty(\mu)$ such that :

(4) $\quad z \longrightarrow U_z f$ is continuous on the strip $0 \leq \mathrm{Re} z \leq 1$ and analytic in the interior for any $f \in L^\infty(\mu)$.

(5) $\quad$ If $\mathrm{Re} z = 0$ then $h(z) \in \mathbb{R}_+$ and therefore $\|U_z f\|_1 \leq e^{-M_\beta h(z)} \cdot \|f\|_1$ for any $f \in L^1(\mu) \cap L^\infty(\mu)$.

(6) $\quad \|U_z f\|_\infty \leq \|f\|_\infty$, $0 \leq \mathrm{Re} z \leq 1$, $f \in B(\partial U)$.

Stein's interpolation theorem implies now for any $0 < t < 1$ and $p := \frac{1}{t}$ that

$$\|U_z f\|_p \leq C_\beta^t \cdot \|f\|_p, \quad f \in L^\infty(\mu) \cap L^p(\mu)$$

where $C_\beta := \sup \{ e^{-M_\beta h(z)} : \mathrm{Re} z = 0 \} \leq 1$.

Hence we have

$$\|T_{\eta e^{i\theta t}} f\|_p = |e^{M_\beta h(t)}| \; \|U_t f\|_p \leqslant e^{M\beta\eta} . \|f\|_p$$

$$0 < t < 1, p = \frac{1}{t} , f \in L^p(\mu) \cap L^\infty(\mu) .$$

Since $\eta > 0$ and $|\theta| \leqslant \beta$ is arbitrary we obtain

$$\|T_z f\|_p \leqslant e^{M_\beta . |z|} \|f\|_p , p > 1, |\arg z| \leqslant \frac{1}{p} . \beta , f \in L^p(\mu) \cap L^\infty(\mu).$$

This shows that (P_t) definies an analytic semi-group on $L^p(\mu)$, $1 < p < \infty$.

<u>Remarks</u> (1) For the unit disc and $x_o = 0$, Theorem 1.5 was already shown in in [13] .

Moreover, it was proved there that (P_t) is also holomorphic on $L^1(\mu)$ and that (P_t) may be extended holomorphixally to $K_{\frac{\pi}{2}}$ in $L^p(\mu), 1 \leqslant p < \infty$.

(2) It is much easier to show that $(P_t)_{t \geqslant o}$ is pseudo-holomorphic (cf. [17]) on $L^p(\mu)$ even if $p = 1$.

In fact, by Proposition 1.4, $P_t f \in B(\partial U)$, for any $t > 0$ and $f \in L^p(\mu)$, and hence $z \longrightarrow T_{z-t} P_t f$ is an analytic extension of the function $s \longrightarrow P_s f, s \in]0,\infty[$ to K_a , where $t > 0$ is choosen so small such that $z - t \in K_a$.

§ 2. <u>FATOU THEOREMS</u>

We need two results from ergodic theory. The first is a continuous analogue of Hopf's maximal Lemma which may be proved directly or, as in [16] , deduced from the discrete maximal lemma.

The second convergence theorem is a special case of the superadditive local ergodic theorem in [1]. In addition we should emphasize that this result is also a consequence of Bishop's upcrossing inequality [3] , [4] , which deserves to be much more known than it is.

PROPOSITION 2.1 *Let* $(P_t)_{t>o}$ *be a measurable Markovian semi-group of kernels on a* σ*-finite measure space* (E,μ) *such that*

(i) $\mu P_t = \mu \qquad (t > 0)$.

(ii) $\lim_{t\to o} \|f - P_t f\|_1$ *for any* $f \in L^1(\mu)$.

Then, for any $f \in L^1(\mu)$ and $\alpha > 0$, we have

$$\mu(\overline{M}f > \alpha) \leqslant \frac{\|f\|_1}{\alpha}$$

where $\overline{M}f(x) := \sup_{t>o} \frac{1}{t} \int_o^t P_s|f|(x)\, ds$.

Furthermore, we have for any $f \in L^p(\mu)$ $(1 < p < \infty)$,

$$\|\overline{M}f\|_p \leqslant \frac{p}{p-1} \cdot \|f\|_p$$

PROPOSITION 2.2 *Under the assumptions of Proposition 2.1., let* $(f_s)_{s>o}$ *be a measurable family of positive functions in* $L^1(\mu)$ *such that* $f_{s+t} \geqslant P_t f_s$ $(0 < s,t < \infty)$ *and* $\sup_{s>o} \|f_s\|_1 < \infty$. *Then* $\lim_{t\to o} \frac{1}{t} \int_o^t f_s(x)ds$ *exists* μ*-a.e.*

LEMMA 2.3 *For any positive measurable function* f *on* $]0,1[$ *and any* $0 < a < 1$ *we have*

$$\frac{-a \log a}{1-a} \cdot \sup_{o<t<-\log a} \frac{1}{t} \int_o^t f(e^{-u})du \leqslant \sup_{a<t<1} \frac{1}{1-t} \int_t^1 f(s)ds \leqslant \frac{-\log a}{1-a} .$$

$$\sup_{o<t<-\log a} \frac{1}{t} \int_o^t f(e^{-u})du .$$

Hence, if one of the limits

$$\lim_{t\to o} \frac{1}{t} \int_o^t f(e^{-u})du, \quad \lim_{t\to 1} \frac{1}{1-t} \int_t^1 f(s)ds$$

exists, then both limits exist and they are equal.

Proof

Observing that $\frac{1-t}{-t\log t}$ is decreasing on $]0,1[$ the first inequality follows from

$$\sup_{0<t<-\log a} \frac{1}{t}\int_0^t f(e^{-u})du = \sup_{a<t<1} \frac{1}{-\log t}\int_0^{-\log t} f(e^{-u})du$$

$$\leqslant \sup_{a<t<1} \frac{1}{t(-\log t)}\int_0^{-\log t} f(e^{-u})e^{-u}du = \sup_{a<t<1} \frac{1}{t(-\log t)}\int_t^1 f(s)ds$$

$$\leqslant \frac{1-a}{-a\log a} \sup_{a<t<1} \frac{1}{1-t}\int_t^1 f(s)ds .$$

Since $e^{-u} \leqslant 1$ $(u \geqslant 0)$ and $\frac{t}{1-e^{-t}}$ is increasing on $]0,\infty[$ the second inequality follows from

$$\sup_{a<t<1} \frac{1}{1-t}\int_t^1 f(s)ds = \sup_{0<t<-\log a} \frac{1}{1-e^{-t}}\int_{e^{-t}}^1 f(s)ds =$$

$$\sup_{0<t<-\log a} \frac{1}{1-e^{-t}}\int_0^t f(e^{-u})e^{-u}du \leqslant \sup_{0<t<-\log a} \frac{t}{1-e^{-t}}\cdot\frac{1}{t}\int_0^t f(e^{-u})du$$

$$\leqslant \frac{-\log a}{1-a}\cdot \sup_{0<t<-\log a} \frac{1}{t}\int_0^t f(e^{-u})du$$

From now on let $U \subset \mathbb{R}^n$ be a relatively compact strictly starlike domain with center 0 and $(P_t^U)_{t>0}$ be the semi-group with invariant measure $\mu := H_U(0,\cdot)$ constructed in §1. Fixing $r := e^{-1}$ we have for any $f \in L^1(\mu)$, and $x \in \partial U$

$$\frac{1}{t}\int_0^t H_U\,|f|\,(e^{-s}x)ds = \frac{1}{t}\int_0^t P_s^U\,|f|\,(x)ds .$$

Hence Proposition 1.1 and Lemma 2.3 imply

PROPOSITION 2.4 For any $0<a<1$ and any $f \in L^1(\mu)$ we have

$$\mu(\overline{M}^a f > a) \leqslant \frac{-\log a}{1-a}\cdot\frac{1}{a}\,\|f\|_1 ,$$

where

$$\overline{M}^a f(x) = \sup_{a<t<1} \frac{1}{1-t} \int_t^1 H_U f(sx)ds.$$

Moreover, we have for any $F \in L^p(\mu)$ $(1 < p < \infty)$

$$\| \overline{M}^a f \|_p \leq \frac{-\log a}{1-a} \cdot \frac{p}{p-1} \cdot \| f \|_p$$

THEOREM 2.5 *Let* u *be a positive superharmonic function on* U *with* $u(0) < \infty$ *. Then for* μ*-almost all* $x \in \partial U$

$$\lim_{t \to 1} \frac{1}{1-t} \int_t^1 u(sx)ds$$

exists.

Proof

Defining $f_t(x) := u(e^{-t}x)$ $(t > 0,\ x \in \partial U)$ the superharmonicity implies.

$$f_{s+t}(x) = u(e^{-(s+t)}x) \geq \int u(e^{-s}y)\, H_U(e^{-t}x,dy) = P_t^U f_x(x).$$

Similarily, one prove $\sup_{t>o} \| f_t \|_1 \leq u(0) < \infty$. Then assertion follows now from Proposition 2.2 and lemma 2.3.

So far we have proved only a Fatou theorem and a maximal inequality in the mean. In order to achieve ordinary Fatou theorems we need a Tauberian theorem based on Harnack's inequality. First we have to establish some further notation.

$$\Delta(z,r,x) := \{tx + (1-t)y : |y-z| < r, o < t < 1\},\ (z,x \in \mathbb{R}^n,\ o<r<|z-x|).$$

LEMMA 2.6 *There exists an antitone and a strictly positive function* K *on* $]0,1[$ *such that, for any* $z,x \in \mathbb{R}^n$, $0 < r < r' < |z-x|$ *and any positive harmonic function* h *on* $\Delta(z,r',x)$,

$$\frac{r}{|z-x|} K(\frac{r}{r'}) \sup \{h(y) : y \in \Delta(z,r,x)\} \leq \sup_{o<t<1} \frac{1}{1-t} \int_t^1 h(z+s(x-z))ds.$$

Proof

From the Harnack equality (see [12] ,p.41) we get a strictly positive and decreasing function K on $]0,1[$ such that, for any $z \in \mathbb{R}, r' > r > 0$ and any positive harmonic function h on the ball $B(z,r')$,

$$K(\frac{r}{r'})h(y_1) \leqslant h(y_2) \qquad (y_1, y_2 \in B(z,r)).$$

Let $y \in \Delta(z,r,x)$. Then there exist $y' \in B(z,r)$ and $0 < t < 1$ such that $y = tx + (1-t)y'$. Thus $y \in B(z',r\,t) \subset B(z',r'.t) \subset \Delta(z,r',x)$, where $z' := tx + (1-t)z$. Hence

$$K(\frac{r}{r'})h(y) \leqslant h(w), w \in B(z',r.t) \supset \{z+s(x-z) : t < s < \frac{|z-x|+r}{|z-x|}\, t\}$$

and therefore

$$\frac{1}{t}\int_t^1 h(z+s(x-z))ds \geqslant \frac{1}{t}\left(\frac{|z-x|+r}{|z-x|}t - t\right) K(\frac{r}{r'})h(y) = \frac{r}{|z-x|} K(\frac{r}{r'})h(y).$$

Since now non-measurable sets and functions may occur we introduce for arbitrary $A \subset \partial U$, f on ∂U

$\mu^*(A) := \inf\{\mu(B) : B \supset A \text{ measurable}\}$, $\|f\|_p^* := \inf\{\|g\|_p : g \in L^p(\mu), |f| \leqslant |g|\}$.

THEOREM 2.7 *Let a, α_1, α_2 be three functions from ∂U into $]0,1[$ such that*

(i) $0 < a_o := \inf\{a(x) : x \in \partial U\}$

(ii) $\Delta(a(x).x, \alpha_1(x).a(x).|x|, x) \subset U (x \in \partial U)$

Then we have for any $f \in L^1(\mu)$ and $\beta > 0$

$$\mu^*\{\alpha_1.(K\sigma\alpha_2) . M_{a,\alpha_1,\alpha_2} f > \beta\} \leqslant \frac{-\log a_o}{1-a_o} . \frac{1}{\beta} \|f\|_1 ,$$

where K is as in Lemma 2.6 and

$$M_{a,\alpha_1,\alpha_2} f(x) := \sup\{H_U|f|(y) : y \in \Delta(a(x)x, \alpha_1(x)\alpha_2(x)a(x)|x|, x)\}.$$

Moreover, for any $f \in L^p(\mu)$ $(1 < p < \infty)$, *we have*

$$\| \alpha_1 \cdot (K \circ \alpha_2) \cdot M_{a,\alpha_1,\alpha_2} f \|_p^* \leqslant \frac{-\log a_o}{1-a_o} \frac{p}{p-1} \| f \|_p .$$

If $\underline{\alpha}_1 := \inf \{\alpha_1(x) : x \in \partial U\} > 0$ *and* $\overline{\alpha}_2 := \sup \{\alpha_2(x) : x \in \partial U\} < 1$,

then we have

$$\mu^*(M_{a,\alpha_1,\alpha_2} f > \beta) \leqslant (\underline{\alpha}_1 K(\overline{\alpha}_2))^{-1} \frac{-\log a_o}{1-a_o} \cdot \frac{1}{\beta} \| f \|_1 \quad (f \in L^1(\mu), \beta > 0),$$

$$\| M_{a,\alpha_1,\alpha_2} f \|_p^* \leqslant (\alpha_1 \cdot K(\overline{\alpha}_2))^{-1} \frac{-\log a_o}{1-a_o} \frac{p}{p-1} \| f \|_p \quad (f \in L^p(\mu), 1 < p < \infty).$$

Proof

The assertion follows from Proposition 2.4 and lemma 2.6 if we observe that

$$\sup_{o<t<1} \frac{1}{1-t} \int_t^1 h(a(x)\, x + s(x-a(x)x))\, ds = \sup_{a(x)<t<1} \frac{1}{1-t} \int_t^1 h(sx)\, ds$$

for any non-negative function h on U .

Remark 2.8 - If $\underline{\alpha}_1 > 0$ and $\overline{\alpha}_2 > 1$ then assumption (i) may be removed by Harnack's principle.

From now on we use the notation

$$\Delta_x := \Delta(a(x)\, x, \alpha_1(x) \alpha_2(x)\, a(x) |x|, x).$$

Then we have for any $f \in C(\partial U)$ and any regular point $x \in \partial U$

$$\lim_{y \in \Delta_x} H_U f(y) = f(x).$$

Since the irregular points are μ-negligible we have for any $f \in C(\partial U)$

$$\lim_{y \in \Delta_x} H_U f(y) = f(x) \quad \mu\text{-a.e.}.$$

A general and simple principle (see [10], p. 3) now says that a maximal lemma as Theorem 2.7. and the a.e. pointwise convergence for a dense set of L^1 implies the a.e. pointwise convergence for any function in L^1. Hence we get

PROPOSITION 2.9. - *If a, α_1, α_2 are functions from ∂U into $]0,1[$ satisfying 2.7 (ii) then, for any $f \in L^1(\mu)$*

$$\lim_{\Delta_x \ni y \to x} H_U f(y) = f(x) \quad \mu\text{-a.e.}.$$

Condition 2.7 (i) is not necessary here because we may take $a' := \sup(a, \frac{1}{2})$ without changing the situation.

We are now in position to prove the main result of this section

THEOREM 2.10 - *Let a, α_1, α_2 are functions from ∂U into $]0,1[$ satisfying 2.7 (ii). Then, for any positive harmonic function h on U and μ-almost all points $x \in \partial U$,*

$$\lim_{\Delta_x \ni y \to x} h(y)$$

exists.

Proof

We know already from Theorem 2.5 that

$$f(x) := \liminf_{t \to 1} \frac{1}{1-t} \int_t^1 h(sx)\, ds = \limsup_{t \to 1} \frac{1}{1-t} \int_t^1 h(sx)\, ds \quad \mu\text{-a.e.}$$

By Fatou's Lemma $f \in L^1(\mu)$. From proposition 2.9 we get

$$\lim_{y \in \Delta_x} H_U f(y) = f(x) \quad \mu\text{-a.e.}.$$

In particular,

$$\lim_{t \to 1} \frac{1}{1-t} \int_t^1 (h - H_U f)(sx)\, ds = 0 \quad \mu\text{-a.e.}.$$

Assume, we know that $h - H_U f$ is non-negative. Then, using Lemma 2.6, the assertion follows from

$$0 \leq \liminf_{y \in \Delta_x} (h-H_U f)(y) \leq \limsup_{y \in \Delta_x} (h-H_U f)(y)$$

$$= \inf_{a(x)<r<t} \{\sup (h-H_U f)(y) : y \in \Delta(rx, \alpha_1(x)\alpha_2(x) r . |x|, x)\}$$

$$\leq \inf_{a(x)<r<1} (\alpha_1(x)\alpha_2(x) K \circ \alpha_2(x))^{-1} \sup_{0<t<1} \frac{1}{1-t} \int_t^1 (h-H_U f)(rx+s(x-rx))ds$$

$$= (\alpha_1(x)\alpha_2(x) K \circ \alpha_2(x))^{-1} . \limsup_{t \to 1} \frac{1}{1-t} \int_t^1 (h-H_U f)(sx)\, ds$$

To see that $h - H_U f$ is non-negative, let $y \in U$ and $0 < r < 1$ such that $y \in \{r.x : x \in U\}$. Then

$$h(y) = \int h(s . x)\, H_U(y,dx) \qquad (r \leq s < 1)$$

implies

$$h(y) = \frac{1}{1-t} \int_t^1 \int h(s . x)\, H_U(y,dx)\, ds \qquad (r \leq t < 1)$$

and therefore, by Fatou's Lemma,

$$h(y) = \liminf_{t \to 1} \int (\frac{1}{1-t} \int_t^1 h(s . x)\, ds)\, H_U(x,dy) \geq \int f(x)\, H_U(x,dx).$$

Remark 2.11 - Since every starlike Lipchitz domain is strictly starlike, Theorem 2.10 includes Hunt's and Wheeden's Fatou theorem for these domains ([14] , p. 319). From this result one may deduce in the same way as in [14] the general Fatou theorem of Hunt and Wheeden, which however does not include Theorem 2.10, since strictly starlike domains do not possess exterior cones at any point of the boundary. They may even possess irregular boundary points in dimension ≥ 3 .

§ 3. GENERALIZATIONS

Definition 3.1 - Let X be a topological space. A family $\Phi = (\varphi_t)_{t \in]0,1]}$ is called a dilatation semi-group on X if the following conditions are fulfilled

(i) For any $t \in]0,1]$, φ_t is a homeomorphism from X onto an open subset of X.

(ii) For any $s,t \in]0,1]$, $\varphi_s \circ \varphi_t = \varphi_{s.t}$

The dilation semi-group Φ is called continuous if the map $(t,x) \to \overline{\varphi}_t(x)$ is continuous on $X \times]0,1]$.

An open subset $U \subset X$ is called Φ-shaped if $\varphi_t(\overline{U}) \subset U$, for any $t \in]0,1[$.

Examples 3.2 (1) $X_1 = \mathbb{R}^n$, $\varphi_{1,t} = t \cdot x (t \in]0,1], x \in \mathbb{R}^n)$.

(2) $X_2 = \mathbb{R}^{n+1}$, $\varphi_{2,t}(x,s) = (t.x, t^2.s)(t \in]0,1], x \in \mathbb{R}^n, s \in \mathbb{R})$.

(3) $X_3 = \mathbb{R}^{n+1}$, $\varphi_{3,t}(x,s) = (x, s-\log t)(t \in]0,1], x \in \mathbb{R}^n, s \in \mathbb{R})$.

(4) $X_4 = \mathbb{R}^n$, $\varphi_{4,t}(x) = \frac{1}{t} x \; (t \in]0,1], x \in \mathbb{R}^n)$.

(5) $X_5 = \mathbb{R}^{n+1}$, $\varphi_{5,t}(x,s) = (\frac{1}{t} x, \frac{1}{t^2} s)(t \in]0,1], x \in \mathbb{R}^n, s \in \mathbb{R})$.

The $\Phi_i := (\varphi_{i,t})_{t \in]0,1]}$, $i = 1 \ldots,5$ are obviously continuous dilation semi-groups on X_i.

Let us now recall some notions for a harmonic space (X,H^*) in the sense of [6]. For any open $V \subset X$ and $f \in C_o(\partial V) := \{f \in C(\partial V) : \overline{\{f \neq o\}}$ is compact $\}$ we denote by $\overline{U}_f^V$ the set of all functions $u \in H_V^*$ such that $\overline{\{u < o\}}$ is compact and $\liminf_{V \ni y \to x} u(y) \geq f(x)$ for any $x \in \partial V$. Further we denote $\underline{U}_f^V := \{-u : u \in \overline{U}_{-f}\}$, $\overline{H}_f^V := \inf \overline{U}_f^V$ and $\underline{H}_f^V := \sup \underline{U}_f^V = - \overline{H}_{-f}^V$. An open set $V \subset X$ is called resolutive if $\overline{H}_f^V = \underline{H}_f^V$ for any $f \in C_o(\partial V)$ and we denote by

$H_V(x,\cdot)(x \in U)$ the harmonic kernel on ∂V defined by

$$\int f(y)\overline{H}_V(x,dy) = \overline{H}_f^V = \underline{H}_f^V \qquad (f \in C_o(\partial V)).$$

We write $H_V f := \int f(y) H_V(\cdot,dy)$ if it is defined. A boundary point x of a resolutive set V is called regular if $\lim\limits_{V \ni y \to x} H_V f(y) = f(x)$ for any $f \in C_o(\partial V)$. A resolutive set V is called regular if every boundary point of V is regular. A resolutive set V is called regular at infinity if $\overline{\{H_V f > \varepsilon\}}$ is compact for any non-negative $f \in C_o(\partial V)$. The following proposition gives us sufficient conditions for resolutivity.

PROPOSITION 3.3 - *(a) If (X,H^*) is a P-harmonic space then every open set is resolutive.*

(b) If (X,H^*) is an elliptic S-harmonic space then every open set V such that $X \setminus V$ has non-empty interior is resolutive.

Proof

For a proof of (a) see [6], Theorem 2.4.2. For the proof of (b) let $U \neq \emptyset$ be open such that $\overline{U}$ is contained in the interior of $X \setminus V$. By [6], Exercice 6.2.5 the restriction of H^* to $X \setminus \overline{U}$ is a P-harmonic sheaf on $X \setminus \overline{U}$. Assertion (b) now follows from (a).

In the sequel let (X,H^*) be a harmonic space and $\Phi = (\varphi_t)_{t \in]0,1]}$ a dilation semi-group on X such that each φ_t is a harmonic morphism, i.e. $u \circ \varphi_t \in H^*_{\varphi_t^{-1}(U)}$ for any open U and $u \in H^*_U$. We fix also $0 < r < 1$.

THEOREM 3.4 - *For a Φ-shaped resolutive open set $U \subset X$ we define by $P_t^U f(x) := H_U f(\varphi_r t(x))(t > 0,\ x \in \partial U),\ f \in C_o(\partial U))$ a family of kernels on ∂U. Then we have*

(a) $(P_t^U)_{t>o}$ is a semi-group on ∂U.

(b) If $1 \in H_U^*$ then $(P_t^U)_{t>o}$ is a submarkovian semi-group on ∂U.

(c) If U is relatively compact and $1 \in H_U := \overset{*}{H}_U \cap (-\overset{*}{H}_U)$ then $(P_t^U)_{t>o}$ is a Markovian semi-group on ∂U.

(d) If Φ is a continuous dilation semi-group and if $x \in \partial U$ is a regular with $\varphi_1(x) = x$, then $\lim_{t \to o} P_t^U f(x) = f(x)$ for any $f \in C_o(\partial U)$.

(e) If $x_o \in U$ is a Φ-fix point, i.e. $\varphi_t(x_o) = x_o$ for any $t \in]0,1]$ then the measure $H_U(x_o,\cdot)$ is invariant with respect to $(P_t^U)_{t>o}$.

Proof

Let $f \in C_o(\partial U)$ be non-negative, $z \in U$, $t \in]0,1[$ and $\varepsilon > 0$. Then there exist $v,w \in \overset{*}{H}_U$ such that $\overline{\{v<0\}}$, $\overline{\{w<0\}}$ are compact,

$$\liminf_{U \ni y \to x} w(y) \geq f(x) \geq \limsup_{U \ni y \to x} - v(y) \quad \text{for any } x \in \partial U$$

and $H_U f(\varphi_t(z)) - \varepsilon \leq - v(\varphi_t(z)) \leq H_U f(\varphi_t(z)) \leq w(\varphi_t(z)) \leq H_U f(\varphi_t(z)) + \varepsilon$.

Then $v' := v \circ \varphi_t, w' := w \circ \varphi_t \in \overset{*}{H}_{\varphi_t^{-1}(U)}$.

Let $u' := (H_U f) \circ \varphi_{t|\partial U}$. Obviously, we have $w' \in \overline{U}_g^U$ for any $g \in C_o(\partial U), g \leq u'$ and therefore

$$\overline{H}_U u' = \sup \{ \overline{H}_g^U : g \in C_o(\partial U),\ g \leq u' \} \leq w'.$$

Hence we get

(1) $H_U u'(z) \leq w'(z) = w(\varphi_t(z)) \leq H_U f(\varphi_t(z)) + \varepsilon$.

Let now $h \in C_o(\partial U)$ be such that $0 \leq h \leq 1$ and $h = 1$ on $\overline{\{v' < o\}} \cap \partial U$. Since $u' \geq 0$ we have $0 \leq g := h.u' \leq u', g \in C_o(\partial U)$ and

$$\limsup_{U \ni y \to x} - v'(y) \leq g(x) \quad \text{for any } x \in \partial U .$$

It follows that $- v' \in \underline{U}_g^U$, $- v' \leq \underline{H}_g^U = H_U g \leq H_U u'$ and hence

(2) $H_U f(\varphi_t(z)) - \varepsilon \leq - v(\varphi_t(z)) = - v'(z) \leq H_U u'(z)$.

Making $\varepsilon > 0$ arbitrarily small we get from (1) and (2)

(3) $H_U u'(z) = H_U f(\varphi_t(z))$

(a) Let $s,s' > 0$ and $x \in \partial U$. If we take $t := r^{s'}, z := \varphi_{r^s}(x)$ and note that $P_{s'}f = u'$, then we get from (3) :

$$P^U_{s'+s}f(x) = H_U f(\varphi_{s+s'}(x)) = H_U f(\varphi_t(z)) = H_U u'(z) = H_U u'(\varphi_{r^s}(x)) =$$

$$P^U_s u'(x) = P^U_s P^U_{s'} f(x) .$$

(b) If $1 \in H^*_U$ then $1 \in \overline{U}^U_g$ for any $g \in C_o(\partial U)$, $g \leqslant 1$ and hence $H_U 1 = \sup\{\overline{H}^U_g : g \in C_o(\partial U), g \leqslant 1\} \leqslant 1$. The assertion follows now from the definition of (P^U_t).

(c) If U is relatively compact and $1 \in H_U$, then $1 \in \overline{U}^U_1 . 1 \in \underline{U}^U_1$ and therefore $1 \leqslant H^U_1 = H_U 1 = \overline{H}^U_1 \leqslant 1$. The assertion follows now again from the definition of (P^U_t).

(d) Under the assumptions of (d) we have $\lim_{t\to\infty} H_U f(\varphi_{r^t}(x)) = f(x)$ for any $f \in C_o(\partial U)$. The assertion follows now from $P^U_t f(x) = H_U f(\varphi_{r^t}(x))$.

(e) Let $f \in C_o(\partial U)$ be non-negative and $s > 0$.

Denoting $z := x_o$, $t := r^s$ and $u' := (H_U f) \circ \varphi_{t|\partial U} = P_s f$ we get from (3)

$$H_U P_s f(x_o) = H_U u'(z) = H_U f(\varphi_t(z)) = H_U f(\varphi_t(x_o)) = H_U f(x_o) .$$

The following immediate corollary shows that semi-group $(P^U_t)_{t>o}$ has often very nice analytical properties.

<u>COROLLARY 3.5</u>. *Assume that Φ is a continuous dilation semi-group such that $\varphi_1 = id$ and let U be a regular Φ-shaped open set with $1 \in H^*_U$. If ∂U is not compact then we assume also that U is regular at infinity. Then $(P^U_t)_{t>o}$ is a Feller semi-group on ∂U.*

COROLLARY 3.6 - *Assume that Φ is a continuous dilation semi-group and that x_o is a Φ-fix point. Let U be a Φ-shaped set with $x_o \in U$ and $1 \in H_U^*$. Then the measure $\mu := H_U(x_o, \cdot)$ is finite and $(P_t^U)_{t>o}$ is a measurable submarkovian semi-group with $\mu P_t = \mu$ for any $t > 0$ and $\lim_{h \to o} \| P_{t+h} f - P_t f \|_1 = 0$ for any $t > 0$ and $f \in L^1(\mu)$.*

If moreover $\varphi_1 = id$ and the set of irregular boundary points of U are μ-negligible then we have $\lim_{t \to o} \| P_t f - f \|_1 = 0$ for any $f \in L^1(\mu)$.

Proof

We have already seen that $\mu P_t^U = \mu$ and that (P_t^U) is submarkov. From $1 \in H_U^*$ it easily follows that $\mu(\partial U) \leq 1$ (one may even prove that $\mu(\partial U) = 1$). Since $H_U f$ is continuous on U and since Φ is a continuous dilation semi-group, we have $\lim_{h \to o} P_{t+h}^U f(x) = \lim_{h \to o} H_U(\varphi_{r^{t+h}}(x)) = H_U(\varphi_{r^t}(x)) = P_t^U(x)$, for any $f \in C_o(\partial U)$, $x \in \partial U$ and $t > o$. This implies immediately the measurability of (P_t^U) and using Lebesgue's dominated convergence theorem we get also $\lim_{h \to o} \| P_{t+h}^U f - P_t^U f \|_1 = 0$ for any $f \in C_o(\partial U)$ and $t > 0$. Since $C_o(\partial U)$ is dense in $L^1(\mu)$ and since (P_t^U) defines a contraction semi-group on $L^1(\mu)$ the first assertion follows. Let now the irregular boundary points be μ-negligible and $\varphi_1 = id$. Then we get from 3.4 (d) that $\lim_{t \to o} P_t^U f = f$ μ-a.e. and Lebesgue's theorem gives again $\lim_{t \to o} \| P_t^U f - f \|_1 = 0$, for any $f \in C_o(\partial U)$. As before the denseness of $C_o(\partial U)$ in $L^1(\mu)$ finishes the proof.

PROPOSITION 3.7 - *Let Φ be continuous and U be a Φ-shaped set.*

(a) For any non-negative function $u \in H_U^*$ the measurable family $(u_t)_{t>o}$ of non-negative functions on ∂U defined by $u_t(x) := u \circ \varphi_{r^s}(x)\, ds$ satisfies $P_t^U u_s \leq u_{s+t}$ for any $s, t > 0$. If moreover, $x_o \in U$ is a Φ-fix point and $\mu := H_U(x_o, \cdot)$, then

$$\sup_{t>o} \int u_t d\mu \leqslant u(x_o).$$

(b) If U *is relatively compact and* u *is a non-negative harmonic function, then* $P_t^U u_s = u_{s+t}$ $(0 < s,t < \infty)$.

Proof

Since $u \circ \varphi_{r^s}$ is hyperharmonic on $\varphi_{r^s}^{-1}(U) \supset \overline{U}$ we have $H_U u_s \leqslant u \circ \varphi_{r^s}$ and therefore

$$P_t^U u_s(x) = H_U u_s(\varphi_{r^t} x) \leqslant u \circ \varphi_{r^s} \circ \varphi_{r^t}(x) = u_{s+t}(x).$$

Under the assumptions of (b) we have even quality. For a Φ-fix point x_o, we have

$$\int u_s d\mu = H_U u_s(x_o) \leqslant u \circ \varphi_{r^s}(x_o) = u(x_o).$$

From Proposition 2.2, Lemma 2.3 and Proposition 3.7 we get

THEOREM 3.8 - *Let* Φ *be continuous,* U *a* Φ*-shaped set,* $x_o \in U$ *a* Φ*-fix point and* $\mu := H_U(x_o,.)$. *Then, for any non-negative hyperharmonic function* u, $u(x_o) < \infty$

$$\lim_{t \to 1} \frac{1}{1-t} \int_t^1 u \circ \varphi_s(x)\, ds$$

exists μ*-a.e.*

Remark - Theorem 3.8, which is obviously a generalization of Theorem 2.6, is a weaker form of Littewood's radial limit theorem, which was generalized by Dahlberg[7] to classical superharmonic functions on Lipschitz domains. For the heat equation easy examples show that an analogue of Littlewood's theorem cannot hold. Thus theorem 3.8 is best possible for heat equation.

Let us now look at some examples.

Examples 3.9 - (a) Let (X,H^*) be the harmonic space of classical potential theory, i.e. $X = \mathbb{R}^n$ and $H_U := \{u \in C^2(U) : \Delta u = 0\}$. Then, for $i = 1,3,4$ and $t > 0$, $\varphi_{i,t}$ is obviously a harmonic morphism from (X,H^*) into itself (for the definition of the Φ_i, see 3.2).

Obviously the Φ_1-shaped sets are exactly the strictly starlike sets. In particular, Theorem 3.4 contains Theorem 3.1 . However, the fact that U need no more relatively compact, makes the proof of Theorem 3.4 considerably more complicated than that of Theorem 1.1 .

(b) Let (X,H^*) be the harmonic space of the heat equation, i.e.

$$X = \mathbb{R}^{n+1} \quad (n \geq 1) \quad \text{and} \quad H_U = \{u \in C^2(U) : Lu = 0\} \quad \text{where} \quad L := \sum_{i=1}^{n} \frac{\partial^2}{\partial x_i^2} - \frac{\partial}{\partial x_{n+1}}.$$

Again it easy to see that, for $i = 2,3,5$ and $t > 0$, $\varphi_{i,t}$ is a harmonic morphism.

(c) Let (X,H^*) be the harmonic space of the Kohn Laplacian, i.e.

$X = \mathbb{R}^{2n+1}$ $(n \geq 1)$ and $H_U = \{u \in C^2(U) : Lu = 0\}$ where

$$Lu(x_1,\ldots,x_n,y_1,\ldots,y_n,z) := \sum_{i=1}^{n} \left(\frac{\partial}{\partial x_i} + 2y_i \frac{\partial}{\partial z}\right)^2 u + \sum_{i=1}^{n} \left(\frac{\partial}{\partial y_i} - 2x_i \frac{\partial}{\partial z}\right)^2 u .$$

This harmonic space is not so well known as the previous ones. Since the Lie algebra generated by the vector fields $X_i := \frac{\partial}{\partial x_i} + 2y_i \frac{\partial}{\partial z}$ and $Y_i := \frac{\partial}{\partial y_i} - 2x_i \frac{\partial}{\partial z}$ $(1 \leq i \leq n)$ has dimension $2n+1$ in every point $x \in \mathbb{R}^{2n+1}$ it follows from a theorem of Bony ([5], p. 108) that (X,H^*) is a Brelot harmonic space although L is elliptic in no point of $\mathbb{R}^{2n+1}$. In [9] the fundamental solution of L is computed. With the aid of this fundamental solution, one may then prove without Bony's theorem that (X,H^*) is a Brelot space statisfying axiom D . We should also mention that if we endow $\mathbb{R}^{2n+1}$ with the Heisenberg group structure then L becomes a left invariant differential operator on this Lie group. For any $t > 0$, $\varphi_{2,t}$ is a harmonic morphism and a group automorphism (see [15] for more details).

For the harmonic spaces in (a) and (c) the irregular boundary points are always negligible with respect to harmonic measure, because axiom D is satisfied. Hence in those cases the corresponding assumption in Corollary 2.6 is superflous. The reader may find, for any i, at once many Φ_i-shaped sets and also resolutivity does not make any problems in view of 2.3 . Therefore we will not look in detail at spacial sets besides the following two, which seem to be the sole cases besides the unit disc where Theorem 3.4 is already known.

Examples 3.10 - (a) Let (X,H^*) be the harmonic space of 3.9 (a) but we take $X = \mathbb{R}^{n+1}$ $(n \geq 1)$ instead of $\mathbb{R}^n$ and write (x,s) $(x \in \mathbb{R}^n,\ s \in \mathbb{R})$ for points of X . Then $U := \{(x,s) : s > 0\}$ is a Φ_3-shaped resolutive set with boundary ∂U , which will be identified with $\mathbb{R}^n$ in the sequel. The harmonic kernel of this domain is well known (see [18] , p. 61) :

$$H_U f(x,s) = \int \frac{c_n s}{(|x-y|^2+s^2)^{\frac{n+1}{2}}} f(y)\lambda^n(dy) \quad (f \in C_o(\mathbb{R}^n)),$$

where $c_n = \pi^{-\frac{n+1}{2}} \cdot \Gamma(\frac{n+1}{2})$.

For the definition of $(P_t^U)_{t>o}$ we take $r = \frac{1}{e}$. Then we have

$$P_t^U(x) = H_U f(\varphi_{3,e^{-t}}(x,0)) = H_U f(x,t) = \int \frac{c_n t}{(|x-y|^2+t^2)^{\frac{n+1}{2}}} f(y)\lambda^n(dy).$$

Thus, for $n = 1$, $(P_t^U)_{t>o}$ is exactly the Cauchy semi-group on $\mathbb{R}$ (see [2] , p. 74).

(b) Let U be as in (a) but let (X,H^*) be the harmonic space of 3.9 (b). In this case the harmonic kernel is also well known (see [8] , p. 192) :

$$H_U f(x,s) = (4\pi t)^{-\frac{n}{2}} \cdot \int \exp(\frac{-1}{4t}|x-y|^2) f(y)\lambda^n(dy).$$

With a similar reasoning as before we see that $(P_t^U)_{t>o}$ is the Brownian semi-group on $\mathbb{R}^n$ with double speed.

REFERENCES

[1] AKCOGLU M.A., KRENGEL U.
- A Differentation theorem for additive processes.
Math. Z, 163, 199-210 (1978).

[2] BERG C., FORST G.
- Potential theory on locally compact Abelian groups.
Springer, Berlin,Heidelberg,New York (1975).

[3] BISHOP E.
- Foundations of constructive analysis.
McGraw-Hill, New York (1967).

[4] BISHOP E.
- A constructive ergodic theorem.
J. Math. Mech., 17, 631-640 (1968).

[5] BONY J.M.
- Opérateurs elliptiques dégénérés associés aux axiomatiques de la théorie du potentiel.
In"Potential theory", C.I.M.E. Ed. Cremonese, Roma (1970).

[6] CONSTANTINESCU C., CORNEA A.
- Potential theory on harmonic spaces.
Springer, Berlin, Heidelberg, New York (1972).

[7] DAHLBERG B.
- On the existence of radial boundary values for functions subharmonic in a Lipschitz domain.
Indiana U. Math. J. 27, 515-526 (1978).

[8] FOLLAND G.B.
- Introduction to partial differential equations.
Princeton University Press, Princeton (1976).

[9] FOLLAND G.B.
- A fundamental solution for a subelliptic operator.
Bull. Amer. Math. Soc. 79, 373-376 (1973).

[10] GARSIA A.M.
- Topics in almost everywhere convergence.
Markhan publishing Company, Chicago (1970).

[11] GILBARG D., TRUDINGER N.S.
- Elliptic partial differential equations of second order.
Springer, Berlin, Heidelberg, New York (1977).

[12] HELMS L.L.
- Einführung in die Potentialtheorie.
De Gruyter, Berlin, New York (1973)

[13] HILLE E., PHILLIPS R.S.

- Functionnal analysis and semi-groups.
Amer. Math. Soc. Colloquium Publications, Vol. XXXI, Providence, Rhode Island (1957).

[14] HUNT R.A., WHEEDEN R.L.

- On the boundary values of harmonic functions.
Trans. Amer. Math. Soc. 132, 307-322 (1968).

[15] KORANYI A.

- Geometric aspects of analysis on the Heisenberg group.
In "Topics in modern harmonic analysis"
Instituto Naz. di Alto Mathematica, Roma

[16] KRENGEL U.

- A local ergodic theorem.
Invent. Math. 6, 329-333.

[17] PAQUET L.

- Semi-groupes holomorphes en norme sup.
Lecture Notes in Mathematics 713, Springer, Berlin, Heidelberg, New York (1979).

[18] STEIN E.M.

- Singular integrals and differentiability properties of functions.
Princeton University Press, Princeton (1970).

[19] STEIN E.M.

- Topics in harmonic analysis related to the Littlewood-Paley theory.
Annals of Mathematics studies 63. Princeton University Press, Princeton, New Jersey (1970).

[20] STEIN E.M.

- Interpolation of linear operators.
Trans. Amer. Math. Soc. 83, 482-492. (1956).

[21] YOSIDA K.

- Funktional analysis.
Springer, Berlin, Heidelberg, New York (1978).

Rainer WITTMANN

Katholische Universität Eichstätt
Mathematisch-Geographische Fakultät
Ostenstrasse 26-28
D-8078 EICHSTÄTT